国家级优秀教材　　国家精品课程教材
中国石油和化学工业优秀教材一等奖

高分子化学（增强版）

潘祖仁　主编

化学工业出版社

·北京·

本书是在《高分子化学》第三版的基础上，补充更新内容，层次更深的一本全新教材，将原有的 8 章扩充到 13 章，即在原来介绍了自由基聚合、自由基共聚合、聚合反应、离子聚合、配位聚合、逐步聚合、聚合物化学反应的基础上，将开环聚合独立成章，并补充介绍了缩聚和逐步聚合、烯类聚合物、天然高分子、功能高分子以及聚合物的降解和老化，书后的习题也做了大量补充。

本书为高等学校工科、理科研究生教材，也可供科研人员和生产技术人员参考。

图书在版编目（CIP）数据

高分子化学(增强版)/潘祖仁主编. —北京：化学工业出版社，2007.2（2025.3重印）
国家级优秀教材　国家精品课程教材　中国石油和化学工业优秀教材一等奖
ISBN 978-7-122-00024-8

Ⅰ. 高…　Ⅱ. 潘…　Ⅲ. 高分子化学-高等学校-教材
Ⅳ. O63

中国版本图书馆 CIP 数据核字（2007）第 023267 号

责任编辑：杨　菁　　　　　　　　　文字编辑：徐雪华
责任校对：洪雅姝　　　　　　　　　装帧设计：王晓宇

出版发行：化学工业出版社（北京市东城区青年湖南街 13 号　邮政编码 100011）
印　　装：大厂回族自治县聚鑫印刷有限责任公司
787mm×1092mm　1/16　印张 24½　字数 605 千字　2025 年 3 月北京第 1 版第 19 次印刷

购书咨询：010-64518888　　　　　　售后服务：010-64518899
网　　址：http://www.cip.com.cn
凡购买本书，如有缺损质量问题，本社销售中心负责调换。

定　　价：66.00 元　　　　　　　　　　　　　　　版权所有　违者必究

序

《高分子化学》出版 20 年，中间再版两次。由于时间仓促，第二、三版只作了局部修订。修订的宗旨是保留核心内容，有选择性地增加一些新材料，删节次要内容，简化文字，使版本更简洁明了，但原有体系未动。

高分子科学在发展，教材也在更新。目前高分子化学已经发展到不再是单一传统化学学科的分支和延伸，而是整个化学学科和物理、工程、材料、生物乃至药物等许多学科基础的交叉和综合。高分子科学对其他科学技术的影响愈来愈大，实际上已经开始步入核心科学。对于同一科技内容，不同学科会有不同的理解和表述方式，经过交叉杂化，才使其不断深化完善，形成新的学科。

受国际上新出版或再版的高分子化学教材以及许多基础化学教材丰硕内容的启示，很想在原版本的基础上，再写一本有更多新内容、层次更深一层的教材，而不是专著。在构思过程中，确定仍以聚合反应和聚合物化学反应的机理/动力学作主经线，配以更多的聚合物品种作纬线，意在交织深化。学习高分子化学的最终目的是合成和使用聚合物。剖析聚合机理一般规律时，紧密结合典型聚合物作个例分析，以便举一。简介聚合物时，希望体现某单体聚合的特殊性，使融合于一般机理规律之中，起到反三的作用。还希望形成合成结构性能应用的整体概念。根据这一指导思想，在新书中，对章节体系有了较大调整和扩展，从原来 8 章扩展到 13 章，主要体现在以下几点。

1. 绪论　明确将开环聚合与缩聚、加聚并列为三大聚合反应，为开环聚合独立成章伏笔。在简介高分子化学发展简史中，点明学科变化的方向。

2. 将缩聚和逐步聚合提前至第 2 章，以符合广大师生的习惯。线形缩聚和体形缩聚的机理剖析提前，更多的缩聚物品种各论集中移后，前后呼应。

3. 自由基聚合一章内热力学部分提前，以便与单体对聚合机理选择性的分子结构影响密切结合，便于深化；更符合剖析化学反应时先热力学后动力学的思维逻辑。适当增加了等离子体聚合、微波聚合的概念，增添了顺磁共振法、乳液聚合法、脉冲激光法三种测定速率常数的方法。进一步梳理了活性自由基聚合的几种主要方法。

4. 自由基共聚合基本理论相对比较成熟，单独设章更能体现其系统性。有限的离子共聚内容则附在离子聚合一章内。

5. 聚合方法在多数高分子化学教材中缺少必要的地位，本书却给予一定的分量。每种聚合方法都附有 4~5 种聚合物作个例分析，还增添了近期发展的超临界 CO_2 中聚合。重点突出乳液聚合，在详细介绍传统乳液聚合的机理和动力学的基础上，还简介了种子、核壳、无皂、微乳液、反相等乳液聚合和分散聚合。

6. 离子聚合一章中，将机理比较简单的阴离子聚合提前，使更符合循序渐进的教学方法。强调溶剂与单体、引发剂处于同等重要的地位。

7. 配位聚合重点放在立体异构现象、给电子体和负载对引发体系活性和立构规整性的影响、双金属和单金属机理图示对比上，概括活性中心的形成、单体吸附配位、络合活化、插入增长、定向聚合的过程。

8. 开环聚合独立成章，增添和扩展了许多新内容。除环醚、环缩醛、内酰胺等常见杂环外，还扩展到其他氧、氮、硫杂环和环烯。在半无机和无机高分子方面增添了更多杂化高分子的内容。

9. 烯类聚合物一部分已散见于自由基聚合、离子聚合和配位聚合各章，配合机理和动力学，作个例剖析，但显得零星分散。将烯类聚合物集中，单独设章，希望对合成结构性能应用有一整体概念，并深化连锁聚合各章。

10. 天然高分子　21世纪应该是生物科学的时代，多学科参与研究，更易取得成效。因此，在新的一章内，从高分子化学角度来简介纤维素、蛋白质、氨基酸、核酸等主要生物高分子的基本概念，以便与生物学科接口。

11. 聚合物的化学反应　集中介绍并充实基团反应、接枝、嵌段、扩链、交联等内容。功能高分子、降解与老化独立成章。

12. 功能高分子　从高分子合成角度，分类介绍反应功能、分离功能、分离膜、电功能、光功能、液晶等功能高分子的基本概念，为以后深入研究作基础。

13. 降解与老化　结合聚合物分子结构特征，着重剖析聚合物热降解、氧化降解、光降解等的基本原理。从作用机理上阐明热稳定剂、抗氧剂、光稳定剂的结构特征和选用原则。最后，从燃烧机理上来说明阻燃原理和阻燃剂的选用。

《高分子化学》第三版是比较简洁的版本，本书系统作了变动，内容大幅增加，适宜于更深层次的阅读。如果选作教材，可能需要适应过程。建议选择第1～4章、第6～8章、第11章作为讲课的主要基础，其他章节可以根据需要有选择性的自学或简介。处理得当，会缩短适应期。清晰的概念是教学的基本要求。课堂讲授和自学相结合，可以给师生有一更大的选择空间。如果能够结合多媒体辅助教学，则可节约课时，更容易取得效果。

在每章章末，增添了摘要和较多的习题，但各章并不均衡，有待补充修正。摘要可以帮助学习，检查是否掌握了关键概念。主讲教师可以考虑，根据学时和各科间的平衡，有选择性地适量布置作业。习题的更新还是今后的重要任务。

从繁浩的科研文献资料、专著到教材，应该是再创造的过程，从教材到具体教学，也应该是再创造过程。教材、教学的水平与作者、教师对学科的掌握程度、理解深度、科研素养、知识丰度，以及教学理念、教学经验、概括能力、表达水平等许多因素有关，教师也不可能对教材中每一部分都熟悉深透。作者对上述诸多因素都存在缺陷，只是被敬业精神所驱使，费时三年，完成了本书。此外，全部文字、表、公式，以及部分图，60万字均在计算机上重新输入制作，重新排版。书中错误之处，祈请指正。

潘祖仁
2006 年 6 月于浙江大学

第 三 版 序

　　高分子化学是化工、化学、材料等系科修读的课程。近年来专业设置向宽的方向调整，选读的学生反而增多。一方面高分子有广阔的应用前景，不仅金属材料、无机材料、高分子材料在材料结构中三足鼎立，而且无机化工、有机化工、高分子化工在化工工艺中也平分秋色。另一方面，高分子化学逐渐发展为基础学科，与四大化学并列，成为第五大化学；如果缺少高分子，化学学科，尤其应用化学系科，将会存在缺陷。本教材自 1986 年初版和 1997 年再版以来，持续被广泛选用。进入 21 世纪，多方面希望能有第三版。

　　应该说，近年来高分子化学逐步走向成熟，但新的聚合反应和新型聚合物的合成仍不断涌现。修订第三版时和撰写第一版的指导思想一致，教材要以成熟的基础为主，适当顾及新的发展方向。根据结构性能要求，如何考虑聚合物的分子设计以及聚合反应的分子设计问题，应该在基础教材中埋下引线。

　　根据这一指导思想，对第二版作了增删和修改。为了不扩大版面，增加的字数远少于删除的篇幅；但在总体内容上却更加丰富精练。除了活性自由基聚合、乳液聚合方法的发展、乙烯配位聚合等整节插入外，其他增添则散见各章节内，不一一列举。离子聚合、配位聚合、逐步聚合、聚合物化学反应各章中一些次要内容均有所删节，但无损于整体要求。为了适应广大读者的使用习惯，不在原有章节目录上作过多的变动，但在具体内容上却作了不少调整，使更合理系统，这在开环聚合、线形和体形聚合物、聚合物化学反应中则有更多的反映。在修订过程中，对文句也作了较多的修改简化，增加了可读性。

　　本书作为本科生教材，内容已够丰富了，其中很大一部分还是国外研究生的教学内容。修订第三版时，本想作更多的删节，终因不忍割爱，有所保留，也好给讲课教师留下自由选择的余地。

　　教材使用面广，祈请多方指正！

潘祖仁

2002 年 2 月

于浙江大学化工系

再　版　序

本教材自 1986 年出版以来，广为各校理、工科有关专业所选用，1992 年还被评为第二轮全国优秀教材奖。这 10 年间，高分子工业和高分子科学均有较大的发展，作者在教学和科研上有所积累，使用本教材的教师也有所反馈，有必要作进一步修订再版。

教材的撰写和修订均应有明确的指导思想。曾为国家教委高教司编的《高等教育优秀教材建设文集》（清华大学出版社，1993），写过一篇"教材就应该是教材"的论文，其中观点仍可供修订时参考。文中提到：教材就应该是教材，有别于专著、手册、大全、科普读物。教材应该阐明成熟的基本概念和基本原理，又要点出最新成就和发展方向；既要考虑科学系统性，又要遵循教学规律性；既要与前后课程相衔接，又要与相邻学科相联系。在分量上，应该根据学时多少，贯彻少而精的原则，适当控制；在方法上，应该深入浅出，循序渐进；在文字上，应该文理通顺，精练流畅。

在理论上指导思想说说容易，但由于个人的积累和学识限制，实际动笔修订时，却感到诸多困难。在学科飞速发展的年代里，往往一章、一节、甚至一个关键词都可以写成一本专著，要想把众多内容、尤其是日新月异的发展情况，压缩在有限的字数内，颇不容易。能用几百或几千个字把基本概念阐述清楚，就很不错了。通读原书三遍，在学时和教材篇幅有限的条件下，觉得原教材大部分相对比较成熟，并已为许多教师所熟悉，可以相对稳定。因此，只稍动了下列两方面。

1. 对第 6 章配位聚合作了文字处理，使与全书一致，以弥补初版时来不及统一的不足。同时适当增添了引发剂的发展情况。

2. 以简短的文字，着重在发展方向上，增添了少许内容。如在有关章节中增添了液晶高分子结构性能和制备原理的概念，自由基速率常数测定方法进展，乳液聚合技术和应用的进展，并改写了接枝共聚等。

潘祖仁
1996 年 3 月于杭州

目　录

1　绪　　论

1.1　高分子的基本概念

高分子化学是研究高分子化合物（简称高分子）合成（聚合）和化学反应的一门科学；同时还会涉及聚合物的结构和性能，这一部分常另列为高分子物理的内容。

高分子也称聚合物（或高聚物），有时高分子可指一个大分子，而聚合物则指许多大分子的聚集体。高分子的分子量高达 $10^4 \sim 10^7$，一个大分子往往由许多简单的结构单元通过共价键重复键接而成，例如聚氯乙烯由氯乙烯结构单元重复键接而成。

$$\sim\sim\text{CH}_2\text{CH}\!-\!\text{CH}_2\text{CH}\!-\!\text{CH}_2\text{CH}\!-\!\text{CH}_2\text{CH}\sim$$
$$\qquad\quad|\qquad\quad|\qquad\quad|\qquad\quad|$$
$$\qquad\quad\text{Cl}\qquad\text{Cl}\qquad\text{Cl}\qquad\text{Cl}$$

上式中符号 $\sim\sim$ 代表碳链骨架，略去了端基。为方便起见，上式可缩写成下式。

$$\text{---}\!\text{CH}_2\text{CH}\!\text{---}_n$$
$$\qquad\quad|$$
$$\qquad\quad\text{Cl}$$

对于聚氯乙烯一类加聚物，方（或圆）括号内是结构单元，也就是重复单元，括号表示重复连接，n 代表重复单元数，有时定义为聚合度（DP）。许多结构单元连接成线形大分子，类似一条链子，因此结构单元俗称作链节。

合成聚合物的化合物称作单体，单体通过聚合反应，才转变成大分子的结构单元。聚氯乙烯的结构单元与单体的元素组成相同，只是电子结构有所改变，因此可称为单体单元。

根据上式，很容易看出，聚合物的分子量[1]M 是重复单元数 n 或聚合度（DP）与重复单元的分子量 M_0 的乘积。

$$M = \text{DP} \cdot M_0 \tag{1-1}$$

常用聚氯乙烯的聚合度为 $600 \sim 1600$，其重复单元分子量为 62.5，因此分子量约 4 万～10 万。

聚乙烯分子式习惯写成 $\text{---}\!\text{CH}_2\text{CH}_2\!\text{---}_n$，以便容易看出其单体单元，而不写成 $\text{---}\!\text{CH}_2\!\text{---}_n$。

由一种单体聚合而成的聚合物称为均聚物，如上述的聚氯乙烯和聚乙烯。由两种以上单体共聚而成的聚合物则称作共聚物，如氯乙烯-醋酸乙烯酯共聚物，丁二烯-苯乙烯共聚物。

聚酰胺一类聚合物的结构式有着另一特征，例如聚己二酰己二胺（尼龙-66）。

$$\text{---}\!\text{NH(CH}_2)_6\text{NHCO(CH}_2)_4\text{CO}\!\text{---}_n$$
$$\quad\longmapsto\text{结构单元}\longleftarrow\ \longmapsto\text{结构单元}\longleftarrow$$
$$\qquad\qquad\longmapsto\qquad\text{重复单元}\qquad\longleftarrow$$

上式中括号内的重复单元由 —NH(CH$_2$)$_6$NH— 和 —CO(CH$_2$)$_4$CO— 两种结构单元组成，分别由己二胺 NH$_2$(CH$_2$)$_6$NH$_2$ 和己二酸 HOOC(CH$_2$)$_4$COOH 两种单体经聚合反应失去水后的结果。对苯二甲酸乙二醇酯（涤纶聚酯）的情况也相似。

$$\text{---}\!\text{OCH}_2\text{CH}_2\text{OOC}\!-\!\!\bigcirc\!\!-\!\text{CO}\!\text{---}_n$$

---

[1] 本书中"分子量"均指相对分子质量。

研究聚合动力学时，多将两种结构单元总数称作聚合度 $\overline{X}_n$，结构单元数是重复单元数 n 的 2 倍，因此 $\overline{X}_n = 2n = 2DP$。聚合物的分子量应该是结构单元数 $\overline{X}_n$ 和两种结构单元的平均分子量的乘积。书刊中有时会出现这两种不同定义的聚合度，初学时，应该注意区别。

1.2　聚合物的分类和命名

聚合物的种类日益增多，迫切需要一个科学的分类方案和系统命名法。

1.2.1　聚合物的分类

可以从不同专业角度，对聚合物进行多种分类，例如按来源、合成方法、用途、热行为、结构等来分类。按来源，可分为天然高分子、合成高分子、改性高分子。按用途，可粗分成合成树脂和塑料、合成橡胶、合成纤维等。按热行为，可分成热塑性聚合物和热固性聚合物。按聚集态，可以分成橡胶态、玻璃态、部分结晶态等。但从有机化学和高分子化学角度考虑，则按主链结构将聚合物分成碳链聚合物、杂链聚合物和元素有机聚合物三大类；在这基础上，再进一步细分，如聚烯烃、聚酰胺等。

(1) 碳链聚合物　大分子主链完全由碳原子组成，绝大部分烯类和二烯类的加成聚合物属于这一类，如聚乙烯、聚氯乙烯、聚丁二烯、聚异戊二烯等，详见表 1-1。

(2) 杂链聚合物　大分子主链中除了碳原子外，还有氧、氮、硫等杂原子，如聚醚、聚酯、聚酰胺等缩聚物和杂环开环聚合物 (表 1-2)，天然高分子多属于这一类。这类聚合物都有特征基团，如醚键 (—O—)、酯键 (—OCO—)、酰胺键 (—NHCO—) 等。

(3) 元素有机聚合物 (半有机高分子)　大分子主链中没有碳原子，主要由硅、硼、铝和氧、氮、硫、磷等原子组成，但侧基多半是有机基团，如甲基、乙基、乙烯基、苯基等。聚硅氧烷 (有机硅橡胶) 是典型的例子 (见表 1-2)。

如果主链和侧基均无碳原子，则称为无机高分子，硅酸盐类属之。

1.2.2　聚合物的命名

聚合物常按单体来源来命名，所谓单体来源命名法。有时也会有商品名。1972 年，国际纯化学和应用化学联合会 (IUPAC) 对线形聚合物提出了结构系统命名法。

(1) 单体来源命名法　聚合物名称常以单体名为基础。烯类聚合物以烯类单体名前冠以"聚"字来命名，例如乙烯、氯乙烯的聚合物分别称为聚乙烯、聚氯乙烯。表 1-1 中的聚合物都按这种方法命名。

由两种单体合成的共聚物，常摘取两单体的简名，后缀"树脂"两字来命名，例如苯酚和甲醛的缩聚物称为酚醛树脂。这类产物的形态类似天然树脂，因此有合成树脂之统称。目前已扩展到将未加有助剂的聚合物粉料和粒料也称为合成树脂。合成橡胶往往从共聚单体中各取一字，后缀"橡胶"二字来命名，如丁 (二烯) 苯 (乙烯) 橡胶、乙 (烯) 丙 (烯) 橡胶等。

杂链聚合物还可以进一步按其特征结构来命名，如聚酰胺、聚酯、聚碳酸酯、聚砜等。这些都代表一类聚合物，具体品种另有专名，如聚酰胺中的己二胺和己二酸的缩聚物学名为聚己二酰己二胺，国外商品名为尼龙-66 (聚酰胺-66)。尼龙后的前一数字代表二元胺的碳原子数，后一数字则代表二元酸的碳原子数；如只有一位数，则代表氨基酸的碳原子数，如尼龙-6 (锦纶) 是己内酰胺或氨基己酸的聚合物。我国习惯以"纶"字作为合成纤维商品名的后缀字，如聚对苯二甲酸乙二醇酯称涤纶，聚丙烯腈称腈纶，聚乙烯醇纤维称维尼纶等，其他如丙纶、氯纶则代表聚丙烯纤维、聚氯乙烯纤维。

表 1-1 碳链聚合物

聚合物	符号	重复单元	单体	玻璃化温度 $T_g/℃$	熔点 $T_m/℃$
聚乙烯	PE	—CH₂—CH₂—	CH₂=CH₂	−125	线形 135
聚丙烯	PP	—CH₂—CH— CH₃	CH₂=CH— CH₃	−10	全同 176
聚异丁烯	PIB	CH₃ —CH₂—C— CH₃	CH₃ CH₂=C— CH₃	−73	44
聚苯乙烯	PS	—CH₂—CH— C₆H₅	CH₂=CH— C₆H₅	95(100)	全同 240
聚氯乙烯	PVC	—CH₂—CH— Cl	CH₂=CH— Cl	81	
聚偏氯乙烯	PVDC	Cl —CH₂—C— Cl	Cl CH₂=C— Cl	−17	198
聚氟乙烯	PVF	—CH₂—CH— F	CH₂=CH— F	−20	200
聚四氟乙烯	PTFE	—CF₂—CF₂—	CF₂=CF₂		327
聚三氟氯乙烯	PCTFE	—CF₂—CF— Cl	CF₂=CF— Cl	45	219
聚丙烯酸	PAA	—CH₂—CH— COOH	CH₂=CH— COOH	106	
聚丙烯酰胺	PAM	—CH₂—CH— CONH₂	CH₂=CH— CONH₂	6	
聚丙烯酸甲酯	PMA	—CH₂—CH— COOCH₃	CH₂=CH— COOCH₃	10	
聚甲基丙烯酸甲酯	PMMA	CH₃ —CH₂—C— COOCH₃	CH₃ CH₂=C— COOCH₃	105	
聚丙烯腈	PAN	—CH₂—CH— CN	CH₂=CH— CN	97	317
聚醋酸乙烯酯	PVAc	—CH₂—CH— OCOCH₃	CH₂=CH— OCOCH₃	28	
聚乙烯醇	PVA	—CH₂—CH— OH	CH₂=CH 假想 OH	85	258
聚乙烯基烷基醚		—CH₂—CH— OR	CH₂=CH— OR	−25	85
聚丁二烯	PB	—CH₂CH=CHCH₂—	CH₂=CHCH=CH₂	−108	2
聚异戊二烯	PIP	—CH₂C(CH₃)=CHCH₂—	CH₂=C(CH₃)CH=CH₂	−73	
聚氯丁二烯	PCP	—CH₂CCl=CH=CH₂—	CH₂=CClCH=CH₂		

表 1-2 杂链和元素有机高分子

类型	聚合物	结构单元	单体	T_g/℃	T_m/℃
聚醚 —O—	聚甲醛	—OCH$_2$—	H$_2$CO 或(H$_2$CO)$_3$	−82	175
	聚环氧乙烷	—OCH$_2$CH$_2$—	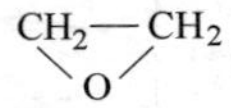 CH$_2$—CH$_2$（环氧乙烷）	−67	66
	聚双（氯甲基）丁氧环	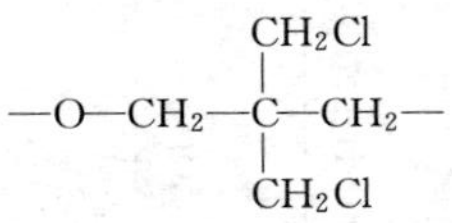 —O—CH$_2$—C(CH$_2$Cl)$_2$—CH$_2$—	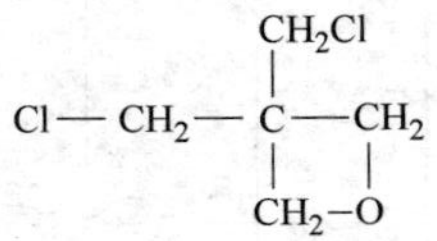 Cl—CH$_2$—C(CH$_2$Cl)$_2$—CH$_2$—O—CH$_2$—O	10	
	聚苯醚	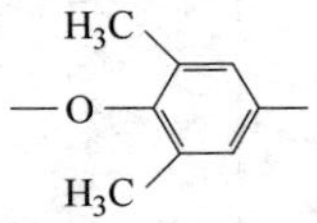 —O—〔2,6-(CH$_3$)$_2$C$_6$H$_2$〕—	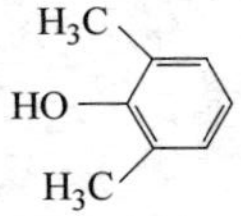 2,6-二甲基苯酚	220	480
	环氧树脂	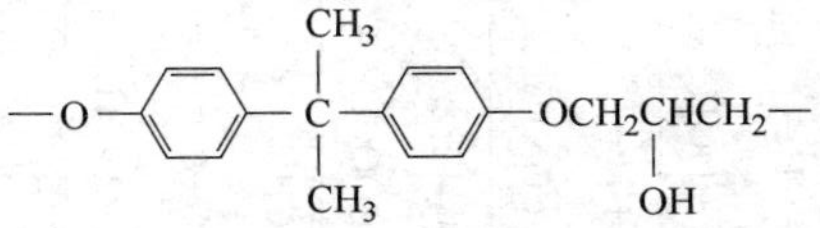 —O—C$_6$H$_4$—C(CH$_3$)$_2$—C$_6$H$_4$—OCH$_2$CHCH$_2$(OH)	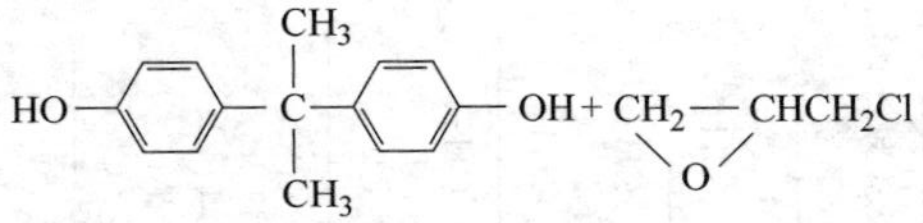 HO—C$_6$H$_4$—C(CH$_3$)$_2$—C$_6$H$_4$—OH + CH$_2$—CHCH$_2$Cl		
	涤纶树脂	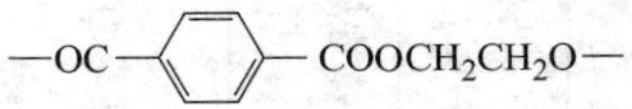 —OC—C$_6$H$_4$—COOCH$_2$CH$_2$O—	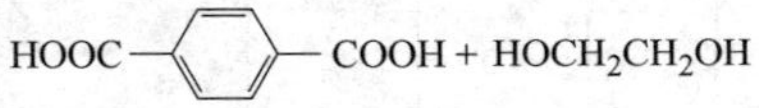 HOOC—C$_6$H$_4$—COOH + HOCH$_2$CH$_2$OH	69	267
聚酯 —OCO—	聚碳酸酯	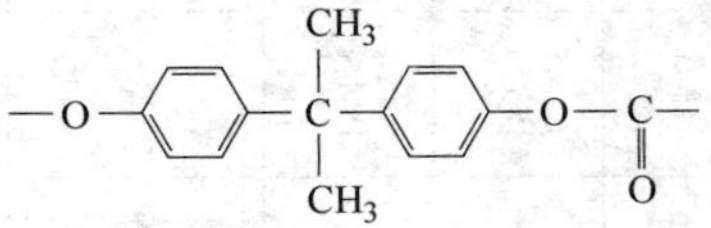 —O—C$_6$H$_4$—C(CH$_3$)$_2$—C$_6$H$_4$—O—CO—	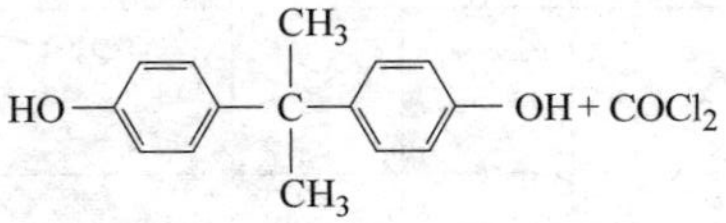 HO—C$_6$H$_4$—C(CH$_3$)$_2$—C$_6$H$_4$—OH + COCl$_2$	149	265
	不饱和聚酯	—OCH$_2$CH$_2$OCOCH=CHCO—	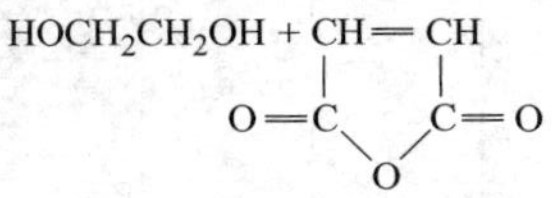 HOCH$_2$CH$_2$OH + CH=CH（酸酐）		

类型	聚合物	结构单元	单体	$T_g/℃$	$T_m/℃$
聚酯 —OCO—	醇酸树脂	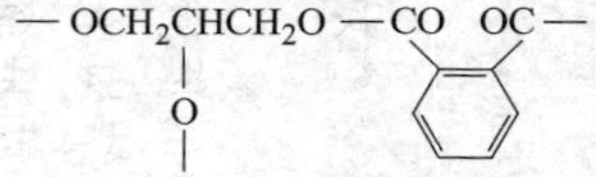 $—OCH_2CHCH_2O—CO\quad OC—$ (邻苯二甲酸酯结构)	$HOCH_2CHOHCH_2OH+C_6H_4(CO)_2O$		
聚酰胺 —NHCO—	尼龙-66	$—HN(CH_2)_6NHOC(CH_2)_4CO—$	$H_2N(CH_2)_6NH_2+HOOC(CH_2)_4COOH$	50	
	尼龙-6	$—HN(CH_2)_5CO—$	$HN(CH_2)_5CO$	49	228
聚氨酯 —NHCOO—		$—O(CH_2)_2O—CNH(CH_2)_6NHC—$ (两个 =O)	$HO(CH_2)_2O+OCN(CH_2)_6NCO$		
聚脲 —NHCONH—		$—NH(CH_2)_6NH—CNH(CH_2)_6NHC—$ (两个 =O)	$NH_2(CH_2)_6NH_2+OCN(CH_2)_6NCO$		
聚砜 —SO₂—	双酚 A 聚砜	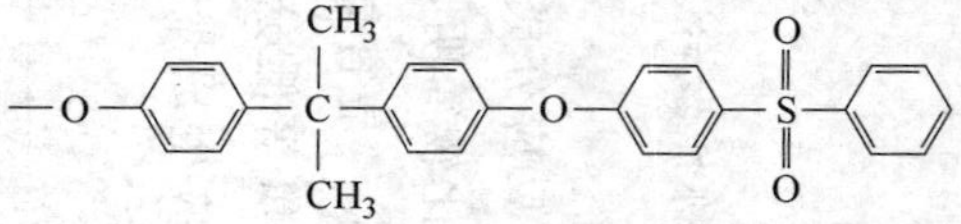 双酚A与二苯砜醚结构单元	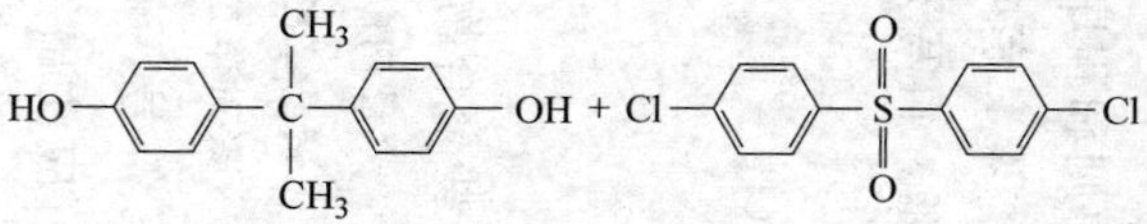 双酚A $+$ Cl—C₆H₄—SO₂—C₆H₄—Cl	195	
酚醛	酚醛树脂	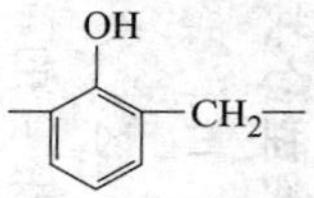 邻羟基苄基结构 (—OH, —CH₂—)	$C_6H_5OH+HCHO$		
脲醛	脲醛树脂	$—NHCNH—CH_2—$ (=O)	$CO(NH_2)_2+HCHO$		
聚硫	聚硫橡胶	$—CH_2CH_2—S—S—$ (S, S)	$ClCH_2CH_2Cl+Na_2S_4$	-50	
聚硅氧烷 —OSiR₂—	硅橡胶	$—O—Si(CH_3)_2—$	$Cl—Si(CH_3)_2—Cl$	-123	205

5

有些聚合物按单体名来命名容易引起混淆，例如结构式为 $\leftarrow OCH_2CH_2 \xrightarrow{}_n$ 的聚合物，可从环氧乙烷、乙二醇、氯乙醇或氯甲醚来合成，只因为环氧乙烷单体最常用，故通常称作聚环氧乙烷。按结构，应称作聚氧乙烯。

（2）结构系统命名法　为了作出更严格的科学系统命名，国际纯化学和应用化学联合会（IUPAC）对线形聚合物提出下列命名原则和程序：先确定重复单元结构，继排好其中次级单元次序，给重复单元命名，最后冠以"聚"字，就成为聚合物的名称。写次级单元时，先写侧基最少的元素，继写有取代的亚甲基，再写无取代的亚甲基。这一次序与习惯写法有些不同，现举 4 例如下：

$$-CHCH_2- \qquad -CH=CHCH_2CH_2- \qquad -O-CHCH_2- \qquad -CHCH_2-$$
$$\quad|\qquad\qquad\qquad\qquad\qquad\qquad\qquad\qquad\qquad| \qquad\qquad\qquad\quad|$$
$$\;Cl \qquad\qquad\qquad\qquad\qquad\qquad\qquad\qquad\quad F \qquad\qquad\quad COOCH_3$$

系统命名：聚 1-氯代亚乙基　　聚 1-亚丁烯基　　聚氧化 1-氟代亚乙基　　聚［1-（甲氧羰基）亚乙基］

习惯命名：聚氯乙烯　　　　　聚丁二烯　　　　　聚氧化氟乙烯　　　　　聚丙烯酸甲酯

IUPAC 系统命名法比较严谨，但有些聚合物，尤其是缩聚物的名称过于冗长，例如：

$$\leftarrow NH(CH_2)_5CO \xrightarrow{}_n \qquad\qquad 聚己内酰胺 \qquad\qquad 聚［亚氨基（1-氧代己基）］$$

$$\leftarrow NH(CH_2)_6NHOC(CH_2)_4CO \xrightarrow{}_n \qquad 聚己二酰己二胺 \qquad 聚（亚氨基己基亚氨基己二酰）$$

$$\leftarrow O(CH_2)_2OOCC_6H_4CO \xrightarrow{}_n \qquad 聚对苯二甲酸乙二醇酯 \qquad 聚（氧亚乙基氧对苯二甲酰）$$

为方便起见，许多聚合物都有缩写符号，例如聚甲基丙烯酸甲酯的符号为 PMMA。书刊中第一次出现比较不常用符号时，应注出全名。在学术性比较强的论文中，虽然并不反对使用能够反映单体结构的习惯名称，但鼓励尽量使用系统命名，并不希望用商品俗名。

1.3　聚合反应

由低分子单体合成聚合物的反应总称作聚合。聚合反应有两种重要分类方案。

1.3.1　按单体结构和反应类型分类

按单体结构和反应类型，可将聚合反应分成三大类：①官能团间的缩聚；②双键的加聚；③环状单体的开环聚合。这一分类比较简明，目前仍在沿用。

（1）缩聚　缩聚是缩合聚合的简称，是官能团单体多次缩合成聚合物的反应，除形成缩聚物外，还有水、醇、氨或氯化氢等低分子副产物产生，缩聚物的结构单元要比单体少若干原子，己二胺和己二酸反应生成聚己二酰己二胺（尼龙-66）就是缩聚的典型例子。

$$nH_2N(CH_2)_6NH_2 + nHOOC(CH_2)_4COOH \longrightarrow H\leftarrow NH(CH_2)_6NHOC(CH_2)_4CO \xrightarrow{}_n OH + (2n-1)H_2O$$

聚酯、聚碳酸酯、酚醛树脂、脲醛树脂等都由缩聚而合成，详见表 1-2。

（2）加聚　烯类单体 π 键断裂而后加成聚合起来的反应称作加聚反应，产物称作加聚物，氯乙烯加聚成聚氯乙烯就是例子。加聚物结构单元的元素组成与其单体相同，仅仅是电子结构有所变化，因此加聚物的分子量是单体分子量的整数倍，如式(1-1)。

$$n\,CH_2=CH \longrightarrow \leftarrow CH_2CH \xrightarrow{}_n$$
$$\qquad\qquad|\qquad\qquad\qquad\qquad\quad|$$
$$\qquad\quad Cl \qquad\qquad\qquad\qquad Cl$$

烯类加聚物多属于碳链聚合物，详见表 1-1。单烯类聚合物（如聚苯乙烯）为饱和聚合物，而双烯类聚合物（如聚异戊二烯）大分子中则留有双键，可进一步反应。

（3）开环聚合　环状单体 σ 键断裂后而聚合成线形聚合物的反应称作开环聚合。杂环开环聚合物是杂链聚合物，其结构类似缩聚物；反应时无低分子副产物产生，又有点类似加聚。例如环氧乙烷开环聚合成聚氧乙烯，己内酰胺开环聚合成聚酰胺-6（尼龙-6）。

$$n\text{CH}_2\!-\!\text{CH}_2 \longrightarrow \quad\text{\textbar OCH}_2\text{CH}_2\text{\textbar}_n$$
$$\overset{\diagdown}{}\overset{O}{}\overset{\diagup}{}$$

环氧乙烷 聚氧乙烯

$$n\text{HN(CH}_2)_5\text{CO} \longrightarrow \text{\textbar HN(CH}_2)_5\text{CO\textbar}_n$$

己内酰胺 聚酰胺-6

除以上三大类之外，还有多种聚合反应，如聚加成、消去聚合、异构化聚合等。

聚加成
$$n\text{HO(CH}_2)_4\text{OH} + n\text{O}\!=\!\text{C}\!=\!\text{N(CH}_2)_6\text{N}\!=\!\text{C}\!=\!\text{O} \xrightarrow{\text{分子间转移}} \text{\textbar O(CH}_2)_4\text{OOCNH(CH}_2)_6\text{NHCO\textbar}_n$$

丁二醇 二异氰酸己酯 聚氨酯

消去反应
$$n\text{CH}_2\text{N}_2 \xrightarrow[\text{加热}]{\text{BF}_3} \text{\textbar CH}_2\text{\textbar}_n + n\text{N}_2$$

异构化聚合
$$n\text{CH}_2\!=\!\text{CH} \xrightarrow{\text{分子内转移}} \text{\textbar CH}_2\text{CH}_2\text{CONH\textbar}_n$$
$$\overset{|}{\text{CONH}_2}$$

丙烯酰胺 聚酰胺-3

这些聚合反应很难归入上述分类方案中去，待发展到足够程度，再来考虑归属问题。

1.3.2 按聚合机理分类

20 世纪中叶，Flory 根据机理和动力学，将聚合反应另分成逐步聚合和连锁聚合两大类。这两类聚合反应的转化率和聚合物分子量随时间的变化均有很大的差别。个别聚合反应可能介于两者之间。

（1）逐步聚合 多数缩聚和聚加成反应都属于逐步聚合，其特征是低分子转变成高分子在缓慢逐步进行，每步反应的速率和活化能大致相同。两单体分子反应，形成二聚体；二聚体与单体反应，形成三聚体；二聚体相互反应，则成四聚体。反应早期，单体很快聚合成二、三、四聚体等低聚物。短期内单体转化率就很高，反应基团的转化率却很低。随后，低聚物间继续相互缩聚，分子量缓慢增加，直至基团转化率很高（＞98％）时，分子量才达到较高的数值，如图 1-1 中的曲线 3。在逐步聚合过程中，体系由单体和分子量递增的系列中间产物组成。

（2）连锁聚合 多数烯类单体的加聚反应属于连锁机理。连锁聚合需要活性中心，活性中心可以是自由基、阴离子或阳离子，因此而有自由基聚合、阴离子聚合和阳离子聚合。连锁聚合过程由链引发、增长、终止等基元反应组成，各基元反应的速率和活化能差别很大。链引发是活性中心的形成，活性中心与单体加成，使链迅速增长，活性中心的破坏就是链终止。自由基聚合过程中，分子量变化不大，如图 1-1 曲线 1；除微量引发剂外，体系始终由单体和高分子量聚合物组成，没有分子量递增的中间产物；转化率却随时间而增加，单体则相应减少。活性阴离子聚合的特征是分子量随转化率而线性增加，如图 1-1 曲线 2。

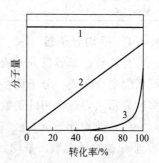

图 1-1 分子量-转化率关系图
1—自由基聚合；2—活性
阴离子聚合；3—缩聚反应

根据聚合机理特征，可以按照不同规律来控制聚合速率、分子量等重要指标。

本书将按照聚合机理的分类方案，依次介绍各种聚合反应的基本规律和特征。

1.4 分子量及其分布

聚合物主要用作材料，强度是材料的基本要求，而分子量则是影响强度的重要因素。因此，在聚合物合成和成型中，分子量总是评价聚合物的重要指标。

低分子物和高分子物的分子量并无明确的界限。低分子物的分子量一般在1000以下，而高分子多在10000以上，其间是过渡区，如表1-3。

表1-3 低分子物和高分子物的分子量

名　　称	分子量	碳原子数	分子长度/nm
甲烷	16	1	0.125
低分子	<1000	$1\sim10^2$	$0.1\sim10$
过渡区	$10^3\sim10^4$	$10^2\sim10^3$	$10\sim100$
高分子	$10^4\sim10^6$	$10^3\sim10^5$	$100\sim10000$

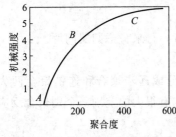

图1-2 聚合物强度-分子量关系

聚合物强度随分子量而增加，如图1-2。A点是初具强度的最低分子量，以千计。但非极性和极性聚合物的A点最低聚合度有所不同，如聚酰胺约40，纤维素60，乙烯基聚合物则在100以上。A点以上的强度随分子量而迅速增加，到临界点B后，强度变化趋缓。C点以后，强度不再显著增加。关于B点的聚合度，聚酰胺约150，纤维素250，乙烯基聚合物则在400以上。常用缩聚物的聚合度约$100\sim200$，而烯类加聚物则在$500\sim1000$以上，相当于分子量2万～30万，天然橡胶和纤维素超过此值。常用聚合物的分子量如表1-4。

表1-4 常用聚合物的分子量

塑料	分子量/万	纤维	分子量/万	橡胶	分子量/万
高密度聚乙烯	$6\sim30$	涤纶	$1.8\sim2.3$	天然橡胶	$20\sim40$
聚氯乙烯	$5\sim15$	尼龙-66	$1.2\sim1.8$	丁苯橡胶	$15\sim20$
聚苯乙烯	$10\sim30$	维尼纶	$6\sim7.5$	顺丁橡胶	$25\sim30$
聚碳酸酯	$2\sim6$	纤维素	$50\sim100$	氯丁橡胶	$10\sim12$

1.4.1 平均分子量

与乙醇、苯等低分子或酶一类的生物高分子不同，同一聚合物试样往往由分子量不等的同系物混合而成，分子量存在一定的分布，通常所指的分子量是平均分子量。平均分子量有多种表示法，最常用的是数均分子量和重均分子量。

（1）数均分子量 $\overline{M}_n$　通常由渗透压、蒸气压等依数性方法测定，其定义是某体系的总质量m被分子总数所平均。

$$\overline{M}_n \equiv \frac{m}{\sum n_i} = \frac{\sum n_i M_i}{\sum n_i} = \frac{\sum m_i}{\sum (m_i/M_i)} = \sum x_i M_i \qquad (1-2)$$

低分子量部分对数均分子量有较大的贡献。

（2）重均分子量 $\overline{M}_w$　通常由光散射法测定，其定义如下：

$$\overline{M}_w = \frac{\sum m_i M_i}{\sum m_i} = \frac{\sum n_i M_i^2}{\sum n_i M_i} = \sum w_i M_i \qquad (1-3)$$

高分子量部分对重均分子量有较大的贡献。

以上两式中 N_i、m_i、M_i 分别代表 i 聚体的分子数、质量和分子量。对所有大小的分子，即从 $i=1$ 到 $i=\infty$ 作加和。

凝胶渗透色谱可以同时测得数均分子量和重均分子量。

（3）粘均分子量 $\overline{M}_\text{v}$ 聚合物分子量经常用粘度法来测定，因此有粘均分子量。

$$\overline{M}_\text{v} = \Big(\frac{\sum m_i M_i^\alpha}{\sum m_i}\Big)^{1/\alpha} = \Big(\frac{\sum n_i M_i^{\alpha+1}}{\sum n_i M_i}\Big)^{1/\alpha} \tag{1-4}$$

式中，α 是高分子稀溶液特性粘度-分子量关系式（$[\eta]=KM^\alpha$）中的指数，一般在 $0.5\sim$ 0.9 之间。三种分子量大小依次为：$\overline{M}_\text{w}>\overline{M}_\text{v}>\overline{M}_\text{n}$。作深入研究时，还会出现 Z 均分子量。

1.4.2 分子量分布

合成聚合物总存在有一定的分子量分布，常称作多分散性。分布有两种表示方法。

（1）分子量分布指数 其定义为 $\overline{M}_\text{w}/\overline{M}_\text{n}$ 的比值，可用来表征分布宽度。均一分子量，$\overline{M}_\text{w}=\overline{M}_\text{n}$，即 $\overline{M}_\text{w}/\overline{M}_\text{n}=1$。合成聚合物分布指数可在 $1.5\sim2.0$ 至 $20\sim50$ 之间，随合成方法而定。比值愈大，则分布愈宽，分子量愈不均一。

（2）分子量分布曲线 如图 1-3，横坐标上注有 $\overline{M}_\text{n}$、$\overline{M}_\text{v}$、$\overline{M}_\text{w}$ 的相对大小。数均分子量处于分布曲线顶峰附近，近于最可几平均分子量。

平均分子量相同，其分布可能不同，因为同分子量部分所占的百分比不一定相等。

分子量分布也是影响聚合物性能的重要因素。低分子部分将使聚合物固化温度和强度降低，分子量过高又使塑化成型困难。不同高分子材料应有合适的分子量分布，合成纤维的分子量分布宜窄，而合成橡胶的分子量分布不妨较宽。

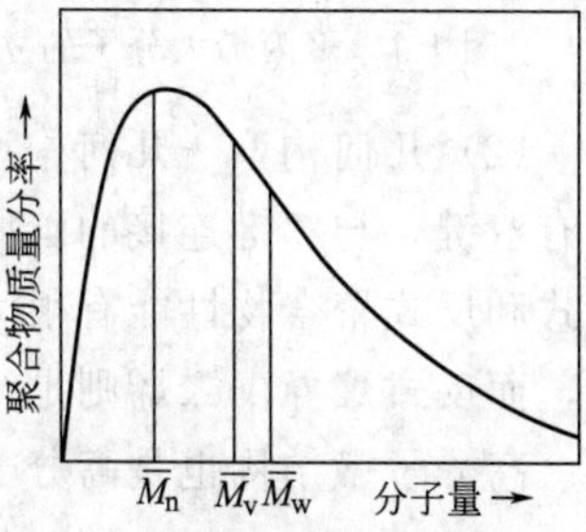

图 1-3 分子量分布典型曲线

控制分子量和分子量分布是高分子合成的重要任务。

1.5 大分子微结构

大分子具有多层次微结构，由结构单元及其键接方式引起，包括结构单元的本身结构、结构单元相互键接的序列结构、结构单元在空间排布的立体构型等。

结构单元由共价键重复键接成大分子。共价键的特点是键能大（$130\sim630\text{kJ}\cdot\text{mol}^{-1}$），原子间距离短（$0.11\sim0.16\text{nm}$），两键间夹角基本一定，例如碳—碳键角为 $109°28'$。

线形大分子内结构单元间可能有多种键接方式，乙烯基聚合物以头尾键接为主，杂有少量头头或尾尾键接。以聚氯乙烯大分子为例：

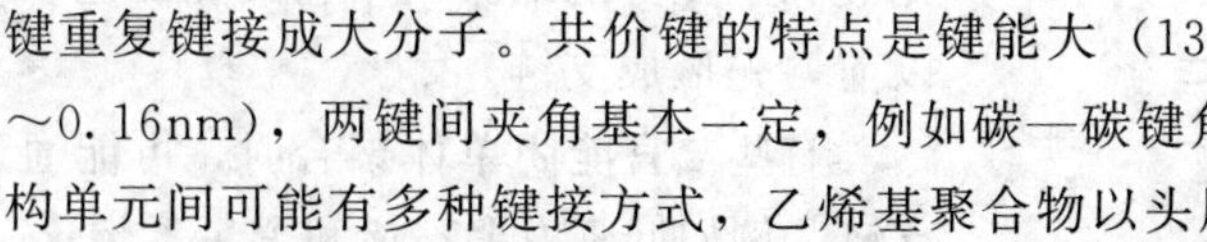

$$\sim\sim\text{CH}_2\text{CH}\underset{\text{Cl}}{\,}-\text{CH}_2\text{CH}\underset{\text{Cl}}{\,}\overset{\text{头尾}}{-}\text{CH}_2\text{CH}\underset{\text{Cl}}{\,}\overset{\text{头头}}{-}\text{CHCH}_2\underset{\text{Cl}}{\,}\overset{\text{尾尾}}{-}\text{CH}_2\text{CH}\underset{\text{Cl}}{\,}-\text{CH}_2\text{CH}\sim\sim$$

两种或多种单体共聚时，结构单元间键接的序列结构将有更多的变化。

大分子链上结构单元中的取代基在空间可能有不同的排布方式，形成多种立体构型，主要有手性构型和几何构型两类。

（1）手性构型　聚丙烯中的叔碳原子具有手性特征，甲基在空间的排布方式如图1-4。为说明方便起见，将主链拉直成锯齿形，排在一平面上，如甲基R全部处在平面的上方，则形成全同（等规）构型；R如规则相间地处于平面的两侧，则形成间同（间规）构型；如甲基无规排布在平面的两侧，则成无规构型。R基团不能因绕主链的碳—碳键旋转而改变构型。上述3种构型聚丙烯，性能差别很大。聚合物的立体构型主要由引发体系来控制。

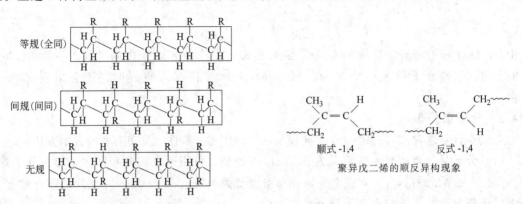

图1-4　聚丙烯大分子的立体异构现象

（2）几何构型　几何构型是大分子链中的双键引起的。丁二烯类1,4-加成聚合物主链中有双键，与双键连接的碳原子不能绕主链旋转，因此形成了顺式和反式两种几何异构体。顺式和反式聚合物性能有很大的差异，例如顺式聚异戊二烯（或天然橡胶）是性能优良的橡胶，而反式聚异戊二烯则是半结晶的塑料。

高分子微结构也是高分子合成中需要研究和控制的内容。

1.6　线形、支链形和交联

大分子中结构单元可键接成线形，还可能发展成支链形和交联，简示如图1-5。线形聚合物可能带有侧基，侧基并不能称作支链。图中支链仅仅是简单的示意图，实际上，还可能有星形、梳形、树枝形等更复杂的结构。

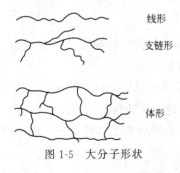

图1-5　大分子形状

形成线形大分子的单体只有两个官能团，如缩聚中的二元醇和二元酸，加聚反应中烯类的π键，开环聚合中杂环的单键。含两个以上官能团的单体聚合，可能形成交联，如二元酸和三元醇的缩聚，苯乙烯和二乙烯基苯的共聚。在交联以前，先形成支链。

有些二官能团单体聚合时，可能通过链转移反应而产生支链，例如低密度聚乙烯和聚氯乙烯；有些甚至进一步交联，如转化率在60%～62%以上的丁苯橡胶。有时还有目的地在大分子链上接上另一结构的支链，形成接枝共聚物，使其具有两种结构单元的双重性能。

线形或支链形大分子以物理力聚集成聚合物，可溶于适当溶剂中；加热时可熔融塑化，冷却时则固化成型，这类聚合物就称作热塑性聚合物，聚乙烯、聚氯乙烯、聚苯乙烯、涤纶、尼龙等都属于热塑性。支链形聚合物不容易结晶，高度支链甚至难溶解，只能溶胀。

交联聚合物可以看作许多线形大分子由化学键连接而成的体形结构。交联程度浅的网状结构，受热时尚可软化，但不熔融；适当溶剂可使溶胀，但不溶解。交联程度深的体形结构，受热时不再软化，也不易被溶剂所溶胀，而成刚性固体。除无规体形结构外，还可以有多种规整的特殊结构，如梯形、稠环片状（如石墨）、三度稠环（如金刚石）等。

不少聚合物，如酚醛树脂、脲醛树脂、醇酸树脂等，在树脂合成阶段，需控制原料配比和反应条件，使停留在线形或少量支链的低分子预聚物阶段。成型时，经加热再使预聚物中潜在官能团继续反应成交联结构而固化。这类聚合物则称作热固性聚合物。天然橡胶、丁苯橡胶等原来都是线形高聚物，加工时，再加入适当交联剂（如硫或有机硫），使交联成体形聚合物。交联程度不深时，具有良好的高弹性，却消除了大分子间的相互滑移和永久形变。高度交联的聚合物则呈刚性，尺寸稳定，如硬橡皮和酚醛塑料制品。

1.7 聚集态和热转变

单体以结构单元的形式通过共价键连接成大分子，大分子链再以次价键聚集成聚合物。与共价键（$130 \sim 630 kJ \cdot mol^{-1}$）相比，分子间的次价键物理力（约 $8.4 \sim 42 kJ \cdot mol^{-1}$）要弱得多，分子间的距离（$0.3 \sim 0.5 nm$）比分子内原子间的距离（$0.11 \sim 0.16 nm$）也要大得多。

1.7.1 聚集态结构

聚合物的聚集态将涉及固态结构多方面的行为和性能，如混合、相分离、结晶和其他相转变等行为，影响强度、弹性、大分子取向等的因素，温度和溶剂对这些行为和性能的影响，以及气、液、离子透过聚合物膜的传递行为。分子结构和聚集态结构将从不同层次上影响这些行为。

聚合物聚集态可以粗分成非晶态（无定形态）和晶态两类。许多聚合物处于非晶态；有些部分结晶，有些高度结晶，但结晶度很少到达 100%。聚合物的结晶能力与大分子微结构有关，涉及规整性、分子链柔性、分子间力等。结晶程度还受拉力、温度等条件的影响。

线形聚乙烯分子结构简单规整，易紧密排列成结晶，结晶度可高达 90% 以上；带支链的聚乙烯结晶度就低得多（$55\% \sim 65\%$）。聚四氟乙烯结构与聚乙烯相似，结构对称而不呈现极性，氟原子也较小，容易紧密堆砌，结晶度高。

聚酰胺-66 分子结构与聚乙烯有点相似，但酰胺键分子间有较强的氢键，反而有利于结晶。涤纶树脂分子结构并不复杂，也比较规整，但其中苯环赋予分子链一定的刚性，且无强极性基团，结晶就比较困难，需在适当的温度下经过拉伸才达到一定的结晶程度。

聚氯乙烯、聚苯乙烯、聚甲基丙烯酸甲酯等带有体积较大的侧基，分子难以紧密堆砌，而呈非晶态。

天然橡胶和有机硅橡胶分子中含有双键或醚键，分子链柔顺，在室温下处于无定形的高弹状态。如温度适当，经拉伸，则可规则排列而暂时结晶；但拉力一旦去除，规则排列不能维持，立刻恢复到原来的完全无序状态。

还有一类结构特殊的液晶高分子。这类晶态高分子受热熔融（热致性）或被溶剂溶解（溶致性）后，失去了固体的刚性，转变成液体，但其中晶态分子仍保留着有序排列，呈各向异性，形成兼有晶体和液体双重性质的过渡状态，称为液晶态。

1.7.2 玻璃化温度和熔点

无定形和结晶热塑性聚合物低温时都呈玻璃态，受热至某一较窄（$2 \sim 5℃$）温度，则转变成橡胶态或柔韧的可塑状态，这一转变温度称作玻璃化温度 T_g，代表链段能够运动或主链中价键能扭转的温度。晶态聚合物继续受热，则出现另一热转变温度——熔点 T_m，这代表整个大分子容易分离的温度。

分子量是表征大分子的重要参数，而 T_g 和 T_m 则是表征聚合物聚集态的重要参数。

玻璃化温度可在膨胀计内由聚合物比容-温度曲线的斜率变化求得，如图1-6。在 T_g 以下，聚合物处于玻璃态，性脆，粘度大，链段（运动单元）运动受到限制，比体积随温度的变化率小，即曲线起始斜率较小。T_g 以上，聚合物转变成高弹态，链段能够比较自由地运动，比体积随温度的变化率变大。由曲线转折处或两直线延长线的交点，即可求得 T_g。

T_g 也可用热机械曲线仪来测定。测定原理是试样在一定荷重下加热升温，观察形变随温度的变化，结果如图1-7。初始，形变随温度的变化较小，即曲线斜率较小，处于玻璃态。准备进入高弹态时，形变迅速增大，进入高弹态后，形变变化又趋平。转折温度就定为玻璃化温度。如继续升温，形变又迅速变大，进入粘流态；从高弹态到粘流态的转折温度定义为粘流温度。玻璃态、高弹态、粘流态是聚合物所特有的力学行为，力学行为中的应力、应变、时间、温度四变量互有关系。

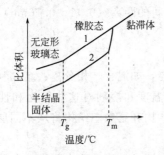

图1-6　无定形和部分结晶聚合物
比体积与温度的关系

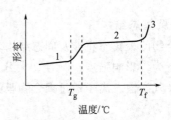

图1-7　聚合物形变-温度曲线
1—玻璃态；2—高弹态；3—粘流态

无定形、结晶性和液晶高分子受热变化行为有所不同，比较如图1-8。

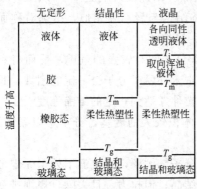

图1-8　无定形、结晶性和
液晶高分子的比较

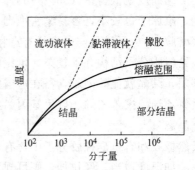

图1-9　部分结晶聚合物的熔融曲线

在玻璃化温度以上，无定形聚合物先从硬的橡胶慢慢转变成软的、可拉伸的弹性体，再转变成胶状，最后成为液体，每一转变都是渐变过程，并无突变。而结晶聚合物的行为却有所不同，在玻璃化温度以上，熔点以下，一直保持着橡胶高弹态或柔韧状态，熔点以上，直接液化。晶态聚合物往往结晶不完全，存在缺陷，加上分子量有一定的分布，因此有一熔融温度范围，并不显示一定熔点。聚合物熔点随分子量的变化见图 1-9。开始阶段，聚合物熔点随分子量而增加，然后趋向平缓，接近定值。

液晶高分子除了有玻璃化温度和熔点之外，还有清亮点 T_i。固态液晶加热至一定温度（熔点），先转变成能流动的浑浊液晶相，继续升高至另一临界温度，液晶相消失，转变成透明的液体，这一转变温度就定义为清亮点 T_i。清亮点的高低可用来评价液晶的稳定性。

玻璃化温度和熔点可用来评价聚合物的耐热性。塑料处于玻璃态或部分晶态，玻璃化温度是非晶态聚合物的使用上限温度，熔点则是晶态聚合物的使用上限温度。实际使用时，将处于 T_g 或 T_m 以下一段温度。对于非晶态塑料，一般 T_g 要求比室温高 50～75℃；对于晶态塑料，则可以 T_g 低于室温，而 T_m 高于室温。橡胶处于高弹态，玻璃化温度为其使用下限温度，实际上也高于 T_g 的一段温度使用。一般其 T_g 需比室温低 75℃。大部分合成纤维是结晶性聚合物，如尼龙、涤纶、维尼纶、丙纶等，其 T_m 往往比室温高 150℃以上，便于烫熨。也有非晶态纤维，如腈纶、氯纶等，但其分子排列多少有一定规整和取向。一般液晶高分子的熔点比较高，例如大于 250～300℃，清亮点更高。

在大分子中引入芳杂环、极性基团和交联是提高玻璃化温度和耐热性的三大重要措施。

在高分子合成阶段，除了分子量和微结构外，T_g 和 T_m 也是表征聚合物的必要参数。

1.8　高分子材料和力学性能

合成树脂和塑料、合成纤维、合成橡胶统称为三大合成（高分子）材料，涂料和胶粘剂不过是合成树脂的某种应用形式。从用途上考虑，则可将合成材料分为结构材料和功能材料两大类。力学性能固然是结构材料的必要条件，即使是功能材料，除了突出功能以外，对机械强度也有一定的要求。

聚合物力学性能可以用拉伸试验的应力-应变曲线（图1-10）中四个重要参数来表征。

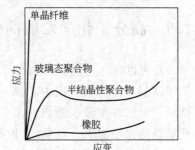

图 1-10　聚合物的应力-应变曲线

① 弹性模量。代表物质的刚性，对变形的阻力，以起始应力除以相对伸长率来表示，即应力-应变曲线的起始斜率。

② 拉伸强度。使试样破坏的应力（$N \cdot cm^{-2}$）。

③（最终）断裂伸长率（％）。

④ 高弹伸长率。以可逆伸长程度来表示。

分子量、热转变温度（玻璃化温度和熔点）、微结构、结晶度往往是聚合物合成阶段需要表征的参数，而力学性能则是聚合物成型制品的质量指标，与上述参数密切相关。一般极性、结晶度、玻璃化温度愈高，则机械强度也愈大，而伸长率则较小。

橡胶、纤维、软硬塑料的结构和性能有很大的差别，可从应力-应变曲线上看出。

（1）橡胶　橡胶具有高弹性，很小的作用力就能产生很大的形变（500％～1000％），外力除去后，能立刻恢复原状。橡胶类往往是非极性非晶态的聚合物，分子链柔性大，玻璃化温度低（例如-55～-120℃），室温下处于卷曲状态，拉伸时伸长，有序性增加，减熵。除去应力后，增熵而回缩。少量交联可以防止大分子滑移。拉伸起始弹性模量小（＜70N·cm^{-2}），拉伸后诱导结晶，将使模量和强度增高。伸长率 400％时，强度可增至 1500

$N \cdot cm^{-2}$；伸长率 500％时为 $2000N \cdot cm^{-2}$。

（2）纤维　与橡胶相反，纤维不易变形，伸长率小（<10％～50％），模量（>35000N·cm^{-2}）和拉伸强度（>35000N·cm^{-2}）都很高。纤维用聚合物往往带有一些极性基团，以增加次价力，并有较高的结晶能力，拉伸可以提高结晶度。纤维的熔点应该在 200℃ 以上，以利热水洗涤和烫熨，但不宜高于 300℃，以便熔融纺丝。纤维用聚合物应能溶于适当溶剂中，以便溶液纺丝，但不应溶于干洗溶剂中。纤维用聚合物的 T_g 应适中，过高，不利于拉伸；过低，则易使织物变形。尼龙-66 是典型的合成纤维，其中酰胺基团有利于在分子间形成氢键，拉伸后，结晶度高，T_m（265℃）和 T_g（50℃）适宜，拉伸强度（70000N·cm^{-2}）和模量（500000N·cm^{-2}）都很高，而伸长率却较低（<20％）。

（3）塑料　塑料的力学性能介于橡胶和纤维之间，有很广的范围，从接近橡胶的软塑料到接近纤维的硬塑料都有。

聚乙烯是典型的软塑料，模量 $20000N \cdot cm^{-2}$，拉伸强度 $2500N \cdot cm^{-2}$，伸长率 500％。聚丙烯和尼龙-66 也可归属于软塑料。软塑料结晶度中等，T_m 和 T_g 范围较宽，拉伸强度（1500～7000N·cm^{-2}）、模量（15000～35000N·cm^{-2}）、伸长率（20％～800％）都可以从中到高。

硬塑料的特点是刚性大，难变形，抗张强度（3000～8500N·cm^{-2}）和模量（70000～350000N·cm^{-2}）较高，而断裂伸张率却很低（0.5％～3％）。硬塑料用聚合物多具有刚性链，属非晶态。酚醛和脲醛树脂因有交联而增加刚性，聚苯乙烯（T_g=95℃）和聚甲基丙烯酸甲酯（T_g=105℃）因有较大的侧基而使刚性增加。

1.9　高分子化学发展简史

自古以来，人类就与高分子密切相关，食物中的蛋白质和淀粉就是高分子。远在几千年以前，人类就使用棉、麻、丝、毛等天然高分子作织物材料，使用竹木石料作建筑材料，后来才增添了钢材、水泥和玻璃。纤维造纸、皮革鞣制、油漆应用等是天然高分子早期的化学加工。直至 20 世纪二三十年代，还只有少数几种合成材料，而目前高分子材料的体积产量已经远超过钢铁和金属，在材料结构中，已与金属材料、无机材料并列，不可或缺。日常生活和各个科学技术部门再也离不开高分子材料。一些聚合物工业化发展进程略见表 1-5。

1838 年曾进行过氯乙烯、苯乙烯的聚合，但真正工业化还是 19 世纪 90 年以后的事。19 世纪中叶，天然高分子的化学改性开始发展，如天然橡胶的硫化（1839 年），硝化纤维赛璐珞的出现（1868），粘胶纤维的生产（1893～1898）。20 世纪初期，开始出现了第一种合成树脂和塑料——酚醛塑料，1909 年工业化。第一次世界大战期间，出现了丁钠橡胶。20 世纪 20 年代，醇酸树脂、醋酸纤维、脲醛树脂也相继投入生产。

19 世纪，还没有高分子的名称，也不知道高分子的结构，连分子量的测定方法都未建立。19 世纪和 20 世纪之交，初步确定天然橡胶由异戊二烯、纤维素和淀粉由葡萄糖残体构成，但还不知道共价结合，疑是胶体。1890～1919 年间，Emil Fischer 通过蛋白质的研究，开始涉及聚合物的结构，对以后高分子概念的建立起了重要作用。直至 1920 年，Staudinger 提出聚苯乙烯、橡胶、聚甲醛等都是共价结合的大分子，先后经历了 10 年，才于 1929 年确立了大分子假说。加上他对高分子其他方面的贡献，因而获得了诺贝尔奖。

表 1-5　聚合物工业化发展史

年代	聚　合　物	年代	聚　合　物
1800 前	棉麻丝毛,纸张,皮革,天然橡胶,虫胶等天然高分子	1939	三聚氰胺甲醛树脂
1839	橡胶硫化,氯乙烯、苯乙烯的实验室聚合	1940	丁基橡胶,阳离子聚合
1846	纤维素硝化	1941	低密度聚乙烯
1860	虫胶和古塔胶模塑	1942	不饱和聚酯,聚氨酯橡胶
1868	赛璐珞(硝化纤维＋樟脑)	1943	聚四氟乙烯,含氟塑料
1889	再生纤维素,硝化纤维胶片	1943	有机硅,尼龙-6
1890	铜铵纤维	1947	环氧树脂
1892	粘胶纤维	1948	ABS 树脂
1907	酚醛树脂	1950	涤纶聚酯纤维,聚丙烯腈纤维
1907	醋酸纤维素溶液	1956	聚甲醛,高密度聚乙烯
1912	再生纤维素胶片(玻璃纸)	1956	活性阴离子聚合
1923	硝化纤维素汽车漆	1957	聚丙烯,聚碳酸酯
1924	醋酸纤维素纤维	1959	顺式聚丁二烯和聚异戊二烯橡胶
1926	醇酸聚酯	1960	乙丙橡胶
1927	聚氯乙烯涂层	1962	聚酰亚胺树脂
1927	硝化纤维片、棒材	1964	聚苯醚
1929	脲醛树脂,聚硫橡胶	1965	聚砜
1930	确立大分子假说	1965	丁苯嵌段共聚物
1931	聚甲基丙烯酸甲酯塑料	1970	聚对苯二甲酸丁二醇酯
1931	氯丁橡胶	1971	聚苯硫醚
1935	乙基纤维素	1970～1980	芳族聚酰胺,芳族梯形聚合物,烯烃茂金属聚合,环化聚合,基团转移聚合,聚磷氮烯,聚硅烷等
1936	聚醋酸乙烯酯,聚乙烯醇缩丁醛安全玻璃	1980～2000	活性自由基聚合,超临界 CO_2 中聚合,聚苯胺,茂金属引发剂,聚亚苯基亚乙烯基,远螯聚合物,非线性光学聚合物,聚磷氮烯,树枝状聚合物等
1937	聚苯乙烯,丁苯橡胶,丁腈橡胶		
1938	尼龙-66 纤维		

20 世纪三四十年代是高分子化学和工业开始兴起的时代,两者相互促进。从 20 世纪 20 年代末期开始,Carothers 着手系统研究合成聚酯和聚酰胺的缩聚反应,1935 年研制成功尼龙-66,并于 1938 年实现了工业化。20 世纪 30 年代,还工业化了一批经自由基聚合而成的烯类加聚物,如聚氯乙烯(1927～1937)、聚醋酸乙烯酯(1936)、聚甲基丙烯酸甲酯(1927～1931)、聚苯乙烯(1934～1937)、高压聚乙烯(1939)等。自由基聚合的成功已经突破了经典有机化学的范围。缩聚和自由基聚合奠定了早期高分子化学学科发展的基础。

在缩聚和自由基聚合等基本原理指导下,20 世纪 40 年代,高分子工业以更快的速度发展。相继开发了丁苯橡胶、丁腈橡胶、氟树脂、ABS 树脂等,属于阳离子聚合的丁基橡胶也在这一时期生产。同时发展了乳液聚合和共聚合的基本理论,逐步改变了完全依靠条件摸索的技艺时代。陆续工业化的缩聚物有不饱和聚酯树脂、有机硅、聚氨酯、环氧树脂等。由于原料问题,1940 年开发成功的涤纶树脂到 1950 年才工业化。聚丙烯腈纤维也在解决了溶剂问题以后,才于 1948～1950 年投产。

高分子溶液理论和分子量测定推动了高分子化学的发展。Flory 在高分子领域中多方面的贡献,于 1974 年获得了诺贝尔奖。物理和物理化学中的许多表征技术,如核磁、红外、X 衍射、光散射等,对高分子结构的剖析和确定起了重要作用。

20 世纪五六十年代,出现了许多新的聚合方法和聚合物品种,发展得更快,规模也更大。

1953～1954 年,Ziegler、Natta 等发明了有机金属引发体系,在较温和的条件下合成了高密度聚乙烯和等规聚丙烯，开拓了高分子合成的新领域，因而获得了诺贝尔奖。几乎同时，Szwarc 对阴离子聚合和活性高分子的研制作出了贡献。这些为 20 世纪 60 年代以后聚烯烃、顺丁橡胶、异戊橡胶、乙丙橡胶以及 SBS（苯乙烯-丁二烯-苯乙烯）嵌段共聚物（热塑性弹性体）的大规模发展提供了理论基础。

继 20 世纪 50 年代末期聚甲醛、聚碳酸酯出现以后，60 年代还开发了聚砜、聚苯醚、聚酰亚胺等工程塑料。许多耐高温和高强度的合成材料也层出不穷。这给缩聚反应开辟了新的方向。可以说，60 年代是聚烯烃、合成橡胶、工程塑料以及离子聚合、配位聚合、溶液聚合大发展的时期，与以前开发的聚合物品种、聚合方法一起，形成了合成高分子全面繁荣的局面。

20 世纪 70～90 年代，高分子化学学科更趋成熟，进入了新的时期。新聚合方法、新型聚合物、新的结构、性能和用途不断涌现。除了原有聚合物以更大规模、更加高效地工业生产以外，更重视新合成技术的应用和高性能、功能、特种聚合物的研制开发。新的合成方法涉及茂金属催化聚合、活性自由基聚合、基团转移聚合、丙烯酸类-二烯烃易位聚合、以 CO_2 为介质的超临界聚合，以及大分子取代法制聚磷氮烯等。高性能涉及超强、耐高温、耐烧蚀、耐油、低温柔性等，相关的聚合物有芳杂环聚合物、液晶高分子、梯形聚合物等。聚合物在纳米材料中也占着重要的地位。还开发了一些新型结构聚合物，如星形和树枝状聚合物、新型接枝和嵌段共聚物、无机-有机杂化聚合物等。

功能高分子除继续延伸原有的反应功能和分离功能外，更重视光电功能和生物功能的研究和开发。光电功能高分子（如杂化聚合物-陶瓷材料）在半导体器件、光电池、传感器、质子电导膜中起着重要作用。在生物-医药领域中，除了本身是医用高分子外，还涉及药物控制释放和酶的固载，胶束、胶囊、微球、水凝胶、生物相溶界面等都成了新的研究内容。

高分子科学推动了化工、材料等相关行业的发展，也丰富了化学、化工、材料诸学科。在高分子学科的形成的过程中，也离不开其他学科的基础和相关行业的推动。高分子化学还会与生物学科相互渗透。目前几乎 50％以上的化工化学工作者，以及材料、轻纺乃至机械等行业的众多工程师都在从事聚合物的研究开发工作。

高分子化学已经不再是有机、物化等某一传统化学学科的分支，而是整个化学学科和物理、工程、生物乃至药物等许多学科基础的交叉和综合，今后还会进一步丰富和完善。高分子科学在其他科学技术领域中的影响愈来愈大，实际上已经步入核心科学。

摘　要

1. 高分子基本概念　高分子（大分子）与聚合物是同义词。聚合物是由许多结构单元通过共价键重复键接而成，分子量高达 $10^4 \sim 10^7$。结构单元数定义为聚合度，聚合物的分子量是聚合度与结构单元分子量的乘积。单体是形成聚合物的化合物，通过聚合反应，转变成结构单元，进入大分子链。

2. 聚合物的分类　聚合物有多种分类方案。按化学结构，聚合物可以分成碳链聚合物、杂链聚合物、半无机聚合物和无机聚合物。

3. 聚合物的命名　聚合物多以单体名为基础进行习惯命名，严格的应该采用 IUPAC 系统命名。还会有商品名和俗名。

4. 聚合反应的类型　按单体-聚合物结构变化，聚合可分为缩聚、加聚、开环聚合三大类，而按聚合机理，则另分成逐步聚合和连锁聚合两大类，这两类的聚合速率、分子量随转化率的变化各不相同。

5. 聚合物的分子量　聚合物是同系物的混合物，分子量有一定的分布，用平均分子量来表征。根据平均方法的不同，常用的有数均分子量 $\overline{M}_n$ 和重均分子量 $\overline{M}_w$。$\overline{M}_n/\overline{M}_w$ 的比值定义为分子量分布指数，可以用来表征分子量分布。

6. 大分子形状　大分子有线形、支链形和体形等形状。线形和支链形聚合物由二官能度单体来合成，其性能特征是可溶可熔，属于热塑性。体形或网状聚合物由多官能度单体来合成，聚合分预聚和后聚合两段，预聚物停留在线形、支链阶段，可溶可熔可塑化，进一步聚合，则交联固化，因此称作热固性。

7. 聚集态　聚合物可以处于非晶态（无定形）、部分结晶和晶态。非晶态聚合物又可以分为玻璃态、高弹态、粘流态三种力学态。应力、形变、温度、时间是影响力学态的四因素。

8. 热转变温度　玻璃化温度是非晶态和晶态聚合物的重要热转变温度，而晶态聚合物则另有熔点，由于结晶不完全，而有一熔融范围。

9. 聚合物材料和机械强度　聚合物材料基本上可分为结构材料和功能材料两大类。合成树脂和塑料、纤维和橡胶，所谓三大合成材料，多用作结构材料。功能材料范围很广。机械强度是各种材料必备的基本条件，可用拉伸强度、断裂伸长率、模量来表征。

10. 高分子化学的发展和学科背景　可以从聚合物种类、聚合反应、聚合方法等来考察发展。聚合物种类从天然高分子，经化学改性，到合成高分子；从结构高分子到功能高分子。聚合反应从缩聚、自由基聚合、离子聚合、配位聚合，到各种新型聚合，催化剂和引发剂相应发展。聚合方法也有多种。

以前认为高分子化学是有机、物化等学科的延伸，现在应该认识到高分子化学不再是某一传统化学学科的分支，而是整个化学学科和物理、工程、生物、药物等学科基础的交叉和综合，开始步入核心科学。

习　题

思　考　题

1. 举例说明单体、单体单元、结构单元、重复单元、链节等名词的含义、相互关系和区别。

2. 举例说明低聚物、聚合物、高聚物、高分子、大分子诸名词的含义、关系和区别。

3. 写出聚氯乙烯、聚苯乙烯、涤纶、尼龙-66、聚丁二烯和天然橡胶的结构式（重复单元）。选择其常用分子量，计算聚合度。

4. 举例说明和区别：缩聚、聚加成和逐步聚合，加聚、开环聚合和连锁聚合。

5. 写出下列单体的聚合反应式，以及单体、聚合物的名称。

a. $CH_2\!=\!CHF$　b. $CH_2\!=\!C(CH_3)_2$　c. $HO(CH_2)_5COOH$　d. $\begin{array}{c} CH_2\!-\!CH_2 \\ | \qquad | \\ CH_2\!-\!O \end{array}$

e. $NH_2(CH_2)_6NH + HOOC(CH_2)_4COOH$

6. 按分子式写出聚合物和单体名称，以及聚合反应式。属于加聚、缩聚或开环聚合，连锁还是逐步聚合？

a. $\text{─}CH_2\!=\!C(CH_3)\text{─}_n$　　　　　b. $\text{─}NH(CH_2)_6NHCO(CH_2)_4CO]_n$

c. $\text{─}NH(CH_2)_5CO\text{─}_n$　　　　　d. $\text{─}CH_2C(CH_3)\!=\!CHCH_2\text{─}_n$

7. 写出下列聚合物的单体分子式和常用的聚合反应式：

聚丙烯腈，天然橡胶，丁苯橡胶，聚甲醛，聚苯醚，聚四氟乙烯，聚二甲基硅氧烷。

8. 举例说明和区别线形和体形结构，热塑性和热固性聚合物，非晶态和结晶聚合物。

9. 举例说明橡胶、纤维、塑料的结构-性能特征和主要差别。

10. 什么叫玻璃化温度？聚合物的熔点有什么特征？为什么要将热转变温度与大分子微结构、平均分子量并列为表征聚合物的重要指标？

计　算　题

1. 求下列混合物的数均分子量、重均分子量和分子量分布指数。

a. 组分 A：质量＝10g，分子量＝30000；　　　b. 组分 B：质量＝5g，分子量＝70000；

c. 组分 C：质量＝1g，分子量＝100000

2. 等质量的聚合物 A 和聚合物 B 共混，计算共混物的 $\overline{M}_n$ 和 $\overline{M}_w$。

聚合物 A：$\overline{M}_n＝35000$，$\overline{M}_w＝90000$；　　　聚合物 B：$\overline{M}_n＝15000$，$\overline{M}_w＝300000$

2 缩聚和逐步聚合

2.1 引言

绪论中提到，按单体结构和反应类型，可将聚合反应分成缩聚、加聚、开环聚合三大类；而按机理，又可另分成逐步聚合和连锁聚合两类。大部分缩聚属于逐步聚合机理，两词难免混用，但非同义词。

缩聚在高分子合成中占着重要的地位，聚酯、聚酰胺、酚醛树脂、环氧树脂、醇酸树脂等杂链聚合物（表1-2）多由缩聚反应合成。缩聚是基团间的反应，乙二醇和对苯二甲酸缩聚成涤纶聚酯，以及己二酸和己二胺缩聚成聚酰胺-66，都是典型的例子：

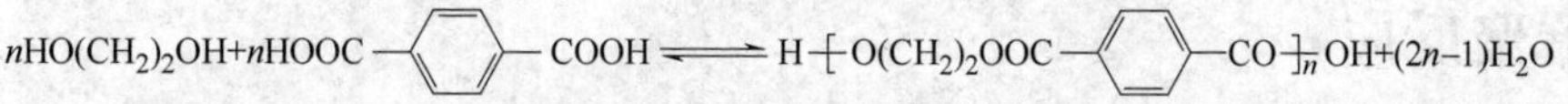

$$n\mathrm{HO(CH_2)_2OH} + n\mathrm{HOOC}\!\!-\!\!\bigcirc\!\!-\!\!\mathrm{COOH} \Longrightarrow \mathrm{H}\!\!+\!\!\mathrm{O(CH_2)_2OOC}\!\!-\!\!\bigcirc\!\!-\!\!\mathrm{CO}\!\!\xrightarrow{}_n\!\!\mathrm{OH} + (2n-1)\mathrm{H_2O}$$

$$n\mathrm{H_2N(CH_2)_6NH_2} + n\mathrm{HOOC(CH_2)_4COOH} \Longrightarrow \mathrm{H}\!\!+\!\!\mathrm{NH(CH_2)_6NHOC(CH_2)_4CO}\!\!\xrightarrow{}_n\!\!\mathrm{OH} + (2n-1)\mathrm{H_2O}$$

此外，聚碳酸酯、聚酰亚胺、聚苯硫醚等工程塑料，聚硅氧烷、硅酸盐等半无机或无机高分子，纤维素、核酸、蛋白质等天然高分子都是缩聚物，可见缩聚涉及面很广。

还有不少非缩聚的逐步聚合，如合成聚氨酯的聚加成、制聚砜的芳核取代、制聚苯醚的氧化偶合、己内酰胺经水催化合成尼龙-6的开环聚合、制梯形聚合物的 Diels-Alder 加成反应等，简示如表2-1。这些聚合反应产物多数是杂链聚合物，与缩聚物相似。

表 2-1 非缩聚型的逐步聚合反应

聚合物	逐 步 聚 合 反 应
聚氨酯	
聚砜	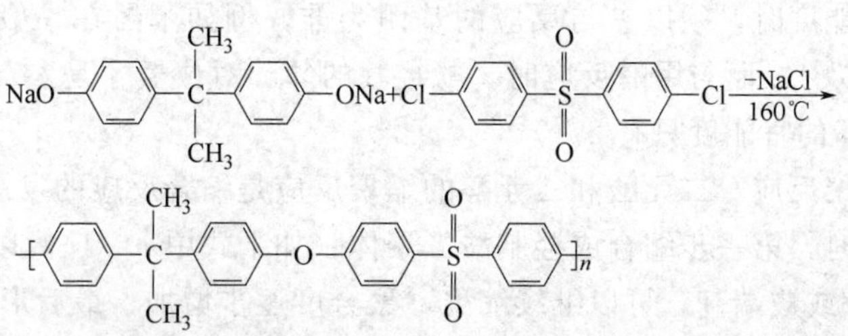
聚苯醚	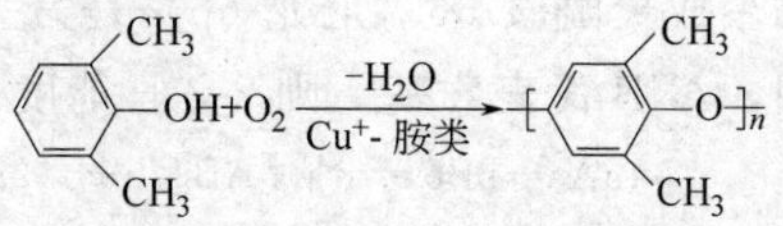
聚酰胺-6	$\mathrm{NH(CH_2)_5CO} \xrightarrow{\mathrm{H^+}} \left[\mathrm{NH(CH_2)_5CO}\right]_n$

聚合物	逐 步 聚 合 反 应
Diels-Alder 加成物	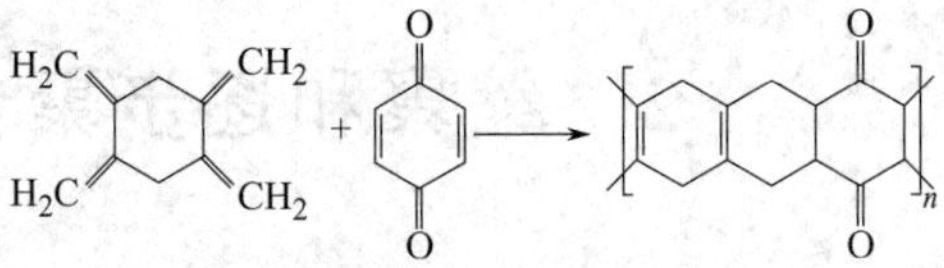
聚苯	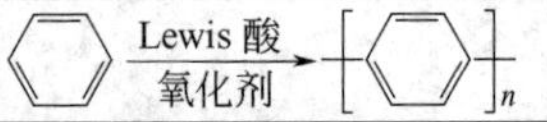

还有形式类似缩聚、机理属于连锁的聚合反应，如对二甲苯热氧化脱氢合成聚（对二亚甲基苯）、重氮甲烷制聚乙烯等。

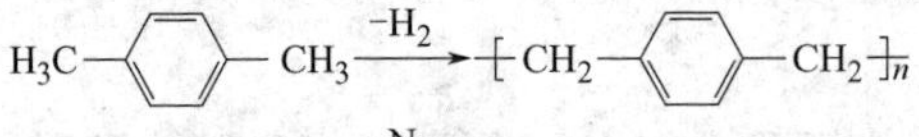

本章选主要缩聚反应为代表，剖析逐步聚合机理的共同规律，并介绍重要逐步聚合物。

2.2 缩聚反应

缩聚反应是缩合聚合的简称，是多次缩合重复结果形成缩聚物的过程。缩合和缩聚都是基团间（如羟基和羧基）的反应，两种不同基团可以分属于两种单体分子，如乙二醇和对苯二甲酸；也可能同在一种单体分子上，如羟基酸。

（1）缩合反应 醋酸与乙醇的酯化是典型的缩合反应，除主产物醋酸乙酯外，还有副产物水产生。

$$CH_3COOH + HOC_2H_5 \rightleftharpoons CH_3COOC_2H_5 + H_2O$$

一分子中能参与反应的官能团数称作官能度（f），醋酸和乙醇的官能度都是1，该反应体系简称1-1（官能度）体系。单官能度的辛醇和二官能度的邻苯二甲酸酐缩合反应结果，主产物为邻苯二甲酸二辛酯，可用作增塑剂，该体系就称作1-2体系。

$$C_6H_4(CO)_2O + 2C_8H_{17}OH \rightleftharpoons C_8H_{17}OOCC_6H_4COOC_8H_{17} + 2H_2O$$

1-1、1-2、1-3等体系都有一种原料是单官能度，缩合结果，只能形成低分子化合物。

考虑官能度时，须以参与反应的基团为准，例如苯酚在一般反应中，酚羟基是反应基团，官能度为1；而与甲醛反应时，酚羟基的邻、对位氢才是参与反应的基团，官能度应该是3；对甲酚的官能度只有2。

（2）缩聚反应 二元酸和二元醇的缩聚反应是缩合反应的发展。例如己二酸和己二醇进行酯化反应时，第一步缩合成羟基酸二聚体（如下式中 $n=1$），以后相继形成的低聚物都含有羟端基和/或羧端基，可以继续缩聚，聚合度逐步增加，最后形成高分子量线形聚酯。

$$nHOOC(CH_2)_4COOH + HO(CH_2)_6OH \rightleftharpoons HO[OC(CH_2)_4COO(CH_2)_6O]_nH + (2n-1)H_2$$

己二酸和己二胺缩聚成聚酰胺-66（尼龙-66）是另一重要线形缩聚的例子。

以 a,b 代表官能团，A,B 代表残基，则2-2官能度体系线形缩聚的通式可表示如下：

$$aAa + bBb \rightleftharpoons a[AB]_nb + (2n-1)ab$$

同一分子带有能相互反应的两种基团，如羟基酸，经自缩聚，也能制得线形缩聚物。

$$nHORCOOH \rightleftharpoons H[ORCO]_nOH + (n-1)H_2O$$

氨基酸的缩聚也类似。这类单体称作2-官能度体系，其缩聚通式如下：

$$n\text{aRb} \rightleftharpoons \text{a}—\text{R}_n—\text{b}+(n-1)\text{ab}$$

线形缩聚的首要条件是需要 2-2 或 2-官能度体系作原料。采用 2-3 或 2-4 体系时，例如邻苯二甲酸酐与甘油或季戊四醇反应，除了按线形方向缩聚外，侧基也能缩聚，先形成支链，进一步形成体形结构，这就称作体形缩聚。

总结上述，1-1、1-2、1-3 体系缩合，将形成低分子物；2-2 或 2-官能度体系缩聚，形成线形缩聚物；2-3、2-4 或 3-3 体系则形成体形缩聚物。本章先讨论线形缩聚和体形缩聚的机理，除聚合速率外，分子量控制是线形缩聚的关键，凝胶点的控制则是体形缩聚的关键。继后，再介绍重要缩聚物和逐步聚合物。

可进行缩聚的基团种类很多，如 OH、NH_2、COOH、COOR、COCl、$(CO)_2O$、H、Cl、SO_3H、SO_2Cl 等，缩聚常用单体见表 2-2。缩聚物大分子链中都留有特征基团。如聚醚（—O—）、聚酯（—OCO—）、聚酰胺（—NHCO—）、聚氨酯（—NHCOO—）、聚砜（—SO_2—）等。

改变官能团种类、改变官能度、改变官能团以外的残基，就可以合成出众多缩聚物。

表 2-2　缩聚和逐步聚合常用单体

基　团	二　元	多　元
醇—OH	乙二醇　$HO(CH_2)_2OH$ 丁二醇　$HO(CH_2)_4OH$	丙三醇　$C_3H_5(OH)_3$ 季戊四醇 $C(CH_2OH)_4$
酚—OH	双酚A 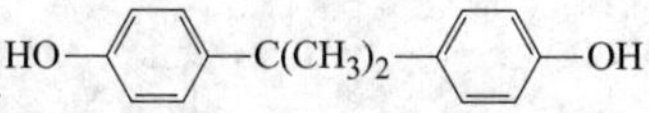	
羧—COOH	己二酸　$HOOC(CH_2)_4COOH$ 癸二酸　$HOOC(CH_2)_8COOH$ 对苯二甲酸 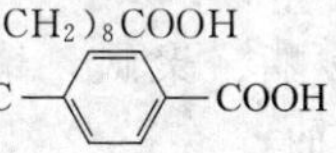	均苯四甲酸 
酐 $(CO)_2O$	邻苯二甲酸酐 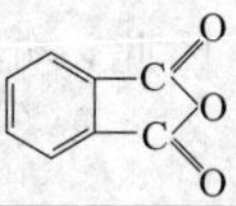 马来酸酐 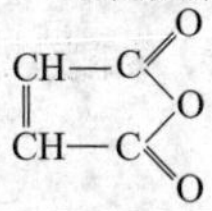	均苯四甲酸酐 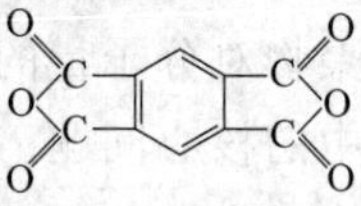
酯—$COOCH_3$	对苯二甲酸二甲酯 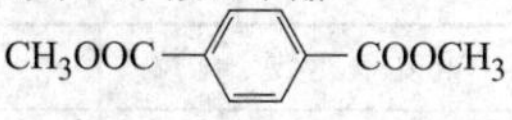	
酰氯—COCl	光气　$COCl_2$ 己二酰氯　$ClOC(CH_2)_4COCl$	
胺—NH_2	己二胺　$H_2N(CH_2)_6NH_2$ 癸二胺　$H_2N(CH_2)_{10}NH_2$ 间苯二胺 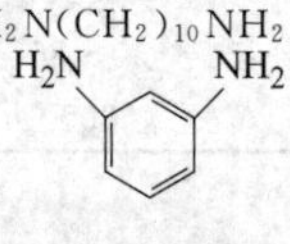	均苯四胺 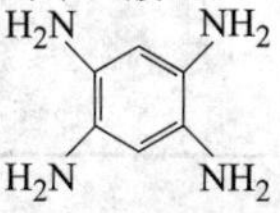 尿素 $CO(NH_2)_2$
异氰酸—N═C═O	苯二异氰酸酯 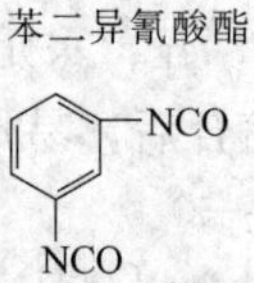 甲苯二异氰酸酯 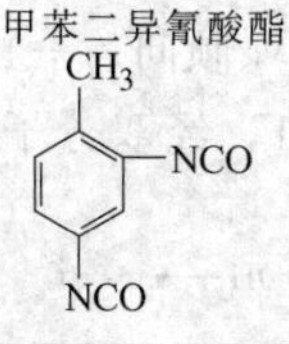	
醛—CHO	甲醛 HCHO 糠醛 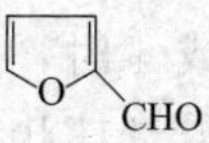	

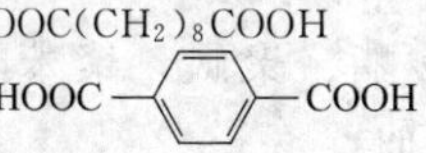

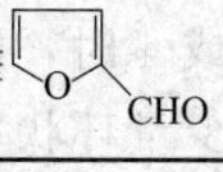

基 团	二 元		多 元
氢—H	甲酚 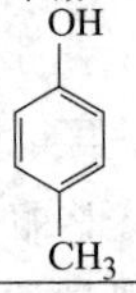 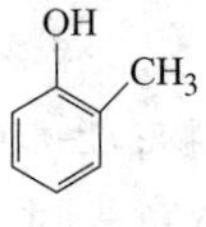 OH（对甲基苯酚结构）	OH CH₃（邻甲酚结构）	苯酚 OH　间苯二酚 OH 　　　OH
氯—Cl	二氯乙烷 环氧氯丙烷 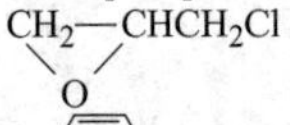 二氯二苯砜 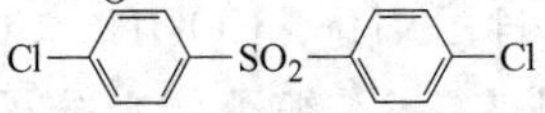	ClCH₂CH₂Cl CH₂—CHCH₂Cl 　O Cl—〔苯环〕—SO₂—〔苯环〕—Cl	

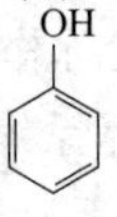

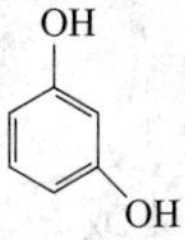

（3）共缩聚　羟基酸或氨基酸一种单体的缩聚，可称作均缩聚或自缩聚；由二元酸和二元醇两种单体进行的缩聚是最普通的缩聚。从改进缩聚物结构性能角度考虑，还可以将一种二元酸和两种二元醇、两种二元酸和两种二元醇等进行所谓"共缩聚"。例如以少量丁二醇、乙二醇与对苯二甲酸共缩聚，可以降低涤纶树脂的结晶度和熔点，增加柔性，改善熔纺性能。

均缩聚、共缩聚间反应并无本质差异，但从改变聚合物组成结构、改进性能、扩大品种角度考虑，却甚重要。因此，不必使用这些名词，统称缩聚或逐步聚合即可。

2.3　线形缩聚反应的机理

涤纶聚酯、聚酰胺-66、聚酰胺-6、聚碳酸酯、聚砜、聚苯醚等合成纤维和工程塑料都是由线形缩聚或逐步聚合而成的，反应规律相似。

分子量是影响聚合物性能的重要因素。不同缩聚物对分子量有着不同的要求，用作纤维和工程塑料的同种缩聚物对分子量的要求也有差异，如表 2-3。因此，分子量的影响因素和控制就成为线形缩聚中的核心问题。

表 2-3　线形缩聚物和逐步聚合物的分子量

聚　合　物	平均分子量/万	重复单元数	特性粘度[η]
涤纶聚酯	2.1～2.3	110～220	0.69～0.72
聚酰胺-66	1.2～1.8	50～90	
聚酰胺-6	1.5～2.3	130～200	2.1～2.3
聚碳酸酯	2～8	70～280	0.7
聚砜	2.2～3.5	50～80	0.45
聚苯醚	2.5	200	0.5±0.3

2.3.1　线形缩聚和成环倾向

线形缩聚时，须考虑单体及其中间产物的成环倾向。一般，五、六元环化合物的结构比较稳定。例如 ω-羟基酸 $HO(CH_2)_nCOOH$，$n=1$，经双分子缩合后，易形成六元环乙交酯。

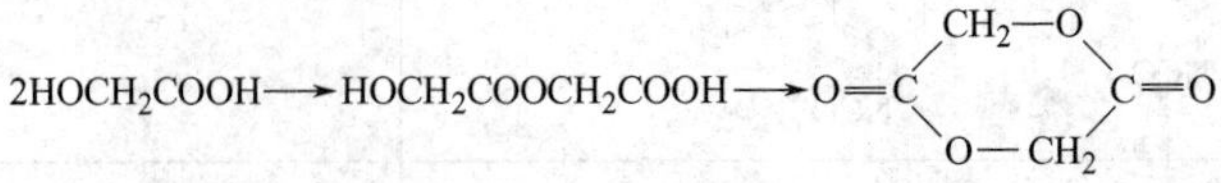

$$2HOCH_2COOH \longrightarrow HOCH_2COOCH_2COOH \longrightarrow O=C\begin{smallmatrix}CH_2-O\\ \\O-CH_2\end{smallmatrix}C=O$$

$n=2$ 时，β-羟基失水，可能形成丙烯酸。$n=3$ 或 4 时，则易分子内缩合成稳定的五、六元环内酯。$n \geqslant 5$ 时，则主要形成线形聚酯，并有少量环状单体与之平衡。氨基酸的缩聚情况也相似。环化还可能形成三聚体或更大的齐聚物，但较少形成 12 或 15 元以上的环，单体成环和开环的情况详见开环聚合一章。

单体浓度对成环或线形缩聚倾向也有影响。成环是单分子反应，缩聚则是双分子反应，因此，低浓度有利于成环，高浓度则有利于线形缩聚。

2.3.2 线形缩聚机理

线形缩聚机理的特征有二：逐步和可逆。

（1）逐步特性　以二元酸和二元醇的缩聚为例，两者第一步缩聚，形成二聚体羟基酸。

$$HOROH + HOOCR'COOH \Longleftrightarrow HOROOCR'COOH + H_2O$$

二聚体的端羟基或端羧基可以与二元酸或二元醇反应，形成三聚体。

$$HOROOCR'COOH + HOROH \Longleftrightarrow HOROOCR'COOROH + H_2O$$

$$HOOCR'COOH + HOROOCR'COOH \Longleftrightarrow HOOCR'COOROOCR'COOH + H_2O$$

二聚体也可以自身相互缩聚，形成四聚体。

$$2HOROOCR'COOH \Longleftrightarrow HOOCR'COOROOCR'COOROH + H_2O$$

含羟基的任何聚体和含羧基的任何聚体都可以相互缩聚，如此逐步进行下去，分子量逐渐增加，最后得到高分子量聚酯，通式如下：

$$n\text{-聚体} + m\text{-聚体} \Longleftrightarrow (n+m)\text{-聚体} + 水$$

缩聚反应无特定的活性种，各步反应速率常数和活化能基本相等。缩聚早期，单体很快消失，转变成二、三、四聚体等低聚物。以后则是低聚物间的缩聚，使分子量逐步增加。

缩聚早期，转化率就很高，转化率并无实际意义，而改用基团的反应程度来表述反应的深度更为确切。现以等摩尔二元酸和二元醇的缩聚反应为例来说明。体系中的羧基数或羟基数 N_0 等于二元酸和二元醇的分子总数，也等于反应时间 t 时的酸和醇的结构单元数。t 时的羧基数或羟基数 N 等于当时的聚酯分子数，因为一个聚酯分子有两个端基。

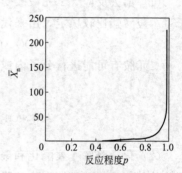

图 2-1　缩聚物聚合度与反应程度的关系

反应程度 p 的定义为参与反应的基团数（$N_0 - N$）占起始基团数 N_0 的分数，因此

$$p = \frac{N_0 - N}{N_0} = 1 - \frac{N}{N_0} \tag{2-1}$$

如将大分子的结构单元数定义为聚合度 $\overline{X}_n$，则

$$\overline{X}_n = \frac{结构单元总数}{大分子数} = \frac{N_0}{N} \tag{2-2}$$

由以上两式，就可建立聚合度与反应程度的关系。

$$\overline{X}_n = \frac{1}{1-p} \tag{2-3}$$

上式表明聚合度随反应程度增加而增加，见图 2-1。

由式（2-3）容易算出，反应程度 $p=0.9$ 或转化率 90% 时，聚合度还只有 10。而涤纶聚酯的聚合度要求 $100 \sim 200$，这就得将 p 提高到 $0.99 \sim 0.995$。

单体纯度高和两基团数相等是获得高分子缩聚物的必要条件。某一基团过量，就使缩聚物封端，不再反应，分子量受到限制。此外，可逆反应，也限制了分子量的提高。

（2）可逆平衡　聚酯化和低分子酯化反应相似，都是可逆平衡反应，正反应是酯化，逆反应是水解。

$$-OH + -COOH \rightleftharpoons -OCO- + H_2O$$

平衡常数的表达式为

$$K = \frac{k_1}{k_{-1}} = \frac{[-OCO-][H_2O]}{[-OH][-COOH]} \tag{2-4}$$

缩聚反应可逆的程度可由平衡常数来衡量。根据其大小，可将线形缩聚粗分为三类。

① 平衡常数小，如聚酯化反应，$K \approx 4$，低分子副产物水的存在对分子量的提高很有影响，须在高度减压条件下脱除。

② 平衡常数中等，如聚酰胺化反应，$K \approx 300 \sim 400$，水对分子量有所影响，聚合早期，可在水介质中进行；只是后期，需在一定的减压条件下脱水，提高反应程度。

③ 平衡常数很大，$K > 1000$，可以看作不可逆，如合成聚砜一类的逐步聚合。

逐步特性是所有缩聚反应所共有的，而可逆平衡的程度则各类缩聚反应有明显的差别。

2.3.3　缩聚中的副反应

缩聚通常在较高的温度下进行，往往伴有基团消去、化学降解、链交换等副反应。

（1）消去反应　二元羧酸受热会脱羧，引起原料基团数比的变化，从而影响到产物的分子量。羧酸酯比较稳定，用来代替羧酸，可以避免这一缺点。

$$HOOC(CH_2)_n COOH \longrightarrow HOOC(CH_2)_n H + CO_2$$

二元胺有可能进行分子内或分子间的脱氨反应，进一步还可能导致支链或交联。

$$2H_2N(CH_2)_n NH_2 \longrightarrow \begin{cases} 2(CH_2)_{\overline{n-1}}^{CH_2}NH + 2NH_3 \\ H_2N(CH_2)_n NH(CH_2)_n NH_2 + NH_3 \end{cases}$$

（2）化学降解　聚酯化和聚酰胺化是可逆反应，逆反应水解就是化学降解之一。合成缩聚物的单体往往就是缩聚物的降解药剂，例如醇可使聚酯类醇解或水解。

H$\left(OROOCR'CO\right)_m$ ：$\left(OROOCR'CO\right)_{\overline{p}}$OH

\+ HORO— ：—H ⟶ H$\left(OROOCR'CO\right)_m$OROH + H$\left(OROOCR'CO\right)_{\overline{p}}$OH

\+ HO— ：—OCR'COOH ⟶ H$\left(OROOCR'CO\right)_m$OH + HOOCR'CO$\left(ORO \cdot OCR'CO\right)_{\overline{p}}$OH

又如胺类可使聚酰胺进行胺解。

H$\left(NHRNHOCR'CO\right)_m$ ：$\left(NHRNH \cdot OCR'CO\right)_{\overline{p}}$OH + H—：—NHRNH$_2$ ⟶

H$\left(NHRNHOCR'CO\right)_m$HNRNH$_2$ + H$\left(NHRNHOCR'CO\right)_m$OH

化学降解将使聚合物分子量降低，聚合时应设法避免。但应用化学降解的原理可使废聚合物降解成单体或低聚物，回收利用。例如，废涤纶聚酯与过量乙二醇共热，可以醇解成对苯二甲酸乙二醇酯低聚物；废酚醛树脂与过量苯酚共热，可以酚解成低分子酚醇。这些低聚物都可以重新用作缩聚的原料。另一方面，从环境保护考虑，还可以合成易降解的聚合物。

（3）链交换反应　同种线形缩聚物受热时，通过链交换反应，将使分子量分布变窄。两种不同缩聚物（如聚酯与聚酰胺）共热，也可进行链交换反应，形成（聚酯-聚酰胺）嵌段共聚物。

H$\left(OROOCR'CO\right)_m$ ：$\left(OROOCR'CO\right)_{\overline{n}}$OH + H$\left(NHR''NHOCR'''CO\right)_{\overline{p}}$ ：$\left(NHR''NHOCR'''CO\right)_{\overline{q}}$OH ⟶

H$\left(OROOCR'CO\right)_{\overline{m}}\left(NHR''NHOCR'''CO\right)_{\overline{q}}$OH + H$\left(NHR''NHOCR'''CO\right)_{\overline{p}}\left(OROOCR'CO\right)_{\overline{n}}$OH

2.4 线形缩聚动力学

2.4.1 官能团等活性概念

一元酸和一元醇的酯化反应只需一步就成酯，某温度下只有一个速率常数。由二元酸和二元醇来合成聚合度 100 的聚酯，就要缩聚 99 步。如果每步速率常数都不同，动力学将无法处理。

可从分子结构和体系粘度两方面因素来考虑基团的活性问题。

一元酸系列和乙醇的酯化研究表明（表 2-4），$n=1\sim3$ 时，速率常数迅速降低，但 $n>3$，酯化速率常数几乎不变。因为诱导效应只能沿碳链传递 $1\sim2$ 个原子，对羧基的活化作用也只限于 $n=1\sim2$。$n=3\sim17$，活化作用微弱，速率常数趋向定值。二元酸系列与乙醇的酯化情况也相似，并与一元酸的酯化速率常数相近。可见在一定聚合度范围内，基团活性与聚合物分子量大小无关，形成官能团等活性的概念。

表 2-4　羧酸与乙醇的酯化速率常数（25℃）

单位：$10^4 L \cdot mol^{-1} \cdot s^{-1}$

n	$H(CH_2)_n COOH$	$(CH_2)_n (COOH)_2$	n	$H(CH_2)_n COOH$	$(CH_2)_n (COOH)_2$
1	22.1		8	7.5	
2	15.3	6.0	9	7.4	
3	7.5	8.7	11	7.6	
4	7.5	8.4	13	7.5	
5	7.4	7.8	15	7.7	
6		7.3	17	7.7	

聚合体系的粘度随分子量而增加，一般认为分子链的移动减弱，从而使基团活性降低。但实际上端基的活性并不决定于整个大分子重心的平移，而与端基链段的活动有关。大分子链构象改变，链段的活动以及羧基与端基相遇的速率要比重心平移速率高得多。在聚合度不高、体系粘度不大的情况下，并不影响链段的运动，两链段一旦靠近，适当的粘度反而不利于分开，有利于持续碰撞，这给"等活性"提供了条件。但到聚合后期，粘度过大后，链段活动也受到阻碍，甚至包埋，端基活性才降低。

2.4.2 线形缩聚动力学

以二元酸和二元醇的聚酯化为例，分别处理不可逆和可逆条件下的线形缩聚动力学。

（1）不可逆的线形缩聚　酯化和聚酯化是可逆平衡反应，如能及时排除副产物水，就符合不可逆的条件。

酸是酯化和聚酯化的催化剂，羧酸首先质子化，而后质子化种再与醇反应成酯，因为碳-氧双键的极化有利于亲核加成，

$$\sim C \text{—OH} + H^+ A^- \underset{k_2}{\overset{k_1}{\rightleftharpoons}} \sim C \text{—OH} + A^-$$

$$\sim C \text{—OH} + \text{—OH} \underset{k_4}{\overset{k_3}{\rightleftharpoons}} \sim C \text{—OH} \overset{k_5}{\rightleftharpoons} \sim C \text{—O} \sim + H_2O + H^+$$

在及时脱水的条件下，上式的逆反应可以忽略，即 $k_4 = 0$；加上 k_1、k_2、k_5 都比 k_3 大，因

此，聚酯化速率或羧基消失速率由第三步反应来控制：

$$R_p = -\frac{d[COOH]}{dt} = k_3[C^+(OH)_2][OH] \tag{2-5}$$

上式中质子化种的浓度$[C^+(OH)_2]$难以测定，可以引入平衡常数K'的关系式加以消去。

$$K' = \frac{k_1}{k_2} = \frac{[C^+(OH)_2][A^-]}{[COOH][HA]} \tag{2-6}$$

将式(2-6)关系代入式(2-5)，得

$$-\frac{d[COOH]}{dt} = \frac{k_1 k_3 [COOH][OH][HA]}{k_2[A^-]} \tag{2-7}$$

考虑到酸 HA 的离解平衡

$$HA \rightleftharpoons H^+ + A^-$$

HA 的电离平衡常数K_{HA}为

$$K_{HA} = \frac{[H^+][A^-]}{HA} \tag{2-8}$$

将式(2-8)的关系代入式(2-7)，就得酸催化的酯化速率方程。

$$-\frac{d[COOH]}{dt} = \frac{k_1 k_3 [COOH][OH][H^+]}{k_2 K_{HA}} \tag{2-9}$$

酯化反应是慢反应，一般由外加无机酸来提供H^+，催化加速酯化反应。无外加酸条件下的聚酯化动力学行为有些差异。现按两种情况分述如下。

① 外加酸催化聚酯化反应。强无机酸常用作酯化的催化剂，聚合速率由酸催化和自催化两部分组成。在缩聚过程中，外加酸或氢离子浓度几乎不变，而且远远大于低分子羧酸自催化的影响，因此，可以忽略自催化的速率。将式(2-9)中的$[H^+](=[HA])$与k_1、k_2、k_3、K_{HA}合并而成k'。如果原料中羧基数和羟基数相等，即$[COOH]=[OH]=c$，则式(2-9)可简化成

$$-\frac{dc}{dt} = k'c^2 \tag{2-10}$$

上式表明为二级反应，经积分，得

$$\frac{1}{c} - \frac{1}{c_0} = k't \tag{2-11}$$

引入反应程度p，并将式(2-1)中的羧基数N_0、N以羧基浓度c_0、c来代替，则得

$$c = c_0(1-p) \tag{2-12}$$

将式(2-12)和式(2-3)代入上式，得

$$\frac{1}{1-p} = k'c_0 t + 1 \tag{2-13}$$

$$\overline{X}_n = k'c_0 t + 1 \tag{2-14}$$

以上二式表明$1/(1-p)$或$\overline{X}_n$与t成线性关系。以对甲苯磺酸为催化剂，己二酸与癸二醇、一缩二乙二醇的缩聚动力学曲线见图 2-2，p从 0.8 一直延续到 0.99（$\overline{X}_n=100$），线性关系良好。说明官能团等活性概念基本合理。

由图 2-2 中直线部分的斜率可求得速率常数k'，见表 2-5。从表中数据可看出，即使在较低温度下，外加酸聚酯化的速率常数比较大，因此工业上聚酯化总要外加酸作催化剂。

表 2-5 附有氨基酸自缩聚的动力学参数，其速率常数与酸催化的聚酯化相当，表明氨基和羧基的反应活性较高，无催化剂的聚合速率就较高，也说明氨基比羟基活泼。

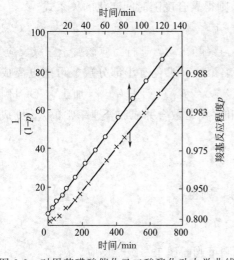

图 2-2 对甲苯磺酸催化己二酸酯化动力学曲线

○—癸二醇，161℃；×——缩二乙二醇，109℃

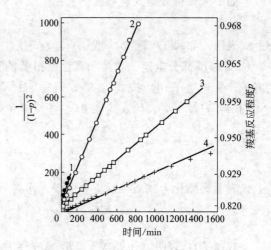

图 2-3 己二酸自催化聚酯化动力学曲线

1—癸二醇，202℃；2—癸二醇，191℃；

3—癸二醇，161℃；4——缩二乙二醇，166℃

表 2-5 酸催化聚酯化和聚酰胺化的速率常数

单　　体	催化剂	$T/℃$	$k'/\text{kg} \cdot \text{mol}^{-1} \cdot \text{min}^{-1}$	$A/\text{kg} \cdot \text{mol}^{-1} \cdot \text{min}^{-1}$	$E/\text{kJ} \cdot \text{mol}^{-1}$
$HOOC(CH_2)_4COOH+$ $HO(CH_2)_2O(CH_2)_2OH$	0.4%对甲苯磺酸	109	0.013		
$HOOC(CH_2)_4COOH+$ $HO(CH_2)_{10}OH$	0.4%对甲苯磺酸	161	0.097		
$H_2N(CH_2)_6COOH$	间甲酚(溶剂)	175	0.012	$1.7×10^{12}$	121.4
$H_2N(CH_2)_{10}COOH$	间甲酚(溶剂)	176	0.011	$1.4×10^{13}$	130

② 自催化聚酯化反应。在无外加酸的情况下，聚酯化仍能缓慢的进行，主要依靠羧酸本身来催化。有机羧酸的电离度较低，即使是醋酸，电离度也只有 1.34%；硬脂酸不溶于水，不再电离。据此可以预计到，在二元酸和二元醇的聚酯化过程中，体系将从能少量电离的单体羧酸开始，随着聚合度的提高，逐步趋向不电离，催化作用减弱，情况比较复杂，现分两种情况进行分析。

A. 羧酸不电离。可以预计到，缩聚物增长到较低的聚合度，就不溶于水，末端羧基就难电离成氢离子，但聚酯化反应还可能缓慢进行，推测羧酸经双分子络合如下式，起到质子化和催化作用。

$$[R-\overset{\underset{|}{OH}}{\underset{}{C}}-OH]^{\oplus\ominus}OOCR$$

在这种情况下，2 分子羧酸同时与 1 分子羟基参与缩聚，就成为三级反应，速率方程成为：

$$-\frac{dc}{dt}=kc^3 \tag{2-15}$$

将上式变量分离，经积分，得

$$\frac{1}{c^2}-\frac{1}{c_0^2}=2kt \tag{2-16}$$

将式(2-12)代入式(2-16)，得

$$\frac{1}{(1-p)^2}=2c_0^2kt+1 \tag{2-17}$$

27

如引入聚合度与反应程度的关系 [式(2-3)]，则得聚合度随时间变化的关系式。

$$\overline{X}_n^2 = 2kc_0^2 t + 1 \tag{2-18}$$

上式表明，如果 $1/(1-p)^2$ 或 $\overline{X}_n^2$ 与 t 成线性关系，聚酯化动力学行为应该属于三级反应。

B. 羧酸部分电离。单体和聚合度很低的初期缩聚物，难免有小部分羧酸可能电离成氢离子，参与质子化。按式(2-8)，解得 $[H^+]=[A^-]=K_{HA}^{1/2}[HA]^{1/2}$，加上 $[COOH]=[OH]=[HA]=c$，代入式(2-9)，将各速率常数和平衡常数合并成综合速率常数 k，则成下式

$$-\frac{dc}{dt} = kc^{5/2} \tag{2-19}$$

上式表明聚酯化为二级半反应。同理，作类似处理，则得

$$(\overline{X}_n)^{3/2} = \frac{3}{2}kc_0^{3/2}t + 1 \tag{2-20}$$

式(2-20) 表明，如果 $\overline{X}_n^{3/2}$ 与 t 成线性关系，则可判断属于二级半反应。

无外加酸时，聚酯化究竟属于二级半，还是三级反应，曾成为长期争议的问题。

图 2-3 是己二酸与多种二元醇自催化聚酯化的动力学曲线，全程很难统一成同一反应级数。在低转化率区 ($p<0.8$)，曾有二级半、甚至二级的报道。

当 $p<0.8$ 或 $\overline{X}_n<5$ 时，$1/(1-p)^2$ 与 t 不成线性关系，这不是聚酯化所特有的，而是酯化反应的普遍现象。随着缩聚反应的进行和羧酸浓度的降低，介质的极性、酸-醇的缔合度、活度、体积等都将发生相应的变化，最终导致速率常数 k 降低和对三级动力学行为的偏离。

高转化率部分应该是需要着重研究的区域，因为高聚合度才能保证聚酯的强度。$p>0.8$ 后，介质性质基本不变，速率常数趋向恒定，才遵循式(2-17) 的线性关系。其中曲线 1~3 代表己二酸和癸二酸的聚酯化反应在很广的范围内都符合三级反应动力学行为，但己二酸与一缩二乙二醇的聚酯化反应（曲线 4），只在 $p=0.80\sim0.93$ 范围内才成线性关系。这一范围虽然只有13％的反应程度，但占了45％的缩聚时间。

后期动力学行为的偏离可能是反应物的损失和存在逆反应的结果。为了提高反应速率和及时排除副产物水，聚酯化常在加热和减压条件下进行，可能造成醇的脱水、酸的脱羧以及挥发损失。初期，反应物的少量损失并不重要，但 $p=0.93$ 时，0.3％反应物的损失，就可能引起5％浓度的误差。缩聚后期，粘度变大，水分排除困难，逆反应也不容忽视。

取 $1/(1-p)^2$-t 图直线部分的斜率，就可求得速率常数 k，由 Arrhenius 式 $k=A\exp(-E/RT)$，求取频率因子 A 和活化能 E，列在表 2-6。表中以 mol/kg 作单位来代替常用的 mol/L，因为缩聚过程中体积收缩，不是定值，以千克作单位有其方便之处。

表 2-6 己二酸自催化聚酯化动力学参数

二元醇	$A/kg^2 \cdot mol^{-2} \cdot min^{-1}$	$E/kJ \cdot mol^{-1}$	$k/kg^2 \cdot mol^{-2} \cdot min^{-1}$(202℃)
乙二醇			约 0.005
癸二醇	$4.8 \cdot 10^4$	58.6	0.0175
十二碳二醇			0.0157
一缩二乙二醇	$4.7 \cdot 10^2$	46	0.0041

(2) 平衡缩聚动力学　当聚酯化反应在密闭系统中进行，或水的排出不及时，则逆反应不容忽视，与正反应构成可逆平衡。如果羧基和羟基数相等，令其起始浓度 $c_0=1$，时间 t

时的浓度为 c，则酯的浓度为 $1-c$。水全未排出时，水的浓度也是 $1-c$。如果一部分水排出，设残留水浓度为 n_w。

$$—COOH+HO— \rightleftharpoons —OCO— + H_2O$$

起始	1	1	0	0
t时，水未排除	c	c	$1-c$	$1-c$
水部分排除	c	c	$1-c$	n_w

聚酯反应的总速率是正、逆反应速率之差。水未排除时，速率为

$$R=-\frac{\mathrm{d}c}{\mathrm{d}t}=k_1 c^2 - k_{-1}(1-c)^2 \tag{2-21}$$

水部分排除时的总速率为

$$-\frac{\mathrm{d}c}{\mathrm{d}t}=k_1 c^2 - k_{-1}(1-c)n_w \tag{2-22}$$

将式(2-1) 和平衡常数 $K=k_1/k_{-1}$ 代入式(2-21) 式(2-22)，得

$$-\frac{\mathrm{d}c}{\mathrm{d}t}=\frac{\mathrm{d}p}{\mathrm{d}t}=k_1\left[(1-p)^2-\frac{p^2}{K}\right] \tag{2-23}$$

$$-\frac{\mathrm{d}c}{\mathrm{d}t}=\frac{\mathrm{d}p}{\mathrm{d}t}=k_1\left[(1-p)^2-\frac{pn_w}{K}\right] \tag{2-24}$$

式(2-24) 表明，总反应速率与反应程度、低分子副产物含量、平衡常数有关。当 K 值很大和/或 n_w 很小时，上式右边第二项可以忽略，就与外加酸催化的不可逆聚酯动力学相同。

线形缩聚动力学的研究多选用聚酯化反应作代表，关键集中在催化剂和平衡两问题上。羧基和羟基的酯化反应活性并不高，需要加酸作催化剂。酯化的平衡常数很小，必须在减压条件下及时脱除副产物水。其他缩聚反应催化剂和平衡问题并不相同，应另作考虑。

2.5　线形缩聚物的聚合度

影响缩聚物聚合度的因素有反应程度、平衡常数和基团数比，后一因素成为控制因素。剖析诸因素之前，有必要再次明确一下聚合度的定义。2-2 体系的缩聚物 a[A-B]$_n$b 由两种结构单元（A、B）组成一个重复单元（A-B），结构单元数是重复单元数的两倍。通常以结构单元数来定义聚合度，记作 $\overline{X}_n(=2n)$。

2.5.1　反应程度和平衡常数对聚合度的影响

两种基团数相等的 2-2 体系进行线形缩聚时，曾导得缩聚物的聚合度与反应程度的关系，如式(2-1)：$\overline{X}_n=1/(1-p)$，即聚合度随反应程度而增大。涤纶、尼龙、聚碳酸酯等的 $\overline{X}_n \approx 100 \sim 200$，要求反应程度 $p > 0.99$。

聚酯化是可逆反应，如果不将副产物水及时排除，正逆反应将构成平衡，总速率等于零，反应程度将受到限制。对于封闭体系，两种基团数相等时，由式(2-23) 得

$$(1-p)^2-\frac{p^2}{K}=0 \tag{2-25}$$

解得

$$p=\frac{\sqrt{K}}{\sqrt{K}+1} \tag{2-26}$$

$$\overline{X}_n=\frac{1}{1-p}=\sqrt{K}+1 \tag{2-27}$$

聚酯化反应的 $K \approx 4$，在密闭系统内，按式(2-27)计算，最高的 $p=2/3$，$\overline{X}_n=3$，表明所得产物仅仅是三聚体。因此须在高度减压的条件下及时排除副产物水。由式(2-23)，得

$$(1-p)^2 - \frac{p n_w}{K} = 0 \tag{2-28}$$

$$\overline{X}_n = \frac{1}{1-p} = \sqrt{\frac{K}{p n_w}} \approx \sqrt{\frac{K}{n_w}} \tag{2-29}$$

上式表示聚合度与平衡常数平方根成正比，与水含量平方根成反比，如图2-4和图2-5。

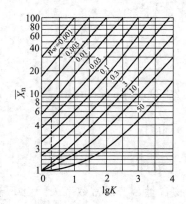

图 2-4　聚合度与平衡常数、副产物浓度的关系

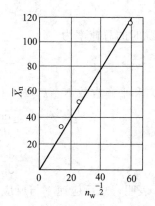

图 2-5　羟基十一烷基酸缩聚物
聚合度与水浓度的关系

对于平衡常数很小（$K=4$）的聚酯化反应，欲获得 $\overline{X}_n \approx 100$ 的聚酯，必须要在高度减压条件下（$<70\text{Pa}$），充分脱除残留水分（$<4 \times 10^{-4}\,\text{mol} \cdot \text{L}^{-1}$）。聚合后期，体系粘度很大，水的扩散困难，要求设备操作表面更新，创造较大的扩散界面。

对于聚酰胺化反应，$K=400$，欲达到相同的聚合度，则可以在稍低的减压下，允许稍高的残留水分（$<0.04\,\text{mol} \cdot \text{L}^{-1}$）。至于 K 值很大（>1000）而对聚合度要求不高（几到几十）的体系，例如可溶性酚醛树脂（预聚物），则完全可以在水介质中缩聚。

2.5.2　基团数比对聚合度的影响

上述反应程度和平衡常数对缩聚物聚合度影响的理论剖析，以两种单体基团数相等（或等摩尔数或等当量）为前提。实际上，总在两基团数不相等的条件下操作，进行理论分析时，需引入两种单体的基团数比或摩尔比 r，工业上则多用过量摩尔百分比或分数 q 表示。

二元酸（aAa）和二元醇（bBb）进行缩聚，设 N_a、N_b 为 a、b 的起始基团数，分别为两种单体分子数的 2 倍。按定义，设定 $r=N_a/N_b \leqslant 1$，即 bBb 过量，则 q 与 r 有如下关系。

$$q = \frac{(N_b - N_a)/2}{N_a/2} = \frac{1-r}{r} \tag{2-30}$$

或

$$r = \frac{1}{q+1} \tag{2-31}$$

以 n mol 二元酸（aAa）和（$n+1$）mol 二元醇（bBb）进行缩聚，如 $p=1$，尽量去除水，则

$$n\,\text{aAa} + (n+1)\text{bBb} \Longrightarrow \text{bB-(AB)}_n\text{-b} + 2n\text{H}_2\text{O}$$

从上式可简明地获得一些极限条件下的重要基本概念：最终缩聚物的聚合度 $\overline{X}_n = 2n+1$，或 $DP \approx n$；$q = 1/n = 1/DP$；$r = n/(n+1) = 1/(1+q)$。

两基团数相等的措施有三：①单体高度纯化和精确计量；②两基团同在一单体分子上，如羟基酸、氨基酸；③二元胺和二元酸成盐。在这基础上，再使某种二元单体微过量或另加少量单官能团物质，来封锁端基。进一步在减压条件下尽快脱水，防止逆反应，并要有足够的时间来提高反应程度和聚合度。

现分三种情况加以分析。

① 2-2 体系基团数（化学计量）不相等，以 aAa 单体为基准，bBb 微过量。设基团 a 的反应程度为 p，则 a 的反应数为 $N_a p$，这也是 b 的反应数。a 的残留数为 $(N_a - N_a p)$，b 的残留数则为 $(N_b - N_a p)$，（a+b）的残留总数为 $(N = N_a + N_b - 2N_a p)$。每一大分子链有两个端基，因此大分子数是端基数的一半，即 $(N_a + N_b - 2N_a p)/2$。

按定义，聚合度等于结构单元数除以大分子总数

$$\overline{X}_n = \frac{(N_a + N_b)/2}{(N_a + N_b - 2N_a p)/2} = \frac{1+r}{1+r-2rp} \tag{2-32}$$

上式就代表聚合度 $\overline{X}_n$ 与基团数比 r、反应程度 p 的关系式，见图 2-6。根据该式，就可以设定基团数比 r 来控制预定聚合度。$\overline{X}_n$ 可以转换成 DP，r 也可由 q 来代替 [式(2-31)]，变换成相应的关联式。

有两种极限情况。

a. $r = 1$ 或 $q = 0$，式(2-32) 可简化为式(2-3)。

$$\overline{X}_n = \frac{1}{1-p}$$

b. $p = 1$，则得

$$\overline{X}_n = \frac{1+r}{1-r} \tag{2-33}$$

如 $r = 1$，$p = 1$，则聚合度为无穷大，成为一个大分子。

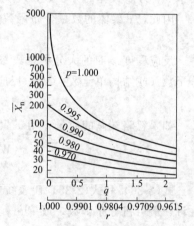

图 2-6 聚合度与基团数比、
反应程度的关系

② aAa 和 bBb 两单体等基团数比，另加微量单官能团物质 Cb，其基团数为 N'_b。按下式计算基团数比 r。

$$r = \frac{N_a}{N_b + 2N'_b} \tag{2-34}$$

上式分母中 2 表示 1 个分子 Cb 中的 1 个基团 b 相当于一个过量 bBb 分子双官能团的作用。

③ aRb（如羟基酸）加少量单官能团物质 Cb。r 的算法与上式相同。

$$r = \frac{N_a}{N_b + 2N'_b} \tag{2-35}$$

由以上二式求得 r 值后，也可以应用式(2-32)来计算聚合度，作为控制前的估算。

上述定量分析表明，线形缩聚物的聚合度与两基团数比或过量分率密切有关。任何原料，很难做到两种基团数相等，微量杂质（尤其单官能团物质）的存在、分析误差、称量不准、聚合过程中的挥发损失和分解损失都是造成基团数不相等的原因，应该设法排除。

2.6　线形缩聚物的分子量分布

聚合产物是分子量不等的大分子的混合物，分子量存在着一定的分布。

2.6.1　分子量分布函数

Flory 应用统计方法，根据官能团等活性理论，推导出线形缩聚物的聚合度分布函数式，对于 aAb 和 aAa/bBb 基团数相等的体系都适用。

考虑含有 x 结构单元 A 的 x 聚体（aA$_x$b），定义 t 时 1 个 A 基团的反应概率为反应程度 p。x 聚体中（$x-1$）个 A 基团持续缩聚的概率为 p^{x-1}，而最后 1 个 A 基团未反应的概率为（$1-p$），于是，形成 x 聚体的概率为 $p^{x-1}(1-p)$。

$$a-A-A-A-A-A \cdots\cdots A-A-A-A-A-A-A-b$$

$$\underbrace{\begin{matrix} p & p & p & p & p \end{matrix}\quad\begin{matrix} p & p & p & p & p & p \end{matrix}}_{p^{(x-1)}} \quad \xrightarrow{} 1-p$$

从另一角度考虑，应等于聚合产物混合体系中 x 聚体的摩尔分率或数量分数（N_x/N），其中 N_x 为 x 聚体的分子数，N 为大分子总数。

因此，x 聚体的数量分布函数为

$$N_x = Np^{x-1}(1-p) \tag{2-36}$$

反应程度 p 时的大分子总数 N 未知，可从式(2-1)，导出 t 时大分子总数 N 与起始单体分子数（或结构单元数）N_0、反应程度 p 的关系：$N=N_0(1-p)$，代入式(2-36)，则得

$$N_x = N_0 p^{x-1}(1-p)^2 \tag{2-37}$$

如果忽略端基的质量，则 x 聚体的质量分数或质量分布函数为

$$\frac{W_x}{W} = \frac{xN_x}{N_0} = xp^{x-1}(1-p)^2 \tag{2-38}$$

式(2-36) 和式(2-38) 代表线形缩聚反应程度 p 时的数量分布函数和质量分布函数，往往称作最可几分布函数，或 Flory、Flory-Schulz 分布函数。其图像见图 2-7 和图 2-8。

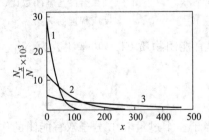

图 2-7　不同反应程度下线形缩聚物
分子量的数量分布曲线

1—p=0.9600；2—p=0.9875；3—p=0.9950

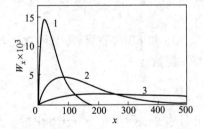

图 2-8　不同反应程度下线形缩聚物
分子量的质量分布曲线

1—p=0.9600；2—p=0.9875；3—p=0.9950

从图 2-7 可以看出，不论反应程度如何，单体分子比任何 x 聚体大分子都要多，这是数量分布的特征。质量分布函数的情况则不相同，以质量为基准，低分子的所占的质量分数都非常小。图 2-8 有一极大值，接近式(2-3)的数均聚合度

2.6.2　分子量分布宽度

参照式(1-2)数均分子量的定义，数均聚合度可以写成下式：

$$\overline{X}_n = \frac{\sum xN_x}{\sum N_x} = \frac{\sum xN_x}{N} = \sum_{x=1}^{\infty} x\,\frac{N_x}{N} \tag{2-39}$$

将式(2-36)关系代入，并经数学运算，得

$$\overline{X}_n = \sum xp^{x-1}(1-p) = \frac{1-p}{(1-p)^2} = \frac{1}{1-p} \tag{2-40}$$

上式结果与式(2-3)相同。

同理，可以导得重均聚合度有如下式：

$$\overline{X}_w = \sum x\,\frac{W_x}{W} = \sum x^2 p^{x-1}(1-p)^2 = \frac{1+p}{1-p} \tag{2-41}$$

联立式(2-40)和式(2-41)，得分子量分布宽度为

$$\frac{\overline{X}_w}{\overline{X}_n} = 1+p \approx 2 \tag{2-42}$$

尼龙-66 经凝胶色谱分级后，由实验测得的分子量分布情况与上述理论推导结果相近。许多逐步聚合物的 $\overline{X}_w/\overline{X}_n$ 实验值接近 2，都说明了统计理论分布的可靠性。

如果官能团活性随分子大小而变，则分子量分布就要复杂得多，也难作数学处理。

2.7　体形缩聚和凝胶化作用

多官能度体系进行缩聚时，如酚醛树脂和醇酸树脂的合成，先形成支链；进一步交联成体形聚合物。2-2、2-3、3-3 体系反应时的结构变化比较如下：

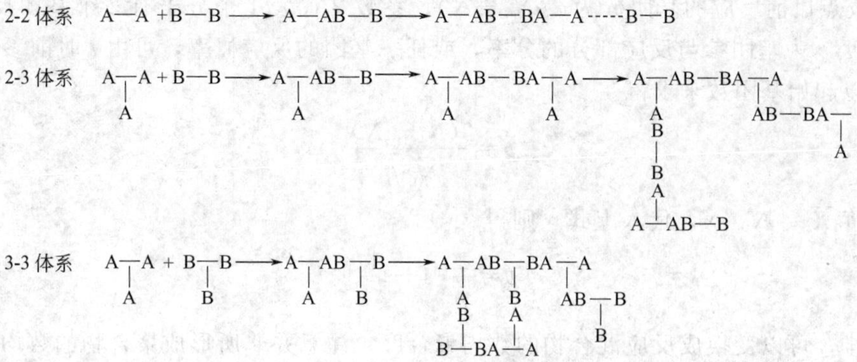

2-4 或 3-4 体系反应的结果与上类似。实际生产中单体配料有较大的变化，例如 2-2 体系中可加多官能团单体，2-3 体系中可加少量单官能团单体，如甘油、邻苯二甲酸酐和亚麻仁油组成 1-2-3 体系。A-B 型单体加少量多官能度（$f>2$）单体 A_f 进行缩聚，只形成支链结构，中心支化点连有 f 条支链，$f=3$ 时的结构示例如下：

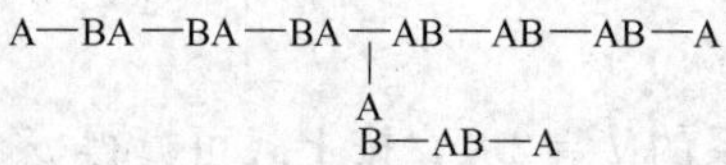

结果，各支链末端均为基团 A 所封锁，无法进一步交联。如另加有 B-B 型单体，就可以将上述支链大分子交联起来。

多官能团单体聚合到某一程度，开始交联，粘度突增，气泡也难上升，出现了凝胶化现象，这时的反应程度称作凝胶点。凝胶点的定义为开始出现凝胶瞬间的临界反应程度。凝胶不溶于任何溶剂中，相当于许多线形大分子交联成一整体，分子量可以看作无穷大。

出现凝胶时，在交联网络之间还有许多溶胶，可用溶剂浸取出来。溶胶还可以进一步反

应，交联成凝胶。因此在凝胶点以后交联反应仍在进行，溶胶量不断减少，凝胶量相应增加。凝胶化过程中体系物理性能发生了显著的变化，如凝胶点处粘度有突变；充分交联后，则刚性增加，尺寸稳定，耐热性变好等。

热固性聚合物制品的生产过程多分成预聚物（树脂）制备和成型交联固化两个阶段，这两阶段对凝胶点的预测和控制都很重要。预聚时，如反应程度超过凝胶点，将固化在聚合釜内而报废。成型时，则须控制适当的固化时间或速度。例如制备热固性泡沫塑料时，要求发泡速度与固化速度相协调；制造层压板时，也需控制适宜的固化时间，才能保证材料强度。因此凝胶点是体形缩聚中的首要控制指标。

2.7.1 Carothers 法凝胶点的预测

（1）等基团数　在 A 和 B 基团数相等的情况下，Carothers 推导出凝胶点 p_c 与平均官能度 $\bar{f}$ 间的关系。单体混合物的平均官能度定义为每一分子平均带有的基团数。

$$\bar{f} = \frac{\sum N_i f_i}{\sum N_i} \tag{2-43}$$

N_i 是官能度为 f_i 的单体 i 的分子数。例如 2mol 甘油（$f=3$）和 3mol 邻苯二甲酸酐（$f=2$）体系共有 5mol 单体和 12mol 官能团，故

$$\bar{f} = \frac{(2 \times 3 + 3 \times 2)}{(2+3)} = \frac{12}{5} = 2.4$$

Carothers 方程的理论基础是凝胶点时的数均聚合度等于无穷大。

设体系中混合单体的起始分子数为 N_0，则起始基团数为 $N_0 \bar{f}$。令 t 时残留分子数为 N，则凝胶点以前反应的基团数为 $2(N_0 - N)$，系数 2 代表 1 个分子有 2 个基团反应成键。则反应程度 p 为基团参与反应部分的分率，或任一基团的反应概率，可由 t 时前参与反应的基团数除以起始基团数来求得。

$$p = \frac{2(N_0 - N)}{N_0 \bar{f}} \tag{2-44}$$

因为聚合度 $\overline{X}_n = N_0/N$，代入上式，则得

$$p = \frac{2}{\bar{f}} \left(1 - \frac{1}{\overline{X}_n} \right) \tag{2-45}$$

将上式重排，可以变换成反应混合物的数均聚合度，注意并非所形成聚合物的数均聚合度。

$$\overline{X}_n = \frac{2}{2 - p\bar{f}} \tag{2-46}$$

凝胶点时，考虑 $\overline{X}_n$ 为无穷大，则凝胶点时的临界反应程度 p_c 为

$$p_c = \frac{2}{\bar{f}} \tag{2-47}$$

摩尔比为 2∶3 为甘油-苯酐体系的 $\bar{f} = 2.4$，按上式可算得 $p_c = 0.833$，但实际值小于这一数据。上式的前提为 $\overline{X}_n = \infty$，但凝胶点时体系中还有许多溶胶，$\overline{X}_n$ 并非无穷大。

以上只限于两基团数相等的条件，两基团数不相等时须加修正。

（2）两基团数不相等

① 两组分体系。以 1mol 甘油和 5mol 邻苯二甲酸酐体系为例，用式（2-43）计算得

$$\bar{f} = \frac{(1 \times 3 + 5 \times 2)}{(1+5)} = \frac{13}{6} = 2.17$$

根据这一数据，似可制得高聚物；进一步按式(2-47)计算得凝胶点 $p_c=2/2.17=0.922$，似应产生交联，并且貌似交联度比较深。但这两结论都是错误的。原因是两基团数比 $r=3/10=0.3$，苯酐过量很多，1mol 甘油与 3mol 苯酐反应后，甘油中的羟基全部被封端，留下 2mol 苯酐或 4mol 羧基不再反应，不应参与平均官能度的计算。

$$C_3H_5(OH)_3+5C_6H_4(CO)_2O \longrightarrow C_3H_5(OCOC_6H_4COOH)_3+2C_6H_4(CO)_2O$$

在两种基团数不相等的情况下，平均官能度应以非过量基团数的二倍除以分子总数来求取，因为反应程度和交联与否决定于含量少的组分。过量反应物质中的一部分并不参与反应，只使体系的平均官能度降低。

$$\bar{f}=\frac{2N_Af_A}{N_A+N_B} \tag{2-48}$$

上例 $\bar{f}=2\times1\times3/(1+5)=1$。这样低的平均官能度只能说明体系仅生成低分子物，不会凝胶化。

② 多组分体系。两种基团数不相等多组分体系的平均官能度可作类似计算，计算时只考虑参与反应的基团数，不计算未参与反应的过量基团。以 A、B、C 三组分体系为例，三者分子数分别为 N_A、N_B、N_C，官能度分别为 f_A、f_B、f_C。A 和 C 的基团相同（如 A），A 基团总数少于 B 基团数，即 $(N_Af_A+N_Cf_C)<N_Bf_B$，则平均官能度按下式计算。

$$\bar{f}=\frac{2(N_Af_A+N_Cf_C)}{N_A+N_B+N_C} \tag{2-49}$$

上式分子中的 2 是考虑了参与反应的还有等量的 B 基团。A、B 两基团数比 r（<1）为

$$r=\frac{N_Af_A+N_Cf_C}{N_Bf_B} \tag{2-50}$$

令 ρ 为 C 组分（$f>2$）中 A 基团数占体系中 A 基团总数的分率

$$\rho=\frac{N_Cf_C}{N_Af_A+N_Cf_C} \tag{2-51}$$

将式(2-50)和式(2-51)代入式(2-49)，则得

$$\bar{f}=\frac{2rf_Af_Bf_C}{f_Af_C+r\rho f_Af_B+(1-\rho)f_Bf_C} \tag{2-52}$$

实际上比较多的情况是 $f_A=f_B=2$，$f_C>2$，式(2-52) 就可简化为

$$\bar{f}=\frac{4rf_C}{f_C+2r\rho+rf_C(1-\rho)} \tag{2-53}$$

将上式代入式(2-46)，则得

$$p_c=\frac{(1-\rho)}{2}+\frac{1}{2r}+\frac{\rho}{f_C} \tag{2-54}$$

应该注意，凝胶点时的反应程度 p_c 系对基团 A 而言，基团 B 的相应反应程度则为 rp_c。

在醇酸树脂制备中，配方可能比 2-2-3 体系还要复杂。只要应用式(2-49)来计算平均官能度，然后代入式(2-47)求凝胶点即可，不必套用式(2-50)～式(2-54)诸公式。

两种醇酸树脂的配方如表 2-7，第一例中羧基少于羟基，平均官能度按羧基数计算。

$$\bar{f}=\frac{2(1.2+3.0)}{4.4}=1.909$$

$\bar{f}<2$，预计不形成凝胶，即使 $p=1$，将 $f=1.909$ 代入式(2-47)，得聚合度=22。在预聚物制备阶段，无固化危险。在涂料使用过程中，借不饱和双键的氧化和交联而固化。

表 2-7　醇酸树脂配方示例

配方 1	官能度	原料/mol	基团/mol	配方 2	官能度	原料/mol	基团/mol
亚麻仁油酸	1	1.2	1.2	亚麻仁油酸	1	0.8	0.8
邻苯二甲酸酐	2	1.5	3.0	邻苯二甲酸酐	2	1.8	3.6
甘油	3	1.0	3.0	甘油	3	1.2	3.6
1,2-丙二醇	2	0.7	1.4	1,2-丙二醇	2	0.4	0.8
合计		4.4	8.6	合计		4.2	8.8

第二例中羧基数与羟基数相等，$\bar{f}=8.8/4.2=2.095$，代入式(2-47)，得 $p_c=0.955$，即达到较高的反应程度才有交联危险。

（3）Carothers 方程在线形缩聚中聚合度的计算　应用式(2-47)，可由平均官能度来计算线形聚合物的聚合度。两种基团数不相等时，按式(2-48)或式(2-49)来计算 $\bar{f}$，假定某一反应程度 p，就可由上式求出 $\overline{X}_n$。以表 2-8 制备尼龙-66 时的原料组成为例，由羧基来计算 $\bar{f}$。

表 2-8　尼龙-66 的配方组成

原　　料	官能度	单体/mol	基团/mol	原　　料	官能度	单体/mol	基团/mol
$H_2N(CH_2)_6NH_2$	2	1	2	$CH_3(CH_2)_4COOH$	1	0.01	0.01
$HOOC(CH_2)_4COOH$	2	0.99	1.98	合计		2/0	3.99

$$\bar{f}=\frac{2\times1.99}{2}=1.99$$

假定 $p=0.99$，式(2-46)可计算得 $\overline{X}_n=67$。如果 $p=1$，则 $\overline{X}_n=200$。

2.7.2　Flory 统计法

根据官能团等活性的概念和无分子内反应的假定，Flory 根据统计法推导出凝胶点时反应程度的表达式。推导时引入支化系数 α，其定义是大分子链末端支化单元上某一基团产生另一支化单元的概率。只有多官能团单体才是支化单元。

（1）简单情况分析　以三官能团单体 $A_f(f=3)$ 为基础，与其他多官能团单体反应。

对于 3-3 体系，A 和 B 反应一次，消耗一个 B 基团，产生二个新的生长点 B，继续反应时，就支化。每一点的临界支化概率 α_c 或凝胶点的临界反应程度 $p_c=1/2$。

对于 4-4 体系，反应一次，则产生 3 个新的生长点，于是 $\alpha_c=p_c=1/3$

对于 A、B 基团数相等的体系，产生凝胶的临界支化系数 α_c 普遍关系为

$$\alpha_c=\frac{1}{f-1} \qquad (2-55)$$

对于 3-2 体系，反应一次，消去一个基团 B，只产生一个生长点，还不能支化。需要再与 A 反应一次，才能支化。

二次反应的概率为 $p_c^2 = \alpha_c = 1/2$，因此 $p_c = (\alpha_c)^{1/2} = 0.707$。

（2）普遍情况分析　体形缩聚通常采用两种二官能度单体（A-A，B-B），另加多官能度单体 $A_f(f > 2)$，例如 2-2-3 体系。基团 A 来自 A-A 和 A_f。这一体系反应后，将得到下列普遍结构式

$$A\text{-}A + B\text{-}B + A_f \longrightarrow A_{(f-1)}\text{-}A \cdot [B\text{-}B \cdot A\text{-}A]_n \cdot B\text{-}B \cdot A\text{-}A_{(f-1)}$$

两末端为支化单元，方括号内为线形链段。上式的形成过程如下：端基 A_f 与 B-B 缩聚；端基 B 与 A-A 缩聚，端基 A 与 B-B 缩聚，如此反复 n 次；最后端基 B 与多官能度 A_f 缩聚。形成上式的总概率就是各步反应概率的乘积，计算方法如下。

令 p_A 和 p_B 分别为基团 A 和 B 的反应程度，ρ 为支化单元（A_f）中 A 基团数占混合物中 A 总数的分率，$(1-\rho)$ 为 A-A 中的 A 基团数占混合物中 A 总数的分率，则

基团 B 和支化单元 A_f 反应的概率为 $p_B\rho$

基团 B 与非支化单元 A-A 反应的概率为 $p_B(1-\rho)$

因此形成上述两支化点间链段的总概率为各步反应概率的乘积。

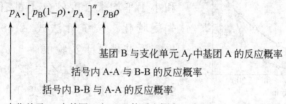

$$p_A \cdot \left[p_B(1-\rho) \cdot p_A \right]^n \cdot p_B\rho$$

基团 B 与支化单元 A_f 中基团 A 的反应概率

括号内 A-A 与 B-B 的反应概率

括号内 B-B 与 A-A 的反应概率

支化单元 A_f 中基团 A 与 B-B 的反应概率

上式指数 n 代表 B-B-A-A 重复 n 次，概率就应该自乘 n 次，即 $[p_B(1-\rho) \times p_A]^n$。对所有 n 值（$0 \sim \infty$）进行加和。根据 $\sum_0^\infty Q^n = 1 + Q + Q^2 + \cdots = 1/(1-Q)$，经变换，得

$$\alpha = \sum_{n=0}^\infty [p_A p_B(1-\rho)]^n p_A p_B \rho = \frac{p_A p_B \rho}{1 - p_A p_B(1-\rho)} \tag{2-56}$$

将二基团数比 $r = p_B/p_A$ 代入上式，得

$$\alpha = \frac{r p_A^2 \rho}{1 - r p_A^2(1-\rho)} = \frac{p_B^2 \rho}{r - p_B^2(1-\rho)} \tag{2-57}$$

由上式可算出多官能团体系缩聚时任一转化程度下 α 值。联立式(2-55)和式(2-57)，则得

$$(p_A)_C = \frac{1}{[r + r\rho(f-2)]^{1/2}} \tag{2-58}$$

下面分析几种特殊情况。

① 二基团数相等，即 $r = 1$，并且 $p_A = p_B = p$，则

$$\alpha = \frac{p^2 \rho}{1 - p^2(1-\rho)} \tag{2-59}$$

$$p_c = \frac{1}{[1 + \rho(f-2)]^{1/2}} \tag{2-60}$$

② 无 A-A 分子（$\rho = 1$），但 $r < 1$，则

$$\alpha = r p_A^2 = \frac{p_B^2}{r} \tag{2-61}$$

$$p_c = \frac{1}{[r + r(f-2)]^{1/2}} \tag{2-62}$$

式(2-62)很有实用价值，可用来估算生产中开始出现凝胶化的临界反应程度。

③ 对于 2-A_f 体系，即无 A-A（$\rho=1$），且 $r=1$，则

$$\alpha = p^2 \tag{2-63}$$

$$p_c = \frac{1}{(f-1)^{1/2}} \tag{2-64}$$

例如 2-3 体系的 $p_c = 1/(3-1)^{1/2} = 0.707$。

2.7.3　凝胶点的测定方法

多官能团体系缩聚至某一反应程度，粘度急增，难以流动，气泡也无法上升，这时的临界反应程度就定为凝胶点，可取样分析残留官能团来计算。因为凝胶化要在一定的 α 临界值发生，对于含有三官能团物质的体系，该值约 0.5，应该与形成网络结构时的临界反应程度相当。例如甘油和等基团数的二元酸缩聚时，测得凝胶点的临界反应程度 $p_c=0.765$。按

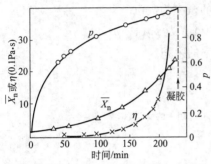

图 2-9　一缩二乙二醇、丁二酸、己三酸缩聚时 p，$\overline{X}_n$，η 随时间的变化

Carothers 方程［式（2-47）］计算，$p_c=0.833$，偏高的原因是将凝胶点时的数均聚合度当作无穷大。实际上，聚合度不太高时就开始凝胶化，而且大于和小于平均聚合度的分子都有，大于平均聚合度的先凝胶化。按统计法式（2-58）计算，$p_c=0.709$，更接近并稍低于实验值。

Flory 就一缩二乙二醇（$f=2$）和丁二酸（$f=2$）或己二酸体系，改变 1，2，3-己三酸（$f=3$）量，研究了两种基团数相等和不相等条件下的缩聚情况，实测凝胶点的结果见表 2-9 和图 2-9。

表 2-9　一缩二乙二醇、丁二酸、己三酸缩聚体系的凝胶点

$r=\dfrac{[COOH]}{[OH]}$	ρ	凝胶点 p_c			
		按式（2-47）	按式（2-58）	实验值	实测 α
1.000	0.293	0.951	0.879	0.911	0.59
1.000	0.194	0.968	0.916	0.939	0.59
1.002	0.404	0.933	0.843	0.894	0.62
0.800	0.375	1.063	0.955	0.991	0.58

由图 2-9 可以看出，该体系缩聚 230min 后，出现凝胶，粘度很大，实测得 $p_c=0.91$，$\overline{X}_n=25$。当 $r=1$，$\rho=0.293$ 时，按式（2-47）计算，得 $p_c=0.951$，较实测值大；如按式（2-45）计算，则与实测值相近。按统计法式（2-58）计算，则 $p_c=0.88$，较实测值略低。实测 α 值要比统计法计算值 0.5 要高。分子内环化反应、官能团非等活性都可能是计算值偏低的原因。

2.8　缩聚和逐步聚合的实施方法

2.8.1　缩聚热力学和动力学的特征

缩聚热力学和动力学的典型参数见表 2-10。

缩聚的聚合热不大（$10\sim25kJ\cdot mol^{-1}$），活化能却较高（$40\sim100kJ\cdot mol^{-1}$），乙烯基单体的对应值分别为 $50\sim95kJ\cdot mol^{-1}$ 和 $15\sim40kJ\cdot mol^{-1}$。为了保证速率，需提高缩聚温度（$150\sim275℃$），为弥补热损失，就得外加热，另需设法避免单体挥发或热分解损失。

表 2-10　缩聚反应热力学和动力学参数

单 体 和 原 料	催化剂	$T/℃$	$k/\times10^3$ $L\cdot mol^{-1}\cdot s^{-1}$	E_a $/kJ\cdot mol^{-1}$	$-\Delta H$ $/kJ\cdot mol^{-1}$
聚酯化					
$HO(CH_2)_{10}OH+HOOC(CH_2)_4COOH$	无	161	0.075	59.4	
$HO(CH_2)_{10}OH+HOOC(CH_2)_4COOH$	酸	161	1.6		
$HOCH_2CH_2OH+p\text{-}HOOC\phi COOH$	无	150			10.5
$p\text{-}HOCH_2CH_2OOC\phi COCH_2CH_2OH$	无	275	0.5	188	
$p\text{-}HOCH_2CH_2OOC\phi COCH_2CH_2OH$	Sb_2O_3	275	10	58.6	
$HO(CH_2)_6OH+ClOC(CH_2)_8COCl$	无	58.8	2.0	41	
聚酰胺化					
二亚乙基二胺$+p\text{-}ClOC\phi COCl$	无		$10^7\sim10^8$	100.4	
$HN(CH_2)_6NH+HOOC(CH_2)_8COOH$	无	185	1.0		
$H_2N(CH_2)_5COOH$	无	235			24
酚醛缩聚					
$\phi OH+H_2CO$	酸	75	1.1	77.4	
$\phi OH+H_2CO$	碱	75	0.048	76.6	
聚氨酯化					
$m\text{-}OCN\text{-}\phi\text{-}NCO$		60	$0.40(k_1)$	31.4	
$HOCH_2CH_2OCO(CH_2)_4COOCH_2CH_2OH$			$0.03(k_2)$	35.0	

注：ϕ 为苯环。

平衡常数对温度的变化率可用下式表示

$$\frac{dlnK}{dT}=\frac{\Delta H}{RT} \tag{2-65}$$

ΔH 是负值，即温度升高，平衡常数变小，逆反应将增加。但聚合热不大，变化率也较小。

2.8.2　逐步聚合实施方法

欲使逐步聚合成功，必须要考虑下列原则和措施：

① 原料要尽可能纯净；

② 单体按化学计量配制，加微量单官能团物质或某双官能团单体微过量来控制分子量；

③ 尽可能提高反应程度；

④ 采用减压或其他手段去除副产物，使反应向聚合物方向移动。

逐步聚合有熔融、溶液、界面、固相等四种聚合方法，其中熔融和溶液缩聚最常用。

（1）熔融聚合　这是最简单的聚合方法，相当于本体聚合，只有单体和少量催化剂（如需要），产物纯净，分离简单。聚合多在单体和聚合物熔点以上的温度进行，以保证足够的反应速率。聚合热不大，为了弥补热损失，需外加热。对于平衡缩聚，则需减压，及时脱除副产物。大部分时间内产物的分子量和体系粘度不高，物料的混合和低分子物的脱除并不困难。只在后期（反应程度大于 $97\%\sim98\%$）对设备的传热和传质才有更高的要求。

熔融聚合法用得很广，如合成涤纶、酯交换法聚碳酸酯、聚酰胺等。

（2）溶液聚合　单体加催化剂在适当的溶剂（包括水）中进行聚合。所用的单体一般活性较高，聚合温度可以较低，副反应也较少。如属平衡缩聚，则可通过蒸馏或加碱成盐除去副产物。溶液聚合的缺点是要回收溶剂，聚合物中残余溶剂的脱挥也比较困难。

聚砜采用溶液聚合法，尼龙-66 的合成前期相当于水浆液缩聚，后期转为熔融缩聚。

（3）界面缩聚　两种单体分别溶于水和有机溶剂中，在界面处进行聚合，故名。界面缩聚应该选用活性高的单体，例如二元胺和二酰氯，在室温下就能很快聚合，速率常数高达

$10^4 \sim 10^5 \mathrm{L} \cdot \mathrm{mol}^{-1} \cdot \mathrm{s}^{-1}$。实验室内即可演示界面缩聚，可先将癸二酰氯的四氯乙烷溶液放在烧杯底层，再小心地倒入己二胺的水溶液作为上层，不搅拌，聚酰胺-610 就在界面处迅速形成，可用玻棒拉出纤维。水相中需加碱，以中和副产物氯化氢，以免氯化氢与胺结合成盐，使反应减慢。碱量过多，又易使二酰氯水解成羧酸或单酰氯，降低聚合速率和分子量。界面缩聚的过程特征属于扩散控制，工业实施时，应有足够的搅拌强度，保证单体及时传递。

界面缩聚优缺点参半，优点有缩聚温度较低、副反应少、不必严格等基团数比、反应快、分子量较熔融聚合产物高等。但原料酰氯较贵，溶剂用量多，回收麻烦，成本反而较高。因为这些缺点，目前界面缩聚工业化的仅限于光气法合成聚碳酸酯。

以上三种逐步聚合方法比较如表 2-11。详细情况在以下缩聚物各论中还有所反映。

表 2-11　三种逐步聚合方法的比较

条　件	熔　融	溶　液	界　面
温度	高	低于溶剂的熔点和沸点	一般为室温
对热的稳定性	要求稳定	无要求	无要求
动力学	逐步,平衡	逐步,平衡	不可逆,类似链式
反应时间	1 小时～几天	几分钟～1 小时	几分钟～1h
产率	高	低到高	低到高
等基团数比	要求严格	要求严格	要求稍不严格
单体纯度	要求高	要求稍低	要求较低
设备	特殊要求,气密性好	简单,敞开	简单,敞开
压力	高,低	常压	常压

（4）固相缩聚　在玻璃化温度以上、熔点以下的固态所进行的缩聚，称作固相缩聚。例如纤维用的涤纶树脂用作工程塑料（如瓶料）时，分子量显得较低，强度不够。可将涤纶树脂加热到熔点（265℃）以下的温度，如 220℃，继续固相缩聚。这一温度远高于玻璃化温度（69℃），链段仍能自由运动，并不妨碍继续缩聚，在高度减压或惰性气流的条件下，排除副产物乙二醇，继续提高分子量，使符合工程塑料和帘子线强度的要求。聚酰胺-6 也可以进行固相缩聚，进一步提高分子量。固相聚合是上述三种方法的补充。

2.9　重要缩聚物和其他逐步聚合物

大多数缩聚物和逐步聚合物属于杂链聚合物，可以分成线形和体形两大类。2-2 或 2 体系单体将聚合成线形聚合物，如聚酯、聚碳酸酯、聚酰胺、聚砜、聚苯醚等。2-3、2-4 等多官能度体系最终将缩聚成体形聚合物，如醇酸树脂、酚醛树脂、脲醛树脂等，从单体到聚合物制品的全过程，往往分成两阶段：第一是树脂合成阶段，先部分聚合成低分子量线形或支链预聚物，分子量 300～5000 不等，处在可溶可熔可塑化状态，内中还含有尚可反应的基团；第二是成型阶段，预聚物受热，残留基团进一步反应，交联固化成不溶不熔物。这类聚合物称作热固性聚合物。

预聚物又可分为无规预聚物和结构预聚物两类。无规预聚物中基团分布以及进一步交联成型都没有规律，故名“无规”，主要品种有碱催化酚醛树脂、脲醛树脂、醇酸树脂等。结构预聚物类似线形低聚物，基团分布颇有规律，可以预先设计，分子量从几百到 5000 不等，其本身一般不能交联，成型时，需另加催化剂或其他反应性物质。结构预聚物的合成和成型都容易控制，重要代表有酸催化酚醛树脂、不饱和聚酯、环氧树脂、聚氨酯等。

研究不同品种逐步聚合物时，应重视反应的特殊性，深化一般逐步聚合机理。同时应该密切关注结构性能的影响和导向，例如脂族和芳族的同类聚合物的聚合原理可能相似，但在熔点、粘度、强度等性能上却有较大差异。引入芳杂环、极性基团、结构规整紧密堆砌和交联往往是提高聚合物耐热性、强度和刚性的重要措施。

杂环开环聚合，形成线形杂链聚合物，与缩聚物相似，详见开环聚合一章。

2.10 聚酯

2.10.1 概述

聚酯是主链上有—C(O)O—酯基团的杂链聚合物，带酯侧基的聚合物，如甲基丙烯酸甲酯、聚醋酸乙烯酯、纤维素酯类等，都不能称作聚酯。

剖析缩聚机理时，曾选择酯化反应作为典型代表，这里进一步介绍重要聚酯品种。聚酯的种类很多，包括脂族和芳族、饱和和不饱和、线形和体形，重要的有以下几类：

① 线形饱和脂族聚酯，如聚酯二醇，用作聚氨酯的预聚物；

② 线形芳族聚酯，如涤纶聚酯，用作合成纤维和工程塑料；

③ 不饱和聚酯，留有双键的结构预聚物，与苯乙烯混合，主要用于增强塑料；

④ 醇酸树脂，属于线形或支链形无规预聚物，残留基团可进一步交联固化，用作涂料。
以上四类聚酯中，涤纶聚酯的合成条件最为苛刻，产量也最大。

聚酯的合成原理与低分子酯类相似，主要有下列四种方法：

直接酯化	$RCOOH + R'OH \rightleftharpoons RCOOR' + H_2O$	可逆
酯交换或醇解	$RCOOR'' + R'OH \rightleftharpoons RCOOR' + R''OH$	可逆
酰氯与醇反应	$RCOCl + R'OH \longrightarrow RCOOR' + HCl$	不可逆
酸酐与醇反应	$(RCO)_2O + R'OH \longrightarrow RCOOR' + RCOOH$	不可逆

直接酯化和酯交换是可逆的慢反应，需加酸作催化剂，质子与羰基氧络合，增加羰基碳的亲电性，有利于亲核加成，使反应加速；这两反应的平衡常数都较小，需在减压条件下排除低分子副产物，使平衡向聚酯方向移动。而酰氯或酸酐与醇的反应则较快，而且不可逆。

此外，内酯开环聚合、酸酐和环醚共聚，也可合成聚酯，这部分将在开环聚合中提及。

2.10.2 线形饱和脂族聚酯

早在 20 世纪 30 年代，Carothers 对线形脂族聚酯作了系统研究，目标瞄准合成纤维，终因熔点、强度太低而放弃，转向聚酰胺研究而获得成功。

二元酸和二元醇缩聚、羟基酸自缩聚或内酯开环聚合，均可形成线形聚酯。除了聚草酸乙二醇酯以外，线形饱和脂族聚酯的熔点（50～60℃）和强度都较低，不耐溶剂，易水解，不能用作结构材料。但根据柔性链、易降解等特点，倒有特殊用处。

① 聚酯二醇，是聚氨酯的预聚物，由二元酸（己二酸）和过量二元醇（乙二醇或丁二醇）缩聚而成，分子量 3000～5000，分子链两端均为羟基，供进一步与二异氰酸酯反应之用。

己二酸或癸二酸与乙二醇的缩聚物，分子量数千，可用作弹性纤维的内增塑链段或聚氯乙烯的辅助增塑剂；利用其疏水性，还可用来制备非油性软膏和皮革防水油膏。

② 乙交酯或丙交酯开环聚合，可制脂族聚酯，用作控制释放药物载体或可降解吸收的

缝合线。例如乳酸是羟基酸，易自聚成环状二聚体丙交酯，经提纯后，再开环聚合成聚乳酸。

$$HO-\underset{\underset{CH_3}{|}}{CH}-COOH \longrightarrow \text{(环状二聚体)} \longrightarrow H \underset{\underset{CH_3}{|}}{\left[OCHCO\right]_n} OH$$

曾有报道改用一步熔融缩聚法直接合成聚乳酸。先使乳酸在100℃和1kPa压力下脱水，后在160℃下缩聚。0.2%对甲苯磺酸作酯化的催化剂，0.5%氯化亚锡作缩聚的催化剂，在0～1300Pa下缩聚30h，可得分子量8000以上的聚乳酸，并伴有少量环状丙交酯。

③ 内酯开环聚合，例如己内酯经阳、阴离子聚合，可制聚己内酯，用作增塑剂和聚烯烃的添加剂。又如新戊内酯开环聚合物耐水解，纺成弹性纤维，可与涤纶聚酯和尼龙相竞争。

$$\underset{\text{聚己内酯}}{\left[O-(CH_2)_5-\underset{\underset{}{\overset{\overset{O}{\|}}{C}}}{}\right]_n} \qquad \underset{\text{聚新戊内酯}}{\left[O-CH_2-\underset{\underset{CH_3}{|}}{\overset{\overset{CH_3}{|}}{C}}-\underset{}{\overset{\overset{O}{\|}}{C}}\right]_n}$$

2.10.3 涤纶聚酯

涤纶聚酯是聚对苯二甲酸乙二醇酯的商品名，主链中苯环提高了聚酯的刚性、强度和熔点（265℃），亚乙基则赋予柔性和加工性能，综合两方面性能，才使聚酯纤维获得成功，并可用作工程塑料。

涤纶聚酯由对苯二甲酸与乙二醇缩聚而成，遵循线形缩聚的普遍规律，但难点有三：①对苯二甲酸熔点很高，300℃升华，在溶剂中溶解度很小，难以用精馏、结晶等方法来提纯；②原料纯度不高时，难以控制两单体的等基团数比；③平衡常数小，需在高温、高度减压条件下排除低分子副产物，才获得高分子量。目前这些困难均已解决。

生产涤纶树脂，先后发展有酯交换法和直接酯化法两种合成技术。

（1）酯交换法或间接酯化　这是单体容易提纯的传统生产方法，目前仍然采用，主要由甲酯化、酯交换、终缩聚三步组成。

① 甲酯化。对苯二甲酸与稍过量甲醇反应，先酯化成对苯二甲酸二甲酯。蒸出水分、多余甲醇以及苯甲酸甲酯等低沸物，再经精馏，可得纯对苯二甲酸二甲酯。

$$HOOC-\langle\bigcirc\rangle-COOH+2CH_3OH \rightleftharpoons CH_3OOC-\langle\bigcirc\rangle-COOCH_3+2H_2O$$

② 酯交换。在190～200℃下，以醋酸镉和三氧化锑作催化剂，使对苯二甲酸二甲酯与乙二醇（摩尔比约1:2.4）进行酯交换反应，形成对苯二甲酸乙二醇酯低聚物。借甲醇的馏出，使反应向右移动，保证酯交换充分。

$$CH_3OOC-\langle\bigcirc\rangle-COOCH_3+2HOCH_2CH_2OH \rightleftharpoons HOCH_2CH_2OOC-\langle\bigcirc\rangle-COOCH_2CH_2OH+2CH_3OH$$

③ 终缩聚。在高于涤纶熔点下，如283℃，以三氧化锑为催化剂，使对苯二甲酸乙二醇酯自缩聚或酯交换，借减压和高温，不断馏出副产物乙二醇，逐步提高聚合度。

$$HOCH_2CH_2OOC-\langle\bigcirc\rangle-COOCH_2CH_2OH \rightleftharpoons H\left[OCH_2CH_2OOC\langle\bigcirc\rangle CO\right]_n OCH_2CH_2OH+(n-1)HOCH_2CH_2OH$$

甲酯化和酯交换阶段，并不考虑等基团数比。缩聚阶段，根据乙二醇的馏出量，自然地调节两基团数的比，逐步逼近等当量，略使乙二醇过量，封锁分子两端，达到预定聚合度。

（2）直接酯化　高纯对苯二甲酸可以与过量乙二醇在200℃下预先直接酯化成低聚合度

（例如 $x=1\sim4$）聚苯二甲酸乙二醇酯，而后在 $280℃$ 下酯交换（终缩聚）成高聚合度的最终聚酯产品（$n=100\sim200$）。在单体纯度问题解决以后，这是应该优先选用的经济方法。

随着缩聚反应程度的提高，体系粘度增加。在工程上，将缩聚分成两段，分别在两反应器内进行，更为有利。前段预缩聚：$270℃$，$2000\sim3300Pa$；后段终缩聚：$280\sim285℃$，$60\sim130Pa$。缩聚结束后，熔体经挤出冷却，切片造粒，即成涤纶树脂商品。

涤纶性能优良，目前已成为合成纤维中第一大品种。涤纶也可制作双向拉伸薄膜，用于胶卷、磁带片基。纤维用涤纶聚酯再经固相缩聚，提高分子量，还可用作瓶料。

还有许多涤纶聚酯类改性品种。如聚对苯二甲酸丁二醇酯（PBT），熔点降低（$232℃$），加工性能变好。对苯二甲酸与丁二醇、乙二醇三元共缩聚物，刚性和熔点降低不多，流动性和熔纺性能改善。最近还发展了聚对苯二甲酸丙二醇酯。

2.10.4 其他芳族聚酯

合成芳族聚酯的单体种类很多，如对羟基苯甲酸，二元酸中的对苯二甲酸、间苯二甲酸、己二酸等，二元醇中的乙二醇、丁二醇、己二醇、聚丁二醇、1,2-二羟甲基环己烷等。通过缩聚，可以制备多种芳族聚酯。举例如下：

① 对羟基苯甲酸在 $P(OC_6H_5)_3$ 作用下进行自缩聚，可直接酯化成全芳聚酯。

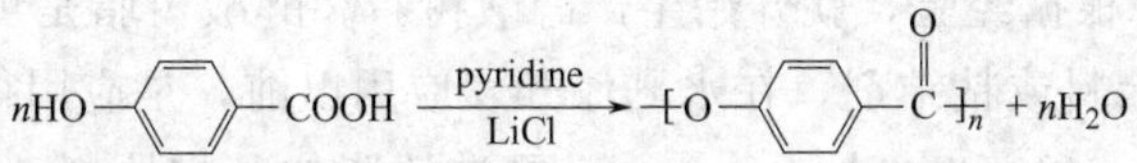

对羟基苯甲酸的酯经自缩聚或酯交换，也得到类似结果。

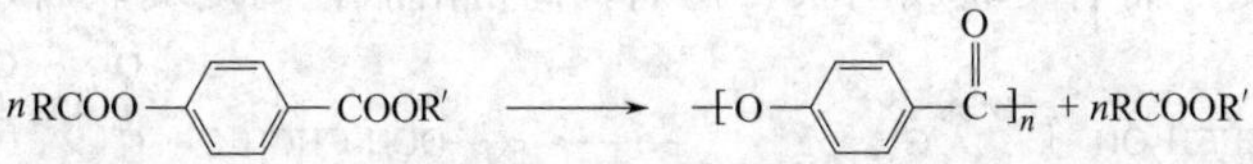

对羟基苯甲酸也可以与 p,p'-联酚、对苯二甲酸共缩聚，制备全芳共聚酯。

全芳酯耐高温，并耐烧蚀，$550℃$ 才分解，可用于高温场合。另见液晶高分子。

② 对苯二甲酸、间苯二甲酸、少量己二酸与丁二醇或己二醇共缩聚，可制高强度的芳族聚酯粘结剂。对苯二甲酸、间苯二甲酸与 1,2-二羟甲基环己烷共缩聚，产物无定形，透明，熔点和刚性均比涤纶树脂高。部分结构式如下：

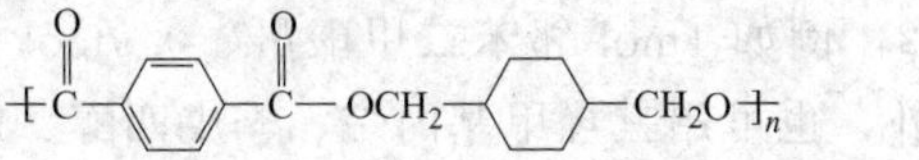

③ 60%聚对苯二甲酸丁二醇和 40%聚丁二醇（分子量为 1000）的嵌段共聚物，分子量约 25000，是热塑性弹性体。

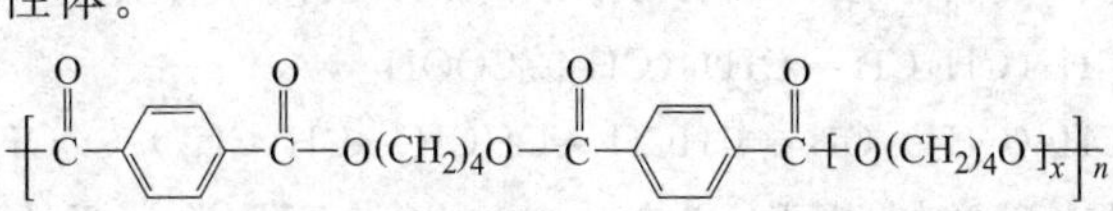

2.10.5 不饱和聚酯

不饱和聚酯是主链中含有双键的聚酯，双键可按自由基机理与乙烯基单体，尤其是苯乙烯共聚而交联。不饱和聚酯的主要用途是生产玻璃纤维增强塑料（玻璃钢），全过程分两阶段：一是预聚合，制备分子量数千的预聚物，过程实质上是线形缩聚；另一是玻璃纤维的粘结、成型和交联固化。不饱和聚酯属于结构预聚物，是缩聚物中产量较大的品种。

马来酸酐与乙二醇的缩聚，可以形成最简单的不饱和聚酯，反应式如下。

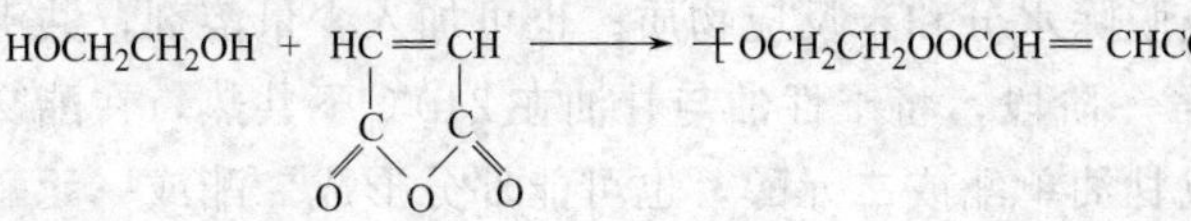

上述不饱和聚酯经交联固化后，性脆。为了降低交联密度，可以用饱和苯酐代替部分马来酸酐，用一缩二乙二醇、丙二醇或1,3-丁二醇代替部分乙二醇，进行共缩聚。典型例子如下：1.2mol 丙二醇，0.67mol 马来酸酐，0.33mol 邻苯二甲酸酐在 150～200℃下缩聚。丙二醇过量的目的是为了弥补反应过程中的损失，并封锁两端。对甲苯磺酸用作催化剂，以缩短反应时间；加甲苯或二甲苯作溶剂，帮助脱水；通氮或二氧化碳以防高温下氧化变色。反应至分子量 1000～2000，结束反应。冷却至 90℃，加 30%～50%苯乙烯，混匀，即成不饱和聚酯树脂商品。苯乙烯既是溶剂，又是供进一步交联固化的共单体。

这样合成的不饱和聚酯的结构简示如下：

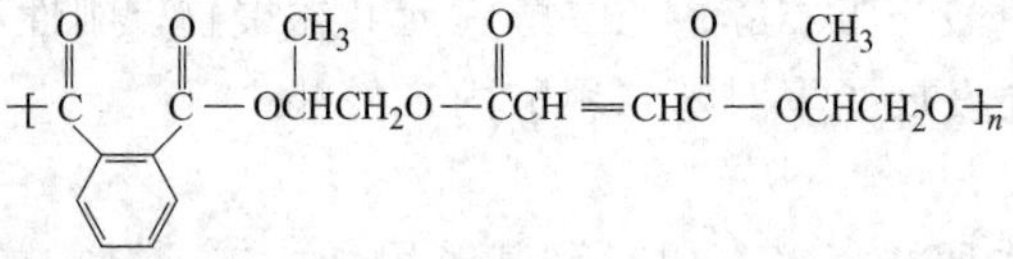

$$+C \quad C-OCH_2CH_2O-CCH=CHC-OCH_2CH_2O+_n$$

除了以上单体外，还有多种二元酸（如富马酸、间苯二酸、己二酸、丁二酸等）和多种二元醇可供选用，改变单体种类和配比，以及苯乙烯量，就可制得多种不饱和聚酯品种。

2.10.6 醇酸树脂与涂料

20 世纪 20 年代，根据经验，就开始生产醇酸树脂。醇酸树脂是可交联的聚酯，属于无规预聚物，主要用作涂料或粘结剂，在水乳漆开发应用以前，是应用得最广的涂料品种。

邻苯二甲酸酐（$f=2$）和甘油（$f=3$）是醇酸树脂的基本原料，属于 2-3 官能度体系，缩聚结果，先产生支链而后交联成网状，初期，尚可溶胀，高度交联后，就耐溶剂。

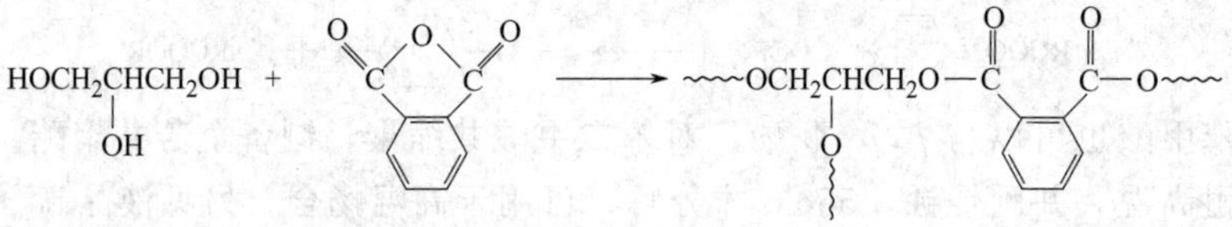

$$HOCH_2CHCH_2OH + \quad \longrightarrow \quad \text{~}OCH_2CHCH_2O-C \quad C-O\text{~}$$

上述酯化产物交联固化后性脆，为了保证涂层的柔软性，在上述基本原料中往往添加其他二元酸（间苯二甲酸、柠檬酸、己二酸、癸二酸等）或一元不饱和脂肪酸（干性油或非干性油）以及其他二元醇，进行改性，以降低交联密度。但二元醇或一元酸的加入量，要使体系的平均官能度稍大于2，例如 1mol 邻苯二甲酸酐、0.9mol 乙二醇和 0.1mol 甘油，平均官能度＝2.05。除甘油外，也可用三羟甲基丙烷、季戊四醇、山梨糖醇等多元醇。改性用的亚麻子油、豆油、蓖麻油、桐油都是不饱和脂肪酸（如下式）的甘油酯。

亚油酸　　　　　$CH_3(CH_2)_4CH=CHCH_2CH=CH(CH_2)_7COOH$

亚麻油酸　　　　$CH_3(CH_2CH=CH)_3(CH_2)_7COOH$

桐油酸　　　　　$CH_3(CH_2)_3CH=CHCH=CHCH=CH(CH_2)_7COOH$

根据改性油的用量，醇酸树脂可分为短、中、长油度几类。短油度醇酸树脂含有30%～50%油，一般需经烘烤才形成硬的漆膜。中油度（50%～65%油）和长油度（65%～75%油）品种，加入金属干燥剂（如萘酸钴），可以室温固化。干性油改性的醇酸树脂，与适当溶剂、颜料、干燥剂等配合，即成醇酸树脂漆。

油改性醇酸树脂制法有二。

① 脂肪酸直接酯化法。在 200～240℃，将脂肪酸、邻苯二甲酸与甘油一起酯化，可以不加溶剂，由惰性气流脱除水分和未反应物质。也可加入少量溶剂，共沸蒸馏，帮助脱水。

② 油脂醇解法。第一阶段，将干性油与甘油在240℃下共热，在酯交换碱催化剂的作用下醇解和酯交换，形成甘油单酯或二元醇，也可能部分形成二酯或一元醇。

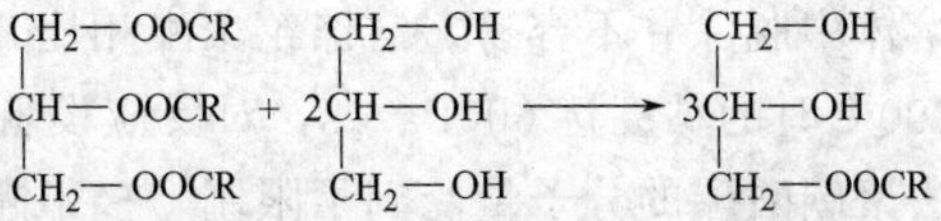

第一阶段结束后，再加入邻苯二甲酸酐（或添加其他二元酸），进行共缩聚酯化，条件与第一阶段相同。

上述 2-3 官能度体系缩聚最终将交联。树脂合成阶段除了考虑配比以外，就得控制较低的反应程度，使处在凝胶点以下，保持粘滞液体状态，缩聚过程中要定期检测粘度和酸值，保证交联反应推迟到成型或使用阶段进行。

2.11 聚碳酸酯（PC）

聚碳酸酯是碳酸的聚酯类，聚碳酸酯与聚酯的特征基团比较如下。

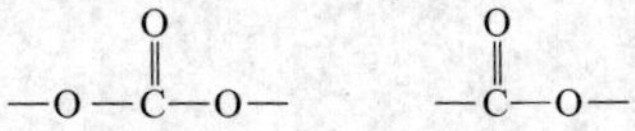

碳酸本身并不稳定，但其衍生物，如光气、尿素、碳酸盐、碳酸酯，都有一定稳定性。

聚碳酸酯可由二元醇与光气缩聚而成。

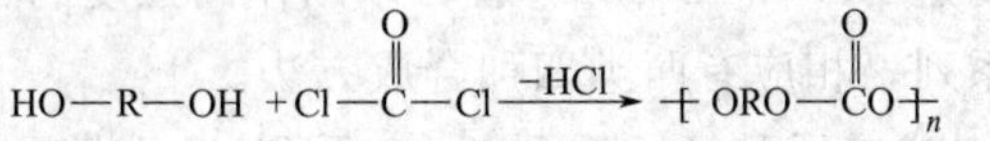

按醇结构的不同，可将聚碳酸酯分成脂族和芳族两类。

脂族聚碳酸酯，如聚亚乙基碳酸酯、聚三亚甲基碳酸酯及其共聚物，熔点和玻璃化温度低，强度差，不能用作结构材料；但利用其生物相容性和生物可降解的特性，可在药物缓释放载体、手术缝合线、骨骼支撑材料等方面获得应用。

这里着重介绍芳族聚碳酸酯。曾研究过多种双酚聚碳酸酯，但工业化的限于双酚 A 聚碳酸酯，因为其熔点高，物理机械性能好，未标明的那一类聚碳酸酯，指的就是这一品种。

工业上应用的聚碳酸酯主要由双酚 A［2,2'-双（羟苯基）丙烷］和光气来合成，其主链含有苯环和四取代的季碳原子，刚性和耐热性增加，$T_m = 265 \sim 270\,^\circ\!C$，$T_g = 149\,^\circ\!C$，可在 $15 \sim 130\,^\circ\!C$ 内保持良好的力学性能，抗冲性能和透明性特好，尺寸稳定，耐蠕变，性能优于涤纶聚酯，是重要的工程塑料。但聚碳酸酯易应力开裂，受热时对水解敏感，加工前应充分干燥。

聚碳酸酯的制法有二：酯交换法和光气直接法，简示如下式：

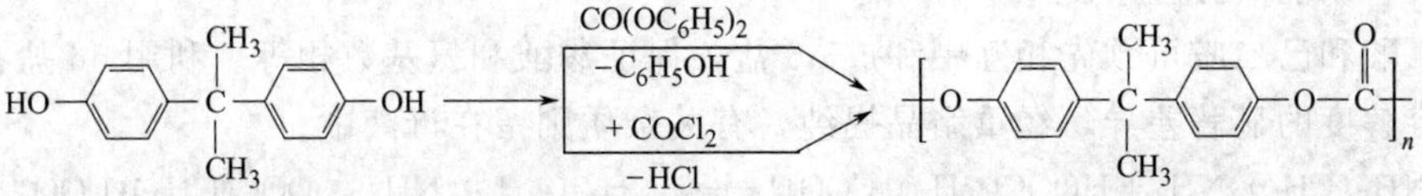

（1）酯交换法　原理与生产涤纶聚酯的酯交换法相似。双酚 A 与碳酸二苯酯熔融缩聚，进行酯交换，在高温减压条件下不断排除苯酚，提高反应程度，获得高分子聚碳酸酯。

酯交换法须用催化剂，分二阶段进行：第一阶段，温度 $180 \sim 200\,^\circ\!C$，压力 $270 \sim 400\,Pa$，$1 \sim 3\,h$，转化率 $80\% \sim 90\%$；第二阶段，温度渐升至 $290 \sim 300\,^\circ\!C$，减压至 $130\,Pa$ 以下，加深反应程度，完成反应。起始碳酸二苯酯应过量，在高温减压条件下酯交换，不断排出苯酚。由苯酚排出量来自动调节两基团数比，达到控制分子量的目的。

苯酚沸点高，从高粘熔体中脱除并不容易。与涤纶聚酯相比，聚碳酸酯的熔体粘度要高得多，例如分子量 3 万、300℃时的粘度达 600Pa·s，对反应设备的搅拌混合和传热有着更高的要求。因此，酯交换法聚碳酸酯的分子量受到了限制，多不超出 3 万。

（2）光气直接法　光气属于酰氯，活性高，可以与羟基化合物直接酯化。光气法合成聚碳酸酯可以采用溶液聚合，但工业上多采用界面缩聚技术。双酚 A 和氢氧化钠配成双酚钠水溶液作为水相，光气的有机溶液（如二氯甲烷）为另一相，以胺类（如四丁基溴化铵）作催化剂，在 50℃下反应。反应主要在水相一侧，反应器内的搅拌要保证有机相中的光气能及时地扩散至界面，及时供应反应所需。光气直接法比酯交换法经济，所得分子量也较高。

界面缩聚是不可逆反应，并不严格要求两基团数相等，一般光气稍过量，以弥补水解损失。可加少量单官能团苯酚进行端基封锁，控制分子量。聚碳酸酯用双酚 A 的纯度要求高，有特定的规格，不宜含有单酚和三酚，否则，得不到高分子量的聚碳酸酯，或产生交联。

2.12　聚酰胺（PA）

聚酰胺是主链中含有酰胺特征基团（—NHCO—）的含氮杂链聚合物，可以分为脂族和芳族两类。强极性酰胺基团足以显著提高聚酰胺的结晶度、熔点（180～260℃）和强度，脂族聚酰胺只要分子量到达 15000～25000，就可以用作高强度的合成纤维和工程塑料。

脂族聚酰胺有两个系列，相应有两类四种合成方法。

① 二元胺和二元酸（或二元酰氯）系列（2-2 系列）。由熔融缩聚法或界面缩聚法来合成，除聚酰胺-66（尼龙-66）外，聚酰胺-1010、610、612 等也已工业化，只是产量较低。

② 内酰胺或 ω-氨基酸系列（2-系列）。分别由开环聚合和自缩聚来合成，以聚酰胺-6（尼龙-6）为代表外，从聚酰胺-2 到聚酰胺-13 都曾进行过研究，但工业化的不多。

芳族聚酰胺的熔点和强度更高，成为特种纤维和特种塑料。进一步还发展了聚酰亚胺。蛋白质是以氨基酸为结构单元的聚酰胺，详见天然高分子一章。

2.12.1　2-2 系列聚酰胺

在 2-2 系列聚酰胺中，曾进行过多种二元胺（4,5,6,8,10,12,13 个碳原子）和多种二元酸（5,6,7,9,10,12,13 个碳原子）不同组合的筛选研究，但最成功的是聚酰胺-66。

（1）聚酰胺-66（尼龙-66）　聚酰胺-66 由己二酸和己二胺缩聚而成。聚酰胺化有两个特点：一是氨基活性比羟基高，并不需要催化剂；另一是平衡常数较大（约 400），可在水介质中预缩聚。此外，也可以由二元胺和二元酰氯在室温下进行界面缩聚来合成聚酰胺，只是酰氯较贵，未能实际应用。

己二酸和己二胺可预先相互中和成 66 盐，保证羧酸和氨基数相等。利用 66 盐在冷、热乙醇中溶解度的显著差异，经重结晶提纯，有关杂质则留在母液中。

$$NH_2(CH_2)_6NH_2 + HOOC(CH_2)_4COOH \longrightarrow [NH_3^+(CH_2)_6NH_3^+ \ ^-OOC(CH_2)_4COO^-]$$

缩聚时，在 66 盐中另加入少量单官能团醋酸 [0.2%～0.3%（质量分数）]或微过量己二酸，进行端基封锁，控制分子量。

$$n[NH_3^+(CH_2)_6NH_3^+ \ ^-OOC(CH_2)_4COO^-] + CH_3COOH \longrightarrow$$
$$CH_3CO \vphantom{} + NH(CH_2)_6NHCO(CH_2)_4CO \vphantom{}_n OH + 2nH_2O$$

66 盐不稳定，温度稍高，盐中己二胺（沸点 196℃）易挥发，己二酸易脱羧，将使等基团数比失调。为了防止这些损失，特设计如下操作程序：将少量醋酸加入 60%～80% 66 盐的水浆液中，在密闭系统内，先在较低温度（如 200～215℃）和 1.4～1.7MPa 下加热 1.5～2h，预缩聚至 0.8～0.9 反应程度。然后慢慢（2～3h）升温至聚酰胺-66 的熔点（265℃）以上，例如 270～275℃，进一步缩聚。以后保持 270～275℃，不断排汽降压，最后在 2700Pa 的减压条件下完成最终缩聚反应。由此可见，合成聚酰胺的缩聚机理与聚酯相似，但根据 66 盐的配制和平衡常数差异这两特点来拟订的不同工艺条件。

聚酰胺-66 结晶度中等，熔点高（265℃），能溶于甲酸、苯酚、甲酚中，有高强、柔韧、耐磨、易染色、低摩擦系数、低蠕变、耐溶剂等综合优点，是世界上第二大类合成纤维。

（2）聚酰胺-1010 由癸二胺和癸二酸缩聚而成，是我国开发成功的品种，主要用作工程塑料，

$$-\!\!\!\left[\!NH(CH_2)_{10}NHCO(CH_2)_8CO\right]_n$$

其特点是吸湿性低。癸二酸源自蓖麻子油的高温碱裂解，进一步转化，则成癸二胺。

聚酰胺-1010 的合成技术与聚酰胺-66 相似，也分为 1010 盐配制和缩聚两个阶段。所不同的是 1010 盐不溶于水，自始至终属于熔融缩聚；聚酰胺-1010 熔点较低（194℃），缩聚可在较低的温度（240～250℃）下进行；癸二胺沸点较高，在缩聚温度下，也不易挥发损失。

此外，还有聚酰胺-610 和聚酰胺-612 进行小规模生产，可用作注塑料，合成原理相似。在 2-2 系列聚酰胺中，碳氢部分增加，将使柔性增加，却使吸湿性、熔点、强度降低。

2.12.2 聚酰胺-6（尼龙-6）

聚酰胺-6 是氨基酸类聚酰胺，其产量仅次于尼龙-66，工业上由己内酰胺开环聚合而成。己内酰胺可以用碱或水（酸）开环。以碱作催化剂时，属于阴离子开环聚合，可以采用模内浇铸聚合技术，制备机械零部件，另见开环聚合一章。

制纤维用聚酰胺-6（锦纶）时，以水或酸作催化剂，按逐步机理开环，伴有三种反应：

① 己内酰胺水解成氨基酸

$$H_2O \ + \ O\!\!=\!\!C\diagup\!\!\!\diagdown(CH_2)_5 \longrightarrow NH_2(CH_2)_5COOH$$

② 氨基酸自缩聚

$$-\!COOH + H_2N \rightleftharpoons -\!CONH\!- + H_2O$$

③ 氨基上氮向己内酰胺亲电进攻而开环，不断增长。

$$-\!NH_2 + \ O\!\!=\!\!C\diagup\!\!\!\diagdown(CH_2)_5 \longrightarrow -\!NHCO(CH_2)_5NH_2$$

己内酰胺开环聚合的速率比氨基酸自缩聚的速率至少要大一个数量级，可以预见到上述三反应中氨基酸自缩聚只占很少的百分比，而以开环聚合为主。

在机理上可以考虑氨基酸以双离子 $\left[^+NH_3(CH_2)_5COO^-\right]$ 形式存在，先使己内酰胺质子化，而后开环聚合，因为质子化单体对亲电进攻要活泼得多。

$$-\!NH_3^+ + \ O\!\!=\!\!C\diagup\!\!\!\diagdown(CH_2)_5 \rightleftharpoons -\!NH_2 + \ O\!\!=\!\!C\diagup\!\!\!\diagdown(CH_2)_5 \longrightarrow -\!NHCO(CH_2)_5NH_3^+$$

无水时，聚合速率较低；有水存在时，聚合加速，但速率随转化率提高而降低。

己内酰胺水催化聚合过程大致如下：将含有 0.2%～0.5% 醋酸和乙二胺的 80%～90% 己内酰胺水溶液在 250～280℃聚合 12～24h。醋酸用作端基封锁剂，控制聚合度。乙二胺参与共聚，可增加缩聚物中氨基含量，便于染色。最终产物的聚合度与水量有关。转化率达

80%～90%时，脱除大部分水。己内酰胺开环聚合最终产物中残留有 8%～9% 单体和 3% 低聚物，这是七元环单体聚合时环-线平衡的结果。聚合结束后，切片可用热水浸取，除去平衡单体和低聚物，再在 100～120℃ 和 130Pa 下真空干燥，将水分降至 0.1% 以下，即成商品。

2.12.3 其他氨基酸类聚酰胺

除聚酰胺-6 外，从聚酰胺-1 到聚酰胺-13 都曾有过研究，但工业化的不多。从拓宽思路考虑，值得了解一些。合成方法以内酰胺开环聚合为主，部分为氨基酸自缩聚。

聚酰胺-1 [—NH—CO—]，可由异氰酸酯经阴离子聚合而成。氰化钠或氰化钾为催化剂，四氢呋喃为溶剂，聚合温度 −20～−100℃，异氰酸酯中 C=N 双键断裂而聚合。例如：

$$n\text{CH}_3\text{O}—\!\!\!\bigcirc\!\!\!—\text{N}=\text{C}=\text{O} \xrightarrow[\text{DMF}]{\text{KCN}} \left[\text{N}—\text{C}\right]_n$$

该聚合物分子量可达百万，可成膜。上述聚合物实际上应该是聚酰亚胺 [—NR—CO—]。

聚酰胺-2 [—NH—CHR—CO—]，R 可以是氢或烷基、芳基。如果聚合物仅由一种重复单元构成，则成为聚氨基酸；蛋白质就是天然共聚酰胺-2。

高分子量聚（α-氨基酸）可以由 N-羧基-α-氨基酸酐经碱催化阴离子开环聚合而成。胺类、烷氧化合物、OH⁻、金属氢化物等碱类均可用作催化剂，聚合同时，脱除二氧化碳，产物属于多肽，可供作天然聚氨基酸模型化合物研究之用，有望可用作毛、丝代用品。

$$\begin{array}{c}\text{HN}\!\!\diagup\!\!\!{}^{\text{CO}}\!\!\!\diagdown\\ \text{HC}\!\!\diagdown\!\!\!{}_{\text{R}}\quad{}^{\text{CO}}\!\!\diagup\!\!\!{}_{\text{O}}\end{array} \xrightarrow{-\text{CO}_2} \left[\text{NH}—\text{CHR}—\text{CO}\right]_n$$

聚酰胺-3 [—NH—CH₂—CH₂—CO—] 原可以由丙内酰胺开环聚合而成，但 β-丙内酰胺合成困难。取代的丙内酰胺却有合成方法，而且容易阴离子开环聚合成高分子量聚酰胺-3，例如

$$\begin{array}{c}\text{CH}_3—\text{CH}—\text{CH}_2\\ \quad\\ \text{H}—\text{N}—\text{C}=\end{array}$$

聚酰胺-3 也可以由丙烯酰胺经分子内氢转移聚合而成。

$$\text{CH}_2=\text{CH}—\underset{\underset{\text{O}}{\|}}{\text{C}}—\text{NH}_2 \xrightarrow{\text{B}^{\oplus}} \left[\text{CH}_2—\text{CH}_2—\underset{\underset{\text{O}}{\|}}{\text{C}}—\underset{\underset{\text{H}}{|}}{\text{N}}\right]_n$$

聚酰胺-3 纤维类似天然丝，吸湿性高，耐光耐氧，但熔点过高（320～330℃），难以熔纺，却可采用甲酸等特殊溶液进行溶纺。

聚酰胺-4 可由 2-吡咯烷酮开环聚合而成，但聚合并不容易。该单体聚合上限温度较低，而活化能高，聚合温度较高。但经 CO₂ 活化和碱催化，可在 20～70℃ 下进行阴离子开环聚合。聚酰胺-4 熔点 260～265℃，分子量高，耐热，可以熔纺。

聚酰胺-5 可由哌啶酮阴离子开环聚合而成，但六元环开环聚合困难，要求单体纯度很高，才能达到高分子量。因此，尚未实现商业化。

聚酰胺-6 除在上一节介绍外，有关己内酰胺阴离子开环聚合详见开环聚合一章。

制备聚酰胺-7 和-9 的起始氨基酸均可制自乙烯-四氯化碳的调节聚合物。

$$\text{Cl}\!\left[\text{CH}_2\right]_6\!\text{CCl}_3 \xrightarrow{\text{H}_2\text{O}} \text{Cl}\!\left[\text{CH}_2\right]_6\!\text{COOH} \xrightarrow{\text{NH}_3} \text{NH}_2\!\left[\text{CH}_2\right]_6\!\text{COOH}$$

单体合成分离成本高。氨基庚酸先环化成庚内酰胺，再开环聚合成聚酰胺-7（熔点 225～230℃）。聚酰胺-9 可由氨基壬酸自缩聚而成，其熔点 209℃，比尼龙-6 柔性好，吸湿性也低。

聚酰胺-8 和-10 由辛内酰胺和癸内酰胺开环聚合而成，原理与己内酰胺开环聚合相似。这两种单体均制自丁二烯和/或乙炔，先加成制环烯，再加氢成环烷烃，最后转变成内酰胺。

聚酰胺-11 由 ω-氨基十一酸在 215～220℃ 和氮气保护下经熔融自缩聚而成，聚合物透明，抗冲性能好，低温柔性，吸湿性低，熔点约 185～187℃。单体的起始原料是蓖麻油，合成路线长，法国盛产蓖麻油，曾用来生产该种聚合物，3kg 蓖麻油才制得 1kg 聚酰胺-11。

$$H_2N(CH_2)_{10}COOH \xrightarrow{\text{热}} \text{┿}NH(CH_2)_{10}\overset{\text{O}}{\underset{}{C}}\text{┿}_n + H_2$$

聚酰胺-12 由十二内酰胺开环聚合而成，先由丁二烯三聚成环十二碳三烯，再转变成十二内酰胺，而后开环聚合。聚酰胺-12 性能与聚酰胺-11 相似，耐油，熔点较低（180℃），吸湿性也低，相对湿度 65% 下，只吸 0.85% 水分。

聚酰胺-13 制自氨基芥酸的自缩聚，性能与聚酰胺-11 相似，只是熔点更低（173℃）。

2.12.4 芳族聚酰胺

如在聚酰胺主链中引入苯环，成为半芳族和全芳族聚酰胺，则可提高耐热性和刚性。

半芳族聚酰胺可由芳族二元酸与脂族二元胺，如对苯二甲酰氯与己二胺，缩聚而成。

$$\text{┿}\overset{O}{\underset{}{C}}\text{—}\langle\rangle\text{—}\overset{O}{\underset{}{C}}\text{—}NH(CH_2)_6NH\text{┿}_n$$

该聚合物商品名尼龙-6T，热稳定性好，熔点 370℃，185℃下受热 5h，强度不受影响。如以丁二胺代替己二胺，则所得聚酰胺熔点更高（430℃）。改用间苯二甲酸与丁二胺缩聚，则所得聚酰胺熔点降至 250℃。脂族二元酸与芳族二元胺也可缩聚成半芳族聚酰胺。

最简单的全芳聚酰胺是聚（对苯甲酰胺），可由氨基苯甲酸自缩聚来合成。

$$H_2N\text{—}\langle\rangle\text{—}COOH \xrightarrow{-H_2O} \text{┿}HN\text{—}\langle\rangle\text{—}\overset{O}{\underset{}{C}}\text{┿}_n$$

但更多的全芳聚酰胺主要由芳二酸与芳二胺缩聚而成。芳胺活性较低，缩聚时需加催化剂，并提高聚合温度。改用芳二酰氯，在适当溶剂中和室温下，加酸吸收剂，就能缩聚，例如聚间苯二甲酰间苯二胺（商品名 Nomex）的合成：

$$H_2N\text{—}\langle\rangle\text{—}NH_2 + ClOC\text{—}\langle\rangle\text{—}COCl \xrightarrow{-HCl} \text{—}HN\text{—}\langle\rangle\text{—}NHOC\text{—}\langle\rangle\text{—}CO\text{—}$$

Nomex 阻燃，371℃熔融，伴有分解，可溶于含 5%LiCl 的二甲基乙酰胺中，进行溶纺。

目前最成功的全芳聚酰胺是聚对苯二甲酰对苯二胺（PPD-T），属于溶致性液晶高分子，可加工成纤维，商品名为 Kevlar。PPD-T 结构单元中有刚性苯环和强极性酰胺键，结构简单规整，经浓硫酸溶纺，可制成高性能纤维，强度高（2400～3000MPa），模量高（62～143GPa），耐高温（$T_g=375℃$，$T_m=530℃$），但密度却不高（1.14～1.47g/mL），适用于航天、军事装备、轮胎帘子线等方面。纤维强度与分子量有关，要求对数比浓粘度 η_{inh} 在 4.0dL/g 以上（相当于数均分子量 20000）。

合成 PPD-T 有许多关键技术，例如适当的单体浓度（约 8%～9%），合适的混合溶剂/助溶盐，防止聚合物沉析，提高分子量。溶剂有二甲基乙酰胺（DMA）、二甲基甲酰胺

49

（DMF）、N-甲基吡咯烷酮（NMP）、六甲基磷酰胺（HMPA）等，NMP/HMPA（2：1）、DMA/HMPA（1：1.4）都是很好的混合溶剂。助溶盐有氯化锂、氯化钙等，锂离子与这些溶剂配合，可使聚合物溶剂化，加速缩聚。此外，还需加催化剂和酸吸收剂等。现介绍两类合成方法：

（1）由对苯二胺（PPD）和对苯二甲酰氯（TDC）缩聚

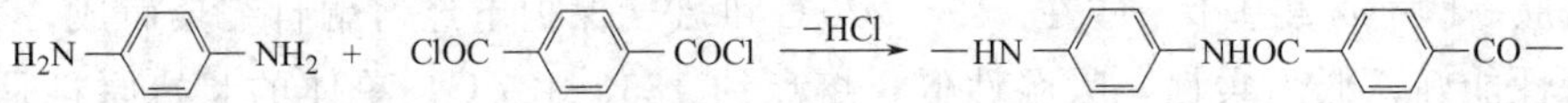

对苯二甲酰氯活性高，能与对苯二胺迅速反应，可采用低温（10℃）溶液聚合技术。二甲基乙酰胺（DMA）、甲基吡咯烷酮（NMP）是常用的溶剂，氯化锂、氯化钙（用量约为 NMP 的 14%）等作助溶盐，以吡啶叔胺类作酸吸收剂，中和 HCl，以免与二胺作用成铵盐，保证有效基团数相等。缩聚产物成淡黄色微细粉末，经洗涤干燥，可得 $\eta_{inh}=$ 6.5dL/g 的 PPD-T。

（2）由对苯二胺和对苯二甲酸直接缩聚 在特殊条件下，应用活化剂（二氯亚砜或四氯化硅）、催化剂（液态三氧化硫或对甲苯磺酸和硼酸）、磷酰化剂（亚磷酸三苯酯）、酸吸收剂以及氯化锂/氯化钙复合盐的共同作用，控制 115℃，对苯二胺和对苯二甲酸也可直接缩聚成高聚合度聚对苯二酰对苯二胺（$\eta_{inh}=6.2$dL/g）。其中磷化剂起着重要的作用。

2.13 聚酰亚胺和高性能聚合物

航天、军事等特殊场合需要耐高温材料，能在 300℃以上长期使用的耐高温聚合物有时专称为高性能聚合物。耐高温需体现两方面，一是热稳定不分解，另一是不熔不软化，保持强度。而一般合成纤维、涂料、塑料在 250℃以上都要分解或软化，很难长期使用。

根据热稳定和熔点高的双重要求，聚合物的结构需作特殊考虑：

① 热稳定性决定于主价键能，硅氧、磷氮、氟碳聚合物耐热，但很难在 280℃以上长期使用，而改选半梯形和梯形聚合物；

② 芳杂环的共振作用可使键能和热稳定性增加；

③ 强氢键，如酰胺、酰亚胺键，对热稳定性和热转变温度均有贡献；

④ 结构规整对称，分子堆砌紧密，可以提高结晶度、熔点和强度。

根据上述结构性能特征，可以对耐高温聚合物进行分子设计。从一般脂族聚酰胺到耐高温的芳族聚酰胺，进一步还可以发展成聚酰亚胺及其他高性能聚合物。

2.13.1 聚酰亚胺

早在 1909 年，就已发现加热 4-氨基邻苯二甲酸酐，有聚酰亚胺形成。

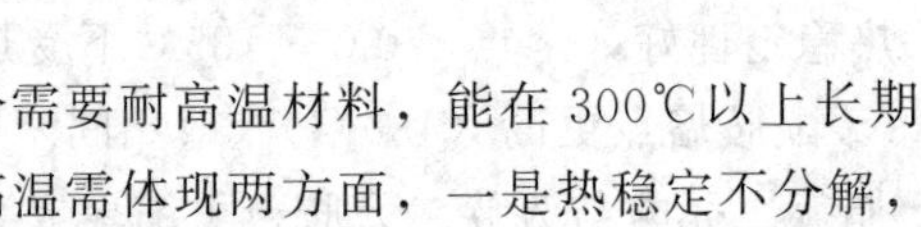

当时认为属于不希望的产物，但后来却因此而发展了许多耐高温的聚酰亚胺。

聚酰亚胺一般是二酐和二胺的缩聚物，可以由芳二酐和脂二胺或芳二胺缩聚而成。目前最常用的芳二酐是均苯四甲酸酐，与二元胺缩聚的第一步先形成聚酰胺，第二步才闭环成聚酰亚胺。形成稳定五元环的倾向有利于聚酰亚胺的形成。

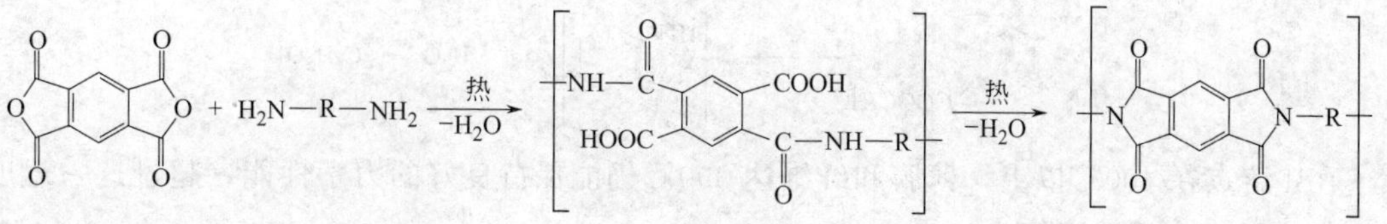

上式中 R 可以是脂族、芳环和杂环。如果 R 是脂族，可以一步就形成聚酰亚胺。如果 R 是芳环，则最终产物不溶不熔，将从溶液中沉析出来，无法加工和成膜。因此要分成预缩聚和终缩聚两步来完成，以均苯四甲酸酐与对苯二胺缩聚为例，叙述如下。

① 预缩聚。选用二甲基甲酰胺或乙酰胺、二甲基亚砜或 N-甲基-2-吡咯烷酮作溶剂，在 50～70℃ 下进行溶液预缩聚，形成线形预聚物，调节加料次序和配比，分子量可达 13000～55000。也可能伴有部分亚酰胺化成环，但不超过 50%，保持预聚物处于可溶状态。

② 终缩聚。将预聚物成型，如成膜、成纤、涂层、层压等，然后加热至 150～300℃，使残留的羧基和亚胺基继续反应、成环，固化成高熔点、刚性、热稳定材料。

常用的芳二胺有对苯二胺、4,4′-二氨基联苯醚、间苯二胺、亚甲基二苯胺等，前两种芳二胺的聚酰亚胺有如下结构，耐水解，熔点超过 600℃，热稳定性好，在惰性气氛中热至 500℃，热失重甚少，在氩气中 400℃ 加热 15h，热失重也只有 1.5%。

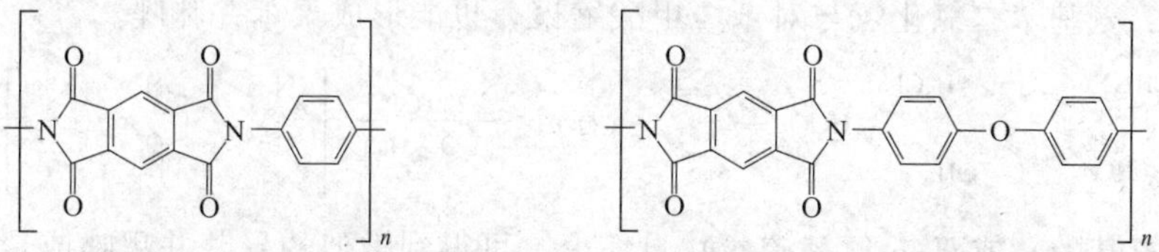

聚酰亚胺主链上引入醚氧键，柔性增加，加工性能改善，可用作塑料和涂料。

吡嗪-1,2,4,5-四羧酸酐与二氨基噻嗪缩聚，则形成全杂环聚酰亚胺（聚硫二唑），不含侧氢原子，热稳定性更好，其纤维在 592℃ 仍能保持强度和稳定。

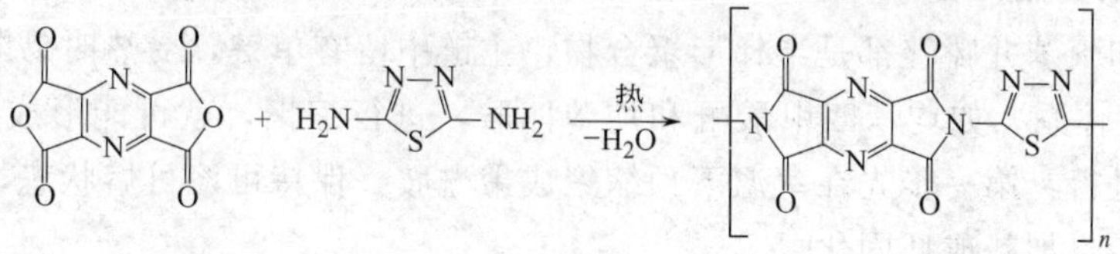

主链中有芳、杂环结构的聚酰亚胺近似半梯形，刚性大，熔点高，耐热性好，可在 300℃ 以上长期使用，多应用于宇航、军事装备、电子工业等特殊场合。

曾发展有聚酰胺-聚酰亚胺和聚酯-聚酰亚胺相结合的品种，应用前景决定于综合性能。

2.13.2 聚苯并咪唑类

聚苯并咪唑 PBI（polybenimidazoles）也是研究得较早、并获成功的耐高温高分子，单体是芳族四元胺和二元酸或酯，如 3,3′-二氨基联苯胺和间苯二甲酸二苯酯，分两步缩聚而成。

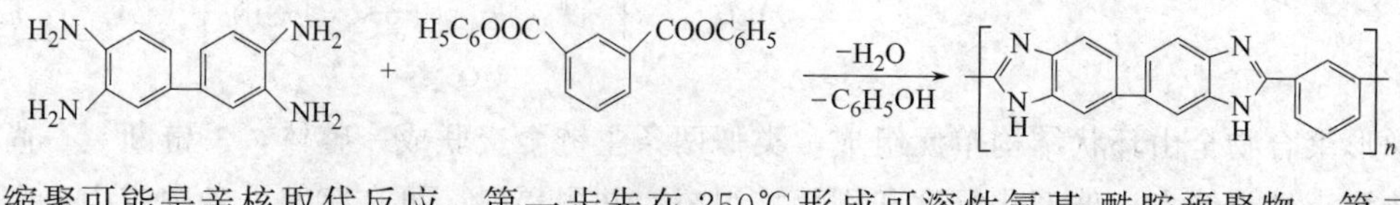

上述缩聚可能是亲核取代反应，第一步先在 250℃ 形成可溶性氨基-酰胺预聚物，第二步再在 350～400℃ 成环固化。缩聚温度较高，羧酸容易脱羧，改用苯酯，就可以克服这一缺点。

二氨基苯甲酸苯酯自缩聚也可合成聚苯并咪唑。

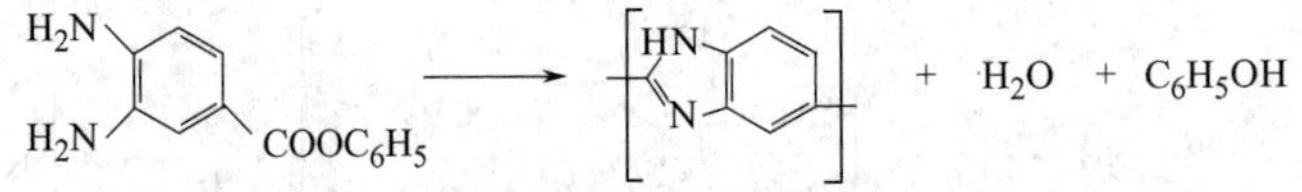

PBI 熔点在 400℃ 以上，薄膜和纤维达 300℃ 仍能保持良好的力学性能，超过这一温度，在空气中，也会迅速降解。

二羟基联苯胺与间苯二甲酰氯，或二巯基联苯胺与间苯二甲酸苯酯进行缩聚，可以制备聚苯并噁唑、聚苯并噻唑等多种耐高温高分子，如：

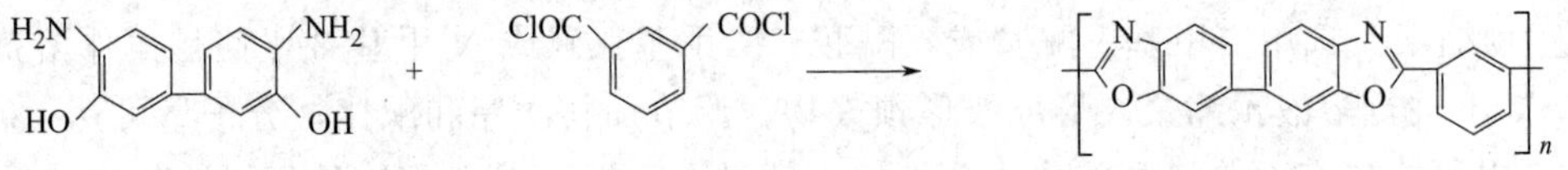

聚苯并噁唑

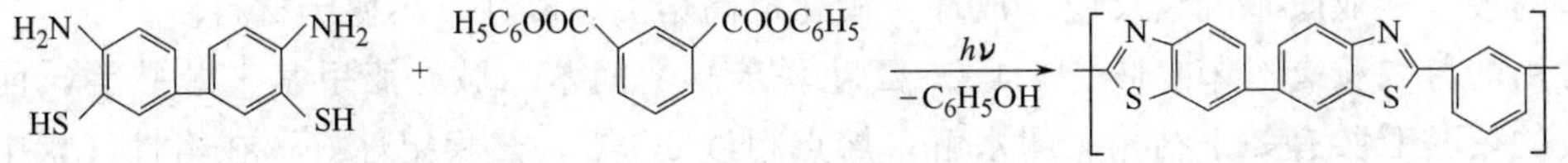

聚苯并噻唑

二羟基-二氨基苯二氯化氢与对苯二甲酸缩聚，也能形成聚苯并咪唑。

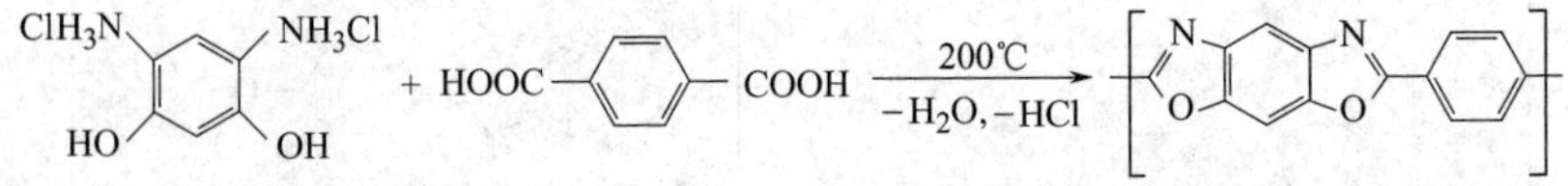

由双(o-氨基酚) 或双(o-氨基硫酚) 自缩聚，可得到类似的聚苯并噁唑或聚苯并噻唑。

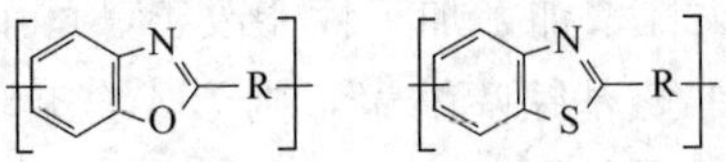

2.13.3 梯形聚合物

聚酰亚胺和聚苯并咪唑都是半梯形聚合物，主链中留有单键，受热时易断裂。如果选全芳族 4-4 官能度体系，如均苯四甲酸酐和均苯四胺，进行缩聚，就可能形成全梯形聚合物。缩聚也分两步进行：第一步先在室温下预缩聚成聚酰胺，保持可溶可熔状态，浇铸成膜或模塑成型；第二步再加热成环固化。

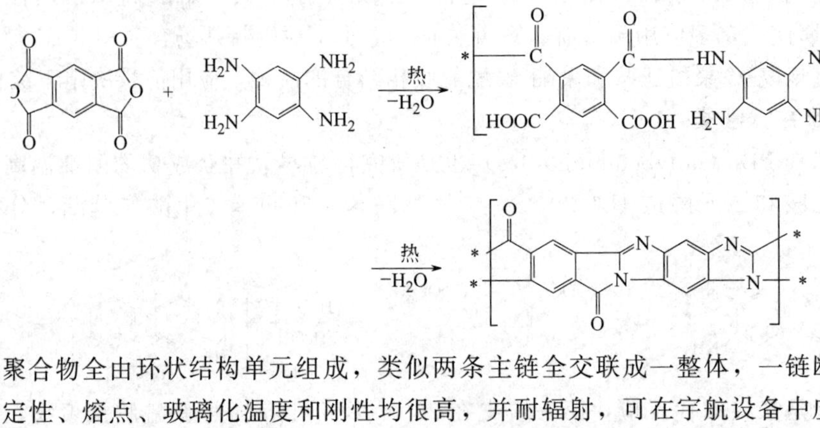

上述梯形聚合物全由环状结构单元组成，类似两条主链全交联成一整体，一链断裂，尚有一链，热稳定性、熔点、玻璃化温度和刚性均很高，并耐辐射，可在宇航设备中应用。

与上述反应相似，均苯四甲酸酐与 3,3'-二氨基联苯胺缩聚，也形成近似梯形聚合物。

通过 Diels-Alder 加成反应，可由乙烯基化合物和醌类来合成梯形聚合物。

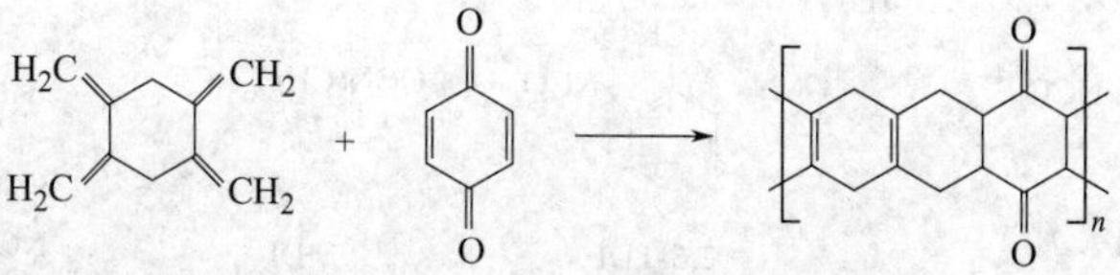

由芳杂环构成梯形聚合物的反应不少，这里只做示例介绍。

2.14　聚氨酯（PU）和其他含氮杂链缩聚物

聚氨酯、聚脲也是含氮杂链聚合物，其结构与聚酯、聚碳酸酯、聚酰胺、聚酰亚胺都有些相似，但合成方法和性能有异。

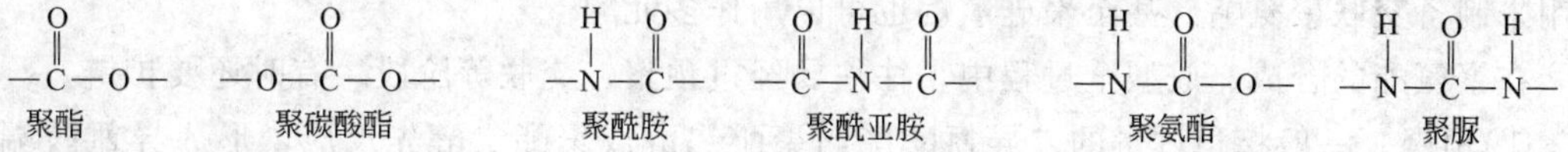

2.14.1　聚氨酯

聚氨酯是带有—NH—COO—特征基团的杂链聚合物，全名聚氨基甲酸酯，是氨基甲酸（NH_2COOH）的酯类或碳酸的酯-酰胺衍生物。

聚氨酯可以是线形或体形，制品隔热、耐油，应用广，包括粘结剂、涂料、（弹性）纤维、弹性体、软硬泡沫塑料、人造革等。发展迅速，其产量在逐步聚合物中几乎占了首位。

合成聚氨酯的起始原料是光气。光气是活泼的酰氯，可与二元醇或二元胺反应，分别形成二氯代甲酸酯或二异氰酸酯。

$$COCl_2 + HOROH \longrightarrow ClCOOROOCCl + 2HCl$$
$$COCl_2 + H_2NRNH_2 \longrightarrow O{=}C{=}N{-}R{-}N{=}C{=}O + 2HCl$$

这两种中间体分别再与二元胺或二元醇反应，就形成聚氨酯，也就成为两条合成技术路线。

（1）二氯代甲酸酯与二元胺反应　该反应快，可以进行低温界面聚合。

$$n ClCOOROOCCl + n H_2NR'NH_2 \longrightarrow {+}COOROOCHNR'NH{)}_n + 2nHCl$$

这类聚氨酯的结构与聚酰胺类似，由两种单元交替而成，但其熔点比相应的聚酰胺要低。其中脂族残基 R 和 R'$[(CH_2)_n]$ 增大（$n=2\sim6$），熔点降低；如 R 和 R' 为芳杂环，则熔点升高。

（2）二异氰酸酯和二元醇的加成反应

$$n OCN{-}R{-}NCO + n HOROH \longrightarrow {+}CONHRNHCOORO{)}_n$$

醇羟基的氢加到异氰酸基的氮原子上，无副产物，特称作聚加成反应，属于逐步机理。

二异氰酸酯与二元胺加成，则生成聚脲，聚脲熔点高，韧性大，适于制纤维。

$$n OCN{-}R{-}NCO + n H_2NR'NH_2 \longrightarrow {+}CONHRNHCONHRNH{)}_n$$

工业上多选用二（或多）异氰酸酯技术来合成聚氨酯。

异氰酸基是很活泼的基团，能与许多含有活性氢的化合物反应，与醇、胺、脲的反应已如上述，与水、羧酸等也很容易反应，活性氢都加在氮原子上。

$$-N{=}C{=}O + H_2O \longrightarrow [-NHCOOH] \longrightarrow -NH_2 + CO_2$$
$$-N{=}C{=}O + RCOOH \longrightarrow [-NHCOOCOR] \longrightarrow -NHCOR + CO_2$$

上述反应同时释放出二氧化碳，可以用来制备聚氨酯泡沫塑料。

聚氨酯由两种原料组成，一种是二（或多）氰酸酯，起着硬段的作用，如下式的 2,4-或 2,6-甲苯二异氰酸酯（TDI）、六亚甲基二异氰酸酯（MDI）、萘二异氰酸酯（NDI）等。

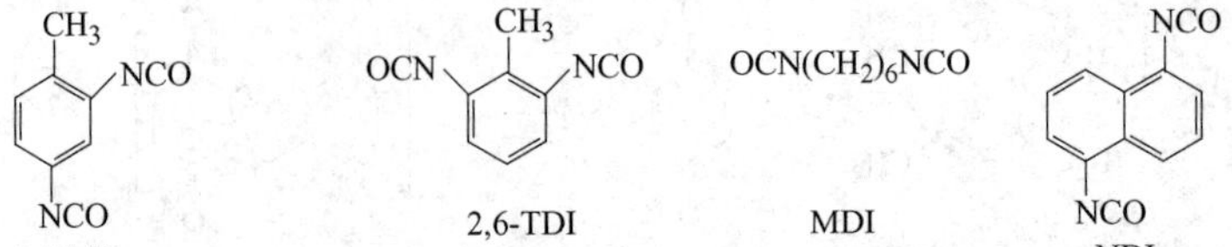

$$CH_3 \quad / \quad NCO$$

2,4-TDI

2,6-TDI

$OCN(CH_2)_6NCO$

MDI

NDI

另一原料是多元醇，起着软段的作用。二元醇 HOROH 用于制备线形聚氨酯，除丁二醇外，用得更多的是聚醚二醇和聚酯二醇，分子量从几百到几千。聚醚二醇是以乙二醇为起始剂，由环氧乙烷、环氧丙烷开环聚合而成。聚酯二醇则由二元酸（己二酸）和过量二元醇（乙二醇或丁二醇）缩聚而成，分子量约 $3000\sim5000$。如以甘油（$f=3$）、季戊四醇（$f=4$）、甘露醇（$f=6$）等作起始剂，使环氧乙烷、环氧丙烷开环聚合，则形成相应的多元醇，可用来制备交联聚氨酯。甚至聚硅氧烷也可以用作多元醇。

在聚氨酯的合成、成型全过程中，往往要经过预聚、交联等阶段，有时还要扩链。

① 预聚。一般将稍过量的二异氰酸酯与聚醚二醇或聚酯二醇先反应，形成异氰酸端基预聚物（OCN～～NCO）。

$$OCN-R-NCO+HOR'OH \longrightarrow OCN-R-NHCOOR'O\!\!\leftarrow\!\!CONH-R-NHCOOR'O\!\!\rightarrow_n\!\!CONH-R-NCO$$

上述二异氰酸酯预聚物与二元醇反应，就形成线形嵌段聚氨酯。异氰酸酯构成硬段，聚醚二醇或聚酯二醇构成软段。聚氨酯的许多性质，如玻璃化温度、熔点、模量、弹性、抗张强度、吸水性等，都可以由硬段和软段的种类和比例来调整，包括二异氰酸酯的种类，聚醚二醇或聚酯二醇的种类和分子量，两者的比例等。如果采用两种二元醇，则可将亲水链段和亲油链段、软段和硬段组合在一起。

② 扩链。如果对聚氨酯预聚物的分子量有较高的要求，如弹性纤维和橡胶，还可以用二元醇、二元胺（如乙二胺）或肼进行扩链，后者主链中间将形成脲基团。

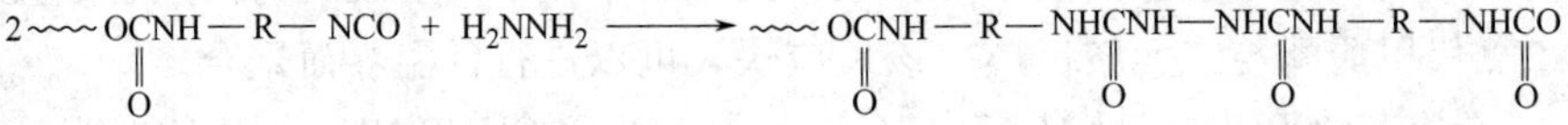

$$2\sim\!OCNH-R-NCO + H_2NNH_2 \longrightarrow \sim\!OCNH-R-NHCNH-NHCNH-R-NHCO$$

③ 交联。聚氨酯用作弹性体时，需要交联。在加压加热条件下，分子链中的异氰酸酯特征基团与另一分子的异氰酸端基进行反应，产生交联。下面写出局部反应式。

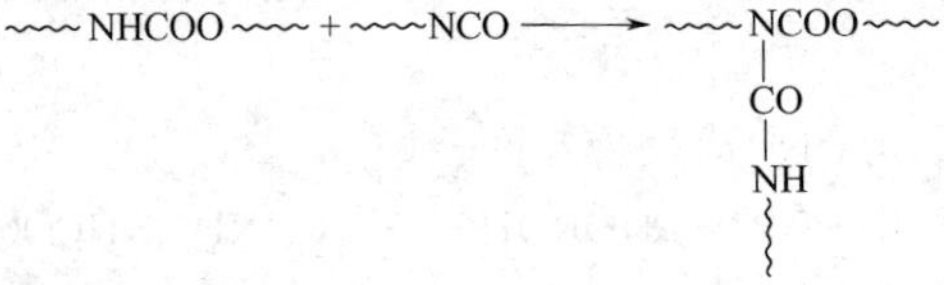

$$\sim\!NHCOO\!\sim + \sim\!NCO \longrightarrow \sim\!NCOO\!\sim$$
$$|$$
$$CO$$
$$|$$
$$NH$$

合成聚酯二醇或聚醚二醇时，如有甘油或多元醇参与，则带有侧羟基，也可引起交联。

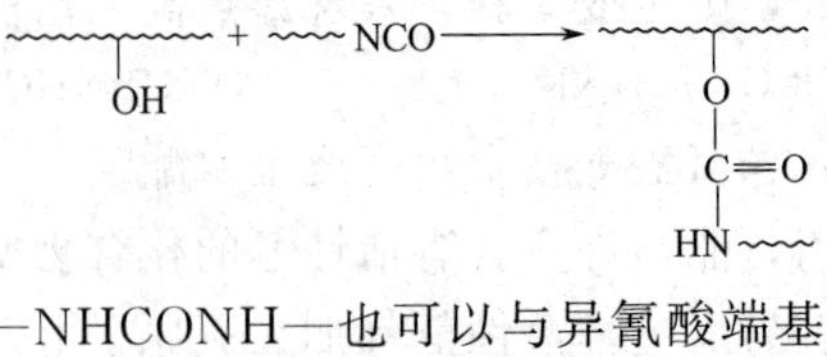

$$\sim\!\!\sim + \sim\!NCO \longrightarrow \sim\!\!\sim$$
$$OH \qquad\qquad O$$
$$|$$
$$C=O$$
$$|$$
$$HN$$

扩链后所产生的脲基团—NHCONH—也可以与异氰酸端基进行交联。

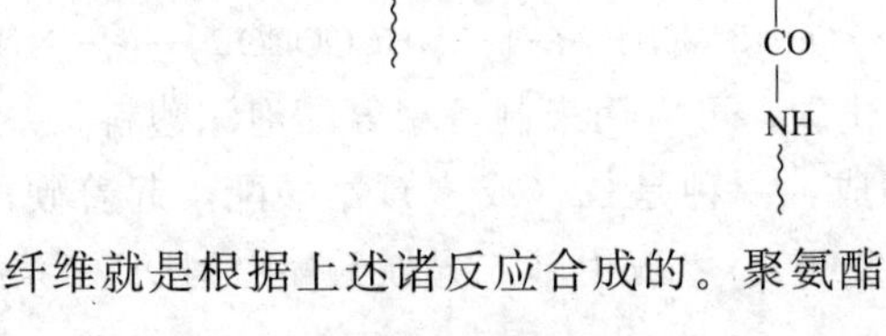

$$\sim\!NHCONH\!\sim + \sim\!NCO \longrightarrow \sim\!NHCON\!\sim$$
$$|$$
$$CO$$
$$|$$
$$NH$$

聚氨酯弹性体和弹力纤维就是根据上述诸反应合成的。聚氨酯弹性体分子中无双键，热稳定性好，耐老化，并具有强度高、电绝缘、难燃、耐磨的优点，但不耐碱。

聚氨酯涂料遇到大气中水分，预聚物中的异氰酸端基与水反应，形成脲基团；进一步与异氰酸端基反应而交联，不必另加催化剂就可固化，因此属于“单组分涂料”。

聚氨酯可用来制备泡沫塑料。软泡沫塑料通常先由聚醚二醇或聚酯二醇与二异氰酸酯反应成异氰酸封端的预聚物，加水，形成脲基团并使分子量增加，同时释放 CO_2，发泡。

硬泡沫塑料则由多羟基预聚物制成。侧羟基与二异氰酸酯反应，产生交联。侧羟基愈多，则交联密度愈大，泡沫也愈硬。硬泡沫一般以低沸点卤代烃作发泡剂，氟里昂及其代用品热导率低，充入气泡，可提高绝热性能。制泡沫时最常用的二异氰酸酯是 2,4-和 2,6-甲苯二异氰酸酯的混合物（$f\approx2.2$），辛基亚锡（2-乙基己醇亚锡）和三级胺常用作催化剂。

2.14.2　聚脲

聚脲是碳酸的聚酰胺，与聚碳酸酯是碳酸的聚酯相当。脲基团极性大，可以形成更多的氢键，因此聚脲的熔点比相应的聚酰胺要高，韧性也大，适于纺制纤维。

合成聚脲最好的方法是参照聚氨酯的合成方法，即二元胺与二异氰酸酯反应。反应放热，可以采用溶液聚合法或界面聚合法散除。因为是逐步加成反应，不存在副反应，聚合过程比较简单。例如 2,4-甲苯二异氰酸酯与 4,4′-二氨基联苯醚制得的聚脲熔点高达 320℃。

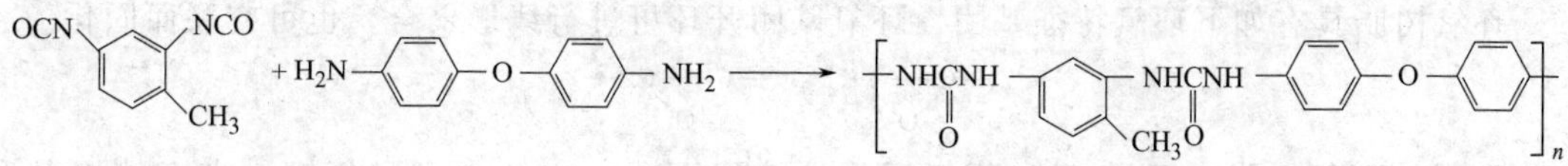

聚脲还有多种合成方法，其一是二元胺与光气直接进行界面缩聚，另一是与碳酸二苯酯进行酯交换。氨基活性较高，反应较快，合成更加简便，容易制得高分子量，熔点 295℃。

$$\mathrm{H_2N-R-NH_2 + Cl-\underset{\underset{O}{\|}}{C}-Cl \longrightarrow \left[NH-R-NH-\underset{\underset{O}{\|}}{C}\right]_n}$$

$$\mathrm{H_2N-R-NH_2 + C_6H_5O-\underset{\underset{O}{\|}}{C}-OC_6H_5 \longrightarrow \left[NH-R-NH-\underset{\underset{O}{\|}}{C}\right]_n + 2C_6H_5OH}$$

2.14.3　聚酰肼

聚酰肼有多种合成方法，最简单的是二酰氯与肼反应。

$$\mathrm{Cl-\underset{\underset{O}{\|}}{C}-R-\underset{\underset{O}{\|}}{C}-Cl + H_2N-NH_2 \longrightarrow \left[\underset{\underset{O}{\|}}{C}-R-\underset{\underset{O}{\|}}{C}-NH-NH\right]_n + 2HCl}$$

肼易制、价廉，但吸湿性过强，难以准确化学计量；而且其中一个氨基的活性比另一活性要弱得多，只能采用溶液聚合的方法，而不能采用界面聚合。较好的合成法是采用二酰肼，因为二酰肼容易由二酯和肼来合成，也容易精制。例如

$$\mathrm{Cl-\underset{\underset{O}{\|}}{C}-R-\underset{\underset{O}{\|}}{C}-Cl + H_2N-NH-\underset{\underset{O}{\|}}{C}-R'-\underset{\underset{O}{\|}}{C}-NH-NH_2 \xrightarrow{-2HCl} \left[\underset{\underset{O}{\|}}{C}-R-\underset{\underset{O}{\|}}{C}-NH-NH-\underset{\underset{O}{\|}}{C}-R'-\underset{\underset{O}{\|}}{C}-NH-NH\right]_n}$$

芳族聚酰肼热稳定性好，模量高，可纺制成纤维，用作帘子线。例如 *p*-氨基苯甲酰肼与对苯二甲酰氯合成聚酰胺-酰肼，如下式重复单元。

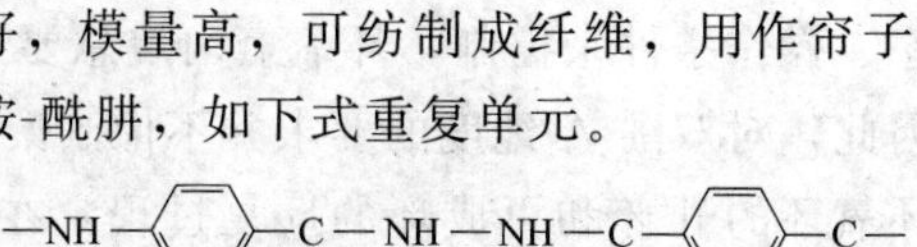

聚酰肼容易转变成芳、杂环聚合物，在耐高温聚合物中另有应用前景。转变方法有多种，例如下列二酰肼用强脱水剂（如硫酸）处理，可直接形成聚(1,3,4-噁二唑)。

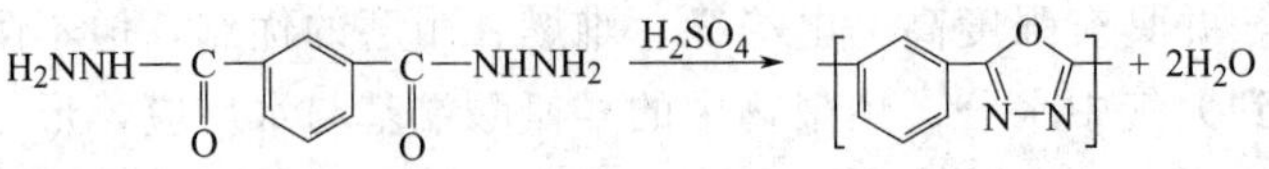

由间苯二甲酰氯和对苯二甲酸二肼制成的聚酰肼受热脱水，可转变成聚（1,3,4-噁二唑）。

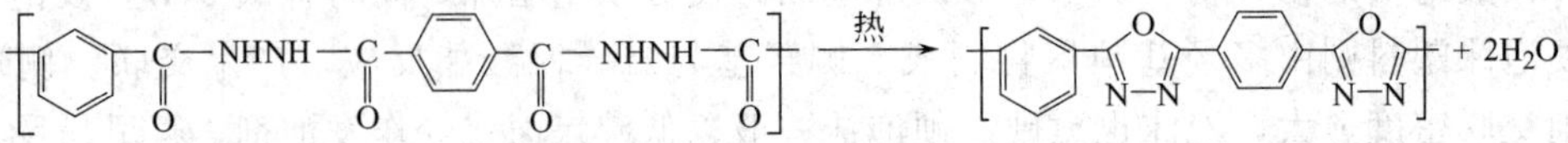

2.15 环氧树脂和聚苯醚

聚醚是主链含有醚氧基团（—O—）的杂链聚合物，可由环醚（如环氧烷、丁氧环、四氢呋喃等）离子开环聚合而成。甲醛和三聚甲醛经离子聚合而成的聚甲醛另立为聚缩醛类。这两类详见开环聚合一章。本节着重介绍环氧树脂、酚氧树脂、聚苯醚等特殊聚醚类。

2.15.1 环氧树脂

环氧树脂具有如下环氧特征基团，环氧基团开环可进行线形聚合，也可交联而固化。

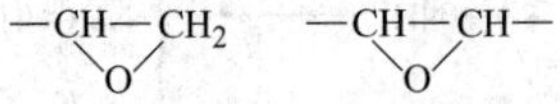

常用的环氧树脂由双酚 A 和环氧氯丙烷缩聚而成，主链中有醚氧键，带有侧羟基和环氧端基，可以看作特种聚醚，但环氧基更能显示其特性，故名环氧树脂，而不称作聚醚。

（1）环氧树脂的合成　在碱催化条件下，双酚 A 和环氧氯丙烷先聚合成下列低分子中间体。

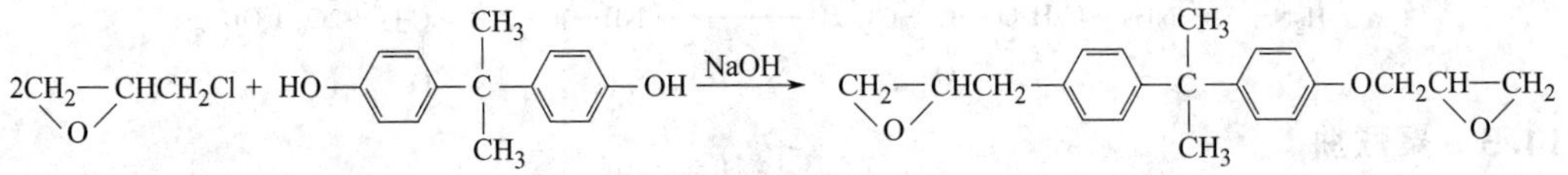

然后进一步逐步聚合成环氧树脂，分子量不断增加，同时脱出 HCl。综合反应式如下：

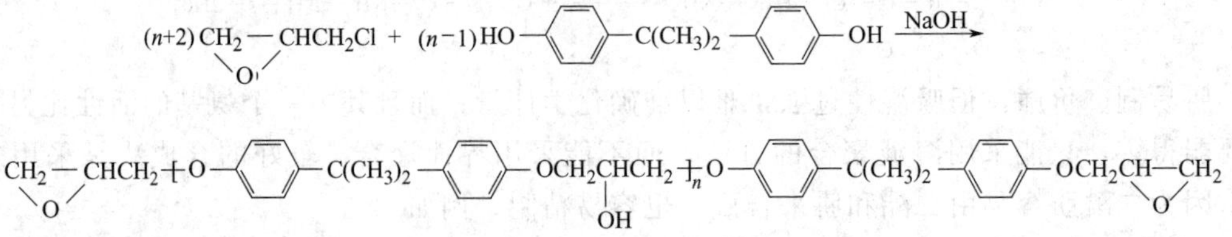

上式中 n 一般在 $0 \sim 12$ 之间，分子量相当于 $340 \sim 3800$，个别 n 可达 19（$M=7000$）。$n=0$，就是双酚 A 被环氧丙基封端的环氧树脂中间体，呈黄色粘滞液体。$n \geqslant 2$，则为固体。n 值的大小由原料配比、加料次序、操作条件来控制，环氧氯丙烷总要过量。环氧树脂的分子量不高，使用时再交联固化，因此，对双酚 A 纯度的要求并不像制聚碳酸酯和聚砜时那么严格。

环氧树脂合成原理是环氧环的开环和再成环的反复过程：在碱催化条件下，双酚 A 先形成烷氧阴离子，然后与环氧环亲核加成而开环，再与分子内氯原子反应而闭环。如此反复，使聚合度不断增加。再生出来的环氧环也可以与双酚 A（烷氧离子）反应，形成侧羟基。

$$HOROH + OH^- \Longleftrightarrow HORO^- + H_2O$$

$$HORO^- + \underset{\underset{O}{\diagdown}}{CH_2CHCH_2}Cl \longrightarrow HORO—CH_2CHCH_2Cl \xrightarrow{-Cl^-} HORO—\underset{\underset{O}{\diagdown}}{CH_2CHCH_2} \xrightarrow{-OROH}$$

$$HORO—CH_2CHCH_2—OROH \xrightarrow{H_2O,\ -OH^-} HORO—\underset{\underset{OH}{|}}{CH_2CHCH_2}—OROH \xrightarrow[CH_2CHCH_2Cl]{过量}$$

$$\underset{\underset{O}{\diagdown}}{CH_2CHCH_2}\!\!\left(\!\!ORO—\underset{\underset{OH}{|}}{CH_2CHCH_2}\!\!\right)_{\!\!n}\!\!ORO—\underset{\underset{O}{\diagdown}}{CH_2CHCH_2}$$

初期产物分子量低，结构比较明确，属于结构预聚物。预聚物的分子量可以由环氧氯丙烷的过量程度来调节。环氧端基和羟基的继续聚合，使聚合度增加。

（2）环氧树脂的交联和固化　环氧树脂应用时，须经交联和固化。环氧树脂粘结力强，耐腐蚀、耐溶剂，耐热、电性能好，广泛用于粘结剂、涂料、复合材料等。环氧树脂分子中的环氧端基和羟侧基都可以成为进一步交联的基团，胺类和酸酐是常用的交联剂或催化剂。

① 伯胺类。乙二胺、二亚乙基三胺（$H_2NCH_2CH_2NHCH_2CH_2NH_2$）等含有活泼氢，可使环氧基直接开环交联，属于室温固化催化剂。伯胺—NH_2 中有两个活性氢，可按化学计量来估算其用量。常以环氧值来表示环氧树脂分子量的大小。所谓环氧值是指 100g 树脂中含有的环氧基摩尔数。

$$\underset{\underset{O}{\diagdown}}{CH_2—CHCH_2}\!\!\sim\sim + H_2NRNH_2 \longrightarrow [\sim\sim\underset{\underset{OH}{|}}{CH_2CHCH_2}]_2 NRN \!\!\left(\!\!\underset{\underset{OH}{|}}{CH_2CHCH_2}\!\!\sim\sim\right)_2$$

② 叔胺类。叔胺虽无活性氢，但对环氧基的开环却有催化作用，因此也可用作环氧树脂固化的催化剂，但其用量无法定量计算，固化温度也稍高，如 70～80℃。

$$R_3N: + \underset{\underset{O}{\diagdown}}{CH_2—CH}\!\!\sim\sim \longrightarrow R_3N^{\oplus}—CH_2CH\!\!\sim\sim \underset{O^{\ominus}}{\underset{|}{}} \xrightarrow{CH_2—CH\sim\sim} R_3N—CH_2CH\!\!\sim\sim \underset{O—CH_2CH}{\underset{O^{\ominus}}{}}$$

③ 酸酐（如邻苯二甲酸酐和马来酸酐）也可作环氧树脂的交联剂。固化机理有二：一是酸酐与侧羟基直接酯化而交联；二是酸酐与羟基先形成半酯，半酯上的羧酸再使环氧开环。酐类作交联剂时，也可定量计算。但活性较低，需在较高温度（150～160℃）下固化。

$$2\!\!\sim\sim CH_2CHCH_2\!\!\sim\sim + R\!\!\underset{O}{\overset{O}{<}}\!\!\begin{matrix}C=O\\C=O\end{matrix} \longrightarrow \begin{matrix}CH_2CHCH_2\\|\\O\\|\\C=O\\|\\R\\|\\C=O\\|\\O\\|\\CH_2CHCH_2\end{matrix}$$

2.15.2　酚氧树脂

酚氧树脂结构（如下式）与环氧树脂有些相似，可按热塑性或按热固性聚合物使用。

$$\left(\!\!O\!\!-\!\!\!\!\bigcirc\!\!\!\!-\!\!C(CH_3)_2\!\!-\!\!\!\!\bigcirc\!\!\!\!-\!\!OCH_2\underset{\underset{OH}{|}}{CHCH_2}\!\!\right)_{\!\!n}$$

酚氧树脂的分子量高达 15000～200000（$n=53\sim700$），远高于环氧树脂的分子量。按照上述结构式，酚氧树脂似应由等摩尔双酚 A 和环氧氯丙烷来合成，但一步合成时伴有副反应，容易交联。因此，酚氧树脂分两步来合成。

第一步，双酚 A 和过量环氧氯丙烷反应，抑制交联，先形成双酚 A 两端被环氧丙基封端的预聚物，如合成环氧树脂的第一反应式。NaOH 用作氯化氢吸收剂，第一步反应结束后，除去多余的环氧氯丙烷和 NaOH。

第二步再加入双酚 A 和 NaOH，双酚 A 加入量与双环氧端基预聚物的摩尔数相等，NaOH 加入量要少，仅用作催化剂，而非 HCl 吸收剂。

低分子量酚氧树脂可用本体法合成，涂料用高分子量品种采用溶液法，丁醇作溶剂。注塑级品种也用溶液聚合，希望溶剂能与水相溶，如丁酮，以便聚合结束后，可用水来沉析。

酚氧树脂含有羟侧基，适于用作汽车的底漆，便于以后再上丙烯酸类面漆。酚氧树脂的玻璃化温度约 80℃，注塑产品使用温度受到限制，80～100℃是弹性体，200℃以下很少降解，但易光氧化降解。酚氧树脂性能价格比缺少竞争力，发展受限。

2.15.3 聚苯醚

工业上的聚苯醚（PPO）以 2,6-二甲基苯酚为单体，以亚铜盐-三级胺类（吡啶）为催化剂，在有机溶剂中，经氧化偶合反应而成。反应系按特殊的醌-缩酮机理进行的自由基过程，但具逐步聚合特性，分子量随转化率而增加。聚苯醚的分子量可达 30000。

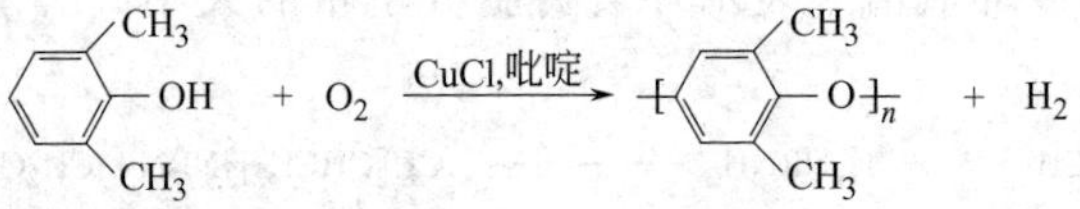

如果苯酚 2,6 位置上的取代基的电负性太强（如硝基或甲氧基），或体积较大（如 t-丁基），则不能进行氧化偶合反应。苯酚对位氢被 t-C_4H_9 和 $HOCH_2$ 取代，也能氧化偶合；但被 CH_3、C_2H_5、CH_3O 取代，则不发生偶合反应。

聚苯醚是耐高温塑料，可在 190℃下长期使用，其耐热性、耐水解、力学性能、耐蠕变都比聚甲醛、聚酰胺、聚碳酸酯、聚砜等工程塑料好，可用来制作耐热机械零部件。聚苯醚与（抗冲）聚苯乙烯是一对相容性好的聚合物；为了降低成本和改善加工性能，两者往往共混（约 1∶1～1∶2）使用；也可添加 5%磷酸三苯酯，提高阻燃性能。

曾经研究过的聚苯醚还有多种，例如：2,6-二苯基苯酚也可以氧化偶合成相应的聚苯醚，$T_g = 235℃$，$T_m = 480℃$，空气中 175℃下稳定，经干纺和高温拉伸，可成晶态纤维。其短纤维加工成纸，可用作超高压电缆的绝缘材料。

聚全氟苯醚可由五氟酚氧钾缩聚而成，M_n 约 12500。

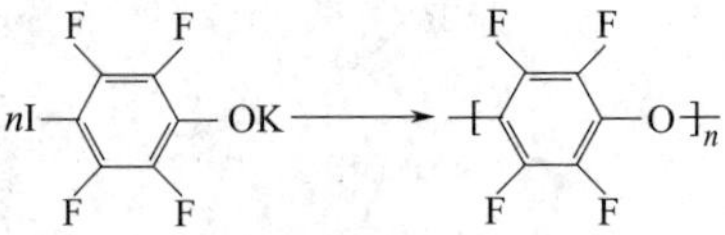

聚芳醚和聚芳醚酮成为高性能聚合物的最近发展对象，例如由联苯醚与间苯二甲酰氯经 Friedel-Craft 反应合成的聚芳醚酮具有良好的化学物理机械综合性能。

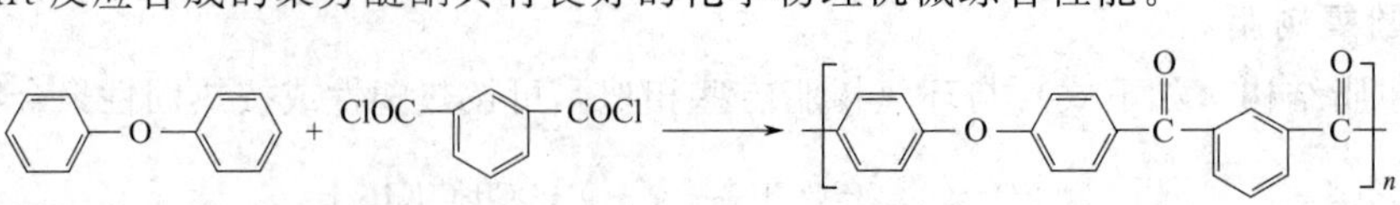

顺便提一下聚亚苯基。在 Lewis 酸催化剂和 $CuCl_2$、$FeCl_3$ 或 $MoCl_5$ 等氧化剂共同作用下，苯经偶合反应，可制成聚亚苯基。氯化铝和氯化铜的摩尔比等于 2∶1 时，产率最高。

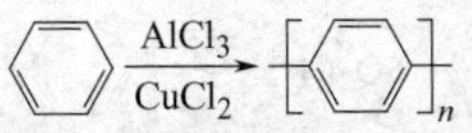

$$\text{苯} \xrightarrow[\text{CuCl}_2]{\text{AlCl}_3} \left[\text{聚亚苯基}\right]_n$$

聚亚苯基在 500～600℃ 下仍很稳定，氧化很慢，但不溶解，熔点很高，难加工，甚至分子量都难测定。如果使苯与联苯、三苯、三苯基苯共聚，引入侧苯基，适当破坏其规整性，则可成为可溶性聚合物，在 300～400℃ 熔融，但分子量低至 3000 以下，应用受到限制。

2.16 聚砜和其他含硫杂链聚合物

工业上比较重要的含硫杂链聚合物主要有：①聚砜，如双酚 A 聚芳砜，—SO_2— 为特征基团；②聚硫醚，如聚苯硫醚，特征集团仅仅是单个硫原子—S—；③多硫聚合物，如聚硫橡胶，特征基团由多个硫原子组成，—S_x—。

2.16.1 聚砜

聚砜是主链上含有砜基团（—SO_2—）的杂链聚合物，可以分为脂族和芳族两类。

脂族聚砜可由烯烃和二氧化硫共聚而成。其 T_g 低，热稳定性差，模塑困难，应用受限。

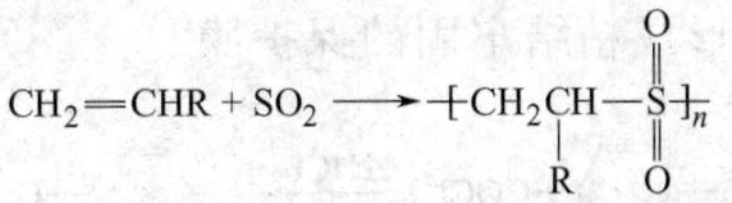

$$CH_2{=}CHR + SO_2 \longrightarrow \begin{array}{c} \\ {+}CH_2{-}CH{-}\overset{\displaystyle O}{\underset{\displaystyle O}{\overset{\|}{\underset{\|}{S}}}}{+}_n \\ R \end{array}$$

比较重要的聚砜是芳族聚砜，多称作聚芳醚砜，或简称聚芳砜。商业上最常用的聚砜由双酚 A 钠盐和 4,4′-二氯二苯砜经亲核取代反应而成。

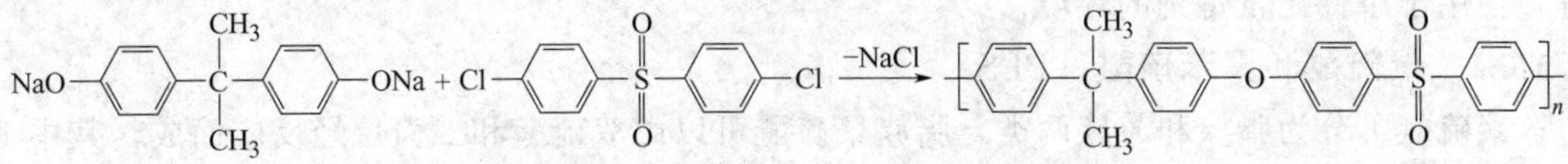

$(n=50～80)$

苯环的引入，可以提高聚合物的刚性、强度和玻璃化温度，处于高氧化态的砜基耐氧，与苯环共振而使砜基热稳定，醚氧键则赋予大分子链以柔性，异亚丙基对柔性也有一定贡献，改善了加工性能。上述诸多结构的综合，才使双酚 A 聚砜成为高性能的工程塑料。

聚砜的制备过程大致如下：将双酚 A 和氢氧化钠浓溶液就地配制双酚 A 钠盐，所产生的水分经二甲苯蒸馏带走，温度约 160℃，除净水分，防止水解，这是获得高分子量聚砜的关键。以二甲基亚砜为溶剂，用惰性气体保护，使双酚钠与二氯二苯砜进行亲核取代反应，即成聚砜。商品聚砜分子量约 20000～40000。

一般芳氯对这类亲核取代并不活泼，但吸电子的砜基却使苯环上的氯活化。苯酚 OH 的亲核性低，因而选用亲核性较强的双酚 A。聚芳砜的分子量由两原料基团数比来控制，由氯甲烷封端。聚砜和聚碳酸酯用的双酚 A 都要求高纯，不能含有单官能团和三官能团酚类。

双酚 A 聚芳砜为无定形线形聚合物，玻璃化温度 195℃，能在 -180～150℃ 以下长期使用。耐热和力学性能都比聚碳酸酯和聚甲醛好，并有良好的耐氧化性能。

无异丙基的聚苯醚砜耐氧化性能和耐热性更好，T_g 达 180～220℃，在空气中 500℃ 下稳定，可模塑。在 150～200℃ 下，能保持良好的力学性能，在水中有很好的抗碱和抗氧化性。这类聚苯醚砜可以用 $FeCl_3$、$SbCl_5$、$InCl_3$ 作催化剂，通过 Friedel-Crafts 反应制得，例如

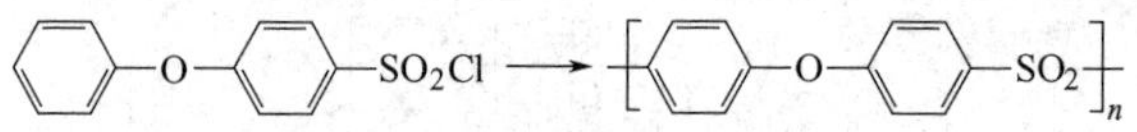

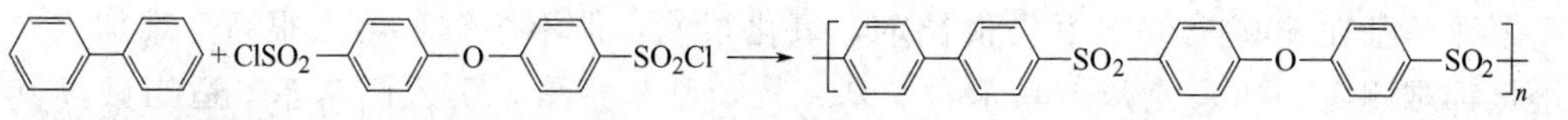

与聚芳砜相似，主链由苯环、醚氧和羰基组成的聚芳（醚）酮也是性能良好的工程塑料。聚醚砜和聚醚酮的结构相似，比较如下式：

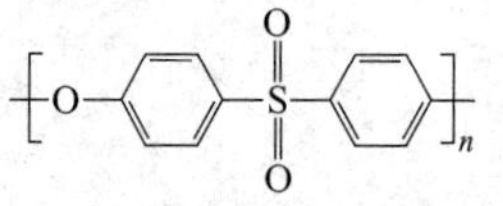

聚醚砜 (PES) 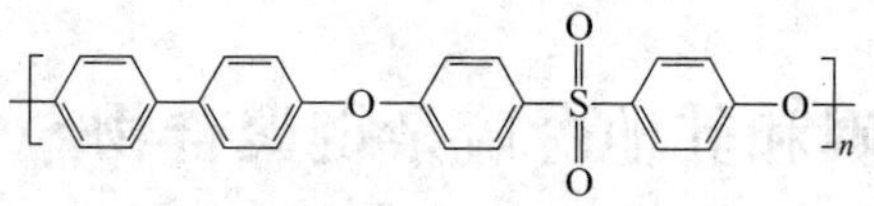　　　　　　　　　聚联苯砜

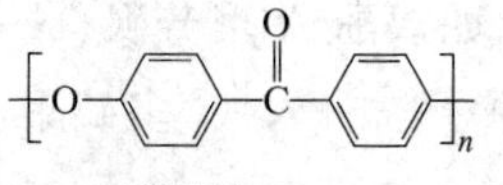

聚醚酮 (PEK) 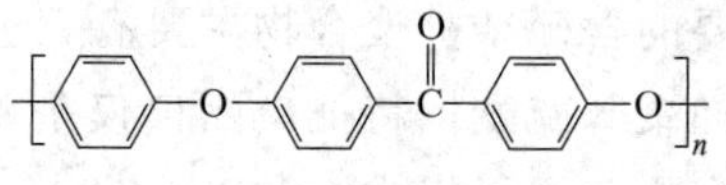　　　　　　　　　聚醚醚酮 (PEEK)

单醚键的聚醚酮（PEK）和双醚键的聚醚醚酮（PEEK）都耐高温，其玻璃化温度分别为 165℃ 和 143℃，熔融温度为 365℃ 和 334℃，可在 240～280℃ 下连续使用，在水和有机溶剂环境中使用性能优良。研究成功的聚芳醚酮的品种也不少。

在络合物 $H[BF_4]$ 作用下，联苯醚和对苯二甲酰氯反应，可制得聚醚酮酮。该聚合物退火时结晶化，在金属表面可形成粘结牢固的保护膜。

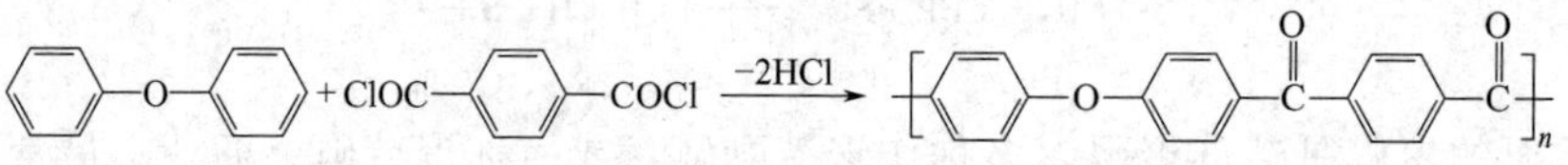

聚芳醚酮可用来制作机械零部件，如汽车轴承、汽缸活塞、泵和压缩机的阀、飞机构件等，使用于条件比较苛刻的环境。

2.16.2　聚硫醚和聚苯硫醚（PPS）

聚硫醚可分为脂族和芳族两类。脂族聚硫醚可以由双硫醇和二卤烷烃反应而成，其中 R 和 R′ 可以是 $(CH_2)_6$。

$$n\text{NaS}-\text{R}-\text{SNa} + \text{Br}-\text{R}'-\text{Br} \longrightarrow -\!\!\left[\text{S}-\text{R}-\text{S}-\text{R}'\right]_n + 2n\text{NaB}$$

上述反应很难制得高分子量。还有其他多种方法可合成聚硫醚，如环硫乙烷经开环聚合，己二硫醇与己二烯由过氧化合物进行自由基聚合等。脂族聚硫醚 T_g 和强度较低，无应用价值。

工业上有应用价值的聚苯硫醚由苯环和硫原子交替而成，属于结晶性聚合物，$T_g=85℃$，$T_m=285℃$，耐溶剂，可在 220℃ 以上长期使用。缺点是韧性不够，有一定的脆性。

聚苯硫醚与聚苯醚结构性能有点相似，但制法却不相同。商业上聚苯硫醚多由对二氯苯与硫化钠经 Wurtz 反应来合成，反应属离子机理，但具逐步特性。

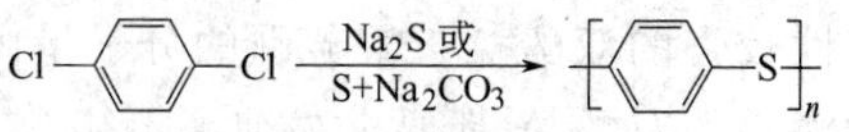

对溴硫酚或对氯硫酚经自缩聚也可制得聚苯硫醚。

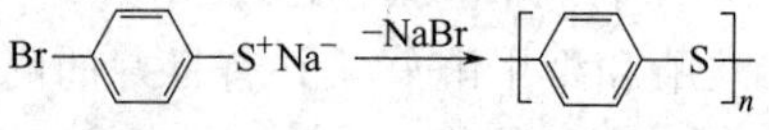

联苯醚与 SCl_2 或 S_2Cl_2 在氯仿溶液中反应，可以制得同时含有醚键和硫键的聚合物，除耐化学药品和耐热外，柔性和加工性能也改善。

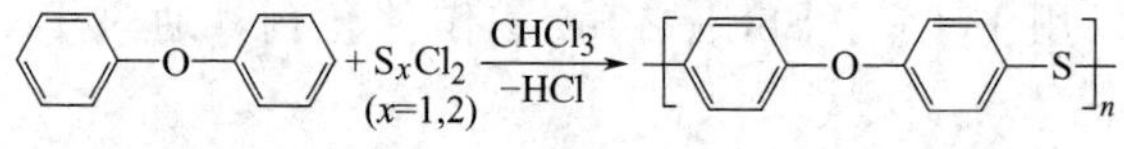

聚苯硫醚受热时变化比较复杂，包括氧化、交联和断链。从 315℃加热到 415℃，物理形态发生多种变化，从熔融、增稠、凝胶化，最后甚至变成不能再熔融的深色固体。聚苯硫醚就有许多加工方法和应用途径，可以从涂料（粉末或浆料）到模塑（注塑、模压、烧结）。

以 N-甲基吡咯烷酮为溶剂，260～220℃下，二氯二苯砜与硫化钠（配比为 0.98～1.02）聚合 2～8h，还可制得特性粘度为 0.35mL/g 的聚苯硫醚砜（PPSS）品种。

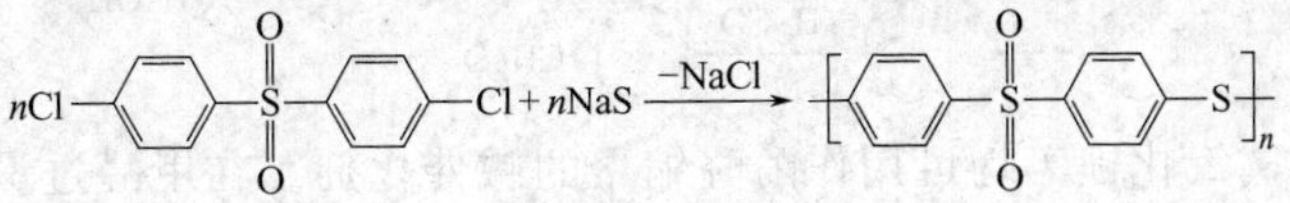

$$nCl-\langle\rangle-S{\overset{O}{\underset{O}{||}}}-\langle\rangle-Cl+nNaS \xrightarrow{-NaCl} \left[\langle\rangle-S{\overset{O}{\underset{O}{||}}}-\langle\rangle-S\right]_n$$

聚苯硫醚砜，非结晶性，$T_g=215℃$，耐腐蚀、耐辐射、阻燃，热稳定性、抗冲性能比聚苯硫醚好，可以单独使用，也可以与聚苯硫醚共混改性性。

2.16.3 聚多硫化物——聚硫橡胶

有应用价值的聚多硫化合物，可用结构式 $\{R-X_x\}_n$ 表示，其中 $x=2\sim4$。聚多硫化合物具有高弹性能，故称作聚硫橡胶，最常用的合成方法是二氯烷烃与多硫化钠反应。

$$nClRCl + Na_2S_x \longrightarrow \{R-S_x\}_n + 2nNaCl$$

常用的二氯化物有二氯乙烷、双（2-氯乙氧基）甲烷［或双（2-氯乙基）缩甲醛 $(ClCH_2CH_2O)_2CH_2$］、或两者的混合物，制得的聚硫橡胶分别标以 A（$x=4$）、FA（$x=2$）、ST（$x=2.2$）。

该反应一般在水分散液中进行。将含有十二烷基苯磺酸钠、氢氧化钠、氯化锰的多硫化钠水分散液加热到 80℃，氯化锰转变成氢氧化锰，成为成核剂。边搅拌边加入双（2-氯乙基）缩甲醛，同时冷却到 90℃，2h 加完。加毕，保温，搅拌 2h，使反应完全。两种原料并不需要控制等摩尔比，使某组分过量，就很容易制得高分子量（例如 50 万）产物。增加重复单元中的碳原子数或硫原子数，均可提高弹性，改变聚硫橡胶的品种和性能。

带羟端基的聚硫橡胶，可用氧化锌或二异氰酸酯扩链；带硫醇端基，可氧化偶合扩链。

聚硫橡胶耐油、耐溶剂、耐氧和臭氧、耐候，主要用作耐油的垫片、油管和密封剂，但强度不如一般合成橡胶。聚硫橡胶 A（$x=4$）含硫量高达 82%，耐溶剂性能最佳，但难加工，且有低分子硫醇和二硫化物的臭味；聚硫橡胶 ST 无此缺点；FA 性能则介于两者之间。

聚硫橡胶与氧化剂混合，燃烧猛烈，并产生大量气体，大量用作火箭的固体燃料。

2.17 酚醛树脂

酚醛树脂和塑料是世界上最早研制成功并商品化的合成树脂和塑料，目前在热固性聚合物中仍占着一定地位，主要用作模制品、层压板、粘结剂和涂料。

酚醛树脂由苯酚和甲醛缩聚而成，甲醛官能度 f 为 2，苯酚的邻、对位氢才是活性基团，因此官能度为 3；而甲酚的官能度则为 2。二甲酚、双酚 A 也曾用来生产特种酚醛树脂。

从反应类型看，酚与醛反应分二步进行：先加成，形成酚醇或羟甲基酚的混合物；继而酚醇间的缩聚。因此可以合称为加成缩聚。

酚醛反应有两类催化剂，相应有两类树脂：一是碱催化并醛过量，形成酚醇无规预聚物，所谓 Resoles，继续加热可直接交联固化；另一是酸催化并酚过量，缩聚产物称作 Novolacs，属于结构预聚物，单凭加热，不能固化，需另加甲醛或六亚甲基四胺才能交联。

2.17.1 碱催化酚醛预聚物（Resoles）

酚醛缩聚由加成和缩合两类反应组成。

有碱存在时，苯酚处于共振稳定的阴离子状态，邻、对位阴离子与甲醛进行亲核加成，先形成邻、对位羟甲基酚，例如

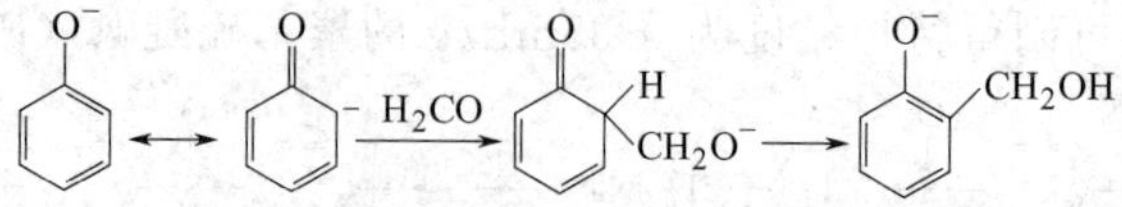

氨、碳酸钠或氢氧化钡等均可用作酚醛缩聚的碱催化剂。在甲醛过量的条件下，例如苯酚-甲醛摩尔比 6∶7 或两活性基团数比为 9∶7 时，苯酚很少与甲醛只加成一次，而是多次加成，形成一羟甲基酚、二羟甲基酚、三羟甲基酚的混合物。例如以氢氧化钠为催化剂，苯酚、甲醛水溶液在 30℃下反应 5h，产物中酚醇的成分为：

2,4,6-三羟甲基酚 37%	对羟甲基酚 17%
2,4-二羟甲基酚 24%	邻羟甲基酚 12%
2,6-二羟甲基酚 7%	未反应苯酚 3%

羟基酚进一步相互缩合，形成由亚甲基桥连接的多元酚醇，例如

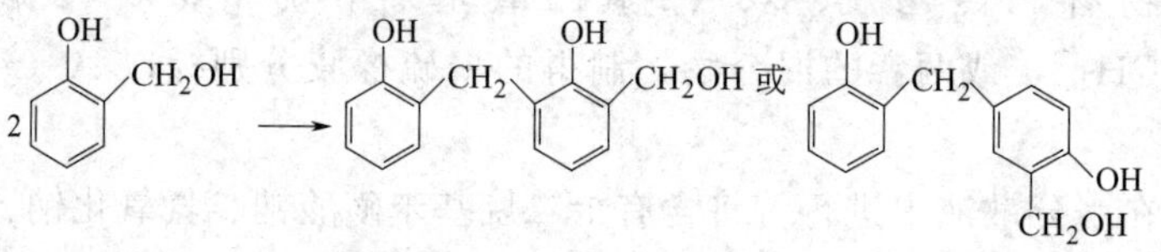

经过系列加成缩合反应，就形成由二、三环的多元酚醇组成低分子量酚醛树脂，如：

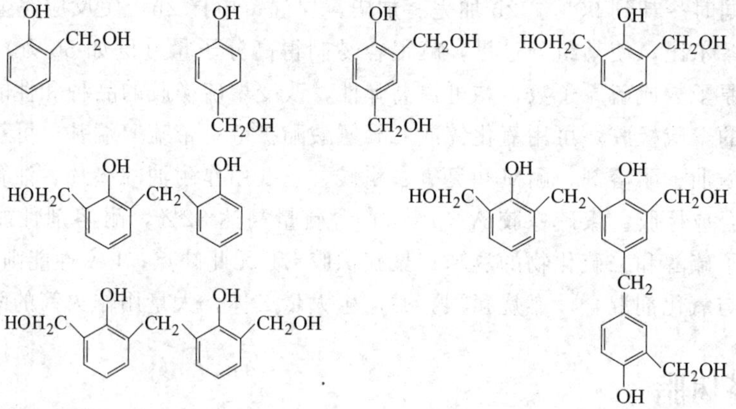

多元酚醇再稍加缩聚，可形成固态 Resoles。为防止交联，加酸中和至中性或微酸性。在中、酸性条件下，醇羟基有缩合成醚桥的倾向。但高温（150℃）时，联苄基醚不稳定，将脱出甲醛，转变成亚甲基桥。

将苯酚、40%甲醛水溶液，氢氧化钠或氨（苯酚量的 1%）等混合，回流 1～2h，即可达到预聚要求。延长时间，将交联固化。要及时取样分析熔点、凝胶化时间、溶解性能、酚含量等，以便控制。结束前，中和成微酸性，暂停聚合，减压脱水，冷却，即得酚醛预聚物。

碱催化酚醛树脂，常分成 A、B、C 三个阶段。A 阶段（Resoles），可溶、可熔、流动性能良好，反应程度 p 小于凝胶点 p_c。也可以进一步缩聚成 B 阶段，使反应程度接近 p_c，粘度有所提高，但仍能熔融塑化加工。A 或 B 阶段预聚物受热时，交联固化，即成 C 阶段（$p > p_c$）。交联固化后，就不再熔融。成型加工厂常使用 B 阶段或 A 阶段预聚物。

酚醇在碱性和较高温度下交联时，在两苯环之间容易形成亚甲基桥。在中、酸性和较低温度条件下，则有利于二苄基醚键的形成。下式表示兼有亚甲基桥和苄基醚键的交联结构。

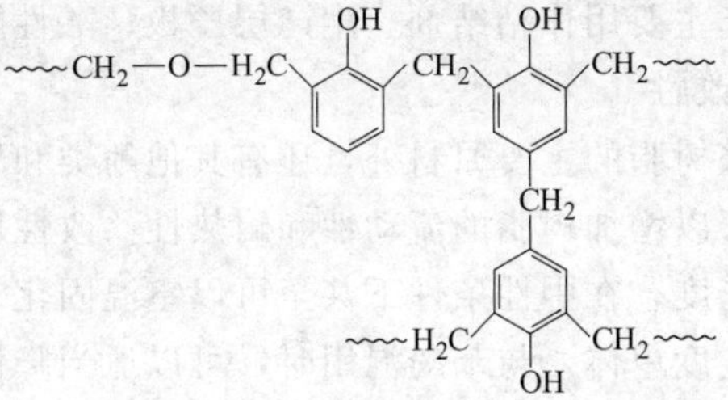

碱性酚醛预聚物溶液多在厂内使用，例如与木粉混匀，铺在饰面板上，经压机热压制合成板。也可将浸有树脂溶液的纸张热压成层压板。热压时，交联固化同时，还蒸出水分。

碱性酚醛树脂中的反应基团无规排布，因而称作无规预聚物，酚醛预聚阶段和以后的交联固化阶段均难定量处理，官能团等活性概念也不适用。

2.17.2 酸催化酚醛预聚物——热塑性酚醛树脂 (Novolacs)

盐酸、硫酸、磷酸等无机酸都可以催化酚醛缩聚反应，但草酸腐蚀性较小，优先选用。在苯酚过量的条件下，例如苯酚和甲醛摩尔比为 6:5（两基团数比为 9:5）的酸催化缩聚反应，与碱催化时有很大的不同。甲醛的羰基先质子化，而后在苯酚的邻、对位进行亲电芳核取代，形成邻、对羟甲基酚。进一步缩合成亚甲基桥，邻-邻、对-对或邻-对随机连接。

通常缩聚用强酸，pH<3，对位氢较活泼，pH=4.5~6 时，则邻位氢活泼，二价金属催化剂（如醋酸锌和醋酸）也有利于邻位缩合。如果在树脂合成阶段先使邻位氢先反应，留下对位氢，则可望获得较快的固化速度。

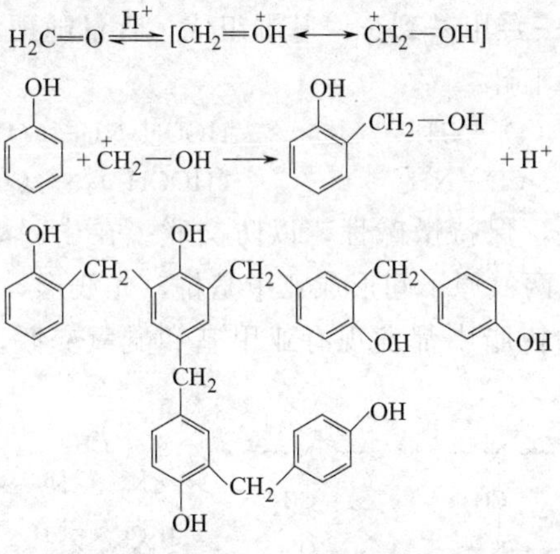

酸催化酚醛树脂称作 Novolacs，是热塑性的结构预聚物，制备时，必须苯酚过量。如果苯酚与甲醛等摩尔比，即使在酸性条件下，也会交联。酚醛摩尔比 10/1~10/9，预聚物分子量可以在 230~1000 间变动，苯环含量可以高达 6 到 10 个，反映出不同的缩聚程度。

Novolacs 的生产过程大致如下：将熔融状态的苯酚（如 65℃）加入反应釜内，加热到 95℃，先后加入草酸（苯酚的 1%~2%）和甲醛水溶液，在回流温度下反应 2~4h，甲醛即可耗尽。甲醛用量不足，树脂结构中无羟甲基，即使再加热，也无交联危险，因此可称为热塑性酚醛树脂。酚醛树脂从水中沉析出来，先常压、后减压蒸出水分和未反应的苯酚，直至 160℃。测定产物熔点或粘度，借以确定反应终点。然后冷却，破碎，即成酚醛树脂粉末。

树脂粉末再与木粉填料、六亚甲基四胺 $[(CH_2)_6N_4]$ 交联剂、其他助剂等混合，即成模塑粉。模塑粉受热成型时，六亚甲基四胺分解，提供交联所需的亚甲基，其作用与甲醛相当。同时产生的氨，部分可能与酚醛树脂结合，形成苄胺桥（—φ—CH—NH—CH—φ—）。

概言之，碱性酚醛树脂主要用作粘结剂，生产层压板；酸性酚醛树脂则用于模塑粉。

2.17.3 酚醛树脂的化学改性

除了苯酚和甲醛是酚醛树脂的主要原料外，还有其他酚类和醛类可用来改性。糠醛是甲醛以外最有价值的醛类，可以增加树脂的流动性和耐热性。改性用酚类中的间苯二酚，活性比苯酚高，可以提高固化速度，在中性条件下甚至可以室温固化。单取代苯酚，如邻、对位甲酚或氯代苯酚，是二官能度单体，与苯酚混用时，可以适当降低酚醛树脂的交联密度。

2.18 氨基树脂

尿素（$f=4$）或三聚氰胺（$f=6$）与甲醛缩聚，可制备氨基树脂。苯胺也可用作单体。

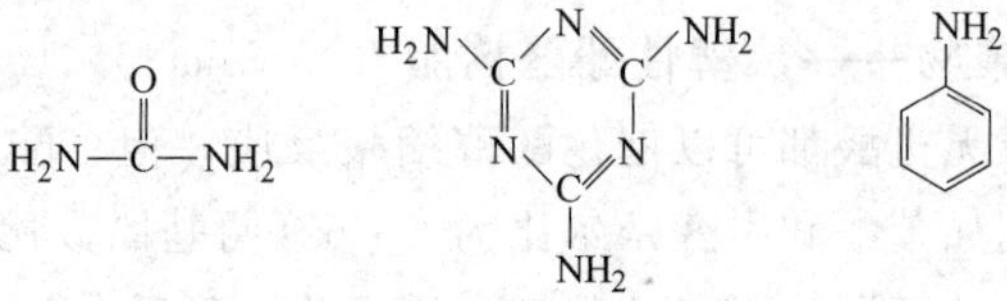

尿素   三聚氰胺   苯胺

2.18.1 脲醛树脂

尿素呈碱性，分子中的一个羰基不足以平衡两个氨基，与甲醛反应时，先亲核加成，形成羟甲基衍生物，构成预聚物。

$$H_2C{=}O+H_2N{-}CO{-}NH_2 \longrightarrow HOCH_2NH{-}CO{-}NH_2$$

尿素官能度为4，衍生物由一羟甲基到三甲基脲组成，含量随配比、pH值等反应条件而定。四甲醇脲一般很少，可忽略不计。

$$HOCH_2NH{-}CO{-}NH_2 \qquad\qquad HOCH_2NH{-}CO{-}NHCH_2OH$$
$$(HOCH_2)_2N{-}CO{-}NH_2 \qquad\qquad (HOCH_2)_2N{-}CO{-}NHCH_2OH$$

预聚阶段，调节pH值，保持微碱性，以防交联。在中、酸性条件下，则容易交联固化。醇羟基与酰胺反应，在两氮原子间形成亚甲基桥，先线形，后交联；在碱性条件下，形成二亚甲基醚桥。在固化的树脂中都发现有亚甲基和醚氧交联。此外，还可能有环状结构形成。

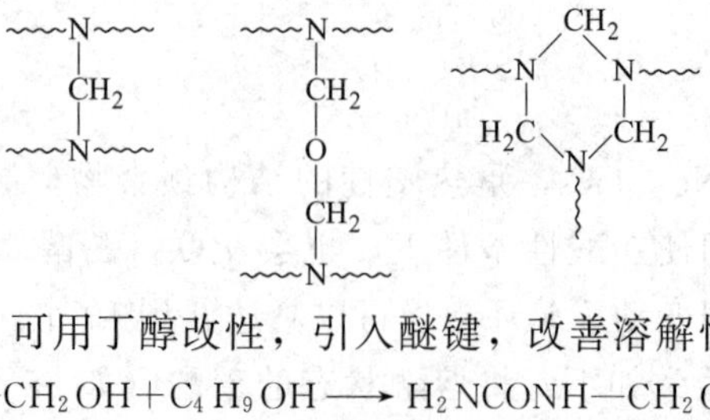

脲醛树脂用作涂料时，可用丁醇改性，引入醚键，改善溶解性能。反应条件为碱性。

$$H_2NCONH{-}CH_2OH+C_4H_9OH \longrightarrow H_2NCONH{-}CH_2OC_4H_9+H_2O$$

醚化以后，进行酸化，继续反应到一定的聚合度。经丁醇处理的典型脲醛树脂约含有0.5～1.0mol丁醚基团/mol尿素。

脲醛树脂色浅或无色，比酚醛树脂硬，可用作涂料、粘结剂、层压材料和模塑品。脲醛树脂与纤维素（纸浆）、固化剂、颜料等混合，可配制模塑粉，用来制作低压电器和日用品。脲醛树脂也可用作木粉、碎木的粘结剂，制作木屑板和合成板。脲醛树脂还可以与醇酸烘烤漆混用，改善硬度。

2.18.2 三聚氰胺树脂

三聚氰胺由加热氰胺（$H_2N—CN$）三聚而成。

三聚氰胺-甲醛树脂的合成和用途与脲醛树脂相似。在微碱性条件下，三聚氰胺与甲醛亲核加成，先形成羟基衍生物，原则上每一氨基可以形成两个羟甲基，1 分子就可能有 6 个羟甲基，但实际上也有不少单羟甲基衍生物存在。不需要酸化，单靠加热，三聚氰胺-甲醛树脂也能交联，羟基和氨基缩合，形成亚甲基或亚甲基醚桥。为了提高在溶剂中的溶解性能，也可以用甲醇或丁醇来醚化，甚至产生六烷基醚。酸化后，脱除醚基团，形成网状结构。

三聚氰胺-甲醛树脂（俗称密胺树脂）的硬度和耐水性均比脲醛树脂好，最大的用途是用来制作色彩鲜艳的餐具，也可制作电器制品。

摘　要

1. **缩聚反应**　缩聚是缩合聚合的简称，属于官能团单体经过多次缩合而聚合成聚合物的反应。单体分子中官能团数称作官能度。2 或 2-2 官能度单体体系进行线形缩聚，分子量是其重要控制指标。多官能度单体进行体形缩聚，凝胶点是控制指标。

许多合成聚合物是缩聚物，纤维素、蛋白质等天然高分子，硅酸盐等无机高分子也是缩聚物。

2. **线形缩聚机理**　线形缩聚与成环是竞争反应，有成六元环倾向的单体不利于线形缩聚。线形缩聚具有逐步机理特征，有些还可逆平衡。逐步特征反映在：缩聚过程早期单体聚合成二、三、四聚体等低聚物，低聚物之间可以进一步相互反应，在短时间内，单体转化率很高，基团的反应程度却很低，聚合度缓慢增加，直至反应程度很高（>98%）时，聚合度才增加到希望值。在缩聚过程中，体系由分子量递增的系列中间产物组成。对于平衡常数小的缩聚反应，需加温减压，促使反应向缩聚物方向移动，提高反应程度，保证高聚合度。

3. **线形缩聚中的副反应**　有因热分解的基团消去反应，水解、醇解、氨解等化学降解逆反应，分子链间的交换反应等副反应，影响缩聚的正常进行。

4. **官能团等活性概念**　在同系列单体中，碳原子数为 1～3 时，活性有所降低；继续增大后，活性不变，这称作等活性概念，每步反应的活化能和速率常数也不变，成为处理缩聚动力学的基础。直至最后，分子量增得很大后，链段运动都困难，活性才减弱。

5. **线形聚酯化动力学**　分成不可逆和可逆两种条件。在不可逆条件下，外加酸作催化剂，聚酯化动力学为二级反应；无外加酸自催化的条件下，动力学行为主要是三级反应，也可能出现二级半，随转化率而变。速率常数随温度而增加，符合 Arrhenius 规律。可逆条件下，需考虑副产物的存在对缩聚速率的影响。

二级反应　　　　$-\dfrac{dc}{dt}=k'c^2$　　　　$\dfrac{1}{1-p}=\overline{X}_n=k'c_0t+1$

三级反应　　　　$-\dfrac{dc}{dt}=kc^3$　　　　$\dfrac{1}{(1-p)^2}=\overline{X}_n^2=2c_0^2kt+1$

二级半反应　　　$-\dfrac{dc}{dt}=kc^{5/2}$　　　$\dfrac{1}{(1-p)^{3/2}}=(\overline{X}_n)^{3/2}=\dfrac{3}{2}kc_0^{3/2}t+1$

6. **线形缩聚物的聚合度**　平衡常数 K、反应程度 p、基团数比 r 是影响缩聚物聚合度的三大因素。在充分保证平衡向缩聚方向移动和足够反应程度的条件下，两基团数比就成为聚合度的控制因素。

反应程度的影响　　　　　　$\overline{X}_n=\dfrac{1}{1-p}$

平衡常数的影响　　完全平衡　　$\overline{X}_n=\dfrac{1}{1-p}=\sqrt{K}+1$

部分平衡 $\qquad \overline{X}_n = \dfrac{1}{1-p} = \sqrt{\dfrac{K}{pn_w}} \approx \sqrt{\dfrac{K}{n_w}}$

反应程度和基团数比的综合影响 $\qquad \overline{X}_n = \dfrac{(N_a + N_b)/2}{(N_a + N_b - 2N_a p)/2} = \dfrac{1+r}{1+r-2rp}$

某单体微过量或加单官能度物质 $\qquad r = \dfrac{N_a}{N_b + 2N_b'}$

7. **线形缩聚物的分子量分布** 用统计法可以推导出分子量数量分布函数和质量分布函数，进一步可求出数均分子量、重均分子量和分子量分布指数。

$$N_x = N_0 p^{x-1}(1-p)^2 \qquad\qquad \overline{X}_n = \frac{1}{1-p}$$

$$W_x = \frac{xN_x}{N_0} = xp^{x-1}(1-p)^2 \qquad\qquad \overline{X}_w = \frac{1+p}{1-p}$$

$$\frac{\overline{X}_w}{\overline{X}_n} = 1 + p \approx 2$$

8. **体形缩聚和凝胶点** 凝胶点是体形缩聚中开始产生交联的临界反应程度，可由体系粘度突变来测定，用 Carothers 法理论预测结果比实测值大，而用 Flory 统计法的理论预测结果则比实测值小。

Carothers 法 $\qquad \bar{f} = \dfrac{\sum N_i f_i}{\sum N_i} \qquad p_c = \dfrac{2}{\bar{f}}$

Flory 统计法 $\qquad \bar{f} = \dfrac{2N_A f_A}{N_A + N_B} \qquad p_c = \dfrac{2}{\bar{f}}$

9. **逐步聚合热力学和动力学特征** 缩聚聚合热小，活化能高，降低温度有利于平衡向聚合方向移动。聚合速率常数与温度关系服从 Arrhenius 规律，为了保证一定的聚合速率，需在适当高的温度下聚合。

10. **逐步聚合方法** 有熔融聚合、溶液聚合、界面聚合、固相聚合四种方法，前二法为主，固相聚合为辅，工业上界面聚合只限于聚碳酸酯的合成。

11. **聚酯** 聚酯有许多品种。涤纶聚酯是最主要的品种，属于半芳族聚酯。有两种合成方法：高纯对苯二甲酸可与乙二醇直接酯化；一般先与甲醇进行甲酯化，而后缩聚。两种方法的后期都需要在高温、高度减压条件下脱除乙二醇，以提高反应程度，保证聚合度。

脂族聚酯主要用作聚氨酯的预聚物和生物可降解产品。全芳族聚酯属于高性能聚合物，有些是熔致性液晶高分子。不饱和聚酯由马来酸酐、邻苯二甲酸酐、二元醇共聚而成的结构预聚物，再加苯乙烯稀释，即成树脂商品，进一步用来制备增强塑料。醇酸树脂是甘油、邻苯二甲酸酐、干性油缩聚而成，属于无规预聚物，主要用作溶剂型涂料。

12. **聚碳酸酯** 工业上常用的双酚 A 碳酸酯有两种合成方法：一是酯交换法，由双酚 A 与碳酸二苯酯经酯交换反应而成，原理与涤纶的合成相似；另一是界面缩聚法，由双酚 A 钠盐水溶液与光气的二氯甲烷溶液在两相界面上反应而成，三级胺作催化剂和氯化氢吸收剂，少量苯酚用作封端剂，控制分子量。

13. **聚酰胺** 品种很多。其中聚酰胺-66 产量最大，以己二胺和己二酸为单体，先中和成 66 盐，而后缩聚而成，缩聚后期，也需要减压脱水，只是比合成涤纶聚酯时的要求低。聚酰胺-6 由己内酰胺开环聚合而成，纤维用品种以水和酸作引发剂，模内浇铸尼龙则以碱金属作引发剂。聚酰胺-2 到聚酰胺-13 都曾进行过研究，由内酰胺开环聚合或氨基酸缩聚来合成。芳族聚酰胺是高性能聚合物，有些是溶致性液晶高分子，合成条件比较苛刻。

14. **聚酰亚胺和高性能聚合物** 在特殊场合下应用的耐高温聚合物可称为高性能聚合物，包括聚酰亚胺类、聚苯并咪唑类，以及一些梯形聚合物，这类聚合物主链中往往兼有芳杂环和酰胺类极性基团，增加了刚性和分子间力。一般需要四官能度单体。聚合分成两阶段：先预聚，使其中二官能团缩聚成可溶可熔的线-环预聚物，经成型，再使残留官能团反应，交联固化。

15. **聚氨酯** 是氨基甲酸的酯类，通常由二异氰酸酯和二（或多）元醇来合成，是聚加成反应的代表，属于逐步机理，但反应迅速。聚氨酯应用面甚广，包括涂料、粘结剂、弹性纤维、弹性体、软硬泡沫。二异氰酸酯和二元胺反应，则成聚脲，可制弹性纤维。

16. 环氧树脂　环氧树脂由环氧氯丙烷和双酚 A 来合成，属于结构预聚物，分子链中含有环氧端基和侧羟基，可用伯胺来室温交联固化，用叔胺催化中温固化，或用酸酐高温固化。环氧树脂主要用作粘结剂和制备增强塑料。

17. 聚苯醚　由 2,6-二甲基苯酚经氧化偶合而成，三级胺类作催化剂。聚苯醚可在 190℃ 长期使用，通常与聚苯乙烯类共混，用作工程塑料。

18. 聚芳砜　由双酚 A 和二氯二苯砜经傅-克缩聚反应而成，$T_g = 190℃$，含砜基团（—SO$_2$—），耐氧化，属于优良的工程塑料。合成聚砜和聚碳酸酯用的双酚 A 的纯度要求高。不应含有单酚和三酚。

19. 聚苯硫醚　商业上多由对二氯苯与硫化钠经 Wurtz 反应来合成，反应属离子机理，但具逐步特性。聚苯硫醚属于结晶性聚合物，$T_g = 85℃$，$T_m = 285℃$，耐溶剂，可在 220℃ 长期使用。

20. 酚醛树脂　碱、酸两类催化剂均可使苯酚和甲醛加成缩聚，相应有两类预聚物，但反应机理有些差别。碱催化时，酚/醛摩尔比约 6∶7，醛量较多，足以交联。先形成系列酚醇的无规预聚物，所谓 Resoles，控制在凝胶点前某一反应程度，所谓 A-阶段或 B-阶段，加酸中和冷却，防止交联。而后用作粘结剂和层压制品，加热后再交联固化，即成 C-阶段。酸催化酚醛树脂是热塑性结构预聚物，所谓 Novolacs，酚/醛摩尔比约 6∶5，酚过量，醛较少，不足以交联，树脂合成阶段，不至于固化。树脂与木粉填料、六甲基四胺（相当于甲醛）等混合，用来制备模塑粉，再热压成型。

21. 氨基树脂　主要有脲醛树脂和三聚氰胺树脂两种，由尿素或三聚氰胺与甲醛加成缩合而成，聚合宜在微碱性条件下进行，以防交联。氨基树脂可用作粘结剂，制备浅色塑料制品。

习　题

思　考　题

1. 简述逐步聚合和缩聚、缩合和缩聚、线形缩聚和体形缩聚、自缩聚和共缩聚的关系和区别。

2. 略举逐步聚合的反应基团类型和不同官能度的单体类型 5 例。

3. 己二酸与下列化合物反应，哪些能形成聚合物？

a. 乙醇　　b. 乙二醇　　c. 甘油　　d. 苯胺　　e. 己二胺

4. 写出并描述下列缩聚反应所形成的聚酯结构，b-d 聚酯结构与反应物配比有无关系？

a. HO—R—COOH　　　　　　　b. HOOC—R—COOH＋HO—R′—OH

c. HOOC—R—COOH＋R″(OH)$_3$　　d. HOOC—R—COOH＋HO—R′—OH＋R″(OH)$_3$

5. 下列多对单体进行线形缩聚：己二酸和己二醇，己二酸和己二胺，己二醇和对苯二甲酸，乙二醇和对苯二甲酸，己二胺和对苯二甲酸，简明点出并比较缩聚物的性能特征。

6. 线性缩聚中的成链与成环倾向。选定下列单体中的 m 值，判断其成环倾向。

a. 氨基酸 H$_2$N(CH$_2$)$_m$COOH　　b. 乙二醇与二元酸 HO(CH$_2$)$_2$OH＋HOOC(CH$_2$)$_m$COOH

7. 简述线形缩聚的逐步机理，转化率和反应程度的关系？

8. 简述缩聚中的水解、化学降解、链交换等副反应，对缩聚有哪些影响？有无可利用之处？

9. 简单评述官能团等活性概念（分子大小对反应活性的影响）的适用性和局限性。

10. 自催化和酸催化的聚酯化动力学行为有何不同？二级、二级半、三级反应的理论基础是什么？

11. 在平衡缩聚条件下，聚合度与平衡常数、副产物残留量之间有何关系？

12. 影响线形缩聚物聚合度有哪些因素？两单体非等化学计量，如何控制聚合度？

13. 如何推导线形缩聚物的数均聚合度、重均聚合度、聚合度分布指数？

14. 缩聚反应的热力学参数和动力学参数有何特征？

15. 体形缩聚时有哪些基本条件？平均官能度如何计算？

16. 简单比较熔融缩聚和固相缩聚、溶液缩聚和界面缩聚的特征。

17. 聚酯化和聚酰胺化的平衡常数有何差别，对缩聚条件有何影响？

18. 简述不饱和聚酯的配方原则和固化原理

19. 比较合成涤纶聚酯的两条技术路线及其选用原则。涤纶树脂聚合度控制方法？分段聚合的原因？

20. 工业上聚碳酸酯为什么选用双酚 A 作单体？比较聚碳酸酯两条合成路线、产物的分子量及其控制。

21. 简述和比较聚酰胺-66 和聚酰胺-6 的合成方法。

22. 为什么合成全芳聚酰胺的条件比脂族聚酰胺苛刻？

23. 合成聚酰亚胺时，为什么要采用两步法？

24. 在聚氨酯合成，为什么多采用异氰酸酯路线？各例举两种二异氰酸酯和两种多元醇。试写出异氰酸酯和羟基、氨基、羧基的反应式。软、硬聚氨酯泡沫塑料的发泡原理有何差异？

25. 简述环氧树脂的合成原理和固化原理。

26. 简述聚芳砜的合成原理。

27. 比较聚苯醚和聚苯硫醚的结构、主要性能和合成方法。

28. 从原料配比、预聚物结构、预聚条件、固化特性等方面来比较碱催化和酸催化酚醛树脂。

29. 简述合成脲醛树脂的工艺条件。

计 算 题

1. 通过碱滴定法和红外光谱法，同时测得 21.3g 聚己二酰己二胺试样中含有 2.50×10^{-3} mol 羧基。根据这一数据，计算得数均分子量为 8520。计算时需做什么假定？如何通过实验来确定的可靠性？如该假定不可靠，怎样由实验来测定正确的值？

2. 羟基酸 $HO—(CH_2)_4—COOH$ 进行线形缩聚，测得产物的重均分子量为 18400g/mol，试计算

a. 羧基经酯化的百分比　　b. 数均聚合度　　c. 结构单元数 $\overline{X}_n$

3. 等摩尔己二胺和己二酸进行缩聚，反应程度 p 为 0.500、0.800、0.900、0.950、0.980、0.990、0.995，试求数均聚合度 $\overline{X}_n$、DP 和数均分子量 $\overline{M}_n$，并作 $\overline{X}_n$-p 关系图。

4. 等摩尔二元醇和二元酸经外加酸催化缩聚，试证明从开始到 $p=0.98$ 所需的时间与 p 从 0.98 到 0.99 的时间相近。计算自催化和外加酸催化聚酯化反应时不同反应程度 p 下 $\overline{X}_n$、$[C]/[C]_0$ 与时间 t 值的关系，用列表作图来说明。

5. 由 1mol 丁二醇和 1mol 己二酸合成 $M_n=5000$ 聚酯，试作下列计算

a. 两基团数完全相等，忽略端基对 M_n 的影响，求终止缩聚的反应程度 p。

b. 在缩聚过程中，如果有 0.5％（摩尔分数）丁二醇脱水成乙烯而损失，求到达同一反应程度时的 M_n。

c. 如何补偿丁二醇脱水损失，才能获得同一 M_n 的缩聚物？

d. 假定原始混合物中羧基的总浓度为 2mol，其中 1.0％为醋酸，无其他因素影响两基团数比，求获得同一数均聚合度所需的反应程度 p。

6. 166℃乙二醇与己二酸缩聚，测得不同时间下的羧基反应程度如下：

时间 t/min	12	37	88	170	270	398	596	900	1370
羧基反应程度 p	0.2470	0.4975	0.6865	0.7894	0.8500	0.8837	0.9084	0.9273	0.9405

a. 求对羧基浓度的反应级数，判断自催化或酸催化

b. 求速率常数，浓度以 [COOH] mol/kg 反应物计，$[OH]_0=[COOH]_0$

7. 在酸催化和自催化聚酯化反应中，假定 $k'=10^{-1} \cdot kg \cdot eq^{-1} \cdot min^{-1}$，$k=10^{-3} \cdot kg^2 \cdot eq^{-2} \cdot min^{-1}$，$[N_a]_0=10eq \cdot kg^{-1}$（eq 为当量），反应程度 $p=0.2$、0.4、0.6、0.8、0.9、0.95、0.99、0.995，计算：

a. 基团 a 未反应的概率 $[N_a][N_a]_0$　　b. 数均聚合度 $\overline{X}_n$　　c. 所需的时间 t

8. 等摩尔的乙二醇和对苯二甲酸在 280℃下封管内进行缩聚，平衡常数 $K=4$，求最终 $\overline{X}_n$。另在排除

副产物水的条件下缩聚，欲得 $\overline{X}_n = 100$，问体系中残留水分有多少？

9. 等摩尔二元醇和二元酸缩聚，另加醋酸 1.5%，$p = 0.995$ 或 0.999 时，聚酯的聚合度多少？

10. 由己二胺和己二酸合成聚酰胺，反应程度 $p = 0.995$，分子量 15000，试计算原料比。端基是什么？

11. 尼龙 1010 是根据 1010 盐中过量的癸二酸来控制分子量，如果要求分子量为 20000，问 1010 盐的酸值应该是多少？（以 mg KOH/g 计）

12. 己内酰胺在封管内进行开环聚合。按 1mol 己内酰胺计，加有水 0.0205mol，醋酸 0.0205mol，测得产物的端羧基 19.8mmol，端氨基 2.3mmol。从端基数据，计算数均分子量。

13. 等摩尔己二胺和己二酸缩聚，$p = 0.99$ 和 0.995，试画出数量分布曲线和重量分布曲线，并计算数均聚合度和重均聚合度，比较两者分子量分布的宽度。

14. 羟基酸 $HO \mathop{+} CH_2 \mathop{\rightarrow}_{7} COOH$ 进行线形缩聚，测得缩聚产物的重均分子量为 18400g/mol，试计算：

a. 羧基的酯化反应程度 p　　b. 数均聚合度或结构单元数 $\overline{X}_n$

15. 邻苯二甲酸酐与甘油或季戊四醇缩聚，两种基团数相等，试求：

a. 平均官能度　　b. 按 Carothers 法求凝胶点　　c. 按统计法求凝胶点

16. 分别按 Carothers 法和 Flory 统计法计算下列混合物的凝胶点

a. 邻苯二甲酸酐和甘油摩尔比为 1.50∶0.98

b. 邻苯二甲酸酐、甘油、乙二醇的摩尔比为 1.50∶0.99∶0.002 和 1.50∶0.500∶0.700

17. 用乙二胺或二亚乙基三胺使 1000g 环氧树脂（环氧值 0.2）固化，固化剂按化学计量计算，再多加 10%，问两种固化剂用量应该多少？

18. AA，BB，A_3 混合体系进行缩聚，$N_A^0 = N_B^0 = 3.0$，A_3 中 A 基团数占混合物中 A 总数（ρ）的 10%，试求 $p = 0.970$ 时的 $\overline{X}_n$ 以及 $\overline{X}_n = 200$ 时的 p。

19. 2.5mol 邻苯二甲酸酐、1mol 乙二醇、1mol 丙三醇体系进行缩聚，为控制凝胶点需要，在聚合过程中定期测定树脂的熔点、酸值（mgKOH/g 试样）、溶解性能。试计算反应至多少酸值时会出现凝胶。

20. 制备醇酸树脂的配方为：1.21mol 季戊四醇，0.50mol 邻苯二甲酸酐，0.49mol 丙三羧酸 $[C_3H_5(COOH)_3]$，能否不产生凝胶而反应完全。

3 自由基聚合

3.1 加聚和连锁聚合概述

与缩聚相对应，加聚是另一类重要聚合反应。大多数加聚反应按连锁机理进行。

烯类，包括单烯类和二烯类，是加聚的主要单体。乙烯是单烯类的母体，有许多单取代和1,1-双取代的衍生物，如苯乙烯、甲基丙烯酸甲酯等。丁二烯是共轭二烯类的母体，异戊二烯和氯丁二烯是其主要衍生物。烯类加聚物约占聚合物世界产量 75%～80%，是石油化工行业的支柱，可见其重要性，同时也反映出连锁加聚反应的地位。

$$
\begin{array}{ccc}
\text{乙烯} & \text{苯乙烯} & \text{甲基丙烯酸甲酯} \\
CH_2{=}CH_2 & CH_2{=}CH & CH_3 \\
& | & | \\
& \bigcirc & CH_2{=}C \\
& & | \\
& & COOCH_3
\end{array}
$$

$$
\begin{array}{ccc}
\text{丁二烯} & \text{异戊二烯} & \text{氯丁二烯} \\
CH_2{=}CH{-}CH{=}CH_2 & CH_2{=}C{-}CH{=}CH_2 & CH_2{=}C{-}CH{=}CH_2 \\
& | & | \\
& CH_3 & Cl
\end{array}
$$

烯类分子带有双键，与 σ 键相比，π 键较弱，容易断裂进行加聚反应，形成加聚物。

$$
nCH_2{=}CH \longrightarrow {+}CH_2{-}CH{]}_n
$$
$$
\quad\quad | \quad\quad\quad\quad\quad\quad |
$$
$$
\quad\quad X \quad\quad\quad\quad\quad\quad X
$$

但是，在一般条件下，大部分烯类并不能自动打开 π 键而聚合，有赖于引发剂或外加能。

引发剂一般是带有弱键、易分解成活性种的化合物，其中共价键有均裂和异裂两种形式。均裂时，形成各带 1 个独电子的 2 个中性自由基（游离基）$R^\cdot$。异裂结果，共价键上一对电子全归属于某一基团，形成阴（负）离子 $:B^\ominus$；另一就成为缺电子的阳（正）离子 $A^\oplus$。

$$
\text{均裂} \quad R{\cdot}{\vdots}R \longrightarrow 2R^\cdot
$$
$$
\text{异裂} \quad A{\vdots}B \longrightarrow A^\oplus + :B^\ominus
$$

自由基、阴离子、阳离子都可能成为活性种，打开烯类的 π 键，引发聚合，分别成为自由基聚合、阴离子聚合和阳离子聚合。配位聚合也属于离子聚合的范畴。

上述诸聚合都按连锁机理进行，自由基聚合可作为代表，其总反应由链引发、链增长、链转移、链终止等基元反应串、并联而成，简示如下式：

链引发 $\quad\quad\quad\quad\quad\quad\quad\quad I \longrightarrow 2R^\cdot$ （初级活性种）

$\quad\quad\quad\quad\quad\quad\quad\quad\quad R^\cdot + M \longrightarrow RM^\cdot$ （单体活性种）

链增长 $\quad\quad\quad\quad\quad\quad\quad\quad RM^\cdot + M \longrightarrow RM_2^\cdot$

$\quad\quad\quad\quad\quad\quad\quad\quad\quad RM_2^\cdot + M \longrightarrow RM_3^\cdot$

$\quad\quad\quad\quad\quad\quad\quad\quad\quad \cdots\cdots\cdots\cdots\cdots\cdots$

$\quad\quad\quad\quad\quad\quad\quad\quad\quad RM_{n-1}^\cdot + M \longrightarrow RM_n^\cdot$ （活性链 $R{\sim\sim}^\cdot$ ）

链转移 $\quad\quad\quad\quad RM_{n-1}^\cdot + M \longrightarrow RM_{n-1} + M^\cdot$

链终止 $\quad\quad\quad\quad\quad\quad RM_n^\cdot \longrightarrow$ 死聚合物

引发剂 I 分解成的初级自由基 $R\cdot$，打开烯类单体的 π 键，加成，形成单体自由基 $RM\cdot$，构成链引发。单体自由基持续迅速打开许多烯类分子的 π 键，连续加成，使链增长，活性中心始终处于活性链的末端（ $R\sim\cdot$ ）。增长着的活性链 $RM_n^\cdot$ 可能将活性转移给单体、溶剂等，形成新的活性种，而链本身终止，构成链转移反应。活性链也可自身链终止成聚合物。这许多基元反应就构成了自由基聚合的微观历程。

离子聚合、配位聚合的基元反应与自由基聚合会有差别，但都属于连锁机理，以后各章将依次介绍其机理及相互间的差异，特别要关注引发剂和引发反应。

在连锁聚合中，自由基聚合的机理和动力学研究得最为成熟。从官能团间的缩聚到自由基加聚是有机化学和高分子化学一大发展。另一方面，工业上自由基聚合物占聚合物总产量的 60%～70%，重要品种有高压聚乙烯、聚苯乙烯、聚氯乙烯、聚四氟乙烯、聚醋酸乙烯酯、聚丙烯酸酯类、聚丙烯腈、丁苯橡胶、氯丁橡胶、ABS 树脂等，可以想见其地位。

3.2　烯类单体对聚合机理的选择性

单烯类、共轭二烯类、炔烃、羰基化合物和一些杂环化合物，在热力学上一般都有聚合倾向，但对不同聚合机理的选择性却有差异。例如：氯乙烯只能自由基聚合，异丁烯只能阳离子聚合，甲基丙烯酸甲酯可以进行自由基聚合和阴离子聚合，而苯乙烯却可以进行各种连锁机理的聚合。烯类单体对聚合机理的选择性详见表 3-1。

表 3-1　烯类单体对连锁聚合机理的选择性

烯 类 单 体		连锁聚合机理			
		自由基	阴离子	阳离子	配位
乙烯	$CH_2{=}CH_2$	⊕			⊕
丙烯	$CH_2{=}CHCH_3$				⊕
丁烯	$CH_2{=}CHCH_2CH_3$				⊕
异丁烯	$CH_2{=}C(CH_3)_2$			⊕	+
丁二烯	$CH_2{=}CH{-}CH{=}CH_2$	⊕	⊕		⊕
异戊二烯	$CH_2{=}C(CH_3){-}CH{=}CH_2$	+	⊕	+	⊕
氯丁二烯	$CH_2{=}CHCl{-}CH{=}CH_2$	⊕			
苯乙烯	$CH_2{=}CHC_6H_5$	⊕	+	+	⊕
氯乙烯	$CH_2{=}CHCl$	⊕			+
偏氯乙烯	$CH_2{=}CHCl_2$	⊕			
氟乙烯	$CH_2{=}CHF$	⊕			
四氟乙烯	$CF_2{=}CF_2$	⊕			
六氟丙烯	$CF_2{=}CFCF_3$	⊕			
烷基乙烯基醚	$CH_2{=}CH{-}OR$				+
醋酸乙烯酯	$CH_2{=}CHOCOCH_3$	⊕			
丙烯酸甲酯	$CH_2{=}CHCOOCH_3$	⊕	+		+
甲基丙烯酸甲酯	$CH_2{=}C(CH_3)COOCH_3$	⊕	+		+
丙烯腈	$CH_2{=}CHCN$	⊕	+		+

注：＋代表可以聚合；⊕代表已工业化。

单体对聚合机理的选择性与分子结构中的电子效应（共轭效应和诱导效应）有关，基团体积大小所引起的位阻效应对能否聚合也有影响，但与选择性的关系较小。

（1）电子效应　醛、酮中羰基 π 键异裂后，具有类似离子的特性，可由阴离子或阳离子引发聚合，却不能自由基聚合。

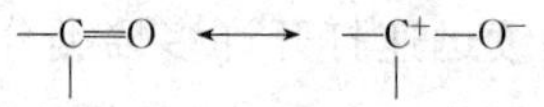

$$-\overset{|}{C}=O \longleftrightarrow -\overset{|}{C}{}^{+}-O^{-}$$

相反，乙烯基单体中碳＝碳 π 键既可均裂，又可异裂，因此有可能进行自由基或离子聚合。

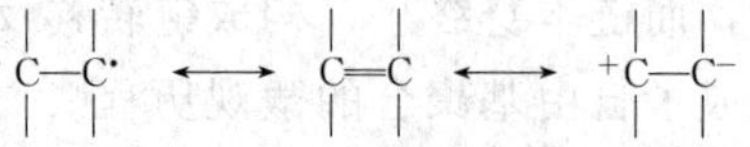

$$\cdot\overset{|}{C}-\overset{|}{C}\cdot \longleftrightarrow \overset{|}{C}=\overset{|}{C} \longleftrightarrow {}^{+}\overset{|}{C}-\overset{|}{C}{}^{-}$$

乙烯基单体取代基的诱导效应和共轭效应将改变双键的电子云密度，影响到活性种的稳定性，因此对自由基、阴离子、阳离子聚合的选择性起着决定性的作用。

乙烯虽有聚合倾向，但无取代基，结构对称，无诱导效应和共轭效应，较难聚合，只能在高温高压苛刻条件下进行自由基聚合，或以特殊络合引发体系进行配位聚合。

烯类单体分子上的供电取代基团，如烷氧基、烷基、苯基、乙烯基等，将使 C＝C 双键电子云密度增加，有利于阳离子的进攻。

$$CH_2^{\delta-}=CH\leftarrow Y$$

同时，供电基团可使阳离子增长种共振稳定。例如，乙烯基烷基醚聚合时，烷氧基使正电荷离域在碳-氧两原子上，使碳阳离子稳定。

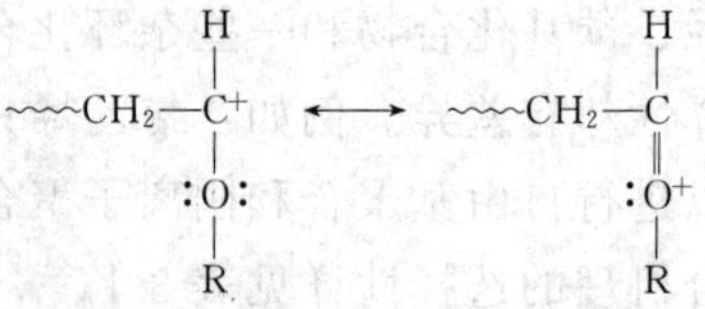

$$\sim\!\!CH_2-\overset{\overset{H}{|}}{C}{}^{+} \longleftrightarrow \sim\!\!CH_2-\overset{\overset{H}{|}}{C}$$
$$\quad\quad :\overset{|}{O}: \qquad\qquad\qquad :\overset{|}{O}{}^{+}$$
$$\quad\quad\ \ R \qquad\qquad\qquad\qquad R$$

由于以上两个原因，带供电基团的乙烯基单体有利于阳离子聚合。烷基的供电性和超共轭效应均较弱，丙烯还不易聚合成高分子量聚丙烯，只有 1,1-双取代的异丁烯才能进行阳离子聚合。异丁烯、烷基乙烯基醚、苯乙烯、异戊二烯都是能阳离子聚合的单体。

烯类单体中的氰基和羰基（醛、酮、酸、酯）等吸电子基团将使双键 π 电子云密度降低，并使阴离子活性种共振稳定，因此有利于阴离子聚合。

$$CH_2^{\delta+}=CH\rightarrow X$$

腈基对阴离子的稳定作用系使负电荷离域在碳-氮两原子上。

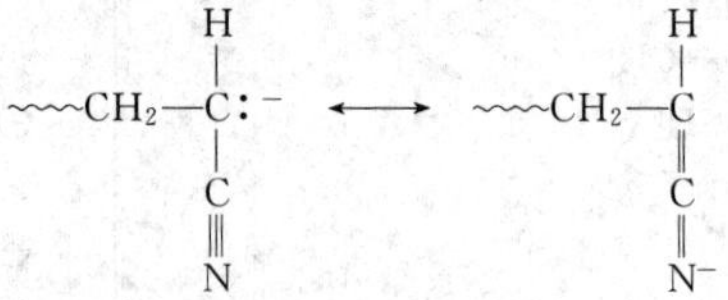

$$\sim\!\!CH_2-\overset{\overset{H}{|}}{C}:^{-} \longleftrightarrow \sim\!\!CH_2-\overset{\overset{H}{|}}{C}$$
$$\qquad\quad \overset{|}{N} \qquad\qquad\qquad\qquad \overset{|}{N}^{-}$$

卤原子的诱导效应是吸电子，而共轭效应却有供电性，两者相抵后，电子效应微弱，因此氯乙烯既不能阴离子聚合，也不能阳离子聚合，只能自由基聚合。

乙烯基单体对离子聚合有较高的选择性，但自由基却能使大多数烯类聚合。自由基呈中性，对 π 键的进攻和对自由基增长种的稳定作用并无严格的要求，几乎各种基团对自由基都有一定的共振稳定作用，如苯乙烯自由基。

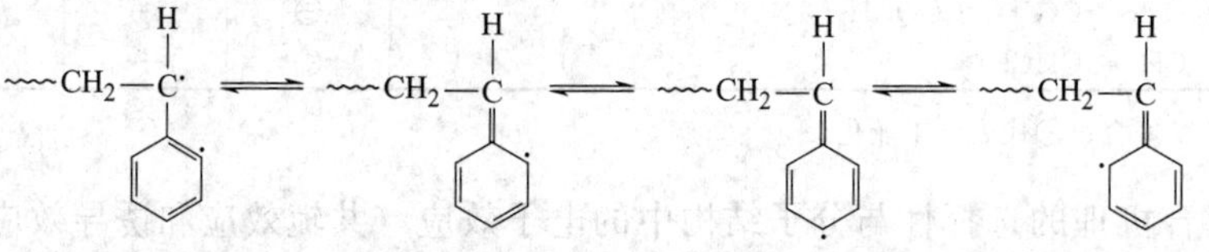

许多带吸电子基团的烯类，如丙烯腈、丙烯酸酯类等，同时能进行阴离子聚合和自由基聚合。但基团的吸电子倾向过强时，如硝基乙烯、偏二腈乙烯等，就只能阴离子聚合。

带有共轭体系的烯类，如苯乙烯、α-甲基苯乙烯、丁二烯、异戊二烯等，电子流动性较大，易诱导极化，能按上述三种机理进行聚合。

按照单体 $CH_2\!=\!CHX$ 中取代基 X 电负性次序与聚合选择性的关系排列如下：

```
                          ├── 阳离子聚合 ──┤
取代基 X:  NO₂   CN   COOCH₃      CH=CH₂   C₆H₅   CH₃   OR
            ├───── 自由基聚合 ──────┤
      ├───── 阴离子聚合 ──────┤
   ←── 吸电子能力增强          供电子能力增强 ──→
```

（2）位阻效应　单体中取代基的体积、位置、数量等所引起的位阻效应，在动力学上对聚合能力有显著的影响，但对聚合机理的选择性却无甚关系。

单取代的烯类单体，包括带大侧基的乙烯基单体，一般均能聚合，例如：

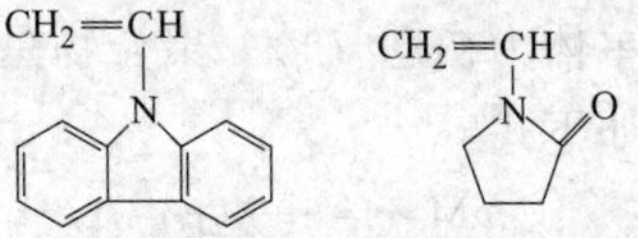

$$CH_2\!=\!CH \qquad CH_2\!=\!CH$$

N-乙烯基咔唑　　乙烯基吡咯烷酮

1,1-双取代烯类单体 $CH_2\!=\!CXY$，如 $CH_2\!=\!C(CH_3)_2$、$CH_2\!=\!CCl_2$、$CH_2\!=\!C(CH_3)COOCH_3$ 等，一般都能按基团性质进行相应机理的聚合，并且结构上更不对称，极化程度增加，反而更易聚合。但两个取代基都是体积较大的芳基时，如二苯基乙烯，只能聚合成二聚体。

$$2CH_2\!=\!C(C_6H_5)_2 \longrightarrow CH_3-\underset{\underset{C_6H_5}{|}}{\overset{\overset{C_6H_5}{|}}{C}}-CH\!=\!C(C_6H_5)$$

1,2-双取代烯类 $XCH\!=\!CHY$，如 $CH_3CH\!=\!CHCH_3$、$ClCH\!=\!CHCl$、$CH_3CH\!=\!CHCOOCH_3$ 等，由于位阻效应，加上结构对称，极化程度低，一般都难均聚，或只形成二聚体。例如马来酸酐难均聚，却能与苯乙烯或醋酸乙烯酯共聚，其共聚物可用作悬浮聚合的分散剂。

三取代或四取代乙烯一般都不能聚合，但氟代乙烯却是例外。不论氟代的数量和位置如何，即一氟-、1,1-二氟-、1,2-二氟-、三氟-、四氟乙烯均易聚合。主要的原因是氟原子半径较小，仅次于氢，位阻效应可以忽略。聚四氟乙烯和聚三氟氯乙烯就是典型的例子。

以上从有机化学角度，定性描述了烯类单体取代基的电子效应（诱导效应和共轭效应）对聚合机理的选择性的影响，以及位阻效应对聚合能力的影响，详见表 3-2 所列。

表 3-2　烯类单体的取代基对聚合能力的影响

取代基 X	取代基半径/nm	一取代	1,1-取代	1,2-取代	三取代	四取代
H	0.032	＋				
F	0.064	＋	＋	＋	＋	＋
Cl	0.099	＋	＋	－＊	－＊	－
CH₃	0.109	＋	＋	－	－＊	－
Br	0.114	＋	＋	－	－＊	－
I	0.133	＋	－	－	－	－
C₆H₅	0.232	＋	－＊	－＊	－	－

注：1. ＋代表能聚合，－代表不聚合。

2. ＊代表形成二聚体。

3. 碳原子半径为 0.075nm。

3.3 聚合热力学和聚合-解聚平衡

单体能否聚合，可进一步从热力学和动力学两方面因素来考虑。热力学讨论聚合可能性或倾向，以及聚合-解聚的平衡问题，而动力学则研究引发剂和聚合速率等问题。从热力学判断，乙烯应该能够聚合，但在发现高温高压的合适条件和/或特殊引发剂以前，却未能制得高分子量聚乙烯，这属于动力学问题。另一方面，α-甲基苯乙烯在 0℃ 常压下能够聚合，但在 100℃ 下不加压却无法聚合，这属于热力学问题。

在取代基对烯类单体聚合影响的基础上，本节进一步从热力学宏观角度来剖析单体的聚合可能性，以便与基团影响相呼应。着重讨论聚合热和聚合上限温度。

3.3.1 聚合热力学的基本概念

对于烯类单体的聚合反应，单体为初态（1），聚合物是终态（2），聚合反应式以及聚合前后相关热力学参数的变化简示如下式：

$$n\mathrm{M} \Longleftrightarrow \ce{-M-}_n$$

自由能	G_1	G_2	$\Delta G = G_2 - G_1$
焓	H_1	H_2	$\Delta H = H_2 - H_1$
熵	S_1	S_2	$\Delta S = S_2 - S_1$

聚合自由能差 ΔG 的正负是单体能否聚合的判据。$\Delta G = G_2 - G_1 < 0$ 时，单体才有聚合可能；如 $\Delta G > 0$，聚合物将解聚；$\Delta G = 0$，则单体聚合与聚合物解聚处于可逆平衡状态。

自由能差 ΔG 由焓差 ΔH、熵差 ΔS 组成：

$$\Delta G = \Delta H - T\Delta S \tag{3-1}$$

有下列几种组合方式。

① $\Delta H < 0$ 和 $\Delta S < 0$，这是最普通的组合情况。一般聚合是放热或减焓反应，故 $\Delta H < 0$；另一方面，单体聚合成大分子，无序性减小，是减熵过程，故 $\Delta S < 0$。式(3-1) 中第 2 项（$-T\Delta S$）始终是正值。只有 $\Delta H < 0$ 且绝对值大于 $-T\Delta S$ 时，才使 $\Delta G < 0$，聚合才有可能。

在某一临界温度下，$\Delta G = 0$，则 $\Delta H = T\Delta S$，聚合和解聚处于平衡状态。这一临界温度特称作聚合上限温度 T_c，可以简单计算如下：

$$T_c = \frac{\Delta H}{\Delta S} \tag{3-2}$$

当温度 $T < T_c$，则 $\Delta G < 0$，聚合成为可能；当 $T > T_c$，则 $\Delta G > 0$，体系将处于解聚状态。

② $\Delta H > 0$（吸热）和 $\Delta S > 0$（无序性增加），这只有 8 元环硫（或硒）开环聚合成线形聚硫的一个特例。平衡时，相应有聚合下限温度 T_f。$T < T_f$，$\Delta G > 0$，无法聚合，体系处于环状单体状态。只有 $T > T_f$（环状硫的 $T_f = 159℃$），$\Delta G < 0$，才能使 8 元环硫开环聚合。

另外还有两种组合情况：$\Delta H < 0$ 和 $\Delta S > 0$，则 $\Delta G < 0$，表明在任何温度下都能聚合；相反，$\Delta H > 0$ 和 $\Delta S < 0$，则 $\Delta G > 0$，表明始终不能聚合。但两者均无实际例子。

因此，需要进一步深入讨论的只有第一种组合。

3.3.2 聚合热（焓）和自由能

ΔG 的正负是单体能否聚合的判据，其大小决定于焓和熵的贡献。大部分烯类的聚合熵

差 ΔS 近于定值，约等于单体分子的平移熵，在 $-100\sim-120\text{J}\cdot\text{mol}^{-1}\cdot\text{K}^{-1}$ 范围内，见表 3-3。

表 3-3 25℃ 单体的聚合焓和聚合熵（从液态单体转变成无定性聚合物）

单　　体	$-\Delta H^0$ /kJ · mol^{-1}	$-\Delta S^0$ /J · mol^{-1} · K^{-1}	单　　体	$-\Delta H^0$ /kJ · mol^{-1}	$-\Delta S^0$ /J · mol^{-1} · K^{-1}
乙烯	95.0	100.4	丙烯酸	66.9	
丙烯	85.8	116.3	丙烯酰胺	62.0	
1-丁烯	79.5	112.1	丙烯酸甲酯	78.7	
异丁烯	51.5	119.7	甲基丙烯酸甲酯	56.5	117.2
丁二烯	73	89.0	丙烯腈	72.4	
异戊二烯	72.5	85.8	乙烯基醚	60.2	
苯乙烯	69.9	104.6	醋酸乙烯酯	87.9	109.6
α-甲基苯乙烯	35.1	103.8	马来酸酐	59	
四氟乙烯	155.6	112.1	甲醛	54.4①	
氯乙烯	95.6		乙醛	约 0	
偏二氯乙烯	75.3				

① 从液态到无定形聚合物。

在一般聚合温度（50～100℃）下，$-T\Delta S=30\sim42\text{kJ}\cdot\text{mol}^{-1}$，只要单体的 $-\Delta H$ 大于这一数值，就能使 $\Delta G<0$，在热力学上就有聚合的可能。大部分烯类单体的 $-\Delta H>40\text{kJ}\cdot\text{mol}^{-1}$，因此，聚合焓差的大小就可以初步用来判断聚合可能性的大小。

聚合热在热力学上是判断聚合倾向的重要参数，在工程上则是确定聚合工艺条件和设备传热设计的必要数据。

聚合热可由量热法、燃烧热法、热力学平衡法来实测，也可由标准生成热来计算。

乙烯的聚合热可由聚合前后键能的变化来估算。因为 $\Delta H=\Delta E+p\Delta V$，当定容变化时，$\Delta H=\Delta E$，即焓的变化等于内能的变化。内能增加为正，减少为负。

乙烯聚合成聚乙烯时，1 个 π 键（608.2kJ · mol^{-1}）转变成 2 个 σ 键（352kJ · mol^{-1}），储存在乙烯分子的 π 键内能就以聚合热的形式释放出来。因此，估算结果与实测值相近。

$$-\Delta H=2E_\sigma-E_\pi=2\times352-608.2=95.8\text{kJ}\cdot\text{mol}^{-1}$$

烯类单体中取代基的位阻效应、共轭效应，以及氢键、基团电负性等因素，对聚合热都有程度不等的影响，需考虑其综合结果。

（1）位阻效应　取代基的位阻效应将使聚合热降低。以乙烯的聚合热（95.0kJ · mol^{-1}）作为参比标准。单取代烯烃的位阻效应影响不大，例如丙烯（85.8kJ · mol^{-1}）、醋酸乙烯酯（87.9kJ · mol^{-1}）的聚合热稍有降低。1,1-双取代烯类位阻效应的影响就要大得多，例如异丁烯（51.5，单位从略，下同）、甲基丙烯酸甲酯（56.5）的聚合热就远低于聚乙烯。甲醛（54.4）分子上引入甲基对聚合热的降低特别敏感，导致乙醛的 $\Delta H\approx0$，常温下不能聚合。

1,1-双取代烯类处于单体状态时，取代基可以自由排布；形成聚合物后，取代基受到一定的拥挤，免不了有键的伸缩、键角的变化、未键合原子间的相互作用等因素，从而储存了部分内能，减少了聚合热的释放，致使聚合热降低。

位阻效应导致 1,2-双取代烯类很难聚合，但非热力学因素。马来酸酐的聚合热（59kJ · mol^{-1}）并不低，但其均聚物聚合度只能达到 29，经共聚，却可获得高分子量共聚物。

（2）共振能和共轭效应　共振使内能降低，取代基的共轭和超共轭效应对单体都有稳定作用，而对大分子的稳定作用却较小，从而使聚合热降低，降低的程度就相当于单体的共振能。苯乙烯（69.9）、丙烯腈（72.4）、丁二烯（73）、异戊二烯（72.5）的聚合热相近，都比乙烯低得多，就是这一原因。

丙烯中甲基超共轭效应和位阻效应使聚合热有所降低。异丁烯中两个甲基的位阻效应和超共轭效应，使其聚合热降得更多。α-甲基苯乙烯的聚合热（35.1kJ·mol^{-1}）特低，因为是苯环的共轭效应、甲基的超共轭效应和两基团的位阻效应三种影响叠加的结果。

另一方面，乙炔聚合成聚乙炔 $+CH\!=\!CH+_n$，大分子中的共振超过单体的共振，将使聚合热增加，因此，其聚合热特高（192.3kJ·mol^{-1}）。

（3）强电负性取代基的影响 F、Cl、NO$_2$ 等强电负性基团将使聚合热增加，带这些取代基的乙烯衍生物聚合热往往高于乙烯，如氯乙烯（95.8kJ·mol^{-1}）、硝基乙烯（90.8kJ·mol^{-1}）、偏二氟乙烯（129.7kJ·mol^{-1}）、四氟乙烯（155.6kJ·mol^{-1}）等。四氟乙烯的聚合热特高，可能由于氟原子的强电负性，使其分子中 C$=$Cπ 键能（400~440kJ·mol^{-1}）大大减弱所致。

甲基与氯原子的体积相当，异丁烯分子中两个甲基的超共轭效应和位阻效应对聚合热降低的方向相同，结果，使其聚合热（51.5）降低得很多。相反，偏二氯乙烯中两个氯原子的强电负性对聚合热的增加，部分弥补了位阻效应对聚合热的降低，结果，其聚合热仍保持较高的数值（75.3）。

（4）氢键和溶剂化的影响 能够形成氢键的取代基在自由单体分子间的氢键较强，形成聚合物后减弱，单体和聚合物的氢键强弱差别较大，从而使聚合热降低。例如丙烯酸（66.9）、甲基丙烯酸（42.3）、丙烯酰胺（60.2，在苯中）、甲基丙烯酰胺（35.1，在苯中）的聚合热都比较小，其中带甲基的则更低，这是双取代的位阻效应和氢键叠加影响的结果。

3.3.3 聚合上限温度和平衡单体浓度

在一定温度下，连锁加聚中的聚合和解聚（或增长和负增长）往往构成平衡，且平衡随温度而移动，相应有平衡单体浓度。最直观的实验例子是萘钠引发 α-甲基苯乙烯进行阴离子聚合，体系反复在$-75\sim+40$℃间加热和冷却，体系粘度相应增减。粘度变化并非单纯受温度的直接影响，而主要来自平衡变化和聚合物浓度的增减。此外，聚甲基丙烯酸甲酯加热到160~200℃，也出现解聚，有单体产生，增长与解聚构成平衡。

链增长与解聚是可逆平衡反应，表示如下式：

$$M_n^\bullet + M \underset{k_{dp}}{\overset{k_p}{\rightleftharpoons}} M_{n+1}^\bullet$$

正、逆反应速率方程有如下式：

$$R_p = k_p [M_n^\bullet][M] \tag{3-3}$$
$$R_{dp} = k_{dp}[M_{n+1}^\bullet] \tag{3-4}$$

式中，k_p 和 k_{dp} 分别是增长速率常数和负增长（解聚）速率常数。

平衡时，正逆反应速率相等。

$$k_p[M_n^\bullet][M] = k_{dp}[M_{n+1}^\bullet] \tag{3-5}$$

当聚合度很大时，可以考虑 $[M_n^\bullet] = [M_{n+1}^\bullet]$，因此平衡常数 K 与平衡单体浓度 $[M]_e$ 有如下倒数关系：

$$K = \frac{k_p}{k_{dp}} = \frac{1}{[M]_e} \tag{3-6}$$

平衡单体浓度取决于温度。聚合是放热反应，升高温度将使反应向左移动，有利于解

76

聚。反应的等温方程为

$$\Delta G = \Delta G^0 + RT\ln K \qquad (3-7)$$

G^0 是标准状态下的自由能。单体的标准状态经常采用纯单体或 $1\text{mol} \cdot L^{-1}$ 溶液，而聚合物的标准状态则指非（或微）晶态的聚合物或含 $1\text{mol} \cdot L^{-1}$ 重复单元的溶液。平衡时，$\Delta G = 0$，故

$$\Delta G^0 = \Delta H^0 - T\Delta S^0 = -RT\ln K \qquad (3-8)$$

联立式(3-6)和式(3-8)，即得平衡温度 T_e 与平衡单体浓度和的关系式。

$$T_e = \frac{\Delta H^0}{\Delta S^0 + R\ln[M]_e} \qquad (3-9)$$

当平衡单体浓度 $[M]_e = 1\text{mol} \cdot L^{-1}$ 时；平衡温度 T_e 就成为聚合上限温度 T_c。

$$T_c = \frac{\Delta H^0}{\Delta S^0} \qquad (3-10)$$

按式(3-10)，就可由 ΔH^0 和 ΔS^0 来估算聚合上限温度，选用非标准态的 ΔH 和 ΔS，相差也不大。由于聚合熵变近于定值，聚合上限温度就仅决定于熵变；即聚合热越大，则聚合上限温度也越高，如表 3-4。

表 3-4　若干单体的聚合上限温度和平衡单体浓度

单体	$-\Delta H$ /kJ·mol^{-1}	T_c /℃	$[M]_e$(25℃)	单体	$-\Delta H$ /kJ·mol^{-1}	T_c /℃	$[M]_e$(25℃)
醋酸乙烯酯	87.9		1×10^{-9}	甲基丙烯酸甲酯	56.5	220	1×10^{-3}
丙烯酸甲酯	78.7		1×10^{-9}	α-甲基苯乙烯	35.1	61	2.2
乙烯	95	400		异丁烯	51.5	50	
苯乙烯	69.9	310	1×10^{-6}				

在实测工作中，将单体在不同温度下聚合，测定转化率，将转化率（或速率）-时间曲线外推到转化率（或速率）为零（即聚合物浓度为零）时的温度即为聚合上限温度，如图 3-1。

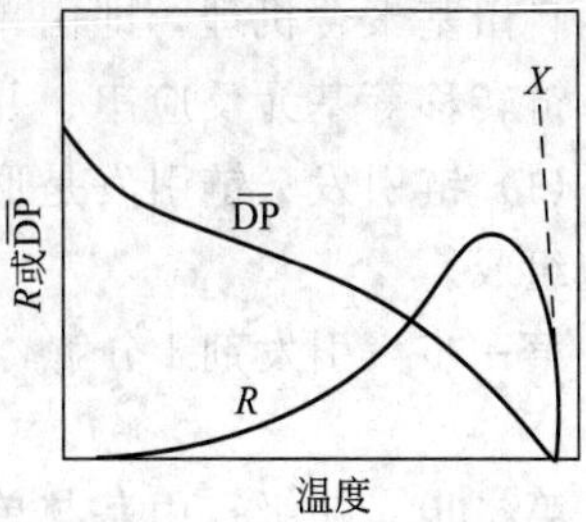

式(3-9)也可变换成平衡单体浓度的表达式。

$$\ln[M]_e = \frac{\Delta H^0}{RT_e} - \frac{\Delta S^0}{R} \qquad (3-11)$$

每一温度都有对应的平衡单体浓度。在聚合物经常使用的温度（<200℃）以下，尚未觉察到多数聚合物的解聚，原因是平衡单体浓度甚低，可以忽略不计。但 132℃ 甲基丙烯酸甲酯的 $[M]_e$ 就达 $0.5\text{mol} \cdot L^{-1}$，不容忽视。25℃ 时 α-甲基苯乙烯 $[M]_e = 2.6\text{mol} \cdot L^{-1}$，已经难以完全聚合；到达 $T_c = 61℃$，则完全解聚成单体。

图 3-1　聚合速率-温度曲线
$X = \lim(dR_p/dT)$

在聚合上限温度以上，单体就无法聚合。但当聚合物形成后，有时在聚合上限温度以上，仍能"稳定"，主要原因是解聚中心难以形成，这是假稳定平衡。在适当条件下，仍能解聚，聚合物中的残留引发剂对解聚有促进作用。

3.3.4　压力对平衡和热力学参数的影响

聚合过程，体积收缩，加压将缩短分子间的距离，有利于聚合，可使聚合上限温度增加。纯单体的聚合上限温度与压力的关系符合 Clapeyron-Clausius 方程。

$$\frac{dT_c}{dP} = T_c \cdot \frac{\Delta V}{\Delta H} \qquad (3-12)$$

$$\frac{(\ln T_c)}{dP} = \frac{\Delta V}{\Delta H} \qquad (3\text{-}13)$$

经积分，得

$$\ln(T_c)_p = \ln(T_c)_{1atm} + \frac{\Delta V}{\Delta H} \cdot p \qquad (3\text{-}14)$$

聚合过程放热，体积收缩，ΔV 和 ΔH 符号均为负值，其比值（即上式的斜率）则为正值，上式表明聚合上限温度随压力增加而线性增加。一些 ΔH、T_c 较小因而难聚合的单体，如 α-甲基苯乙烯、乙醛等，在加压的条件下，就有聚合的可能。

3.4 自由基聚合机理

聚合速率和分子量是自由基聚合需要研究的两项重要指标。要分析清楚影响这两指标的因素和控制方法，首先应该探讨聚合机理，然后进一步研究聚合动力学。

3.4.1 自由基活性

自由基是带独电子的基团，一般具有活性，耐水，可引发烯类聚合。但其活性与分子结构有关，共轭和位阻效应对自由基均有稳定作用。不同自由基按活性次序排列如下。

$H^{\cdot} > CH_3^{\cdot} > C_6H_5^{\cdot} > RCH_2^{\cdot} > R_2CH^{\cdot} > Cl_3C^{\cdot} > R_3C^{\cdot} > Br_3C^{\cdot} > RC^{\cdot}HCOR > RC^{\cdot}HCN$

$> RC^{\cdot}HCOOR > CH_2 =CHCH_2^{\cdot} > C_6H_5CH_2^{\cdot} > (C_6H_5)_2CH^{\cdot} > (C_6H_5)_3C^{\cdot}$

$H^{\cdot}$、$CH_3^{\cdot}$ 过于活泼，易引起爆聚，很少在自由基聚合中应用；最后 5 种则是稳定自由基，如 $(C_6H_5)_3C^{\cdot}$ 有 3 个苯环与 p 独电子共轭，非常稳定，无引发能力，而成为阻聚剂。

自由基引发烯类单体加聚使链增长是自由基聚合的主反应，另有偶合和歧化终止、转移反应，还有氧化还原、消去等副反应，将在聚合机理中陆续介绍。

3.4.2 自由基聚合机理

自由基聚合机理，即由单体分子转变成大分子的微观历程，由链引发、链增长、链终止、链转移等基元反应串、并联而成，应该与宏观聚合过程相联系，并加区别。

（1）链引发　链引发是形成单体自由基（活性种）的反应，引发剂引发时，由下列两步反应组成。

第一步　引发剂 I 分解，形成初级自由基 $R^{\cdot}$

$$I \longrightarrow 2R^{\cdot}$$

第二步　初级自由基与单体加成，形成单体自由基。

$$R^{\cdot} + CH_2=\underset{\underset{X}{|}}{CH} \longrightarrow RCH_2\underset{\underset{X}{|}}{CH^{\cdot}}$$

以上两步反应动力学行为有所不同。第一步引发剂分解是吸热反应，活化能高，约 $105\sim150kJ\cdot mol^{-1}$，反应速率小，分解速率常数仅 $10^{-4}\sim10^{-6}s^{-1}$。

第二步是放热反应，活化能低，反应速率大，与后继的链增长反应相当。但链引发必须包括这一步，因为一些副反应可能使初级自由基终止，无法引发单体成单体自由基。

有些烯类单体还可以用热、光、辐射、等离子体、微波等能来引发。

（2）链增长　单体自由基打开烯类分子的 π 键，加成，形成新自由基。新自由基的活性并不衰减，继续与烯类单体连锁加成，形成结构单元更多的链自由基。

$$RCH_2\underset{\underset{X}{|}}{CH^{\cdot}} + CH_2=\underset{\underset{X}{|}}{CH} \longrightarrow RCH_2\underset{\underset{X}{|}}{CH}CH_2\underset{\underset{X}{|}}{CH^{\cdot}} \longrightarrow RCH_2\underset{\underset{X}{|}}{CH}(CH_2\underset{\underset{X}{|}}{CH})_n CH_2\underset{\underset{X}{|}}{CH^{\cdot}}$$

链增长反应有两个特征：一是强放热，一般烯类聚合热约 $55\sim95kJ\cdot mol^{-1}$；二是活化能低，约 $20\sim34kJ\cdot mol^{-1}$，增长极快，在 $10^{-1}\sim10^{1}s$ 内，就可使聚合度达到 $10^{3}\sim10^{4}$，速率难以控制，随机终止。因此，体系由单体和高聚物两部分组成，不存在聚合度递增的中间物种。

对于链增长反应，除速率外，还需考虑大分子微结构问题。在链增长中，两结构单元的键接以"头-尾"为主，间有"头-头"（或"尾-尾"）键接。

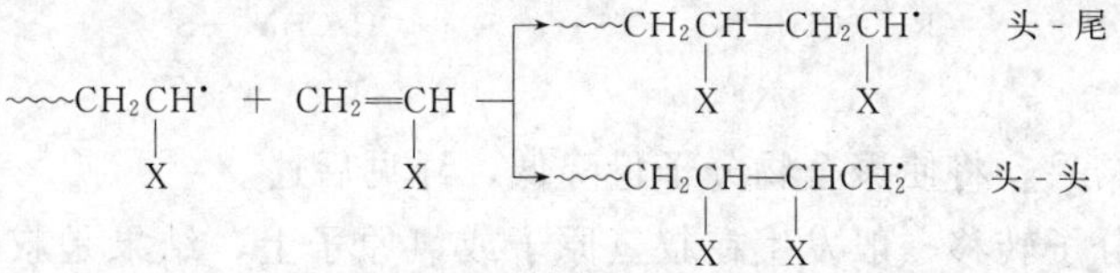

结构单元的键接方式受电子效应和位阻效应的影响。苯乙烯聚合，容易头尾连接。因为头尾连接时，苯基与独电子接在同一碳原子上，形成共轭体系，对自由基有稳定作用。另一方面，亚甲基一端的位阻较小，也有利于头尾键接。两种键接方式的活化能差达 $34\sim42kJ\cdot mol^{-1}$。相反，聚醋酸乙烯酯链自由基中取代基的共轭稳定作用比较弱，会出现较多的头头键接。升高聚合温度，更使头头键接增多。

活性链末端自由基可以绕邻近 C—C 单键自由旋转，单体可以不同的构型随机地增长，结果，聚合物多呈无规立构。

（3）链终止　自由基活性高，难孤立存在，易相互作用而终止。双基终止有偶合和歧化两种方式。

偶合终止是两自由基的独电子相互结合成共价键的终止方式，结果出现头头连接，大分子的聚合度是链自由基结构单元数的两倍，大分子两端均为引发剂残基 R。

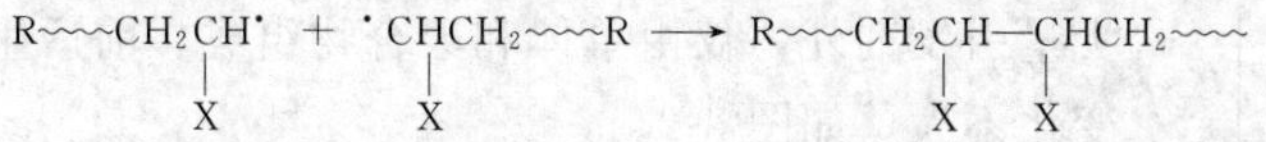

歧化终止是某自由基夺取另一自由基的氢原子或其他原子而终止的方式。歧化终止结果，大分子的聚合度与链自由基的结构单元数相同，每个大分子只有一端是引发剂残基，另一端为饱和或不饱和，两者各半。根据这一特点，应用含有标记原子的引发剂，结合分子量测定，就可求出偶合终止和歧化终止所占的百分比。

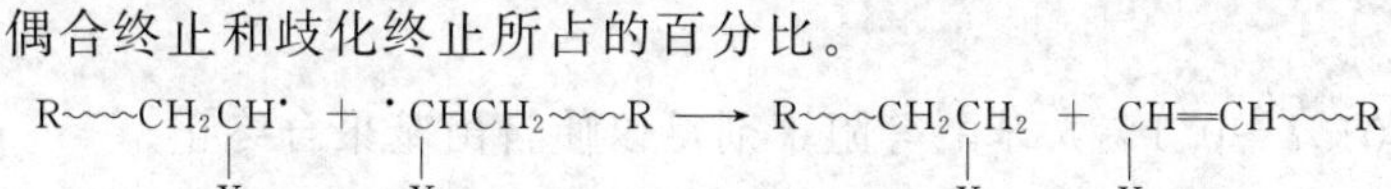

链终止方式与单体种类、聚合温度有关。60℃下的终止情况可参考表 3-5。聚丙烯腈几乎 100％偶合终止，聚苯乙烯以偶合终止为主，聚甲基丙烯酸甲酯以歧化终止为主，而醋酸乙烯酯几乎全是歧化终止。偶合终止的活化能较低，低温聚合有利于偶合终止。升高聚合温度，歧化终止增多。

表 3-5　自由基聚合终止方式（60℃）

单　　体	偶合/%	歧化/%	单　　体	偶合/%	歧化/%
丙烯腈	约 100	0	甲基丙烯酸甲酯	21	79
苯乙烯	77	23	醋酸乙烯酯	0	100

总之，链终止活化能很低，仅 $8\sim21kJ\cdot mol^{-1}$，甚至于零。终止速率常数极高（$10^{6}\sim10^{8}L\cdot mol^{-1}\cdot s^{-1}$），但双基终止受扩散控制。

增长和终止是一对竞争反应。仅从一对自由基双基终止与自由基/单体分子的增长进行比较，终止显然比增长快。但对整个体系，单体浓度（$1\sim10\mathrm{mol\cdot L^{-1}}$）远大于自由基浓度（$10^{-9}\sim10^{-7}\mathrm{mol\cdot L^{-1}}$），结果，增长速率要比终止速率大得多。否则，不可能形成高聚物。

链自由基还可能被初级自由基或聚合釜金属器壁的自由电子所终止。

（4）链转移　链自由基还有可能从单体、引发剂、溶剂或大分子上夺取一个原子而终止，将电子转移给失去原子的分子而成为新自由基，继续新链的增长。

向低分子链转移的反应式如下：

$$R\sim\!\!\!\!\sim CH_2CH^{\cdot}\ +YS\longrightarrow R\sim\!\!\!\!\sim CH_2CHY\ +S^{\cdot}$$
$$\underset{X}{|}\qquad\qquad\qquad\underset{X}{|}$$

向低分子链转移的结果，将使聚合物分子量降低，详见后述。

链自由基向大分子转移一般发生在叔氢原子或氯原子上，结果是叔碳原子带上独电子，进一步引发单体聚合，就形成了支链。

自由基向某些物质转移后，如形成稳定自由基，就不能再引发单体聚合，最后失活终止，产生诱导期。这一现象称作阻聚作用。具有阻聚作用的化合物称作阻聚剂，如苯醌。

以后几节将更详细地介绍各基元反应的机理和动力学行为。

3.4.3　自由基聚合和逐步缩聚机理特征的比较

综上所述，自由基聚合微观机理特征可概括如下。

① 自由基聚合微观历程可以明显地区分成链引发、链增长、链终止、链转移等基元反应，显示出慢引发、快增长、速终止的动力学特征，引发是控制速率的关键步骤。

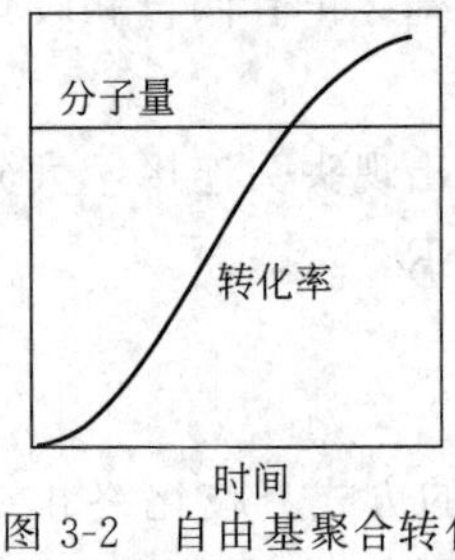

② 只有链增长反应才使聚合度增加，增长极快，1s内就可使聚合度增长到成千上万，不能停留在中间阶段。因此反应产物中除少量引发剂外，仅由单体和聚合物组成。前后生成的聚合物分子量变化不大，如图 3-2。

③ 随着聚合的进行，单体浓度渐降，聚合物浓度相应增加。延长聚合时间主要是提高转化率。聚合过程体系粘度增加，将使速率和分子量同时增加，这属于与扩散有关的宏观动力学现象，已经偏离了微观机理。

图 3-2　自由基聚合转化率
或聚合度与时间的关系

④ 少量（$0.01\%\sim0.1\%$）苯醌等阻聚剂足以使自由基聚合终止。

自由基聚合具有连锁特性，而缩聚则遵循逐步机理，两者差异比较如表 3-6。

表 3-6　自由基聚合和缩聚机理特征的比较

自 由 基 聚 合	线 形 缩 聚
1. 由链引发、增长、终止等基元反应组成，其速率常数和活化能各不相同。引发最慢，是控制的基本步	1. 不能区分出链引发、增长和终止，各步反应速率常数和活化能基本相同
2. 单体加到少量活性种上，使链迅速增长。单体-单体、单体-聚合物、聚合物-聚合物之间均不能反应	2. 单体、低聚物、缩聚物任何物种之间均能缩聚，使链增长，无所谓活性中心
3. 只有链增长才使聚合度增加，从一单体增长到高聚物，时间极短，中途不能暂停。聚合一开始，就有高聚物产生	3. 任何物种间都能反应，使分子量逐步增加。反应可以停留在中等聚合度阶段，只在聚合后期，才能获得高分子量产物
4. 在聚合过程中，单体逐渐减少，转化率相应增加	4. 聚合初期，单体缩成低聚物，以后再由低聚物逐步缩聚成高聚物，转化率变化微小，反应程度逐步增加
5. 延长聚合时间，转化率提高，分子量变化较小	5. 延长缩聚时间，分子量提高，而转化率变化较小
6. 反应混合物由单体、聚合物和微量活性种组成	6. 任何阶段，都由聚合度不等的同系缩聚物组成
7. 微量苯醌类阻聚剂可消灭活性种，使聚合终止	7. 平衡限制和非等当量可使缩聚暂停，这些因素一旦消除，缩聚又可继续进行

3.5 链引发反应和引发剂

烯类单体可用引发剂，或借热、光、辐射、等离子体、微波等的作用来引发自由基聚合。链引发是聚合微观历程的关键反应，引发剂是控制聚合速率和分子量的主要因素。

3.5.1 引发剂和引发作用

3.5.1.1 引发剂的种类

自由基聚合的引发剂是易分解成自由基的化合物，结构上具有弱键，其离解能 $100\sim170kJ \cdot mol^{-1}$，远低于 C—C 键能 $350kJ \cdot mol^{-1}$，高热或撞击可能引起爆炸。

引发剂多数是偶氮类和过氧类化合物。也可另分成有机和无机或油溶和水溶两类。

(1) 偶氮类引发剂 偶氮二异丁腈（AIBN）是最常用的偶氮引发剂，其热分解反应式如下：

$$(CH_3)_2C-N=N-C(CH_3)_2 \longrightarrow 2(CH_3)_2\overset{\cdot}{C} + N_2$$
$$\underset{CN}{|} \qquad \underset{CN}{|} \qquad \underset{CN}{|}$$

AIBN 多在 $45\sim80℃$ 使用，分解反应特点呈一级反应，无诱导分解，只产生一种自由基，因此广用于聚合动力学研究。另一优点是比较稳定，储存安全，但 $80\sim90℃$ 下也会剧烈分解。

AIBN 分解成的 2-氰基丙基自由基中的氰基有共轭效应，甲基有超共轭效应，减弱了自由基的活性和脱氢能力，因此较少用作接枝聚合的引发剂。

偶氮二异庚腈（ABVN）是在 AIBN 的基础上发展起来的活性较高的引发剂。

$$(CH_3)_2CHCH_2\overset{CH_3}{\underset{CN}{C}}-N=N-\overset{CH_3}{\underset{CN}{C}}CH_2CH(CH_3)_2 \longrightarrow 2(CH_3)_2CHCH_2\overset{CH_3}{\underset{CN}{\overset{|}{C}}}^{\cdot} + N_2$$

偶氮类引发剂分解时有氮气产生，可利用氮气放出速率来测定其分解速率，计算半衰期。工业上还可用作泡沫塑料的发泡剂和光聚合的光引发剂。

(2) 有机过氧化合物 过氧化氢是过氧化合物的母体。过氧化氢热分解结果，产生两个氢氧自由基，但其分解活化能较高（约 $220kJ \cdot mol^{-1}$），很少单独用作引发剂。

$$HO-OH \longrightarrow 2HO^{\cdot}$$

过氧化氢分子中 1 个氢原子被取代，成为氢过氧化物；2 个氢原子被取代，则成为过氧化物。这一类引发剂很多。

过氧化二苯甲酰（BPO）是常用的过氧类引发剂，其活性与 AIBN 相当。BPO 中 O—O 键的电子云密度大而相互排斥，容易断裂，用于 $60\sim80℃$ 下聚合比较有效。

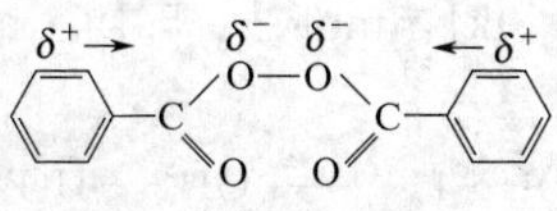

BPO 按两步分解。第一步均裂成苯甲酸基自由基，有单体存在时，即能引发聚合；无单体时，容易进一步分解成苯基自由基，并析出 CO_2，但分解不完全。

$$C_6H_5\overset{\cdot}{\underset{O}{C}}-O-O-\overset{\cdot}{\underset{O}{C}}C_6H_5 \longrightarrow 2C_6H_5\overset{\cdot}{\underset{O}{C}}O^{\cdot} \longrightarrow 2C_6H_5^{\cdot} + 2CO_2$$

过氧类引发剂种类很多（如表 3-7），活性差别很大，可供不同聚合温度下选用。其中高活性引发剂层出不穷，例如过氧化二碳酸二乙基己酯（EHP）。

$$CH_3(CH_2)_3\underset{\underset{C_2H_5}{|}}{C}H CH_2-O-\underset{\underset{O}{\|}}{C}-O-O-\underset{\underset{O}{\|}}{C}-O-CH_2\underset{\underset{C_2H_5}{|}}{C}H(CH_2)_3CH_3 \longrightarrow 2CH_3(CH_2)_3\underset{\underset{C_2H_5}{|}}{C}HCH_2-O^{\cdot} +2CO_2$$

更多的有机过氧类引发剂举例如表 3-7。

表 3-7　有机过氧类引发剂

引 发 剂	分 子 式	温度/℃	
		$t_{1/2}=1h$	$t_{1/2}=10h$
氢过氧化物	RO—OH		123～172
异丙苯过氧化氢	$C_6H_5(CH_3)_2CO$—OH	193	159
叔丁基过氧化氢	$(CH_3)_3CO$—OH	199	171
过氧化二烷基	RO—OR′		117～133
过氧化二异丙苯	$C_6H_5(CH_3)_2CO$—$OC(CH_3)_2C_6H_5$	128	104
过氧化二叔丁基	$(CH_3)_3CO$—$OC(CH_3)_3$	136	113
过氧化二酰	RCO—OCR		20～75
过氧化二苯甲酰	C_6H_5CO—OCC_6H_5	92	71
过氧化十二酰	$C_{11}H_{23}CO$—$OCC_{11}H_{23}$	80	62
过氧化酯类	RCOO—OR′		40～107
过氧化苯甲酸叔丁酯	C_6H_5COO—$OC(CH_3)_3$	122	101
过氧化叔戊酸叔丁酯	$(CH_3)_3COO$—$OC(CH_3)_3$	71	51
过氧化二碳酸酯类	ROCOO—OOCOR		43～52
过氧化二碳酸二异丙酯	$(CH_3)_2CHOCOO$—$OOCOC(CH_3)_2$	61	46
过氧化二碳酸二环己酯	$C_6H_{11}OCOO$—$OOCOC_6H_{11}$	60	44

（3）无机过氧类引发剂　过硫酸盐，如过硫酸钾和过硫酸铵，是这类引发剂的代表，水溶性，多用于乳液聚合和水溶液聚合。其分解产物是离子自由基 $SO_4^{\cdot-}$ 或自由基离子。

$$KO-\underset{\underset{O}{\|}}{\overset{\overset{O}{\|}}{S}}-O-O-\underset{\underset{O}{\|}}{\overset{\overset{O}{\|}}{S}}-OK \longrightarrow 2KO-\underset{\underset{O}{\|}}{\overset{\overset{O}{\|}}{S}}-O^{\cdot} \text{ 或 } K_2S_2O_8 \longrightarrow 2KSO_4^{\cdot}$$

温度在 60℃以上，过硫酸盐才比较有效地分解。在酸性介质（pH＜3）中，分解加速。

（4）氧化-还原体系　有些氧化还原体系可以产生自由基，引发单体聚合。该体系的活化能低，在较低温度下也能获得较快的速率。这类体系的组分可以是无机或有机化合物，性质可以是水溶性或油溶性，根据聚合方法来选用。

① 水溶性氧化还原引发体系。该体系的氧化剂组分有过氧化氢、过硫酸盐、氢过氧化物等，还原剂则有无机还原剂（Fe^{2+}、Cu^+、$NaHSO_3$、Na_2SO_3、$Na_2S_2O_3$ 等）和有机还原剂（醇、胺、草酸、葡萄糖等）。过氧化氢、过硫酸钾、异丙苯过氧化氢单独热分解的活化能分别为 220kJ·mol^{-1}、140kJ·mol^{-1}、125kJ·mol^{-1}，而与亚铁盐构成氧化还原体系后，活化能却降为 40kJ·mol^{-1}、50kJ·mol^{-1}、50kJ·mol^{-1}，在 5℃下引发聚合，仍有较高的聚合速率。

$$HO-OH+Fe^{2+} \longrightarrow OH^- +HO^{\cdot} +Fe^{3+}$$
$$S_2O_8^{2-}+Fe^{2+} \longrightarrow SO_4^{2-} +SO_4^{\cdot-} +Fe^{3+}$$
$$RO-OH+Fe^{2+} \longrightarrow OH^- +RO^{\cdot} +Fe^{3+}$$

上述反应属于双分子反应，1分子氧化剂只形成 1 个自由基。如还原剂过量，将进一步与自由基反应，使活性消失。因此还原剂的用量一般要比氧化剂少。

$$HO^{\cdot} +Fe^{2+} \longrightarrow HO^- +Fe^{3+}$$

亚硫酸盐和硫代硫酸盐经常用作还原剂，与过硫酸盐构成氧化还原体系。两者反应以后，产生 2 个自由基。

$$S_2O_8^{2-} + SO_3^{2-} \longrightarrow SO_4^{2-} + SO_4^{\cdot-} + SO_3^{\cdot-}$$

$$S_2O_8^{2-} + S_2O_3^{2-} \longrightarrow SO_4^{2-} + SO_4^{\cdot-} + S_2O_3^{\cdot-}$$

过硫酸盐与脂肪胺（RNH_2、R_2NH、R_3N）或脂肪二胺均能构成氧化还原体系。

$$\backslash N{-}H + S_2O_8^{2-} \longrightarrow \backslash N^{\cdot} + HSO_4^- + SO_4^{\cdot-}$$

$$\backslash N{-}CH_3 + S_2O_8^{2-} \longrightarrow \backslash N{-}CH_2^{\cdot} + HSO_4^- + SO_4^{2-}$$

水溶性氧化还原引发体系用于水溶液聚合和乳液聚合。

四价铈盐和醇、醛、酮、胺等也可以组成氧化还原体系，有效地引发烯类单体聚合或接枝聚合。在淀粉接枝丙烯腈制备水溶性高分子时，常采用这一引发体系，葡萄糖单元中的醇羟基或醛基参与氧化还原反应。

$$Ce^{4+} + {-}\underset{\underset{OH}{|}}{C}H{-}\underset{\underset{OH}{|}}{C}H{-} \longrightarrow Ce^{3+} + {-}\underset{\underset{OH}{|}}{C}H + {\cdot}\underset{\underset{OH}{|}}{C}H{-} + H^{\cdot}$$

② 油溶性氧化还原体系。该体系的氧化剂有氢过氧化物、过氧化二烷基、过氧化二酰基等，还原剂有叔胺、环烷酸盐、硫醇、有机金属化合物（如三乙基铝、三乙基硼等）。过氧化二苯甲酰/N,N-二甲基苯胺是常用体系，可用来引发甲基丙烯酸甲酯共聚合，制备齿科自凝树脂和骨水泥。

$$C_6H_5\underset{\underset{R}{|}}{\overset{\overset{R}{|}}{N}}{:} + C_6H_5\overset{\overset{O}{\|}}{C}{-}O{-}O{-}\overset{\overset{O}{\|}}{C}C_6H_5 \longrightarrow [C_6H_5\overset{\overset{R}{|}}{N}{-}O{-}\overset{\overset{O}{\|}}{C}C_6H_5]^+ C_6H_5\overset{\overset{O}{\|}}{C}O^- \longrightarrow C_6H_5\overset{\overset{R}{|}}{N^{\cdot}} + C_6H_5\overset{\overset{O}{\|}}{C}O^{\cdot} + C_6H_5\overset{\overset{O}{\|}}{C}O^-$$

90℃，BPO 在苯乙烯中的分解速率常数 $k_d = 1.33 \times 10^{-4}\,s^{-1}$；而该氧化还原体系 60℃ 的 k_d 竟高达 $1.25 \times 10^{-2}\,L \cdot mol^{-1} \cdot s^{-1}$，30℃ k_d 还有 $2.29 \times 10^{-3}\,L \cdot mol^{-1} \cdot s^{-1}$，表明活性高，可在室温下使用。如以 N,N-二甲基甲苯胺代替 N,N-二甲基苯胺，则活性更高。

异丙苯过氧化氢与 N,N-二甲基（甲）苯胺组合的氧化还原体系，可用于厌氧胶的制备。

$$ROOH + {:}\underset{\underset{CH_3}{|}}{\overset{\overset{CH_3}{|}}{N}}C_6H_5 \longrightarrow RO^{\cdot} + OH^- + {\cdot}\underset{\underset{CH_3}{|}}{\overset{\overset{CH_3}{|}}{N}}C_6H_5$$

萘酸盐（如萘酸亚铜）与过氧化二苯甲酰可以构成高活性油溶性氧化还原引发体系，用于油漆干燥的催化剂。

$$C_6H_5\underset{\underset{O}{\|}}{C}{-}O{-}O{-}\underset{\underset{O}{\|}}{C}C_6H_5 + Cu^+ \longrightarrow C_6H_5\underset{\underset{O}{\|}}{C}O^{\cdot} + {}^-O{-}\underset{\underset{O}{\|}}{C}C_6H_5 + Cu^{2+}$$

3.5.1.2 引发剂分解动力学

在自由基聚合三步主要基元反应中，链引发是最慢的一步，控制着总的聚合速率。引发剂用量是影响速率和分子量的关键因素。

引发剂分解一般属于一级反应，即分解速率 R_d 与引发剂浓度 $[I]$ 一次方成正比。

$$I \longrightarrow 2R^{\cdot}$$

$$R_d \equiv -\frac{d[I]}{dt} = k_d[I] \tag{3-15}$$

上式中负号代表引发剂浓度随时间增加而减少的意思，k_d 是分解速率常数（s^{-1}）。

上式中变量分离，积分，得：

$$\ln\frac{[I]}{[I]_0}=-k_d t \tag{3-16a}$$

或

$$\frac{[I]}{[I]_0}=e^{-k_d t} \tag{3-16b}$$

式中 $[I]_0$、$[I]$ 分别代表起始（$t=0$）和时间为 t 时的引发剂浓度（$mol \cdot L^{-1}$）。$[I]/[I]_0$ 代表引发剂残留分率，随时间呈指数关系而衰减。

通过实验，固定温度，测定不同时间下的引发剂浓度变化，以 $\ln[I]/[I]_0$ 对 t 作图，由直线斜率即可求得 k_d。对于偶氮类引发剂，可以测定分解时析出的氮气量来计算引发剂分解量；对于过氧类引发剂，则多用碘量法测定残留的引发剂浓度。

工业上常用半衰期 $t_{1/2}$ 来衡量一级反应速率的大小。所谓半衰期是指引发剂分解至起始浓度一半时所需的时间。根据式(3-16)，当 $[I]=[I]_0/2$，半衰期与分解速率常数有如下关系：

$$t_{1/2}=\frac{\ln 2}{k_d}=\frac{0.683}{k_d} \tag{3-17}$$

k_d 常以秒作单位，而 $t_{1/2}$ 则多以小时为单位，换算时，需引入 3600 因子。引发剂分解速率常数越大，或半衰期越短，则引发剂的活性越高。

引发剂分解速率常数与温度的关系遵循 Arrhenius 经验式：

$$k_d=A_d e^{-E_d/RT} \tag{3-18}$$

或

$$\ln k_d=\ln A_d-E_d/RT \tag{3-19}$$

在不同温度下，测定某一引发剂的分解速率常数，作 $\ln k_d$-$1/T$ 图，成一直线。由截距可求得指前因子 A_d，由斜率求出分解活化能 E_d。常用引发剂的 k_d 约 $10^{-4}\sim10^{-6}s^{-1}$，E_d 约 $105\sim140kJ \cdot mol^{-1}$，单分子反应的 A_d 一般约 $10^{13}\sim10^{14}$。

半衰期与温度关系也有类似的关联式。

$$\lg t_{1/2}=\frac{A}{T}-B \tag{3-20}$$

文献常提供半衰期为 1h、10h 时的温度，由此就很容易计算其他温度的半衰期。

引发剂分解速率常数多在苯、甲苯等惰性溶剂中测定。在不同介质中测得的数据可能有些差异，引用时须加注意。最好能在单体的模型化合物或相似溶剂中测定。

几种典型引发剂的分解动力学参数示例如表3-8。

3.5.1.3 引发剂效率

引发剂分解后，往往只有一部分用来引发单体聚合，这部分引发剂占引发剂分解或消耗总量的分数称作引发剂效率（f）。另一部分引发剂则因诱导分解和/或笼蔽效应而损耗。

（1）诱导分解 诱导分解实际上是自由基向引发剂的转移反应，例如

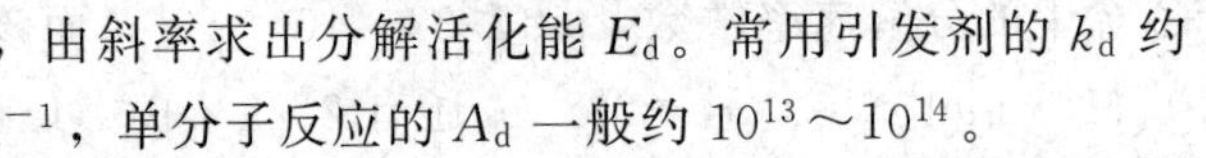

$$M_x^{\cdot} +C_6H_5C-O-O-CC_6H_5 \longrightarrow C_6H_5C-O^{\cdot} + M_xO-CC_6H_5$$

转移结果，原来的自由基终止成稳定大分子，另产生了 1 个新自由基。转移前后自由基数并无增减，徒然消耗了 1 分子引发剂，从而使引发剂效率降低。

偶氮二异丁腈一般无或微诱导分解。氢过氧化物特别容易诱导分解，也容易进行双分子反应而减少自由基的生成。

表 3-8　引发剂的分解速率常数和分解活化能

引发剂	溶剂	温度/℃	k_d/s^{-1}	$t_{1/2}/h$	$E_d/kJ \cdot mol^{-1}$	温度/℃	
						$t_{1/2}=1h$	$t_{1/2}=10h$
偶氮二异丁腈	甲苯	50	2.64×10^{-6}	73	128.4	79	59
		60.5	1.16×10^{-5}	16.6			
		69.5	3.78×10^{-5}	5.1			
偶氮二异庚腈	甲苯	59.7	8.05×10^{-5}	2.4	121.3	64	47
		69.8	1.98×10^{-4}	0.97			
		80.2	7.1×10^{-4}	0.27			
过氧化二苯甲酰	苯	60	2.0×10^{-6}	96	124.3	92	71
		80	2.5×10^{-5}	7.7			
过氧化十二酰	苯	50	2.19×10^{-6}	88	127.2	80	62
		60	9.17×10^{-6}	21			
		70	2.86×10^{-5}	6.7			
过氧化叔戊酸叔丁酯	苯	50	9.77×10^{-6}	20		71	51
		70	1.24×10^{-4}	1.6			
过氧化二碳酸二异丙酯	甲苯	50	3.03×10^{-5}	6.4		61	46
过氧化二碳酸二环己酯	苯	50	4.4×10^{-5}	3.6		60	44
		60	1.93×10^{-4}	1			
异丙苯过氧化氢	甲苯	125	9×10^{-6}	21.4	170	193	159
		139	3×10^{-5}	6.4			
过硫酸钾	0.1mol/L KOH	50	9.5×10^{-7}	212	140.2		
		60	3.16×10^{-6}	61			
		70	2.33×10^{-5}	8.3			

$$M_x^{\cdot} + ROOH \longrightarrow M_xOH + RO^{\cdot}$$

$$2ROOH \longrightarrow RO^{\cdot} + ROO^{\cdot} + H_2O$$

这些反应都使引发剂效率降低，一般不高于 0.5。

丙烯腈、苯乙烯等活性较高的单体容易被自由基所引发，自由基参与诱导分解的机会相对较少，故引发剂效率较高。相反，活性较低的单体，如醋酸乙烯，引发剂效率就较低。

(2) 笼蔽效应伴副反应　引发剂一般浓度很低，引发剂分子处在单体或溶剂的"笼子"中。在笼内分解成的初级自由基，寿命只有 $10^{-11} \sim 10^{-9}s$，必须及时扩散出笼子，才能引发笼外单体聚合。否则，可能在笼内发生副反应，形成稳定分子，无为地消耗引发剂。

偶氮二异丁腈在笼子内可能有下列副反应。

过氧化二苯甲酰分解及其副反应更复杂一些，按两步分解，先后形成苯甲酸基和苯基自由基，有可能再反应成苯甲酸甲酯和联苯，使引发剂效率降低。

引发剂效率与单体、溶剂、引发剂、温度、体系粘度等因素有关，波动在 0.1～0.8 之间。AIBN 在不同单体中的 f 参考值见表 3-9。

表 3-9　偶氮二异丁腈引发剂效率 f

单　体	f	单　体	f
丙烯腈	约 1.00	氯乙烯	0.70～0.77
苯乙烯	约 0.80	甲基丙烯酸甲酯	0.52
醋酸乙烯酯	0.68～0.82		

3.5.1.4　引发剂的选择

引发剂的选择需从聚合方法和温度对聚合物性能的影响、储运稳定性、性能价格比等多方面来考虑。首先根据聚合方法选择引发剂种类：本体、溶液、悬浮法选用油溶性引发剂，乳液聚合和水溶液聚合则用水溶性引发剂。过氧类引发剂具有氧化性，易使聚合物着色，偶氮类含有氰基，具有毒性，需考虑这些对聚合物性能的影响。储存时应避免高温或撞击，以防爆炸。

引发剂活性差别很大，应根据聚合温度来选用，示例如表 3-10。

表 3-10　引发剂的温度选用范围

温度范围/℃	$E_d/\text{kJ} \cdot \text{mol}^{-1}$	引发剂举例
高温　>100	138～188	异丙苯过氧化氢，叔丁基过氧化氢，过氧化二异丙苯，过氧化二叔丁基
中温　40～100	110～138	过氧化二苯甲酰，过氧化十二酰，偶氮二异丁腈，过硫酸盐
低温　-10～40	63～110	氧化还原体系：过硫酸盐-亚硫酸氢钠，异丙苯过氧化氢-亚铁盐，过氧化氢-亚铁盐，过氧化二苯甲酰-二甲基苯胺
超低温　<-30	<63	过氧化物-烷基金属(三乙基铝，三乙基硼，二乙基铅)，氧-烷基金属

引发剂分解速率常数约 10^{-4}～10^{-6}s^{-1}（$t_{1/2} = 2$～200h）。最好选用 $t_{1/2}$ 与聚合时间相当的引发剂。图 3-3 是式(3-16b) 的图像，表示引发剂浓度随时间的衰减情况。在某温度下，$t_{1/2}$ 过大，如 100h，10h 尚残留 80%～90%未分解，需在后处理中除去。相反，当 $t_{1/2}$ 很小，如 1h，虽可提高前期聚合速率，但 10h 后引发剂残留无几，早就终止了聚合，造成死端聚合。

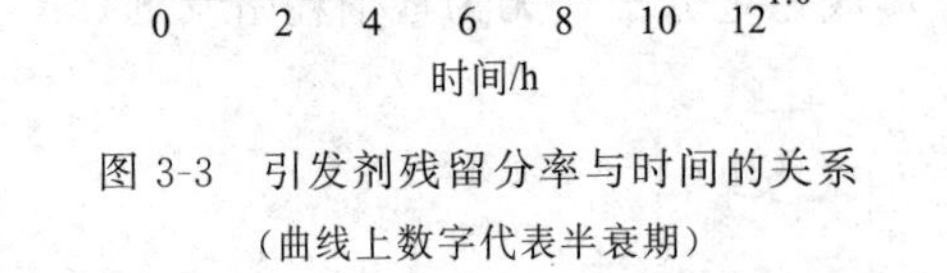

图 3-3　引发剂残留分率与时间的关系
（曲线上数字代表半衰期）

引发剂和温度是影响聚合速率和分子量的两大因素，应该综合考虑这两因素的影响。

3.5.2　热引发聚合

有些单体仅靠加热就能聚合，如苯乙烯，这可能与单体活性高有关。单凭热能打开乙烯基单体的双键使成自由基，约需 210kJ・mol^{-1} 以上的能量。苯乙烯热引发的机理尚未彻底清楚，存在着双分子和三分子反应、或二级和三级引发的争议，并且各有实验作依据。

曾根据苯乙烯的聚合速率与单体浓度的 2.5 次方成正比的实验，推论热引发反应属于三级反应，比较容易接受的机理是：两分子苯乙烯先经 Diels-Alder 加成形成二聚体，再与一分子苯乙烯进行氢原子转移反应，生成两个自由基，而后引发单体聚合。

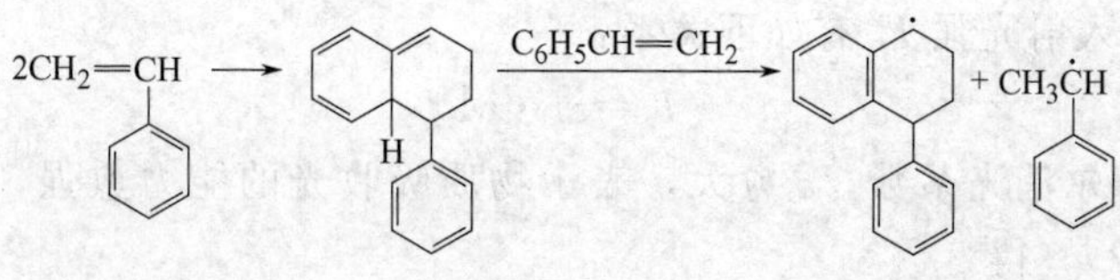

60℃苯乙烯热聚合速率约1.98×10^{-6} mol·L^{-1}·s^{-1}，速率较低。欲使苯乙烯热聚合到达合理的速率，工业上多在120℃以上进行，并且另加有半衰期适当的引发剂，与热共同引发。

3.5.3 光引发聚合

在光的激发下，许多烯类单体能够形成自由基而聚合，这称作光引发聚合。光引发聚合的关键是被单体吸收的光能必须大于待分解的π键能。

光是电磁波，每一光量子的能量E与光的频率成正比，与波长成反比。即波长愈短，则光量子的能量愈大。

$$E=h\nu=h\frac{c}{\lambda} \tag{3-21}$$

h为Planck常数（6.624×10^{-34} J·s），c为光速（2.998×10^{10} cm·s^{-1}），一个光量子具有的能量为1.986×10^{-23} J·cm·λ^{-1}。乘以Avogadro常数（6.0225×10^{23} mol^{-1}），即成1mol光量子的能量（11.96J·cm·mol^{-1}·λ^{-1}），称为1Einstein。波长300nm的能量约400kJ·mol^{-1}，与键能（120～840kJ·mol^{-1}）相当，大于一般化学反应的活化能（120～170kJ·mol^{-1}）。这是光可能引发聚合的依据。

各种烯类单体都有特殊的吸收光区域，一般波长为200～300nm，相当于紫外光区，参见表3-11。最常用的紫外光源是高压汞灯。石英汞灯波长186～1000nm，经滤光器可以分离出波长适当的光源。

表 3-11 烯类单体吸收光波长

单 体	波长/nm	单 体	波长/nm
丁二烯	253.7	氯乙烯	280
苯乙烯	250	醋酸乙烯酯	300
甲基丙烯酸甲酯	220		

光引发聚合有光直接引发、光引发剂引发和光敏剂间接引发三种。

（1）光直接引发 如果选用波长较短的紫外光，其能量大于单体的化学键能，就可能直接引发聚合。单体吸收一定波长的光量子后，先形成激发态M^*，后再分解成自由基，引发聚合。

$$M+h\nu \rightleftharpoons M^* \longrightarrow R\cdot + R'\cdot$$

例如苯乙烯吸收波长250nm的光，激发后，就可能发生下列断键反应。

$$CH_2=CH-C_6H_5^* \longrightarrow CH_2=CH\cdot + C_6H_5^\cdot$$

$$CH_2=CH-C_6H_5^* \longrightarrow C_6H_5CH=CH\cdot + H\cdot$$

光引发速率与体系吸收的光强度I_a成正比。

$$R_i=2\phi I_a \tag{3-22}$$

ϕ称作光引发效率，或称为自由基的量子产率，表示每吸收1个光量子所产生的自由基对数。例如吸收1个光量子能使1分子单体分解成1对（2个）自由基，则$\phi=1$。一般光引发效率都比较低，只有0.01～0.1。

吸收光强 I_a 与入射光强 I_0 有如下关系：

$$I_a=\varepsilon I_0[M] \tag{3-23}$$

式中，ε 是单体的摩尔消光系数，ε 愈大，表示物质吸收光的能力愈强，愈易被激发。将式(3-23) 代入式(3-22)，得

$$R_i=2\phi\varepsilon I_0[M] \tag{3-24}$$

实际上，式(3-24) 只适用于极薄的单体层。光透过单体层时，一部分被吸收，I_0 和 I_a 都随单体层厚度而减弱，按照 Beer-Lambert 定律

$$I=I_0 e^{-\varepsilon[M]b} \tag{3-25}$$

I 是反应器中距离为 b 处的入射光强，则反应体系的吸收光强应为

$$I_a=I_0-I=I_0(1-e^{-\varepsilon[M]b}) \tag{3-26}$$

代入式(3-22)，得

$$R_i=2\phi I_0(1-e^{-\varepsilon[M]b}) \tag{3-27}$$

比较容易直接光引发聚合的单体有丙烯酰胺、丙烯腈、丙烯酸、丙烯酸酯等。

(2) 光引发剂引发　光引发剂吸收光后，分解成自由基而后引发烯类单体聚合。许多热分解引发剂，如 AIBN、BPO 等，也是光引发剂，所产生的自由基与热分解时相同。AIBN 易被波长 400～345nm 的光激发而分解，而过氧化物的光分解的波长（<320nm）较短。并非所有热引发剂都能用作光引发剂，但有些非热引发剂却是光引发剂，多数是含羰基的化合物，如甲基乙烯基酮和安息香，如按下式分解成自由基，而后引发单体聚合。

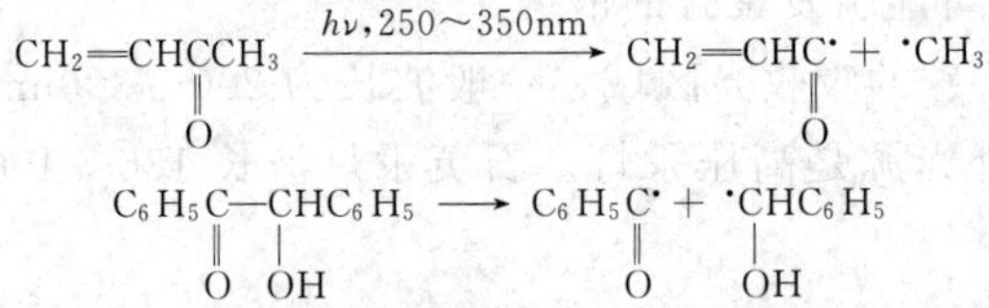

CH2═CHCCH3
hν,250～350nm
CH2═CHC˙ + ˙CH3
O
O
C6H5C—CHC6H5
O OH
C6H5C˙ + ˙CHC6H5
O
OH

(3) 光敏剂间接引发　二苯甲酮和荧光素、曙红等染料，吸收光能后，将光能传递给单体或引发剂，而后引发聚合。

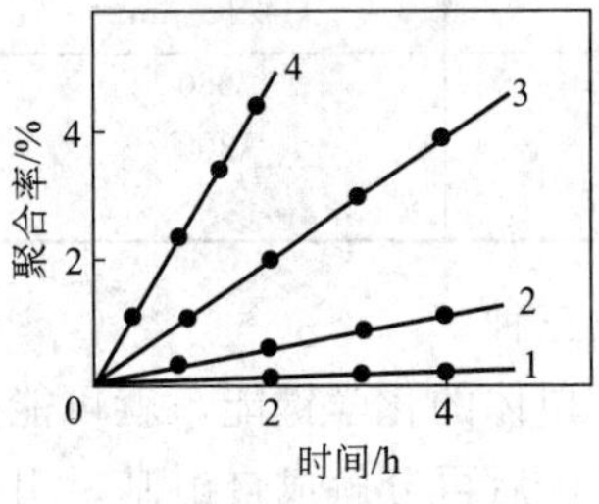

聚合率/%
时间/h
0
2
4
2
4
1
2
3
4

图 3-4　苯乙烯聚合速率比较

1—热聚合；2—光聚合（300～360nm）

3—AIBN 热引发；

4—AIBN 光引发（360nm）

几种不同引发机理下苯乙烯聚合速率比较如图 3-4。可见，用 AIBN 光引发剂聚合最快，纯热聚合最慢。

应用光引发剂或间接光敏剂（浓度为 [S]）时，引发速率可仿照式(3-24) 和式(3-27)，只要用 [S] 来替代单体浓度 [M] 即可。

光引发的研究工作颇为活跃，因为：①光强易准确测量，在短时间内（百分之几秒），自由基能随光源及时生灭，实验结果重现性好，光聚合常用于聚合动力学研究，测定增长和终止速率常数；②光引发聚合活化能低（20kJ·mol^{-1}），可在室温或较低温度下聚合。感光树脂在印刷版和集成电路上的应用就是成功的例子。

3.5.4　辐射引发聚合

以高能辐射线来引发的聚合，称作辐射聚合。辐射线有以下几种：

γ射线　　波长为 0.05～0.0001nm 的电磁波；

X 射线　　波长为 10～0.01nm 的电磁波；

β射线　　电子流；

α 射线　　　　　快速氦核流；

中子射线　　　　质量和质子相同但不带点的粒子流。

其中以 γ 射线的能量最大，钴 60（^{60}Co）γ 射线的能量为 $1.17\sim1.33\text{MeV}$[$(1.13\sim1.28)\times10^{-11}\text{J}\cdot\text{mol}^{-1}$]，穿透力强，可使反应均匀，而且操作容易，因此应用颇广。

辐射线比起几个电子伏特（eV）的光能要大得多，常以百万（10^6）电子伏特计。共价键的键能约 $2.5\sim4\text{eV}$，而有机化合物的电离能为 $9\sim11\text{eV}$，因此吸收了辐射线能量的分子，不再局限于激发，而且可能电离。体系中的单体和溶剂都有可能吸收辐射能而分解成自由基。

辐射对物质的初级作用是电离，逸出 1 个电子后，将产生 1 个阳离子自由基。

$$\text{AB}\rightsquigarrow\longrightarrow\text{AB}^{\oplus}{}^{\boldsymbol{\cdot}}+\text{e}$$

符号 $\text{AB}\rightsquigarrow\longrightarrow$ 表示辐射吸收的初级作用，阳离子自由基不稳定，可离解成阳离子和自由基。

$$\text{AB}^{\oplus}{}^{\boldsymbol{\cdot}}\longrightarrow\text{A}^{\oplus}+\text{B}^{\boldsymbol{\cdot}}$$

上述两步反应也可能在同一步内发生

$$\text{AB}\rightsquigarrow\longrightarrow\text{A}^{\oplus}+\text{B}^{\boldsymbol{\cdot}}+\text{e}$$

如逸出的电子能量不足，可能被阳离子吸回，生成 1 个自由基，总结果是生成 2 个自由基。

$$\text{A}^{\oplus}+\text{e}\longrightarrow\text{A}^{\boldsymbol{\cdot}}$$

如果逸出的电子能量较高，则可能被中性分子捕捉，生成阴离子自由基，或离解成阴离子和自由基。

$$\text{AB}+\text{e}\longrightarrow\text{AB}^{\ominus}{}^{\boldsymbol{\cdot}}$$
$$\text{AB}+\text{e}\longrightarrow\text{A}^{\boldsymbol{\cdot}}+\text{B}^{\ominus}$$

离解前也可能发生电中和，产生激发态分子，而不是自由基。如果吸收能量不足，初级作用不足以使分子电离，而只发生电子跃迁，也可使分子处于激发态。辐射产生的激发态分子和光激发分子的活性一样，在猝灭前可以发生几种反应，如：分解成自由基，有时产生所谓"热自由基"；离解成稳定产物；与另一分子反应，生成稳定产物。激发态分子也可能放出光或热而失活。

可见辐射引发反应复杂，单体经辐照后，可产生自由基、阴离子、阳离子。烯类单体辐射聚合一般属于自由基机理。但有些乙烯基和二烯类单体在低温下辐射溶液聚合或辐射固相聚合时，可能属于离子型机理。辐射还可能引起聚合物的降解和交联。

辐射线不论来源如何，对聚合物或单体的效应都是相似的。效应的大小主要决定于辐射（吸收）剂量和剂量率（辐射强度）。每克物质吸收 10^{-5}J 的能量作为辐射吸收剂量的单位，以 $\text{rad}(=100\text{erg}\cdot\text{g}^{-1}=6.25\times10^{13}\text{eV}\cdot\text{g}^{-1})$ 表示。剂量率则是单位时间内的剂量。

辐射聚合所需的剂量随单体而异，约 $10^5\sim10^6\text{rad}$。一些单体辐射聚合速率见表 3-12。从表中可以看出，醋酸乙烯酯最活泼。

在辐射化学中，常用 G 值来表示能量产率，即辐射化学效应的效率。G 值代表每吸收 100eV 能量所引起化学变化的分子数目，用 γ 射线激发单体成自由基时，则用 G_γ^R 表示。表 3-13 比较两种单体的 G 值。可看出，以相同辐射剂量引发单体，甲基丙烯酸甲酯产生的自由基数比苯乙烯大 16 倍。各种有机化合物的 G^R 值并不相同，与分子结构的关系还只有定性的描述。

表 3-12 乙烯基单体辐射聚合速率（10^3 rad/min，20℃）

单 体	聚合速率/% · h^{-1}	聚合率/% · rad^{-1}	单 体	聚合速率/% · h^{-1}	聚合率/% · rad^{-1}
丁二烯	0.01	0.2	丙烯腈	9.5	160
苯乙烯	0.2	3	氯乙烯	15	250
甲基丙烯酸甲酯	4	67	丙烯酸甲酯	18	300
丙烯酰胺	6	100	醋酸乙烯酯	27	450

表 3-13 苯乙烯和 MMA 辐射聚合的 G 值

单 体	G_γ^R 25℃	G_γ^R 15℃	G_β^R 30.5℃
苯乙烯(S)	2.08	1.6	0.22
MMA	36.0	27.6	3.14
G_S^R/G_{MMA}^R	1 : 17.3	1 : 16.9	1 : 14.3

辐射聚合与光引发聚合都可在较低温度下进行，温度对聚合速率和分子量的影响较小，聚合物中无引发剂残基。辐射聚合另一特点是吸收无选择性，穿透力强，可以进行固相聚合。

3.5.5 等离子体引发聚合

等离子体是部分电离的气体，由电子、离子（正、负离子数相等）自由基，以及原子、分子等高能中性粒子组成。等离子体可以与气、液、固态并列，称作物质第四态。

自然界中广泛存在着等离子体，太阳和地球的电离层都由等离子体组成，电车拖履火花、火焰、闪电、核爆炸、强烈辐射等都会产生等离子体。等离子体也可人工产生，高温、强电磁场、低气压是产生等离子体的基本条件。

等离子体可以粗分为高温（热）和低温两类。用于有机反应的是低温等离子体，多由 13.56MHz 射频低气压辉光放电产生，其能量约 2～5eV，恰好与有机化合物的键能（2.5～5eV）相当。

等离子体可能引起三类反应：直接引发聚合，非传统聚合以及高分子化学反应。

（1）等离子体引发聚合（plasma-initiated polymerization） 等离子体可以直接引发烯类单体进行自由基聚合，或使杂环开环聚合，与传统聚合机理相同。但其特征是在气相中引发，在液、固凝聚态中（尤其在表面）增长和终止。例如将 MMA 置于直径 0.8cm 的玻璃封管内，经 50W 等离子体辐照 60s，可得重均分子量 3×10^7 的线形聚合物；而以相当强度的 γ、β 射线或高能电子束辐照，保持聚合速率相同，则聚合物的分子量要低一个数量级。

等离子体聚合在凝聚相中增长和终止，链自由基易被包埋，寿命很长。经等离子体辐照几分至十几分钟后，停止辐照，几天至十几天后，仍能继续聚合，产物分子量可高达 10^7。

等离子体引发聚合有许多应用：①酶的固定化，如含酶的乙烯基单体水溶液聚合；②水溶性嵌段共聚物（如丙烯酰胺-甲基丙烯酸嵌段共聚物）的合成；③杂环的开环聚合，如三聚甲醛结晶、八甲基环硅氧烷或六氯环三磷氮可开环聚合成相应聚合物。

（2）等离子体非传统聚合——等离子体态聚合（plasma-state polymerization） 经等离子体作用，饱和烷烃（如甲烷、乙烷）和环烃（如苯、环己烷）乃至所有有机化合物，包括很稳定的六甲基二硅氧烷 $[(CH_3)_3Si—O—Si(CH_3)_3]$ 和 $CF_3—CH_3$、$CF_3—CFH_2$、$CF_3—CF_2H$ 等饱和碳氟化合物，都可能解离、重排、再结合成高分子，往往交联。反应机理复杂，有自由基产生，却不能用自由基聚合的基元反应来表述，无法检出和写出结构单元，也谈不上明确的单体。

应用这类反应可在基板上制备薄膜。反应物在气相中解离成自由基，也可与气态物质再结合成较大自由基，然后沉淀在基板上，与吸附的反应物再结合，形成高分子，过程中可能伴有转移重排反应，不妨称为"原子重排聚合"。产物可以是油状、薄膜或粉状。如放电功率得当，可以成膜，包括氟硅膜。这样形成的交联膜无针孔，可用作分离膜。

（3）等离子体高分子化学反应和表面处理　等离子体常用于高分子材料的表面处理，机理如下：高能态的等离子体粒子轰击高分子表面，使链断裂，产生长寿自由基（可达 10 天），发生交联、化学反应、刻蚀等。

这方面的例子很多，例如以聚乙烯、聚丙烯、聚酯或聚四氟乙烯为基材，经在电场中加速的 Ar、He 等离子体处理，可使表面刻蚀和粗面化，提高粘结性；用 O_2、N_2、He、Ar、H_2 等离子体处理，与空气接触，引入—COOH、＼C=O／、—NH_2、—OH 等极性基团，提高亲水性；再经化学反应，还可引入目标基团；以 NF_3、BF_3、SiF_4 等离子体处理，可使表面氟化，提高防水-防油性和光学特性；经氩、氧、氢等离子体前处理，产生长寿自由基，再与丙烯酰胺、丙烯酸等接枝聚合，改善抗静电性和吸湿性。

3.5.6　微波引发聚合

微波是频率 $3 \times 10^2 \sim 3 \times 10^5 \, \text{MHz}$（相当于波长为 1m～1mm）的电磁波，属于无线电中波长最短的波段，亦称超高频。微波最常用的频率为 2450MHz±50MHz（相当于波长 120mm），进入分米波段，该频率与化学基团的旋转振动频率接近，可以活化基团，促进化学反应。

微波具有热效应和非热效应双重作用。热效应是交变电场中介质的偶极子诱导转动滞后于频率变化而产生的，因分子转动摩擦而内加热，加热速度快，受热均匀。在高分子领域中，微波热效应主要应用于橡胶硫化和环氧树脂固化，缩短硫化或固化时间。

微波可以加速化学反应，速率提高十到千倍不等。这不局限于热效应的影响，非热效应（电特性）起着更重要的作用。在微波作用下，苯乙烯、（甲基）丙烯酸酯类、丙烯酸、丙烯酰胺，甚至马来酸酐都曾（共）聚合成功，也可用于接枝共聚。无引发剂时，可激发聚合；有引发剂时，则加速聚合，还可以降低引发剂浓度和/或聚合温度。

微波辐照可使碱性酚醛树脂的合成时间缩短至 8～10min，还可使涤纶聚酯和聚酰胺-66 进行固相聚合。微波所激发的等离子体也可用于聚合物表面或涂层改性。

3.6　聚合速率

3.6.1　概述

聚合速率和分子量是聚合动力学的主要研究内容。研究目的在理论上可帮助机理的探明，工程上则为优化条件的设定提供依据。

微观聚合历程和宏观聚合过程应加区别。自由基聚合微观历程只在 $10^{-1} \sim 10^1 \text{s}$ 内就可完成，而宏观聚合过程则长达几到几十小时。

转化率-时间实验值是聚合速率的基础数据。苯乙烯、甲基丙烯酸甲酯等本体聚合的转化率-时间曲线多呈 S 形，可分成诱导期、聚合初期、中期、后期等阶段，如图 3-5。

在诱导期，初级自由基被阻聚杂质所终止，无聚合物产生，聚合速率为零。机理研究时，要尽可能除净阻聚杂质，消除诱导期。诱导期过后，单体开始正常聚合。转化率 5％～

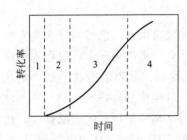

图 3-5 转化率-时间曲线

1—诱导期；2—初期；
3—中期；4—后期

10%以下为聚合初期，微观聚合动力学和机理研究多在这阶段进行。

转化率 10%～20% 以后，开始出现自动加速现象，有时会延续到 50%～70% 转化率。这一阶段可称为中期。此后，受玻璃化效应影响，聚合速率逐渐转慢，进入后期。不同时期聚合速率的特征由不同机理和因素所控制，应该加以区别。

3.6.2 微观聚合动力学研究方法

聚合动力学主要是研究速率、分子量与引发剂浓度、单体浓度、温度间的定量关系。

聚合速率常以单位时间内单体消耗量或聚合物生成量表示，但最基础的实验数据却是转化率-时间数据，其测定方法有直接和间接两类。

属于直接法的有称量法，测定原理是在聚合过程中定期取样，聚合物经分离、洗涤、干燥、称重，再计算转化率。

间接法的原理是测定聚合过程中比体积（单位质量的体积）、粘度、折射率、介电常数、吸收光谱等物性的变化，以直接法为参比标准，间接求取转化率。其中最常用的是比体积（比容）——膨胀计法。

膨胀计法的测定原理是利用聚合过程的体积收缩与转化率的线性关系。100%转化时的体积变化率 K 可由单体比体积 V_m 和聚合物比体积 V_p 按下式求得。

$$K = \frac{V_m - V_p}{V_m} \times 100\% \tag{3-28}$$

转化率 $C(\%)$ 与聚合时体积收缩率 $\Delta V/V_0$ 成线性关系，因此

$$C\% = \frac{1}{K} \frac{\Delta V}{V_0} \tag{3-29}$$

式中，ΔV 为体积收缩值；V_0 为原始体积。重要单体的 K 值见表 3-14。

表 3-14　单体和聚合物密度（25℃）及体积收缩率 K

单　体	单体密度 /g·ml⁻¹	聚合物密度 /g·ml⁻¹	$K/\%$	单　体	单体密度 /g·ml⁻¹	聚合物密度 /g·ml⁻¹	$K/\%$
氯乙烯	0.919	1.406	34.4	醋酸乙烯酯*	0.934	1.291	21.6
丙烯腈	0.800	1.17	31.0	甲基丙烯酸甲酯	0.940	1.179	20.6
偏二氯乙烯*	1.213	1.71	28.6	苯乙烯	0.905	1.062	14.5
甲基丙烯腈	0.800	1.10	27.0	丁二烯*	0.6276	0.906	44.4
丙烯酸甲酯	0.952	1.223	22.1	异戊二烯*	0.6805	0.906	33.2

注：＊为 20℃。

膨胀计主要由两部分组成：下部是 5～10ml 的聚合反应器，上部是带刻度的毛细管。将溶有引发剂的单体充满膨胀计至一定刻度，在恒温浴中聚合。聚合开始后，体积收缩，毛细管内液面下降。每隔一定时间读取收缩刻度，换算成转化率，再绘成转化率-时间曲线，由斜率求取速率及其变化。

3.6.3 自由基聚合微观动力学

根据机理，可以推导出聚合动力学方程。相反，动力学方程确立以后，经过实验考核，可以验证机理的准确性。自由基聚合中引发、增长、终止三步基元反应对总聚合速率都有贡

献。研究动力学时，考虑链转移只使分子量降低，并不影响速率，故暂忽略。

根据自由基聚合机理和质量作用定律，可以写出各基元反应的速率方程。

（1）链引发速率　链引发由下列两步反应串联而成：

引发剂分解 $\qquad\qquad\qquad\qquad\qquad I \xrightarrow{k_d} 2R^{\cdot}$

初级自由基与单体加成 $\qquad\qquad R^{\cdot} + M \xrightarrow{k_i} RM^{\cdot}$

引发剂分解是慢反应，控制着引发反应。1 分子引发剂分解成 2 个初级自由基，理应产生 2 个单体自由基，引发速率式应该是 $R_i = 2k_d[I]$。但由于诱导分解和笼蔽效应伴副反应消耗了部分引发剂，因此需引入引发剂效率 f。加上一般链引发速率与单体浓度无关的条件，则链引发速率方程可写如下式：

$$R_i = 2fk_d[I] \qquad\qquad\qquad (3\text{-}30)$$

以上诸式中 I、M、R、k 分别代表引发剂、单体、初级自由基、速率常数，[ ]、下标 d 和 i 则代表浓度、分解和引发。

（2）链增长速率　链增长是单体自由基连续加聚大量单体的链式反应：

$$RM^{\cdot} \xrightarrow{+M, k_{p1}} RM_2^{\cdot} \xrightarrow{+M, k_{p2}} RM_3^{\cdot} \xrightarrow{+M, k_{p3}} \cdots RM_x^{\cdot}$$

处理自由基聚合动力学时，作等活性假定，即链自由基的活性与链长基本无关，或各步增长反应的速率常数相等，即 $k_{p1} = k_{p2} = k_{p3} = k_{px} \cdots = k_p$。令 $[M^{\cdot}]$ 代表大小不等的自由基浓度 $[M_1^{\cdot}]$、$[M_2^{\cdot}]$、$[M_3^{\cdot}]$、$[M_x^{\cdot}]$ …的总和，则链增长速率方程可写成

$$R_p \equiv -\left(\frac{d[M]}{dt}\right)_p = k_p[M]\sum(RM_x^{\cdot}) = k_p[M][M^{\cdot}] \qquad\qquad (3\text{-}31)$$

（3）链终止速率　链终止速率以自由基消失速率表示，链终止反应及其速率方程可写成下式。

偶合终止 $\qquad\qquad M_x^{\cdot} + M_y^{\cdot} \longrightarrow M_{x+y} \qquad R_{tc} = 2k_{tc}[M^{\cdot}]^2 \qquad (3\text{-}32a)$

歧化终止 $\qquad\qquad M_x^{\cdot} + M_y^{\cdot} \longrightarrow M_x + M_y \qquad R_{td} = 2k_{td}[M^{\cdot}]^2 \qquad (3\text{-}32b)$

终止总速率 $\qquad\qquad R_t \equiv -\frac{d[M^{\cdot}]}{dt} = 2k_t[M^{\cdot}]^2 \qquad\qquad\qquad (3\text{-}32)$

以上诸式中下标 p、t、tc、td 分别代表链增长、终止、偶合终止和歧化终止。

式（3-32）中系数 2 代表终止反应将同时消失 2 个自由基，这是美国的习惯用法，说不出一定的理由。欧洲大陆的习惯并无系数 2。两者换算时需注意 $2k_t$（美）$= k_t'$（欧）。

在链增长和终止的速率方程中都出现自由基浓度 $[M^{\cdot}]$ 因子。自由基活泼，寿命很短，浓度极低，测定困难。可作"稳态"假定，设法消去 $[M^{\cdot}]$。经过一段聚合时间，引发速率与终止速率相等（$R_i = R_t$），构成动平衡，自由基浓度不变。由式（3-32）可解出 $[M^{\cdot}]$。

$$[M^{\cdot}] = \left(\frac{R_i}{2k_t}\right)^{1/2} \qquad\qquad\qquad (3\text{-}33)$$

聚合速率可以单体消耗速率表示。假定高分子聚合度很大，用于引发的单体远少于增长所消耗的单体，因此，聚合总速率就等于链增长速率。

$$R \equiv -\frac{d[M]}{dt} = R_i + R_p \approx R_p$$

将稳态时的自由基浓度式（3-33）代入式（3-31），即得总聚合速率的普适方程。

$$R \approx R_p = k_p[M]\left(\frac{R_i}{2k_t}\right)^{1/2} \qquad\qquad\qquad (3\text{-}34)$$

用引发剂引发时，将式(3-30)的 R_i 关系代入上式，则得

$$R_p = k_p \left(\frac{fk_d}{k_t}\right)^{1/2} [I]^{1/2}[M] \tag{3-35}$$

上式就是引发剂引发的自由基聚合微观动力学方程，表明聚合速率与引发剂浓度平方根、单体浓度一次方成正比。这一结论得到一些实验的证实。

图 3-6 是甲基丙烯酸甲酯和苯乙烯聚合速率与引发剂浓度的关系图，$\lg R_p$ 与 $\lg[I]^{1/2}$ 成线性关系，斜率为1，表明 R_p 与 $[I]^{1/2}$ 成正比。苯乙烯在较低引发剂浓度下聚合时，对 1/2 方的关系略有偏离，这可能伴有热引发的关系。图 3-7 表明甲基丙烯酸甲酯聚合初期速率 $\lg R_p$ 与单体浓度 $\lg[M]$ 成线性关系，斜率为1，表明对单体呈一级反应。

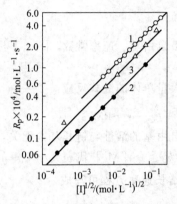

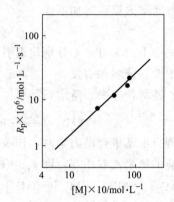

图 3-6　聚合速率与引发剂浓度的关系
1—MMA，AIBN，50℃；2—St，BPO，60℃；
3—MMA，BPO，50℃

图 3-7　甲基丙烯酸甲酯聚合初期速率
与单体浓度的关系

在低转化（<5%）下聚合，各速率常数恒定；采用低活性引发剂时，短期内浓度变化不大，近于常数；考虑引发剂效率与单体浓度无关；在这些条件下，将式(3-35)积分，得

$$\ln \frac{[M]_0}{[M]} = k_p \left(\frac{fk_d}{k_t}\right)^{1/2} [I]^{1/2} t \tag{3-36}$$

如 $\ln[M]_0/[M]$-t 成线性关系，也表明聚合速率与单体浓度呈一级反应。

推导上述微观聚合动力学方程时，作了四个基本假定：链转移反应无影响、等活性、聚合度很大、稳态等。低转化率的聚合实验数据能够较好地符合理论推导结果，说明假定可信，机理可靠。在转化率稍高的条件下，将偏离上述机理和动力学行为。

在某些情况下，如引发剂效率较低、单体参与引发剂分解、初级自由基与单体的反应速率与引发剂分解速率相当，则单体浓度对链引发速率有影响，引发速率方程变为

$$R_i = 2fk_d[I][M] \tag{3-37}$$

将式(3-37)代入式(3-34)，得如下聚合速率方程：

$$R_p = k_p \left(\frac{fk_d}{k_t}\right)^{1/2} [I]^{1/2}[M]^{3/2} \tag{3-38}$$

上式表明，聚合速率与单体浓度 1.5 次方成正比。

3.6.4　不同引发机理下的聚合速率方程

式(3-34)是聚合速率普适方程，代入各种引发速率式，即得相应速率方程（表 3-15）。

表 3-15　自由基聚合的引发速率和聚合速率方程

引发方式	引发速率 R_i	聚合速率 R_p
引发剂引发	$2fk_d[I]$	$k_p\left(\dfrac{fk_d}{k_t}\right)^{1/2}[I]^{1/2}[M]^{1/2}$
	$2fk_d[I][M]$	$k_p\left(\dfrac{fk_d}{k_t}\right)^{1/2}[I]^{1/2}[M]^{3/2}$
热引发	$k_i[M]^2$	$k_p\left(\dfrac{k_i}{2k_t}\right)^{1/2}[M]^2$
	$k_i[M]^3$	$k_p\left(\dfrac{k_i}{2k_t}\right)^{1/2}[M]^{5/2}$
直接光引发	$2\phi\varepsilon I_0[M]$	$k_p\left(\dfrac{\phi\varepsilon I_0}{k_t}\right)^{1/2}[M]^{3/2}$
	$2\phi I_0(1-e^{-\varepsilon[M]b})$	$k_p[M]\left\{\dfrac{\phi I_0[1-\exp(-\varepsilon[M]b)]}{k_t}\right\}^{1/2}$
光敏引发剂引发或 光敏剂间接引发	$2\phi\varepsilon I_0[S]$	$k_p[M]\left(\dfrac{\phi\varepsilon I_0[S]}{k_t}\right)^{1/2}$
	$2\phi I_0(1-e^{-\varepsilon[S]b})$	$k_p[M]\left\{\dfrac{\phi I_0[1-\exp(-\varepsilon[S]b)]}{k_t}\right\}^{1/2}$

3.6.5　自由基聚合基元反应速率常数

聚合速率式 [式(3-35)] 含有各基元反应的速率常数 $k_p(fk_d/k_t)^{1/2}$，其中 k_d 和 f 可以单独测定，因此可分离出 $k_p/k_t^{1/2}$ 综合值。结合有关实验，就可以进一步求得 k_p 和 k_t 的绝对值。

几种常用单体的增长和终止速率常数和活化能可参见表 3-16。引发剂分解速率常数约 $10^{-5\pm1}\,\text{s}^{-1}$，$f=0.6\sim0.8$，$[I]=10^{-3\pm1}\,\text{mol}\cdot\text{L}^{-1}$，则引发速率为 $10^{-9\pm1}\,\text{mol}\cdot\text{L}^{-1}\cdot\text{s}^{-1}$。而 $k_p\approx10^{3\pm1}\,\text{L}\cdot\text{mol}^{-1}\cdot\text{s}^{-1}$，$[M^{\cdot}]\approx10^{-8\pm1}\,\text{mol}^{-1}\cdot\text{L}^{-1}$，$[M]$ 取 $1\sim10\,\text{mol}\cdot\text{L}^{-1}$，则增长速率 $R_p\approx10^{-5\pm1}\,\text{mol}\cdot\text{L}^{-1}\cdot\text{s}^{-1}$，远大于引发速率。因此聚合速率由引发速率来控制。

表 3-16　常用单体增长和终止速率常数

单　体	$k_p/\text{L}\cdot\text{mol}^{-1}\cdot\text{s}^{-1}$		E_p /kJ·mol^{-1}	A_p /×10^7	$k_t/\times10^7\text{L}\cdot\text{mol}^{-1}\cdot\text{s}^{-1}$		E_t /kJ·mol^{-1}	A_t /×10^9
	30℃	60℃			30℃	60℃		
氯乙烯		12300	15.5	0.33		2300	17.6	600
醋酸乙烯酯	1240	3700	30.5	24	3.1	7.4	21.8	210
丙烯腈		1960	16.3			78.2	15.5	
丙烯酸甲酯	720	2090	约30	约10	0.22	0.47	约20.9	约15
甲基丙烯酸甲酯	143	367	26.4	0.51	0.61	0.93	11.7	0.7
苯乙烯	55	176	32.6	2.2	2.5	3.6	10.0	1.3
苯乙烯	145		30.5	0.45		2.9	7.9	0.058
丁二烯		100	38.9	12				
异戊二烯		50	41.0	12				

虽然终止速率常数 $[10^{7\pm1}\,\text{L}\cdot\text{mol}^{-1}\cdot\text{s}^{-1}]$ 比增长速率常数要大 $3\sim5$ 个数量级，但单体浓度（$0.1\sim10\,\text{mol}\cdot\text{L}^{-1}$）远大于自由基浓度（$10^{-8\pm1}\,\text{mol}\cdot\text{L}^{-1}$），因此增长速率（$10^{-5\pm1}\,\text{mol}\cdot\text{L}^{-1}\cdot\text{s}^{-1}$）要比终止速率（$10^{-9\pm1}\,\text{mol}\cdot\text{L}^{-1}\cdot\text{s}^{-1}$）大 $3\sim5$ 个数量级。这样，才能形成高聚合度的聚合物。

自由基聚合动力学参数波动范围可总结如表 3-17。

表 3-17　自由基聚合动力学参数

动力学参数	范围	甲基丙烯酰胺光聚合	动力学参数	范围	甲基丙烯酰胺光聚合
$R_i/\text{mol} \cdot \text{L}^{-1} \cdot \text{s}^{-1}$	$10^{-8} \sim 10^{-10}$	8.75×10^{-9}	$k_p/\text{L} \cdot \text{mol}^{-1} \cdot \text{s}^{-1}$	$10^2 \sim 10^4$	7.96×10^2
k_d/s^{-1}	$10^{-4} \sim 10^{-6}$		R_t	$10^{-8} \sim 10^{-10}$	8.73×10^{-9}
$[I]/\text{mol} \cdot \text{L}^{-1}$	$10^{-2} \sim 10^{-4}$	3.97×10^{-2}	$k_t/\text{L} \cdot \text{mol}^{-1} \cdot \text{s}^{-1}$	$10^6 \sim 10^8$	8.25×10^6
$[M \cdot]_s/\text{mol} \cdot \text{L}^{-1}$	$10^{-7} \sim 10^{-9}$	2.30×10^{-8}	τ/s	$10^{-1} \sim 10$	2.62
$R_{ps}/\text{mol} \cdot \text{L}^{-1} \cdot \text{s}^{-1}$	$10^{-4} \sim 10^{-6}$	3.65×10^{-6}	k_p/k_t	$10^{-4} \sim 10^{-6}$	9.64×10^{-5}
$[M]/\text{mol} \cdot \text{L}^{-1}$	$10 \sim 10^{-1}$	0.2	$k_p/k_t^{1/2}/\text{L} \cdot \text{mol}^{-1} \cdot \text{s}^{-1}$	$10^0 \sim 10^{-2}$	2.77×10^{-1}

3.6.6　温度对聚合速率的影响

一般说来，升高温度，将加速引发剂分解，从而提高聚合速率。还可以从聚合速率常数 k 与温度关系的 Arrhenius 式作进一步定量剖析。

$$k = A e^{-E/RT} \tag{3-39}$$

从式(3-35)，可知（总）聚合速率常数 k 与各基元反应速率常数有如下关系。

$$k = k_p \left(\frac{k_d}{k_t} \right)^{1/2} \tag{3-40}$$

综合式(3-39)、式(3-40)以及各基元反应的速率常数的 Arrhenius 式关系，可得总活化能与基元反应活化能的关系如下式：

$$E = \left(E_p - \frac{E_t}{2} \right) + \frac{E_d}{2} \tag{3-41}$$

选取 $E_p = 29\text{kJ} \cdot \text{mol}^{-1}$，$E_t = 17\text{kJ} \cdot \text{mol}^{-1}$，$E_d = 125\text{kJ} \cdot \text{mol}^{-1}$ 为例，则 $E = 83\text{kJ} \cdot \text{mol}^{-1}$。总活化能为正值，从式(3-39)可以看出，温度升高，将使聚合速率（常数）增大。温度从 50℃ 升高到 60℃，聚合速率将增大 2.5 倍。

降低 E 值，则可提高聚合速率。在总活化能中，E_d 占主导地位。如果选用 $E_d = 105\text{kJ} \cdot \text{mol}^{-1}$ 的高活性引发剂（如过氧化二碳酸酯），E 值将降为 $73\text{kJ} \cdot \text{mol}^{-1}$，聚合将显著加速，比升高温度更有效。因此，引发剂的选择在自由基聚合中占着重要的地位。

热引发聚合活化能约 $80 \sim 96\text{kJ} \cdot \text{mol}^{-1}$，与引发剂引发时相当或稍大，温度对聚合速率的影响很大。而光和辐射引发聚合时，无 E_d 项，聚合活化能很低，约 $20\text{kJ} \cdot \text{mol}^{-1}$，温度对聚合速率的影响较小，甚至在较低的温度（0℃）下也能聚合。

3.6.7　凝胶效应和宏观聚合动力学

前面介绍了低转化的微观聚合动力学。随着聚合的进行，单体和引发剂浓度均有所降低，聚合速率理应减慢。但许多单体聚合至 10％ 转化率后，却出现明显的自动加速现象。

现以甲基丙烯酸甲酯本体聚合和在苯溶液中聚合过程（图 3-8）为例来说明这一现象。40％ 浓度以下 MMA 溶液聚合时，无自动加速现象；60％ 以上才出现加速。MMA 本体聚合时，10％ 转化率以下，体系从易流动的液体渐变成粘滞糖浆状，加速现象尚不明显；转化率 10％~50％，体系从粘滞液体很快就转变成半固体状，加速显著。以后，仍以较高的速率聚合，但逐渐转慢，直至 70％~80％ 转化率。最后，速率慢到近于终止。

自动加速现象主要是体系粘度增加所引起的，因此又称为凝胶效应。加速的原因可以由终止受扩散控制来解释。

链自由基的双基终止过程可分为三步：链自由基质心的平移；链段重排，使活性中心靠近；双基化学反应而终止。其中链段重排是控制的一步，体系粘度是影响的主要因素。体系粘度随转化率提高后，链段重排受到阻碍，活性端基甚至可能被包埋，双基终止困难，终止速率常数 k_t 下降（表 3-18），自由基寿命延长；40%～50% 转化率时，k_t 可降低上百倍。但这一转化率下，体系粘度还不足以妨碍单体扩散，增长速率常数 k_p 变动还不大。从而使 $k_p/k_t^{1/2}$ 增加了近 7～8 倍，导致加速显著。分子量也同时迅速增加，如图 3-9。

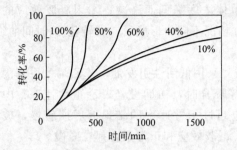

图 3-8　甲基丙烯酸甲酯聚合转化率-时间曲线
引发剂为 BPO，溶剂为苯，温度−50℃
曲线上数字为单体浓度（%）

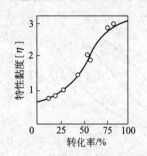

图 3-9　甲基丙烯酸甲酯本体
聚合特性粘度-转化率关系

转化率 50% 以后继续聚合，粘度大到单体活动也受扩散控制，k_p 开始变小。当 $k_p/k_t^{1/2}$ 综合值下降时，聚合速率也随着降低。最后聚合停止。例如 MMA 本体聚合时，25℃ 最终转化率约 80%，85℃ 则为 97%。该温度就相当于体系的玻璃化温度，单体和链段都受到冻结，聚合暂停。利用这一特点，可以在聚合后期再升温"解冻"，使聚合继续完全。

从表 3-18 可见，22.5℃ MMA 本体聚合，转化率从 0 增至 80%，k_p 降低近 400 倍，k_t 则降低 10^5 倍，自由基寿命从 1s 增至 200s，可见粘度的影响甚大。

表 3-18　转化率对甲基丙烯酸甲酯聚合速率常数的影响（22.5℃）

转化率/%	速率/%·h^{-1}	自由基寿命 τ/s	k_p	$k_t \times 10^5$	$k_p/k_t^{1/2} \times 10^{-2}$
0	3.5	0.89	384	442	5.76
10	2.7	1.14	134	273	4.59
20	6.0	2.21	267	72.6	8.81
30	15.4	5.0	303	14.2	25.5
40	23.4	6.3	368	8.93	38.9
50	24.5	9.4	258	4.03	40.6
60	20.0	26.7	74	0.498	33.2
70	13.1	79.3	16	0.0564	21.3
80	2.8	216	1	0.0076	3.59

单体种类和溶剂性质对凝胶效应都有影响。苯乙烯本体聚合至 50% 转化率，自动加速尚不明显。不良溶剂将使大分子卷曲，不利于链段重排，将加重凝胶效应。对于 MMA，苯是良溶剂，醋酸戊酯是劣溶剂，庚烷是沉淀剂，在其中聚合的动力学行为有差异。

沉淀聚合、乳液聚合、气相聚合、交联聚合、固相聚合等对链自由基都有包埋作用，加速效应更加显著。

伴有凝胶效应的聚合已经偏离了微观动力学行为，属于宏观范畴，速率方程的处理比较复杂，多含有经验关联成分。在不良溶剂或非溶剂中聚合，可能兼有单基终止和双基终止，对引发剂浓度的反应级数介于 0.5～1 之间，动力学方程可描述如下式：

$$R_p = A[I]^{1/2} + B[I] \qquad (3-42)$$

完全单基终止就成为极限情况，$R_p = B[I]$。更广泛的则用如下经验式：

$$R_p = K[I]^n[M]^m \tag{3-43}$$

式中，$n = 0.5 \sim 1$，$m = 1 \sim 1.5$。还有其他形式的关联式。

3.6.8 转化率-时间曲线类型

在自由基聚合过程中，转化率-时间曲线在不断变化。可以考虑聚合速率由两部分组成：①正常速率，随单体浓度降低而渐减；②因凝胶效应的自动加速。两者叠加情况不同，形成了三类转化率-时间曲线，如图3-10。

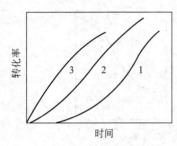

图3-10 转化率-时间曲线
1—S形；2—匀速；3—前快后慢

（1）S形曲线 采用低活性引发剂，苯乙烯、甲基丙烯酸甲酯、氯乙烯等聚合时，初期慢，表示正常速率；中期加速，是凝胶效应超过正常速率的结果；后期转慢，玻璃化效应产生影响，凝胶效应和正常聚合都在减慢。

（2）匀速聚合 如引发剂的半衰期选用得当，可使正常聚合减速部分与自动加速部分互补，达到匀速。例如选用 $t_{1/2} = 2h$ 的引发剂，氯乙烯可望接近匀速聚合，这更有利于传热和温度控制。

（3）前快后慢的聚合 采用活性过高的引发剂，聚合早期就有高的速率。稍后，残留引发剂过少，凝胶效应不足以弥补正常聚合速率部分，致使速率转慢，过早地终止了聚合，成了所谓"死端聚合"。如补加一些中、低活性引发剂，则可使聚合继续。

3.7 动力学链长和聚合度

聚合度是表征聚合物重要指标，影响聚合速率的诸因素，如引发剂浓度、温度等，也同时影响着聚合度，但影响方向却往往相反。

在聚合动力学研究中，常将一个活性种从引发开始到链终止所消耗的单体分子数定义为动力学链长 ν，无链转移时，相当于每一链自由基所连接的单体单元数，可由增长速率和引发速率之比求得。稳态时，引发速率等于终止速率，因此动力学链长的定义表达式为

$$\nu = \frac{R_p}{R_i} = \frac{R_p}{R_t} = \frac{k_p[M]}{2k_t[M^\cdot]} \tag{3-44}$$

由链增长速率方程式 $R_p = k_p[M][M^\cdot]$ 解出 $[M^\cdot]$，代入上式，得 νR_p 关系式。

$$\nu = \frac{k_p^2[M]^2}{2k_t R_p} \tag{3-45}$$

如将稳态时的自由基浓度式(3-32)代入式(3-44)，则得 νR_i 关系式。

$$\nu = \frac{k_p}{(2k_t)^{1/2}} \cdot \frac{[M]}{R_i^{1/2}} \tag{3-46}$$

引发剂引发时，引发速率 $R_i = 2fk_d[I]$，则

$$\nu = \frac{k_p}{2(fk_d k_t)^{1/2}} \cdot \frac{[M]}{[I]^{1/2}} \tag{3-47}$$

式(3-44)~式(3-47)是动力学链长多种表达式。式(3-47)表明，动力学链长与引发剂浓度平方根成反比。由此看来，增加引发剂浓度来提高聚合速率的措施，往往使聚合度降低。

聚合物平均聚合度 $\overline{X}_n$ 与动力学链长的关系与终止方式有关：偶合终止，$\overline{X}_n = 2\nu$；歧化

终止，$\overline{X}_n = \nu$；兼有两种终止方式，则 $\nu < \overline{X}_n < 2\nu$，可按下式比例计算。

$$\overline{X}_n = \frac{R_p}{R_{tc}/2 + R_{td}} = \frac{\nu}{C/2 + D} \tag{3-48}$$

式中，C、D 分别代表偶合和歧化终止的分数。

将热和光引发速率式代入式(3-46)，可得相应的动力学链长方程，如表 3-19。

表 3-19　引发速率与动力学链长

引发方式	引发速率 R_i	动力学链长 ν	引发方式	引发速率 R_i	动力学链长 ν
引发剂	$2fk_d[I]$	$\dfrac{k_p}{2(fk_dk_t)^{1/2}} \cdot \dfrac{[M]}{[I]^{1/2}}$	热	$k_i[M]^3$	$\dfrac{k_p}{2(k_ik_t)^{1/2}} \cdot \dfrac{1}{[M]^{1/2}}$
	$2fk_d[I][M]$	$\dfrac{k_p}{2(fk_dk_t)^{1/2}} \cdot \dfrac{[M]^{3/2}}{[I]^{1/2}}$	光	$2\phi\varepsilon I_0[M]$	$\dfrac{k_p}{2(\phi\varepsilon I_0k_t)^{1/2}} \cdot [M]^{1/2}$
热	$k_i[M]^2$	$\dfrac{k_p}{2(k_ik_t)^{1/2}}$		$2\phi\varepsilon I_0[S]$	$\dfrac{k_p}{2(\phi\varepsilon I_0k_t)^{1/2}} \cdot \dfrac{1}{[S]^{1/2}}$

升温使速率增加，却使聚合度降低。参照式(3-40)，$k' = k_p/(k_dk_t)^{1/2}$ 是表征动力学链长或聚合度的综合常数。应用 Arrhenius 式

$$k' = A' e^{-E/RT} \tag{3-49}$$

仿照综合速率常数，作相似处理，得

$$E' = \left(E_p - \frac{E_t}{2}\right) - \frac{E_d}{2} \tag{3-50}$$

E' 是影响聚合度的综合活化能。取 $E_p = 29\text{kJ} \cdot \text{mol}^{-1}$，$E_t = 17\text{kJ} \cdot \text{mol}^{-1}$，$E_d = 125\text{kJ} \cdot \text{mol}^{-1}$，则 $E' = -42\text{kJ} \cdot \text{mol}^{-1}$。结果，式(3-49) 中的指数是正值，这表明温度升高，聚合度将降低。

热引发聚合时，温度对聚合度的影响，与引发剂引发时相似。光和辐射引发时，E 是很小的正值，表明温度对聚合度和速率的影响甚微。

3.8　链转移反应和聚合度

在自由基聚合中，除了链引发、增长、终止基元反应外，往往伴有链转移反应。

所谓链转移是链自由基 $M_x^{\bullet}$ 夺取另一分子 YS 中结合得较弱的原子 Y（如氢、卤原子等）而终止，而 YS 失去 Y 后则成为新自由基 $S^{\bullet}$，类似活性种在转移。

$$M_x^{\bullet} + YS \xrightarrow{k_{tr}} M_x Y + S^{\bullet}$$

如果新自由基有足够的活性，就可能再引发单体聚合。

$$S^{\bullet} + M \xrightarrow{k_a} SM^{\bullet} \xrightarrow{M} SM_2^{\bullet} \quad \cdots$$

以上两式中 k_{tr} 为链转移速率常数，k_a 为再引发速率常数。

链转移结果，聚合度降低。如果新生的自由基活性不减，则聚合速率不变。如果新自由基活性减弱，则出现缓聚现象，极端的情况成为阻聚。链转移和链增长是一对竞争反应，竞争结果与两速率常数有关。链转移对速率和聚合度的影响有多种情况，如表 3-20。

本节仅讨论转移后速率不衰减的情况下链转移对聚合度的影响。

表 3-20　链转移对聚合速率和聚合度的影响

情况	链转移、增长、再引发相对速率常数		作用名称	聚合速率	分子量
1	$k_p \gg k_{tr}$	$k_a \approx k_p$	正常链转移	不变	减小
2	$k_p \ll k_{tr}$	$k_a \approx k_p$	调节聚合	不变	减小甚多
3	$k_p \gg k_{tr}$	$k_a < k_p$	缓聚	减小	减小
4	$k_p \ll k_{tr}$	$k_a < k_p$	衰减链转移	减小甚多	减小甚多
5	$k_p \ll k_{tr}$	$k_a = 0$	高效阻聚	零	零

3.8.1　链转移反应对聚合度的影响

活性链向单体、引发剂、溶剂等低分子链转移的反应式和速率方程如下：

$$M_x^{\cdot} + M \xrightarrow{k_{tr,M}} M_x + M^{\cdot} \qquad R_{tr,M} = k_{tr,M}[M^{\cdot}][M] \tag{3-51}$$

$$M_x^{\cdot} + I \xrightarrow{k_{tr,I}} M_x R + R^{\cdot} \qquad R_{tr,I} = k_{tr,I}[M^{\cdot}][I] \tag{3-52}$$

$$M_x^{\cdot} + YS \xrightarrow{k_{tr,S}} M_x Y + S^{\cdot} \qquad R_{tr,S} = k_{tr,S}[M^{\cdot}][S] \tag{3-53}$$

下标 tr，M，I，S 分别代表链转移、单体、引发剂、溶剂，例如 $k_{tr,M}$ 代表向单体链转移速率常数。

按定义，动力学链长是每个活性中心自引发到终止所消耗的单体分子数，这在无转移情况下是很明确的。但有链转移反应时，转移后，动力学链尚未真正终止，仍在继续引发增长。因此，动力学链长应该考虑自初级自由基引发开始，包括历次转移以及最后双基终止所消耗的单体总数。而聚合度则等于动力学链长除以链转移次数和双基终止之和。

终止由真正终止和链转移终止两部分组成。为方便起见，双基终止暂作歧化终止考虑。平均聚合度就是增长速率与形成大分子的所有终止（包括链转移）速率之比。

$$\overline{X}_n = \frac{R_p}{R_t + \sum R_{tr}} = \frac{R_p}{R_t + (R_{tr,M} + R_{tr,I} + R_{tr,S})} \tag{3-54}$$

将式(3-51)～式(3-53)代入上式，转成倒数，化简得

$$\frac{1}{\overline{X}_n} = \frac{2k_t R_p}{k_p^2 [M]^2} + \frac{k_{tr,M}}{k_p} + \frac{k_{tr,I}[I]}{k_p[M]} + \frac{k_{tr,S}[S]}{k_p[M]} \tag{3-55}$$

令 $k_{tr}/k_p = C$，定名为链转移常数，是链转移速率常数与增长速率常数之比，代表这两反应的竞争能力。向单体、引发剂、溶剂的链转移常数 C_M、C_I、C_S 的定义如下式。

$$C_M = \frac{k_{tr,M}}{k_p} \qquad C_I = \frac{k_{tr,I}}{k_p} \qquad C_S = \frac{k_{tr,S}}{k_p} \tag{3-56}$$

将上式关系以及按速率方程(3-38)解出的引发剂浓度 [I] 代入式(3-55)，可得

$$\frac{1}{\overline{X}_n} = \frac{2k_t R_p}{k_p^2 [M]^2} + C_M + C_I \frac{k_t R_p^2}{f k_d k_p^2 [M]^3} + C_S \frac{[S]}{[M]} \tag{3-57}$$

$$\frac{1}{\overline{X}_n} = \frac{2k_t R_p}{k_p^2 [M]^2} + C_M + C_I \frac{[I]}{[M]} + C_S \frac{[S]}{[M]} \tag{3-58}$$

式(3-58)是链转移反应对平均聚合度影响的总关系式，右边四项分别代表正常聚合、向单体转移、向引发剂转移、向溶剂转移对平均聚合度的贡献。

在实际生产中，应用链转移的原理来控制分子量是很普遍的。例如聚氯乙烯分子量主要决定于向单体转移，由聚合温度来控制；丁苯橡胶的分子量由十二硫醇来调节；乙烯与四氯化碳经调节聚合和进一步反应，可制备氨基酸；溶液聚合产物分子量一般较低等。

3.8.2 向单体转移

偶氮二异丁腈是可以忽略链转移常数的引发剂，进行本体聚合，只留下向单体链转移，则式(3-58)可简化为

$$\frac{1}{\overline{X}_n} = \frac{2k_t}{k_p} \cdot \frac{R_p}{[M]^2} + C_M \tag{3-59}$$

向单体转移的能力与单体结构、温度有关。叔氢、卤素等易被自由基夺取而链转移。向单体的转移常数如表 3-21。向苯乙烯、甲基丙烯酸甲酯的转移常数较小，约 $10^{-4} \sim 10^{-5}$，对聚合度的影响不大。醋酸乙烯酯中乙酰氧的甲基氢易被夺取，链转移常数较大，约 10^{-4}。氯乙烯的转移常数特高，约 10^{-3}，比一般单体要大 $1 \sim 2$ 个数量级，其转移速率已经超过了正常的终止速率，即 $R_{tr,M} > R_p$。结果，聚氯乙烯的平均聚合度主要决定于向单体转移常数。或者说，向氯乙烯转移常数很大，已经达到式(3-59)右边第一项可以忽略的程度。

表 3-21　向单体的转移常数 $C_M \times 10^4$

单体	30℃	50℃	60℃	70℃	单体	30℃	50℃	60℃	70℃
甲基丙烯酸甲酯	0.12	0.15	0.18	0.3	醋酸乙烯酯	0.94	1.29	1.91	
丙烯腈	0.15	0.27	0.30		氯乙烯	6.25	13.5	20.2	23.9
苯乙烯	0.32	0.62	0.85	1.16					

$$\overline{X}_n = \frac{R_p}{R_t + \Sigma R_{tr}} \approx \frac{R_p}{R_{tr,M}} = \frac{k_p}{k_{tr,M}} = \frac{1}{C_M} \tag{3-60}$$

50℃下曾测得氯乙烯聚合的转移常数 $C_M = 1.35 \times 10^{-3}$，代入上式，计算得 $\overline{X}_n = 740$，计算值与实验值同数量级。这数据表明，每增长 740 单元，约向单体转移一次。

链转移速率常数与链增长速率常数均随温度升高而增加。但前者活化能较大，温度的影响更加显著。结果两者比值也随温度升高而增加。按 Arrhenius 式处理，得

$$C_M = \frac{k_{tr,M}}{k_p} = \frac{A_{tr,M}}{A_p} e^{-(E_{tr,M} - E_p)/RT} \tag{3-61}$$

根据表 3-21 中数据，向氯乙烯链转移常数与温度有如下指数关系。

$$C_M = 125 \exp(-30.5/RT) \tag{3-62}$$

上式 30.5kJ·mol^{-1} 为转移活化能与增长活化能的差值。温度升高，C_M 增加，聚氯乙烯分子量因而降低。在 $45 \sim 65$℃聚合温度下，通用聚氯乙烯聚合度与引发剂浓度基本无关，仅由温度单一因素来控制，聚合速率或时间则由引发剂浓度来调节。

3.8.3 向引发剂转移

自由基向引发剂转移，将导致诱导分解，使引发剂效率降低，同时也使聚合度降低。

向引发剂转移常数难以单独测定，需与向单体转移常数同时处理。本体聚合，无溶剂，式(3-57)可简化为

$$\frac{1}{\overline{X}_n} = \frac{2k_t}{k_p^2} \cdot \frac{R_p}{[M]^2} + C_M + C_I \frac{k_t}{f k_d k_p^2} \cdot \frac{R_p^2}{[M]^3} \tag{3-63}$$

式中，$1/\overline{X}_n$ 是平均聚合度的倒数，代表每个单元的大分子数。

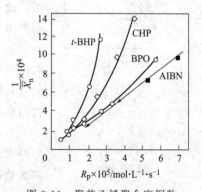

图 3-11　聚苯乙烯聚合度倒数
与速率的关系

AIBN—偶氮二异丁腈；
BPO—过氧化二苯甲酰；
CHP—异丙苯过氧化氢；
t-BHP—叔丁基过氧化氢

60℃，不同引发剂，苯乙烯本体聚合初期聚合度的倒数对初期聚合速率作图，如图3-11。图中曲线的起始部分一般呈线性关系，由截距可求 C_M，由斜率可求 k_p^2/k_t。引发剂浓度较高时，向引发剂转移对聚合度的影响增加，式(3-63)中的 R_p^2 项不能忽略，曲线向上弯曲。C_I 愈大，弯曲愈甚，如 t-BHP。相反，对链转移反应很弱的 AIBN，则在浓度广范围内，$1/\overline{X}_n$-R_p 均能保持线性关系。向引发剂转移常数见表3-22。

表 3-22　向引发剂转移常数（60℃）

引发剂	在下列单体中聚合的 C_I		引发剂	在下列单体中聚合的 C_I	
	苯乙烯	MMA		苯乙烯	MMA
偶氮二异丁腈	约0	约0	过氧化二苯甲酰	0.048	0.02
过氧化叔丁基	0.00076～0.00092		叔丁基过氧化氢	0.035	1.27
过氧化异丙苯(50℃)	0.01		异丙苯过氧化氢	0.063	0.33
过氧化十二酰(70℃)	0.024				

引发剂浓度对聚合度的影响有二：一是正常引发反应，即式(3-63)右边第一项；另一是向引发剂链转移，即该式右边第三项。AIBN 的 C_I 很低，接近于零。过氧化物，尤其过氧化氢物的 C_I 较大。表面看来，$C_I < C_M$，但 $[I]$（$10^{-2} \sim 10^{-4}$ mol·L^{-1}）远低于 $[M]$（$1 \sim 10$ mol·L^{-1}），$[I]/[M]$ 约 $10^{-3} \sim 10^{-5}$，因此，向引发剂转移所引起的聚合度降低总是比较小的。

3.8.4　向溶剂或链转移剂转移

溶液聚合时，需考虑向溶剂链转移对聚合度的影响。

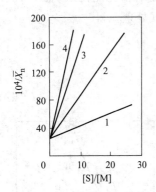

图 3-12　芳烃对聚苯乙烯
聚合度的影响
1—苯；2—甲苯；
3—乙苯；4—异丙苯
（100℃热聚合）

将式(3-58)右边前三项合并成 $(1/\overline{X}_n)_0$，以代表无溶剂时的聚合度倒数，则

$$\frac{1}{\overline{X}_n} = \left(\frac{1}{\overline{X}_n}\right)_0 + C_S \frac{[S]}{[M]} \tag{3-64}$$

不同浓度的苯乙烯进行溶液聚合，以 $1/\overline{X}_n$ 对 $[S]/[M]$ 作图，由直线斜率可求向溶剂链转移常数 C_S，由图3-12可看出溶剂种类对 C_S 的影响。

表3-23中数据说明链转移常数与自由基种类、溶剂种类、温度等有关。比较横行数据，发现低活性自由基（如苯乙烯自由基）对同一溶剂的转移常数比高活性自由基（如醋酸乙烯酯自由基）的转移常数要小。

带有比较活泼氢原子或卤原子的溶剂，链转移常数都较大，如异丙苯＞乙苯＞甲苯＞苯。C—Cl 和 C—Br 键合更弱，因此四氯化碳和四溴化碳更易链转移，其 C_S 更大。四氯化碳常用作调节聚合的溶剂。

提高温度将使链转移常数增加。从60℃升到100℃，苯乙烯对不同溶剂的 C_S 值将增加 2～10 倍不等。因为，链转移活化能比增长活化能一般要大 17～63 kJ·mol^{-1}，升高温度更有利于 $k_{tr,s}$ 的增加。因此，从手册中选用链转移常数时，需注意单体、溶剂和温度条件。

表 3-23　向溶剂和链转移剂的转移常数 $C_S \times 10^4$

溶　剂	苯　乙　烯		甲基丙烯酸甲酯	醋酸乙烯酯
	60℃	80℃	80℃	60℃
苯	0.023	0.059	0.075	1.2
甲苯	0.125	0.31	0.52	21.6
乙苯	0.67	1.08	1.35	55.2
异丙苯	0.82	1.30	1.90	89.9
叔丁苯	0.06			3.6
庚烷	0.42			17.0(50℃)
环己烷	0.031	0.066	0.10	7.0
正丁醇		0.40		20
丙酮		0.40		11.7
醋酸		0.2		10
氯正丁烷	0.04			10
溴正丁烷	0.06			50
碘正丁烷	1.85			800
氯仿	0.5	0.9	1.40	150
四氯化碳	90	130	2.39	9600
四溴化碳	22000	23000	3300	28700(70℃)
叔丁基二硫化物	24			10000
叔丁硫醇	37000			
正丁硫醇	210000			480000

3.8.5　向大分子转移

自由基向大分子转移结果，在大分子链上形成活性点，引发单体增长，形成支链。这样由分子间转移而形成的支链，一般较长。

$$M_x^\cdot + \sim\sim CH_2CHX \longrightarrow M_xH + \sim\sim CH_2C^\cdot X \xrightarrow{M} \sim\sim CH_2C(M_n)X$$

高压聚乙烯除含少量长支链外，还有乙基、丁基短支链，是分子内转移的结果。

丁基支链是自由基端基夺取第 5 个亚甲基上的氢，"回咬"转移而成。乙基端基则是加上一单体分子后作第二次内转移而产生。聚乙烯支链数可以高达 30 支链/500 单元。聚氯乙烯也是容易链转移的大分子，曾测得 16 个支链/聚氯乙烯大分子。

链自由基对聚合物的链转移常数见表 3-24。同一自由基对不同聚合物的链转移常数并不相同，与向溶剂的链转移常数相似，选用时需注意。

表 3-24　对大分子的链转移常数

链自由基-聚合物	$C_S \times 10^4$		链自由基-聚合物	$C_S \times 10^4$	
	50℃	60℃		50℃	60℃
PB·-PB	1.1		PAN·-PAN	4.7	
PS·-PS	1.9	3.1	PVAc·-PVAc		2.5
PMMA·-PMMA	1.5	2.1	PVC·-PVC	5	

3.9 聚合度分布

聚合度分布和聚合速率、聚合度都是重要的研究目标，可用凝胶渗透色谱来测定。聚合度分布的产生是一随机过程，难以控制，其表达式可用概率原理推导出来。为简化起见，推导时，暂不考虑链转移反应。歧化终止和偶合终止结果，聚合度分布有差异。

3.9.1 歧化终止时的聚合度分布

自由基聚合歧化终止产物的聚合度分布与线形缩聚时的推导方法相同。增长和终止是一对竞争反应，增长一步增加一个单元，称作成键；终止一次，聚合度不变，为不成键。

成键概率和不成键概率的定义如下：

成键概率
$$p = \frac{R_p}{R_p + R_{td}} \tag{3-65}$$

不成键概率
$$1 - p = \frac{R_{td}}{R_p + R_{td}} \tag{3-66}$$

与缩聚物（聚合度约 $100 \sim 200$）不同，一般自由基聚合物的聚合度很高，达 $10^3 \sim 10^4$，即增长成键 $10^3 \sim 10^4$ 次，才终止不成键 1 次。因此，$1 > p > 0.999$，或者说 p 更接近于 1。

与线形缩聚物聚合度分布的推导过程相似，最后得到 x 聚体的数量分布函数为

$$N_x = N p^{x-1}(1-p) \tag{3-67}$$

x 聚体的质量分率或质量分布函数为

$$\frac{m_x}{m} = \frac{x N_x}{N_0} = x p^{x-1}(1-p)^2 \tag{3-68}$$

式(3-67) 和式(3-68) 的图像如图 3-13 和图 3-14。两图的图像形状与线形缩聚结果相似，所不同的是缩聚物的聚合度不高（如 200），远低于加聚物的链长（如 $1000 \sim 4000$）。原因是缩聚的反应程度（如 0.995）远低于自由基聚合的链增长概率（$0.9990 \sim 0.99975$）。

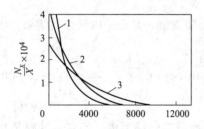

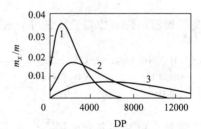

图 3-13 歧化终止时数量分布函数
$1-p = 0.9990$，$\overline{X}_n = 1000$；$2-p = 0.99950$，
$\overline{X}_n = 2000$；$3-p = 0.99975$，$\overline{X}_n = 4000$

图 3-14 歧化终止时质量分布函数
$1-p = 0.9990$，$\overline{X}_n = 1000$；$2-p = 0.99950$，
$\overline{X}_n = 2000$；$3-p = 0.99975$，$\overline{X}_n = 4000$

同理，参照线形缩聚相关部分，式(3-67) 经进一步运算，可得数均聚合度：

$$\overline{X}_n = \frac{1}{1-p} \tag{3-69}$$

从另一角度考虑，$1/(1-p)$ 代表终止 1 次的增长次数。终止 1 次形成 1 个大分子，增长次数代表单元数，因此 $1/(1-p)$ 等于数均聚合度就很容易理解了。

重均聚合度为

$$\overline{X}_w = \frac{1+p}{1-p} \tag{3-70}$$

聚合度分布宽度为

$$\frac{\overline{X}_w}{\overline{X}_n} = 1 + p \approx 2 \qquad (3\text{-}71)$$

可见得自由基聚合歧化终止时的聚合度分布、平均聚合度与线形缩聚时相似。

3.9.2 偶合终止时的聚合度分布

偶合终止是指二链自由基相互结合的终止。形成 x 聚体的偶合方式可能有 $[1+(x-1)]$、$[2+(x-2)]$、$[y+(x-y)]$…、$[x/2+x/2]$ 等 $x/2$ 种类型。前面每一类型，即不同链长的自由基偶合，都有两种形式，如 $[y+(x-y)]$ 和 $[(x-y)+y]$ 等，而最后一类等长的二自由基偶合只有一种方式。因此，偶合的总形式有 $[x-1]$ 种。

形成 x 聚体的总概率为

$$\frac{N_x}{N} = (x-1)[p^{y-1}(1-p)][p^{x-y-1}(1-p)] = (x-1)p^{x-2}(1-p)^2 \approx x p^{x-2}(1-p)^2 \qquad (3\text{-}72)$$

歧化终止次数 $n(1-p)$ 等于形成的大分子数 N，偶合终止时，形成大分子数折半，因此

$$N = \frac{1}{2}n(1-p) \qquad (3\text{-}73)$$

将式(3-73)代入式(3-72)，得

$$N_x = \frac{1}{2}nx p^{x-2}(1-p)^3 \qquad (3\text{-}74)$$

偶合终止时，质量分率或质量分布函数为

$$\frac{m_x}{m} = \frac{N_x \cdot x}{n} = \frac{1}{2}x^2 p^{x-2}(1-p)^3 \qquad (3\text{-}75)$$

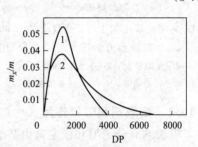

图 3-15　偶合终止（曲线 1）和歧化终止（曲线 2）质量分布曲线比较

将式(3-68)和式(3-75)绘成图 3-15，表明偶合终止时质量分布比歧化终止时更均匀一些。聚苯乙烯质量分布的实验分级曲线与理论曲线比较接近，说明上述推导合理。

表 3-25　合成聚合物的 $\overline{X}_w/\overline{X}_n$

聚　合　物	$\overline{X}_w/\overline{X}_n$	聚　合　物	$\overline{X}_w/\overline{X}_n$
理想均一聚合物	1.00	高转化乙烯基聚合物	2～5
实际上单分散聚合物	1.01～1.05	自动加速显著的聚合物	5～10
偶合终止聚合物	1.5	络合聚合的聚合物	8～30
歧化终止加聚物或缩聚物	2.0	高支链聚合物	20～50

上述聚合度分布是在低转化率的条件下推导出来的，高转化有凝胶效应时，分布变宽；有包埋作用的，分布更宽；经链转移形成许多支链的聚合物，也使聚合度分布变宽。不同条件下的聚合度分布宽度可参见表 3-25。

偶合终止时的平均聚合度可推导如下。

数均聚合度为

$$\overline{X}_n = \sum \frac{N_x}{N} \cdot x = \sum x^2 p^{x-2}(1-p)^2 \approx \frac{2}{1-p} \qquad (3\text{-}76)$$

由此可以看出偶合终止时的平均聚合度是歧化终止时的 2 倍。

重均聚合度为

$$\overline{X}_w = \sum \frac{W_x}{W} \cdot x = \frac{1}{2}\sum x^3 p^{x-2}(1-p)^3 \approx \frac{3}{1-p} \qquad (3\text{-}77)$$

式(3-77) 除以式(3-76)，得偶合终止时重均聚合度与数均聚合度之比 $\overline{X}_w/\overline{X}_n=1.5$。这表明比歧化终止时的分布（$\overline{X}_w/\overline{X}_n=2$）要窄一些。

3.10 阻聚作用和阻聚剂

一些化合物对聚合有抑制作用，根据抑制程度的不同，可以粗分成阻聚和缓聚两

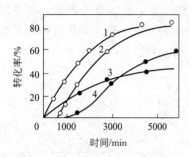

图3-16 苯乙烯100℃热聚合的
阻聚动力学行为

1—无阻聚剂；2—0.1%苯醌；
3—0.5%硝基苯；4—0.2%亚硝基苯

类，实际上，两者很难严格区分。以图3-16中苯乙烯聚合为例来说明这一区别：曲线1为纯热聚合，无诱导期，供作参比；曲线2，加有微量苯醌，有明显诱导期，诱导期过后，聚合速率不变，几乎是曲线1的平行移动，这是典型的阻聚行为；曲线3加有硝基苯，无诱导期，但聚合速率减慢，属于典型的缓聚；曲线4加有亚硝基苯，既有诱导期，诱导期过后，又使聚合速率降低，兼有阻聚和缓聚的双重作用。以上例子区别了阻聚和缓聚。

单体生产时要除净阻聚杂质；储存时要添加阻聚剂，聚合前再除去；聚合结束前加阻聚剂，终止聚合。

3.10.1 阻聚剂和阻聚作用

阻聚剂有分子型和稳定自由基型两大类。分子型阻聚剂有苯醌、硝基化合物、芳胺、酚类、硫和含硫化合物、三氯化铁等；稳定自由基型阻聚剂有1,1-二苯基-2-三硝基苯肼（DP-PH）、三苯基甲基等。按照阻聚剂与活泼自由基间的反应机理，则有加成型、链转移型和电荷转移型三类，现按这三类介绍阻聚机理。

（1）加成型阻聚剂 苯醌、硝基化合物、氧、硫等可归入这一类。其中苯醌最重要，其阻聚行为比较复杂，苯醌分子上的氧和碳原子都有可能与自由基加成，分别形成醚和酮型，而后偶合或歧化终止。每一苯醌分子所能终止的自由基数可能大于1，甚至到达2，但不确定。

电子效应对醌类的阻聚效果有显著影响。苯醌和四氯苯醌都缺电子，对于富电自由基（如醋酸乙烯酯和苯乙烯）是阻聚剂，对缺电自由基（丙烯腈和甲基丙烯酸甲酯）却是缓聚剂。加入富电的第三组分（如胺），可增加苯醌对缺电单体的阻聚能力，起了协同作用。

芳族硝基化合物也是常用阻聚剂。其阻聚机理可能是向苯环或硝基进攻。自由基与苯环加成后，可以与另一自由基再反应而终止。

106

自由基与硝基加成后，也可能与其他自由基反应而终止。或均裂成亚硝基苯和 M_x—$O\cdot$，而后再与其他自由基反应而终止。

$$C_6H_5NO_2 \xrightarrow{M_x^\cdot} C_6H_5NOM_x \underset{O^\cdot}{\overset{}{\longrightarrow}} \begin{cases} C_6H_5N=O + M_x-O-M_x \\ C_6H_5N(OM_x)_2 \\ C_6H_5NO + M_xO^\cdot \end{cases}$$

这些反应都表明 1 分子硝基苯能消灭 2 个自由基，1,3,5-三硝基苯能与 5~6 个自由基作用。

芳族硝基化合物对比较活泼的富电自由基有较好的阻聚效果，对醋酸乙烯酯是阻聚剂，对苯乙烯却是缓聚剂，对（甲基）丙烯酸甲酯的阻缓作用就很弱。苯环上硝基数增多，阻聚效果也增加。三硝基苯的阻聚效果比硝基苯要大 1~2 个数量级。

在室温下，氧和自由基反应，先形成不活泼的过氧自由基。

$$M_x^\cdot + O_2 \longrightarrow M_x-O-O^\cdot$$

过氧自由基本身或其他自由基歧化或偶合终止。过氧自由基有时也与少量单体加成，形成低分子量的共聚物。因此，氧是阻聚剂，大部分聚合反应须在排除氧的条件下进行。

氧有低温阻聚和高温引发的双重作用。低温时稳定的聚合物过氧化合物，高温时却能分解成活泼的自由基，起引发作用。乙烯高压高温聚合利用氧作引发剂就是这个道理。

（2）链转移型阻聚剂　1,1-二苯基 2-三硝基苯肼（DPPH）、芳胺、酚类等属于这类阻聚剂。

DPPH 是自由基型高效阻聚剂，浓度在 10^{-4} mol·L^{-1} 以下，就足以使醋酸乙烯酯和苯乙烯阻聚；并且能够按化学计量 1:1 地消灭自由基，素有自由基捕捉剂之称。DPPH 原来呈黑色，向自由基转移后，则变成无色，可用比色法定量。据此，可以用于引发速率测定。

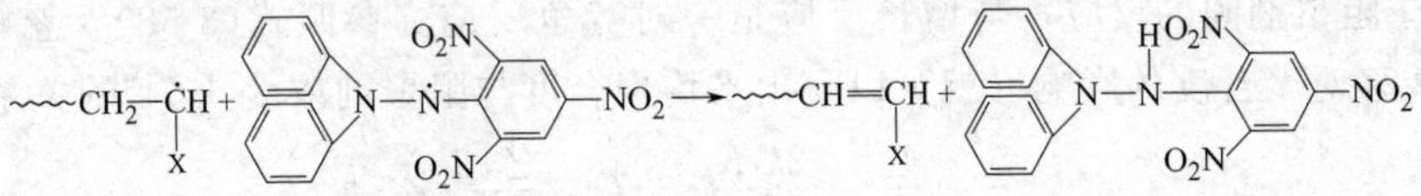

仲胺与链自由基先经链转移反应，而后偶合终止。

$$M_x^\cdot + R_2NH \longrightarrow M_xH + R_2N^\cdot$$
$$M_x^\cdot + R_2N^\cdot \longrightarrow M_x-NR_2$$

苯酚和苯胺即使对很活泼的醋酸乙烯酯自由基也是效率很差的缓聚剂。酚类或芳胺类的苯环上有多个供电的烷基取代后，缓聚效果显著增加。其机理是链自由基先夺取酚羟基上的氢原子而终止，同时形成酚氧自由基，再与其他自由基偶合终止。多烷基取代的酚类常用作抗氧剂，抗氧原理就是及时消灭自由基。

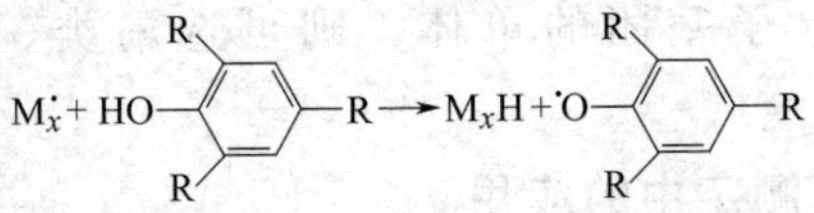

苯环上如有吸电子基团，则效果相反。二羟基苯和三羧基苯只有在氧的存在下才起阻聚作用。如对苯二酚经氧化成苯醌，再消灭自由基。

（3）电荷转移型阻聚剂　属于这类阻聚剂的主要是变价金属的氯化物，如三氯化铁、氯化铜等。三氯化铁的阻聚效率很高，能一对一地消灭自由基。亚铁盐也能使自由基终止，但效率较低。

$$M_x^\cdot + FeCl_3 \longrightarrow M_xCl + FeCl_2$$

3.10.2　烯丙基单体的自阻聚作用

烯丙基自由基（$CH_2=CH-CH_2^\cdot$）的结构特点是自由基 p 电子与 π 电子共轭，因此稳定。烯丙基单体（CH_2＝CH—CH_2Y）中 CH_2Y 中的 H 活泼，易被链转移成稳定的烯丙基自由基。因此，醋酸烯丙酯聚合速度很慢，与引发剂浓度呈一级反应。此外聚合度也很低，只有 14 左右，且与聚合速率无关。这些现象都是衰减链转移的特征。

$$\sim\sim CH_2\text{-}\overset{\cdot}{C}H + CH_2\text{=}CH\text{-}CHY \longrightarrow \sim\sim CH_2\text{-}\overset{\cdot}{C}H + CH_2\text{=}\overset{|}{C}\text{-}CY$$

共振稳定

烯丙基自由基因共振而稳定，引发和增长都减弱，勉强增长到十几的聚合度，最后，相互或与其他链自由基终止，类似于阻聚剂的终止作用，只是程度较弱而已。

丙烯、异丁烯等单体对自由基聚合活性较低，可能也有向烯丙基氢衰减链转移的成分。丁二烯自由基也是稳定的烯丙基自由基，虽然能够引发活泼的丁二烯单体聚合，却是氯乙烯、醋酸乙烯酯等不活泼单体的阻聚剂，因此在氯乙烯规格中对丁二烯限量甚严。

$$\sim\sim CH_2\text{-}\overset{\cdot}{C}H + CH_2\text{=}CH\text{-}CH\text{=}CH_2 \longrightarrow \sim\sim CH_2\text{-}\overset{|}{C}H\text{-}CH_2\text{-}CH\text{=}CH\text{-}\overset{\cdot}{C}H_2$$
$$\overset{|}{C}l \qquad\qquad\qquad\qquad\qquad\qquad \overset{|}{C}l$$

甲基丙烯酸甲酯、甲基丙烯腈等也有烯丙基的 C—H 键，却不衰减转移，因为酯基和氰基对自由基都有稳定作用，使转移活性降低，增长活性却增加，因此，也能形成高聚物。

3.10.3 阻聚效率和阻聚常数

阻聚类似链转移或加成反应，但新形成的自由基活性低，难以再引发单体而后终止。

$$M_x^{\cdot} + Z \xrightarrow{k_z} \begin{array}{l} \text{转移} \rightarrow M_x + Z^{\cdot} \\ \text{共聚} \rightarrow M_x Z^{\cdot} \end{array}$$

自由基-阻聚剂间的反应，与增长反应是一对竞争反应。参照式(3-58)，忽略向单体和向引发剂转移对聚合度的影响，就可以写出平均聚合度与阻聚剂浓度 [Z] 的关系式。

$$\frac{1}{\overline{X}_n} = \frac{2k_t R_p}{k_p^2 [M]^2} + C_z \frac{[Z]}{[M]} \tag{3-78}$$

上式中 $C_z(= k_z/k_p)$ 是阻聚速率常数与增长速率常数的比值，称作阻聚常数，与向溶剂转移常数相当。根据 C_z 的大小，就可以判断阻聚效率。

通过阻聚动力学实验，按式(3-78) 可求得阻聚常数，其代表数据见表 3-26。从表中可以看出，DPPH、苯醌、$FeCl_3$、氧的 C_z 很大，都是高效阻聚剂，缓聚剂的 C_z 要小一些。

阻聚剂的阻聚效果与单体种类有关。苯乙烯、醋酸乙烯酯等带有供电基团的单体，首选醌类、芳族硝基化合物、变价金属卤化物（$FeCl_3$）等亲电性阻聚剂。丙烯腈、丙烯酸、丙烯酸酯类等带吸电子基团的单体，则可选酚类、胺类等易供出氢原子的阻聚剂。

3.10.4 阻聚剂在引发速率测定中的应用

DPPH 和 $FeCl_3$ 都是高效阻聚剂，均能按 1:1 捕捉自由基，其消耗速率与阻聚剂浓度 [Z] 无关，仅决定于自由基生成速率。利用颜色变化，可用比色法来测定引发速率。

阻聚剂存在，将产生诱导期。诱导期间，引发剂所产生的自由基将被阻聚剂及时地捕捉，即自由基产生速率等于阻聚速率。

$$R_i = \frac{n[Z]}{t} \tag{3-79}$$

式中，n 是每一分子阻聚剂所能捕捉的自由基数，例如 DPPH 和 $FeCl_3$ 的 $n=1$，苯醌的 n 接近 2，但不能按化学计量捕捉自由基，因此不能用来测定引发速率。

表 3-26 阻聚常数 C_z

阻聚剂	单体	温度/℃	$C_z=k_z/k_p$	$k_z/L \cdot mol^{-1} \cdot s^{-1}$
硝基苯	丙烯酸甲酯	50	0.00464	4.63
	苯乙烯	50	0.326	
	醋酸乙烯酯	50	11.2	19300
三硝基苯	丙烯酸甲酯	50	0.204	204
	苯乙烯	50	64.2	
	醋酸乙烯酯	50	404	760000
对苯醌	丙烯酸甲酯	44		1200
	甲基丙烯酸甲酯	44	5.5	2400
	苯乙烯	50	518	
DPPH	甲基丙烯酸甲酯	44	2000	
FeCl$_3$ 在 DMF 中	丙烯腈	60	3.33	6500
	甲基丙烯酸甲酯	60		5000
	苯乙烯	60	536	94000
	醋酸乙烯酯	60		235000
硫	丙烯酸甲酯	44		1100
	甲基丙烯酸甲酯	44	0.725	40
	醋酸乙烯酯	45	470	
氧	甲基丙烯酸甲酯	50	3300	10^7
	苯乙烯	50	14600	$10^6 \sim 10^7$

阻聚动力学实验在膨胀计中进行，加不同浓度的阻聚剂进行聚合实验，与阻聚剂浓度相对应的诱导期可从转化率-时间曲线（图 3-17）的 x 轴截距获得。

诱导期-阻聚剂浓度成线性关系，如图 3-18，由斜率可求得引发速率。再由引发速率和引发剂分解速率常数就可以求出引发剂效率。

$$f=\frac{R_i}{2k_d[I]} \tag{3-80}$$

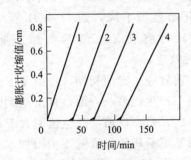

图 3-17 苯乙烯聚合动力学曲线（30℃）
[AIBN]＝0.1837mol·L^{-1}；[DPPH](mol·L^{-1})：
1—0，2—4.46×10^{-5}，3—8.92×10^{-5}，4—13.4×10^{-5}

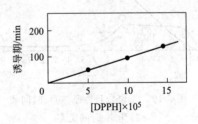

图 3-18 苯乙烯本体聚合时
诱导期与 [DPPH] 的关系（30℃）
[AIBN] ＝0.1837mol·L^{-1}

3.11 自由基寿命和增长、终止速率常数的测定

自由基聚合中各基元反应都有相应的速率常数，其中引发剂分解速率常数 k_d、引发速率常数 k_i、引发剂效率 f、链转移常数 C 均可单独测定，尚需设法测出增长速率常数 k_p 和

终止速率常数 k_t。链转移速率常数 k_{tr} 则可由链转移常数 $C(=k_{tr}/k_p)$ 和增长速率常数 k_p 来计算。

增长速率方程（$R_p = k_p[M^\cdot][M]$）中聚合速率和单体浓度都是易测参数，只要进一步测得自由基浓度 $[M^\cdot]$，就很容易计算出增长速率常数 k_p。但在高精度的顺磁共振仪出现以前，极低的自由基浓度（$10^{-7} \sim 10^{-9} \, mol \cdot L^{-1}$）难以测量，因此不得不另求他法。

自由基聚合微观动力学有聚合速率［式(3-34)］和动力学链长［式(3-45)］两个基本方程，从中可解出 k_p^2/k_t 综合值与聚合速率 R_p（或聚合度）、引发速率 R_i、单体浓度 $[M]$ 的函数关系。

$$\frac{k_p^2}{k_t} = \frac{2R_p^2}{R_i[M]^2} = \frac{2R_p\nu}{[M]^2} \tag{3-81}$$

欲求 k_p 和 k_t 值，尚须知道自由基寿命 τ 值。自由基寿命的定义是自由基从产生到终止所经历的时间（s），可由稳态时的自由基浓度 $[M^\cdot]_s$ 与自由基消失速率（终止速率）求得。

$$\tau = \frac{[M^\cdot]_s}{R_t} = \frac{1}{2k_t[M^\cdot]_s} \tag{3-82}$$

将式(3-82)和增长速率方程联立，消去 $[M^\cdot]_s$，得

$$\tau = \frac{k_p}{2k_t} \cdot \frac{[M]}{R_p} \tag{3-83}$$

如能实测出 τ，就可由上式解出 k_p/k_t。再与式(3-81)联立，即可同时解得 k_p 和 k_t 值。

关键问题是寻求自由基寿命的测定方法。自由基寿命极短（$10^{-1} \sim 10 \, s$），只有光引发聚合才适用，因为光照和光灭能够及时跟踪自由基的生灭。

3.11.1 非稳态期自由基浓度的变化

图 3-19 是光引发聚合时自由基浓度-时间曲线（ABCD）和转化率-时间曲线（$AB'C'D'$）。

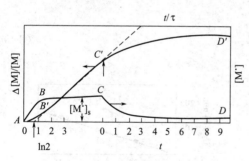

图 3-19 光聚合自由基浓度-时间和转化率-时间关系

A 点光照开始，自由基浓度或转化率逐渐增加，B 或 B' 点进入稳态，自由基浓度或聚合速率恒定。C 或 C' 点光灭，自由基浓度或聚合速率开始逐渐下降，到 D 或 D' 点结束聚合。AB 段为前效应，BC 段为稳态期，CD 段则为后效应。

（1）前效应　光照初期，自由基因光引发被"强制"产生，另一方面，自由基又因终止而自然消亡，稳态以前，产生速率大于消失速率，自由基不断积累，浓度逐步增加，一直到稳态自由基浓度 $[M^\cdot]_s$，才趋恒定，其图形如图 3-19 曲线 AB 段，数学表达式为

$$\frac{[M^\cdot]}{[M^\cdot]_s} = \tanh\left(\frac{t}{\tau}\right) \tag{3-84}$$

在短时间 t 内单体浓度的变化 $\Delta[M]$ 为

$$\Delta[M] = \int_0^t k_p[M][M^\cdot]dt = k_p[M][M^\cdot]\tau \ln\cosh\left(\frac{t}{\tau}\right) \tag{3-85}$$

转化率 $\Delta[M]/[M]$ 为

$$\frac{\Delta[M]}{[M]} = \frac{k_p}{2k_t}\ln\cosh\left(\frac{t}{\tau}\right) = \frac{k_p}{2k_t}\frac{1}{\tau}(t - \tau\ln2)(t \gg \tau) \tag{3-86}$$

式(3-86) 代表图 3-19 中 AB' 段的函数。将稳态时的 $\Delta[M]/[M]$-t 直线外推，交于横坐标（$\tau\ln2$），可算出 τ，由斜率可求出 k_p/k_t。

（2）后效应　C 点开始光灭，后效应时期的自由基消失速率就是正常的终止速率，浓度随时间的变化有如下式

$$\frac{[M^{\cdot}]}{[M^{\cdot}]_s}=\frac{1}{1+t/\tau} \tag{3-87}$$

式(3-87) 代表图 3-19 中 $[M^{\cdot}]$-t 曲线 CD 段的函数。

经时间 t 后，单体浓度的变化 $\Delta[M]$ 为

$$\Delta[M]=\int_0^t k_p[M][M^{\cdot}]\mathrm{d}t=\frac{k_p}{2k_t}[M]\ln(1+\frac{t}{\tau}) \tag{3-88}$$

转化率 $\Delta[M]/[M]$ 为

$$\frac{\Delta[M]}{[M]}=\frac{k_p}{2k_t}\ln(1+\frac{t}{\tau}) \tag{3-89}$$

式(3-89) 代表图 3-19 中 $\Delta[M]/[M]$-t 曲线 $C'D'$ 段的函数。

光灭后经时间 t_1 和 t_2，分别测得 $\Delta[M]_1$ 和 $\Delta[M]_2$，从式(3-89)，由 $\Delta[M]_1/\Delta[M]_2$ 可求 τ。

由图 3-19 可看出，前效应 $t<3\tau$，后效应 $t<10\tau$，后效应时间较长，实验相对比较容易。乙烯基单体聚合速率约 $10^{-5}\mathrm{mol\cdot L^{-1}\cdot s^{-1}}$，$\tau=1\sim10\mathrm{s}$，非稳态时间约 $1\sim100\mathrm{s}$。即使是后效应时期，时间也很短，转化率很低，要求测量精度很高。因此 τ 的测定多应用假稳态阶段。

3.11.2　假稳态阶段自由基寿命的测定

假稳态阶段利用间断光照法测定自由基寿命的装置可分成两大系统：①聚合系统，包括膨胀计、恒温装置等；②光照系统，包括光源、聚焦部分、旋转光闸等。光闸是一圆盘，切去部分扇形，使留下部分和切去部分等于一定比值 r，图 3-20 所示为 $r=1$。这样，光闸旋转时，黑暗时间和光照时间比也等于定值 r。光闸与同步马达减速装置连接，可调转速，转速增加时，每次光照时间缩短。

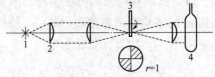

图 3-20　旋转光闸法测定自由基装置示意图
1—光源；2—聚焦透镜；3—旋转光闸；4—膨胀计

光闸旋转速度对自由基浓度或聚合速率变化的影响，可按两种极端情况进行剖析。

（1）光闸慢旋转（$t\gg\tau$）　以图 3-21(a) 为例，光照和黑暗各 6min，相间进行，12min 为一周期。自由基寿命极短，前、后效应只有几秒至 10s，可以忽略。自由基浓度-时间曲线由一组矩形组成：光照期自由基浓度为 $[M^{\cdot}]_s$，黑暗期为零。如 $r=1$，则只有一半时间有自由基存在，因此一周期的平均聚合速率只有稳态时速率的一半。

$$\overline{R}_p=\frac{1}{2}R_{ps}=\frac{1}{2}KI_a^{1/2} \tag{3-90}$$

（2）光闸快速旋转（$t\ll\tau$）　如图 3-21(b)，光照开始，自由基浓度增加，但尚未增加到稳态，光照就停止。光停后，自由基浓度开始降低，未降至零，光照再开始，自由基浓度又回升。由光照时自由基被"强制"产生的增加速度比黑暗期自由基自然衰减的速度大，自由基浓度逐步递增，直至自由基浓度超过某一数值 $\langle[M^{\cdot}]_s/(1+r)\rangle$ 后，才不再增加。光闸快速旋转时，自由基浓度就在这平均浓度上下作振动变化，如图 3-21(b) 中 $AEFD$ 锯齿形曲线，这可称作假稳态。

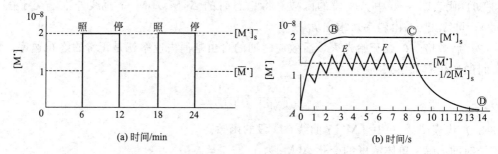

图 3-21 光间断照射引发聚合自由基浓度变化

$(r=1)$ (a) $t \gg \tau$, $[\overline{M^{\bullet}}] = [M^{\bullet}]_s/2$; (b) $t \leqslant \tau$, $[\overline{M^{\bullet}}] > [M^{\bullet}]_s/2$

　　如闪光的时间很短，吸收光强约为连续光照时的 $1/(1+r)$，平均聚合速率与稳态时速率的关系有如下式。

$$\overline{R}_s = K\left(\frac{I_a}{1+r}\right)^{1/2} = \left(\frac{1}{1+r}\right)^{1/2} R_{ps} \tag{3-91}$$

可见平均聚合速率（或自由基浓度）是稳态时的 $1/(1+r)^{1/2}$。如 $r=1$，则 $R_p/R_{ps}=1/\sqrt{2}$。

　　光闸旋转从慢速到快速，$\overline{R}_p/R_{ps}$ 波动在 $1/(1+r)$ 和 $1/(1+r)^{1/2}$ 之间，该比值是 t/τ 的函数，且与 r 有关，其关系式可简示如下式：

$$\frac{\overline{R}_p}{\overline{R}_{ps}} = \frac{[\overline{M^{\bullet}}]}{[M^{\bullet}]_s} = f\left(\frac{t}{\tau}, r\right) \tag{3-92}$$

　　推导上式的具体关系时，取假稳态光照和光灭的 1 个周期，即图 3-20(b) 曲线 $AEFD$ 中的一齿。按前效应先求出左半齿光照期 t 平均自由基浓度 $[\overline{M^{\bullet}}]_t$，继按后效应求出右半齿光灭期 rt 的平均自由基浓度 $[\overline{M^{\bullet}}]_{rt}$，然后再将两者按 $1:r$ 比求出一周期 $(1+r)t$ 的总平均自由基浓度 $[\overline{M^{\bullet}}]$，综合计算式如下：

$$[\overline{M^{\bullet}}] = \frac{1}{(1+r)}([\overline{M^{\bullet}}]_t + r[\overline{M^{\bullet}}]_{rt}) = \frac{1}{(1+r)}\left(\int_0^t [M^{\bullet}]_t \, dt + r\int_{rt}^0 [M^{\bullet}]_{rt} \, dt\right) \tag{3-93}$$

将式(3-84) 式(3-87) 的光照和光灭期自由基浓度与时间（$[M^{\bullet}]$-t）关系式，分别代入上式的 $[M^{\bullet}]_t$ 和 $[M^{\bullet}]_{rt}$，进行积分，最后得到：

$$\frac{[\overline{M^{\bullet}}]}{[M^{\bullet}]_s} = \frac{1}{1+r}\left\{1 + \frac{\tau}{t}\ln\left(1 + \frac{\dfrac{rt}{\tau}}{1 + \dfrac{[\overline{M^{\bullet}}]_s}{[M^{\bullet}]_t}}\right)\right\} \tag{3-94}$$

$$\frac{[M^{\bullet}]_t}{[M^{\bullet}]_s} = \frac{\left(\dfrac{rt}{\tau}\right)\tanh\left(\dfrac{t}{\tau}\right)}{2\left\{\left(\dfrac{rt}{\tau}\right) + \tanh\left(\dfrac{t}{\tau}\right)\right\}}\left\{1 + \sqrt{1 + \frac{4}{\left(\dfrac{rt}{\tau}\right)\tanh\left(\dfrac{t}{\tau}\right)} + \frac{4}{\left(\dfrac{rt}{\tau}\right)^2}}\right\} \tag{3-95}$$

　　光照和黑暗时间相等时（$r=1$），式(3-94) $[\overline{M^{\bullet}}]/[M^{\bullet}]_s$-$t/\tau$ 的图像如图 3-22 的实线。$t_1/\tau=0.1$，$[\overline{M^{\bullet}}]/[M^{\bullet}]_s=1/\sqrt{2}=0.707$；$t_1/\tau=1000$，$[\overline{M^{\bullet}}]/[M^{\bullet}]_s=1/2=0.5$。$t_1/\tau$ 从 0.1 增到 1000，则 $[\overline{M^{\bullet}}]/[M^{\bullet}]_s$ 或 R_p/R_{ps} 就在 $0.707 \sim 0.5$ 间变动；$r=3$，则在 $0.5 \sim 0.25$ 间变动。

　　理论推导结果是 $\overline{R}_p/R_{ps}$-t/τ 的关系式，而实测的却是 $\overline{R}_p/R_{ps}$ 与 t 的关系式，两者比较，

就可求出自由基寿命 τ。求法如下：固定 $r=1$，取不同 t/τ 值代入式（3-95）和式（3-94），计算出 $\overline{R}_\mathrm{p}/R_\mathrm{ps}$，对 t/τ 作图，如图 3-22 中的实线，横坐标为 A_1。另将不同光照时间 t 下的 $\overline{R}_\mathrm{p}/R_\mathrm{ps}$ 实验值对 t 作图，画在同一坐标上，如虚线，横坐标为 A_2。如果虚实两线重叠，则 $t/\tau=t$，$\tau=1$。一般 t 并不等于 τ，两曲线并不重叠。$r=1$，$t/\tau=1$ 时，按式（3-95）和式（3-94）计算得 $\overline{R}_\mathrm{p}/R_\mathrm{ps}=0.697$。以纵坐标等于 0.697 画一条水平线，交于实验实线，交点横坐标为 $t=0.6\mathrm{s}$。因为 $t/\tau=1$，所以 $\tau=0.6\mathrm{s}$。

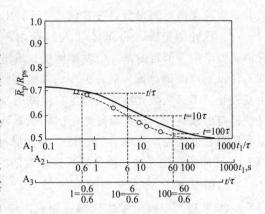

图 3-22　假稳态时平均聚合速率与光照时间的关系
A_1—理论曲线（实线），横坐标 t/τ 对数刻度；
A_2—实验曲线（虚线），横坐标 t 对数刻度；
A_3—将 A_1 横坐标位移，使两曲线重叠

根据光闸法测得自由基寿命约 $10^{-1}\sim10^1\mathrm{s}$。由测得的 τ 值按式（3-83）可计算出 $k_\mathrm{p}/k_\mathrm{t}$ 比值。结合按式（3-81）求得的 $k_\mathrm{p}/k_\mathrm{t}^{1/2}$ 综合值，就可联立解得 k_p 和 k_t 的绝对值。25℃下测得醋酸乙烯酯的 τ 约 $1.5\sim4\mathrm{s}$，详细数据见表 3-27。

表 3-27　25℃醋酸乙烯酯光聚合速率常数

参　数	No. 1	No. 2	参　数	No. 1	No. 2
$R_\mathrm{i}/\times10^{-9}$	1.11	7.29	$(k_\mathrm{p}/k_\mathrm{t})/\times10^{-5}$	3.35	3.32
$R_\mathrm{p}/\times10^{-4}$	0.45	1.19	$k_\mathrm{p}/\times10^3$	0.94	1.01
$(k_\mathrm{p}^2/k_\mathrm{t})/\times10^{-2}$	3.17	3.37	$k_\mathrm{t}/\times10^7$	2.83	3.06
τ/s	4.00	1.50	$[\mathrm{M}^\bullet]/\times10^{-8}$	0.44	0.54

3.11.3　增长和终止速率常数测定方法的发展

以上介绍了光闸法测定自由基寿命，然后进一步求得增长和终止速率常数。20 世纪 80 年代，还陆续发展了顺磁共振（ESR）法、乳液胶粒数法、脉冲激光法。

（1）ESR 法　原先顺磁共振仪测量精度不高，只能定性地检出自由基。但近 20 年来，测量精度不断提高，可直接定量测定聚合体系中的自由基浓度，因而可由自由基浓度 $[\mathrm{M}^\bullet]$ 和聚合速率 R_p 两可测参数，按增长速率方程（$R_\mathrm{p}=k_\mathrm{p}[\mathrm{M}][\mathrm{M}^\bullet]$）直接计算出增长速率常数 k_p。

在聚合过程中，增长速率常数并非定值，将随体系粘度或转化率而变。但可以用 ESR 来跟踪聚合全过程来测量自由基浓度的变化，从而获得 k_p 随转化率变化的信息。因此，ESR 倒成了测定 k_p 的重要方法。

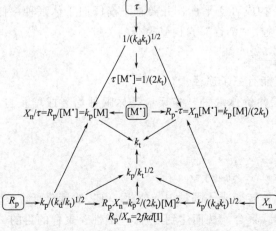

图 3-23　自由基聚合速率常数关系图（方框为可测参数）

（2）乳胶粒数法　第 5 章将介绍乳液聚合，对于难溶于水的单体进行经典乳液聚合时，第Ⅱ阶段每一乳胶粒中平均自由基数为 0.5。因此，由乳胶粒数可求得自由基数[式（5-1）]，或由乳胶粒

数和聚合速率两可测参数，按式(5-2)计算出 k_p。

（3）脉冲激光法　将单体装入封管内，进行聚合。发一束激光脉冲，时间极短，约 10ns，使产生一群自由基，引发单体增长成链自由基。经相当于自由基寿命（τ）的一定时间 t_f（如 1s，准确计量）后，再发一束激光脉冲，又产生一群新自由基，与原先形成的链自由基终止。第三次激光脉冲又产生自由基引发单体增长，第四次激光脉冲所产生的新自由基又使链自由基终止。如此反复约千次，积累到一定量的聚合物（约 2%～3% 转化率），供测定数均聚合度之需。按动力学链长 ν_f 与两脉冲之间的时间 t_f 的关系式（$\nu_f = k_p[M]t_f$）来计算 k_p。脉冲激光法是独立测定增长速率常数的方法，已使用得比较有效。

在自由基聚合动力学研究中，目前已经有 4 个可以直接测定的参数：R_p、$\overline{X}_n$、τ、$[M\cdot]$。如果将其中两个参数相乘或相除，如 $R_p\tau$、$R_p/[M\cdot]$、$\overline{X}_n/\tau$、$X_n[M\cdot]$，按有关方程式即可求得待测参数 k_p 和 k_t，或其综合值 $k_p/k_t^{1/2}$ 和 k_p/k_t，再由这两个综合值解得 k_p 和 k_t。应用图 3-23 的图解，可以加深理解增长和终止速率常数、自由基寿命和自由基浓度的含义，以及相互间的关系。

3.12　可控／"活性"自由基聚合

3.12.1　概述

传统自由基聚合在机理研究和工业应用两方面都比较成熟，其优点是聚合条件温和，耐水，适用于各种聚合方法，可聚合的单体多，几乎 60%～70% 聚合物由自由基聚合生产。缺点是聚合物的微结构、聚合度和多分散性无法控制。根本原因与慢引发（$k_d = 10^{-5\pm1}s^{-1}$）、快增长（$k_p = 10^{3\pm1} L\cdot mol^{-1}\cdot s^{-1}$）、速终止（$k_t = 10^{8\pm1} L\cdot mol^{-1}\cdot s^{-1}$）的机理特征有关。

相反，阴离子聚合机理的特点则是快引发、慢增长、无终止和无转移，具有活性聚合的特征：如单体消耗完毕，阴离子仍保持有活性，加入新单体，可以继续聚合；分子量随转化率而线性增加，分子量分布较窄；聚合物的端基、组成、结构和分子量都可以控制。

自由基聚合的链增长对自由基浓度呈一级反应，而终止则呈二级。如能降低自由基的浓度 $[M\cdot]$ 或活性，就可减弱双基终止，有望成为可控／"活性"聚合。一般措施是令活性增长自由基（$P_n^\cdot$）与某化合物反应，经链终止或转移，使蜕化成低活性的共价休眠种（P_n-X）。但希望休眠种仍能分解成增长自由基，构成可逆平衡，并要求平衡倾向于休眠种一侧，以降低自由基浓度和终止速率，这就成为可控／"活性"自由基聚合的关键。

$$P_n^\cdot \underset{}{\overset{试剂}{\rightleftharpoons}} P_n-X$$

按活性种和休眠种可逆互变的机理，可能有三条途径。

（1）增长自由基和稳定自由基可逆形成共价休眠种　逆反应是休眠种均裂成增长自由基，继续聚合，表示如下式。

$$\begin{array}{cccc} P_n^\cdot & + & \cdot X(Y)\rightleftharpoons & P_n-X & + & (Y) \\ 10^{-9}\sim10^{-7} & & 10^{-5}\sim10^{-2} & 10^{-2}\sim10^{-1} & & 0\sim10^{-1} \end{array}$$

活性种　　　　　　　　　共价休眠种

上式中稳定自由基 $X\cdot$ 浓度远大于自由基 $P_n^\cdot$，转变成休眠种 P_n-X 后，$P_n^\cdot$ 浓度降低，终止减弱；休眠种逆均裂产生的增长自由基可继续聚合，从而达到可控／"活性"聚合的目的。

这一类有氮氧自由基法，引发转移终止剂法、原子转移自由基聚合法三种。

（2）增长自由基和非自由基化合物可逆形成休眠自由基　逆反应是休眠自由基〔$P_n -$ Z〕·均裂成增长自由基，再引发单体聚合，有如下式。

$$P_n^{\cdot} \quad + \quad Z \quad \Longrightarrow \quad [P_n - Z]^{\cdot} \quad （休眠种）$$
$$10^{-8\pm1} \qquad 10^{-1\pm1} \qquad\quad 10^{-1\pm1}$$

Z 通常是有机金属化合物（如有机铝）与配体的络合物（$Al^{II} R_2 L$），也可以是无机化合物（如 $Cr^{II} L_n$）或不能聚合的乙烯基单体（如 1，2-二苯基乙烯）。该法还研究得不够。

（3）增长自由基与链转移剂间的蜕化转移　主要有可逆加成-断裂转移（RAFT）法。

3.12.2　氮氧稳定自由基法

2,2,6,6-四甲基哌啶-1-氧基（TEMPO）是氮氧稳定自由基（$RNO^{\cdot}$）的代表，水溶性，可用作自由基捕捉剂，易与增长自由基 $P_n^{\cdot}$ 共价结合成休眠种。较高温度（120℃）下，休眠种又能逆均裂成增长自由基，再参与引发聚合。

$$H_2C \begin{array}{c} CH_2 - C(CH_3)_2 \\ \diagdown \quad NO^{\cdot} \ RNO^{\cdot} \\ CH_2 - C(CH_3)_2 \end{array}$$

$$P_n^{\cdot} + {}^{\cdot}ONR \Longrightarrow P_n - ONR （休眠种）$$

采用 TEMPO 或 TEMPO/BPO 引发体系（摩尔比为 1∶1.2），苯乙烯在 120℃ 以上聚合，所得聚合物分子量随转化率而线性增加，$\overline{X}_w/\overline{X}_n$ 为 1.15～1.3，显示出活性聚合的特征。

苯乙烯可进行热聚合；加入 BPO，则引发剂引发聚合和热聚合并存。TEMPO 的加入，可加速 BPO 分解，活化能仅 $40 kJ \cdot mol^{-1}$，远低于 BPO 分解活化能（$120 kJ \cdot mol^{-1}$）或热引发活化能。初级自由基引发单体聚合，增长自由基迅速被 TEMPO 捕捉，偶合成共价休眠种。在较高温度下，休眠种逆均裂成增长自由基，进一步引发单体聚合；均裂另一产物 $RNO^{\cdot}$ 又能与新的增长自由基终止成休眠种。如此反复，最终形成高分子量聚合物。

$$BPO \longrightarrow R^{\cdot} \xrightarrow{+nM} P_n^{\cdot} \xrightarrow{+RNO^{\cdot}} P_n - ONR$$

该法的主要缺点是只适用于苯乙烯等少数单体，聚合温度较高，聚合速率低，TEMPO 价格贵等。研究方向有合成新型氮氧自由基，降低聚合温度，扩大单体范围，合成新聚合物等。

也可选用碳自由基（如三苯基甲基自由基）、金属离子自由基、硫自由基等稳定自由基来研究可控/"活性"自由基聚合。

3.12.3　引发转移终止剂（iniferter）法

引发转移终止剂是将引发、转移、终止三种功能合而为一的化合物，有两种类型。

（1）光分解型　一般含有 S—S 或 C—S 弱键，而且多半是二硫代二乙氨基甲酸酯，通式为 $R—SC(S)N(C_2H_5)_2$，典型的例子有 $C_6H_5CH_2—SC(S)NEt_2$ 和 $Et_2N(S)CS—SC(S)NEt_2$。经光照活化，可分解成两自由基。

$$R—SC(S)NEt_2 \xrightarrow{h\nu} R^{\cdot} + {}^{\cdot}SC(S)NEt_2$$

（2）热分解型　可以是偶氮化合物，如

$$C_6H_5—N=N—C(C_6H_5)_3 \xrightarrow{\triangle} C_6H_5^{\cdot} + {}^{\cdot}C(C_6H_5)_3 + N_2$$

上式中 $R^{\cdot}$、$C_6H_5^{\cdot}$ 都可引发单体聚合成增长自由基 $P_n^{\cdot}$，而 ${}^{\cdot}SC(S)NEt_2$、${}^{\cdot}C(C_6H_5)_3$ 比较稳定，与 $RNO^{\cdot}$ 相当，可与增长自由基偶合终止，或向引发转移终止剂转移，而成休眠种。

休眠种可以逆分解成 $P_n^{\cdot}$，继续与单体加成而增长。如此引发→增长→暂时终止或转移→休眠种均裂→再增长，反复进行下去，使聚合度不断增加。

引发增长 $R^{\cdot} + M \longrightarrow RM^{\cdot} \xrightarrow{+nM} P_n^{\cdot}$

双基终止 $P_n^{\cdot} + {}^{\cdot}SC(S)NEt_2 \rightleftharpoons P_nSC(S)NEt_2$（休眠种）

转移终止 $P_n^{\cdot} + R—SC(S)NEt_2 \rightleftharpoons P_nSC(S)NEt_2 + R^{\cdot}$

为简化起见，以 R—R′代表引发转移终止剂，引发单体聚合与连续多次插入聚合有点相似，聚合物两端带有引发剂碎片 R、R′。

$$R—R' + nM \longrightarrow R—M_n—R'$$

该法制得的聚合物分子量随转化率而增加，具有可控/“活性”聚合的特征，虽然分子量分布还不够理想，但可用的单体较多，包括苯乙烯、（甲基）丙烯酸甲酯、丙烯酰胺、醋酸乙烯酯、（甲基）丙烯腈等，可以合成嵌段、接枝和星形共聚物。

3.12.4 原子转移自由基聚合（ATRP）法

TEMPO 法和 Iniferter 法活性自由基聚合均无过渡金属化合物参与，而本节所讨论的原子转移活性自由基聚合的引发剂中，过渡金属化合物却是不可或缺的组分，常用的有氯化亚铜和 $Ru^{Ⅱ}$ 等变价金属化合物。下面着重介绍亚铜体系。

以有机卤化物 RX（如 1-氯-1-苯基乙烷）为引发剂，低价过渡金属卤化物（如氯化亚铜 CuCl）为卤素载体，双吡啶（bpy）为配体（L）以提高催化剂的溶解度，构成三元引发体系。1-氯-1-苯基乙烷（R-X）与亚铜双吡啶络合物［Cu(Ⅰ)(bpy)］反应，形成苯乙基自由基 $R^{\cdot}$ 和氯化铜双吡啶络合物［Cu(Ⅱ)(bpy)Cl］：

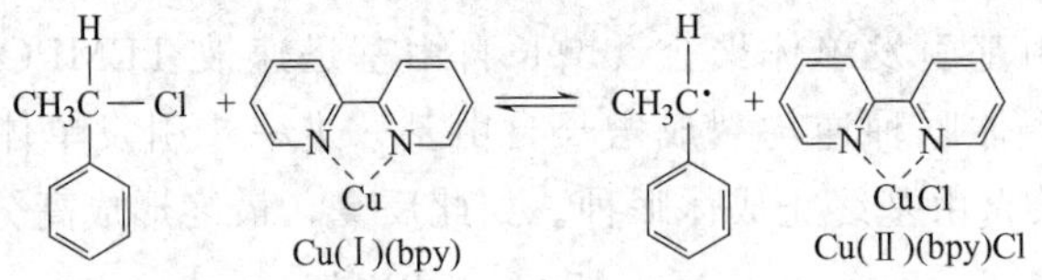

引发和增长过程可进一步用下式来表述：

引发 $R—X + Cu^{Ⅰ}/L \rightleftharpoons R^{\cdot} + Cu^{Ⅱ}/L$

$\downarrow +M \qquad k_i \downarrow +M$

增长 $R—M—X + Cu^{Ⅰ}/L \rightleftharpoons RM^{\cdot} + XCu^{Ⅱ}/L$

$k_p \downarrow +M$

$P_n—X + Cu^{Ⅰ}/L \rightleftharpoons P_n^{\cdot} + XCu^{Ⅱ}/L$

休眠种 k_p (+M)

卤代烃 RX 单独较难均裂成为自由基，但亚铜却可夺取其卤原子而成为高价铜（CuX_2），同时使自由基 $R^{\cdot}$ 游离出来。$R^{\cdot}$ 引发单体聚合成增长自由基 $P_n^{\cdot}$，增长自由基 $P_n^{\cdot}$ 又从高价卤化铜获得卤原子而成休眠种 P_n-X，活性种和休眠种之间构成动态可逆平衡。结果，降低了自由基浓度，抑制了终止反应，导致可控/“活性”聚合。上述引发增长反应都是通过可逆的（卤）原子转移而完成的，因此，称作原子转移自由基聚合。

研究成功的原子转移自由基聚合引发体系很多，引发剂除 α-卤代苯基化合物外，还有 α-卤代羰基化合物、α-卤代腈基化合物等；卤素载体除卤化亚铜外，还有 $Ru^{Ⅱ}$、$Rh^{Ⅱ}$、$Ni^{Ⅱ}$、$Fe^{Ⅱ}$ 等过渡金属卤化物；配体也有多种变化。该法还可以在水相、乳液聚合中进行。

应用这一方法，苯乙烯、二烯烃、（甲基）丙烯酸酯类等均曾聚合成结构清晰和可控的均聚物，其分子量约 10^4～10^5，分子量分布窄，$\overline{M}_w/\overline{M}_n = 1.05$～$1.5$。

原子转移自由基聚合最大的优点是适用单体范围广，聚合条件温和，分子设计能力强，可以合成无规、嵌段、接枝、星形和梯度共聚物，无规和超支化共聚物，端基功能聚合物等多种类型（共）聚合物。因此，ATRP 是比较有发展前途的方法。值得深入研究的有：提高聚合速率，降低聚合温度，进行溶液或水溶液聚合，过渡金属的脱除等。

比较以上三种方法，氮氧自由基和引发转移终止剂法中的休眠种依靠热或光能来均裂，而原子转移法则需要催化剂。

3.12.5 可逆加成-断裂转移（RAFT）法

在传统自由基聚合体系中，链转移反应不可逆，导致聚合度降低，无法控制。如果加入链转移常数高的特种链转移剂，如双硫酯，增长自由基与该链转移剂进行蜕化转移，有可能实现可逆加成-断裂转移（RAFT）活性自由基聚合。

$$P_n^{\cdot} \;+\; P_m{-}Z \rightleftharpoons P_n{-}Z \;+\; P_m^{\cdot}$$
$$10^{-8\pm1} \qquad 10^{-1\pm1} \qquad 10^{-1\pm1} \qquad 10^{-8\pm1}$$

RAFT 法的机理核心是再生转移，再生转移的平衡常数 $K=1$，交换反应在热力学上并无优势。如果交换比增长快，链转移剂的浓度又较大，就为可控和活性聚合创造了条件。

双硫酯 $[ZC(S)S{-}R]$ 中 Z 是能活化 C＝S 键与自由基加成的基团，如烷基、苯基等，R是容易形成活泼自由基的基团，如异丙苯基、氰异丙苯基等。双硫酯举例如下：

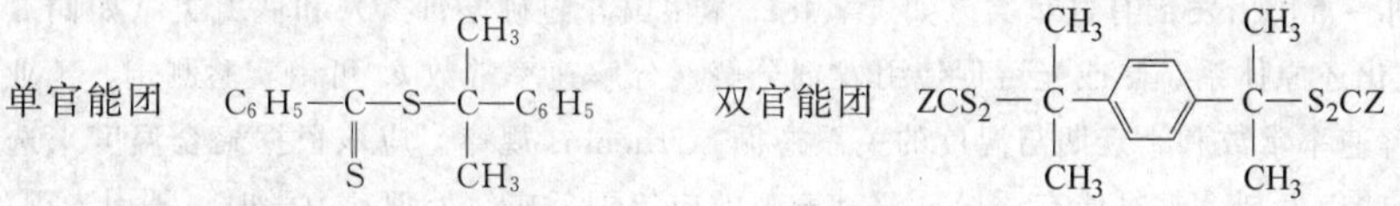

单官能团　$C_6H_5{-}\underset{\underset{S}{\|}}{\overset{\overset{CH_3}{|}}{C}}{-}S{-}\underset{\underset{CH_3}{|}}{\overset{\overset{CH_3}{|}}{C}}{-}C_6H_5$　　　双官能团　$ZCS_2{-}\underset{\underset{CH_3}{|}}{\overset{\overset{CH_3}{|}}{C}}{-}\!\!\!\!\!\!\!\!-\!\!\!\!\!\!\!\!-\underset{\underset{CH_3}{|}}{\overset{\overset{CH_3}{|}}{C}}{-}S_2CZ$

BPO、AIBN 等传统引发剂受热分解成初级自由基 $I^{\cdot}$，初级自由基引发单体聚合成增长自由基 $IM_n^{\cdot}$，增长自由基与双硫酯中的 C＝S 双键可逆加成，加成产物双硫酯自由基中 S—R 键断裂，形成新的活性种 $R^{\cdot}$，再引发单体聚合，如此循环，使聚合进行下去。可逆加成和断裂的综合结果，类似增长自由基向双硫酯转移，如下式所示：

$$\underset{M}{\overset{}{(P_n^{\cdot})}} + \underset{Z}{\overset{}{S{=}C{-}S{-}R}} \rightleftharpoons \underset{Z}{\overset{}{P_n{-}S{-}\dot{C}{-}S{-}R}} \rightleftharpoons \underset{Z}{\overset{}{P_n{-}S{-}C{=}S}} + \underset{M}{\overset{}{(R^{\cdot})}}$$

总的反应结果可以综合成下式，在聚合过程中或末尾，多数大分子链端基为硫代羰基。

$$引发剂+单体+ \underset{Z}{\overset{}{S{=}C{-}S{-}R}} \longrightarrow R{-}聚合物{-}S{-}\underset{Z}{\overset{}{C{=}S}}$$

比较以上几种方法，TEMPO 法活性自由基聚合原理是增长自由基的可逆终止，引发终止转移剂法原理是兼有可逆终止和可逆转移，而 RAFT 过程则是增长自由基的可逆蜕化转移。RAFT 中的双硫酯 $R{-}SC(S)Z$ 与引发转移终止剂 $R{-}SC(S)N(C_2H_5)_2$ 的结构有相似之处。

RAFT 法的优点是：单体范围广，包括苯乙烯类、丙烯酸酯类、乙烯基单体；分子设计的能力强，可用来制备嵌段、接枝、星形共聚物。缺点是双硫酯的制备过程比较复杂。

以上介绍的氮氧自由基法（TEMPO）、引发转移终止剂（iniferter）法、原子转移自由基聚合（ATRP）法、可逆加成-断裂转移（RAFT）法等可控/"活性"自由基聚合，都在进一步发展。今后的研究方向有三：开发新的引发/催化体系，拓宽单体种类，合成结构清晰可控的新颖聚合物。更重要的是要缩短工业化的进程。

摘　　要

1. 加聚和连锁聚合　加聚，加成聚合的简称，一般属于连锁聚合机理，包括自由基聚合、阴离子聚合、阳离子聚合、配位聚合等。

2. 烯类单体对聚合机理的选择性 取代基的电子效应是影响烯类单体对聚合机理选择性的主要因素。带吸电子基团并共轭的单体有利于阴离子聚合，带供电基团的单体有利于阳离子聚合，大多数烯类单体都能自由基聚合。1,2-双取代单体难聚合，1,1-双取代单体能聚合，但基团较大，也不利聚合。

3. 聚合热力学 聚合自由能的大小是能否聚合的判据，烯类聚合熵变基本上一定，因此也可用聚合焓的大小来初步判断聚合倾向。位阻、共轭、电负性基团、强氢键等对聚合焓都有影响。聚合焓和聚合熵的比值定义为聚合上限温度。加压使聚合上限温度提高，有利于聚合。单质环状硫则有聚合下限温度。

$$\Delta G = \Delta H - T\Delta S \qquad T_c = \frac{\Delta H^0}{\Delta S^0}$$

4. 自由基的活性 分子结构对自由基活性有很大的影响。甲基、乙基自由基过于活泼，引发聚合无法控制。相反，三苯基甲基自由基稳定，是自由基捕捉剂。中等活性自由基才用于聚合。自由基聚合中常用引发剂分解来产生自由基，热、光、辐射、等离子体、微波等也能产生自由基。

5. 自由基聚合机理 微观聚合历程由链引发、增长、终止、转移等基元反应组成，各反应的活化能和速率常数并不相同。机理特征是快引发、慢增长、速终止、有转移。引发是控制反应。一经引发，增长和终止几乎瞬时完成，以秒计。增长以头尾连接为主。终止有偶合和歧化两种形式。体系由单体和聚合物组成，无中间产物。随着聚合时间的延长，单体转化率不断增加，聚合度变化较小。

6. 引发剂 常用引发剂有过氧类（如过氧化二苯甲酰，过硫酸钾等）和偶氮类（如偶氮二异丁腈）化合物，还有氧化还原体系。热或光可促使引发剂分解，分解速率常数 k_d 可由实验测定，工业上多以半衰期 $t_{1/2}$ 表示。分解速率常数和半衰期与温度的关系遵循 Arrhenius 规律。应该根据聚合温度来选用合适半衰期的引发剂。有些引发剂分解时伴有诱导分解、笼蔽效应等副反应，处理动力学时，需引入引发剂效率 f。

$$\frac{[I]}{[I]_0} = e^{-k_d t} \qquad t_{1/2} = \frac{\ln 2}{k_d} = \frac{0.683}{k_d}$$

$$k_d = A_d e^{-E_d/RT} \qquad \ln k_d = \ln A_d - E_d/RT \qquad \lg t_{1/2} = \frac{A}{T} - B$$

7. 热引发聚合 有些单体在室温下储存，能缓慢地聚合。但工业上应用热来引发聚合的单体只有苯乙烯，而且多在120℃以上进行，并加引发剂。热引发反应的动力学特征是三级反应。

8. 光引发和辐射引发 光聚合有光直接引发、光引发剂引发、光敏剂间接引发三类。^{60}Co 源 γ 射线最常用于辐射聚合。辐射聚合与光引发聚合的共同特点是：活化能低，可以室温聚合，温度对聚合速率和分子量的影响较小。

9. 等离子体和微波引发聚合 等离子体可能引起三类反应：传统自由基聚合，非传统聚合和聚合物化学反应。微波热效应可加速橡胶硫化，非热效应可引发部分单体聚合或加速聚合。

10. 聚合速率 宏观聚合过程可以分为初期、中期、后期。初期速率因单体浓度降低而缓降，中期因凝胶效应而自动加速，后期因玻璃化效应而减速。根据等活性概念、长链、稳态、链转移无影响四个假定，由聚合机理可推导得初期自由基聚合速率与单体浓度成正比，与引发剂浓度平方根成正比。

$$R_p = k_p \left(\frac{fk_d}{k_t}\right)^{1/2} [I]^{1/2} [M] \qquad E = \left(E_p - \frac{E_t}{2}\right) + \frac{E_d}{2}$$

速率常数数量级如下：$k_d \approx 10^{-5\pm 1}\,s^{-1}$，$f = 0.6 \sim 0.8$，$k_p \approx 10^{3\pm 1}\,L \cdot mol^{-1} \cdot s^{-1}$，$k_t \approx 10^{7\pm 1}\,L \cdot mol^{-1} \cdot s^{-1}$。三者活化能为：$E_d = 120 \sim 130\,kJ \cdot mol^{-1}$，$E_p = 20 \sim 35\,kJ \cdot mol^{-1}$，$E_t = 8 \sim 20\,kJ \cdot mol^{-1}$，综合活化能 $E \approx 80\,kJ \cdot mol^{-1}$。聚合速率随温度而增加。转化率增加，体系粘度增大，终止速率降低，产生凝胶效应，聚合自动加速。

宏观聚合过程有加速型、匀速型和减速型三种，如果引发剂半衰期选择得当，则可接近匀速要求。

11. 聚合度 $\overline{X}_n$、动力学链长 ν 和链转移 聚合度与引发剂浓度平方根成反比，随温度升高而降低。活性链向单体、引发剂、溶剂等低分子转移，将使分子量降低，向大分子转移，则产生支链。每一活性种从引发开始到双基终止所消耗的单体分子数定义为动力学链长 ν。无链转移、歧化终止时，一活性种只形成一条大分子链，聚合度与动力学链长相等；偶合终止时，聚合度是动力学链长的 2 倍。有链转移时，一活性种将形成多条大分子链，歧化终止时，聚合度等于动力学链长和该活性种所形成大分子数的比值。

歧化终止无链转移　　　　　$\overline{X}_n=\nu=\dfrac{R_p}{R_t}$ 　　　　$\nu=\dfrac{k_p}{2\ (fk_dk_t)^{1/2}}\cdot\dfrac{[M]}{[I]^{1/2}}$

歧化终止有链转移　　　　$\nu=\dfrac{R_p}{R_t}$ 　　　　$\overline{X}_n=\dfrac{R_p}{R_t+\sum R_{tr}}$

$$\frac{1}{\overline{X}_n}=\frac{2k_tR_p}{k_p^2\ [M]^2}+C_M+C_I\ \frac{[I]}{[M]}+C_S\ \frac{[S]}{[M]}$$

$$C_M=\frac{k_{tr,M}}{k_p}\qquad C_I=\frac{k_{tr,I}}{k_p}\qquad C_S=\frac{k_{tr,S}}{k_p}$$

转移常数典型值：苯乙烯 $C_M=10^{-4}\sim10^{-5}$，氯乙烯 $C_M=10^{-3}$；甲苯 $C_S=0.125\times10^{-4}$，叔丁硫醇 $C_S=3.7$。

12. 聚合度分布　可由统计法推导出来 x 聚体分布函数和平均聚合度

终止	数量分布函数	质量分布函数	数均聚合度	质均聚合度	分布指数
歧化	$N_x=Np^{x-1}(1-p)$	$\dfrac{m_x}{m}=xp^{x-1}(1-p)^2$	$\overline{X}_n=\dfrac{1}{1-p}$	$\overline{X}_w=\dfrac{1+p}{1-p}$	$\dfrac{\overline{X}_w}{\overline{X}_n}=1+p\approx2$
偶合	$N_x=\dfrac{1}{2}nxp^{x-2}(1-p)^3$	$\dfrac{m_x}{m}=\dfrac{1}{2}x^2p^{x-2}(1-p)^3$	$\overline{X}_n=\dfrac{2}{1-p}$	$\overline{X}_w\approx\dfrac{3}{1-p}$	$\dfrac{\overline{X}_w}{\overline{X}_n}=\dfrac{3}{2}$

13. 阻聚剂和选择　阻聚剂有分子型和稳定自由基型两类。阻聚效果可以用阻聚常数 C_z 来表征，C_z 可用 DPPH 比色法来测定。苯乙烯、醋酸乙烯酯等带有供电基团的单体，首选醌类、芳族硝基化合物、变价金属卤化物（$FeCl_3$）等亲电性阻聚剂。丙烯腈、丙烯酸酯类等带吸电子基团的单体，则可选酚类、胺类等易供出氢原子的阻聚剂。烯丙基型单体易被衰减转移成比较稳定的烯丙基自由基，活性不高。

14. 增长和终止速率常数测定方法　目前已发展有光闸法、顺磁共振法、乳胶粒数法、脉冲激光法四种。可测参数有聚合速率、聚合度、自由基浓度、自由基寿命。

15. 可控和"活性"自由基聚合　"活性"聚合的原理是降低自由基的浓度 $[M\cdot]$ 或活性，减弱双基终止。关键是使增长自由基（$P_n^\cdot$）蜕化成低活性的共价休眠种（$P_n—X$），但希望休眠种仍能分解成增长自由基，构成可逆平衡，并要求平衡倾向于休眠种一侧。目前活性自由基聚合有四种方法：氮氧稳定自由基法，引发转移终止剂法，原子转移自由基聚合法，可逆加成-断裂转移法。

习　　题

思　考　题

1. 烯类单体加聚有下列规律：（1）单取代和 1,1-双取代烯类容易聚合，而 1,2-双取代烯类难聚合；（2）大部分烯类单体能自由基聚合，而能离子聚合的烯类单体却较少。试说明原因。

2. 下列烯类单体适于何种机理聚合？自由基聚合、阳离子聚合或阴离子聚合？并说明原因。

CH_2=CHCl　　　CH_2=CCl_2　　CH_2=CHCN　CH_2=C(CN)$_2$　　CH_2=CHCH$_3$　　CH_2=C(CH$_3$)$_2$
CH_2=CHC$_6$H$_5$　CF$_2$=CF$_2$　　　CH_2=C(CN)COOR　　　　　　　CH_2=C(CH$_3$)—CH=CH$_2$

3. 下列单体能否进行自由基聚合，并说明原因。

CH_2=C(C$_6$H$_5$)$_2$　　ClCH=CHCl　　　　　CH_2=C(CH$_3$)$_2$H$_5$　　　　CH$_3$CH=CHCH$_3$
CH_2=CHCOOCH$_3$　CH_2=C(CH$_3$)COOCH$_3$　CH$_3$CH=CHCOOCH$_3$　　　　CF$_2$=CFCl

4. 比较乙烯、丙烯、异丁烯、苯乙烯、α-甲基苯乙烯、甲基丙烯酸甲酯的聚合热，分析引起聚合热差异的原因，从热力学上判断聚合倾向。这些单体能否在 200℃ 正常聚合？判断适用于哪种引发机理聚合？

5. 是否所有自由基都可以用来引发烯类单体聚合？试举活性不等的自由基 3～4 例，说明应用结果。

6. 以偶氮二异庚腈为引发剂，写出氯乙烯自由基聚合中各基元反应：引发，增长，偶合终止，歧化终止，向单体转移，向大分子转移。

7. 为什么说传统自由基聚合的机理特征是慢引发、快增长、速终止？在聚合过程中，聚合物的聚合度、转化率、聚合产物中物种变化趋向如何？

8. 过氧化二苯甲酰和偶氮二异丁腈是常用的引发剂，有几种方法可以促使分解成自由基，写出分解反应式。这两种引发剂的诱导分解和笼蔽效应有何特点，对引发剂效率的影响如何？

9. 大致说明下列引发剂的使用温度范围？并写出分解反应式：（1）异丙苯过氧化氢；（2）过氧化十二酰；（3）过氧化碳酸二环己酯；（4）过硫酸钾-亚铁盐；（5）过氧化二苯甲酰-二甲基苯胺。

10. 评述下列烯类单体自由基聚合所选用的引发剂和温度条件是否合理。如有错误，试作纠正。

单　体	聚合方法	聚合温度/℃	引　发　剂
苯乙烯	本体聚合	120	过氧化二苯甲酰
氯乙烯	悬浮聚合	50	偶氮二异丁腈
丙烯酸酯类	溶液共聚	70	过硫酸钾-亚硫酸钠
四氟乙烯	水相沉淀聚合	40	过硫酸钾

11. 与引发剂引发聚合相比，光引发聚合有何优缺点？举例说明直接光引发、光引发剂引发和间接光敏剂引发的聚合原理。

12. 等离子体对聚合和聚合物化学反应有何作用？传统聚合反应与等离子态聚合有何区别？

13. 推导自由基聚合动力学方程时，作了哪些基本假定？一般聚合速率与引发速率（引发剂浓度）平方根成正比（0.5级），是哪一机理（引发或终止）造成的？什么条件会产生 0.5～1 级、一级或二级？

14. 氯乙烯、苯乙烯、甲基丙烯酸甲酯聚合时，都存在自动加速现象，三者有何异同？这三种单体聚合的终止方式有何不同？氯乙烯聚合时，选用半衰期约 2h 的引发剂，可望接近匀速反应，解释其原因。

15. 建立数量和单位概念：引发剂分解、引发、增长、终止诸基元反应的速率常数和活化能，单体、引发剂和自由基浓度，自由基寿命等，剖析和比较微观和宏观体系的增长速率、终止速率和总速率。

16. 在自由基溶液聚合中，单体浓度增 10 倍，求 a. 对聚合速率的影响；b. 数均聚合度的变化。

如果保持单体浓度不变，而使引发剂浓度减半，求 a. 聚合速率的变化；b. 数均聚合度的变化。

17. 动力学链长的定义？与平均聚合度的关系？链转移反应对动力学链长和聚合度有何影响？试举 2～3 例说明利用链转移反应来控制聚合度的工业应用，试用链转移常数数值来帮助说明。

18. 说明聚合度与温度的关系，引发条件为：a. 引发剂热分解；b. 光引发聚合；c. 链转移为控制反应。

19. 提高聚合温度和增加引发剂浓度，均可提高聚合速率，问哪一措施更好？

20. 链转移反应对支链的形成有何影响？聚乙烯的长支链和短支链，以及聚氯乙烯的支链如何形成？

21. 按理论推导，歧化和偶合终止时聚合度分布有何差异？为什么凝胶效应和沉淀聚合使分布变宽？

22. 低转化聚合偶合终止时，聚合物分布如何？下列条件对分布有何影响：a. 向正丁硫醇转移；b. 高转化率；c. 向聚合物转移；d. 自动加速。使分布加宽的条件下，有无可能采取措施使分布变窄。

23. 苯乙烯和醋酸乙烯酯分别在苯、甲苯、乙苯、异丙苯中聚合，从链转移常数来比较不同自由基向不同溶剂链转移的难易程度和对聚合度的影响，并作出分子级的解释。

24. 指明和正正下列方程式中的错误：

a. $R_p = k_p^{1/2} (f k_d / k_t) [I]^{1/2} [M]$

b. $\nu = (k_p / 2 k_t) [M^{\cdot}] [M]$

c. $\overline{X}_n = (\overline{X}_n)_0 + C_S [S] / [M]$

d. $\tau_s = (k_t^2 / 2 k_t) [M] / R_i$

25. 简述产生诱导期的原因。从阻聚常数来评价硝基苯、苯醌、DPPH、三氯化铁的阻聚效果。

26. 简述自由基聚合中的下列问题：a. 产生自由基的方法；b. 速率、聚合度与温度的关系，c. 速率常数与自由基寿命；d. 阻聚与缓聚；e. 如何区别偶合终止和歧化终止；f. 如何区别向单体和向引发剂转移。

27. 为什么可以说丁二烯或苯乙烯是氯乙烯或醋酸乙烯酯聚合的终止剂或阻聚剂？比较醋酸乙烯酯和醋酸烯丙基酯的聚合速率和聚合产物的分子量，说明原因。

28. 在求取自由基聚合动力学参数 k_p、k_t 时，可以利用哪四个可测参数、相应关系和方法来测定？

29. 可控和"活性"自由基聚合的基本原则是什么？简述氮氧自由基法、引发终止转移剂法、原子转移自由基聚合法、可逆加成-断裂转移（RAFT）法可控自由基聚合的基本原理。

计 算 题

1. 甲基丙烯酸甲酯进行聚合，试由 ΔH 和 ΔS 来计算 77℃、127℃、177℃、227℃时的平衡单体浓度，从热力学上判断聚合能否正常进行。

2. 60℃过氧化二碳酸二乙基己酯在某溶剂中分解，用碘量法测定不同时间的残留引发剂浓度，数据如下：试计算分解速率常数（s^{-1}）和半衰期（h）。

时间/h	0	0.2	0.7	1.2	1.7
DCPD 浓度/mol·L^{-1}	0.0754	0.0660	0.0484	0.0334	0.0288

3. 在甲苯中不同温度下测定偶氮二异丁腈的分解速率常数，数据如下，求分解活化能。再求 40℃和 80℃下的半衰期，判断在这两温度下聚合是否有效。

温度/℃	50	60.5	69.5
分解速率常数/s^{-1}	2.64×10^{-6}	1.16×10^{-5}	3.78×10^{-5}

4. 引发剂半衰期与温度的关系式中的常数 A、B 与指前因子、活化能有什么关系？文献经常报道半衰期为 1h 和 10h 的温度，这有什么方便之处？过氧化二碳酸二异丙酯半衰期为 1h 和 10h 的温度分别为 61℃和 45℃，试求 A、B 值和 56℃的半衰期。

5. 过氧化二乙基的一级分解速率常数为 $1.0\times10^{14}\exp(-146.5\text{kJ}/RT)$，在什么温度范围使用才有效？

6. 苯乙烯溶液浓度 0.20mol·L^{-1}，过氧类引发剂浓度 4.0×10^{-3}mol·L^{-1}，在 60℃下聚合，如引发剂半衰期 44h，引发剂效率 $f=0.80$，$k_p=145$L·mol^{-1}·s^{-1}，$k_t=7.0\times10^7$L·mol^{-1}·s^{-1}，欲达到 50%转化率，需多长时间？

7. 过氧化二苯甲酰引发某单体聚合的动力学方程为：$R_p=k_p[M](fk_d/k_t)^{1/2}[I]^{1/2}$，假定各基元反应的速率常数和 f 都与转化率无关，$[M]_0=2$mol·L^{-1}，$[I]=0.01$mol·L^{-1}，如聚合时间相同，欲将最终转化率从 10%提高到 20%，试求：

（1）$[M]_0$ 增加或降低多少倍？

（2）$[I]_0$ 增加或降低多少倍？$[I]_0$ 改变后，聚合速率和聚合度有何变化？

（3）如果热引发或光引发聚合，应该增加或降低聚合温度？E_d、E_p、E_t 分别为 124kJ·mol^{-1}、32kJ·mol^{-1} 和 8kJ·mol^{-1}。

8. 以过氧化二苯甲酰作引发剂，苯乙烯聚合时各基元反应的活化能为 $E_d=125$，$E_p=32.6$，$E_t=10$kJ·mol^{-1}，试比较从 50℃增至 60℃以及从 80℃增至 90℃聚合速率和聚合度怎样变化？光引发的情况又如何？

9. 以过氧化二苯甲酰为引发剂，在 60℃进行苯乙烯聚合动力学研究，数据如下：

（1）60℃苯乙烯的密度为 0.887g·cm^{-3}；（2）引发剂用量为单体重的 0.109%；

（3）$R_p=0.255\times10^{-4}$mol·L^{-1}·s^{-1}；（4）聚合度=2460；（5）$f=0.80$；（6）自由基寿命=0.82s。

试求 k_d、k_p、k_t，建立三常数的数量级概念，比较 $[M]$ 和 $[M^{\cdot}]$ 的大小，比较 R_i、R_p、R_t 的大小。

10. 27℃苯乙烯分别用 AIBN 和紫外光引发聚合，获得相同的聚合速率（0.001mol·L^{-1}·s^{-1}）和聚合度（200），77℃聚合时，聚合速率和聚合度各多少？

11. 对于双基终止的自由基聚合物，每一大分子含有 1.30 个引发剂残基，假定无链转移反应，试计算歧化终止和偶合终止的相对量。

12. 以过氧化叔丁基作引发剂，60℃，苯乙烯在苯中进行溶液聚合，苯乙烯浓度 1.0mol·L^{-1}，过氧化物浓度 0.01mol·L^{-1}，初期引发速率和聚合速率分别为 4.0×10^{-11}mol·L^{-1}·s^{-1} 和 1.5×10^{-7}mol·L^{-1}·s^{-1}。苯乙烯-苯为理想体系，计算 fk_d，初期聚合度，初期动力学链长和聚合度，求由过氧化物分解所产生的自由基平均要转移几次，分子量分布宽度如何？计算时采用下列数据：

$C_M = 8.0 \times 10^{-5}$，$C_I = 3.2 \times 10^{-4}$，$C_S = 2.3 \times 10^{-6}$，60℃下苯乙烯密度 0.887g·ml^{-1}，苯的密度 0.839g·ml^{-1}。

13. 按上题制得的聚苯乙烯分子量很高，常加入正丁硫醇（$C_S = 21$）调节，问加多少才能制得分子量为 8.5 万的聚苯乙烯？加入正丁硫醇后，聚合速率有何变化？

60℃，某单体由某引发剂引发本体聚合，[M] = 8.3mol·L^{-1}，聚合速率与数均聚合度有如下关系：

R_p/mol·L^{-1}·s^{-1}	0.50	1.0	2.0	5.0	10	15
$\overline{X}_n$	8350	5550	3330	1317	592	358

14. 聚氯乙烯的分子量为什么与引发剂浓度无关而仅决定于聚合温度？向氯乙烯单体链转移常数 C_M 与温度的关系如下：$C_M = 12.5\exp(30.5/RT)$，试求 40℃、50℃、55℃、60℃下的聚氯乙烯平均聚合度。

15. 用过氧化二苯甲酰作引发剂，苯乙烯在 60℃下进行本体聚合，试计算引发、向引发剂转移、向单体转移三部分在聚合度倒数中所占的百分比。对聚合有何影响？计算时用下列数据。

$[I] = 0.04$mol·L^{-1}　　　$f = 0.8$　　　$k_d = 2.0 \times 10^{-6}$s^{-1}　$k_p = 176$L·mol^{-1}·s^{-1}

$k_t = 3.6 \times 10^7$L·mol^{-1}·s^{-1}　$\rho(60℃) = 0.887$g·ml^{-1}　$C_I = 0.05$　　$C_M = 0.85 \times 10^{-4}$

16. 自由基聚合遵循下式规律 $R_p = k_p(fk_d[I])/k_t)^{1/2}[M]$，在某一引发剂起始浓度、单体浓度和聚合时间下的转化率如下，试计算下表实验 4 达到 50% 转化率所需的时间，计算总活化能。

实验	T/℃	[M]/mol·L^{-1}	[I]/$\times 10^{-3}$mol·L^{-1}	聚合时间/min	转化率/%
1	60	1.00	2.5	500	50
2	80	0.50	1.0	700	75
3	60	0.80	1.0	500	60
4	60	0.25	10.0	7	50

17. 100℃，苯乙烯（M）在甲苯（S）中进行热聚合，测得数均聚合度与[S]/[M]比值有如下关系：

$\overline{X}_n/\times 10^5$	3.3	1.62	1.14	0.80	0.65
[S]/[M]	0	5	10	15	20

求向甲苯的转移常数 C_c，要制得平均聚合度为 2×10^5 的聚苯乙烯，[S]/[M] 应该多少？

18. 某单体用不同浓度的某引发剂进行自由基聚合，引发速率单独测定，自由基寿命用光闸旋转法测定，有如下实验数据。引发速率和自由基寿命的变化均符合自由基聚合动力学规律，试求终止速率常数。

$R_i/\times 10^{-9}$mol·L^{-1}·s^{-1}	2.35	1.59	12.75	5.00	14.85
τ/s	0.73	0.93	0.32	0.50	0.29

4　自由基共聚合

4.1　引言

在连锁加聚中，由一种单体参与的聚合，称作均聚，产物是组成单一的均聚物；由两种或多种单体同时参与的聚合，则称作（二元）共聚或多元共聚，产物为多组分的共聚物。

本章着重讨论研究得比较成熟的自由基共聚，有关离子共聚，则附在离子聚合一章内，参比自由基共聚，作适当简介。

4.1.1　共聚物的类型和命名

根据大分子中结构单元的排列情况，二元共聚物有下列四种类型。

（1）无规共聚物　两结构单元 M_1、M_2 按概率无规排布，M_1、M_2 连续的单元数不多，自一至十几不等。多数自由基共聚物属于这一类型，如氯乙烯-醋酸乙烯酯共聚物。

$$\sim\sim\sim M_1 M_2 M_2 M_1 M_2 M_2 M_2 M_1 M_1 M_2 M_1 M_1 M_1 M_2 M_2 \sim\sim\sim$$

（2）交替共聚物　共聚物中 M_1、M_2 两单元严格交替相间。

$$\sim\sim\sim M_1 M_2 M_1 M_2 M_1 M_2 M_1 M_2 \sim\sim\sim$$

这可以看作无规共聚物的特例。苯乙烯-马来酸酐共聚物属于这一类。

（3）嵌段共聚物　由较长的 M_1 链段和另一较长的 M_2 链段构成的大分子，每一链段可长达几百至几千结构单元，这一类称作 AB 型嵌段共聚物。

$$\sim\sim\sim M_1 M_1 M_1 M_1 \sim\sim\sim M_1 M_1 M_2 M_2 M_2 \sim\sim\sim M_2 M_2$$

也有 ABA 型（如苯乙烯-丁二烯-苯乙烯三嵌段共聚物 SBS）和（AB）$_x$ 型。

（4）接枝共聚物　主链由 M_1 单元组成，支链则由另一种 M_2 单元组成。

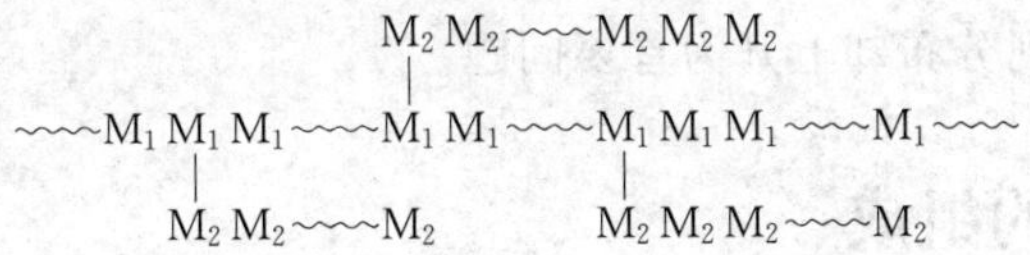

$$
\begin{array}{c}
M_2 M_2 \sim\sim M_2 M_2 M_2 \\
| \\
\sim\sim M_1 M_1 M_1 \sim\sim M_1 M_1 \sim\sim M_1 M_1 M_1 \sim\sim M_1 \sim \\
| \\
M_2 M_2 \sim\sim M_2
\end{array}
$$

接枝共聚产物商品往往是真正的接枝共聚物和均聚物或无规共聚物的混合物，例如抗冲聚苯乙烯是丁二烯-苯乙烯接枝共聚物和聚苯乙烯的混合物，ABS 树脂是丁二烯-（苯乙烯-丙烯腈）接枝共聚物和苯乙烯-丙烯腈无规共聚物的混合物。

无规和交替共聚物呈均相，遵循同一共聚合原理，将在本章作详细讨论。嵌段和接枝共聚物往往呈非均相，可由多种聚合机理合成，准备在聚合物化学反应一章介绍。

共聚物的命名原则系将两单体名称连以短横，前面冠以"聚"字，如聚（丁二烯-苯乙烯），或称作丁二烯-苯乙烯共聚物。国际命名中常在两单体名之间插入-co-, -alt-, -b-, -g-, 分别代表无规、交替、嵌段、接枝。无规共聚物名称中前一单体 M_1 为主单体，后为第二单体 M_2。嵌段共聚物名称中的前后单体则代表单体加入聚合的次序。接枝共聚物中前单体 M_1 为主链，后单体 M_2 则为支链。

4.1.2　研究共聚合反应的意义

均聚物的种类有限，一种单体只能形成一种均聚物，虽然可以生产不同聚合度的多种牌号，但品种仍然不多。通过与第二、三单体共聚，可以改进大分子的结构性能，增加品种，扩大应用范围。可改变的性能有力学性能、弹性、塑性、柔软性、玻璃化温度、塑化温度、熔点、溶解性能、染色性能、表面性能等。性能改变的程度与共单体的种类、数量以及排列方式有关。根据第二单体的用量，可将无规共聚粗分成二类：①第二单体用量较多，以百分之数十计，共聚物性能多介于两种均聚物之间；②第二单体用量较少，以百分之几计，主要用来改善某种特殊性能；第三单体用量更少，按特殊需要添加。

典型共聚物改性例子如表 4-1。

表 4-1　典型共聚物

主单体	第二单体	共聚物	改进的性能和主要用途	聚合机理
乙烯	35%醋酸乙烯酯	EVA	增加韧性，聚氯乙烯抗冲改性剂	自由基
乙烯	30%（摩尔分数）丙烯	乙丙橡胶	破坏结晶性，增加弹性，合成橡胶	配位
异丁烯	3%异戊二烯	丁基橡胶	引入双键，供交联用，气密性橡胶	阳离子
丁二烯	25%苯乙烯	丁苯橡胶	增加强度，通用合成橡胶	自由基
丁二烯	26%丙烯腈	丁腈橡胶	增加极性，耐油合成橡胶	自由基
苯乙烯	40%丙烯腈	SAN 树脂	提高抗冲强度，工程塑料	自由基
氯乙烯	13%醋酸乙烯酯	氯-醋共聚物	增加塑性和溶解性能，塑料和涂料	自由基
偏氯乙烯	15%氯乙烯	偏-氯共聚物	破坏结晶性，增加塑性，阻透塑料	自由基
四氟乙烯	全氟丙烯	F-46 树脂	破坏结晶性，增加柔性，特种橡胶	自由基
甲基丙烯酸甲酯	10%苯乙烯	MMA-S 共聚物	改善流动性和加工性能，塑料	自由基
丙烯腈	7%丙烯酸甲酯	腈纶树脂	改善柔软性，有利于染色，合成纤维	自由基
醋酸乙烯	50%（摩尔分数）马来酸酐		交替共聚物，分散剂	自由基

通过共聚，除了可以扩大聚合物品种外，还可以将一些难以均聚的单体用作共聚单体，例如马来酸酐是难均聚的单体，却可以与苯乙烯共聚，制备苯乙烯马来酸酐无规共聚物（SMA），用作工程塑料；或改变合成条件，制备交替共聚物，用作悬浮聚合的分散剂。

在理论上，通过共聚合研究，可以评价单体、自由基、碳阳离子、碳阴离子的活性，进一步了解单体活性与结构的关系。

在均聚中，聚合速率、平均聚合度、聚合度分布是需要研究的三项重要指标；在共聚反应中，共聚物组成和序列分布却上升为首要问题。

4.2　二元共聚物的组成

两单体共聚时，会出现多种情况，如：共聚物组成与单体配比不同；共聚前期和后期生成的共聚物组成并不一致，共聚物组成随转化率而变，存在着组成分布和平均组成问题；有些易均聚的单体难以共聚，少数难均聚的单体却能共聚。所有这些问题都有待于共聚物组成与单体组成间关系的基本规律来解决。共聚物瞬时组成、平均组成、序列分布等都是共聚研究中的重要问题。

4.2.1　共聚物组成微分方程

共聚物组成方程系描述共聚物组成与单体组成间的定量关系，可以由共聚动力学或由链增长概率推导出来。

20 世纪 40 年代，Mayo 等就着手研究共聚物组成问题，初步建立了共聚物组成方程和相关的共聚理论。

用动力学法推导共聚物组成方程时，需作下列假定：

① 等活性理论，即自由基活性与链长无关，在处理均聚动力学时已采用了这一假定；

② 无前末端效应，即链自由基中倒数第二单元的结构对自由基活性无影响；

③ 无解聚反应，即不可逆聚合；

④ 共聚物聚合度很大，引发和终止对共聚物组成影响可以忽略；

⑤ 稳态，要求自由基总浓度和两种自由基的浓度都不变。

以 M_1、M_2 代表两种单体，以 $\sim\sim M_1^\cdot$、$\sim\sim M_2^\cdot$ 代表两种链自由基。二元共聚时就有两种引发，四种增长，三种终止。

链引发

$$R^\cdot + M_1 \xrightarrow{k_{i1}} RM_1^\cdot \quad (\text{或 } M_1^\cdot)$$

$$R^\cdot + M_2 \xrightarrow{k_{i2}} RM_2^\cdot \quad (\text{或 } M_2^\cdot)$$

式中，k_{i1} 和 k_{i2} 分别代表初级自由基引发单体 M_1 和 M_2 的速率常数。

链增长

$$\sim\sim M_1^\cdot + M_1 \xrightarrow{k_{11}} \sim\sim M_1^\cdot \qquad R_{11} = k_{11}[M_1^\cdot][M_1] \tag{4-1}$$

$$\sim\sim M_1^\cdot + M_2 \xrightarrow{k_{12}} \sim\sim M_2^\cdot \qquad R_{12} = k_{11}[M_1^\cdot][M_2] \tag{4-2}$$

$$\sim\sim M_2^\cdot + M_1 \xrightarrow{t_{21}} \sim\sim M_1^\cdot \qquad R_{12} = k_{21}[M_2^\cdot][M_1] \tag{4-3}$$

$$\sim\sim M_2^\cdot + M_2 \xrightarrow{t_{22}} \sim\sim M_2^\cdot \qquad R_{22} = k_{22}[M_2^\cdot][M_2] \tag{4-4}$$

R 和 k 中下标两位数中前一数字代表自由基，后代表单体，例如 R_{11} 和 k_{11} 分别代表自由基 $M_1^\cdot$ 和单体 M_1 反应的增长速率和增长速率常数，余类推。

链终止

$$\sim\sim M_1^\cdot + {}^\cdot M_1 \sim\sim \xrightarrow{k_{t11}} \sim\sim M_1 M_1 \sim\sim \quad (\text{自终止})$$

$$\sim\sim M_1^\cdot + {}^\cdot M_2 \sim\sim \xrightarrow{k_{t12}} \sim\sim M_1 M_2 \sim\sim \quad (\text{交叉终止})$$

$$\sim\sim M_2^\cdot + {}^\cdot M_2 \sim\sim \xrightarrow{k_{t22}} \sim\sim M_2 M_2 \sim\sim \quad (\text{自终止})$$

k_{t11} 代表链自由基 $M_1^\cdot$ 与链自由基 $M_1^\cdot$ 的终止速率常数，余类推。

根据假定④，共聚物聚合度很大，引发和终止对共聚物组成的影响甚微，可以忽略不计。M_1 和 M_2 的消失速率或进入共聚物的速率仅决定于增长速率。

$$-\frac{d[M_1]}{dt} = R_{11} + R_{21} = k_{11}[M_1^\cdot][M_1] + k_{21}[M_2^\cdot][M_1] \tag{4-5}$$

$$-\frac{d[M_2]}{dt} = R_{12} + R_{22} = k_{12}[M_1^\cdot][M_2] + k_{22}[M_2^\cdot][M_2] \tag{4-6}$$

两单体消耗速率比等于两单体进入共聚物的摩尔比（m_1/m_2）。

$$\frac{m_1}{m_2} = \frac{d[M_1]}{d[M_2]} = \frac{k_{11}[M_1^\cdot][M_1] + k_{12}[M_2^\cdot][M_1]}{k_{12}[M_1^\cdot][M_2] + k_{22}[M_2^\cdot][M_2]} \tag{4-7}$$

对 $M_1^\cdot$ 和 $M_2^\cdot$ 分别作稳态处理，得

$$\frac{d[M_1^\cdot]}{dt} = R_{i1} + k_{21}[M_2^\cdot][M_1] - k_{12}[M_1^\cdot][M_2] - R_{t12} - R_{t11} = 0 \tag{4-8a}$$

$$\frac{d[M_2^\cdot]}{dt} = R_{i2} + k_{12}[M_1^\cdot][M_2] - k_{21}[M_2^\cdot][M_1] - R_{t21} - R_{t22} = 0 \tag{4-8b}$$

满足上述稳态假定的要求，需有两个条件：一是 $M_1^{\cdot}$ 和 $M_2^{\cdot}$ 的引发速率分别等于各自的终止速率，即 $R_{i1}=R_{t11}+R_{t12}$，$R_{i2}=R_{t22}+R_{t21}$，这相当于自由基均聚中所作的稳态假定 $R_i=R_t$；另一是 $M_1^{\cdot}$ 转变成 $M_2^{\cdot}$ 和 $M_2^{\cdot}$ 转变成 $M_1^{\cdot}$ 的速率相等，即

$$k_{12}[M_1^{\cdot}][M_2]=k_{21}[M_2^{\cdot}][M_1] \tag{4-9}$$

由式(4-9)，解出 $[M_2]$，代入式(4-7)，消去 $[M_1^{\cdot}]$。并令均聚和共聚链增长速率常数之比定义为竞聚率 r，以表征两单体的相对活性。

$$r_1=\frac{k_{11}}{k_{12}} \qquad r_2=\frac{k_{22}}{k_{21}}$$

最后得到最基本共聚物组成微分方程，描述共聚物瞬时组成与单体组成间定量关系。

$$\frac{d[M_1]}{d[M_2]}=\frac{[M_1]}{[M_2]}\cdot\frac{r_1[M_1]+[M_2]}{r_2[M_2]+[M_1]} \tag{4-10}$$

根据统计法，由链增长概率，也可以得到同样的结果。

令 f_1 等于某瞬间单体 M_1 占单体混合物的摩尔分率，即

$$f_1=1-f_2=\frac{[M_1]}{[M_1]+[M_2]}$$

而 F_1 代表同一瞬间单元 M_1 占共聚物的摩尔分率，即

$$F_1=1-F_2=\frac{d[M_1]}{d[M_1]+d[M_2]}$$

式(4-10) 就可以转换成以摩尔分率表示的共聚物组成微分方程。

$$F_1=\frac{r_1f_1^2+f_1f_2}{r_1f_1^2+f_1f_2+r_2f_2^2} \tag{4-11}$$

在不同场合，选用得当，式(4-10) 和式(4-11) 各有方便之处。也可以转换成以质量比或质量分率为单位的组成方程。

4.2.2 共聚行为——共聚物组成曲线

共聚行为与气液平衡原理类似。式(4-11) 表示共聚物瞬时组成 F_1 是单体组成 f_1 的函数，相应有 F_1-f_1 关系曲线，竞聚率 r_1、r_2 是影响两者关系的主要参数。竞聚率可以在很广的范围内变动，共聚组成曲线也相应有多种类型，差异很大。

竞聚率是自增长速率常数与交叉增长速率常数的比值（$r_1=k_{11}/k_{12}$，$r_2=k_{22}/k_{21}$）。在剖析共聚行为以前，预先了解一下竞聚率典型数值的意义，将有助于理解和记忆。

$r_1=0$，表示 $k_{11}=0$，自由基 $M_1^{\cdot}$ 不能与同种单体均聚，只能与异种单体 M_2 共聚。

$r_1=1$，表示 $k_{11}=k_{12}$，即 $M_1^{\cdot}$ 加上同种和异种单体的难易程度相同，或两者概率相同。

$r_1=\infty$，$k_{12}\to0$，表示不能共聚，只能均聚，实际上尚未发现这种特殊情况。

$r_1<1$，自由基 $M_1^{\cdot}$ 有利于和异种单体 M_2 共聚；$r_1>1$，则有利于和同种单体 M_1 均聚。

先介绍理想共聚和交替共聚两种比较简单的情况，然后讨论一般规律。

（1）理想共聚（$r_1r_2=1$） $r_1=r_2=1$ 是极端的情况，表示两自由基的自增长和交叉增长的概率完全相同。在这条件下，不论单体配比和转化率如何，共聚物组成与单体组成完全相等，即 $F_1=f_1$，共聚物组成曲线是一对角线，可称为理想恒比共聚。乙烯-醋酸乙烯酯、甲基丙烯酸甲酯-偏二氯乙烯和四氟乙烯-三氟氯乙烯的共聚属于这一情况。这类共聚物组成就很容易由单体配比来控制。

一般理想共聚，$r_1r_2=1$，或 $r_2=1/r_1$，式(4-10) 和式(4-11) 可简化为

$$\frac{d[M_1]}{d[M_2]} = r_1 \frac{[M_1]}{[M_2]} \tag{4-12a}$$

$$F_1 = \frac{r_1 f_1}{r_1 f_1 + f_2} \tag{4-12b}$$

式(4-12a)表明，共聚物中两单元摩尔比是原料中两单体摩尔比的 r_1 倍。组成曲线处于恒比对角线的上方，与另一对角线（未画出）呈对称状态，如图 4-1。60℃丁二烯（$r_1=$ 1.39)-苯乙烯（$r_2=0.78$）和偏氯乙烯（$r_1=3.2$)-氯乙烯（$r_2=0.3$）共聚接近这种情况。离子共聚多理想共聚。

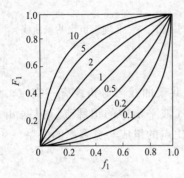

图 4-1 理想共聚曲线（$r_1 r_2 = 1$）
曲线上数字为 r_1 值

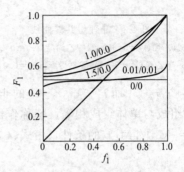

图 4-2 交替共聚曲线（$r_1 < 0$, $r_2 < 0$）
曲线上数字为 r_1/r_2 值

（2）交替共聚（$r_1 = r_2 = 0$）　$r_1 = r_2 = 0$，表明两种自由基都不能与同种单体均聚，只能与异种单体共聚，因此共聚物中两单元严格交替相间。不论单体配比如何，共聚物组成均恒定为

$$\frac{d[M_1]}{d[M_2]} = 1 \tag{4-13}$$

上式在 F_1-f_1 图上是一条 $F_1 = 0.5$ 的水平线，F_1 与 f_1 值无关。原始物料中两种单体量不相等进行共聚时，含量少的单体消耗完毕，就停止聚合，留下的是多余的另一单体。

易成电荷转移络合物的两种单体，如马来酸酐和醋酸 2-氯烯丙基酯，属于上述情况。

如果 $r_2 = 0$，$r_1 > 0$，则式(4-10)可简化为

$$\frac{d[M_1]}{d[M_2]} = 1 + r_1 \frac{[M_1]}{[M_2]} \tag{4-14}$$

当 $[M_2]$ 过量很多、$r_1[M_1]/[M_2] \ll 1$ 时，才形成组成为 1:1 的交替共聚物。M_1 耗尽后，聚合也就停止。如 $[M_1]$ 和 $[M_2]$ 不相上下，则共聚物中 $F_1 > 50\%$。60℃苯乙烯（$r_1 = 0.01$）和马来酸酐（$r_2 = 0$）共聚是这方面的例子。

交替共聚物瞬时组成与单体组成的关系变化情况如图 4-2。

（3）$r_1 r_2 < 1$ 而 $r_1 > 1$，$r_2 < 1$ 的非理想共聚　这类的共聚曲线与理想共聚有点相似，也处于对角线的上方，但对另一对角线并不对称，如图 4-3。这类例子很多，如氯乙烯（$r_1 = $ 1.68)-醋酸乙烯酯（$r_2 = 0.23$），甲基丙烯酸甲酯（$r_1 = 1.91$)-丙烯酸甲酯（$r_2 = 0.5$）。苯乙烯（$r_1 = 55$）与醋酸乙烯酯（$r_2 = 0.01$）的特征是 $r_1 \gg 1$，$r_2 \ll 1$，其共聚行为表面上看来也应属于这一类，但实际上，聚合前期产物是含有微量醋酸乙烯酯单元的聚苯乙烯，苯乙烯聚合结束，后期产物才是纯醋酸乙烯酯均聚物。结果几乎是两种均聚物的混合物。

$r_1 < 1$，$r_2 > 1$ 时，则共聚物组成曲线处在对角线的下方。

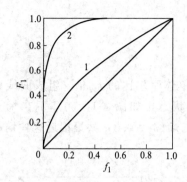 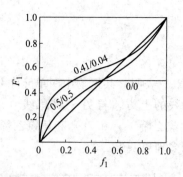

图 4-3 非理想共聚曲线

1—氯乙烯($r_1=1.68$)-醋酸乙烯酯（$r_2=0.23$）；

2—苯乙烯（$r_1=55$）-醋酸乙烯酯（$r_2=0.01$）

图 4-4 非理想恒比共聚曲线

（4）$r_1r_2<1$ 而 $r_1<1$，$r_2<1$ 的非理想共聚　这类共聚曲线与对角线有一交点，该点的共聚物组成与单体组成相等，特称作恒比点，类似与气液平衡中的恒沸点。根据 $d[M_1]/d[M_2]=[M_1]/[M_2]$ 的条件，由式（4-10）可以得出恒比点的组成与竞聚率的关系。

$$\frac{[M_1]}{[M_2]}=\frac{1-r_2}{1-r_1} \tag{4-15a}$$

$$F_1=f_1=\frac{1-r_2}{2-r_1-r_2} \tag{4-15b}$$

当 $r_1=r_2<1$ 时，恒比点处于 $F_1=f_1$，共聚物组成曲线相对于恒比点作点对称。这一情况只有很少例子，如丙烯腈（$r_1=0.83$）与丙烯酸甲酯（$r_2=0.84$）共聚。$r_1<1$，$r_2<1$，$r_1\neq r_2$ 时，共聚曲线对恒比点不再呈点对称，如图 4-4。这类例子很多，如苯乙烯（$r_1=0.41$）与丙烯腈（$r_2=0.04$），丁二烯（$r_1=0.3$）与丙烯腈（$r_2=0.2$）等。

r_1r_2 接近于零，则趋向于交替共聚；r_1r_2 接近于 1，则接近理想共聚。$0<r_1=r_2<1$ 的共聚曲线介于交替共聚（$F_1=0.5$）和恒比对角线（$F_1=f_1$）之间。

（5）"嵌段"共聚（$r_1>1$，$r_2>1$）　$r_1>1$，$r_2>1$ 只有少数例子，如苯乙烯（$r_1=1.38$）与异戊二烯（$r_2=2.05$）。这种情况下，两种链自由基都倾向于加上同种单体，形成"嵌段"共聚物，链段长短决定于 r_1，r_2 的大小。但 M_1 和 M_2 的链段都不长，很难用这种方法来制备真正嵌段共聚物商品。

$r_1>1$，$r_2>1$ 的共聚曲线也有恒比点，但曲线形状和位置与 $r_1<1$，$r_2<1$ 时相反。

4.2.3　共聚物组成与转化率的关系

（1）定性描述　二元共聚时，由于两单体活性或竞聚率不同，除恒比点外，共聚物组成并不等于单体组成，两者均随转化率而变。

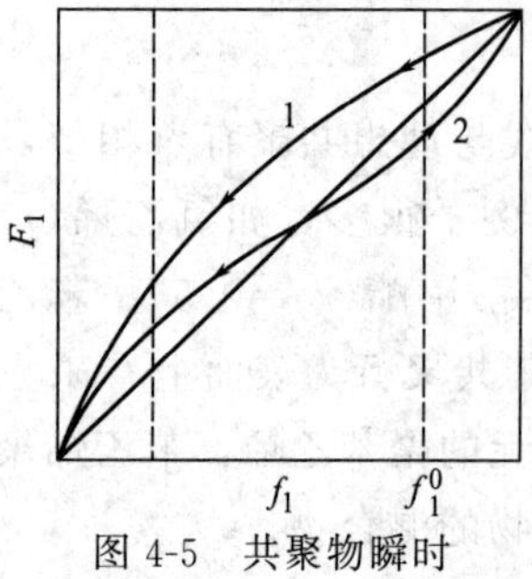

$r_1>1$，$r_2<1$ 时，瞬时组成曲线如图 4-5 中曲线 1。起始瞬时共聚物组成 F_1^0 大于相对应的起始单体组成 f_1^0。这就使得残留单体组成 f_1 递减，所对应的共聚物组成 F_1 也在递减。组成变化如曲线 1 上箭头方向。结果，单体 M_1 先耗尽，以致后期产生一定量的均聚物 M_2。因此，先后形成的共聚物组成并不均一，存在着组成分布，产物应该是平均组成 $\overline{F_1}$。

图 4-5　共聚物瞬时组成的变化方向

如果 $r_1<1$，$r_2<1$，则有恒比点，如图 4-5 曲线 2。f_1 低

于恒比组成时，共聚曲线处于对角线的上方，共聚物组成的变化与曲线 1 相同。但 f_1 大于恒比组成时，曲线则处于对角线的下方，形成共聚物的组成 F_1 将小于单体组成 f_1。结果 f_1、F_1 均随转化率增加而增大。

（2）共聚物平均组成-转化率关系式　根据以上分析，单体组成 f_1、共聚物瞬时组成 F_1、共聚物平均组成 $\overline{F}_1$ 与起始单体组成 f_1^0、转化率 C 有关，有待进一步建立相互间的定量关系。

1944 年，Skeist 曾提出处理办法。设某二元共聚体系中两单体的总摩尔数为 M，形成的共聚物中 M_1 较单体中多，即 $F_1 > f_1$。当 dM 消耗于共聚，共聚物中单元 M_1 量为 $F_1 dM$，残留单体中 M_1 量为 $(M - dM)(f_1 - df_1)$。对共聚前后，在配料、共聚物间对 M_1 进行物料衡算。

$$Mf_1 - (M - dM)(f_1 - df_1) = F_1 dM \tag{4-16}$$

$dMdf_1$ 项很小，可以略去，上式可以重排成下式。

$$\int_{M^0}^{M} \frac{dM}{M} = \ln \frac{M}{M^0} = \int_{f_1^0}^{f_1} \frac{df_1}{F_1 - f_1} \tag{4-17}$$

上标"0"代表起始。在上式积分结果出现以前，往往用图解积分法来处理。

转化率 C 为进入共聚物的单体量 $(M^0 - M)$ 占起始单体量 M^0 的百分比。

$$C = \frac{M^0 - M}{M^0} = 1 - \frac{M}{M^0} \quad \text{或} \quad M = M^0(1 - C) \tag{4-18}$$

20 世纪 60 年代，Meyer 曾将 F_1-f_1 的关系式（4-11）代入式（4-17），积分得

$$C = 1 - \frac{M}{M^0} = 1 - \left[\frac{f_1}{f_1^0}\right]^{\alpha} \left[\frac{f_2}{f_2^0}\right]^{\beta} \left[\frac{f_1^0 - \delta}{f_1 - \delta}\right]^{\gamma} \tag{4-19}$$

式中四个常数的定义如下：

$$\alpha = \frac{r_2}{(1 - r_2)} \qquad \beta = \frac{r_1}{(1 - r_1)}$$

$$\gamma = \frac{(1 - r_1 r_2)}{(1 - r_1)(1 - r_2)} \qquad \delta = \frac{(1 - r_2)}{(2 - r_1 - r_2)} \tag{4-20}$$

Kruse 曾将式（4-10）积分，经重排，也得到式（4-19）。

由式（4-19）算出 f_1-C 关系，按式（4-11）的 F_1-f_1 关系，就可进一步求得 F_1-C 的关系。

共聚产物须用平均组成表示。设两种单体起始总数 M^0 为 1mol，则 $f_1^0 = M_1^0/M^0 = M_1^0$。利用式（4-18），共聚物的平均组成可由下式计算。

$$\overline{F}_1 = \frac{M_1^0 - M_1}{M^0 - M} = \frac{f_1^0 - (1 - C)f_1}{C} \tag{4-21}$$

联立式（4-21）和式（4-19），消去 f_1，由起始单体浓度 f_1^0 和转化率 C 求出共聚物平均组成 $\overline{F}_1$。

有许多特殊情况，如 $r_1 = r_2 = 1$，$r_1 = r_2 = 0$，$r_1 r_2 = 1$，式（4-11）就可简化，代入式（4-17），积分就容易得多，积分结果也简单得多。

有些普通情况也可特殊处理。例如 60℃氯乙烯和醋酸乙烯酯的竞聚率分别为 $r_1 = 1.68$，$r_2 = 0.23$，在常用的 $f_1 = 0.6 \sim 1.0$ 范围内，F_1-f_1 几乎成下列线性关系。

$$F_1 = 0.605 f_1 + 0.395 \tag{4-22}$$

代入式（3-17），就很容易积分成

$$C = 1 - \left(\frac{1-f_1^0}{1-f_1}\right)^{2.53}$$

(4-23)

丁二烯 ($r_1 = 1.39$)-苯乙烯 ($r_2 = 0.78$)，丙烯腈 ($r_1 = 1.26$)-丙烯酸甲酯 ($r_2 = 0.67$) 等的共聚也可作类似简化处理。

根据式(4-19)、式(4-11) 和式(4-21)，就可以作出 f_1、F_1、$\overline{F}_1$ 与 C 间的关系曲线。有恒比点的苯乙烯 (M_1)-甲基丙烯酸甲酯 (M_2) 体系的组成-转化率关系曲线如 4-6。

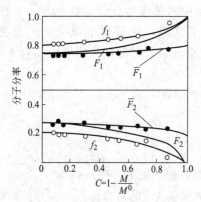

图 4-6 苯乙烯-甲基丙烯酸甲酯
共聚体系组成-转化率关系

$f_1^0 = 0.80$, $f_2^0 = 0.20$, $r_1 = 0.53$, $r_2 = 0.56$

中间水平线为恒比组成，$f_1 = F_1 = \overline{F}_1 = 0.484$

(3) 共聚物平均组成的控制　对于理想恒比共聚和在恒比点的共聚，共聚物组成与单体组成相同，不随转化率而变，不存在组成控制问题。除此之外，单体组成和共聚物组成均随转化率而变，欲获得组成比较均一的共聚物，应设法控制。一般控制方法有二。

① 控制转化率的一次投料法。当 $r_1 > 1$，$r_2 < 1$，以 M_1 为主时，可采用此法。例如氯乙烯-醋酸乙烯酯共聚，$r_1 = 1.68$，$r_2 = 0.23$，醋酸乙烯酯含量 3% ~ 15%，符合上述条件，按适当单体配比一次投料后，控制转化率在 80% 以下，可以获得组成分布不宽的共聚物。

② 补加活泼单体法。当 $r_1 > 1$，$r_2 < 1$，以 M_2 为主或所占的量相当多时，采用此法。例如，按性能要求，希望氯乙烯-丙烯腈共聚物含有 60% 氯乙烯。但丙烯腈的竞聚率 ($r_2 = 2.7$) 很大，远大于氯乙烯竞聚率 ($r_1 = 0.04$)，单体中氯乙烯：丙烯腈 = 92:8，才能保证共聚物中氯乙烯：丙烯腈 = 60:40。在共聚过程中，丙烯腈消耗得很快，浓度迅速降低，因此，在共聚过程中，必须陆续补加丙烯腈，以保持单体组成恒定，才能获得组成比较均一的共聚物。

4.3 二元共聚物微结构和链段序列分布

以上讨论了共聚物瞬时组成和平均组成、转化率的关系。除了严格的交替共聚和嵌段共聚外，在无规共聚物中，同一大分子内 M_1、M_2 两单元的排列是不规则的，存在着链段序列分布问题。两大分子之间的链段分布也可能有差别。

以 $r_1 = 5$，$r_2 = 0.2$ 的理想共聚体系为例，$[M_1]/[M_2] = 1$ 时，按式(4-10)计算，得 $d[M_1]/d[M_2] = 5$。这并不表示大分子都完全由 5 个 M_1 链节组成的链段（简称 $5M_1$ 段）和 1 个 M_2 链节组成的链段（$1M_2$ 段）相间而成，只不过是出现概率最大的一种情况而已。实际上，$1M_1$ 段、$2M_1$ 段、xM_1 段均可能存在，按一定概率分布，1、2、…x 称作链段长。

~~~ M_2—$\underline{M_1 M_1 M_1 M_1 M_1}$—$M_2$—$\underline{M_1 M_1 M_1 M_1}$—$\underline{M_2 M_2}$—$\underline{M_1 M_1 M_1 M_1 M_1}$—$M_2$—$\underline{M_1 M_1 M_1}$—$\underline{M_2 M_2}$ ~~~

链段分布有点类似聚合度分布，也可用概率法导出分布函数。

自由基 $M_1^{\cdot}$ 与单体 M_1、M_2 加聚是一对竞争反应，形成 $M_1 M_1^{\cdot}$ 和 $M_1 M_2^{\cdot}$ 的概率分别为 p_{11} 和 p_{12}。

$$p_{11} = 1 - p_{12} = \frac{r_1 [M_1]}{r_1 [M_1] + [M_2]}$$

(4-24)

同理，形成 $M_2M_2^{\bullet}$ 和 $M_2M_1^{\bullet}$ 的概率分别为 p_{22} 和 p_{21}。

$$p_{22}=1-p_{21}=\frac{r_2[M_2]}{[M_1]+r_2[M_2]} \tag{4-25}$$

由 $M_2M_1^{\bullet}$ 形成 xM_1 段，必须连续加上个 $(x-1)$ 个 M_1 单元，而后接上一个 M_2。

$$\overset{\displaystyle \vdash\!\!-\!\!-\!\!-\!\!-xM_1段\!\!-\!\!-\!\!-\!\!-\dashv}{\sim\!\sim\!\sim M_2M_1M_1M_1M_1M_1M_1........M_1\!\!-\!\!M_2}$$
$$\underset{\displaystyle \vdash\!\!-\!\!-\!(x-1)M_1\!-\!\!-\!\!-\dashv\quad 1M_2}{}$$

形成 xM_1 段 $\dashv\!(M_1)_x M_2\vdash$ 的概率 $(p_{M_1})_x$ 为

$$(p_{M_1})_x=p_{11}^{x-1}p_{12}=p_{11}^{x-1}(1-p_{11}) \tag{4-26}$$

式(4-26)称作数量链段序列分布函数，酷似数量聚合度分布函数式(3-67)，其图像（图4-7a）也与图3-13相似。

式(4-26)表明形成 xM_1 段的概率是单体组成和 r_1 的函数，与 r_2 无关，该式可用来计算某一单体组成下的共聚物链段分布。

同理，形成 xM_2 段 $\dashv\!(M_2)_x\vdash$ 的概率 $(p_{M_2})_x$ 为

$$(p_{M_2})_x=p_{22}^{x-1}p_{21}=p_{22}^{x-1}(1-p_{22}) \tag{4-27}$$

式(4-26)表明 $(p_{M_2})_x$ 是 r_2 的函数，与 r_1 无关。

xM_1 段的长度 $\overline{N}_{M_1}$ 可以参照数均聚合度的关系式(3-69)求得。

$$\overline{N}_{M_1}=\sum_{x=1}^{x}x(p_{M_1})_x=\sum_{x=1}^{x}xp_{11}^{x-1}(1-p_{11})=\frac{1}{1-p_{11}} \tag{4-28a}$$

同理，xM_2 段的数均长度为

$$\overline{N}_{M_2}=\sum_{x=1}^{x}x(p_{M_2})_x=\sum_{x=1}^{x}xp_{22}^{x-1}(1-p_{22})=\frac{1}{1-p_{22}} \tag{4-28b}$$

式(4-28)中 x 为 M_1 或 M_2 链段任意长度，等于 1，2，3 等整数。

表 4-2　二元共聚物链段序列分布概率（$r_1=5$，$r_2=0.2$，$[M_1]/[M_2]=1$）

M_1 单元链段长 N_{M_1}	xM_1 链段概率 $(p_{M_1})_x/\%$	xM_1 段中 M_1 单元数 $x(p_{M_1})_x/\%$	$\dfrac{x(p_{M_1})_x}{\sum x(p_{M_1})_x}$
1	16.7	16.7	2.78
2	13.9	27.8	4.63
3	11.5	34.5	3.75
4	9.6	39.4	6.06
5	8.0	40.0	6.67
6	6.67	40.0	6.67
7	5.55	38.9	6.49
8	4.63	37.0	6.17
9	3.85	33.8	5.64
10	3.21	32.1	5.35
20	0.52	10.4	1.74
30	0.084	2.52	0.42
40	0.0136	0.54	0.09
50	0.0022	0.11	0.018
...	......	......	......
	$\sum(p_{M_1})_x=100\%$	$\sum x(p_{M_1})_x=600\%=6$	100%

以 $r_1=5$，$r_2=0.2$，$[M_1]/[M_2]=1$ 为例，按式(4-24) 计算的 $p_{11}=5/6$。再按式(4-26) 计算出 $1M_1$ 段、$2M_1$ 段、$3M_1$ 段……的概率或百分数分别为 16.7%、13.6%、11.5%…。由此可见，xM_1 段的概率随段长增加而递减，详见表 4-2 第二列和图 4-7(a)。按式(4-28a) 计算得 xM_1 段数均 $\overline{N}_{M_1}$ 为 6。

可进一步计算 xM_1 链段所含的 M_1 单元数。以 100 个链段计，数均链段长度 $\overline{N}_{M_1}=6$，因此 M_1 单元总数 $=600$。$1M_1$ 段含有 $100\times16.7\%=16.7$ 单元，占 M_1 总单元数 600 的 2.8%；$2M_1$ 段含有 $2\times100\times13.9\%=27.8$ 单元，占 4.6%；余类推，详见表 4-2 第三、四列和图 4-7(b)。$5M_1$ 段或 $6M_1$ 段中 M_1 单元数占 100 个链段中单元总数的百分比最大，约 6.7%。

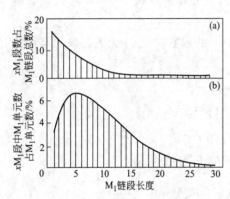

图 4-7 二元共聚物链段序列
分布 (a) 和链节分布 (b)

根据式(4-26) 和式(4-28a)，xM_1 段中的 M_1 单元数占 M_1 单元总数的百分比可由下式表示。

$$\frac{x(p_{M_1})_x}{\sum x(p_{M_1})_x}=xp_{11}^{x-1}(1-p_{11})^2 \qquad (4\text{-}29)$$

上式与聚合度质量分布函数相当，如图 4-7(b)。

同理，也可求出 xM_2 段及其所含 M_2 单元的分布。

如聚合度不够大（<1000），二元共聚物中某一大分子与另一大分子的链段分布并不完全相同。聚合度大于 5000 以后，大分子间链段序列分布才较接近。

根据概率，也可以推导出二元共聚物组成微分方程。因为共聚物中两单元数比 m_1/m_2 等于两种链段的数均长度比 $\overline{N}_{M_1}/\overline{N}_{M_2}$，将式(4-28a)、式(4-28b)、式(4-24)、式(4-25) 的关系代入，就可以得到与式(4-10) 相同的方程。

$$\frac{m_1}{m_2}=\frac{\overline{N}_{M_1}}{\overline{N}_{M_2}}=\frac{1/(1-p_{11})}{1/(1-p_{12})}=\frac{[M_1]}{[M_2]}\frac{r_1[M_1]+[M_2]}{r_2[M_2]+[M_1]}$$

4.4 前末端效应

推导共聚物组成方程时有两个重要假定：一是前末端单元对自由基活性无影响，这属于动力学行为；另一是增长反应不可逆，这属于热力学问题。如果有些单体或条件不符合这两假定，上述导得的共聚物组成方程将产生一定的偏离。现着重讨论前末端效应。

带有位阻或极性较大基团的烯类单体进行自由基共聚合时，前末端单元对末端自由基的活性将产生影响，苯乙烯（M_1）-反丁烯二腈（M_2）共聚是一典型例子。前末端单元为反丁烯二腈的苯乙烯自由基 $\sim\sim M_2M_1^\cdot$ 与反丁烯二腈单体 M_2 反应的活性将显著降低，主要原因是前末端反丁烯二腈单元与参加增长反应的反丁烯二腈单体之间有位阻和极性斥力。前末端效应不能忽略的还有许多例子，如苯乙烯-丙烯腈，α-甲基苯乙烯-丙烯腈，甲基丙烯酸甲酯-4-乙烯基吡啶，丁二烯-丙烯酸甲酯等。

考虑到 $\sim\sim M_1M_1^\cdot$ 和 $\sim\sim M_1M_2^\cdot$，$\sim\sim M_2M_2^\cdot$ 和 $\sim\sim M_1M_2^\cdot$ 的活性不同，对前末端效应作数学处理时，将有 8 个增长反应和 4 个竞聚率。

$$\sim\sim M_1 M_1^{\bullet} + M_1 \xrightarrow{k_{111}} \sim\sim M_1 M_1 M_1^{\bullet} \qquad r_1 = \frac{k_{111}}{k_{112}}$$

$$\sim\sim M_1 M_1^{\bullet} + M_2 \xrightarrow{k_{112}} \sim\sim M_1 M_1 M_2^{\bullet}$$

$$\sim\sim M_2 M_2^{\bullet} + M_2 \xrightarrow{k_{222}} \sim\sim M_2 M_2 M_2^{\bullet} \qquad r_2 = \frac{k_{222}}{k_{221}}$$

$$\sim\sim M_2 M_2^{\bullet} + M_1 \xrightarrow{k_{221}} \sim\sim M_2 M_2 M_1^{\bullet}$$

$$\sim\sim M_2 M_1^{\bullet} + M_1 \xrightarrow{k_{211}} \sim\sim M_2 M_1 M_1^{\bullet} \qquad r_1' = \frac{k_{211}}{k_{212}}$$

$$\sim\sim M_2 M_1^{\bullet} + M_2 \xrightarrow{k_{212}} \sim\sim M_2 M_1 M_2^{\bullet}$$

$$\sim\sim M_1 M_2^{\bullet} + M_2 \xrightarrow{k_{122}} \sim\sim M_1 M_2 M_2^{\bullet} \qquad r_2' = \frac{k_{122}}{k_{121}} \qquad (4\text{-}30)$$

$$\sim\sim M_1 M_2^{\bullet} + M_1 \xrightarrow{k_{121}} \sim\sim M_1 M_2 M_1^{\bullet}$$

与推导式(4-10)时相似，先写出 M_1 和 M_2 的消失速率比。

$$\frac{d[M_1]}{d[M_2]} = \frac{R_{111} + R_{221} + R_{121} + R_{211}}{R_{112} + R_{222} + R_{122} + R_{212}} \qquad (4\text{-}31)$$

对 $[M_1 M_1^{\bullet}]$、$[M_2 M_2^{\bullet}]$、$[M_2 M_1^{\bullet}]$ 作下列稳态处理。

$$k_{112}[M_1 M_1^{\bullet}][M_2] = k_{211}[M_2 M_1^{\bullet}][M_1]$$

$$k_{221}[M_2 M_2^{\bullet}][M_1] = k_{122}[M_1 M_2^{\bullet}][M_2] \qquad (4\text{-}32)$$

$$k_{211}[M_2 M_1^{\bullet}][M_1] + k_{212}[M_2 M_1^{\bullet}][M_2] = k_{121}[M_1 M_2^{\bullet}][M_1] + k_{122}[M_1 M_2^{\bullet}][M_2]$$

$[M_1 M_2^{\bullet}]$ 的稳态方程并不是独立方程，不必写出。

将以上 3 式代入式(4-30)，令 $X = [M_1]/[M_2]$，则得

$$\frac{d[M_1]}{d[M_2]} = \frac{1 + \dfrac{r_1' X(r_1 X + 1)}{(r_1' X + 1)}}{1 + \dfrac{r_2'(r_2 + X)}{X(r_2' + X)}} \qquad (4\text{-}33)$$

如果还要考虑前前末端效应，将有更复杂的方程式，但形式类似。

对于苯乙烯-反丁烯二腈体系，反丁烯二腈不能自聚，$r_2 = r_2' = 0$，上式就可简化成

$$\frac{d[M_1]}{d[M_2]} = 1 + \frac{r_1' X(r_1 X + 1)}{r_1' X + 1} \qquad (4\text{-}34)$$

$r_1 = 0.072$，$r_1' = 1.0$，代入上式计算得共聚物组成，与实验结果就比较吻合。

4.5 多元共聚

在实际应用中，共聚并不限于二元，三元共聚已很普通，四元共聚也有出现。

常见的三元共聚物多以两种主要单体确定基本性能，再加少量第三单体作特殊改性。例如氯乙烯-醋酸乙烯酯（15％）共聚物配有 1％～2％马来酸酐可提高粘结性能，丙烯腈-丙烯酸甲酯（7％～8％）共聚中加 1％～2％衣康酸，可改善聚丙烯腈的的染色性能，乙烯-丙烯共聚中加 2％～3％二烯烃，可为乙丙橡胶交联提供必要的双键等。

三元共聚物组成可以参照二元共聚方程进行推导。三元共聚时，有 3 种引发，9 种增长，6 种终止。9 种增长反应式及其速率方程如下：

$$M_1^{\bullet} + M_1 \longrightarrow M_1^{\bullet} \qquad R_{11} = k_{11}[M_1^{\bullet}][M_1]$$

$$\mathrm{M_1^\bullet + M_2 \longrightarrow M_2^\bullet} \qquad R_{12} = k_{12}[\mathrm{M_1^\bullet}][\mathrm{M_2}]$$

$$\mathrm{M_1^\bullet + M_3 \longrightarrow M_3^\bullet} \qquad R_{13} = k_{13}[\mathrm{M_1^\bullet}][\mathrm{M_3}]$$

$$\mathrm{M_2^\bullet + M_1 \longrightarrow M_1^\bullet} \qquad R_{21} = k_{21}[\mathrm{M_2^\bullet}][\mathrm{M_1}]$$

$$\mathrm{M_2^\bullet + M_2 \longrightarrow M_2^\bullet} \qquad R_{22} = k_{22}[\mathrm{M_2^\bullet}][\mathrm{M_2}]$$

$$\mathrm{M_2^\bullet + M_3 \longrightarrow M_3^\bullet} \qquad R_{23} = k_{23}[\mathrm{M_2^\bullet}][\mathrm{M_3}]$$

$$\mathrm{M_3^\bullet + M_1 \longrightarrow M_1^\bullet} \qquad R_{31} = k_{31}[\mathrm{M_3^\bullet}][\mathrm{M_1}]$$

$$\mathrm{M_3^\bullet + M_2 \longrightarrow M_2^\bullet} \qquad R_{32} = k_{32}[\mathrm{M_3^\bullet}][\mathrm{M_2}]$$

$$\mathrm{M_3^\bullet + M_3 \longrightarrow M_3^\bullet} \qquad R_{33} = k_{33}[\mathrm{M_3^\bullet}][\mathrm{M_3}] \tag{4-35}$$

6 个竞聚率为

$$\mathrm{M_1\text{-}M_2} \qquad\qquad \mathrm{M_2\text{-}M_3} \qquad\qquad \mathrm{M_1\text{-}M_3}$$

$$r_1: \qquad r_{12} = \frac{k_{11}}{k_{12}} \qquad\qquad r_{23} = \frac{k_{22}}{k_{23}} \qquad\qquad r_{13} = \frac{k_{11}}{k_{13}} \tag{4-36}$$

$$r_2: \qquad r_{21} = \frac{k_{22}}{k_{21}} \qquad\qquad r_{32} = \frac{k_{33}}{k_{32}} \qquad\qquad r_{31} = \frac{k_{33}}{k_{31}}$$

3 种单体的消失速率为

$$-\frac{\mathrm{d}[\mathrm{M_1}]}{\mathrm{d}t} = R_{11} + R_{21} + R_{31}$$

$$-\frac{\mathrm{d}[\mathrm{M_2}]}{\mathrm{d}t} = R_{12} + R_{22} + R_{32} \tag{4-37}$$

$$-\frac{\mathrm{d}[\mathrm{M_3}]}{\mathrm{d}t} = R_{13} + R_{23} + R_{33}$$

作 $[\mathrm{M_1^\bullet}]$、$[\mathrm{M_2^\bullet}]$、$[\mathrm{M_3^\bullet}]$ 稳态假定,可以导出三元共聚组成方程。有两种稳态处理方式,相应有两种形式的方程式。

① Alfrey-Goldfinger 作如下稳态假定。

$$R_{12} + R_{13} = R_{21} + R_{31}$$

$$R_{21} + R_{23} = R_{12} + R_{32}$$

$$R_{31} + R_{32} = R_{13} + R_{23} \tag{4-38}$$

最后得到三元共聚物组成比为

$$\mathrm{d}[\mathrm{M_1}] : \mathrm{d}[\mathrm{M_2}] : \mathrm{d}[\mathrm{M_3}] = [\mathrm{M_1}]\left\{\frac{[\mathrm{M_1}]}{r_{31}r_{21}} + \frac{[\mathrm{M_2}]}{r_{21}r_{32}} + \frac{[\mathrm{M_3}]}{r_{31}r_{23}}\right\}\left\{[\mathrm{M_1}] + \frac{[\mathrm{M_2}]}{r_{12}} + \frac{[\mathrm{M_3}]}{r_{13}}\right\} :$$

$$[\mathrm{M_2}]\left\{\frac{[\mathrm{M_1}]}{r_{12}r_{31}} + \frac{[\mathrm{M_2}]}{r_{12}r_{32}} + \frac{[\mathrm{M_3}]}{r_{32}r_{13}}\right\}\left\{[\mathrm{M_2}] + \frac{[\mathrm{M_1}]}{r_{21}} + \frac{[\mathrm{M_3}]}{r_{23}}\right\} :$$

$$[\mathrm{M_3}]\left\{\frac{[\mathrm{M_1}]}{r_{13}r_{21}} + \frac{[\mathrm{M_2}]}{r_{23}r_{12}} + \frac{[\mathrm{M_3}]}{r_{13}r_{23}}\right\}\left\{[\mathrm{M_3}] + \frac{[\mathrm{M_1}]}{r_{31}} + \frac{[\mathrm{M_2}]}{r_{32}}\right\} \tag{4-39}$$

② Valvassori-Sartori 作比较简单的稳态处理:

$$R_{12} = R_{21} \qquad R_{23} = R_{32} \qquad R_{13} = R_{31} \tag{4-40}$$

得到另一种形式的方程:

$$\mathrm{d}[\mathrm{M_1}] : \mathrm{d}[\mathrm{M_2}] : \mathrm{d}[\mathrm{M_3}] = [\mathrm{M_1}]\left\{[\mathrm{M_1}] + \frac{[\mathrm{M_2}]}{r_{12}} + \frac{[\mathrm{M_3}]}{r_{13}}\right\} :$$

$$[\mathrm{M_2}]\frac{r_{21}}{r_{12}}\left\{\frac{[\mathrm{M_1}]}{r_{21}} + [\mathrm{M_2}] + \frac{[\mathrm{M_3}]}{r_{23}}\right\} :$$

$$\left[M_3\right]\frac{r_{31}}{r_{13}}\left\{\frac{\left[M_1\right]}{r_{31}}+\frac{\left[M_2\right]}{r_{32}}+\left[M_3\right]\right\} \tag{4-41}$$

Ham 用概率处理，得到类似的结果。

如果已知三种单体两两竞聚率，就可以用式(4-39) 或式(4-41) 算出共聚物组成，示例如表 4-3。很难说哪一方程比较准确。这两方程还可以延伸用于四元共聚。

表 4-3　三元共聚物组成计算值和实验值

体系	配料组成		共聚物组成/%（摩尔分数）		
	单体	%（摩尔分数）	实验值	按式(4-39)	按式(4-41)
1	苯乙烯	31.24	43.4	44.3	44.3
	甲基丙烯酸甲酯	31.12	39.4	41.2	42.7
	偏二氯乙烯	37.64	17.2	14.5	13.0
2	甲基丙烯酸甲酯	35.10	50.8	54.3	56.6
	丙烯腈	28.24	28.3	29.7	23.5
	偏二氯乙烯	36.66	20.9	16.0	19.9
3	苯乙烯	34.03	52.8	52.4	53.8
	丙烯腈	34.49	36.0	40.5	36.6
	偏二氯乙烯	31.48	10.5	7.1	9.6
4	苯乙烯	35.92	44.7	43.6	45.2
	甲基丙烯酸甲酯	36.03	26.1	29.2	33.8
	丙烯腈	28.05	29.2	26.2	21.0
5	苯乙烯	20.00	55.2	55.8	55.8
	丙烯腈	20.00	40.3	41.3	41.4
	氯乙烯	60.00	4.5	2.9	2.8
6	苯乙烯	25.21	40.7	41.0	41.0
	甲基丙烯酸甲酯	25.48	25.5	27.3	29.3
	丙烯腈	25.40	25.8	24.8	22.8
	偏二氯乙烯	23.91	6.0	6.9	6.9

三元或四元共聚时，如某一单体不能均聚，其竞聚率为零，就不能应用式(4-39) 和式(4-41)，需另作推导。

共聚合类似气液平衡，原先常借用气液平衡原理来解释共聚行为。但当共聚理论发展以后，上述方程反过来倒可以用来关联三元气液平衡数据。

4.6　竞聚率

4.6.1　竞聚率的测定

竞聚率是共聚物组成方程中的重要参数，可用来判断共聚行为，也可从单体组成来计算共聚物组成。因此，事前应该求取竞聚率。文献手册有大量竞聚率数据，少数见表 4-4。

求取竞聚率时，需测定几个单体配比下低转化（<5%）共聚物的组成或残留单体组成，有时两者需同时分析。共聚物组成可以选用元素分析、红外、紫外或浊度滴定来分析，残留单体组成则多用气相色谱法测定。

为了使结果更具准确性，往往需要 3 组以上的单体配比，获得相应共聚物组成。然后选用下列方法求取竞聚率。

表 4-4　常用单体的竞聚率

M₁	M₂	T/℃	r₁	r₂
丁二烯	异戊二烯	5	0.75	0.85
	苯乙烯	50	1.35	0.58
		60	1.39	0.78
	丙烯腈	40	0.3	0.02
	甲基丙烯酸甲酯	90	0.75	0.25
	丙烯酸甲酯	5	0.76	0.05
	氯乙烯	50	8.8	0.035
苯乙烯	异戊二烯	50	0.80	1.68
	丙烯腈	60	0.40	0.04
	甲基丙烯酸甲酯	60	0.52	0.46
	丙烯酸甲酯	60	0.75	0.20
	偏二氯乙烯	60	1.85	0.085
	氯乙烯	60	17	0.02
	醋酸乙烯酯	60	55	0.01
丙烯腈	甲基丙烯酸甲酯	80	0.15	1.224
	丙烯酸甲酯	50	1.5	0.84
	偏二氯乙烯	60	0.91	0.37
	氯乙烯	60	2.7	0.04
	醋酸乙烯酯	50	4.2	0.05
甲基丙烯酸甲酯	丙烯酸甲酯	130	1.91	0.504
	偏二氯乙烯	60	2.35	0.24
	氯乙烯	68	10	0.1
	醋酸乙烯酯	60	20	0.015
丙烯酸甲酯	氯乙烯	45	4	0.06
	醋酸乙烯酯	60	9	0.1
氯乙烯	醋酸乙烯酯	60	1.68	0.23
	偏二氯乙烯	68	0.1	6
醋酸乙烯酯	乙烯	130	1.02	0.97
马来酸酐	苯乙烯	50	0.04	0.015
	α-甲基苯乙烯	60	0.08	0.038
	反二苯基乙烯	60	0.03	0.03
	丙烯腈	60	0	6
	甲基丙烯酸甲酯	75	0.02	6.7
	丙烯酸甲酯	75	0.02	2.8
	醋酸乙烯酯	75	0.055	0.003
四氟乙烯	三氟氯乙烯	60	1.0	1.0
	乙烯	80	0.85	0.15
	异丁烯	80	0.3	0.0

（1）曲线拟合法　取多组配比不同的单体混合物进行共聚，控制转化率在 5%～10% 以下，共聚物经分离精制后，测定组成，作 F_1-f_1 图。根据图形判断，由试差法初步选取 r_1、r_2 值，按拟定的 f_1 来计算 F_1。如果计算的 F_1-f_1 图与实测图重合，则说明预先拟定的 r_1、r_2 正确。一般反复几次，就可以得到确值。以前认为该法繁琐，但有了计算机后，却成为简便的方法。

（2）直线交叉法　这是比较古老的方法。将式（4-10）重排成下式。

$$r_2 = \frac{[M_1]}{[M_2]}\left\{\frac{d[M_2]}{d[M_1]}\left(1+\frac{[M_1]}{[M_2]}r_1\right)-1\right\} \tag{4-42}$$

几组单体配比将有对应的几组共聚物组成，代入式(4-42)，就有几条 r_1-r_2 直线。交点或交叉区域的重心坐标就是 r_1、r_2 值，如图 4-8。交叉区域的大小与实验的准确程度有关。

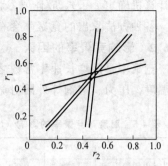

图 4-8　直线交叉法求竞聚率

(3) 截距斜率法　令 $\rho = d[M_1]/d[M_2]$，$R = [M_1]/[M_2]$，可将式(4-10)重排成式(4-43)和式(4-44)。

$$\frac{\rho-1}{R} = r_1 - r_2 \frac{\rho}{R^2} \tag{4-43}$$

$$\frac{R(\rho-1)}{\rho} = -r_2 + r_1 \frac{R^2}{\rho} \tag{4-44}$$

按式(4-43)，由一组 $(\rho-1)/R$ 对 ρ/R^2 作图，得一直线，如图 4-9，截距为 r_1，斜率为 $-r_2$。按式(4-44)，由一组 $R(\rho-1)/\rho$ 对 R^2/ρ 作图，如图 4-10，则截距为 $-r_2$，斜率为 r_1。由于实验误差，这两法求得的 r_1，r_2 值可能并不相同。后来曾有人作了改进。

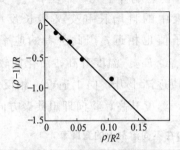

图 4-9　共聚竞聚率截距斜率图

N-乙烯基琥珀酰亚胺-甲基丙烯酸甲酯

$r_1 = 0.07$，$r_2 = 0.7$

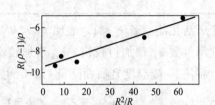

图 4-10　竞聚率截距斜率图

(条件与图 4-9 同)

(4) 积分法　上述三法都只适用于低转化率阶段。如转化率大于 10% 或更高，最好采用积分法。式(4-10)经积分，重排，得

$$r_2 = \frac{\lg \dfrac{[M_2]_0}{[M_2]} - \dfrac{1}{P} \lg \dfrac{\left\{ 1 - P \dfrac{[M_1]}{[M_2]} \right\}}{\left\{ 1 - P \dfrac{[M_1]_0}{[M_2]_0} \right\}}}{\lg \dfrac{[M_1]_0}{[M_1]} + \lg \dfrac{\left\{ 1 - P \dfrac{[M_1]}{[M_2]} \right\}}{\left\{ 1 - P \dfrac{[M_1]_0}{[M_2]_0} \right\}}} \tag{4-45}$$

其中

$$P = \frac{1-r_1}{1-r_2} \tag{4-46}$$

将一组实验的 $[M_1]_0$、$[M_2]_0$ 和测得的 $[M_1]$、$[M_2]$ 值代入式(4-45)，就得到 r_1、r_2 的关系式。但该式属于隐式函数，需用试差法求取。先拟定 P 值，代入式(4-45)，解得 r_2。由 P、r_2 代入式(4-46)，求 r_1。同一组实验，可以拟定 2~3 个 P 值，分别求得 2~3 组 r_1、r_2 值。由此画成一条直线。多组实验就有多条直线，由直线交点求 r_1、r_2，类似图 4-8。积分法和微分直线交叉法相似。只是转化率不受过分限制而已。但转化率过高，也容易造成误差。

近年来曾用共聚物组成-转化率数据来求取 r_1、r_2 值。例如应用式(4-19)，作 f_1-C 图，

由计算机确定 r_1、r_2 最佳值。将求得的 r_1、r_2 代入式(4-19)，会得到相同的曲线。

各种方法求出的竞聚率会有误差，使用时应加注意。

4.6.2 影响竞聚率的因素

竞聚率是两增长速率常数之比，影响增长速率常数的因素都将影响到竞聚率。本节将讨论温度、压力、溶剂等外因对竞聚率的影响。

表 4-5 温度对竞聚率的影响（M_1＝苯乙烯）

M_2	$T/℃$	r_1	r_2
甲基丙烯酸甲酯	35	0.52	0.44
	60	0.52	0.46
	131	0.59	0.54
丙烯腈	60	0.40	0.04
	75	0.41	0.03
	99	0.39	0.06
丁二烯	5	0.44	1.40
	50	0.58	1.35
	60	0.78	1.39

（1）温度 竞聚率的定义为 $r_1＝k_{11}/k_{12}$，因此

$$\frac{d(\ln r_1)}{dT}=\frac{(E_{11}-E_{12})}{RT^2} \qquad (4-47)$$

式中，E_{11}、E_{12} 分别是自增长和交叉增长的活化能。链增长活化能本身就小（$21\sim34$kJ·mol^{-1}），（$E_{11}-E_{12}$）差值更小。结果，温度对竞聚率的影响并不大，如表 4-5。

共聚中的自增长和交叉增长反应相似，频率因子值也相近，因此两者的速率常数仅决定于活化能。若 $r_1<1$，表明 $k_{11}<k_{12}$，也就是说 $E_{11}>E_{12}$。温度升高，活化能较大的增长速率常数 k_{11} 增加得较快，k_{12} 增加较慢。结果，r_1 值逐渐上升，向 1 逼近。相反，$r_1>1$ 时，将使 r_1 随温度升高而降低，最后也接近 1。总之，温度升高，将向理想共聚方向发展。

表 4-6 苯乙烯（M_1）-甲基丙烯酸甲酯（M_2）在不同溶剂中的竞聚率

溶 剂	r_1	r_2	溶 剂	r_1	r_2
苯	0.57 ± 0.032	0.46 ± 0.032	苯甲醇	0.44 ± 0.054	0.39 ± 0.054
苯甲腈	0.48 ± 0.045	0.49 ± 0.045	苯酚	0.35 ± 0.024	0.35 ± 0.024

（2）压力 压力对竞聚率影响的报道不多。从现有数据看来，竞聚率随压力的变化有点与温度的影响类似。升高压力也使共聚向理想共聚方向移动。例如在 0.001MPa、0.1MPa、10MPa 下，甲基丙烯酸甲酯-丙烯腈进行共聚，其 r_1r_2 分别为 0.16，0.54，0.91。

（3）溶剂 溶剂的极性对竞聚率有影响，如表 4-6。

对于离子聚合，溶剂极性将影响离子对的性质，对增长速率和竞聚率的影响都较大。

（4）其他因素 介质 pH 值和盐类将引起竞聚率的变化。

酸类单体，如（M_1）和 N-二乙氨基乙酯（M_2）共聚，介质 pH 值改变，将引起竞聚率的变化，这与单体处于酸或盐的状态有关。例如 pH＝1 时，甲基丙烯酸 M_1 以酸的形式存在，易形成氢键缔合，活性高，故 $r_1＝0.98$，$r_2＝0.90$；pH＝7.2 时，M_1 转变成盐，氢键消失，活性低，故 $r_1＝0.08$，$r_2＝0.65$。两者相差很大。实际上，丙烯酸与丙烯酸盐已属两类单体。

某些盐类将增加交替共聚倾向。例如苯乙烯-甲基丙烯酸甲酯用偶氮二异丁腈引发共聚，50℃下 r_1r_2 值为 0.212，有不同浓度的氯化锌时，r_1r_2 值逐步降为 0.014，逼近交替。

此外，聚合方法不同，共聚物组成可能会有差异。这可能是聚合场所局部浓度与宏观的总体平均浓度不同所引起的，并非竞聚率本身的变化。例如含有丙烯腈体系的悬浮共聚或乳液共聚，需注意丙烯腈在水中的溶解度。对于在水中溶解度较小的单体，如苯乙烯-甲基丙烯酸甲酯体系，进行各种方法聚合的竞聚率和共聚物组成的变化均较小。

4.7 单体活性和自由基活性

链增长是自由基与单体两物种间的反应，增长速率常数的大小与两物种的活性都有关。很难用单体增长速率常数单一参数来判断单体活性或自由基活性，例如苯乙烯的 $k_p=145$，醋酸乙烯酯的 $k_p=2300$，很容易误认为苯乙烯的活性小于醋酸乙烯酯，实际上苯乙烯单体的活性大于醋酸乙烯酯单体，而苯乙烯自由基的活性远小于醋酸乙烯酯自由基。因此比较两单体活性时，需考虑与同种自由基反应；相似，比较两自由基活性时，需考虑与同种单体反应。竞聚率对两物种活性的判断就起了关键作用。

4.7.1 单体活性

竞聚率的倒数 $1/r_1=k_{12}/k_{11}$，表示同一自由基和异种单体的交叉增长速率常数与和同种单体的自增长速率常数之比，可用来衡量两单体的相对活性。表 4-7 就是 $1/r_1$ 值，直列数值代表不同单体对同一自由基反应的相对活性，例如第二列代表各单体与苯乙烯自由基反应。

表 4-7　乙烯基单体对同一自由基的相对活性 $(1/r)$

单　　体	链　自　由　基						
	B·	S·	VAc·	VC·	MMA·	MA·	AN·
B		1.7		29	4	20	50
S	0.4		100	50	2.2	6.7	25
MMA	1.3	1.9	67	10		2	6.7
甲基乙烯酮		3.4	20	10		1.2	1.7
AN	3.3	2.5	20	25	0.82		0.67
MA	1.3	1.4	10	17	0.52		0.67
VDC		0.54	10		0.39		1.1
VC	0.11	0.059	4.4		0.10	0.25	0.37
VAc		0.019		0.59	0.050	0.11	0.24

从表 4-7 可看出，大部分单体的活性由上而下依次减弱。乙烯基单体 $CH_2=CHX$ 的活性次序可排列如下。

$X: C_6H_5-, CH_2=CH->-CN, -COR>-COH, -COOR>-CCl>-OCOR, -R>-OR, -H$

从表 4-8 可以看出自由基活性次序恰好与此相反。表 4-7 横行数字没有比较意义。

4.7.2 自由基活性

$r_1=k_{11}/k_{12}$，其中 k_{11} 相当于单体 M_1 的增长速率常数 k_p。r_1 和 k_p 都是可测参数，因此就可求出 k_{12} 值。将 k_{12} 值列成表 4-8。

表 4-8　同一自由基与不同单体反应的 k_{12}　　　　单位：$L \cdot mol^{-1} \cdot s^{-1}$

单　　体	链　自　由　基						
	B·	S·	MMA·	AN·	MA·	VC·	VAc·
B	100	246	2820	98000	41800		357000
S	40	145	1550	49000	14000	230000	615000
MMA	130	276	705	13100	4180	154000	123000
AN	330	435	578	1960	2510	46000	178000
MA	130	203	367	1310	2090	23000	209000
VC	11	8.7	71	720	520	10100	12300
VAc		3.9	35	230	230	2300	7760

由表中横行可以比较自由基的相对活性，从左到右依次增加。直列数据则可比较单体活性，从上而下依次减弱。从取代基的影响看来，单体活性次序与自由基活性次序恰好相反，但变化的倍数并不相同。例如苯乙烯单体的活性是醋酸乙烯酯单体的 50～100 倍，但醋酸乙烯酯自由基的活性却是苯乙烯自由基的 100～1000 倍。可见得取代基对自由基活性的影响比对单体活性的影响要大得多，因此，醋酸乙烯酯均聚速率常数反而比苯乙烯的大。

4.7.3 取代基对单体和自由基活性的影响

正如剖析影响烯类单体的聚合倾向一样，取代基的共轭效应、极性效应和位阻效应对单体活性和自由基活性均有影响，但影响程度不一。

（1）共轭效应 按表 4-8 所列自由基活性的次序，可见共轭效应对自由基活性的影响很大。苯乙烯自由基中的苯环与独电子共轭稳定，使活性降低，几乎成为烯类自由基中活性最低的一员。—CN、—COOH、—COOR 等基团对自由基均有共轭效应，这类自由基的活性也不很高。相反，卤素、乙酰基、醚等基团只有卤、氧原子上未键合电子对自由基稍有作用，因此氯乙烯、醋酸乙烯酯、乙烯基醚等自由基就很活泼。另一重要现象是单体活性与自由基活性次序正好相反，即苯乙烯单体活泼，而醋酸乙烯酯单体并不活泼。

先选择单体和自由基活性处于两个极端的苯乙烯（M_1）-醋酸乙烯酯（M_2）体系为例，来说明 4 种增长反应速率常数变化规律，显示共轭效应对单体活性和自由基活性影响的程度。

$$S^{\cdot} + VAc \longrightarrow VAc^{\cdot} \qquad k_{12} = 2.9$$
$$S^{\cdot} + S \longrightarrow S^{\cdot} \qquad k_{11} = k_{p1} = 145 \quad r_1 = 55$$
$$VAc^{\cdot} + VAc \longrightarrow VAc^{\cdot} \qquad k_{22} = k_{p2} = 2300 \quad r_2 = 0.01$$
$$VAC^{\cdot} + S \longrightarrow S^{\cdot} \qquad k_{21} = 230000$$

显然，低活性的苯乙烯自由基很难与低活性的醋酸乙烯酯单体交叉增长（$k_{21} = 2.9$），而特高活性的醋酸乙烯酯自由基与高活性的苯乙烯单体将迅速交叉增长（$k_{12} = 230000$）。一旦形成苯乙烯自由基，再难引发醋酸乙烯酯单体聚合。实际上，苯乙烯很难与醋酸乙烯酯共聚，只能先后形成两种均聚物。苯乙烯单体可以看作醋酸乙烯酯聚合的阻聚剂，要在苯乙烯完全均聚结束之后，醋酸乙烯酯才开始均聚。介于二交叉增长之间的是二单体的均聚：苯乙烯单体的活性虽高，但其自由基活性过低，其均聚速率总是比较慢的（$k_{22} = k_{p2} = 145$），聚合时间往往需十几小时；而醋酸乙烯酯的自由基活性很高，足以弥补较低的单体活性，能以较高的速率（$k_{11} = k_{p1} = 2300$）进行聚合，聚合时间以小时计。

自由基与单体活性次序相反的情况还可以用两者作用的势能图来说明。图 4-11 有两组势能曲线。一组是势能斥力线，代表自由基与单体靠近时势能随距离缩短而增加的情况。另一组是两条 Morse 曲线，代表形成键的稳定性。两组曲线的交点代表单体与自由基反应的过渡态，交点处键合和未键合状态的势能相同。带箭头垂直实线代表活化能，虚线则代表反应热。有共轭效应的取代基对自由基活性的降低远大于对单体活性的降低，因此两 Morse 曲

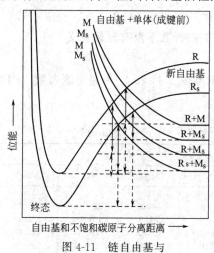

图 4-11　链自由基与单体作用的势能-距离图

线间的距离比斥力曲线间的距离要大。

根据图 4-11 活化能的大小（实线的长短），反应速率常数的次序为：

$$R_S^\cdot + M < R_S^\cdot + M_S < R^\cdot + M < R^\cdot + M_S$$

下标 S 代表共轭。这进一步说明苯乙烯-醋酸乙烯酯间 4 种增长反应速率常数大小的原因。

（2）极性效应　有些极性单体，如丙烯腈，在单体和自由基活性次序中出现反常现象。供电子基使烯类单体双键带负电性，吸电基团则使带正电性。这两类单体易进行共聚，并有交替倾向。这称作极性效应。

按极性大小排成表 4-9 的形式。带供电基团的单体处于左上方，带吸电子基的单体处于右下方。两单体在表中的位置愈远，即极性相差愈大，则 $r_1 r_2$ 乘积愈接近于 0，交替倾向愈甚。一些难均聚的单体，如顺丁烯二酸酐（马来酸酐）、反丁烯二酸二乙酯，却能与极性相反的单体，如苯乙烯、乙烯基醚等共聚。反二苯基乙烯（电子给体）和马来酸酐（电子受体）两单体虽然不能均聚，却往往形成电荷转移络合物而交替共聚。络合物过渡态的形成将使活化能降低，从而使共聚速率增加。

表 4-9　自由基共聚中的 $r_1 r_2$ 值

	乙烯基[①]醚类(-1.3)[②]	丁二烯(-1.05)	苯乙烯(-0.80)	醋酸乙烯酯(-0.22)	氯乙烯(0.20)	甲基丙烯酸甲酯(0.40)	偏二氯乙烯(0.36)	甲基乙烯基酮(0.68)	丙烯腈(1.20)	反丁烯二酸二乙酯(1.25)
丁二烯(-1.05)										
苯乙烯(-0.80)		0.98								
醋酸乙烯酯(-0.22)			0.55							
氯乙烯(0.20)		0.31	0.34	0.39						
甲基丙烯酸甲酯(0.40)		0.19	0.24	0.30	1.0					
偏二氯乙烯(0.36)		<0.1	0.16	0.6	0.96	0.61				
甲基乙烯基酮(0.68)			0.10	0.35	0.83		0.99			
丙烯腈(1.20)	0.0004	0.006	0.016	0.21	0.11	0.18	0.34	1.1		
反丁烯二酸二乙酯(1.25)	约0		0.021	0.0049	0.056		0.56			
马来酸酐(2.25)	约0.002		0.006	0.00017	0.0024	0.11				

① $r_1 r_2$值计算自表4-7。

② 乙基、异丁基或十二烷基乙烯基醚。

注：括号内为e值。

马来酸酐自由基与苯乙烯单体间的电荷转移有如下式。

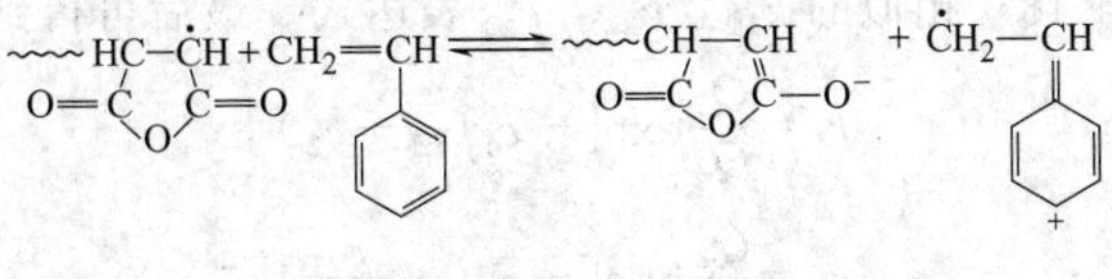

苯乙烯自由基与马来酸酐单体间的电荷转移也相似。

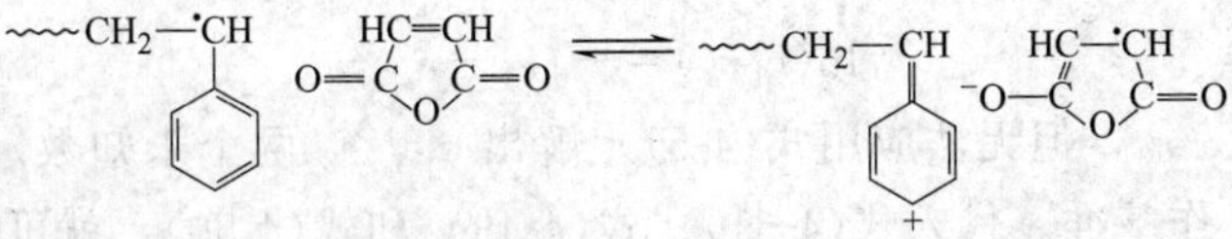

并非极性单一因素就能决定交替倾向的次序，尚须考虑位阻的影响。例如，与丙烯腈共聚，醋酸乙烯酯的交替倾向比苯乙烯小；与反丁烯二酸二乙酯共聚，则醋酸乙烯酯的交替倾向比苯乙烯大。两者情况相反，这可能由于伴有位阻影响所致。

（3）位阻效应　自由基与单体的共聚速率还与位阻效应有关。表 4-10 为多种氯代乙烯与不同自由基反应的 k_{12} 值。

表 4-10　自由基-单体共聚速率常数 k_{12}

单　　体	链自由基			单　　体	链自由基		
	VAc·	S·	AN·		VAc·	S·	AN·
偏二氯乙烯	23000	78	2200	反 1,2-二氯乙烯	2300	3.90	
氯乙烯	10100	8.7	720	三氯乙烯	3450	8.60	29
顺 1,2-二氯乙烯	370	0.60		四氯乙烯	460	0.70	4.1

　　如果烯类单体的两个取代基处于同一碳原子上，位阻效应并不显著，两个取代基电子效应的叠加反而使单体活性增加。如果两个取代基处在不同的碳原子上，则因位阻效应使活性减弱。例如，与氯乙烯相比，偏二氯乙烯和多种自由基反应的活性要增加 2～10 倍，而 1,2-二氯乙烯的活性则降低 2～20 倍。

　　因位阻关系，1,2-双取代乙烯不能均聚，却能与苯乙烯、丙烯腈、醋酸乙烯酯等单取代乙烯共聚，共聚速率比 1,1-双取代乙烯要低。

　　比较顺式和反式 1,2-二氯乙烯，可以看出反式异构体的活性要高 6 倍，这是普遍现象。主要原因是顺式异构体不易成平面型，因而活性较低。氟原子体积小，位阻效应小，因此四氟乙烯和三氟氯乙烯既易均聚，又易共聚。

4.8　Q-e 概念

　　竞聚率是共聚物组成方程中的重要参数。每一对单体就可由实验测得一对竞聚率，100 种单体将构成 4950 对竞聚率，全面测定 r_1、r_2 值，将不胜其烦。因此希望建立单体结构与活性间的定量关联式来估算竞聚率。最通用的关联式是 Alfrey-Price 的 Q-e 式。该式将自由基-单体间的反应速率常数与共轭效应、极性效应关联起来。

$$k_{12} = P_1 Q_2 \exp(-e_1 e_2) \tag{4-48}$$

式中　P_1，Q_2——自由基和单体活性的共轭效应度量；

　　　e_1，e_2——自由基和单体活性的极性度量。

　　假定单体及其自由基的极性 e 值相同，以 e_1 代表 M_1 和 $M_1^·$ 的极性，e_2 代表 M_2 和 $M_2^·$ 的极性，则可写出与式（4-48）相似的 k_{11}，k_{22}，k_{21} 表达式。最后可得到

$$r_1 = \frac{Q_1}{Q_2} \exp[-e_1(e_1 - e_2)] \tag{4-49}$$

$$r_2 = \frac{Q_2}{Q_1} \exp[-e_2(e_2 - e_1)] \tag{4-50}$$

上述二式相乘，得

$$\ln(r_1 r_2) = -(e_1 - e_2)^2 \tag{4-51}$$

　　由实验测得 r_1、r_2，但无法应用式（4-51）解出 e_1、e_2 两个未知数。因此规定苯乙烯的 $Q = 1.0$，$e = -0.8$ 作基准。代入式（4-51）、式（4-49）和式（4-50），就可求出其他单体的 Q、e 值。常用 Q、e 值见表 4-11。在没有竞聚率实验数据的情况下，可以由 Q、e 值来估算。

　　竞聚率的测定有一定的实验误差，Q-e 方程中还没有包括位阻效应，从实验和理论基础两方面看来，由 Q、e 来计算竞聚率会有偏差，但 Q-e 方程仍不失为有价值的关联式。

　　Q 值大小代表共轭效应，表示单体转变成自由基的容易程度，例如丁二烯（$Q = 2.39$）和苯乙烯（$Q = 1.0$）的 Q 值大，易形成自由基。e 值代表极性，吸电子基团使双键带正电

表 4-11　常用单体的 Q、e 值

单体	e	Q	单体	e	Q
叔丁基乙烯基醚	−1.58	0.15	甲基丙烯酸甲酯	0.40	0.74
乙基乙烯基醚	−1.17	0.032	丙烯酸甲酯	0.60	0.42
丁二烯	−1.05	2.39	甲基乙烯基醚	0.68	0.69
苯乙烯	−0.80	1.00	丙烯腈	1.20	0.60
醋酸乙烯酯	−0.22	0.026	反式丁烯酸二乙酯	1.25	0.61
氯乙烯	0.20	0.044	马来酸酐	2.25	0.23
偏氯乙烯	0.36	0.22			

性，规定 e 为正值，如丙烯腈 $e = +1.20$。带有供电性的烯类单体 e 值为负，如醋酸乙烯酯 $e = -0.22$。

以 Q 值为横坐标，e 为纵坐标，将各单体的 Q、e 值标绘在 Q-e 图（图 4-12）上。

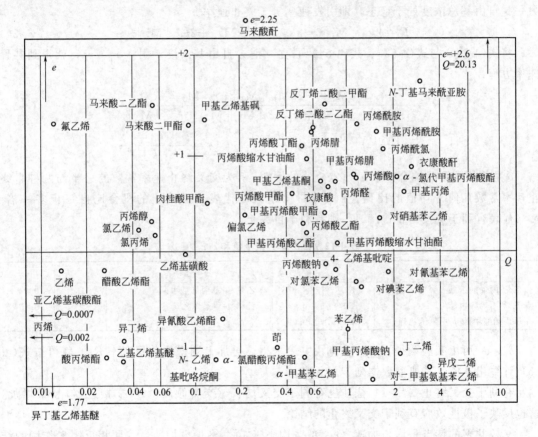

图 4-12　Q-e 图

图中右边和左边距离较远，Q 值相差较大，难以共聚。Q、e 相近的一对单体，往往接近理想共聚，如苯乙烯-丁二烯，氯乙烯-醋酸乙烯酯。e 值相差较大的一对单体，如苯乙烯-马来酸酐，苯乙烯-丙烯腈，则有较大的交替共聚倾向。

4.9　共聚速率

共聚速率是继共聚物组成之后的另一重要问题。共聚物组成仅与增长反应有关，而速率

则涉及引发、增长、终止三种基元反应。与均聚相比，共聚又有两种引发，四种增长，三种终止，影响共聚总速率的因素将更复杂。

曾用两种不同方法推导共聚速率方程。

4.9.1 化学控制终止

20 世纪 50 年代以前，多假定终止为化学控制。

共聚总速率为四种增长速率之和。

$$R_p = -\frac{d[M_1] + d[M_2]}{dt}$$

$$= k_{11}[M_1^\bullet][M_1] + k_{12}[M_1^\bullet][M_2] + k_{22}[M_2^\bullet][M_2] + k_{21}[M_2^\bullet][M_1] \tag{4-52}$$

设法消去上式中的自由基浓度，作两种稳态假定：一是每种自由基都处于稳态，即

$$k_{21}[M_2^\bullet][M_1] = k_{12}[M_1^\bullet][M_2] \tag{4-53}$$

另一是自由基总浓度处于稳态，即引发速率等于终止速率。

$$R_i = 2k_{t11}[M_1^\bullet]^2 + 2k_{t12}[M_1^\bullet][M_2^\bullet] + 2k_{t22}[M_2^\bullet]^2 \tag{4-54}$$

将式(4-52)与式(4-53)、式(4-54)联立，消去自由基浓度，引入 r_1、r_2，就得到共聚速率方程。

$$R_p = \frac{(r_1[M_1]^2 + 2[M_1][M_2] + r_2[M_2]^2)R_i^{1/2}}{\{r_1^2\delta_1^2[M_1]^2 + 2\phi r r_1 r_2 \delta_1 \delta_2[M_1][M_2] + r_2^2\delta_2^2[M_2]^2\}^{1/2}} \tag{4-55}$$

$$\delta_1 = \left(\frac{2k_{t11}}{k_{11}^2}\right)^{1/2} \qquad \delta_2 = \left(\frac{2k_{t22}}{k_{22}^2}\right)^{1/2} \qquad \phi = \frac{k_{t12}}{2(k_{t11}k_{t22})^{1/2}} \tag{4-56}$$

δ 是单体均聚时综合常数 $k_p/(2k_t)^{1/2}$ 的倒数，ϕ 为交叉终止速率常数的一半与两种自终止速率常数几何平均值的比值。ϕ 式分母中系数 2 代表交叉终止的机会比自终止多一倍。$\phi > 1$ 代表有利于交叉终止；$\phi < 1$，则有利于自终止。

表 4-12 自由基共聚 ϕ 值和 $r_1 r_2$ 值

共单体体系	ϕ	$r_1 r_2$	共单体体系	ϕ	$r_1 r_2$
苯乙烯-丙烯酸丁酯	150	0.07	苯乙烯-甲基丙烯酸甲酯	13	0.24
苯乙烯-丙烯酸甲酯	50	0.14	苯乙烯-p-甲氧苯乙烯	1	0.95
甲基丙烯酸甲酯-p-甲氧苯乙烯	24	0.09			

δ_1、δ_2 可由实验测得，r_1、r_2 则由共聚求得。再加上测得的共聚速率 R_p，就可按式(4-55)计算出 ϕ 值，其典型数据列于表 4-12。

有利于交叉终止（$\phi > 1$）往往也有利于交叉增长（交替倾向）。$r_1 r_2$ 接近零，ϕ 值增加，这也反映了极性效应有利于交叉终止的结论。

交替共聚的特点是增长加速（r_1 和 r_2 均小于1），终止也加速。这两相反因素作用的结果，就很难预测速率与单体配比的关系。速率-单体组成图的形状将决定于 ϕ、r_1、r_2 值。图4-13 代表苯乙烯-甲基丙烯酸甲酯共聚速率与单体组成的关系，两条曲线代表 $\phi = 1$ 和 13 时的理论曲线，实验点与 $\phi = 13$ 时比较相符。从图上可看出共聚速率普遍降低的情况。对于交替共聚，由于终止加速超过增长加速，一般总有一段配比范围的共聚速率低于主单体的均聚速率，另一段配比就可能近于或高于另一单体的均聚速率。苯乙烯-甲基丙烯酸甲酯共聚就有此复杂行为。

苯乙烯-醋酸乙烯酯这对特殊体系，$r_1 = 55$，$r_2 = 0.01$，接近理想体系；$r_2 \approx 0$，式(4-55)可简化成下式。

$$R_p = \left([M_1] + \frac{2[M_2]}{r_1}\right)\frac{R_i^{1/2}}{\delta_1} \tag{4-57}$$

r_1 很大（=55），上式右边括号内第二项很小，聚合速率主要决定于苯乙烯。只要有苯乙烯存在，醋酸乙烯酯就很难聚合。这进一步帮助说明了苯乙烯是醋酸乙烯酯的阻聚剂的原因。

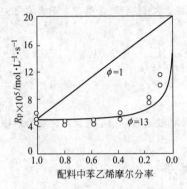

图 4-13　PS-MMA 共聚速率与
单体组成的关系（AIBN，60℃）

两条实线为理论计算曲线，圆点为实验点

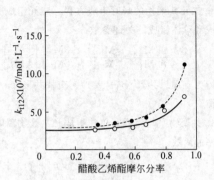

图 4-14　VAc-MMA 共聚 k_t 与
VAc 摩尔分率的关系

实线按式(4-61) 计算；虚线按式(4-60) 计算

4.9.2　扩散控制终止

目前普遍认为，自由基聚合的终止属于扩散控制。可以认为终止是物理扩散和化学反应的串联过程。按理自终止（k_{t11}、k_{t22}）和交叉终止（k_{t12}）的速率常数不同，但在扩散控制的条件下，扩散成为链终止全过程的主要阻力，因此，再用 ϕ 因子来处理共聚合就不甚合理，特引入综合的扩散终止速率常数 $k_{t(12)}$：

$$\left.\begin{cases} [M_1^\bullet] + [M_1^\bullet] \\ [M_1^\bullet] + [M_2^\bullet] \\ [M_2^\bullet] + [M_2^\bullet] \end{cases}\right\} \xrightarrow{k_{t(12)}} 死"聚合物" \tag{4-58}$$

扩散终止速率常数 $k_{t(12)}$ 无法测定。共聚物组成影响到链的平移和链段重排，因此考虑 $k_{t(12)}$ 是共聚物组成和二均聚终止速率的函数，按摩尔分率（F_1，F_2）平均加和。

$$k_{t(12)} = F_1 k_{t11} + F_2 k_{t22} \tag{4-59}$$

对自由基总浓度作稳态处理，得

$$R_i = 2k_{t(12)}([M_1^\bullet] + [M_2^\bullet])^2 \tag{4-60}$$

联立方程(4-52)、方程(4-53) 和方程(4-60)，并引入 r_1，r_2，得扩散控制的共聚速率方程。

$$R_p = \frac{(r_1[M_1]^2 + 2[M_1][M_2] + r_2[M_2]^2)R_i^2}{k_{t(12)}^{1/2}\left\{\dfrac{r_1[M_1]}{k_{11}} + \dfrac{r_2[M_2]}{k_{22}}\right\}} \tag{4-61}$$

图 4-14 为醋酸乙烯酯-甲基丙烯酸甲酯共聚的 k_t 值与醋酸乙烯酯摩尔分率的关系曲线，实线是按式(4-59) 的计算结果，虚线是实验结果按式(4-61) 计算所得，两者有一定的差距。式(4-59) 还不甚理想，尚停留在定性描述阶段。

摘　　要

1. 共聚物的类型　按结构，共聚合可以分成无规共聚、交替共聚、嵌段共聚、接枝共聚等几类。无规和交替共聚组成方程可以共聚合原理来处理，而嵌段和接枝共聚则可用多种聚合机理来合成。

2. 二元共聚物的瞬时组成方程　二元组成微分方程可以从动力学或统计法来推导，竞聚率是关联共聚物组成和单体组成的关键参数

$$\frac{d[M_1]}{d[M_2]}=\frac{[M_1]}{[M_2]}\cdot\frac{r_1[M_1]+[M_2]}{r_2[M_2]+[M_1]} \quad F_1=\frac{r_1f_1^2+f_1f_2}{r_1f_1^2+f_1f_2+r_2f_2^2} \quad r_1=\frac{k_{11}}{k_{12}} \quad r_2=\frac{k_{22}}{k_{21}}$$

共聚行为有理想共聚（$r_1r_2=1$）、交替共聚（$r_1=r_2=0$）、恒比共聚（$r_1<1$，$r_2<1$）等多种类型，类似气液平衡。

3. 共聚物平均组成　单体组成和共聚物瞬时组成均随转化率而变。聚合物平均组成是起始单体组成和转化率的函数。

$$C=1-\frac{M}{M^0}=1-\left[\frac{f_1}{f_1^0}\right]^\alpha\left[\frac{f_2}{f_2^0}\right]^\beta\left[\frac{f_1^0-\delta}{f_1-\delta}\right]^\gamma \quad \overline{F_1}=\frac{M_1^0-M_1}{M^0-M}=\frac{f_1^0-(1-C)f_1}{C}$$

$$\alpha=\frac{r_2}{1-r_2} \quad \beta=\frac{r_1}{1-r_1} \quad \gamma=\frac{(1-r_1r_2)}{(1-r_1)(1-r_2)} \quad \delta=\frac{1-r_2}{2-r_1-r_2}$$

4. 共聚物序列结构　共聚物存在链段序列分布，分布函数与竞聚率有关，可由概率统计法求得。

5. 前末端效应　带有位阻或极性较大基团的烯类单体，前末端单元对末端自由基的活性将产生影响，从而影响到竞聚率和共聚物组成。

6. 多元共聚　参照二元共聚，可以推导出三元共聚物组成方程，内含 6 竞聚率。

7. 竞聚率的测定　按几组单体配比，测定低转化共聚物组成，可以通过曲线拟合、直线交叉、斜率-截距等多种方法求取竞聚率。应用计算机技术，曲线拟合法倒成为简便方法。

8. 单体和自由基的活性　取代基的共轭效应、极性效应和位阻效应对单体活性和自由基活性、竞聚率均有影响。共轭效应使自由基活性显著降低。自由基活性愈小，则其单体活性愈大；反之亦然。极性相近的两单体，接近理想共聚；极性相差很大的两单体，$r_1r_2\to0$，容易交替共聚。1,2-双取代烯类单体因位阻关系不能均聚，却可与单取代烯类单体共聚。

9. $Q\text{-}e$ 概念　应用 $Q\text{-}e$ 概念，可将两单体的竞聚率与共轭效应 Q、极性效应 e 关联起来。

$$r_1=\frac{Q_1}{Q_2}\exp[-e_1(e_1-e_2)] \quad r_2=\frac{Q_2}{Q_1}\exp[-e_2(e_2-e_1)] \quad \ln(r_1r_2)=-(e_1-e_2)^2$$

规定苯乙烯的 $Q=1.0$，$e=-0.8$ 作基准，就可以求出共单体的 Q、e。根据单体的 Q、e 值，可估算竞聚率。

10. 共聚合速率　影响共聚总速率的因素比较复杂，速率方程可用化学控制终止和扩散控制终止两种方法来处理。

习　　题

思　考　题

1. 无规、交替、嵌段、接枝共聚物的结构有何差异？举例说明这些共聚物名称中单体前后位置的规定。

2. 试用共聚动力学和概率两种方法来推导二元共聚物组成微分方程，推导时有哪些基本假定？

3. 说明竞聚率 r_1、r_2 的定义，指明理想共聚、交替共聚、恒比共聚时竞聚率数值的特征。

4. 考虑 $r_1=r_2=1$，$r_1=r_2=0$，$r_1>0$，$r_2=0$，$r_1r_2=1$ 等情况，说明 $F_1=f(f_1)$ 的函数关系和图像

特征。

5. 示意画出下列各对竞聚率的共聚物组成曲线，并说明其特征。$f_1 = 0.5$ 时，低转化阶段的 F_1 约多少？

情况	1	2	3	4	5	6	7	8	9
r_1	0.1	0.1	0.1	0.5	0.2	0.8	0.2	0.2	0.2
r_2	0.1	1	10	0.5	0.2	0.8	0.8	5	10

6. 醋酸烯丙基酯（$e = -1.13$、$Q = 0.028$）和甲基丙烯酸甲酯（$e = 0.41$、$Q = 0.74$）等摩尔共聚，是否合理？

7. 甲基丙烯酸甲酯、丙烯酸甲酯、苯乙烯、马来酸酐、醋酸乙烯酯、丙烯腈等单体与丁二烯共聚，交替倾向的次序如何，说明原因。（提示：如无竞聚率，可用 Q-e 值）

计 算 题

1. 氯乙烯-醋酸乙烯酯、甲基丙烯酸甲酯-苯乙烯两对单体共聚，若两体系中醋酸乙烯酯和苯乙烯的浓度均为 15%（质量分数），根据文献报道的竞聚率，试求共聚物起始组成。

2. 甲基丙烯酸甲酯（M_1）浓度 $= 5 \text{mol} \cdot \text{L}^{-1}$，5-乙基-2-乙烯基吡啶浓度 $= 1 \text{mol} \cdot \text{L}^{-1}$，竞聚率：$r_1 = 0.40$，$r_2 = 0.69$；

　　a. 计算共聚物起始组成（以摩尔分数计），　　b. 求共聚物组成与单体组成相同时两单体摩尔配比。

3. 氯乙烯（$r_1 = 1.67$）与醋酸乙烯酯（$r_2 = 0.23$）共聚，希望获得初始共聚物瞬时组成和 85% 转化率时共聚物平均组成为 5%（摩尔分数）醋酸乙烯酯，分别求两单体的初始配比。

4. 两单体竞聚率为 $r_1 = 0.9$，$r_2 = 0.083$，摩尔配比 $= 50 : 50$，对下列关系进行计算和作图：

　　a. 残余单体组成与转化率，　　b. 瞬时共聚物组成与转化率，

　　c. 平均共聚物组成与转化率，　　d. 共聚物组成分布。

5. 0.3mol 甲基丙烯腈和 0.7mol 苯乙烯进行自由基共聚，求共聚物中每种单元的链段长。

6. 0.75mol 丙烯腈（M_1，$r_1 = 0.9$）和 0.25mol 偏二氯乙烯（M_2，$r_2 = 0.4$）进行共聚，

　　a. 求共聚物中含三或三以上单元丙烯腈链段的分数。

　　b. 要求共聚物组成不随转化率而变，求配方中两单体组成。

7. 0.414mol 甲基丙烯腈 MAN（M_1）、0.424mol 苯乙烯 S（M_2）、0.162mol α-甲基苯乙烯 α-MS（M_3）三元共聚，计算起始三元共聚物组成（以摩尔分数计）。竞聚率如下：

$$\text{MAN/S} \qquad r_{12} = 0.44 \qquad r_{21} = 0.37$$
$$\text{MAN/}\alpha\text{-MS} \qquad r_{13} = 0.38 \qquad r_{31} = 0.53$$
$$\text{S/}\alpha\text{-MS} \qquad r_{23} = 1.124 \qquad r_{32} = 0.627$$

8. 丙烯酸和丙烯腈进行共聚，实验数据如下，试用斜率截距法，求竞聚率。

单体中 M_1/%（质量分数）	20	25	50	60	70	80
共聚物 M_1/%（质量分数）	25.5	30.5	59.3	69.5	78.6	86.4

9. 根据下列 Q、e 值，计算竞聚率，与文献实验值比较。讨论这些单体 Q、e 方案的优点。

单体	丁二烯	甲基丙烯酸甲酯	苯乙烯	氯乙烯
Q	2.39	0.74	1.00	0.044
e	1.05	0.40	-0.80	0.20

5 聚 合 方 法

5.1 引言

聚合反应，不论实验室研究，还是生产，都需通过一定的聚合方法（过程）来实施。

传统自由基聚合沿用本体、溶液、悬浮、乳液四种聚合方法。逐步聚合多采用熔融聚合、溶液聚合、界面聚合等术语；离子聚合则有溶液聚合、淤浆聚合和气相聚合；实质上多可以归入本体聚合和溶液聚合的范畴。

本体聚合是单体加有（或不加）少量引发剂的聚合，可以包括熔融聚合和气相聚合。溶液聚合则是单体和引发剂溶于适当溶剂中的聚合，可以包括淤浆聚合。悬浮聚合一般是单体以液滴状悬浮在水中的聚合，体系主要由单体、水、油溶性引发剂、分散剂四部分组成，反应机理与本体聚合相同。乳液聚合则是单体在水中分散成乳液状而进行的聚合，一般体系由单体、水、水溶性引发剂、水溶性乳化剂组成，机理独特。

从工程考虑，更重视体系的相态，常将聚合体系分成均相和非均相。从单体和介质的溶解情况来看，本体和溶液聚合多属于均相体系，而悬浮和乳液聚合则属于非均相体系。

进一步还应该关注聚合过程中的相态变化。聚苯乙烯能溶于苯乙烯，因此其本体聚合全过程始终保持均相状态，苯乙烯悬浮聚合中单体液滴转变成透明的聚合物珠粒，也保持着均相。而聚氯乙烯、聚丙烯腈等却不溶于其单体，在本体、悬浮聚合过程中都将从单体中析出，粒子不透明，成为非均相的沉淀聚合。溶液聚合中的溶剂一般都能溶解单体，如不溶解聚合物，就成为沉淀聚合或淤浆聚合。气相聚合也类似沉淀聚合。

乳液聚合在微小的胶束或胶粒内进行，根据胶粒中聚合物-单体的相溶性，虽也有均相和沉淀的情况，但实际上并不再细分。非均相聚合的反应本身和传递特性都要复杂得多。

以上各种情况的相互关系简示如表5-1。

表 5-1 聚合体系和实施方法示例

单体-介质体系	聚合方法	聚合物-单体（或溶剂）体系	
		均　相	非　均　相
均相体系	本体聚合 气态 液态 固态	乙烯高压聚合 苯乙烯,丙烯酸酯类	氯乙烯
	溶液聚合	苯乙烯-苯 丙烯酸-水 丙烯腈-二甲基甲酰胺	苯乙烯-甲醇 丙烯酸-己烷 丙烯腈-水
非均相体系	悬浮聚合	苯乙烯 甲基丙烯酸甲酯	氯乙烯 偏氯乙烯
	乳液聚合	苯乙烯,丁二烯	氯乙烯

离子聚合或配位聚合的引发剂将被水所破坏，因此只能选用适当的有机溶剂进行溶液聚合或本体聚合。乙烯、丙烯在烃类溶剂中配位聚合时，聚合物将从溶液中沉析出来，呈淤浆状，故称为淤浆聚合。乙烯可以进行气相本体聚合，而丙烯则可液相本体聚合。

虽然不少单体可以选用上述众多方法中的任何一种进行聚合，但实际上往往根据产品性能的要求和经济效益，选用一二种方法进行工业生产。

烯类单体采用上述四种方法进行自由基聚合的配方、机理、生产特征、产物特性等比较如表 5-2。

表 5-2　四种聚合方法的比较

项目	本体聚合	溶液聚合	悬浮聚合	乳液聚合
配方主要成分	单体 引发剂	单体 引发剂 溶剂	单体 水 油溶性引发剂 分散剂	单体 水 水溶性引发剂 水溶性乳化剂
聚合场所	本体内	溶液内	液滴内	胶束和乳胶粒内
聚合机理	提高速率的因素将使分子量降低	向溶剂链转移，分子量和速率均降低	与本体聚合同	能同时提高速率和分子量
生产特征	不易散热，连续聚合时要保证传热混合；间歇法生产板材型材的设备简单	散热容易，可连续化，不宜制成干燥粉状或粒状树脂	散热容易，间歇生产，需有分离洗涤干燥等工序	散热容易，可连续化，制粉状树脂时，需经凝聚洗涤干燥
产物特性	聚合物纯净，宜生产透明浅色制品，分子量分布较宽	一般聚合物溶液直接使用	比较纯净，可能留有少量分散剂	留有部分乳化剂和其他助剂

在工程上，聚合还有间歇法、半连续法和连续法之分，但已超出本书范围。

5.2　本体聚合

本体聚合体系仅由单体和少量（或无）引发剂组成，产物纯净，后处理简单，是比较经济的聚合方法；更适于实验室研究，如单体聚合能力的初步评价、少量聚合物的试制、动力学研究、竞聚率测定等，所用的仪器有简单的试管、封管、膨胀计、特制模板等。

苯乙烯、甲基丙烯酸甲酯、氯乙烯、乙烯等气、液态单体均可进行本体聚合。不同单体的聚合活性、聚合物-单体的溶解情况、凝胶效应等各不相同，本体聚合的动力学、传递特征以及聚合工艺可以差别很大，如表 5-3。

表 5-3　本体聚合工业生产举例

聚　合　物	过　程　要　点
聚苯乙烯	第一阶段于 80～85℃预聚至 33％～35％转化率，然后送入特殊聚合反应器内在 100～220℃温度递增的条件下聚合，最后熔体挤出造粒
聚甲基丙烯酸甲酯(有机玻璃板)	第一阶段预聚至约 10％转化率的粘稠浆液，然后浇模分段升温聚合，最后脱模成板材或型材
聚氯乙烯	第一阶段预聚至 7％～11％转化率，形成颗粒骨架，然后在第二反应器内继续沉淀聚合，保持原有的颗粒形态，最后以粉状出料
高压聚乙烯	选用管式或釜式反应器进行连续聚合，控制单程转化率 15％～30％，最后熔体从气相中分离出来，挤出造粒，未反应单体经精制后循环使用

工业上本体聚合可采用间歇法和连续法，关键问题是聚合热的排除。烯类单体的聚合热

约 55～95kJ/mol。聚合初期，转化率不高，体系粘度不大，散热当无困难。但转化率提高（如 20%～30%）后，体系粘度增大，产生凝胶效应，自动加速。如不及时散热，轻则造成局部过热，使分子量分布变宽，最后影响到聚合物的机械强度；重则温度失控，引起爆聚。绝热聚合时，体系温升可在 100℃以上。这一缺点曾一度使本体聚合的发展受到限制，但经反应器搅拌和传热工程的改善和工艺的调整后，得到了克服。一般多采用两段聚合：第一阶段保持较低转化率，10%～35%不等，粘度较低，可在普通聚合釜中进行；第二阶段转化率和粘度较高，则在特殊设计的反应器内聚合，如表 5-3。

5.2.1 苯乙烯连续本体聚合

聚苯乙烯系列一般包括通用级聚苯乙烯（GPPS）、抗冲聚苯乙烯（HIPS）、可发性聚苯乙烯（EPS）三类；还可以扩展到苯乙烯-丙烯腈共聚物（SAN）、ABS 树脂等。除可发性聚苯乙烯采用悬浮法外，其他品种均可采用本体法生产。

苯乙烯连续本体聚合的散热问题可由预聚和聚合两段来克服。20 世纪 40 年代开发了釜-塔串联反应器，分别承担预聚和后聚合的任务。预聚可在立式搅拌釜内进行，聚合温度 80～90℃，BPO 或 AIBN 作引发剂，转化率控制在 30%～35%以下。这时，尚未出现自动加速现象，聚合热不难排除。透明粘稠的预聚物流入聚合塔顶缓慢流向塔底，温度自 100℃渐增至 200℃，最后达 99%转化率，自塔底出料，经挤出、冷却、切粒，即成透明粒料产品。

旧有方法无脱挥装置，聚苯乙烯中残留有较多的单体，影响到质量。近几十年来，有多种新型聚合反应器能保证有效的搅拌混合和传热。在工艺上，添加 20%乙苯，并控制最终转化率在 80%以下，即最终聚合物含量约 60%，体系粘度不至于过高，保证聚合正常进行。聚合结束后，物料进入脱挥装置，将残留苯乙烯降到合理含量（<0.3%），保证质量。

5.2.2 甲基丙烯酸甲酯的间歇本体聚合——有机玻璃板的制备

甲基丙烯酸甲酯（MMA）可选用悬浮法、乳液法、甚至溶液法聚合，但间歇本体聚合却是制备板、管、棒和其他型材的重要方法。在间歇法制有机玻璃板过程中，有散热困难、体积收缩、产生气泡诸多问题，可以分成预聚、聚合和高温后处理三个阶段来控制。

预聚合系将 MMA、引发剂 BPO 或 AIBN，以及适量增塑剂、脱模剂等加入普通搅拌釜内，于 90～95℃下聚合至 10%～20%转化率，成为粘稠浆液（粘度可达 1Pa·s）。这时体系粘度不高，凝胶效应不显著，传热并无困难；并且体积已部分收缩，聚合热已部分排除，有利于后聚合。此外，粘滞的预聚物不易漏模。有时在单体中可溶少量有机玻璃碎片，增加粘度，提前自动加速，缩短预聚时间。预聚结束，用冰水冷却，暂停聚合，备用。

聚合阶段系将粘稠预聚物灌入无机玻璃平板模，移入空气浴或水浴中，慢慢升温至 40～50℃，聚合数天，5cm 板需要一周，使达 90%转化率。低温缓慢聚合的目的在于与散热速度相适应。如聚合过快，来不及散热，造成热点，将影响到分子量分布和强度。此外，温度过高，易产生气泡。为了适应体系收缩，平板玻璃模间嵌有橡皮条，便于夹紧伸缩。

转化率达 90%以后，进一步升温至 PMMA 玻璃化温度以上（例如 100～120℃），进行高温热处理，使残余单体充分聚合。聚合结束后，经冷却、脱模、修边，即成有机玻璃板成品。这样由本体浇铸聚合法制成的有机玻璃，分子量可达 10^6，而注射用的悬浮法 PMMA 的分子量一般只有 5 万～10 万。

聚甲基丙烯酸甲酯呈非晶态，$T_g=105℃$，强度好，尺寸稳定，耐光耐候，耐化学品，透光率 92%，有有机玻璃之称，可用作航空玻璃、光导纤维、指示灯罩、标牌仪表牌等。

5.2.3 氯乙烯间歇本体沉淀聚合

聚氯乙烯主要采用悬浮聚合法生产（占 80%～82%），其次是乳液法（占 10%～12%），近几十年来发展了本体聚合。

本体法聚氯乙烯的颗粒特性与悬浮法树脂相似，疏松，但无皮膜，更洁净。本体聚合的主要困难是散热、防粘、保持疏松颗粒特性等问题，采用两段聚合可以解决这些困难。

第一段为预聚合，在立式釜中进行。小部分氯乙烯和限量高活性引发剂（如过氧化乙酰基磺酰）加入釜内，在 50～70℃ 下预聚至 7%～11% 转化率，成为死端聚合，防止转化率过高。快速搅拌，形成疏松的颗粒骨架。由夹套和冷凝器带走的热量来估算转化率。

预聚物、更多单体和另一部分引发剂加入另一低速搅拌（30r/min）釜，单体就在预先形成的颗粒骨架上继续聚合，使颗粒长大，保持形态不变。到 70%～90% 转化率，结束聚合。预聚只需 1～2h，聚合却要 5～9h，一个预聚釜可配用几台聚合釜。产物过筛，即得成品。

5.2.4 乙烯高压连续气相本体聚合

乙烯的聚合热很高（约 96kJ/mol 或 3440kJ/kg），从热力学上分析，很有聚合倾向，但长期未能聚合成高聚物。直至 20 世纪 30 年代末期，在高压 150～200MPa，高温 180～200℃，微量（10^{-6}～10^{-4}）氧作引发剂的苛刻条件下，乙烯才聚合成功。在此高压下，乙烯虽然处于临界温度以上，其行为却类似液相，聚乙烯为乙烯高度溶胀，初期和后期均可看作均相体系。氧和乙烯先形成过氧化物，在较高的温度下，分解成自由基，引发乙烯聚合。

乙烯本体聚合一般采用连续法，管式或釜式反应器均有使用。管式反应器可以长达千米，在高压下，物料线速度很高，停留时间只有几分钟，单程转化率约 15%～30%，总反应速度很快。聚合末期，经过几段减压，聚乙烯与气液相分离，单体经精制后循环使用，聚乙烯熔体经挤出、冷却、切粒，即成聚乙烯树脂成品。

高压聚乙烯多支链，不易紧密堆砌，致使结晶度（55%～65%）、熔点（105～110℃）和密度（0.91～0.93g/cm³）都较低，因此称为低密度聚乙烯。其熔体流动性好，适于制薄膜。

5.3 溶液聚合

单体和引发剂溶于适当溶剂中的聚合称作溶液聚合，以水为溶剂时，则成为水溶液聚合。本节着重讨论自由基溶液聚合，顺便提及离子溶液聚合。

5.3.1 自由基溶液聚合

溶液聚合体系粘度较低，混合和传热较易，温度容易控制，减弱凝胶效应，可避免局部过热。但是溶液聚合也有缺点：①单体浓度较低，聚合速率较慢，设备生产能力较低；②单体浓度低和向溶剂链转移的双重结果，使聚合物分子量降低；③溶剂分离回收费用高，难以除净聚合物中残留溶剂。因此，工业上溶液聚合多用于聚合物溶液直接使用的场合，如涂料、胶粘剂、合成纤维纺丝液、继续化学反应等，示例如表 5-4。

此外，溶液聚合有可能消除凝胶效应，有利于动力学实验研究。选用链转移常数小的溶剂，容易建立聚合速率、分子量与单体浓度、引发剂浓度等参数之间的定量关系。

自由基溶液聚合选择溶剂时，需注意下列两方面问题。

(1) 溶剂对聚合活性的影响　溶剂往往并非绝对惰性，对引发剂有诱导分解作用，链自由基对溶剂有链转移反应。这两方面的作用都可能影响聚合速率和分子量。

表 5-4　自由基溶液聚合示例

单　　体	溶剂	引发剂	聚合温度/℃	聚合液用途
丙烯腈加第二、三单体	硫氰化钠水溶液	AIBN	75～80	纺丝液
	水	氧化还原体系	40～50	粉料，配制纺丝液
醋酸乙烯酯	甲醇	AIBA	50	醇解成聚乙烯醇
丙烯酸酯类	醋酸乙酯加芳烃	BPO	沸腾回流	涂料，粘结剂
丙烯酰胺	水	过硫酸铵	沸腾回流	絮凝剂

各类溶剂对过氧类引发剂的分解速率依次增加如下：芳烃、烷烃、醇类、醚类、胺类。偶氮二异丁腈在许多溶剂中多呈一级分解，较少诱导分解。向溶剂链转移的结果，将使分子量降低。各种溶剂的链转移常数变动很大，水为零，苯较小，卤代烃较大。

（2）溶剂对凝胶效应的影响　选用聚合物的良溶剂时，为均相聚合，如浓度不高，可不出现凝胶效应，遵循正常动力学规律。选用沉淀剂时，则成为沉淀聚合，凝胶效应显著。不良溶剂的影响则介于两者之间。有凝胶效应时，反应自动加速，分子量也增大。

链转移与凝胶效应同时发生时，分子量分布将决定于这两个相反因素影响的深度。

5.3.2　丙烯腈连续溶液聚合

聚丙烯腈是重要的合成纤维，其产量仅次于涤纶和聚酰胺，居第三位。

丙烯腈均聚物中氰基极性强，分子间吸力大，加热时不熔融，只分解；只有少数几种强极性溶剂，如 N,N'-二甲基甲酰胺和二甲基亚砜，才能使之溶解。均聚物难成纤维，纤维性脆不柔软，难染色。因此聚丙烯腈纤维都是丙烯腈和第二、三单体的共聚物，其中丙烯腈约 90%～92%。丙烯酸甲酯常用作第二单体（7%～10%），适当降低分子间吸力，增加柔软性和手感，利于染料分子扩散入内。第三单体一般含有酸性或碱性基团，用量约 1%。羧基（如亚甲基丁二酸或衣康酸）和磺酸盐（如烯丙基磺酸钠）有助于碱性染料的染色，碱性基团（如乙烯基吡啶）则有助于酸性染料的染色。

丙烯腈连续溶液聚合有两种工艺：均相聚合和沉淀聚合。

（1）连续均相溶液聚合　选用能使聚丙烯腈溶解的溶剂进行共聚合，如 N,N'-二甲基甲酰胺、51%～52%硫氰化钠水溶液等。现以后者为例：引发剂以偶氮二异丁腈为宜，以免过氧类引发剂将硫氰化钠氧化成硫氰（SCN）$_2$。异丙醇可用作分子量调节剂。介质 pH 值约 5±0.2，聚合温度 75～80℃，转化率 70%～75%，进料单体浓度 17%，出料聚合物浓度 13%，脱除单体后，即成纺丝液。这一方法称作一步法。该法中硫氰化钠溶液的浓度非常重要。

（2）连续沉淀聚合　仅以水作介质进行共聚合。丙烯腈在水中有相当溶解度（25℃约 7.3%），而聚丙烯腈则不溶于水中，聚合后将从水中沉析出来。选用过硫酸盐或氯酸钠与适当还原剂组成氧化还原引发体系，聚合温度 40～50℃，转化率 80%。共聚物从水中沉析出来，经洗涤、分离、干燥（如必要），再用适当溶剂配成纺丝液。这一方法称作二步法，因质量容易控制，目前多有选用。

5.3.3　醋酸乙烯酯溶液聚合

聚醋酸乙烯酯的玻璃化温度约 28℃，用作涂料或粘结剂时，多采用乳液聚合或分散聚合生产。如果要进一步醇解成聚乙烯醇，则采用溶液聚合的方法。

芳烃、酮类、卤代烃、醇类都是聚醋酸乙烯酯的溶剂，但从聚合速率和分子量两方面考虑，溶液聚合时多选用甲醇。向甲醇的链转移常数不大（60℃时约 4.3×10^{-4}），但其用量对聚乙烯醇的分子量有影响。可用偶氮二异丁腈作引发剂，聚合温度约 65℃，在回流条件下聚合。转化率控制在 60% 左右，过高将引起支链。产物聚合度约 1700~2000。

聚醋酸乙烯酯的甲醇溶液可以进一步醇解成聚乙烯醇。合成纤维用聚乙烯醇要求醇解度大于 99%，分散剂和织物上浆剂用的则要求醇解度 80% 左右。

5.3.4 丙烯酸酯类溶液共聚合

（甲基）丙烯酸酯类种类很多，其共聚物有耐光耐候、浅色透明、粘结力强等优点，用作涂料、粘结剂以及织物、纸张、木材等的处理剂。

丙烯酸酯类有甲酯、乙酯、丁酯、乙基己酯等，其均聚物玻璃化温度都低，分别为 +8℃、−22℃、−54℃、−70℃。这些酯类很少单独均聚，而用作共聚物中的软组分。苯乙烯、甲基丙烯酸甲酯、丙烯腈等则用作硬组分。根据两者比例来调整共聚物的玻璃化温度。

最简单的丙烯酸酯类溶液共聚系以丙烯酸丁酯为软单体，苯乙烯为硬单体，两者质量比约 2：1，再加少量丙烯酸（2%~3%）。以醋酸乙酯和甲苯为溶剂，其量与单体相等。将全部溶剂和少量单体混合物、过氧化二苯甲酰引发剂加入聚合釜内，在回流温度下聚合，热量由夹套或釜顶回流冷凝器带走。其余单体混合物根据散热速率逐步滴加，对共聚物组成如有均一性要求，则可根据两单体的竞聚率和共聚方程来拟订滴加单体配比的方案。加完单体混合物，再经充分聚合后，冷却，聚合液出料装桶，即为成品。

为环保需要，丙烯酸酯类共聚多改用乳液法。

5.3.5 离子型溶液聚合

离子聚合和配位聚合的引发剂容易被水、醇、氧、二氧化碳等含氧化合物所破坏，因此不能用水作介质，而采用有机溶剂进行溶液聚合或本体聚合。

根据聚合物在溶剂中的溶解能力，可分为均相溶液聚合和沉淀（或淤浆）聚合。一些络合引发剂可溶于溶剂中，另一些则不溶，构成微非均相体系，见表 5-5。

表 5-5 离子型溶液聚合示例

| 聚合物 | 引 发 剂 | 溶 剂 | 溶解情况 | | 聚合方法 |
			引发剂	聚合物	习惯名称
聚乙烯	$TiCl_4$-$Al(C_2H_5)_3$	烷烃	不溶	沉淀	淤浆聚合
聚丙烯	$TiCl_3$-$Al(C_2H_5)_2Cl$	烷烃	不溶	沉淀	淤浆聚合
顺丁橡胶	Ni 盐-AlR_3-$BF_3 \cdot OEt_2$	烷烃或芳烃	不溶	均相	溶液聚合
异戊橡胶	LiC_4H_9	烷烃	溶	均相	溶液聚合
乙丙橡胶	$VOCl_3$-$Al(C_2H_5)_2Cl$	烷烃	溶	均相	溶液聚合
丁基橡胶	$AlCl_3$	氯甲烷	溶	沉淀	悬浮聚合

离子聚合选用溶剂的原则首先应该考虑溶剂化能力，即溶剂对活性种离子对紧密程度和活性的影响，这对聚合速率、分子量及其分布、聚合物微结构都有深远的影响。其次才考虑溶剂的链转移反应。在离子聚合中，溶剂的选择处于与引发剂同等重要的地位。

大规模溶液聚合一般选用连续法，聚合后往往有凝聚、分离、洗涤、干燥等工序。

5.3.6 超临界 CO_2 中的溶液聚合

超临界 CO_2 的临界温度为 31.1℃，临界压力 7.38MPa，呈低粘液体，可以用作聚合介质，对自由基稳定，无链转移反应，能溶解含氟单体和聚合物。

在超临界 CO_2 中，自由基聚合可以分成均相溶液聚合和沉淀分散聚合两类。第一类均相溶液聚合具有溶剂容易脱除、无毒、阻燃的优点。适用的单体包括四氟乙烯、丙烯酸1,1-二羟基全氟辛酯、对氟烷基苯乙烯等。此外，氟代单体还可以与甲基丙烯酸甲酯、乙烯、苯乙烯等共聚，不沉淀，仍能保持均相溶液状态。

第二类沉淀分散聚合的特点是单体和引发剂溶解，而聚合物不溶，苯乙烯、甲基丙烯酸甲酯等都属于这情况。随着反应条件和稳定剂的不同，分散粒径可达 $100nm \sim 10\mu m$。该法聚合物的分子量比均相溶液聚合的要高，可能原因是自由基被包埋。

超临界 CO_2 聚合具有环保优势。该法也不局限于自由基聚合，甲醛和乙烯基醚的阳离子聚合，环氧烷烃、丁氧环的开环聚合，降冰片烯的开环易位聚合（ROMP），甚至缩聚都可以在超临界 CO_2 中进行。可见发展前景看好。

5.4 悬浮聚合

5.4.1 一般介绍

悬浮聚合是单体以小液滴状悬浮在水中的聚合方法。单体中溶有引发剂，一个小液滴就相当于一个小本体聚合单元。从单体液滴转变为聚合物固体粒子，中间经过聚合物-单体粘性粒子阶段，为了防止粒子粘并，需加分散剂，在粒子表面形成保护膜。因此，悬浮聚合体系一般由单体、油溶性引发剂、水、分散剂四个基本组分构成，实际配方则较复杂。

悬浮聚合的反应机理与本体聚合相同。不同体系有均相聚合和沉淀聚合之分。苯乙烯和甲基丙烯酸甲酯的悬浮聚合总体系属于非均相，其中液滴小单元则属均相，最后形成透明小珠粒，故有珠状（悬浮）聚合之称。另一方面，在氯乙烯悬浮聚合中，聚氯乙烯将从单体液滴中沉析出来，形成不透明粉状产物，故可称作沉淀聚合或粉状（悬浮）聚合。

悬浮聚合物的粒径约 $0.05 \sim 2mm$（或 $0.01 \sim 5mm$），主要受搅拌和分散剂控制。聚合结束后，回收未聚合的单体，聚合物经分离洗涤干燥，即得粒状或粉状树脂产品。

悬浮聚合有下列优点：①体系粘度低，传热和温度容易控制，产品分子量及其分布比较稳定；②产品分子量比溶液聚合的高，杂质含量比乳液聚合的少；③后处理工序比乳液聚合和溶液聚合简单，生产成本也低，粒状树脂可直接成型。悬浮聚合的主要缺点是产物中多少带有少量分散剂残留物，要生产透明和绝缘性能好的产品，需除净这些残留物。

综合悬浮聚合的优缺点，工业应用还比较广泛。80%聚氯乙烯、全部苯乙烯型离子交换树脂和可发性聚苯乙烯、部分聚苯乙烯和聚甲基丙烯酸甲酯用悬浮法生产。有些单体的所谓"悬浮聚合"，如合成聚四氟乙烯、丁基橡胶和乙丙橡胶的"悬浮聚合"，实质上都是沉淀聚合，只因为产物悬浮在介质中而得名。

悬浮聚合多采用间歇法，连续法尚在研究之中。

悬浮聚合反应机理和动力学与本体聚合相同，需要研究的是成粒机理和颗粒控制。

5.4.2 液-液分散和成粒过程

苯乙烯、甲基丙烯酸甲酯、氯乙烯等大多数乙烯基单体在水中的溶解度很小，只有万分之几到百分之几，粗略地可以看作不溶于水。单体与水未经混合，将分成两层。在搅拌剪切力作用下，单体液层将分散成液滴，大液滴受力还会变形，继续分散成小液滴，如图 5-1 中的过程①和②。单体和水之间的界面张力愈小，分散能力也愈强，形成的液滴也愈小。过小的液滴会聚并成大液滴。液-液分散和液滴的聚并构成动平衡，最终达到一定的平均粒度。但聚合釜内各处的搅拌强度不一，因此产物的粒度有一定的分布。

无分散剂时，搅拌停止后，未聚合的液滴将聚并变大，最后仍与水分层，如图 5-1 中的③④⑤过程。聚合到一定的转化率，例如 15%～30%，单体-聚合物体系发粘，两液滴碰撞时，将粘结在一起，甚至结快，搅拌反而促进粘结。因此体系中需加分散剂，使在液滴表面形成保护膜，防止粘结。当转化率较高，如 60%～70%，

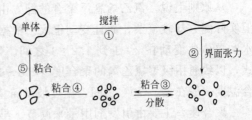

图 5-1　悬浮单体液滴分散-聚并模型图

液滴转变成弹性和刚性固体粒子，粘结性减弱，不再聚并。可见分散剂和搅拌是影响和控制粒度的两大重要因素。此外，水-单体比、温度、转化率也有一定的影响。

5.4.3　分散剂和分散作用

用于悬浮聚合的分散剂大致可以分成两类，作用机理也有差异。

（1）水溶性有机高分子物　属于这一类的有部分水解的聚乙烯醇、聚丙烯酸和聚甲基丙烯酸的盐类、马来酸酐-苯乙烯共聚物等合成高分子，甲基纤维素、羟丙基纤维素等纤维素衍生物，明胶、藻酸钠等天然高分子等。目前多采用质量比较稳定的合成高分子，并且两种以上分散剂复合使用。

高分子分散剂的作用机理主要是吸附在液滴表面，形成一层保护膜，起着保护胶体的作用。同时还使表面（或界面）张力降低，有利于液滴分散，如图 5-2。

（2）不溶于水的无机粉末　如碳酸镁、碳酸钙、磷酸钙、滑石粉等。这类分散剂的作用机理是细粉吸附在液滴表面，起着机械隔离的作用，如图 5-3。

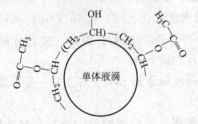

图 5-2　聚乙烯醇分散保护作用模型

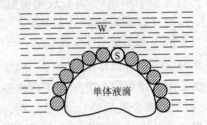

图 5-3　无机粉末分散保护作用模型（⊘无机粉末）

有些无机粉末分散剂往往就地配制使用，例如碱式碳酸镁微粒由碳酸钠溶液和硫酸镁溶液配制而成，羟基磷酸钙粉末由磷酸钠溶液和氯化钙溶液制成等。

分散剂种类的选择和用量的确定随聚合物种类和颗粒要求而定。除颗粒大小和形状外，尚需考虑树脂的透明性和成膜性能等。例如聚苯乙烯和聚甲基丙烯酸甲酯要求透明，以选用无机分散剂为宜，因为聚合结束后可以用稀硫酸洗去。制备聚氯乙烯时，可选用保护能力和表面张力适当的有机高分子作分散剂。除了上述主分散剂外，有时还添加少量表面活性剂，如十二烷基硫酸钠、十二烷基磺酸钠、聚醚型表面活性剂等。

5.4.4　氯乙烯悬浮聚合

聚氯乙烯是应用范围很广的通用塑料，按溶液粘度或聚合度划分成许多品种和牌号，为便于成型加工时增塑剂和其他助剂的吸收和混匀，对颗粒结构有特殊要求。

80%～82%聚氯乙烯用悬浮聚合法生产，本体法约 8%，两者颗粒结构相似，平均粒径约 100～160μm。10%～12%糊用聚氯乙烯则用乳液法和微悬浮法生产，粒径分别约 0.2μm 和 1μm。少量涂料用氯乙烯共聚物才用溶液法制备。

从原则上说，氯乙烯悬浮聚合的配方由氯乙烯单体、水、油溶性引发剂、分散剂组成，但实际配方却较复杂，而且变动很大。根据疏松型和紧密型聚氯乙烯的要求不同，配方中的水和单体比变动在 2∶1 到 1.2∶1 之间。氯乙烯聚合反应中，向单体转移是主要的终止方式，以致通用级聚氯乙烯的聚合度（600～1600）与引发剂浓度无关，仅由温度来控制，聚合温度一般在 45～70℃ 之间，温度波动希望控制在 0.2～0.5℃ 之内。

聚合速率主要由引发剂用量来调节。早期聚合釜的传热性能较差，曾用偶氮二异丁腈和过氧化十二酰等低活性引发剂，用量约为氯乙烯的 0.08%～0.12% 不等。用这类引发剂时，聚合周期长，放热速度很不均匀，有明显的自动加速现象，聚合后期往往有温度难以控制的情况。改用过氧化碳酸酯类等高活性引发剂，用量减为 0.02%～0.05%，自动加速现象减弱，放热比较均匀，后期温度容易控制。目前更多的系采用高活性和低活性引发剂复合使用，如复合得当，如半衰期 2h，则可望接近匀速反应。匀速反应有利于传热和温度的控制，并缩短聚合周期，对大规模生产特别有利。

聚氯乙烯-氯乙烯是部分互溶体系，聚氯乙烯可被氯乙烯溶胀，其中氯乙烯含量约 30%；但聚氯乙烯在氯乙烯的溶解度甚微（<0.1%）。因此，小于 70% 转化率时，体系中有氯乙烯液滴存在，聚合在两相中进行，一相为单体相，接近纯单体；另一相为聚氯乙烯富相，聚合以富相中为主。转化率大于 70% 时，单体相消失，体系压力开始低于纯氯乙烯的饱和蒸气压，聚氯乙烯富相中氯乙烯继续聚合。一般在 85% 转化率以下，结束聚合反应，以免影响树脂的疏松颗粒结构。

分散剂的性质对聚氯乙烯颗粒形态的影响至关重要。选用明胶时，其水溶液表面张力较大（25℃ 为 68mN/m），将形成紧密型树脂。制备疏松型聚氯乙烯时，要求介质表面张力在 50mN/m 以下，则可将部分水解聚乙烯醇（水溶液表面张力约 50～55mN/m）和羟丙基纤维素（水溶液表面张力 45～50mN/m）复合使用，有时还添加第三组分。复合分散剂的配合虽然可以表面张力作部分参考，但还带有经验技艺的成分。

氯乙烯悬浮聚合配方中除了四种基本组分外，还可能添加 pH 值调节剂、分子量调节剂（主要用于低聚合度品种）、防粘釜剂、消泡剂等。

聚合釜的高传热能力对聚合温度恒定起着保证作用，而搅拌对混匀物料和帮助传热外，对液液分散和树脂颗粒特性有显著影响。传热和搅拌是氯乙烯聚合两大工程问题。

氯乙烯悬浮聚合过程大致如下：将水、分散剂、其他助剂、引发剂先后加入聚合釜中，抽真空和充氮排氧反复几次，然后加单体，升温至预定温度聚合。在聚合过程中保持温度和压力恒定。后期压力下降 0.1～0.2MPa，即可出料，这时的转化率约 80%～85%。如降压过多，将不利于疏松树脂的形成。聚合结束后，回收单体，出料，经后处理、离心分离、洗涤、干燥，即得聚氯乙烯树脂成品。

5.4.5　苯乙烯悬浮聚合

可发性聚苯乙烯、苯乙烯型离子交换树脂以及部分通用级和抗冲级聚苯乙烯采用悬浮法生产。苯乙烯悬浮聚合的发展历史曾有过低温（85℃）聚合和高温（120℃）聚合两种技术，所用引发剂和分散剂各异，目前多趋向于高温聚合。

苯乙烯高温悬浮聚合是指在 120～150℃ 下进行的聚合。苯乙烯具有热聚合的特点，不加引发剂，在 120℃ 以上，就有较高的聚合速率。在 150℃ 聚合 2h，转化率可达 85%。如果加入适当的引发剂还可以进一步提高速率。高温聚合时多采用无机分散剂，如磷酸钙、碳酸镁等，聚合结束后，可在后处理工序中用酸洗去。

苯乙烯在有丁烷等挥发性液体存在下进行悬浮聚合，则可制得可发性聚苯乙烯。

5.4.6 微悬浮聚合

悬浮聚合物的粒度一般在 $50\sim2000\mu m$ 之间，乳液聚合产物的粒度只有 $0.1\sim0.2\mu m$，而微悬浮（microsuspension）聚合物的粒度则介于其间（$0.2\sim1.5\mu m$），可达亚微米级（$<1\mu m$），与常规乳液聚合的液滴相当，因此也可称作细乳液（miniemusion）聚合。

悬浮聚合体系由单体、油溶性引发剂、分散剂、水等组成。在搅拌和分散剂的作用下，单体被分散成小液滴，聚合就在液滴内进行，反应机理与本体聚合相当。而在微悬浮聚合体系中，却采用特殊的复合乳化体系来代替一般分散剂。复合乳化体系由（阴或阳）离子型表面活性剂（如十二烷基硫酸钠）和难溶助剂（如 $C_{16}\sim C_{18}$ 长链脂肪醇或长链烷烃）组成。两者复合物一方面可以使单体-水的界面张力降得很低，甚至接近于零，在温和的搅拌条件下，就很容易将单体分散成亚微米级的微液滴；另一方面，复合物有很强的保护能力，吸附在微液滴或聚合物微粒表面，起到良好的保护稳定作用，防止颗粒间的聚并，并阻碍液滴（或胶粒）间单体的扩散传递和重新分配，以致最终聚合产物的粒子数、粒径、粒度分布与起始微液滴相当，这是微悬浮聚合的特征和优点，有利于控制。

采用油溶性引发剂时，直接引发液滴内的单体聚合，聚合机理与悬浮聚合相同。即使采用水溶性引发剂，在水中产生的初级自由基或短链自由基也容易被微液滴所捕捉，液滴成核成为主要成粒机理，而均相成核和胶束成核可以忽略。

配制微悬浮聚合体系时，需注意下列要点。

① 乳化剂-难溶助剂的微乳液要在加单体前配好，配制温度需在难溶助剂熔点以上。

② 长链脂肪醇的碳原子数应在 16 以上。

③ 乳化剂-长链脂肪醇摩尔比约在（$1:1$）～（$1:4$）之间。

④ 单体微悬浮液配制以后，应立即进行聚合。

微悬浮聚合可以用来制备高固体含量（65%）的细胶乳。微米级的微悬浮聚氯乙烯和 $0.1\sim0.2\mu m$ 级的乳液聚氯乙烯混合配制聚氯乙烯糊，可以提高固体含量，且可降低糊的粘度，改善施工条件，提高生产能力。

5.5 乳液聚合

5.5.1 一般介绍

简单地说，单体在水中分散成乳液状态的聚合，称作乳液聚合。乳液聚合基本配方由单体、水、水溶性引发剂和水溶性乳化剂四组分构成。

乳液聚合有许多优点：①以水作介质，环保安全，胶乳粘度较低，便于混合传热、管道输送和连续生产；②聚合速率快，同时产物分子量高，可在较低的温度下进行；③胶乳可直接使用，如水乳漆、粘结剂、纸张、皮革、织物处理剂等。

乳液聚合也有若干缺点：①需要固体产品时，乳液需经凝聚、洗涤、脱水、干燥等工序，成本较高；②产品中留有乳化剂等杂质，难以完全除净，有损电性能等。

乳液聚合应用主要有下列三方面。

① 聚合后分离成胶状或粉状固体产品，如丁苯、丁腈、氯丁等合成橡胶，ABS、MBS 等工程塑料和抗冲改性剂、糊用聚氯乙烯树脂、聚四氟乙烯等特种塑料。

② 聚合后胶乳直接用作涂料和粘结剂，如丁苯胶乳、聚醋酸乙烯酯胶乳、丙烯酸酯类

胶乳等，可用作内外墙涂料、纸张涂层、木器涂料以及地毯、无纺布、木材的粘结剂等。

③ 微粒用作颜料、粒径测定标样、免疫试剂的载体等。

大吨位乳液聚合产品，如丁苯橡胶，多采用连续法生产；多批量小吨位产品则选用间歇法；糊用聚氯乙烯树脂也用间歇法；半连续法有利于共聚物组成的控制，也普遍使用。

与其他聚合方法相比，乳液聚合在机理上以及在产品的颗粒形态上，均有独特之处。在本体、溶液、悬浮聚合中，能使聚合速率提高的一些因素，往往使分子量降低。但在乳液聚合中，速率和分子量却可以同时提高。普通乳液聚合物粒径约 $0.05 \sim 0.15 \mu m$，远比乳液中单体液滴（$1 \sim 10 \mu m$）小，比常见悬浮聚合物的粒度（$0.05 \sim 2mm$ 或 $50 \sim 2000 \mu m$）更要小得多，这都是特殊成粒机理造成的，值得深入研究。

5.5.2 乳液聚合的主要组分

传统或经典乳液聚合体系由四大部分组成，以单体 100 份（质量）为基准，水约 150～250，乳化剂 2～5，引发剂 0.3～0.5。工业配方则要复杂得多，因为：乳液聚合多半是主单体和第二、三单体的共聚合；除单一过硫酸盐作引发剂外，更多场合却采用氧化还原体系，往往主还原剂、副还原剂、甚至络合剂并用；乳化剂多由阴离子乳化剂与非离子表面活性剂混合使用；水相中还可能有分子量调节剂、pH 值调节剂等。从表 5-6 中热（50℃）丁苯橡胶和冷（5℃）丁苯橡胶的配方中，可见一斑。

表 5-6 丁苯橡胶配方示例

组　　分	质量/份		组　　分	质量/份	
	50℃热胶	5℃冷胶		50℃热胶	5℃冷胶
单体:苯乙烯	29	30	乳化剂:硬脂酸钠	5	
丁二烯	71	70	歧化松香皂		4.5
引发剂:过硫酸盐	0.3		分散剂:萘磺酸-甲醛缩合物		0.15
对蓋烷过氧化氢		0.08	分子量调节剂:十二硫醇	0.5	0.18
主还原剂:硫酸亚铁		0.03	缓冲剂:$Na_3PO_4 \cdot 12H_2O$		0.5
络合剂:乙二胺四醋酸盐		0.035	水	200	200
副还原剂:拉开粉		0.08			

乙烯基类、丙烯酸酯类、二烯烃等都是乳液聚合的常用单体。单体在水中的溶解度将影响聚合机理和产物性能。苯乙烯、丁二烯难溶于水，醋酸乙烯酯水溶性较大，甲基丙烯酸甲酯介于其间，三者乳液聚合机理和结果各异。丙烯酸、丙烯酰胺则与水完全互溶，就不能再采用常规乳液聚合，而另选反相乳液聚合。

水用作分散介质。水与单体质量比变动范围可以很宽，常在（70：30）～（40：60）范围内。

传统乳液聚合选用水溶性引发剂。采用过硫酸盐单一引发剂时，有效聚合温度为 50～80℃。很多场合采用氧化还原体系，在 5～10℃下聚合，可用两种方法来控制氧化还原速度：一是陆续补加氧化剂和/或还原剂；另一是将引发体系中的过氧化物（如异丙苯过氧化氢）溶于单体，还原剂硫酸亚铁加适量络合剂（如乙二胺四醋酸盐）溶于水，减慢反应。

在低温丁苯橡胶的配方中，除以亚铁盐作主还原剂外，还加雕白粉（次硫酸钠和甲醛的缩合物）作副还原剂。亚铁盐被过硫酸盐氧化成正铁盐后，可以被雕白粉再还原成亚铁离子，循环使用。这样，就可以减少配方中亚铁盐的用量和橡胶中的残铁量，提高耐老化性能。

5.5.3 乳化剂和乳化作用

（1）乳化剂的作用　乳液聚合中常用的乳化剂属于阴离子型，例如油酸钾（$C_{17}H_{33}$

COOK），其中羧酸钾是亲水基，烷基是疏水基。肤浅地说，乳化剂的作用是使单体乳化成小液滴（$1\sim10\mu m$），更深层次和更重要的则要考虑胶束的形成，探讨引发聚合场所和成核机理。

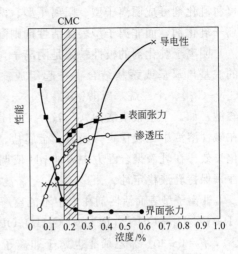

图 5-4　十二烷基硫酸钠水溶液的
性能与浓度的关系

当乳化剂的浓度很低时，乳化剂以分子状态真溶于水中，在水-空气界面处，亲水基伸向水层，疏水基伸向空气层，使水的表面张力急剧下降，有利于单体分散成细小的液滴。当乳化剂浓度到达一定值时，表面张力的下降趋向平缓，溶液的其他物理性质也有类似变化，如图 5-4。主要的原因是乳化剂的浓度超过真正分子状态的溶解度后，往往由多个乳化剂分子聚集在一起，形成胶束（或胶团）。乳化剂开始形成胶束的浓度，称作临界胶束浓度（CMC），可由溶液表面张力（或其他物理性质）随乳化剂浓度变化曲线中的转折点来确定。乳化剂的临界胶束浓度都很低，约 $1\sim30mmol\cdot L^{-1}$（$0.1\sim3g\cdot L^{-1}$）。

乳化剂浓度超过 CMC 后还不很高时，胶束较小，约由 $50\sim150$ 个乳化剂分子聚集呈球形，直径约 $4\sim5nm$。乳化剂浓度较大时，胶束呈棒状，长度可达 $100\sim300nm$，直径相当于乳化剂分子长度的 2 倍。胶束中乳化剂分子的疏水基团伸向胶束内部，亲水基伸向水层。

一般乳化剂用量为 $2\%\sim3\%$，CMC 为 $0.01\%\sim0.03\%$，可见乳化剂浓度约比 CMC 值大百倍，即大部分乳化剂处于胶束状态。典型乳化剂的分子量约 300，用量以 $30g\cdot L^{-1}$（$0.1mol\cdot L^{-1}$）计，则每立方厘米水中有 6×10^{19} 个乳化剂分子，相当于 $10^{17}\sim10^{18}$ 个胶束。胶束的大小和数量取决于乳化剂用量。乳化剂用量多，则胶束小而多，胶束的表面积随乳化剂用量增加而增大。

常用烯类单体在纯水中的溶解度较小，室温下，苯乙烯、丁二烯、氯乙烯、甲基丙烯酸甲酯和醋酸乙烯酯的溶解度分别为 $0.37g\cdot L^{-1}$、$0.81g\cdot L^{-1}$、$10.6g\cdot L^{-1}$、$15g\cdot L^{-1}$、$25g\cdot L^{-1}$。乳化剂的存在，将使单体的溶解度增加，例如苯乙烯的溶解度可增至 $10\sim20g\cdot L^{-1}$，这称为增溶作用。增溶的原因有二：一是单体伴随乳化剂分子疏水部分真溶在水中；另一是单体增溶入胶束内，使溶解度大增，这占增溶的主要部分。增溶后的球形胶束直径可从原来的 $4\sim5nm$ 增大到 $6\sim10nm$。

单体液滴的尺寸取决于搅拌强度和乳化剂浓度，一般大于 $1\mu m$（$1\sim10\mu m$）。液滴表面吸附了一层乳化剂分子，非极性基团深入液滴，极性基团伸向水层，形成带电保护层，乳液得以稳定，搅拌停止后，也还能稳定一段时间而不分层。

从以上分析可知，在经典乳液聚合体系中，聚合开始以前，乳化剂可以处于水溶液、胶束、液滴表面三个场所。乳化剂的作用有三：①降低表面张力，使单体分散成细小液滴；②在液滴或胶粒表面形成保护层，防止凝聚，使乳液稳定；③形成胶束，使单体增溶。胶束数约 $10^{17}\sim10^{18}cm^{-3}$，单体液滴数约 $10^{10}\sim10^{12}cm^{-3}$。胶束虽小，但表面积却比单体液滴大得多。体系中各种粒子的尺寸、形状、浓度已被电子显微镜、光散射、超速离心等所证实。

（2）**乳化剂的种类**　乳化剂分子由非极性和极性基团两部分组成。按极性基团的不同，可将乳化剂分成阴离子型、阳离子型、两性型和非离子型四类。传统乳液聚合主要选用是阴离子乳化剂，而非离子型表面活性剂则配合使用。

阴离子乳化剂的极性基团是阴离子，非极性部分一般是 $C_{11}\sim C_{17}$ 的直链烷基或 $C_3\sim C_8$ 的烷基与苯基或萘基结合在一起组成。常用的阴离子乳化剂有脂肪酸钠 RCOONa（R＝$C_{11}\sim C_{17}$）、十二烷基硫酸钠 $C_{12}H_{25}Na$、烷基磺酸钠 RSO_3Na（R＝$C_{12}\sim C_{16}$）、烷基芳基磺酸钠，如二丁基萘磺酸钠 $(C_4H_9)_2C_{10}H_5SO_3Na$（俗称拉开粉）、松香皂等。阴离子乳化剂在碱性溶液中比较稳定，遇酸、金属盐、硬水等，会形成不溶于水的脂肪酸或金属皂，使乳化失效。在乳液聚合配方中需加 pH 值调节剂，如磷酸钠（$Na_3PO_4\cdot 12H_2O$），使溶液呈碱性，保持乳液稳定性。

非离子型表面活性剂在水中不能离解成阴、阳离子，其典型代表是环氧乙烷聚合物，如 $R\text{-}(OC_2H_4)_n OH$、 $RCO\text{-}(OC_2H_4)_n OH$、 $R\text{—}C_6H_4\text{-}(OC_2H_4)_n OH$ 等，其中 R＝$C_{10}\sim C_{16}$，$n＝4\sim 30$。聚乙烯醇也属于非离子型表面活性剂。这类乳化剂对 pH 值变化不敏感，比较稳定。但乳液聚合中很少单独使用，多与离子型乳化剂合用，以改善乳液稳定性、粒径和粒径分布。

1949 年 Griffin 曾提出用亲水亲油平衡值（HLB）来衡量表面活性剂中亲水部分和亲油部分对水溶性的贡献。给每种表面活性剂一数值，以示亲水性的大小。HLB 值愈大，则亲水性也愈大。可以根据 HLB 值范围来初步判断其用途，如表 5-7。

表 5-7　表面活性剂 HLB 值应用范围

HLB 范围	应　　用	HLB 范围	应　　用
3～6	油包水（W/O）乳化剂	13～15	洗涤剂
7～9	润湿剂	15～18	增溶剂
8～18	水包油（O/W）乳化剂		

常规乳液聚合所用的乳化剂一般属于水包油型（O/W），其 HLB 值在 8～18 范围内，例如烷基芳基磺酸盐的 HLB 值 12，油酸钾 20 等。

除 CMC 外，阴离子乳化剂还有一个三相平衡点。三相平衡点是乳化剂处于分子溶解状态、胶束、凝胶三相平衡时的温度。高于该温度，溶解度突增，凝胶消失，乳化剂只以分子溶解和胶束两种状态存在，起到乳化作用。一旦温度降到三相平衡点以下，将有凝胶析出，乳化能力减弱。

常用几种阴离子表面活性剂 CMC 值及三相平衡点见表 5-8。

表 5-8　典型乳化剂的临界胶束浓度和三相平衡点

乳　化　剂	分 子 量	温度/℃	CMC		三相平衡点/℃
			mol/L	g/L	
$C_{11}H_{23}COONa$	222.3	20～70	0.05	5.6	36
$C_{13}H_{27}COONa$	250.35	50～70	0.0065	1.6	53
$C_{15}H_{31}COONa$	278.40	50～70	0.0017	0.47	62
$C_{17}H_{35}COONa$	306.45	50～60	0.00044	0.13	71
$C_{12}H_{25}SO_4Na$	288.40	35～60	0.009	2.6	20
$C_{12}H_{25}SO_3Na$	272.4	35～80	0.011	2.3	33
$C_{12}H_{25}C_6H_4SO_3Na$	348.5	50～70	0.0012	0.4	
去氢松香酸钾			0.025～0.03		
松香钠皂			<0.01		

非离子型乳化剂水溶液随温度升高而分相的温度，称作浊点。在浊点以上，非离子型表面活性剂将沉析出来。因此选用非离子型乳化剂时，浊点需在聚合温度以下。离子型乳化剂和非离子型乳化剂复合使用时，三相平衡点和浊点都会有所偏离。

5.5.4 乳液聚合机理

乳液聚合遵循自由基聚合一般规律，但聚合速率和聚合度却可同时增加，可见存在着独特的反应机理和成粒机理。先选择苯乙烯、过硫酸钾、十二烷基硫酸钠、水组成的经典理想体系，进行剖析。20 世纪 40 年代，Harkins 对经典乳液聚合的机理提出了定性物理模型，接着 Smith-Ewart 作了定量处理。实际体系虽有偏差，但可以参比理想体系的规律，作些修正。

乳液聚合开始时，单体和乳化剂分别处在水溶液、胶束、液滴三相，如图 5-5，即：

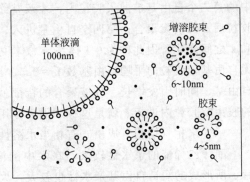

图 5-5　乳液聚合体系三相示意图

① 微量单体和乳化剂以分子分散状态真正溶解于水中，构成水溶液连续相；

② 大部分乳化剂形成胶束，每一胶束由 50～150 乳化剂分子聚集而成，直径 4～5nm，胶束数约 $10^{17} \sim 10^{18} \, cm^{-3}$。单体增溶在胶束内，使直径增大至 6～10nm，构成（增溶）胶束相；

③ 大部分单体分散成液滴，直径 1～10μm，比胶束大千百倍。液滴数约 $10^{10} \sim 10^{12} \, cm^{-3}$，比胶束数少 6～7 数量级。液滴表面吸附有乳化剂，使乳液稳定，构成液滴相。

链引发、增长、终止等基元反应究竟在哪一相发生，尤其是在哪一相引发成核、而后聚合发育成最终的胶粒，这是乳液聚合机理研究中的核心问题。

5.5.4.1 成核机理和聚合场所

单体的水溶性、乳化剂的浓度、引发剂的溶解性能等是影响成核机理的重要因素，有三种成核可能。

（1）胶束成核　难溶于水的单体所进行的经典乳液聚合，以胶束成核为主。

经典乳液聚合体系选用水溶性引发剂，在水中分解成初级自由基，引发溶于水中的微量单体，在水相中增长成短链自由基。聚苯乙烯疏水，短链自由基只增长少数单元（<4）就沉析出来，与初级自由基一起被增溶胶束捕捉，引发其中单体聚合而成核，所谓胶束成核。

单体液滴是否参与捕捉水相中自由基，比较一下胶束和液滴的比表面，就可说明两者捕捉自由基的优势。体系中胶束数 $10^{18} \, cm^{-3}$，增溶后的直径 10nm，总表面积约 $3 \times 10^6 \, cm^2/cm^3$。而液滴数 $10^{12} \, cm^{-3}$，直径 1000nm，总表面积 $3 \times 10^4 \, cm^2/cm^3$。可见胶束的表面积比液滴要大百倍，说明胶束更有利于捕捉水相中的初级自由基和短链自由基。

胶束成核后继续聚合，转变成单体-聚合物胶粒，增长聚合就在胶粒内进行。胶粒内单体浓度降低后，就由液滴内的单体通过水相扩散来补充，保持胶粒内单体浓度恒定，构成动平衡。液滴只是储存单体的仓库，并非引发聚合的主要场所。单体液滴消失后，才由胶粒内的残余单体继续聚合至结束，最后成为聚合物胶粒（0.1～0.2μm）。分析最终聚合产物的粒径发现，只有 0.1% 聚合物才由液滴形成，这也证明了胶束成核的机理。

原来构成胶束的乳化剂不足以覆盖逐渐长大的胶粒表面，就由未曾成核的胶束中乳化剂通过水相扩散来补充。原始胶束数约 $10^{18} \, cm^{-3}$，最后胶粒数仅 $10^{13} \sim 10^{15} \, cm^{-3}$，可见只有很少一部分（0.1%～0.01%）胶束才成核，未成核的大部分胶束只是乳化剂的临时仓库。液滴中单体为胶束或胶粒继续聚合提供原料后，留下的乳化剂也扩散至胶粒表面，使之稳定。

初期的单体-聚合物胶粒较小（十几纳米），只能容纳1个自由基。由于胶粒表面乳化剂的保护作用，包埋在胶粒内的自由基寿命较长（10～100s），允许较长时间的增长，等水相中的第二个自由基扩散入胶粒内，才双基终止，胶粒内自由基数变为零。第三个自由基进入胶粒后，又引发聚合；第四个自由基进入，再终止；如此反复进行，胶粒中的自由基数在0和1之间变化，因此称为0-1体系。总体说来，体系中一半胶粒含有一个自由基，另一半则无自由基，胶粒内平均自由基数 $\bar{n}=0.5$。聚合中后期，当胶粒足够大时，也可能容纳几个自由基，同时引发增长。乳液聚合的特征就是链引发、增长、终止的基元反应在"被隔离"的胶束或胶粒内进行。就是这种"隔离作用"才使乳液聚合兼有高速率和高分子量的特点。

（2）水相（均相）成核　有相当水溶性的单体进行乳液聚合时，以均相成核为主。

醋酸乙烯酯的亲水性较大，在水中的溶解度高达25g/L。溶于水中的单体经引发聚合后，所形成的短链自由基亲水性也较大，聚合度上百后才能从水中沉析出来。水相中多条这样较长的短链自由基相互聚集在一起，絮凝成核（原始微粒）。以此为核心，单体不断扩散入内，聚合成胶粒。胶粒形成以后，更有利于吸取水相中的初级和短链自由基，而后在胶粒中引发增长。这就成为水相成核（或均相成核）机理。

一般认为：单体溶解度 $[M]<15\text{mmol}\cdot L^{-1}$，如苯乙烯（$[M]=3.5$），在水相中的临界聚合度仅3～4，以胶束成核为主；$[M]>170\text{mmol}\cdot L^{-1}$，如醋酸乙烯酯（$[M]=300$），临界聚合度上百，则均相成核占优势。甲基丙烯酸甲酯的溶解度（$[M]=150$）介于两者之间，临界聚合度约50～65，虽然胶束成核仍然存在，但水相成核已不容忽视，而且占重要地位。

（3）液滴成核　液滴粒径较小和/或采用油溶性引发剂，有利于液滴成核。

有两种情况可导致液滴成核：一是液滴小而多，表面积与增溶胶束相当，可参与吸附水中形成的自由基，引发成核，而后发育成胶粒；另一是用油溶性引发剂，溶于单体液滴内，就地引发聚合，类似液滴内的本体聚合。微悬浮聚合具备这双重条件，因此是液滴成核。

5.5.4.2　乳液聚合过程中的三个阶段

根据胶粒发育情况和相应速率变化，可将经典乳液聚合过程分成三个阶段，如图5-6。

（1）第一阶段——成核期或增速期　水相中自由基不断进入增溶胶束，引发其中单体而成核，继续增长聚合，转变成单体-聚合物胶粒。这一阶段，胶束不断减少，胶粒不断增多，速率相应增加；单体液滴数不变，只是体积不断缩小。到达一定转化率，未成核的胶束完全消失，表示成核期结束，胶粒数趋向恒定（$10^{13}\sim10^{15}$ cm^{-3}），聚合速率也因而恒定，这是第一阶段结束和第二阶段开始的宏观标志。

第一阶段时间较短，相当于2%～15%转化率，与单体种类有关。醋酸乙烯酯等水溶性较大的单体成核期较短，转化率也较低。反之，苯乙烯等难溶于水的单体，成核时间长，转化率也较高。

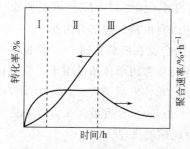

图5-6　乳液聚合动力学曲线示意图
Ⅰ—增速期；Ⅱ—恒速期；Ⅲ—降速期

（2）第二阶段——胶粒数恒定期或恒速期　这一阶段从增溶胶束消失开始，只有胶粒和液滴两种粒子。单体从液滴经水相不断扩散入胶粒内，保持胶粒内的单体浓度恒定，因此聚合速率也恒定。胶粒不断长大，最终直径可达 50～150nm。单体液滴的消失或聚合速率开始下降是这一阶段结束的标志。

第二阶段结束的转化率与单体种类有关，单体水溶性大的，第二阶段结束的转化率也较低，如苯乙烯 40％～50％，甲基丙烯酸甲酯 25％，醋酸乙烯酯 15％。聚氯乙烯可以被 30％ 氯乙烯所溶胀，因此可以聚合至 70％转化率才结束第二阶段。

（3）第三阶段——降速期 这阶段体系已无单体液滴，只剩下胶粒一种粒子，胶粒数不变。依靠胶粒内的残余单体继续聚合，聚合速率递降。这阶段粒径变化不大，最终形成 100～200nm 的聚合物粒子，这比增溶胶束直径（6～10nm）大十几倍，却比原始液滴（＞1000nm）要小一个数量级。

三阶段中胶束、胶粒、液滴等粒子和速率变化摘要如表 5-9。

表 5-9 乳液聚合过程中颗粒和速率变化

项　　目	第一阶段	第二阶段	第三阶段
速率变化	增速期	恒速期	降速期
颗粒数变化/cm^{-3}			
胶束	胶束数渐减，10^{17}～10^{18}→0 增溶胶束 6～10nm	0	0
胶粒	成核期（胶束→胶粒） 胶粒数，0→10^{13}～10^{15}	胶粒数恒定，10^{13}～10^{15} 胶粒长大 10→100nm 胶粒内单体浓度一定	胶粒数恒定 体积变化微小 胶粒内单体浓度下降
单体液滴	液滴数不变，10^{10}～10^{12} 液滴直径＞1000nm	液滴数 10^{10}～10^{12}→0 直径缩小＞1000→0nm	0

传统乳液聚合的机理特征是在水相中引发，增长在胶束或胶粒的隔离环境下进行，自由基寿命长，另一自由基进入胶粒后，才终止。兼具高速和高聚合度。

5.5.5 乳液聚合动力学

乳液聚合总体上遵循自由基聚合机理，但有同时提高聚合速率和聚合度的特点。

（1）聚合速率 乳液聚合过程可分为增速、恒速、降速三个阶段，动力学研究多着重恒速阶段。

在自由基聚合中，聚合速率方程可表示为：

$$R_p = k_p[M][M^\cdot]$$

式中浓度单位为 mol・L^{-1}。该式同样可以适用于乳液聚合，只不过 [M] 代表胶粒中的单体浓度（mol・L^{-1}），[$M^\cdot$] 也另有新的表达式。

乳液聚合中多采用 cm^3 作单位，转换成常用体积单位 L 时，要乘以 10^3 因子。

令 N＝胶粒数（L^{-1}），N_A＝阿佛伽德罗常数，则 N/N_A＝胶粒摩尔浓度（mol・L^{-1}）。$\bar{n}$＝胶粒中平均自由基数（理想体系为 0.5），因此乳胶粒中的自由基摩尔浓度 [$M^\cdot$]（mol・L^{-1}）为

$$[M^\cdot] = \frac{\bar{n}N}{N_A} \tag{5-1}$$

将上式代入聚合速率式，则得乳液聚合第二阶段恒速期的速率表达式

$$R_p = \frac{k_p[M]\bar{n}N}{N_A} \tag{5-2}$$

上式表明聚合速率与乳胶粒中平均自由基数、乳胶粒数成正比。第二阶段，胶束消失，乳胶粒数 N 恒定，单体液滴的存在，保证了乳胶粒内单体浓度 [M] 的恒定，因此速率也恒定。

由式 (5-2) 可见，乳液聚合速率取决于胶粒数。胶粒数 N 高达 $10^{14} \cdot cm^{-3}$，因而 [M·] 可达 $10^{-7} mol \cdot L^{-1}$，比一般自由基聚合（[M·] $= 10^{-8} mol \cdot L^{-1}$）要大一个数量级。同时，大多数聚合物和单体达溶胀平衡时，单体的体积分数为 $0.5 \sim 0.85$，胶粒内单体浓度可达 $5 mol \cdot L^{-1}$。因此乳液聚合速率比较快。

式 (5-2) 也可用来说明第一、三阶段的聚合速率变化。第一阶段胶粒数在增加，因此聚合速率也相应增加；第三阶段胶粒内的单体浓度在降低，因此速率也相应降低。

如果应用光学原理测得乳液体系中的胶粒数 N，再测定某一单体浓度 [M] 下的聚合速率 R_p，理想体系 $\bar{n} = 0.5$，就可以按式 (5-2) 求出增长速率常数。增长速率常数的这一测定方法，可以作为光闸法、顺磁共振法、脉冲激光猝灭法的补充。

（2）聚合度　自由基聚合物的动力学链长或聚合度可由增长速率和终止（或引发）速率的比值求得。但应考虑 1 个胶粒内的增长速率和引发速率。一个胶粒的引发速率 r_i 是总引发速率 R_i 与捕捉自由基的粒子数之比，而捕捉自由基的粒子数是胶粒中平均自由基数 $\bar{n}$ 与总粒子数 N 的乘积。因此

$$r_i = \frac{R_i}{\bar{n}N} \tag{5-3}$$

1 个胶粒的增长速率 r_p 为

$$r_p = k_p [M] \tag{5-4}$$

聚合物的平均聚合度为

$$\bar{X}_n = \frac{r_p}{r_i} = \frac{k_p [M] \bar{n}N}{R_i} \tag{5-5}$$

苯乙烯乳液聚合时，也应该是偶合终止，但却是胶粒内的长链自由基和扩散入内的初级或短链自由基的偶合终止。因此不论偶合还是歧化，聚合物的聚合度都等于动力学链长。

从以上理想体系乳液聚合机理看来，一个胶粒内的自由基数在 0 和 1 之间交替变化，平均数 $\bar{n} = 0.5$。一般自由基寿命只有 $10^{-1} s$，双基终止时间只有 $10^{-3} s$。由于隔离和包埋作用，胶粒内自由基的寿命很长（$10^1 \sim 10^2 s$），因而有较长的增长时间，从而提高了分子量。

若有链转移反应，则平均聚合度为

$$\bar{X}_n = \frac{r_p}{r_i + \sum r_{tr}} \tag{5-6}$$

式中，$\sum r_{tr}$ 代表一个胶粒内所有链转移速率的总和。链转移速率可表示为

$$r_{tr} = k_{tr} [XA] \tag{5-7}$$

式中，[XA] 代表单体、溶剂、分子量调节剂的浓度。如果向单体和溶剂的链转移常数较少，则 [XA] 仅代表分子量调节剂的浓度。

从式 (5-5) 可见，乳液聚合物的平均聚合度和粒数都与引发速率有关。在一般自由基聚合中，可以用提高引发速率的因素（如引发剂浓度或聚合温度）来提高聚合速率，却导致聚合度的降低。但乳液聚合不同，增加乳胶粒数，却可同时提高聚合速率和聚合度。

（3）乳胶粒中平均自由基数 $\bar{n}$　以上提到，经典乳液聚合的理想情况下胶粒中平均自由基数 $\bar{n} = 0.5$。实际上 $\bar{n}$ 与单体水溶性、引发剂浓度、胶粒数、粒径、自由基进入胶粒的效率因子 f 和逸出胶粒速率、终止速率等因素有关，基本上可分成下列三种情况。

① $\bar{n}=0.5$。单体难溶于水的理想体系，胶粒小，只容纳一个自由基，忽略自由基的逸出；第二个自由基进入时，双基终止，自由基数为零。每一胶粒的平均自由基数为0.5。

② $\bar{n}<0.5$。单体水溶性较大而又容易链转移时，如醋酸乙烯酯、氯乙烯，短链自由基容易解吸，即自由基逸出速度大于进入速度，最后在水相中终止，就有可能 $\bar{n}=0.1$ 的情况。

③ $\bar{n}>0.5$。当胶粒体积增大，可容纳两个或多个自由基同时增长，胶粒中的终止速率小于自由基进入速率，自由基解吸可以忽略，则 $\bar{n}>0.5$。例如聚苯乙烯胶粒达 $0.7\mu m$ 和 90%转化率时，$\bar{n}$ 从0.5增至0.6；当胶粒 $1.4\mu m$ 和 80%转化率时，$\bar{n}$ 增加到1，90%转化率时 $\bar{n}>2$。

（4）胶粒数 从上述分析可知，乳液聚合中的胶粒数 N 是决定聚合速率和聚合度的关键因素，且都成一次方的正比关系［式(5-2) 和式(5-5)］。稳定的胶粒数与体系中的乳化剂总表面积 a_sS 有关。a_s 是一个乳化剂分子所具有的表面积，S 是体系中乳化剂的总浓度。同时，N 也与自由基生成速率 ρ（相当于引发速率 R_i）直接有关。其定量关系为

$$N=k\left(\frac{\rho}{\mu}\right)^{2/5}(a_sS)^{3/5} \tag{5-8}$$

式中，μ 是胶粒体积增加速率；k 为常数，处于 $0.37\sim0.53$ 之间，取决于胶束和胶粒捕获自由基的相对效率以及胶粒的几何参数，如半径、表面积或体积等。由于粒子数与粒径有立方根的关系，即胶粒数多，则粒径小。因此由式(5-8) 可推导出粒径应与 $S^{0.2}$ 和 $\rho^{0.13}$ 成反比。

联立式(5-8) 和式(5-2)表明，R_p 和 $\overline{X}_n$ 都与 $[S]^{3/5}$ 成正比，但 $R_p\propto\rho^{2/5}$，而 $\overline{X}_n\propto\rho^{-3/5}$。从式(5-2) 表面上看，$R_p$ 与 ρ 似乎无关，但实际上，自由基生成速率 ρ 却影响着胶粒的生成数，进而影响到聚合速率。胶粒数一旦恒定，尽管胶粒内仍进行着引发、增长、终止，但引发速率 ρ 不再影响聚合速率。维持 ρ 恒定，增加乳化剂浓度以增加胶粒数，就可同时提高 R_p 和 $\overline{X}_n$。胶粒数 N 可由乳化剂量来调节，而胶粒内自由基数 $\bar{n}$ 却无法控制。

氯乙烯、醋酸乙烯酯等易链转移的单体，转移后产生的小自由基容易解吸，水相中终止显著，胶粒内自由基数 $\bar{n}<0.5$，聚合速率对式(5-2) 就有偏差。这些单体乳液聚合时，胶粒数 N 将与 $[S]$ 一次方成正比，与 ρ 基本无关。

（5）温度对乳液聚合的影响 在一般自由基聚合中，升高温度，将使聚合速率增加，使聚合度降低。但温度对乳液聚合的影响却比较复杂，温度升高的结果是：k_p 增加；ρ 增加，因而 N 增加；胶粒中单体浓度 $[M]$ 降低；自由基和单体扩散入胶粒的速率增加。

升高温度除了使聚合速率增加、聚合度降低外，还可能引起许多副作用，如乳液凝聚和破乳，产生支链和交联（凝胶），并对聚合物微结构和分子量分布产生影响。

5.6 乳液聚合技术进展

以上介绍了经典乳液聚合的基本概念、机理和动力学。乳液聚合可以用来制备专门或特殊要求的聚合物粒子，近几十年来，乳液聚合技术研究继续向纵深方向发展。在机理上，有胶束成核、均相成核和液滴成核，以及相应的聚合动力学。在实施方法上，有间歇法、半连续法和连续法。影响因素涉及单体种类、配比和浓度，引发剂和乳化剂的种类和浓度，其他助剂的用量等配方问题；以及温度、搅拌强度、单体和助剂的加料方式和速度、停留时间分布（连续法）等操作条件。控制目标有聚合速率、微结构、分子量及其分布、共聚物组成及序列分布、支化度和交联度、微量组分和基团等分子特性；以及乳胶粒度和粒度分布、颗粒

结构和形貌（如核壳）、孔隙度、表面积、堆砌密度等颗粒特性。胶乳性质则有流变行为、剪切、电解质和冷冻稳定性，电泳现象等。胶粒的化学特性和颗粒特性还进一步影响到物理机械性能，如玻璃化温度、熔点、溶解度、透明度、强度和应力-应变行为、断裂和动态力学行为等。

在机理和动力学的实验基础上，还应该进一步开展过程模型化、仿真、检测和控制方面的研究，速率、分子量、共聚物组成、粒度等都是建模的目标。建模时往往还需要许多热力学参数，如单体的溶解度和在两相中的分配、溶胀能力、相分离、表面张力、扩散系数等。另一方面还要考虑聚合反应器的操作特性和放大技术。

在传统乳液聚合的基本概念和基本机理的基础上，还不断涌现了许多新技术。对于特定新技术和新方法，可以从以上众多内容中有选择地开展重点研究，包括配方选择和拟订、聚合反应机理和动力学、成核机理和粒度控制等。乳液聚合新方法中潜在着新的机理，研究时可以参比经典乳液聚合的反应机理和成粒机理，但不能受其困惑和局限。

5.6.1 种子乳液聚合

常规乳液聚合产物的粒度较细，一般在 $100\sim150nm$（可以波动在 $50\sim200nm$ 范围内）之间，如果需要较大的粒径，则可通过种子聚合和溶胀技术来制备。

所谓种子乳液聚合是先将少量单体按一般乳液聚合法制得种子胶乳（$50\sim100nm$ 或更小），然后将少量种子胶乳（$1\%\sim3\%$）加入正式乳液聚合的配方中。其中单体、水溶性引发剂、水可以按原定比例，但乳化剂要限量加入，仅供不断长大粒子保护和稳定的需要，避免用量过多、形成新胶束或新胶粒。种子胶粒被单体所溶胀，吸附水相中自由基而引发聚合，使粒子增大。经过多级溶胀聚合，粒径可达 $1\sim2\mu m$，甚至更大（$3\sim$ 几十 μm）。

种子乳液聚合除了可以增大粒径外，还可使粒径分布接近单分散。如果在乳液聚合体系中同时加入粒径不同的第一代和第二代种子胶乳，则可形成粒度双分布的胶乳。这在糊用聚氯乙烯树脂的制备中得到了广泛的应用，小粒子可充填在大粒子间的空隙，提高树脂浓度，降低糊粘度，便于施工，提高生产能力。

5.6.2 核壳乳液聚合

核壳乳液聚合是种子乳液聚合的发展。种子聚合中种子胶乳和后继聚合采用同种单体，仅使粒子长大。若种子聚合和后继聚合采用不同单体，则形成核壳结构的胶粒，在核与壳的界面上形成接枝层，增加两者的相容性和粘接力，提高力学性能。核壳乳液聚合成功的关键也是限制后继聚合的乳化剂补加量，以免形成新的胶束、再成核发育成新的小粒子。核和壳单体的选择视聚合物的性能要求而定。正常的核壳聚合物基本上有两种类型。

（1）软核硬壳　丁二烯、丙烯酸丁酯等属于软单体，经乳液聚合后，就成为弹性体软核（种子）。甲基丙烯酸甲酯、苯乙烯、丙烯腈等为硬单体，后来加入继续聚合，就成为硬壳层。应用该项技术，就可合成工程塑料或抗冲改性剂。例如：以聚丁二烯（B）为核，苯乙烯（S）和丙烯腈（A）共聚物为壳，可合成著名的 ABS 工程塑料；如以甲基丙烯酸甲酯（M）和苯乙烯共聚物为外壳，则成为 MBS 抗冲改性剂。如以丙烯酸丁酯为核，以甲基丙烯酸甲酯为壳，则可聚合成耐候的 ACR 抗冲改性剂。

（2）硬核软壳　这类核壳聚合物主要用作涂料，品种也很多。硬核赋予漆膜强度，软壳则可调节玻璃化温度或最低成膜温度。

影响核壳结构的因素中，除了两种单体的加料次序外，还与单体亲水性有关。一般先聚合的为核，后聚合的为壳。但先将亲水性大的单体聚合成核，在后续疏水性单体聚合时，亲水性核将向外迁移，趋向水相，将使内核和外壳逆转，有转变成硬核软壳的趋向；如逆转不完全，有可能形成草莓形、雪人形等异形结构。其他如引发剂的水溶性、温度、pH 值、聚合物粘度都有影响。

5.6.3　无皂乳液聚合

一般乳液聚合使用低分子乳化剂使胶乳稳定，聚合结束后就吸附在胶粒表面，难用水洗净，影响到产品的电性能、光学性能、表面性质、耐水性等。在要求严格的场合，尤其用作生化医药制品的载体时，将受到限制，因此考虑无皂聚合。

所谓"无皂"聚合只是在原始配方中不加乳化剂或只加临界胶束浓度以下的微量乳化剂而进行的聚合。但要使最终聚合物分散液（乳液）稳定，关键在于将极性基团引入大分子中，使聚合物本身成为类似表面活性剂。途径有两大类。

① 采用过硫酸盐一类离子型水溶性引发剂，引发单体聚合。引发剂残基硫酸根就成为大分子的极性端基，整个大分子类似于聚合物乳化剂，使胶乳稳定。但硫酸根端基含量少，稳定能力有限，只能制备浓度较低（<10%）的聚合物胶乳，因此应用受到限制。

② 苯乙烯、丙烯酸丁酯、甲基丙烯酸甲酯等主单体与少量水溶性极性单体共聚，该法可用来制备高固体含量的胶乳。根据基团的不同，这类水溶性共单体有下列多种。

a. 非离子强亲水性共单体，如羧酸类（丙烯酸、甲基丙烯酸、马来酸等），丙烯醛，丙烯酰胺等。在共聚过程中，强亲水性共单体进入大分子链后，多富集于粒子表面。对于羧酸类，在碱性条件下，亲水羧基将转变成离子形式 $[—COO^- Na^+]$，胶粒之间通过静电排斥作用而稳定；而对于非离子状态的丙烯酰胺类，则通过空间位障作用来保持体系稳定。

b. 离子型共单体，如烯丙基磺酸钠、甲基烯丙基磺酸钠、对苯乙烯磺酸钠等。这类共单体种类很多，共聚活性差异很大，可能产生多种成核机理。

c. 离子-非离子双官能团复合型共单体。常规乳液聚合经常采用阴离子乳化剂与非离子表面活性剂复合体系，来提高乳液的稳定性。因此，也可专门合成兼有离子和非离子双基团的共单体，使无皂乳液聚合得更有效。例如：

羧酸-聚醚复合型　　　　　HOOCCH＝CHCOO(CH₂CH₂O)ₙR

磺酸盐-烷基聚醚复合型　　R(OCH₂CH₂)ₙOOCCH₂CHCOOCH₂CH(OH)CH₂OCH₂CH＝CH₂
　　　　　　　　　　　　　　　　　　|
　　　　　　　　　　　　　　　　　SO₃Na

d. 离子型表面活性共单体（surfmer）或可聚合的表面活性剂，这类化合物本身就是乳化剂，但又有聚合能力的双键，经共聚，就进入共聚物主链，形成稳定乳液。例如：

烯丙基型离子型表面活性共单体　　C₁₂H₂₅OOCCH₂CHCOOCH₂CH(OH)CH₂OCH₂CH＝CH₂
　　　　　　　　　　　　　　　　　　　　　　　　|
　　　　　　　　　　　　　　　　　　　　　　SO₃Na

甲基酰氧基离子型表面活性共单体 C₁₂H₂₅OOCCH₂CHCOOCH₂CH(OH)CH₂OOCC(CH₃)＝CH₂
　　　　　　　　　　　　　　　　　　　　　　　|
　　　　　　　　　　　　　　　　　　　　　SO₃Na

在主单体和上述共单体共聚过程中，需要考虑的主要问题有：两单体的共聚活性或竞聚率，成核机理，对胶乳的稳定效果和固体含量，功能基团的结合情况等。

无皂聚合可用来制备粒度单分散性好、表面洁净、带有功能基团的聚合物微球，可在粒径孔径测定、生物医药载体等特殊场合获得应用。提高乳液稳定性和固体含量是努力的目标，成核、稳定、凝聚机理都是基础研究的重要内容。

5.6.4　微乳液聚合

微乳液聚合是制备 8～80nm 胶粒的聚合方法，应用这一技术，可制得 10～30nm 胶粒。

传统乳液聚合最终乳胶粒径约100～150nm，乳液不透明，呈乳白色，属于热力学不稳定体系。而微乳液粒径为8～80nm，属于纳米级微粒，经特殊表面活性剂体系保护，可成为热力学稳定体系，各向同性，清亮透明。

微乳液聚合配方的特点是，单体很少（<10%），乳化剂很多（>单体量），并加有戊醇（其摩尔数大于乳化剂摩尔数）等助乳化剂，乳化剂和戊醇能形成复合胶束和保护膜，还可使水的表面张力降得很低，因而使单体分散成10～80nm的微液滴，乳液稳定性良好。这一点与微悬浮（或细乳液）聚合中采用乳化剂/难溶助剂复合体系的有点相似。

十六烷基三甲基溴化铵等阳离子型乳化剂用于微乳液聚合时，可不加其他助剂。

在微乳液聚合过程中，除胶束成核外，比表面较大的微液滴可以与增溶胶束（约10nm）竞争，吸取水相中的自由基而液滴成核。聚合成胶粒后，未成核的微液滴中的单体不断通过水相扩散，供应已形成的胶粒继续聚合，微液滴很快消失（相当于4%～5%转化率）。微液滴消失后，增溶胶束仍继续胶束成核。未成核的胶束就为胶粒提供保护所需的乳化剂，最终形成热力学稳定的胶乳。由于粒子较细，小于可见光波长，因此微乳液透明。

微乳液聚合的最终乳胶粒径小，表面张力低，渗透、润湿、流平等性能特好，可得透明涂膜，如与常规聚合物乳液混用，更能优点互补。

几种多相聚合的特征比较如表5-10。

表5-10　几种多相聚合的示例比较

项　目	悬浮聚合	微悬浮聚合	经典乳液聚合	O/W 微乳液聚合
胶粒直径/nm	50000～2000000	200～2000	100～150	10～80
液滴直径/nm	50000～2000000	200～2000	1000～10000	10～80
单体/质量份	苯乙烯 100	苯乙烯 100	苯乙烯 100	苯乙烯 4.85
介质/质量份	水 200	水 300	水 200	水 82.5
引发剂/质量份	过氧化二苯甲酰 0.3	过硫酸钾 0.4	过硫酸钾 0.3	过硫酸钾 0.27
表面活性剂/质量份	部分水解聚乙烯醇 0.05	十二烷基硫酸钠 3+十六醇 10	十二烷基硫酸钠 3	十二烷基硫酸钠 9.05+戊醇 3.85
成核聚合机理	液滴内本体聚合	液滴成核	胶束成核	液滴成核+胶束成核

5.6.5　反相乳液聚合

水溶性单体，如丙烯酰胺，不能以水作介质进行常规的乳液聚合。如果选用与水不相溶的有机溶剂作介质和油溶性乳化剂，使水溶性单体的水溶液分散成油包水型（W/O）乳液而进行的聚合就称为反相乳液聚合；若引发剂为油溶性，则与常规的乳液聚合恰成"镜式"对映。进一步还可发展为反相微乳液聚合。

聚丙烯酰胺常用作采油助剂、絮凝剂等，高分子量品种效果更好。丙烯酰胺水溶液聚合时，8%浓度的体系粘度就很高，已成冻胶，无法流动，其分子量还只有几百万，应用受到限制。如果采用反相乳液聚合法，就可克服上述缺点，并可制得千万以上的分子量。

反相乳液聚合中研究得最多的单体是丙烯酰胺；（甲基）丙烯酸及其钠盐、对乙烯基苯磺酸钠、丙烯腈、N-乙烯基吡咯烷酮等也有研究。用得较多的分散介质是甲苯、二甲苯等芳烃，环己烷、庚烷、异辛烷等烃类也常选用。

HLB值在5以下的非离子型油溶性表面活性剂，如山梨糖醇脂肪酸酯（Span60、Span80等）及其环氧乙烷加成物（Tween80）以及两者混合物，常选作乳化剂。乳化剂可以处于液滴的保护层，也可能在有机相内形成胶束，单体扩散入内，形成增溶胶束。

反相乳液聚合的引发剂可以是水溶性的，如过硫酸钾，直接溶解在单体水溶液液滴内，引发增长聚合就在液滴内进行，形成胶粒。选用 AIBN、BPO 等油溶性引发剂时，在有机溶剂中分解成的自由基可能有两个去向：一是扩散至单体水溶液液滴表面而液滴成核；如果非离子型乳化剂也有胶束形成，自由基另一去向是可能进入增溶胶束而胶束成核，但处于次要地位。反相乳液聚合的最终粒子都很小（100~200nm），聚合机理以液滴成核为主。

5.6.6　分散聚合

四氟乙烯聚合中有一种俗称"分散聚合"的方法，实质上属于稀水溶液沉淀聚合。水中全氟辛酸皂用量在 CMC 以下，防止细粒子聚并，并非真正的乳液聚合。

上例中溶液聚合、沉淀聚合、分散聚合三术语仅仅用来描述同一聚合不同阶段的体系特征。聚合初期，单体溶于溶剂成均相溶液，故称溶液聚合；聚合过程中，聚合物不断沉淀出来，故称沉淀聚合；沉析出来的聚合物粒子很细，分散在溶液中，故称分散聚合。

一般所谓分散聚合多半是在有机溶剂中的沉淀聚合，即单体和引发剂溶于烷烃或芳烃溶剂中进行溶液聚合，但聚合物不溶于溶剂，将沉析出来。为了使沉析出来的聚合物稳定，体系中还加有位障型高分子稳定剂。乙烯、丙烯在烃类溶剂中的聚合也是沉淀聚合，通常称为淤浆聚合，而不称作分散聚合，因为体系并不加分散剂或稳定剂。

非水分散聚合体系由单体、引发剂、稳定剂、有机溶剂四部分组成，这四组分都属油溶性，选择范围很宽。

许多乙烯基单体和丙烯酸酯类都曾选作单体，其中甲基丙烯酸甲酯（MMA）研究得最多，也可加入少量带有功能基团的单体进行共聚。引发剂多半是偶氮二异丁腈（AIBN）和过氧化二苯甲酰（BPO）。

单体确定后，则要选择溶剂，选择的原则是聚合物不被溶剂所溶胀，例如 MMA 选用己烷等烷烃类或甲醇-水混合溶剂。稳定剂多半是特制的位障型接枝或嵌段共聚物，其中一部分锚定在聚合物粒子表面，另一部分则溶于溶剂。MMA-AIBN-己烷-天然橡胶/MMA 接枝物体系是典型的代表，该接枝物可以就地形成，即在聚合体系中加入的是天然橡胶，在MMA 均聚合的同时，有天然橡胶-MMA 接枝物形成。聚乙烯基吡咯烷酮也常用作稳定剂。

分散聚合的成核机理大致如下：AIBN 在溶剂中分解产生初级自由基，引发单体形成短链（齐聚物）自由基。短链自由基超过临界长度后，就有沉析的趋势。若干短链自由基聚集成核，以后继续聚合成长为初级粒子。初级粒子一旦形成，更有利于捕捉自由基，引发其中溶胀单体继续聚合，粒子不断增大。同时，粒子相互聚并也是粒子增大的途径。粒子就成为聚合的主要场所，自动加速现象显著，往往 1h 内就可以到达 90% 以上的转化率。粒子表面吸附有位障型稳定剂，得以稳定。

通过分散聚合，可制备单分散微米级带功能基团的聚合物微球，还可以根据应用领域的不同要求，进一步化学转化为多种类型的功能化微球。

5.6.7　其他

除了以上多种乳液聚合新方法已工业应用外，辐射、超声波、磁场等多种能源，都曾试图应用于乳液聚合，但大多还停留在学术研究阶段。

在高能射线辐照下，水可分解成自由基而引发乳液聚合，包括普通乳液聚合、微乳液聚合、反相乳液聚合等。

超声波（频率 $2 \times 10^4 \sim 10^9$ Hz）是能量的一种形式，兼有乳化和产生自由基的双重作用。超声波作用于水，产生氢气和氢氧自由基，原理与辐射聚合相似。有报道，应用超声波技术，实施无皂自乳化微乳液聚合，制得高分子量稳定胶乳，粒径可在 40nm 以下。

磁场较少用于聚合反应研究，尤其乳液聚合场合。但在磁场（磁场强度＜5×10^{-2}T）中进行油溶性引发剂苯乙烯乳液聚合时，速率和分子量均有所提高。

在活性自由基聚合中，氮氧自由基本来就是水溶性，进行乳液聚合当无问题。可逆加成断裂转移法和原子转移法活性自由基聚合也有适于乳液聚合的引发体系。

摘　要

1. **聚合方法**　自由基聚合有本体、溶液、悬浮、乳液等四种传统实施方法，缩聚习惯采用熔融聚合、溶液聚合、界面聚合，离子聚合和配位聚合则有溶液聚合、淤浆聚合、气相聚合。起始配方的相态和聚合过程中的相变化对聚合都会有影响。

2. **本体聚合**　聚合到一定转化率，体系粘度增加，产生凝胶效应和自动加速现象，聚合度也增加。往往采用多段聚合措施来解决传热问题。苯乙烯、甲基丙烯酸甲酯、氯乙烯、乙烯等单体的连续或间歇本体聚合各有特点。

3. **溶液聚合**　自由基溶液聚合往往在特殊场合或特殊需要时（如直接配制纺丝液、涂料或进一步化学转化）选用，因单体浓度较低和链转移反应，聚合速率和聚合物将有所降低。离子聚合引发剂不耐水，不得不采用溶液聚合和淤浆聚合的方法。

4. **悬浮聚合**　用来制备 0.05～2mm 粉料或粒料。分散剂和搅拌是控制粒度的关键因素。分散剂有无机粉末和有机高分子两类。氯乙烯和苯乙烯的悬浮聚合各有不同的特点。

5. **微悬浮聚合**　是分散成微米级液滴的悬浮聚合，有时称作细乳液聚合，制备 0.2～1.5μm 粉料。离子型表面活性剂和难熔助剂（如十六醇）配制复合分散剂是聚合成功的关键技术。

几种非均相聚合物的粒径比较如下：悬浮 50～2000μm，微悬浮 0.2～1.5μm，乳液 0.10～0.15μm，微乳液 0.008～0.080μm。

6. **传统乳液聚合机理**　传统乳液聚合配方由非水溶性单体、水溶性引发剂、水溶性乳化剂、水四组分构成，形成胶束、单体液滴、水三相，引发在水相，增长和终止却在胶束和胶粒的隔离环境下进行，最后发育成胶粒，所谓胶束成核机理。胶粒内平均自由基浓度＝0.5，自由基寿命特长，可在短时间内以较高的速率合成高聚合度的聚合物。

乳液聚合过程可以分成增速期、恒速期、降速期三个阶段。聚合速率、聚合度与胶粒数成正比。而胶粒数与乳化剂用量、总表面积有关。

$$R_{\mathrm{p}}=\frac{k_{\mathrm{p}}[\mathrm{M}]\bar{n}N}{N_{\mathrm{A}}} \qquad \bar{X}_{\mathrm{n}}=\frac{r_{\mathrm{p}}}{r_{\mathrm{i}}}=\frac{k_{\mathrm{p}}[\mathrm{M}]\bar{n}N}{R_{\mathrm{i}}} \qquad N=k\left(\frac{\rho}{\mu}\right)^{2/5}(a_{\mathrm{s}}S)^{3/5}$$

7. **乳液聚合技术进展**　包括种子乳液聚合、核壳乳液聚合、无皂乳液聚合、微乳液聚合、反相乳液聚合以及分散聚合，各有特点和应用场合。

习　题

思　考　题

1. 聚合方法（过程）中有许多名称，如本体聚合、溶液聚合和悬浮聚合，均相聚合和非均相聚合，沉淀聚合和淤浆聚合，试说明相互间的区别和关系。
2. 本体法制备有机玻璃板和通用级聚苯乙烯，比较过程特征，如何解决传热问题，保证产品品质。
3. 溶液聚合多用于离子聚合和配位聚合，而较少用于自由基聚合，为什么？
4. 悬浮聚合和微悬浮聚合在分散剂选用、产品颗粒特性上有何不同？
5. 苯乙烯和氯乙烯悬浮聚合在过程特征、分散剂选用、产品颗粒特性上有何不同？

6. 比较氯乙烯本体聚合和悬浮聚合的过程特征，产品品质有何异同？

7. 简述传统乳液聚合中单体、乳化剂和引发剂的所在场所，引发、增长和终止的场所和特征，胶束、乳胶粒、单体液滴和速率的变化规律。

8. 简述胶束成核、液滴成核、水相成核的机理和区别。

9. 简述种子聚合和核壳乳液聚合的区别和关系。

10. 无皂乳液聚合有几种途径？

11. 比较微悬浮聚合、乳液聚合、微乳液聚合的产物粒径和稳定用的分散剂。

12. 举例说明反相乳液聚合的特征。

13. 说明分散聚合和沉淀聚合的关系。举例说明分散聚合配方中溶剂和稳定剂，以及稳定机理。

计 算 题

1. 用氧化还原体系引发 20％（质量分数）丙烯酰胺溶液绝热聚合，起始温度 30℃，聚合热 －74kJ/mol，假定反应器和内容物的热容为 4J/℃，最终温度是多少？最高浓度多少才无失控危险？

2. 计算苯乙烯乳液聚合速率和聚合度。60℃ k_p＝176L·mol^{-1}·s^{-1}，［M］＝5.0mol·L^{-1}，N＝3.2×10^{14}/ml，ρ＝1.1×10^{13}mol^{-1}·s^{-1}。

3. 比较苯乙烯在 60℃下本体聚合和乳液聚合的速率和聚合度。乳胶粒数＝1.0×10^{15}ml^{-1}，［M］＝5.0mol·L^{-1}，ρ＝5.0×10^{12}ml^{-1}·s^{-1}。两体系的速率常数相同：k_p＝176L·mol^{-1}·s^{-1}，k_t＝3.6×10^{7}L^{-1}·mol^{-1}·s^{-1}。

4. 经典乳液聚合配方如下：苯乙烯 100g，水 200g，过硫酸钾 0.3g，硬脂酸钠 5g。试计算：

a. 溶于水中的苯乙烯分子数（ml^{-1}），（20℃溶解度＝0.02g/100g 水，阿佛伽德罗数 N_A＝6.023×10^{23}mol^{-1}）。

b. 单体液滴数（ml^{-1}）。条件：液滴直径 1000nm，苯乙烯溶解和增溶量共 2g，苯乙烯密度为 0.9g·cm^{-3}。

c. 溶于水中的钠皂分子数（ml^{-1}），条件：硬脂酸钠的 CMC 为 0.13g·L^{-1}，分子量 306.5。

d. 水中胶束数（ml^{-1}）。条件：每胶束由 100 个肥皂分子组成。

e. 水中过硫酸钾分子数（ml^{-1}），条件：分子量＝270。

f. 初级自由基形成速率 ρ（分子·ml^{-1}·s^{-1}）。条件：50℃ k_d＝9.5×10^{-7}s^{-1}。

g. 乳胶粒数（ml^{-1}）。条件：粒径 100nm，无单体液滴。苯乙烯密度 0.9g·cm^{-3}，聚苯乙烯密度 1.05g·cm^{-3}，转化率 50％。

5. 在 60℃下乳液聚合制备聚丙烯酸酯类胶乳，配方如下表，聚合时间 8h，转化率 100％。

丙烯酸乙酯＋共单体	100	十二烷基硫酸钠	3
水	133	焦磷酸钠(pH 值缓冲剂)	0.7
过硫酸钾	1		

下列各组分变动时，第二阶段的聚合速率有何变化？

a. 用 6 份十二烷基硫酸钠

b. 用 2 份过硫酸钾

c. 用 6 份十二烷基硫酸钠和 2 份过硫酸钾

d. 添加 0.1 份十二硫醇（链转移剂）

6. 按下列乳液聚合配方，计算每升水相的聚合速率。[提示：计算每升水中的胶粒数，再用式(5-2)]。

组分	质量		每一表面活性剂分子的表面积	50×10^{-6}cm^2
苯乙烯	100	密度＝0.9g·cm^{-3}	第二阶段聚苯乙烯粒子体积增长率	5×10^{-20}cm^3·s^{-1}
水	180	密度＝1g·cm^{-3}	乳胶粒中苯乙烯浓度	5mol·L^{-1}
过硫酸钾	0.85		过硫酸钾 k_d(60℃)	6×10^{-6}s^{-1}
十二烷基磺酸钠	3.5		苯乙烯 k_p(60℃)	200L·mol^{-1}·s^{-1}

6 离子聚合

6.1 引言

离子聚合是由离子活性种引发的聚合反应。根据离子电荷性质的不同，又可分为阴（负）离子聚合和阳（正）离子聚合。配位聚合也可归属于离子聚合的范畴，但机理独特，故另列一章。离子聚合和配位聚合都属于连锁机理，但与自由基聚合有些差异。

大部分烯类单体都能进行自由基聚合，但离子聚合对单体却有较大的选择性，如表6-1。通常带有氰基、羰基等吸电子基团的烯类单体，如丙烯腈、甲基丙烯酸甲酯等，有利于阴离子聚合；带有烷基、烷氧基等供电子基团的烯类单体，如异丁烯、乙烯基烷基醚等，有利于阳离子聚合；带苯基、乙烯基等共轭烯类单体，如苯乙烯、丁二烯等，则既能阴离子聚合，又能阳离子聚合，更是自由基聚合的常用单体。

表 6-1　离子聚合的单体

阴离子聚合	阴、阳离子聚合	阳离子聚合
丙烯腈 $CH_2 = CH—CN$	苯乙烯 $CH_2 = CH—C_6H_5$	异丁烯 $CH_2 = C(CH_3)_2$
甲基丙烯酸甲酯 $CH_2 = C(CH_3)COOCH_3$	α-甲基苯乙烯 $CH_2 = C(CH_3)C_6H_5$	3-甲基-1-丁烯 $CH_2 = CHCH(CH_3)_2$
亚甲基二酸酯 $CH_2 = C(COOR)_2$	丁二烯 $CH_2 = CHCH = CH_2$	4-甲基-1-戊烯 $CH_2 = CHCH_2CH(CH_3)_2$
α-氰基丙烯酸酯 $CH_2 = C(CN)COOR$	异戊二烯 $CH_2 = C(CH_3)CH = CH_2$	烷基乙烯基醚 $CH_2 = CH—OR$
ε-己内酰胺 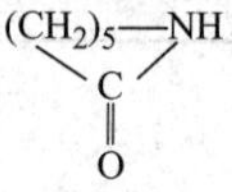 $(CH_2)_5—NH$ | C || O	甲醛 $CH_2 = O$	氧杂环丁烷衍生物 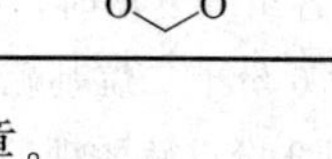 $O—CH_2$ |　　| $H_2C—C(CH_2Cl)_2$
	环氧乙烷 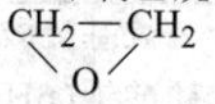　　环氧烷烃 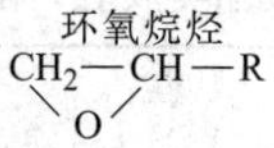 $CH_2—CH_2$　$CH_2—CH—R$ $\diagdown O \diagup$　　$\diagdown O \diagup$	四氢呋喃 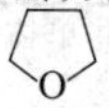
	硫化乙烯 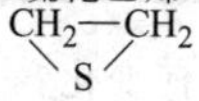 $CH_2—CH_2$ $\diagdown S \diagup$	三氧六环 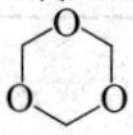

杂环也是离子聚合的常用单体，部分见表6-1，详见开环聚合一章。

烯类单体自由基聚合、阴离子聚合、阳离子聚合的活性链末端分别是碳自由基（C·）、碳阴离子（C:$^{\ominus}$）、碳阳离子（C$^{\oplus}$），三种活性种的分子结构不同，反应特性和聚合机理各异。

离子聚合引发剂容易被水破坏，多采用溶液聚合方法。溶剂性质影响颇大，因此需综合考虑单体、引发剂、溶剂三组分对聚合速率、聚合度、聚合物立构规整性等的影响。

顺丁橡胶、异戊橡胶、丁基橡胶、聚醚、聚甲醛等重要聚合物，由离子聚合来合成。有些常用单体，如丁二烯、苯乙烯，原可以采用价廉的自由基聚合来合成聚合物，但改用离子或配位聚合后，却可控制结构、改进性能。可见离子聚合有其特殊作用。

6.2 阴离子聚合

阴离子聚合的常用单体有丁二烯类和丙烯酸酯类，常用引发剂有丁基锂，典型聚合物有低顺聚丁二烯、顺1,4-聚异戊二烯、苯乙烯-丁二烯-苯乙烯（SBS）嵌段共聚物等。

阴离子活性种末端 $B^\ominus$ 近旁往往伴有金属阳离子作为反离子 $A^\oplus$，形成离子对 $B^\ominus A^\oplus$。特别标以 $\ominus\oplus$，以示与真正的无机离子相区别，但也可简化成"－＋"。

单体插入离子对引发聚合，阴离子聚合反应的通式可写如下式。

$$B^\ominus A^\oplus + M \longrightarrow BM^\ominus A^\oplus \cdots\cdots \xrightarrow{M} BM_n^\ominus A^\oplus$$

20世纪早期，碱催化环氧乙烷开环聚合和丁钠橡胶的合成都属于阴离子聚合，但当时并不知道机理。1956年 Szwarc 根据苯乙烯-萘钠-四氢呋喃体系的聚合特征，首次提出活性阴离子聚合的概念。从此以后，这一领域发展迅速。

6.2.1 阴离子聚合的烯类单体

阴离子聚合的单体可以粗分烯类和杂环两大类，本章着重讨论烯类单体。

具有吸电子基的烯类单体原则上容易阴离子聚合。吸电子基团能使双键上电子云密度减弱，有利于阴离子的进攻，并使所形成的碳阴离子的电子云密度分散而稳定。但鹤田桢二进一步指出，带有吸电子基团、并且是 π-π 共轭烯类单体才能阴离子聚合，如丙烯腈、甲基丙烯酸甲酯等，共轭更有利于阴离子活性中心的稳定。

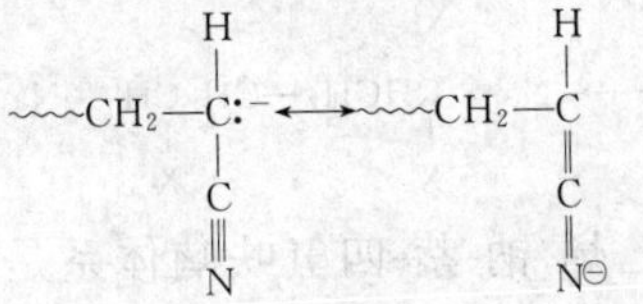

但 p-π 共轭而带吸电基团的烯类单体，如氯乙烯，却难阴离子聚合，因为 p-π 共轭效应和诱导效应相反，削弱了双键电子云密度降低的程度，不利于阴离子的进攻。

按阴离子聚合活性次序，可将烯类单体分成四组，列在表6-2内。表中从上而下，单体活性递增，A组为共轭烯类，如苯乙烯、丁二烯类，活性较弱；B组为（甲基）丙烯酸酯类，活性较强；C组为丙烯腈类，活性更强；D组为硝基乙烯和双取代吸电子基单体，活性最强。

Q-e 概念中的 e 值（极性或吸电子性），以及 Hammett 方程 $[\lg(1/r_1)=\rho\sigma]$ 中的基团特性常数 σ 值，也可半定量地用来衡量聚合活性。表6-2中 e、σ 值从上而下逐渐增大，与聚合活性相一致。有些单体 $+e$ 值虽不大、但 Q 值较大（共轭效应），也可阴离子聚合。

6.2.2 阴离子聚合的引发剂和引发反应

阴离子聚合引发剂有碱金属、碱金属和碱土金属的有机化合物、三级胺等碱类、给电子体或亲核试剂，其活性可参见表6-2，从上而下递减。其中碱金属引发属于电子转移机理，而其他则属于阴离子直接引发机理。

（1）碱金属——电子转移引发 钠、钾等碱金属原子最外层只有一个电子，易转移给单体，形成阴离子而后引发聚合。

表 6-2　阴离子聚合的单体活性和引发剂活性

引发剂			单体	分子式	Q	e	σ
SrR_2,CaR_2			α-甲基苯乙烯	$CH_2=C(CH_3)C_6H_5$			-0.161
Na,NaR	a	A	苯乙烯	$CH_2=CHC_6H_5$	1	-0.8	0.009
Li,LiR			丁二烯	$CH_2=CHCH=CH_2$	1.28	0	
$RMgX$			甲基丙烯酸甲酯	$CH_2=C(CH_3)COOCH_3$	1.92	1.20	0.385
t-ROLi	b	B	丙烯酸甲酯	$CH_2=CHCOOCH_3$	1.33	1.41	
ROX			丙烯腈	$CH_2=CHCN$	2.70	1.91	0.660
ROLi	c	C	甲基丙烯腈	$CH_2=C(CH_3)CN$	3.33	1.74	
强碱			甲基乙烯基酮	$CH_2=CHCOCH_3$	3.45	1.51	0.502
吡啶			硝基乙烯	$CH_2=CHNO_2$			0.778
$\underline{NR_3}$			亚甲基丙二酸二乙酯	$CH_2=C(COOC_2H_5)_2$			
弱碱	d	D	α-氰基丙烯酸乙酯	$CH_2=C(CN)COOC_2H_5$			1.150
ROR			偏二氰基乙烯	$CH_2=C(CN)_2$			
H_2O			α-氰基-2,4-己二烯酸乙酯	$CH_3CH=CHCH=C(CN)COOC_2H_5$			1.256

① 电子直接转移引发。20 世纪早期，钠细分散液引发丁二烯聚合，生产丁钠橡胶，是这一引发机理的例子。但丁钠橡胶性能差，引发剂效率低，该技术早已淘汰。现以苯乙烯为单体来说明其引发机理。

钠将外层电子直接转移给单体，生成单体自由基-阴离子，两分子的自由基末端偶合终止，转变成双阴离子，而后由两端阴离子引发单体双向增长而聚合。

$$Na + CH_2=CH \underset{X}{} \rightarrow Na^{\oplus \ominus}CH_2-\overset{\cdot}{C}H \underset{X}{} \leftrightarrow Na^{\oplus \ominus}\overset{\cdot}{C}H-CH_2 \underset{X}{}$$

$$Na^{\oplus \ominus}\overset{\cdot}{C}H-CH_2 \underset{X}{} \longrightarrow Na^{\oplus \ominus}CHCH_2-CH_2CH^{\ominus \oplus}Na \underset{X \quad\quad X}{} \longrightarrow 从两端增长聚合$$

② 电子间接转移引发。苯乙烯-钠-萘-四氢呋喃体系是典型的例子。钠和萘溶于四氢呋喃中，钠将外层电子转移给萘，形成萘钠自由基-阴离子，呈绿色。溶剂四氢呋喃中氧原子上的未共用电子对与钠离子形成络合阳离子，使萘钠结合疏松，更有利于萘自由基阴离子的引发。

一加入苯乙烯，萘自由基阴离子就将电子转移给苯乙烯，形成苯乙烯自由基-阴离子，呈红色。两阴离子的自由基端基偶合成苯乙烯双阴离子，而后双向引发苯乙烯聚合。最终结果与钠电子直接转移引发相似，只是萘成了电子转移的媒介，故称为电子间接转移引发。

苯乙烯单体聚合耗尽，红色并不消失，表明活性苯乙烯阴离子仍然存在，再加入单体，仍可继续聚合，聚合度不断增加，显示出无终止的特征，因此称作活性聚合。碳阴离子 $C{:}^{\ominus}$ 具有未成键的电子对，比较稳定，寿命长，为活性聚合创造了条件。

（2）有机金属化合物——阴离子引发　这类引发剂有金属的氨基化合物、烷基化合物和烷氧基化合物，格氏试剂等亲核试剂。

① 金属氨基化合物——氨基钾。K 或 Na 金属性强，液氨介电常数大，溶剂化能力强，KNH_2-液氨就构成了高活性的阴离子引发体系，氨基以游离的单阴离子存在，引发单体聚合，最后向氨转移而终止。

$$2K + 2NH_3 \longrightarrow 2KNH_2 + H_2$$
$$KNH_2 \Longleftrightarrow K^{\oplus} + {}^{\ominus}NH_2$$

$$H_2N^{\ominus} + CH_2\!=\!\overset{\displaystyle |}{\underset{\displaystyle C_6H_5}{CH}} \longrightarrow H_2N\!-\!CH_2\overset{\displaystyle |}{\underset{\displaystyle C_6H_5}{CH}}{}^{\ominus} \xrightarrow{M} \cdots\cdots$$

这类阴离子引发剂研究得较早，聚合机理和动力学有详细报道，但目前较少应用，故从简。

② 金属烷基化合物　许多金属可以形成烷基化合物，但常用作阴离子聚合引发剂的却是丁基锂，其次是格氏试剂 RMgX。因为需要兼顾引发活性和溶解性能两方面。

金属烷基化合物的活性和溶解性能与金属（M）的电负性有关。电负性愈小，即金属性愈强，如 K、Na（电负性为 0.8、0.9），M—C 键愈倾向于离子键，引发活性虽然较强，但不溶于有机溶剂中，难以使用。相反，金属电负性愈大，如 Al（1.5），M—C 键倾向于共价键，虽可改善溶解性能，但活性过低，无引发能力。

Li 锂电负性 1.0，是碱金属中原子半径最小的元素，Li—C 键为极性共价键，丁基锂可溶于非极性（如烷烃）和极性（如四氢呋喃 THF 等）的多种溶剂中。丁基锂在非极性溶剂中以缔合体存在，无引发活性；若添加少量四氢呋喃，则解缔合成单量体。同时，THF 中氧的未配对电子与锂阳离子络合，有利于疏松离子对或自由离子的形成，提高活性。

$$C_4H_9Li + :OC_4H_8 \longrightarrow C_4H_9^{\ominus} \parallel [Li \longleftarrow OC_4H_8]^{\oplus}$$

丁基锂就以单阴离子的形式引发单体聚合，并以相同的方式增长。

$$C_4H_9^{\ominus}Li^{\oplus} + CH_2\!=\!\overset{\displaystyle |}{\underset{\displaystyle X}{CH}} \longrightarrow C_4H_9CH_2\!-\!\overset{\displaystyle |}{\underset{\displaystyle X}{CH}}{}^{\ominus}Li^{\oplus} \xrightarrow{M} C_4H_9CH_2\!-\!\overset{\displaystyle |}{\underset{\displaystyle X}{CH}}\cdots\!CH_2\!-\!\overset{\displaystyle |}{\underset{\displaystyle X}{CH}}{}^{\ominus}Li^{\oplus}$$

Mg 的电负性（1.2）较大，R_2Mg 中的 Mg—C 键的极性过弱，尚难引发阴离子聚合。烷基镁中如引入卤素，成为格氏试剂 RMgX，适当增加 Mg—C 键的极性，也可成为阴离子引发剂，只是活性稍低，却可引发活性较大的单体聚合。

③ 金属烷氧化合物　甲醇钠或甲醇钾是碱金属烷氧化合物的代表，活性较低，无法引发共轭烯烃和丙烯酸酯类聚合，多用于高活性环氧烷烃（如环氧乙烷、环氧丙烷等）的开环聚合，详后。

（3）其他亲核试剂　R_3N、R_3P、ROH、H_2O 等中性亲核试剂或给电子体，都有未共用的电子对。引发和增长过程中，生成电荷分离的两性离子，但其活性很弱，只能引发很活泼的单体聚合。

$$R_3N: + CH_2\!=\!\overset{\displaystyle |}{\underset{\displaystyle X}{CH}} \longrightarrow R_3N^{\oplus}\!-\!CH_2\overset{\displaystyle |}{\underset{\displaystyle X}{CH}}{}^{\ominus} \longrightarrow R_3N^{\oplus}\!-\!(CH_2\overset{\displaystyle |}{\underset{\displaystyle X}{CH}})_nCH_2\overset{\displaystyle |}{\underset{\displaystyle X}{CH}}{}^{\ominus}$$

微量水和 CO_2 对阴离子引发剂都有破坏作用，单体、溶剂和实验器皿要彻底干燥、洁净。实验过程中要通高纯氮或氩排氧。

6.2.3　单体和引发剂的匹配

阴离子聚合的引发剂和单体的活性可以差别很大，两者配合得当，才能聚合。表 6-2 中4 组引发剂的活性从上而下递减，4 组单体活性从上而下递增，两者间能反应的则以直线相连。

a组引发剂活性最高，可引发 A、B、C、D 四组单体聚合。引发 C、D 组高活性单体，反应过于剧烈，难以控制，还可能产生副反应使链终止，需进行低温聚合。

b组引发剂的代表是格氏试剂，能引发 B、C、D 组单体，并可能制得立体规整聚合物。

c组引发剂可引发 C、D 组单体聚合。

d组是活性最低的引发剂，只能引发 d 组高活性单体聚合。微量水往往使阴离子聚合终止，但可引发高活性的 α-氰基丙烯酸乙酯聚合，因为可将水看作微碱性或微酸性。

判断阴离子引发剂能否引发单体，还希望有一半定量的评价指标。

阴离子聚合引发剂属于 Lewis 碱类，其活性，即引发单体的能力，与碱性强度有关。以乙基锂引发苯乙烯为例，能否继续增长，与苯乙烯阴离子的相对碱性有关。

$$C_2H_5Li + CH_2 = \underset{\underset{C_6H_5}{|}}{CH} \longrightarrow C_2H_5-CH_2\underset{\underset{C_6H_5}{|}}{CH^{\ominus}} \ Li^{\oplus}$$

共轭"碳酸"PH 与碳阴离子 P^- 构成离解平衡。

$$PH \overset{K_a}{\longleftrightarrow} P^- + H^+$$

$$K_a = \frac{[P^-][H^+]}{[PH]}$$

$$pK_a = -\lg K_a = \lg \frac{[PH]}{[P^-][H^+]}$$

K_a 愈小，则 pK_a 值愈大，表示碱性愈大，或亲电性愈小。

pK_a 值大的烷基金属化合物可以引发 pK_a 值较小的单体，反之则不能。从表 6-3 中可见，苯乙烯 pK_a（=40~42）最大，其阴离子碱性最强，活性最高，可以引发所有其他单体（如丙烯酸酯类 pK_a=24）聚合。除二烯烃外，其他单体碳阴离子都不能引发苯乙烯聚合。这一规律可用来指导嵌段共聚物合成中单体的加入次序。

表 6-3　化合物的 pK_a 值

化　合　物	pK_a 值	化　合　物	pK_a 值
乙烷	48	丙烯腈	(25)
苯	41	炔烃	25
苯乙烯,二烯烃	40~42	甲醇	16
氨	36	环氧化合物	15
丙烯酸酯	24	硝基烯烃	11

pK_a 值很低的化合物，如甲醇（pK_a 值=16），所形成甲氧基阴离子活性很低，不再引发苯乙烯、丙烯酸酯类单体，甲醇就成了这些单体阴离子聚合的阻聚剂。

自由基聚合中曾有单体活性次序与自由基活性次序相反的规律，阴离子聚合中也类似，即单体活性愈低，则其阴离子活性愈高。

实际上，低活性的共轭二烯烃进行阴离子聚合，多选用丁基锂作引发剂，而高活性环醚的阴离子开环聚合，则多选用低活性的醇钠、醇钾作引发剂。

阴离子聚合多采用溶液聚合，溶剂对聚合速率和聚合物立构规整性很有影响。应用得最多的阴离子聚合当推二烯烃-丁基锂-烷烃体系，而苯乙烯-萘-钠-四氢呋喃体系多用于研究。

6.2.4　活性阴离子聚合的机理和应用

阴离子聚合中，单体一经引发成阴离子活性种，就以相同的模式进行链增长，一般无终止和无链转移，直至单体耗尽，几天乃至几周都能保持活性，因此称作活性聚合。难终止的原因有：①活性链末端都是阴离子，无法双基终止；②反离子为金属离子，无 H^+ 可供夺取而终止；③夺取活性链中的 H^- 需要很高的能量，也难进行。

因此，活性阴离子聚合的机理特征是快引发、慢增长，无终止、无链转移，成为最简单的聚合机理。一般情况下，可按此机理来处理动力学问题。

根据无终止的机理特征，活性阴离子聚合可以有下列应用。

① 合成分子量均一的聚合物，用作凝胶色谱技术测定分子量时的填料标样。

② 制备带有特殊官能团的遥爪聚合物。活性聚合结束，加入二氧化碳、环氧乙烷、二异氰酸酯等进行反应，形成带有羧基、羟基、氨基等端基的聚合物。

$$M_x^{\ominus\ominus}A \begin{cases} +CO_2 \longrightarrow M_xCOO^{\ominus\ominus}A \xrightarrow{H^+} M_xCOOH \\ +CH_2\!-\!CH_2 \longrightarrow M_xCH_2CH_2O^{\ominus\ominus}A \xrightarrow{H^+} M_xCH_2CH_2OH \\ +OCN\!-\!R\!-\!NCO \longrightarrow M_x\!-\!\underset{O^{\ominus\ominus}A}{\overset{\displaystyle \|}{C}}\!=\!N\!-\!R\!-\!NCO \xrightarrow{H^+} M_x\!-\!\underset{O}{\overset{\displaystyle \|}{C}}\!-\!NH_2\!-\!R\!-\!NH_2 \end{cases}$$

如果是双阴离子引发，则大分子链两端都有这些端基，就成为遥爪聚合物。

③ 制备嵌段聚合物。利用阴离子聚合，相继加入不同活性的单体进行聚合，就可以制得嵌段聚合物。

$$\sim\!\sim\!\sim\!M_1^{\ominus}A^{\oplus} + M_2 \longrightarrow \sim\!\sim\!\sim\!M_1M_2\cdots\cdots M_2^{\ominus}A^{\oplus}$$

该法制备嵌段共聚物的关键在于单体加料的先后次序，并非所有活性聚合物都能引发另一种单体聚合，而决定于 $M_1^{\ominus}$ 和 M_2 的相对碱性，即 $M_1^{\ominus}$ 的给电子能力和 M_2 的亲电子能力。

表 6-3 所列的共轭酸碱的电离平衡常数对数值 pK_a 常来表示单体碱性的相对大小，可以用来指导嵌段共聚中单体的加料次序。pK_a 值大的单体形成阴离子后，能引发 pK_a 值小的单体，反之，则不能。例如 $PS^{\ominus}$（$pK_a = 40\sim 42$）可以引发 MMA（$pK_a = 24$）聚合，但 $PMMA^{\ominus}$ 却不能引发苯乙烯（S）聚合。因此苯乙烯必须先聚合，MMA 后加再聚合。苯乙烯和丁二烯的 pK_a 值的属于同一级别，但 $S^{\ominus}$ 易引发 BD，但 $BD^{\ominus}$ 引发 S 要稍慢一些，这和 $BD^{\ominus}$ 稍稳定有关。

工业上已用该法生产苯乙烯-丁二烯-苯乙烯三嵌段共聚物（SBS），用作热塑性弹性体。

6.2.5 特殊链终止和转移反应

实际上，阴离子聚合可能存在有一些特殊的终止和转移反应，也难免有无法除净的杂质。聚合末尾，还需人为地加入药剂，使反应终止。作深入研究时，也应该有所了解。

(1) 缓慢的自发终止　自发终止分两步进行：活性端基异构化，而后再形成不活泼的烯丙基型苯乙烯阴离子。

$$\sim\!\sim\!CH_2\underset{C_6H_5}{\overset{\displaystyle |}{C}}H\!-\!CH_2\underset{C_6H_5}{\overset{\displaystyle |}{C}}{}^{\ominus}K^{\oplus} \longrightarrow \sim\!\sim\!CH_2\underset{C_6H_5}{\overset{\displaystyle |}{C}}H\!-\!CH\!=\!\underset{C_6H_5}{\overset{\displaystyle |}{C}}H + H^{\ominus}K^{\oplus}$$

$$\sim\!\sim\!CH_2\underset{C_6H_5}{\overset{\displaystyle |}{C}}H\!-\!CH\!=\!\underset{C_6H_5}{\overset{\displaystyle |}{C}}H + CH_2\underset{C_6H_5}{\overset{\displaystyle |}{C}}{}^{\ominus} \longrightarrow \sim\!\sim\!CH_2\underset{C_6H_5}{\overset{\displaystyle |}{C}}{}^{\ominus}\!-\!CH\!=\!\underset{C_6H_5}{\overset{\displaystyle |}{C}}H\!-\!CH_2\underset{C_6H_5}{\overset{\displaystyle |}{C}}H_2$$

(2) 向溶剂链转移　苯乙烯-氨基钾-液氨体系进行阴离子聚合时，链阴离子可能向氨转移而终止。

$$\sim\!\sim\!CH_2\underset{C_6H_5}{\overset{\displaystyle |}{C}}H^{\ominus} + NH_3 \longrightarrow \sim\!\sim\!CH_2\underset{C_6H_5}{\overset{\displaystyle |}{C}}H_2 + H_2N\!:^{\ominus}$$

以甲苯作溶剂时，有下列链转移反应。

$$\sim\sim\sim M_x^{\ominus} Li^{\oplus} + C_6H_5CH_3 \longrightarrow \sim\sim\sim M_x H + C_6H_5CH_2^{\ominus} Li^{\oplus}$$

$$C_6H_5CH_2^{\ominus} Li^{\oplus} + M \longrightarrow C_6H_5CH_2 M^{\ominus} Li^{\oplus}$$

转移结果使原链阴离子终止，聚合度降低。新生阴离子能引发新链增长，速率并不降低。

（3）极性单体中的链转移反应　甲基丙烯酸甲酯等极性单体中的侧基能与亲核试剂反应，类似转移，使链阴离子终止。

① 烷基锂引发剂与单体转移反应

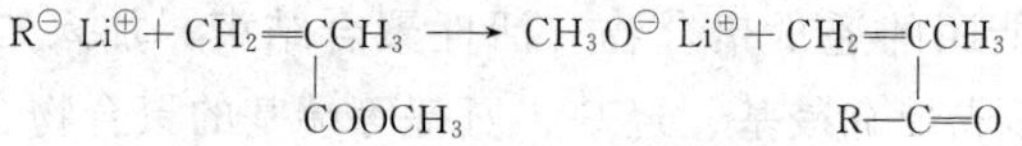

$$R^{\ominus} Li^{\oplus} + CH_2=CCH_3 \longrightarrow CH_3O^{\ominus} Li^{\oplus} + CH_2=CCH_3$$

② 碳阴离子与单体的亲核反应

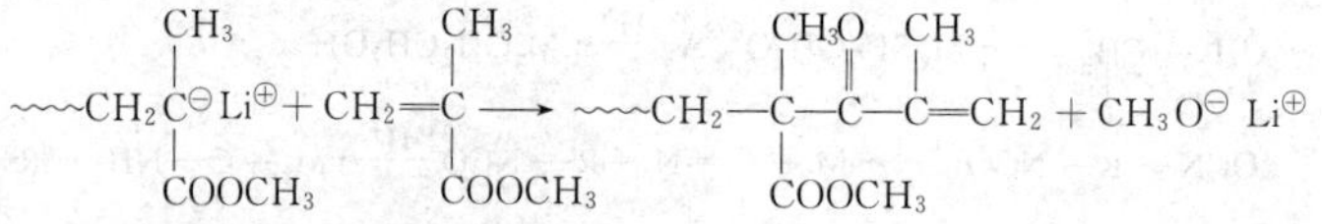

③ 增长碳阴离子分子内的"回咬"反应

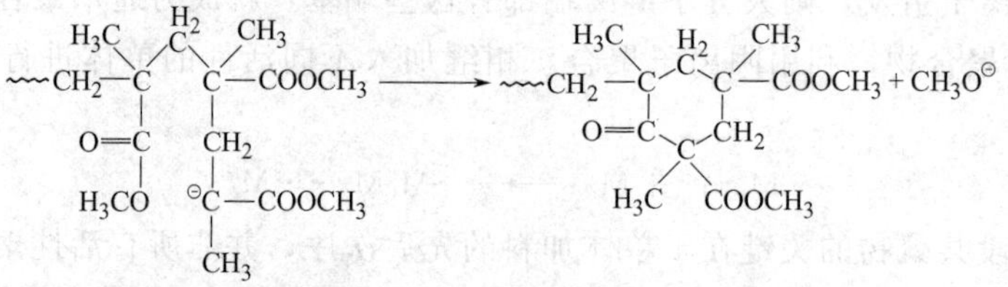

这些反应使速率和聚合度都降低，并使分子量分布变宽。降低聚合温度（$<-50\sim-70℃$），或以极性溶剂乙醚代替烃类，均可抑制上述副反应，获得活性聚合物。

（4）与杂质反应　氧、水、二氧化碳等含氧杂质均可使阴离子终止。

$$M_x^{\ominus} Li^{\oplus} + O_2 \longrightarrow M_x O-OLi$$

$$M_x^{\ominus} Li^{\oplus} + H_2O \longrightarrow M_x H + LiOH$$

$$M_x^{\ominus} Li^{\oplus} + CO_2 \longrightarrow M_x C-OLi$$
$$\parallel$$
$$O$$

对于苯乙烯-萘钠体系，水的链转移常数约 10，微量水就可使聚合速率和聚合度显著降低，甚至终止。因此，实验时，器皿要反复抽真空烘烤，并用高纯氮或氩吹扫，除净吸附的痕量水，甚至用少量"活"的聚合物溶液来洗涤。单体、溶剂要严格纯化。

（5）加终止剂　活性聚合结束时，需加特定终止剂使聚合终止。凡 pK_a 值比单体小的化合物都能终止阴离子聚合，如甲醇（$pK_a=16$）。新形成的甲醇锂活性低，不能再引发烯类单体聚合。

$$M_x^{\ominus} Li^{\oplus} + CH_3OH \longrightarrow M_x H + CH_3OLi$$

环氧乙烷阴离子开环聚合时，活性种本身就是醇氧阴离子，常加草酸、磷酸等来终止。

$$R(OCH_2CH_2)_n O^{\ominus} K^{\oplus} + HA \longrightarrow R(OCH_2CH_2)_n OH + K^+ A$$

6.2.6　活性阴离子聚合动力学

根据活性阴离子聚合的快引发、慢增长、无终止、无转移的机理特征，动力学处理就比较简单。快引发活化能低，与光引发相当。所谓慢增长，是与快引发相对而言，实际上阴离子聚合的增长速率比自由基聚合还要大，且受溶剂极性的显著影响。

（1）聚合速率　阴离子活性聚合的引发剂，如钠、萘钠、丁基锂等，有化学计量和瞬时

178

离解的特性，聚合前，预先全部瞬时转变成阴离子活性种，然后同时以同一速率引发单体增长。在增长过程中，再无新的引发，活性种数不变。每一活性种所连接的单体数基本相等，聚合度就等于单体摩尔数除以引发剂摩尔数，而且比较均一，分布窄。如无杂质，则不终止，聚合将一直进行到单体耗尽。根据这一机理，就可依次写出引发、增长的反应式，以及聚合速率方程：

引发 $\qquad\qquad\qquad\qquad\qquad B^{\ominus}A^{\oplus} + M \longrightarrow BM^{\ominus}A^{\oplus}$

增长 $\qquad\qquad\qquad\qquad\qquad BM^{\ominus}A^{\oplus} + nM \longrightarrow BM_n^{\ominus}A^{\oplus}$

$$R_p = -\frac{d[M]}{dt} = k_p[B^-][M] \qquad\qquad (6-1)$$

上式表明，聚合速率对单体呈一级反应。在聚合过程中，阴离子活性增长种的总浓度 $[B^-]$ 始终保持不变，且等于引发剂浓度，即 $[B^-]=[C]$。如将式(6-1)积分，就可导得单体浓度（或转化率）随时间作线性变化的关系式。

$$\ln\frac{[M_0]}{[M]} = k_p[C]t \qquad\qquad (6-2)$$

式中引发剂浓度 $[C]$ 和起始单体浓度 $[M]_0$ 已知，只要测得 t 时的残留单体浓度 $[M]$，就可求出增长速率常数 k_p。在适当溶剂中，苯乙烯阴离子聚合的 k_p 值与自由基聚合的 k_p 可以相近，但阴离子聚合无终止，阴离子浓度（$10^{-3} \sim 10^{-2} mol \cdot L^{-1}$）比自由基浓度（$10^{-9} \sim 10^{-7} mol \cdot L^{-1}$）高得多，因此阴离子聚合速率总比自由基聚合快得多。

（2）聚合度和聚合度分布　根据阴离子聚合机理，所消耗的单体平均分配键接在每个活性端基上，活性聚合物的平均聚合度就等于消耗单体数［或起始和 t 时的单体浓度差（$[M]_0 - [M]$）］与活性端基浓度 $[M^-]$ 之比，因此可将活性聚合称作化学计量聚合。

$$\overline{X}_n = \frac{[M]_0 - [M]}{[M^-]/n} = \frac{n([M]_0 - [M])}{[C]} \qquad\qquad (6-3)$$

上式 $[C]$ 为引发剂浓度；n 为每一大分子所带有的活性端基数。采用萘钠时，活性种为双阴离子，$n=2$；丁基锂活性种为单阴离子，$n=1$。如果聚合至结束，单体全部耗尽，则 $[M]=0$。

聚合度分布服从 Flory 分布或 Poissen 分布，即 x 聚体的摩尔分率为

$$n_x = N_x/N = e^{-\nu} \cdot \nu^{x-1}/(x-1)! \qquad\qquad (6-4)$$

上式中 ν 是每个引发剂分子所反应的单体分子数，即动力学链长。若引发反应包含一个单体分子，则 $\overline{X}_n = \nu + 1$。由上式可得重均和数均聚合度之比

$$\frac{\overline{X}_w}{\overline{X}_n} = 1 + \frac{\overline{X}_n}{(\overline{X}_n+1)^2} \approx 1 + \frac{1}{\overline{X}_n} \qquad\qquad (6-5)$$

当 $\overline{X}_n$ 很大时，$\overline{X}_w/\overline{X}_n$ 接近于 1，表示分布很窄。例如以萘钠-四氢呋喃引发所制得的聚苯乙烯，$\overline{X}_w/\overline{X}_n = 1.06 \sim 1.12$，接近单分散，可用来制备分子量测定中的标样。

以上有关聚合速率、分子量及其分布的方程是建立在引发剂完全转变成活性种以及无终止和无链转移的条件下推导出来的，否则，需另作处理。

总结以上机理，活性聚合有下列四大特征，据此，可以判断聚合是否属于活性聚合。

① 大分子具有活性末端，有再引发单体聚合的能力。

② 聚合度正比于单体浓度/起始引发剂浓度的比值。

③ 聚合物分子量随转化率线性增加。

④ 所有大分子链同时增长，增长链数不变，聚合物分子量分布窄。

6.2.7 阴离子聚合增长速率常数及其影响因素

不同烯类单体阴离子聚合活性或增长速率常数 k_p 可以差别很大，固定 Na^+ 为反离子，THF 为溶剂，多种单体的 k_p 比较如表 6-4。苯乙烯阴离子聚合 $k_p=950$，是该单体自由基聚合 $k_p(=145)$ 的 6～7 倍。2-乙烯基吡啶和 α-甲基苯乙烯分别为 7300 和 2.5，说明吸电子的吡啶基和供电的甲基对 k_p 增减的显著影响，也表明离子聚合对单体的选择性。

表 6-4　阴离子聚合增长速率常数

（反离子＝Na^+，溶剂＝THF，$T=25℃$）

单　　体	$k_p/L \cdot mol^{-1} \cdot s^{-1}$	单　　体	$k_p/L \cdot mol^{-1} \cdot s^{-1}$
α-甲基苯乙烯	2.5	苯乙烯	950
对甲氧基苯乙烯	52	4-乙烯基吡啶	3500
邻甲基苯乙烯	170	2-乙烯基吡啶	7300

以上是在四氢呋喃溶剂中的 k_p，溶剂、反离子、温度对阴离子聚合 k_p 值均有影响。

（1）溶剂的影响　从非极性溶剂到极性溶剂，阴离子活性种与反离子所构成的离子对可以在极化共价键、紧密离子对、疏松离子对、自由离子之间平衡变动：

$$B^{\delta-} A^{\delta+} \longleftrightarrow B^{\ominus} A^{\oplus} \longleftrightarrow B^{\ominus} \| A^{\oplus} \longleftrightarrow B^{\ominus} + A^{\oplus}$$

　　极化共价键　　　　紧密接触　　　　溶剂隔离　　　　自由离子
　　　　　　　　　　离子对(紧对)　　离子对(松对)

紧离子对有利于单体的定向配位插入聚合，形成立构规整聚合物，但聚合速率较低；松离子对和自由离子的聚合速率较高，却失去了定向能力。单体-引发剂-溶剂配合得当，才能兼顾这两方面指标。

阴离子聚合中最常用的引发剂丁基锂可溶于从非极性到极性的多种溶剂，但最常用的溶剂却是烷烃，另加少量四氢呋喃来调节极性。溶剂极性常用介电常数来评价，电子给予指数也是表征溶剂化能力的辅助参数，见表 6-5。

表 6-5　溶剂的介电常数和电子给予指数

溶　剂	介电常数	电子给予指数	溶　剂	介电常数	电子给予指数
己烷	2.2		四氢呋喃	7.6	20.0
苯	2.2	2	丙酮	20.7	17.0
二氧六环	2.2	5	硝基苯	34.5	4.4
乙醚	4.3	19.2	二甲基甲酰胺	35	30.9

表 6-6 表明溶剂性质对苯乙烯-萘钠体系 k_p 的影响。以弱极性苯或二氧六环（$\varepsilon=2.2$）作溶剂，活性种以紧对存在，$k_p=k_{\mp}=2\sim5$，比自由基聚合 $k_p（=145）$ 低一、二数量级。极性四氢呋喃（$\varepsilon=7.6$）和 1,2-二甲氧基乙烷（$\varepsilon=5.5$）中的 k_p 为 550 和 3800，是自由基聚合的 k_p 的几倍至几十倍，估计以松离子对和/或自由离子存在。1,2-二甲氧基乙烷的介电常数虽然不大，但电子给予指数很大，溶剂化能力很强，有利于松对或自由离子的形成。

表 6-6　溶剂对苯乙烯阴离子聚合 k_p 的影响（萘钠，25℃）

溶　剂	介电常数 ε	$k_p/L \cdot mol^{-1} \cdot s^{-1}$	溶　剂	介电常数 ε	$k_p/L \cdot mol^{-1} \cdot s^{-1}$
苯	2.2	2	四氢呋喃	7.6	550
二氧六环	2.2	5	1,2-二甲氧基乙烷	5.5	3800

增长速率常数的测定值是离子对各种状态的综合值。松离子对和紧离子对的差异很难量化，为简化起见，仅将活性种区分成离子对 P^-C^+ 和自由离子 P^- 两种，其增长速率常数分别以 $k_\mp$ 和 k_- 表示，离解平衡可写如下式：

$$P^-C^+ + M \xrightarrow[\text{离子对增长}]{k_\mp} PM^-C^+$$
$$\updownarrow K \qquad\qquad \updownarrow K$$
$$P^- + C^+ + M \xrightarrow[\text{自由离子增长}]{k_-} PM^- + C^+$$

总聚合速率是离子对 P^-C^+ 和自由离子 P^- 聚合速率之和。

$$R_p = k_\mp[P^-C^+][M] + k_-[P^-][M] \tag{6-6}$$

联立式(6-1)和式(6-6)，得表观增长速率常数 k_p。

$$k_p = \frac{k_\mp[P^-C^+] + k_-[P^-]}{[M^-]} \tag{6-7}$$

式(6-7)中活性种总浓度 $[M^-] = [P^-] + [P^-C^+]$，两活性种处于平衡状态，平衡常数 K 为

$$K = \frac{[P^-][C^+]}{[P^-C^+]} \tag{6-8}$$

通常 $[P^-] = [C^+]$，则

$$[P^-] = [K(P^-C^+)]^{1/2} \tag{6-9}$$

联立式(6-6)和式(6-9)，得

$$\frac{R_p}{[M][P^-C^+]} = k_\mp + \frac{K^{1/2}k_-}{[P^-C^+]^{1/2}} \tag{6-10}$$

离子对离解程度很小（$K = 10^{-7}$），离子对、活性种和引发剂的浓度都相近，即 $[P^-C^+] \approx [M^-] = [C]$，代入上式，得

$$k_p = k_\mp + \frac{K^{1/2}k_-}{[C]^{1/2}} \tag{6-11}$$

以 k_p 对 $[C]^{-1/2}$ 作图（图 6-1），得一直线，由截距得 $k_\mp$，由斜率得 $K^{1/2}k_-$。再由电导法测得平衡常数 K 后，就可求 k_-。结果见表 6-7。以极性和溶剂化能力较强的四氢呋喃为溶剂，离解平衡常数仍然很小（$K = 10^{-7}$），大部分活性种以离子对存在。自由离子虽少，但

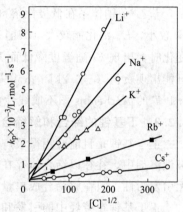

图 6-1　在 THF 中苯乙烯活性聚合表观速率常数 k_p 与 $[C]^{-1/2}$ 的关系

其 k_- 极大（6.5×10^4），比离子对的 $k_\mp$（$=10^2$）要大上百倍，因此表观增长速率常数主要决定于 k_-。

表 6-7　苯乙烯阴离子聚合增长速率常数（25℃）

反离子	四　氢　呋　喃			二氧六环 $k_\mp$
	$k_\mp$	$K/\times 10^{-7}$	k_-	
Li^+	100	2.2		0.04
Na^+	80	1.5		3.4
K^+	60~80	0.8	6.5×10^4	19.8
Rb^+	50~80	1.1		21.5
Cs^+	22	0.02		24.5

（2）反离子的影响　碱金属反离子半径愈大，则溶剂化程度愈低，离子对的离解程度也愈低，由锂到铯，$k_\mp$ 递减（100→22），但四氢呋喃作溶剂时，k_- 值大得多（$10^{4\sim5}$），掩盖

了反离子半径的影响。

以极性和溶剂化能力均较小的二氧六环作溶剂时，离解平衡常数小，自由离子少，活性种可能以紧离子对存在，导致 $k_{\mp}$ 很低。这种情况下，金属离子半径的影响就不容忽视，从锂到铯，原子半径递增，离子对愈来愈疏松，致使 $k_{\mp}$ 从 0.04 渐增至 24.5。

可见得溶剂极性、溶剂化能力和反离子性质的综合影响关系复杂。

（3）温度的影响　温度对阴离子聚合 k_p 的影响比较复杂，需从对速率常数本身的影响和对离解平衡的影响两方面来考虑。一方面，升高温度可使离子对和自由离子的增长速率常数增加，遵循 Arrhenius 指数关系。增长反应综合活化能一般是小的正值，速率随温度升高而略增，但并不敏感。另一方面，升高温度却使离解平衡常数 K 降低，自由离子浓度也相应降低，速率因而降低。两方面对速率的影响方向相反，并不一定完全相互抵消，可能有多种综合结果。

离子对离解平衡常数 K 与温度的关系有如下式。

$$\ln K = -\frac{\Delta H}{RT} + \frac{\Delta S}{R} \tag{6-12}$$

ΔH 为负值，因此 K 随 T 而反变，例如苯乙烯-钠-THF 体系，温度从 -70℃升至 25℃，K 值约降低 300 倍，活性种浓度为 10^{-3} mol·L^{-1} 时，自由离子的浓度要减少 20 倍。

苯乙烯-钠体系在低极性溶剂（如二氧六环）中聚合，活性种以紧对存在，其速率常数 $k_{\mp}$ 较小，$E_{\mp}$ 活化能较大（37kJ·mol^{-1}）。在极性 TFE 中聚合，活性种以松对存在，温度变化时，出现 $k_{\mp}$ 随温度降低而升高的现象，活化能可能是小的正值（4.2kJ·mol^{-1}），也可能出现负值（-6.2 kJ·mol^{-1}）。在 -80～$+25$℃范围内，$E_{\mp}$ 的符号会发生变化，$\ln k_{\mp}$－$1/T$ 的 Arrhenius 图不成线性关系，而呈 S 形。这可能是紧对和松对相对量变化的结果。

6.2.8　丁基锂的缔合和解缔合

正丁基锂是目前应用得最广的阴离子聚合引发剂，在己烷、环己烷、苯、甲苯等非或微极性溶剂中，往往以缔合体存在，缔合度 2、4、6 不等，原因是锂的原子半径很小。缔合体无引发活性，只在解缔合成单量体以后，才有活性。

正丁基锂在芳烃中的引发和增长速率分别与丁基锂和活性链浓度呈 1/6 和 1/2 级，表明正丁基锂和活性链的缔合度分别为 6 和 2，缔合体和单量体在引发和增长中存在下列平衡。

引发 $\qquad\qquad\qquad (C_4H_9Li)_6 \underset{}{\overset{k_1}{\rightleftharpoons}} 6C_4H_9Li$

增长 $\qquad\qquad\qquad (C_4H_9M_n^{\oplus}Li)_2^{\ominus} \underset{}{\overset{k_2}{\rightleftharpoons}} 2C_4H_9M_n^{\oplus}Li^{\ominus}$

未缔合的丁基锂和活性链的浓度分别为

$$[C_4H_9Li] = K_1^{1/6}[(C_4H_9Li)_6]^{1/6}$$
$$[C_4H_9M_n^{\ominus}Li^{\oplus}] = K_2^{1/2}[(C_4H_9M_n^{\ominus}Li^{\oplus})_2]^{1/2}$$

用粘度法和光散射法测定聚合物的分子量，可证明上述六缔合体和二缔合体的存在。苯乙烯在丁基锂-苯体系中的聚合速率远比萘钠-四氢呋喃体系中低。

以脂肪烃为溶剂，丁基锂引发苯乙烯的聚合速率比芳烃中还要低，因为更难使丁基锂解缔合。在烷烃和环烷烃中，丁基锂多以四或二缔合体存在，相应有 1/4 或 1/2 方次关系。

正丁基锂浓度很低时（$<10^{-4}$～10^{-5} mol·L^{-1}），或在非极性溶剂中加少量 Lewis 碱（THF），不缔合，引发和增长速率都与丁基锂浓度呈一级反应。THF 还可与单量体络合，形成松对或自由离子，从而提高聚合速率，并改变聚合物微结构。四氢呋喃、乙醚、二甲氧

基乙醚、三乙胺、二氧六环等都是有效的 Lewis 碱。Lewis 碱/引发剂的比值为 0.1～10，对解缔合比较有效。

6.2.9 丁基锂的配位能力和定向作用

引发剂（反离子）和溶剂不仅影响阴离子聚合速率，而且还影响到配位定向能力。碱金属和溶剂对聚丁二烯微结构的影响见表 6-8。

表 6-8 引发剂（反离子）和溶剂对聚丁二烯微结构的影响（聚合温度 0℃）

溶剂和反离子	聚丁二烯微结构/%			溶剂和反离子	聚丁二烯微结构/%		
	顺 1,4-	反 1,4-	1,2-		顺 1,4-	反 1,4-	1,2-
在戊烷中				在四氢呋喃中			
Li	35	52	13	Li-萘	0	4	96
Na	10	25	65	Na-萘	0	9	91
K	15	40	45	K-萘	0	18	82
Rb	7	31	62	Rb-萘	0	35	75
Cs	6	35	59	Cs-萘	0	35	75
				自由基聚合(5℃)	15	68	17

在戊烷溶剂中，锂引发聚丁二烯顺 1,4-含量（约 35%）最高，并随碱金属原子半径增大而降低。在四氢呋喃中，以任何碱金属作引发剂，顺 1,4-结构均为零，而以 1,2-结构为主，且随碱金属原子半径增加而有所降低。

碱金属和溶剂对聚异戊二烯微结构的影响见表 6-9。以丁基锂为引发剂，在戊烷、环己烷、苯中聚合，聚异戊二烯的顺 1,4-含量依次递减。戊烷中添加 10% THF 或全用 THF 作溶剂，则顺 1,4-降为零。总的规律是溶剂的极性和碱金属的原子半径增加，均使顺 1,4-减少。

表 6-9 引发剂和溶剂对聚异戊二烯微结构的影响

引发剂	溶剂	聚合物微结构/%			
		顺式 1,4	反式 1,4	1,2-	3,4-
C_4H_9Li	戊烷	93	0	0	7
C_4H_9Li	苯	75	12	0	7
C_4H_9Li/2THF	环己烷	68	19	0	13
C_4H_9Li	90 戊烷/10THF	0	26	9	66
C_4H_9Li	THF	0	12	27	59
Li	戊烷	94	0	0	6
Li	乙醚	0	49	5	46
Li	苯甲醚	64	0	0	36
Li	二苯醚	82	0	0	18
Na	戊烷	0	43	6	51
Na	THF	0	0	18	82
Cs	戊烷	4	51	8	37

聚二烯烃的微结构有两类：一是 1,4 和 1,2（或 3,4）连接，另一是顺式和反式、全同或间同构型。决定聚二烯烃微结构的因素中，除碱金属的电负性和原子半径以及溶剂的极性对离子对的紧密程度影响以外，还需考虑单体本身构型的配位和定向问题。

阴离子聚合时，丁二烯活性链末端可能有 σ-烯丙基和 π-烯丙基两种形态。烃类中以 σ-烯丙基末端为主，多 1,4 加成；极性溶剂中，则以 π-烯丙基末端为主，多 1,2 加成。如下式

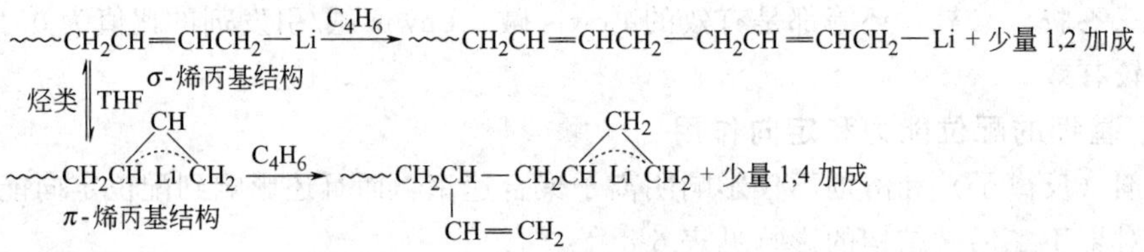

~~~CH₂CH=CHCH₂—Li $\xrightarrow{C_4H_6}$ ~~~CH₂CH=CHCH₂—CH₂CH=CHCH₂—Li + 少量 1,2 加成

σ-烯丙基结构

烃类 ‖ THF

π-烯丙基结构

~~~CH₂CH Li CH₂ $\xrightarrow{C_4H_6}$ ~~~CH₂CH—CH₂ Li CH₂ + 少量 1,4 加成
　　　　　　　　　　　　　　　　　　　　　　　CH=CH₂

在非极性溶剂中，由丁基锂引发二烯烃聚合时，单体首先与 sp³ 构型的 Li⁺ 配位，形成六元环过渡态，如下左图，而后插入 C⁻Li⁺ 键而增长，结果，顺-1,4 结构占优势。

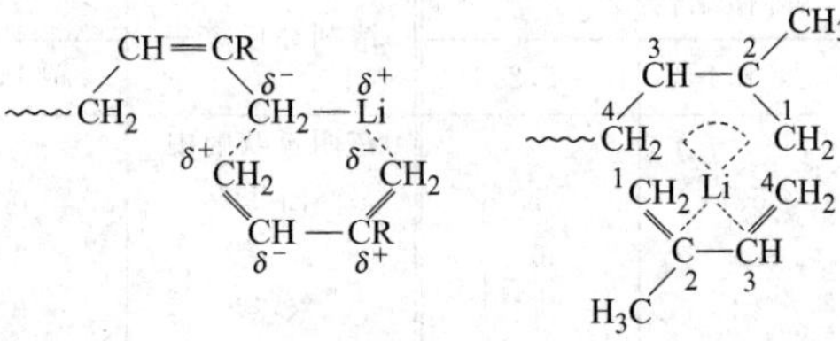

此外，NMR 研究表明，在非极性溶剂中，聚异戊二烯增长链主要是顺式，负电荷基本在 ¹C 和 ³C 之间，1,4 结构占优势，加上锂离子同时与增长链和异戊二烯单体配位（如上右式），²C 上的甲基阻碍了链端上 ²C—³C 单键的旋转，使单体处于 S-顺式，单体的 ⁴C 和烯丙基的 ¹C 之间成键后，即成顺-1,4 聚合，其含量可以高达 90%～94%。对于丁二烯，²C—³C 键可以自由旋转，而且单体又以 S-反式为主，因而聚丁二烯的顺-1,4 含量很低（30%～40%）。在极性溶剂中，上述链端配位结合较弱，致使链端 ²C—³C 键可以自由旋转，顺、反-1,4，甚至 1,2 和 3,4 聚合随机进行。因此，在极性溶剂中易获得反-1,4 或 1,2-聚丁二烯、3,4-聚异戊二烯。

上述规律可以指导工业生产：丁二烯或异戊二烯的自由基聚合物呈无规立构（10%～20%顺-1,4）。以丁基锂为引发剂，在烷烃中，可制得 36%～44%顺-1,4-聚丁二烯和 92%～94%顺-1,4-聚异戊二烯。在四氢呋喃中聚合，则得高 1,2-聚丁二烯（约 80%）或 75% 3,4-聚异戊二烯。采用非极性和极性混合溶剂，还有可能制得中乙烯基（35%～55%）和更高的 1,2-聚丁二烯。

6.3 阳离子聚合

阳离子聚合的研究工作和工业应用都有悠久的历史。可供阳离子聚合的单体种类颇少，主要是异丁烯。引发剂种类很多，从质子酸到 Lewis 酸。可用的溶剂有限，一般选用卤代烃，如氯甲烷。主要聚合物商品有聚异丁烯、丁基橡胶等。

烯烃阳离子聚合的活性种是碳阳离子 A⊕，与反离子（或抗衡离子）B⊖ 形成离子对，单体插入离子对而引发聚合，阳离子聚合的通式可写如下式：

$$A^{\oplus}B^{\ominus} + M \longrightarrow AM^{\oplus}B^{\ominus} \cdots\cdots \xrightarrow{M} AM_n^{\oplus}B^{\ominus}$$

6.3.1 阳离子聚合的烯类单体

除羰基化合物、杂环外，阳离子聚合的烯类单体只限于带有供电子基团的异丁烯、烷基乙烯基醚，以及有共轭结构的苯乙烯类、二烯烃等少数几种。

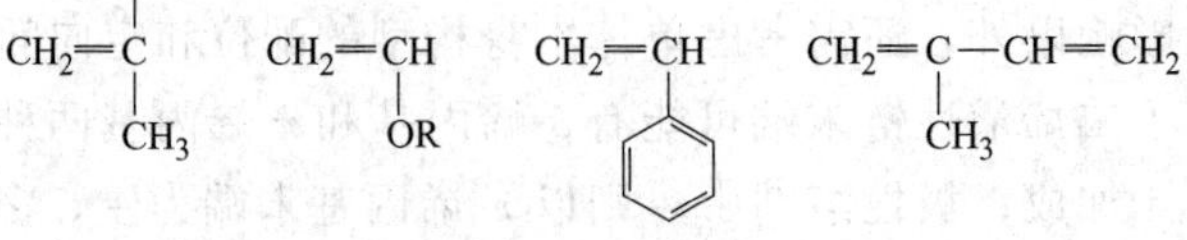

供电基团一方面使碳碳双键电子云密度增加，有利于阳离子活性种的进攻，另一方面又使生成的碳阳离子电子云分散而稳定，减弱副反应。

（1）异丁烯和 α-烯烃　异丁烯几乎是单烯烃中唯一能阳离子聚合的单体，原因如下。

乙烯无取代基，非极性，原有的电子云密度不足以被碳阳离子进攻，也就无法聚合。

丙烯、丁烯等 α-烯烃只有一个烷基，供电不足，对质子或阳离子亲和力弱，聚合速率慢；另一方面，接受质子后的二级碳阳离子比较活泼，易重排成较稳定的三级碳阳离子 $C^{\oplus}$。

$$H^{\oplus} + CH_2 = CHC_2H_5 \longrightarrow CH_3C^{\oplus}HC_2H_5 \longrightarrow (CH_3)_3C^{\oplus}$$

二级碳阳离子还可能进攻丁烯二聚体，形成位阻更大的三级碳阳离子，而后链转移终止。

$$CH_3C^{\oplus}HC_2H_5 + CH_3\underset{|}{C}HC_2H_5 \longrightarrow CH_3CH_2C_2H_5 + CH_2\underset{|}{C^{\oplus}}C_2H_5$$
$$\qquad\qquad CH_2CH=CHCH_3 \qquad\qquad\qquad CH_2CH=CHCH_3$$

因此，丙烯、丁烯等 α-烯烃经阳离子聚合，最多只能得到低分子油状物，甚至二聚物。

异丁烯有两个供电子甲基，使碳碳双键电子云密度增加很多，易受阳离子进攻而被引发，形成三级碳阳离子—$CH_2C^{\oplus}(CH_3)_2$。链中—CH_2—上的氢受两边 4 个甲基的保护，不易被夺取，减少了转移、重排、支化等副反应，最终则可增长成高分子量的线形聚异丁烯。

实际上，异丁烯几乎成为 α-烯烃中唯一能阳离子聚合的单体；而且异丁烯也只能阳离子聚合。异丁烯这一特性可用来判断聚合是否属于阳离子机理。

（2）乙烯基烷基醚　乙烯基烷基醚是容易阳离子聚合的另一单体。其中烷氧基的诱导效应使双键的电子云密度降低，但氧原子上未共用电子对与双键形成的 p-π 共轭效应，却使双键电子云密度增加，相比之下，共轭效应占主导地位。因此，烷氧基的共振结构使形成的碳阳离子上的正电荷分散而稳定，结果，乙烯基烷基醚更容易进行阳离子聚合。

$$\sim\!\!\sim\!\!\sim\!CH_2\underset{|}{C^{\oplus}}H \longrightarrow \sim\!\!\sim\!\!\sim\!CH_2\underset{\underset{\oplus}{|}}{C}H$$
$$\qquad\quad OR \qquad\qquad\qquad\quad OR$$

相反，乙烯基苯基醚阳离子聚合活性却很低，因为苯环与氧原子上未共用电子对共轭稳定。

（3）共轭烯烃　苯乙烯、α-甲基苯乙烯、丁二烯、异戊二烯等共轭烯类，π 电子的活动性强，易诱导极化，因此，能进行阴、阳离子聚合和自由基聚合。但其阳离子聚合活性远不及异丁烯和乙烯基烷基醚。以苯乙烯为标准，烯类阳离子聚合的相对活性比较如表 6-10。

表 6-10　单体阳离子聚合相对活性

单　　体	相对活性	单　　体	相对活性
烷基乙烯基醚	很大	α-甲基苯乙烯	1.0
对甲氧基苯乙烯	100	对氯代苯乙烯	0.4
异丁烯	4	异戊二烯	0.12
对甲基苯乙烯	1.5	氯苄基乙烯	0.05
苯乙烯	1	丁二烯	0.02

共轭烯类很少用阳离子聚合来生产均聚物，多选作共单体，如异丁烯与少量异戊二烯共聚，制备丁基橡胶。共聚时，需考虑两单体的竞聚率。在 $AlCl_3$-CH_3Cl 中，$-100℃$ 下，异丁烯-异戊二烯的竞聚率为 $r_1 = 2.5$，$r_2 = 0.4$；异丁烯-丁二烯的竞聚率为 $r_1 = 115$，$r_2 = 0.01$。可见丁二烯阳离子聚合活性过低，不宜选作共单体。

（4）其他　N-乙烯基咔唑、乙烯基吡咯烷酮、茚和古马隆等都是可进行阳离子聚合的活泼单体。

N-乙烯基咔唑　　　乙烯基吡咯烷酮　　　茚　　　古马隆

环醚、醛类、环缩醛、三元环酰胺的阳离子聚合另见开环聚合一章。

6.3.2　阳离子聚合的引发体系和引发作用

阳离子聚合的引发剂主要有质子酸和 Lewis 酸两大类，都属于亲电试剂。

（1）质子酸　质子酸使烯烃质子化，有可能引发阳离子聚合。酸要有足够强度，保证质子化种的形成，但酸中阴离子的亲核性不应太强（如卤氢酸），以免与质子或阳离子共价结合而终止。

$$H^{\oplus}X^{\ominus}+CH_2=\underset{R}{\overset{H}{C}} \longrightarrow CH_3\underset{R}{\overset{H}{C^{\oplus}}}X^{\ominus} \longrightarrow CH_3\underset{R}{\overset{H}{C}}-X$$

浓硫酸、磷酸、高氯酸、氯磺酸（HSO_3Cl）、氟磺酸（HSO_3F）、三氯代乙酸（CCl_3COOH）、三氟代乙酸（CF_3COOH）、三氟甲基磺酸（CF_3SO_3H）等强质子酸在非水介质中部分电离，产生质子 H^+，能引发一些烯类聚合。实际应用时多将质子酸分散在载体上，在 $200\sim300℃$ 下，按阳离子机理引发 α-烯烃低聚，产物分子量很少超过几千，主要用作柴油、润滑油等。

用硫酸作引发剂，古马隆和茚的阳离子聚合产物分子量约 $1000\sim3000$，可用作涂料、粘结剂、地砖、蜡纸等。

（2）Lewis 酸　Lewis 酸是最常用的阳离子引发剂，种类很多，主要有 BF_3、$AlCl_3$、$TiCl_4$、$SnCl_4$、$ZnCl_2$、$SbCl_5$ 等。聚合多在低温下进行，所得聚合物分子量可以很高（$10^5\sim10^6$）。

纯 Lewis 酸引发活性低，需添加微量共引发剂作为阳离子源，才能保证正常聚合。阳离子源有质子供体和碳阳离子供体两类，与 Lewis 酸配合的引发反应举例如下。

① 质子供体，如 H_2O、ROH、$RCOOH$、HX 等，与 Lewis 酸先形成络合物和离子对，如三氟化硼-水体系，然后引发异丁烯聚合。

$$BF_3+H_2O \Longrightarrow [H_2O\cdot BF_3] \Longrightarrow H^{\oplus}(BF_3OH)^{\ominus}$$

$$CH_2=\underset{CH_3}{\overset{CH_3}{C}}+H^{\oplus}(BF_3OH)^{\ominus} \longrightarrow [CH_2=\underset{CH_3}{\overset{CH_3}{C}}\cdot H^{\oplus}(BH_3OH)^{\ominus}] \longrightarrow CH_3\underset{CH_3}{\overset{CH_3}{C^{\oplus}}}(BF_3OH)^{\ominus}$$

异丁烯插入离子对，按引发的相同模式，以极快的速率进行增长，直至很高的聚合度。

② 碳阳离子供体，如 RX、$RCOX$、$(RCO)_2O$ 等（R 为烷基），离子对的形成和引发反应与上相似，如 $SnCl_4$-RCl 体系：

$$SnCl_4+RCl \Longrightarrow R^{\oplus}(SnCl_5)^{\ominus}$$

$$R^{\oplus}(SnCl_5)^{\ominus}+CH_2=\underset{CH_3}{\overset{CH_3}{C}} \longrightarrow RCH_2\underset{CH_3}{\overset{CH_3}{C^{\oplus}}}(SnCl_5)^{\ominus}$$

以上两式表明，水或卤代烷提供质子或碳阳离子，理应是（主）引发剂，BF_3 或 $SiCl_4$ 为共引发剂。参照习惯，本书将 Lewis 酸称作阳离子引发剂，水或氯代烷称作共引发剂。

引发剂和共引发剂的不同组合，活性差异很大，主要决定于向单体提供质子的能力。主引发剂的活性与接受电子的能力、酸性强弱有关，次序如下：

$$BF_3 > AlCl_3 > TiCl_4 > SnCl_4$$

$$BF_3 > BCl_3 > BBr_3$$

$$AlCl_3 > AlRCl_2 > AlR_2Cl > AlR_3$$

BF_3 引发异丁烯时，共引发剂的活性比为：

$$水：醋酸：甲醇 = 50 : 1.5 : 1$$

$SnCl_4$ 引发异丁烯聚合时，聚合速率随共引发剂酸的强度增加而增大，其次序为：

$$氯化氢 > 醋酸 > 硝基乙烷 > 苯酚 > 水 > 甲醇 > 丙酮$$

一般引发剂和共引发剂有一最佳比，才能获得最大聚合速率和最高分子量。两者最佳比还与溶剂性质有关。定性地说，共引发剂过少，则活性不足；共引发剂过多，则将终止。水过量使阳离子聚合活性降低的原因有二：一是可能生成活性较低的氧鎓离子：

$$BF_3 + H_2O \Longleftrightarrow H^\oplus(BF_3OH)^\ominus \xrightarrow{H_2O} (H_3O)^\oplus(BF_3OH)^\ominus$$

另一是向水转移而终止，新产生的"络合物"无活性。

$$\begin{array}{c} CH_3 \\ | \\ \sim\sim CH_2C^\oplus(BH_3OH)^\ominus + H_2O \\ | \\ CH_3 \end{array} \longrightarrow \begin{array}{c} CH_3 \\ | \\ \sim\sim CH_2COH + H^\oplus(BF_3OH)^\ominus \\ | \\ CH_3 \end{array}$$

以 BF_3、$AlCl_3$ 作引发剂时，极微量水（10^{-3}）就足以保证高活性，引发速率可以比无水时高 10^3 倍。聚合体系未经人为干燥，实际上就吸附有微量水。水过量，却使引发剂失活。

有些强 Lewis 酸，如 $AlCl_3$、$AlBr_3$、$TiCl_4$ 等，经自身双分子反应，电离成离子对而起引发作用，但活性较低，只能引发高活性单体。

$$2AlBr_3 \Longleftrightarrow AlBr_2^\oplus[AlBr_4]^\ominus \xrightarrow{M} AlBr_2M^\oplus[AlBr_4]^\ominus$$

（3）其他 其他阳离子引发剂尚有碘、氧鎓离子以及比较稳定的阳离子盐，如高氯酸盐 $[CH_3CO^\oplus(ClO_4)^\ominus]$、三苯基甲基盐 $[(C_6H_5)_3C^\oplus(SbO_6)^\ominus$ 和 $(C_6H_5)_3C^\oplus(BF_4)^\ominus]$ 和环庚三烯盐 $[C_7H_7^\oplus(SbO_6)^\ominus]$ 等。这些比较稳定的阳离子盐只能引发 N-乙烯基咔唑、对甲氧基苯乙烯、乙烯基醚等高活性单体聚合，用于动力学机理研究有方便之处，但不能引发异丁烯或苯乙烯。

碘分子按下式歧化而成离子对，再按阳离子机理引发聚合。

$$I_2 + I_2 \longrightarrow I^\oplus(I_3)^\ominus$$

$TiCl_4$ 经自电离，可以直接引发单体聚合。

$$TiCl_4 + M \longrightarrow TiCl_3M^\oplus Cl^\ominus$$

此外，电解、电离辐射也曾用来引发阳离子聚合。

6.3.3 阳离子聚合机理

阳离子聚合的机理可以概括为快引发、快增长、易转移、难终止，转移是终止的主要方式，是影响聚合度的主要因素。阳离子聚合的特点有：引发剂往往与共引发剂配合使用，引发体系离解度很低，很难达到活性聚合的要求。

（1）链引发 一般情况下，Lewis 酸（C）先与质子供体（RH）或碳阳离子供体（RX）形成络合物离子对，小部分离解成质子（自由离子），两者构成平衡，而后引发单体 M。

$$C+RH \rightleftharpoons H^{\oplus}(CR)^{\ominus} \rightleftharpoons H^{\oplus}+(CR)^{\ominus}$$

$$H^{\oplus}(CR)^{\ominus}+M \xrightarrow{k_i} HM^{\oplus}(CR)^{\ominus}$$

阳离子引发极快，几乎瞬间完成，引发活化能 $E_i=8.4\sim21kJ\cdot mol^{-1}$，与自由基聚合中的慢引发截然不同（$E_d=105\sim125kJ\cdot mol^{-1}$）。

（2）链增长　引发生成的碳阳离子活性种与反离子形成离子对，单体分子不断插入其中而增长。

$$HM_n^{\oplus}(CR)^{\ominus}+M \xrightarrow{k_p} HM_nM^{\oplus}(CR)^{\ominus}$$

阳离子聚合的增长反应有下列特征。

① 增长速率快，活化能低（$E_p=8.4\sim21kJ\cdot mol^{-1}$），几乎与引发同时瞬间完成，反映出"低温高速"的宏观特征。

② 阳离子聚合中，单体按头尾结构插入离子对而增长，对单体单元构型有一定控制能力，但控制能力远不及阴离子聚合和配位聚合，较难达到真正活性聚合的标准。

③ 伴有分子内重排、转移、异构化等副反应，例如 3-甲基-1-丁烯的阳离子聚合物含有下列两种结构单元，就是重排的结果，因此有异构化聚合或分子内氢转移聚合之称。

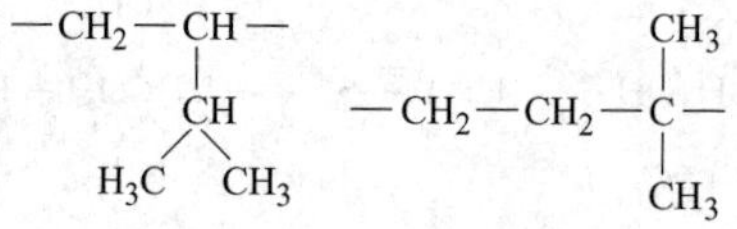

正常产物　　　　重排产物

（3）链转移　阳离子聚合的活性种很活泼，容易向单体或溶剂链转移，形成带不饱和端基的大分子，同时再生出仍有引发能力的离子对，使动力学链不终止。以异丁烯/三氟化硼/水体系为例：

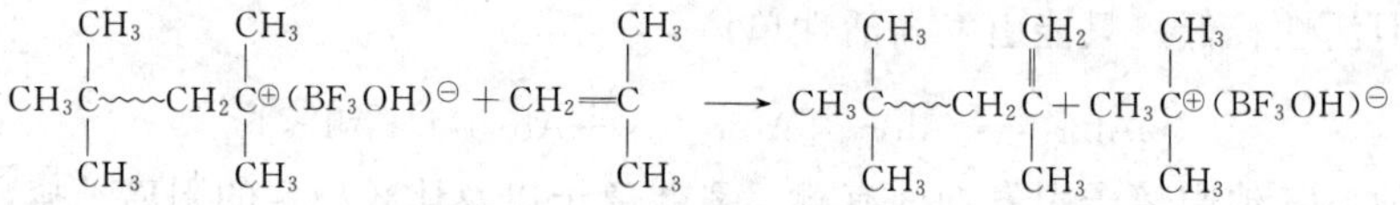

$$HM_nM^{\oplus}(CR)^{\ominus}+M \xrightarrow{k_{tr,M}} M_{n+1}+HM^{\oplus}(CR)^{\ominus}$$

阳离子聚合中向单体的转移常数很大（$C_M=k_{tr,M}/k_p=10^{-1}\sim10^{-2}$），比自由基聚合的 C_M（$=10^{-3}\sim10^{-5}$）要大 2～3 个数量级。向溶剂转移的情况类似。链转移就成为控制分子量的关键因素。阳离子聚合往往在低温（例如 $-100℃$）下进行，以减弱链转移，提高分子量。

（4）链终止　阳离子聚合的活性种带有电荷，同种电荷相斥，不能双基终止，也无凝胶效应，这是与自由基聚合显著不同之处。但也可能有以下几种终止方式。

① 自发终止。增长离子对重排，终止成聚合物，同时再生出引发剂-共引发剂络合物，继续引发单体，保持动力学链不终止。但自发终止比向单体或溶剂转移终止要慢得多。

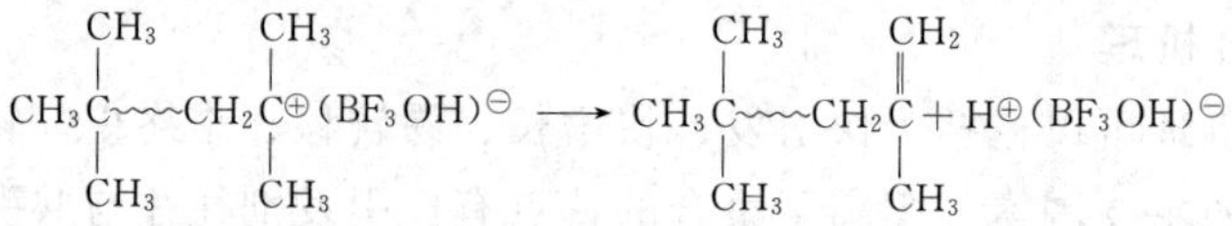

$$HM_nM^{\oplus}(CR)^{\ominus} \xrightarrow{k_t} M_{n+1}+H^{\oplus}(CR)^{\ominus}$$

② 反离子加成。当反离子的亲核性足够强时，将与增长碳阳离子共价结合而终止。三氟乙酸引发苯乙烯聚合，就发生有这种情况。

$$HM_n M^{\oplus}(CR)^{\ominus} \longrightarrow HM_n M(CR)$$

③ 活性中心与反离子中的一部分结合而终止，不再引发，例如

$$\underset{CH_3}{\overset{CH_3}{CH_3C}}\!\!\sim\!\!CH_2C^{\oplus}(BF_3OH)^{\ominus} \longrightarrow \underset{CH_3}{\overset{CH_3}{CH_3C}}\!\!\sim\!\!CH_2\underset{CH_3}{\overset{CH_3}{COH}} + BF_3$$

以上众多阳离子聚合终止方式往往都难以顺利进行，因此有"难终止"之称，但未达到完全无终止的程度。

实际上，经常添加水、醇、酸等来人为地终止。下式形成的 XCR 再无引发活性。添加胺，则形成稳定季铵盐，也不再引发。

$$HM_n^{\oplus}(CR)^{\ominus} + HX \xrightarrow{k_{tr,S}} HM_n MH + XCR$$

$$HM_n^{\oplus}(CR)^{\ominus} + : NR_3 \xrightarrow{k_p} HM_n M^{\oplus}NR_3 (CR)^{\ominus}$$

苯醌对自由基聚合和阳离子聚合都有阻聚作用，但阻聚机理不同，因此苯醌不能用来判别这两类聚合的归属。阳离子活性链将质子转移给醌分子，生成稳定的二价阳离子而终止。

$$2HM_n M^{\oplus}(CR)^{\ominus} + O\!\!=\!\!\langle\rangle\!\!=\!\!O \longrightarrow M_{n+1} + [O\!\!-\!\!\langle\rangle\!\!-\!\!O]^{2\ominus}(CR^{\ominus})$$

阳离子聚合中真正动力学链终止反应比较少，又不像阴离子聚合那样无终止而成为活性聚合。机理特征为快引发、快增长、易转移、难终止；动力学特征是低温高速，高分子量。

6.3.4　阳离子聚合动力学

阳离子聚合动力学研究要比自由基聚合困难得多，因为：阳离子聚合体系总伴有共引发剂，使引发反应复杂化，微量共引发剂和杂质对聚合速率影响很大；离子对和（少量）自由离子并存，两者影响难以分离；聚合速率极快，引发和增长几乎同步瞬时完成，数据重现性差；很难确定真正的终止反应，稳态假定并不一定适用等。

（1）聚合速率　为了建立速率方程，多选用低活性引发剂，如 $SnCl_4$，进行研究。选择向反离子转移作为（单分子）自终止方式，终止前后引发剂浓度不变，则各基元反应的速率方程如下：

引发
$$R_i = k_i [H^{\oplus} (CR)^{\ominus}] [M]$$
$$= Kk_i [C] [RH] [M] \tag{6-13}$$

增长
$$R_p = k_p [HM^{\oplus} (CR)^{\ominus}] [M] \tag{6-14}$$

自终止
$$R_t = k_t [HM^{\oplus} (CR)^{\ominus}] \tag{6-15a}$$

向单体转移终止
$$R_{tr} = k_{tr} [HM^{\oplus} (CR)^{\ominus}] [M] \tag{6-15b}$$

式中 $[HM^{\oplus}(CR)^{\ominus}]$ 代表所有增长离子对的总浓度；K 代表引发剂-共引发剂络合平衡常数。

虽然阳离子聚合极快，一般 $R_i > R_t$，很难建立稳态，但对聚合较慢的异丁烯-$SnCl_4$ 体系，作稳态假定，$R_i = R_t$，倒也可取，因此由式(6-13) 和式(6-15a) 可以解得离子对浓度。

$$[HM^{\oplus}(CR)^{\ominus}] = \frac{R_i}{k_t} = \frac{Kk_i[C][RH][M]}{k_t} \tag{6-16}$$

将上式代入式(6-14)，则单分子终止时的聚合速率方程为

$$R_p = \left(\frac{k_p}{k_t}\right)[M]R_i = \frac{Kk_ik_p[C][RH][M]^2}{k_p} \tag{6-17a}$$

式(6-17) 表明，在自终止的条件下，速率对引发剂和共引发剂浓度呈一级反应，对单体浓度则呈二级反应。

自终止比较困难，而向单体转移往往是主要终止方式，如果 $R_i = R_{tr}$，也可导得类似速率方程 [式(6-17b)]，只是与单体浓度一次方成正比。

$$R_p = \frac{Kk_i k_p [C][RH][M]}{k_p} \tag{6-17b}$$

（2）聚合度　在阳离子聚合中，向单体转移和向溶剂转移是主要的终止方式，转移后，速率不变，聚合度则降低。向单体和溶剂转移的速率方程如下：

$$R_{tr,M} = k_{tr,M}[HM^{\oplus}(CR)^{\ominus}][M] \tag{6-18}$$

$$R_{tr,S} = k_{tr,S}[HM^{\oplus}(CR)^{\ominus}][S] \tag{6-19}$$

阳离子聚合物的聚合度综合式可表示如下：

$$\frac{1}{\overline{X}_n} = \frac{k_t}{k_p[M]} + C_M + C_S \frac{[S]}{[M]} \tag{6-20}$$

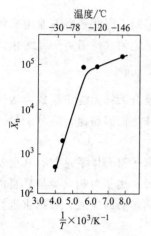

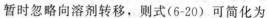

上式右边各项分别代表单基终止、向单体转移和向溶剂（及杂质）转移终止对聚合度的贡献。

在氯甲烷中低温下合成丁基橡胶，向单体转移和向溶剂转移对聚合度的影响都不容忽视，温度不同，两者影响程度不一。图6-2中聚合度与温度倒数的关系曲线在 $-100℃$ 附近有一转折点。低于 $-100℃$，主要向单体转移；$-100℃$ 以上，则向溶剂转移为主。

暂时忽略向溶剂转移，则式(6-20)可简化为

$$\frac{1}{\overline{X}_n} = \frac{k_t}{k_p[M]} + \frac{k_{tr,M}}{k_p} \tag{6-21}$$

图 6-2　三氯化铝引发异丁烯聚合 $\overline{X}_n$ 与温度的关系

根据 $(1/\overline{X}_n)$-$(1/[M])$ 线性关系，由截距，可求得向单体的转移常数。阳离子聚合向单体转移常数约 $10^{-1} \sim 10^{-2}$，比自由基聚合的要大 $2 \sim 3$ 个数量级，因此，向单体链转移成为重要终止方式。低温聚合的目的就是要减弱链转移反应，提高分子量。

（3）阳离子聚合动力学参数　阳离子聚合速率常数测定值（表观值）k_p 往往是离子对 $k_\pm$ 和自由离子 k_+ 的综合贡献，两者贡献大小随引发体系和实验条件而定。一般引发体系的离解度很小，虽然自由离子只占极小的比值，但 k_+ 值要比 $k_\pm$ 值大 $1 \sim 3$ 个数量级，结果，综合表观增长速率常数也较大。

测定阳离子聚合中自由离子单独的增长速率常数 k_+ 的方法可能有二：①辐射引发，无反离子存在；②稳定的阳离子盐作引发剂，如 $(C_6H_5)_3C^+SbCl_6^-$ 和 $C_7H_7^+SbCl_6^-$，瞬时完全离解成自由离子。典型 k_p (k_+) 如表6-11。

表6-11　自由阳离子增长速率常数

单　　体	溶　　剂	温度/℃	引发剂	$k_p/\times 10^4 L \cdot mol^{-1} \cdot s^{-1}$
苯乙烯	无	15	辐射	350
α-甲基苯乙烯	无	0	辐射	400
异丁基乙烯基醚	无	30	辐射	30
异丁基乙烯基醚	CH_2Cl_2	0	$C_7H_7^+SbCl_6^-$	0.5
甲基乙烯基醚	CH_2Cl_2	0	$C_7H_7^+SbCl_6^-$	0.014

数据表明，即使在较低温度下聚合，辐射聚合的 k_p 高达 10^6，远比 $60℃$ 自由基聚合的 k_p 大。$C_7H_7^+SbCl_6^-$ 作引发剂时，k_p（$10^2 \sim 10^3$）较小，与自由基聚合的常数相当。

工业上异丁烯-三氯化铝体系的阳离子聚合速率很快，动力学参数较难获得。现取活性较低的阳离子聚合动力学参数，与自由基聚合比较。由表 6-12 可以看出，阳离子聚合 k_p 波动范围较大，随引发体系而定；$k_{tr,M}$ 要大 $3 \sim 4$ 个数量级，对聚合度的影响显著；自终止 k_t 要小 9 个数量级，综合常数 k_p/k_t 比 $k_p/k_t^{1/2}$ 大 4 个数量级，可见阳离子聚合极快，近于瞬时反应。

表 6-12　苯乙烯阳离子聚合和自由基聚合动力学参数比较

项　　目	苯乙烯/H_2SO_4	异丁基乙烯基醚/$(C_6H_5)_3C^+SbCl_6^-$	苯乙烯/BPO
溶剂	二氯乙烷,25℃	二氯乙烷,0℃	本体/60
[I]	约 10^{-3}mol/L	6.0×10^{-5}	$10^{-2} \sim 10^{-4}$
k_p/L·mol^{-1}·s^{-1}	7.6	7.0×10^3	145
$k_{tr,M}$/L·mol^{-1}·s^{-1}	1.2×10^{-1}	1.9×10^2	$10^{-4} \sim 10^{-5}$
自终止 k_t/s^{-1}	4.9×10^{-2}	0.2	
结合终止 k_t/s^{-1}	6.7×10^{-3}		$10^6 \sim 10^8$
	$k_p/k_t = 10^2$		$k_p/k_t^{1/2} = 10^{-2}$

6.3.5　影响阳离子聚合速率常数的因素

（1）溶剂　阳离子聚合所用的溶剂受到许多限制：烃类非极性，离子对紧密，聚合速率过低；芳烃可能与碳阳离子发生亲电取代反应；含氧化合物（如四氢呋喃、醚、酮、酯等）将与阳离子反应而终止。通常选用低极性卤代烷作溶剂，如氯甲烷、二氯甲烷、二氯乙烷、三氯甲烷、四氯化碳等。因此，阳离子聚合引发体系较少离解成自由离子，这一点与阴离子聚合选用的四氢呋喃/烃类作溶剂有所区别。

溶剂的极性（介电常数）和溶剂化能力将有利于离子对的疏松和自由离子的形成，因此也就影响到阳离子活性种的活性和增长速率常数，如表 6-13 中数据。

表 6-13　溶剂极性对苯乙烯阳离子聚合增长速率常数的影响

（$HClO_4$，[M] $= 0.43$mol·L^{-1}，25℃）

溶　　剂	介电常数	k_p/L·mol^{-1}·s^{-1}	溶　　剂	介电常数	k_p/L·mol^{-1}·s^{-1}
CCl_4	2.3	0.0012	$CCl_4/(CH_2Cl)_2$,20/80	7.0	3.2
$CCl_4/(CH_2Cl)_2$,40/60	5.16	0.40	$(CH_2Cl)_2$	9.72	17.0

（2）反离子　反离子对阳离子聚合影响很大：亲核性过强，将使链终止；反离子体积大，则离子对疏松，聚合速率较大。1,2-二氯乙烷中 25℃ 下，分别以 I_2、$SnCl_4$-H_2O 和 $HClO_4$ 引发苯乙烯聚合，表观增长速率常数分别为 0.003L·mol^{-1}·s^{-1}、0.42L·mol^{-1}·s^{-1} 和 1.701L·mol^{-1}·s^{-1}，就可说明这一点。

（3）聚合温度　阳离子聚合通过离子对和自由离子引发，温度对引发速率影响较小，对聚合速率和聚合度的影响就决定于温度对 k_ik_p/k_t 和对 $k_p/k_{tr,M}$ 的影响。将式（6-17）和式（6-21）写成 Arrhenius 式：

$$R_p \propto \frac{A_iA_p}{A_t}\exp[(E_t - E_i - E_p)/RT] \qquad (6-22)$$

$$\overline{X}_n = \frac{A_p}{A_{tr,M}}\exp[(E_{tr,M} - E_p)/RT] \qquad (6-23)$$

阳离子引发和增长的活化能一般都很小，终止活化能较大，且 $E_t > E_p + E_i$，聚合速率总活化能

$E_R = E_i + E_p - E_t = -21 \sim +42 kJ \cdot mol^{-1}$。因此，会出现聚合速率随温度降低而增加的现象。但不论 E_R 为正还是负，其绝对值都较小，温度对速率的影响比自由基聚合时要小得多。

阳离子聚合 E_t 或 $E_{tr} > E_p$，$E_{Xn} = (E_{tr,M} - E_p)$ 常为正值（$12.5 \sim 29 kJ \cdot mol^{-1}$），聚合度将随温度降低而增大。因此，常在 $-100\,℃$ 下合成丁基橡胶，减弱链转移反应，提高分子量。

6.3.6 聚异丁烯和丁基橡胶

由异丁烯合成聚异丁烯和丁基橡胶是阳离子聚合的重要工业应用。

以 $AlCl_3$ 为引发剂，在 $0 \sim -40\,℃$ 下，异丁烯经阳离子聚合，可合成低分子量聚异丁烯（$\overline{M}_n < 5$ 万），该产物是粘滞液体或半固体，主要用作粘结剂、嵌缝材料、密封材料、动力油料的添加剂，以改进粘度。异丁烯在 $-100\,℃$ 下低温聚合，则得橡胶状固态的高分子量聚异丁烯（$\overline{M}_n = 5 \times 10^4 \sim 10^6$），可用作蜡、其他聚合物、封装材料的添加剂。

以氯甲烷为稀释剂，$-100\,℃$，$AlCl_3$ 为引发剂，异丁烯和异戊二烯（$1\% \sim 6\%$）进行共聚，可合成丁基橡胶，反应几乎瞬间完成。丁基橡胶不溶于氯甲烷，以细粉状沉析出来，属于淤浆聚合，俗称悬浮聚合。保证传热和悬浮分散是技术关键。丁基橡胶分子量在 20 万以上才不发粘，低温下并不结晶，$-50\,℃$ 下仍能保持柔软，具有耐臭氧、气密性好等优点，主要用来制作内胎。

6.3.7 活性阳离子聚合

20 世纪 80 年代，Kennedy 等报道了乙烯基烷基醚和异丁烯的活性阳离子聚合，通过可逆的链终止和链转移反应，产生的休眠种反应速率大于逆反应和原活性种的增长反应，延长活性种寿命。但还不能达到真正的无终止和无转移，聚合物的分子量分布还比较宽（例如大于 $1.5 \sim 2$），结构控制效果不甚理想，其发展还不及可控和"活性"自由基聚合。

6.4 离子聚合与自由基聚合的比较

离子聚合与自由基聚合同属于连锁聚合，但聚合机理却有差异，反映在单体种类、引发剂等，以及溶剂、温度等影响上，都有所不同，归纳如表 6-14。

表 6-14 自由基聚合和离子聚合的特点比较

聚合反应	自由基聚合	离子聚合	
		阳离子聚合	阴离子聚合
引发剂	过氧化物，偶氮化合物，本体、溶液、悬浮聚合选用油溶性引发剂；乳液聚合选用水溶性引发剂	Lewis 酸，质子酸，碳阳离子，亲电试剂	Lewis 碱，碱金属，有机金属化合物，碳阴离子，亲核试剂
单体聚合活性	弱吸电子基的烯类单体共轭单体	推电子基的烯类单体易极化为负电性的单体	吸电子基的共轭烯类单体易极化为正电性的单体
活性中心	自由基	碳阳离子等	碳阴离子等
主要终止方式	双基终止	向单体和溶剂转移	难终止，活性聚合
阻聚剂	生成稳定自由基和化合物的试剂，如对苯二酚，DPPH	亲核试剂。水、醇、酸、胺类	亲电试剂。水、醇、酸等含活性氢物质、氧、CO_2 等
水和溶剂	可用水作介质，帮助散热	氯代烃，如氯甲烷、二氯甲烷等	从非极性到极性有机溶剂
		极性影响到离子对的紧密程度，从而影响到速率和立构规整性	
聚合速率	$[M][I]^{1/2}$	$k[M]^2[C]$	
聚合度	$k'[M][I]^{-1/2}$	$k'[M]$	
聚合活化能	较大，$84 \sim 105 kJ \cdot mol^{-1}$	小，$0 \sim 21 kJ \cdot mol^{-1}$	
聚合温度	一般 $50 \sim 80\,℃$	低温，$0\,℃$ 以下 $\sim -100\,℃$	室温或 $0\,℃$ 以下
聚合方法	本体，溶液，悬浮，乳液	本体，溶液	

（1）单体　大多数乙烯基单体都能自由基聚合，带有吸电子基团的共轭烯类单体容易阴离子聚合，带供电基团的烯类单体有利于阳离子聚合，共轭烯烃能以三种机理聚合。

（2）引发剂和活性种　自由基聚合的活性种是自由基，常选用过氧类、偶氮类化合物作引发剂，引发剂的影响仅局限于引发反应。阴离子聚合的活性种是阴离子，选用碱金属及其烷基化合物等亲核试剂作引发剂。阳离子聚合的活性种是阳离子，选用 Lewis 酸等亲电试剂作引发剂。离子聚合的活性种常以离子对存在，离子对始终影响着聚合反应的全过程。

（3）溶剂　自由基聚合中，溶剂影响限于引发剂的诱导分解和链转移反应。离子聚合中，溶剂首先影响到活性种的形态和离子对的紧密程度，进而影响到聚合速率和定向能力。阴离子聚合可选用非极性或中极性的溶剂，如烷烃、四氢呋喃等；而阳离子聚合则限用弱极性溶剂，如卤代烃等。

（4）温度　自由基聚合的引发剂分解活化能较大，需在较高的温度（50～80℃）下聚合，温度对聚合速率和分子量的影响较大。而离子聚合中的引发活化能较低，为了减弱链转移反应，通常在较低的温度下聚合，温度对速率的影响较小。

（5）聚合机理特征　自由基聚合的机理特征概括为慢引发、快增长、速（双基）终止。阴离子聚合是快引发、慢增长、无终止、无转移，可成为活性聚合。阳离子聚合为快引发、快增长、易转移、难终止，主要是向单体或溶剂转移，或单分子自发终止。

（6）阻聚剂　自由基聚合的阻聚剂一般为氧、苯醌、DPPH 等能与自由基结合而终止的化合物。水、醇等极性化合物是离子聚合的阻聚剂，酸类（亲电试剂）使阴离子聚合阻聚，碱类（亲核试剂）则使阳离子聚合阻聚；苯醌也是阳离子聚合的终止剂。

6.5　离子共聚

离子共聚研究较少，与自由基共聚有许多差异，但共聚物组成方程仍可参照使用。离子共聚的实际应用多限于用少量第二单体进行改性。

① 离子共聚对单体有较高的选择性，丙烯腈等带吸电子基的烯类是容易阴离子聚合的单体群，异丁烯等带供电基的烯类是倾向于阳离子聚合单体群，苯乙烯、共轭二烯烃则能进行阴、阳离子聚合和自由基聚合。极性相差大的两群单体很难共聚，因此离子共聚的单体对数受到限制。

② 同一对单体用不同机理的引发体系进行共聚时，竞聚率和共聚物组成会有很大的差异。表 6-15 是三对单体进行自由基、阳离子、阴离子共聚时竞聚率的比较。以苯乙烯-甲基丙烯酸甲酯（MMA）为例：自由基共聚，两竞聚率相近（$r_1 = 0.52$，$r_2 = 0.46$）；阳离子共聚，MMA 竞聚率很小（$r_1 = 10.5$，$r_2 = 0.1$）；阴离子共聚，MMA 竞聚率却很大（$r_1 = 0.12$，$r_2 = 6.4$）。

表 6-15　三对单体经不同机理共聚合的竞聚率

单体 M_1	单体 M_2	自由基共聚		阳离子共聚		阴离子共聚	
		r_1	r_2	r_1	r_2	r_1	r_2
苯乙烯	醋酸乙烯酯	55	0.01	8.25	0.015	0.01	0.1
苯乙烯	甲基丙烯酸甲酯	0.52	0.46	10.5	0.1	0.12	6.4
甲基丙烯酸甲酯	甲基丙烯腈	0.67	0.65	—	—	0.67	5.2

③ 极性相近的单体进行离子共聚，多接近理想共聚，$r_1 r_2 \approx 1$，较难合成两种单体单元含量都很高的共聚物，但可引入少量第二单体来改性，如异丁烯与 5% 异戊二烯共聚，合成丁基橡胶。少数单体有交替倾向。

④ 溶剂、反离子、温度对离子共聚均有影响，遵循离子均聚时的一般规律。

6.5.1 阴离子共聚

烯类单体阴离子共聚合的竞聚率数据不多，表 6-16 是以苯乙烯为 M_1 的共聚数据。

表 6-16　苯乙烯（M_1）阴离子共聚的竞聚率

M_2	引发剂	溶剂	温度/℃	r_1	r_2	$r_1 r_2$
丙烯腈	C_6H_5MgBr/甲苯	环己烷	-45	0.05	15.0	0.75
甲基丙烯酸甲酯	C_6H_5MgBr/醚	甲苯	-30	0.01	25.0	0.25
甲基丙烯酸甲酯	C_6H_5MgBr/醚	乙醚	-30	0.05	14.0	0.7
α-甲基苯乙烯	Na-K 合金	四氢呋喃	$+25$	35	0.003	0.105
对甲基苯乙烯	Na-K 合金	四氢呋喃	$+25$	5.3	0.18	0.95

表中许多对单体，$r_1 r_2 = 0.7 \sim 0.95$，接近理想共聚；两竞聚率相差很大，容易形成嵌段共聚物或长链段序列分布。苯乙烯和 α-甲基苯乙烯共聚，有交替倾向，可能与 α-甲基的位阻有关。位阻更大的 1,1-二苯基乙烯、反 1,2-二苯基乙烯与共轭二烯烃共聚，几乎完全交替。

溶剂和反离子对阴离子共聚竞聚率和组成均有影响，苯乙烯-异戊二烯共聚结果如表 6-17。反离子为 Li^+ 时，活性种多以紧对存在，溶剂影响较大。在非极性溶剂中，异戊二烯更容易与 Li^+ 络合而进入共聚物。介质溶剂化能力增加，共聚物中苯乙烯含量增多，反离子为钾时，增加得更多。

表 6-17　溶剂和反离子对苯乙烯-异戊二烯阴离子共聚物组成的影响

溶　剂	溶剂化能力	共聚物中苯乙烯含量/%	
		Na	K
本体	小	66	15
苯		66	15
三乙胺	↓	77	59
乙醚		75	68
四氢呋喃	大	80	80

温度对阴离子共聚竞聚率的影响研究得较少，不同体系的温度效应差别很大。仲丁基锂引发苯乙烯和丁二烯共聚，正己烷中，0℃，$r_1 = 0.03$，$r_2 = 13.3$；50℃，$r_1 = 0.04$，$r_2 = 11.8$，温度影响小。四氢呋喃中，-78℃，$r_1 = 11.0$，$r_2 = 0.04$；25℃，$r_1 = 4.00$，$r_2 = 0.30$，温度影响就很显著。

6.5.2 阳离子共聚

能够阳离子均聚的单体本来就不多，共聚的单体对数更有限，少数竞聚率见表 6-18。

表 6-18　苯乙烯（M_1）与有关单体（M_2）阳离子共聚的竞聚率

M_1	M_2	引发剂	溶剂	温度/℃	r_1	r_2
异丁烯	异戊二烯	$AlCl_3$	CH_3Cl	-100	2.5 ± 0.5	0.4 ± 0.1
异丁烯	丁二烯	$AlCl_3$	CH_3Cl	-100	115	0.01
异丁烯	苯乙烯	$TiCl_4$	正己烷	-20	0.54 ± 0.34	1.20 ± 0.11
苯乙烯	α-甲基苯乙烯	$BF_3O(C_2H_5)_2$	CH_2Cl_2	-20	$0.2 \sim 0.5$	12
苯乙烯	异戊二烯	$SnCl_4$	C_2H_5Cl	$-20 \sim 0$	0.8	0.1

竞聚率可从单体活性获得一些信息，间、对位取代苯乙烯的阳离子聚合活性大小如下：

$$p\text{-OCH}_3 > p\text{-CH}_3 > p\text{-H} > p\text{-Cl} > m\text{-Cl} > m\text{-NO}_2$$

$$\sigma: \quad (-0.27) \quad (-0.17) \quad (0) \quad (+0.23) \quad (+0.37) \quad (+0.71)$$

括号中数值为 Hammett 方程 $[\lg(1/r_1)=\rho\sigma]$ 中的 σ 值，表征基团的电子效应，供电基的 σ 为负，吸电子基为正，称作极性取代常数。上式中斜率 ρ 代表极性对平衡常数贡献程度的常数。ρ 为负值，表示供电子基使 $1/r_1$ 增加，ρ 为正值，则表示吸电子基使 $1/r_1$ 减少。

空间位阻对单体阳离子聚合的活性和竞聚率有显著影响，例如在 $SnCl_4$，CCl_4，0℃ 条件下，α-甲基苯乙烯（M_1）和对氯苯乙烯（M_2）共聚的竞聚率为 $r_1=9.44$，$r_2=0.11$；改用 β-甲基苯乙烯（M_1）共聚，则 $r_1=0.32$，$r_2=0.74\sim1.0$，原因是 β 位甲基的位阻效应使其活性降低。

溶剂和反离子对竞聚率的影响很大，示例如表 6-19。按理，异丁烯阳离子聚合的活性本应比对氯苯乙烯大，但在非极性己烷中，异丁烯的竞聚率并不高。而极性的对氯苯乙烯容易使阳离子活性种溶剂化，其竞聚率反而提高。相反，在强极性的硝基苯中，活性种被介质溶剂化，异丁烯的活性容易显现出来，竞聚率显著提高。

表 6-19 溶剂和反离子对异丁烯（M_1）和对氯苯乙烯（M_2）阳离子共聚竞聚率的影响（0℃）

溶剂	引发剂	r_1	r_2	溶剂	引发剂	r_1	r_2
己烷($\varepsilon=1.8$)	$AlBr_3$	1.0	1.0	硝基苯($\varepsilon=36$)	$SnCl_4$	8.6	1.2
硝基苯($\varepsilon=36$)	$AlBr_3$	14.7	0.15				

温度对阳离子共聚竞聚率的影响比较大，竞聚率随温度升高而增、减的情况都有，对不同单体的影响也不一。例如异丁烯-苯乙烯阳离子共聚，从 -90℃ 升到 -30℃，r_1 增 1 倍，r_2 增 3 倍；而茴烯-苯乙烯共聚，从 -70℃ 升到 $+20$℃，r_1 从 0.075 增到 1.49，r_2 却从 8.3 降至 0.10。目前研究过的单体对较少，尚难总结出规律。

摘　　要

1. **阴离子聚合**　带吸电子基团和共轭烯类单体，如丙烯腈、丙烯酸酯类等，有利于阴离子聚合。碱金属及其烷基化合物（如丁基锂）等亲核试剂常用作引发剂。活性种是碳阴离子，与碱金属反离子构成离子对。溶剂对离子对性质有影响。烃类是常用溶剂，可加少量四氢呋喃来调节介质的极性。

阴离子聚合活性（速率常数）与单体中基团的吸电子强度、碳阴离子的稳定性、引发剂活性、反离子溶剂化程度、溶剂的介电常数等有关，综合反映出单体、引发剂、溶剂三组分的影响。

2. **阴离子聚合的机理和动力学特征**　机理特征是快引发、慢增长、无终止、无链转移，是典型的活性聚合，可用来合成窄分子量分布聚合物和嵌段共聚物。合成嵌段共聚物时，应使 pK_a 值大的单体先聚合，后加 pK_a 值小的单体再聚合。

聚合动力学比较简单，速率和聚合度有如下式：

$$R_p=-\frac{d[M]}{dt}=k_p[B^-][M] \qquad \overline{X}_n=\frac{[M]_0-[M]}{[M^-]/n}=\frac{n([M]_0-[M])}{[C]}$$

3. **丁基锂的特点**　丁基锂有缔合倾向，烃类溶剂中加少量 Lewis 碱（醚类），可以解缔合。以离子对状态存在的丁基锂有配位定向能力，可以合成低顺聚丁二烯和顺-1, 4-聚异戊二烯。

4. **阳离子聚合**　带供电子基团的烯类，如异丁烯、烷基乙烯基醚等，有利于阳离子聚合。Lewis 酸（如 BF_3、$AlCl_3$）用作引发剂，另加微量质子供体（如水）或阳离子供体（如氯乙烷）作共引发剂。活性种是碳阳离子，活性特高，易产生链转移、异构化等副反应。氯代烃是常用溶剂。重要的工业产品有丁基橡胶。

5. 阳离子聚合机理和动力学特征　机理特征是快引发、快增长、难终止、易转移。链转移是聚合度的控制反应。动力学特征是低温高速。

6. 离子共聚　极性相近的离子群才易共聚，近于理想共聚。能共聚的离子对较少。

习　题

思　考　题

1. 试从单体结构来解释丙烯腈和异丁烯离子聚合行为的差异，选用何种引发剂？丙烯酸、烯丙醇、丙烯酰胺、氯乙烯能否进行离子聚合，为什么？

2. 下列单体选用哪一引发剂才能聚合，指出聚合机理类型。

单体	CH_2=CHC_6H_5	CH_2=$C(CN)_2$	CH_2=$C(CH_3)_2$	CH_2=CH—O—n-C_4H_9	CH_2=$C(CH_3)COOCH_3$
引发体系	$(C_6H_5CO)_2O_2$	Na+萘	BF_3+H_2O	n-C_4H_9Li	$SnCl_4$+H_2O

3. 下列引发剂可以引发哪些单体聚合？选择一种单体，写出引发反应式。

a. KNH_2；b. $AlCl_3$+HCl；c. $SnCl_4$+C_2H_5Cl；d. CH_3ONa

4. 在离子聚合中，活性种离子和反离子之间的结合可能有几种形式？其存在形式受哪些因素影响？不同形式对单体的聚合机理、活性和定向能力有何影响？

5. 进行阴、阳离子聚合时，分别叙述控制聚合速率和聚合物分子量的主要方法。离子聚合中有无自动加速现象？离子聚合物的主要微观构型是头尾还是头头连接？聚合温度对立构规整性有何影响？

6. 丁基锂和萘钠是阴离子聚合的常用引发剂，试说明两者引发机理和溶剂选择有何差别。

7. 由阴离子聚合来合成顺式聚异戊二烯，如何选择引发剂和溶剂？产生高顺式结构的机理？

8. 甲基丙烯酸甲酯分别在苯、四氢呋喃、硝基苯中用萘钠引发聚合。试问在哪一种溶剂中的聚合速率最大？

9. 应用活性阴离子聚合来制备下列嵌段共聚物，试提出加料次序方案。

a. （苯乙烯）$_x$-（甲基丙烯腈）$_y$；　　　b. （甲基苯乙烯）$_x$-（异戊二烯）$_y$-（苯乙烯）$_z$；

c. （苯乙烯）$_x$-（甲基丙烯酸甲酯）$_y$-（苯乙烯）$_x$

10. 由阳离子聚合来合成丁基橡胶，如何选择共单体、引发剂、溶剂和温度条件？为什么？

11. 用 BF_3 引发异丁烯聚合，如果将氯甲烷溶剂改成苯，预计会有什么影响？

12. 阳离子聚合和自由基聚合的终止机理有何不同？采用哪种简单方法可以鉴别属于哪种聚合机理？

13. 比较阴离子聚合、阳离子聚合、自由基聚合的主要差别，哪一种聚合的副反应最少？说明溶剂种类的影响，讨论原因和本质。

14. 为什么离子聚合的单体对数远比自由基聚合的少？能否合成异丁烯和丙烯酸酯类的共聚物？

计　算　题

1. 用正丁基锂引发 100g 苯乙烯聚合，丁基锂加入量恰好是 500 分子，如无终止，苯乙烯和丁基锂都耗尽，计算活性聚苯乙烯链的数均分子量。

2. 将 1.0×10^{-3} mol 萘钠溶于四氢呋喃中，然后迅速加入 2.0mol 苯乙烯，溶液的总体积为 1L。假如单体立即混合均匀，发现 2000s 内已有一半单体聚合。计算聚合 2000s 和 4000s 时的聚合度。

3. 将苯乙烯加到萘钠的四氢呋喃溶液中，苯乙烯和萘钠的浓度分别为 0.2mol/L 和 1×10^{-3} mol/L。在 25℃下聚合 5s，测得苯乙烯的浓度为 1.73×10^{-3} mol。试计算：

a. 增长速率常数；b. 引发速率；c. 10s 的聚合速率；d. 10s 的数均聚合度。

4. 将 5g 充分纯化和干燥的苯乙烯在 50ml 四氢呋喃中的溶液保持在 -50℃。另将 1.0g 钠和 6.0g 萘加入干燥的 50ml 四氢呋喃中搅拌混匀，形成暗绿色萘钠溶液。将 1.0ml 萘钠绿色溶液注入苯乙烯溶液中，立刻变成橘红色，数分钟后反应完全。加入数毫升甲醇急冷，颜色消失。将反应混合物加热至室温，聚合物析出；用甲醇洗涤，无其他副反应，试求聚苯乙烯的 $\overline{M}_n$。如所有大分子同时开始增长和终止，则产物 $\overline{M}_w$ 应该多少？

5. 25℃，四氢呋喃中，C_4H_9Li 作引发剂（0.005mol·L^{-1}），1-乙烯基萘（0.75mol·L^{-1}）进行阴离子聚合，计算：a. 平均聚合度，b. 聚合度的数量分布和质量分布。

6. 异丁烯阳离子聚合时，以向单体链转移为主要终止方式，聚合物末端为不饱和端基。现在 4.0g 聚异丁烯恰好使 6.0ml 的 0.01mol/L 溴-四氯化碳溶液褪色，试计算聚合物的数均分子量。

7. 在搅拌下依次向装有四氢呋喃的反应器中加入 0.2mol n-BuLi 和 20kg 苯乙烯。当单体聚合一半时，再加入 1.8g 水，然后继续反应。假如用水终止的和以后继续增长的聚苯乙烯的分子量分布指数均是 1，试计算：

a. 由水终止的聚合物的数均分子量；

b. 单体全部聚合后体系中全部聚合物的分子量分布；

c. 水终止完成以后所得聚合物的分子量分布指数。

8. −35℃下，以 $TiCl_4$ 作引发剂，水作共引发剂，异丁烯进行低温聚合，单体浓度对平均聚合度的影响如下：

$[C_4H_8]$/mol·L^{-1}	0.667	0.333	0.278	0.145	0.059
DP	6940	4130	2860	2350	1030

求 k_{tr}/k_p 和 k_t/k_p。

9. 在四氢呋喃中用 $SnCl_4 + H_2O$ 引发异丁烯聚合。发现聚合速率 $R_p \propto [SnCl_4][H_2O][$异丁烯$]^2$。起始生成的聚合物数均分子量为 20000。1.00g 聚合物含 3.0×10^{-5} mol OH 基但不含氯。写出引发、增长、终止反应式。推导聚合速率和聚合度的表达式。指出推导过程中用了何种假定。什么情况下聚合速率对水或 $SnCl_4$ 呈零级关系，对单体为一级反应？

10. 异丁烯阳离子聚合时的单体浓度为 2mol/L，链转移剂浓度分别为 0.2mol/L，0.4mol/L，0.6mol/L，0.8mol/L，所得聚合物的聚合度依次是 25.34，16.01，11.70，9.20。向单体和向链转移剂的转移是主要终止方式，试用作图法求转移常数 C_M 和 C_S。

7 配位聚合

7.1 引言

从热力学判断，乙烯、丙烯都应该是能够聚合的单体，但在很长一段时期内，却未能聚合成高分子量聚合物，主要是引发剂和动力学上的原因。

1937～1939 年间，英国 I.C.I. 公司在高温（180～200℃）、高压（150～300MPa）的苛刻条件下，以微量氧作引发剂，按自由基机理，使乙烯聚合成多支链（8～40 个支链/1000 碳原子）、低结晶度（50%～65%）、低熔点（105～110℃）和低密度（0.91～0.93g·cm^{-3}）的聚乙烯，旧称高压聚乙烯，现多改称低密度聚乙烯（LDPE），主要用来加工薄膜。但是，在相似的条件下，迄今还未能使丙烯聚合成聚丙烯。

1953 年，德国 K. Ziegler 以四氯化钛-三乙基铝 [$TiCl_4$-$Al(C_2H_5)_3$] 作引发剂，在温度（60～90℃）和压力（0.2～1.5MPa）比较温和的条件下，使乙烯聚合成少支链（1～3 支链/1000 碳原子）、高结晶度（约 90%）、高熔点（125～135℃）的高密度聚乙烯 HDPE（0.94～0.96g·cm^{-3}）。1954 年，意大利 G. Natta 进一步以 $TiCl_3$-$AlEt_3$ 作引发剂，使丙烯聚合成等规聚丙烯（熔点 175℃）。Ziegler 和 Natta 在这方面的成就，为高分子科学开拓了新的领域，因而获得了诺贝尔奖。

随后，分别采用 $TiCl_4$-$Al(C_2H_5)_3$ 和烷基锂引发剂，使异戊二烯聚合成高顺-1,4-(97%～90%) 聚异戊二烯。采用钛、钴、镍或稀土络合引发体系，也合成得高顺-1,4-(94%～97%) 聚丁二烯。

石油化工中的乙烯、丙烯、丁二烯，所谓三烯，是高分子的重要单体。Ziegler-Natta 引发剂的重大意义是：可使难以自由基聚合或离子聚合的烯类单体聚合，并形成立构规整聚合物，赋予特殊的性能，如高密度聚乙烯、线形低密度聚乙烯、等规聚丙烯、间规聚苯乙烯、等规聚 4-甲基-1-戊烯等合成树脂和塑料，以及顺 1,4-聚丁二烯、顺 1,4-聚异戊二烯、乙丙共聚物等合成橡胶。

下面将依次介绍聚合物的立体异构现象、配位聚合引发剂、聚合机理和动力学、定向机理等，并从烯烃扩展到二烯烃。

7.2 聚合物的立体异构现象

低分子化合物有同分异构（结构异构）现象，高分子的异构更具多重性，除结构异构外，还有立体构型异构。这两种异构对聚合物性能都有显著的影响。

结构异构是元素组成相同、而原子或基团键接位置不同而引起的，例如聚乙烯醇和聚氧化乙烯、聚甲基丙烯酸甲酯和聚丙烯酸乙酯、聚酰胺-66 和聚酰胺-6 等互为结构异构体。

$$—CH_2CH—$$
$$OH$$
聚乙烯醇

$$—O—CH_2CH_2—$$
聚氧化乙烯

$$—CH_2C(CH_3)—$$
$$COOCH_3$$
聚甲基丙烯酸甲酯

$$—CH_2CH—$$
$$COOC_2H_5$$
聚丙烯酸乙酯

$$—NH(CH_2)_6NHOC(CH_2)_4CO—$$
聚酰胺-66

$$—NH(CH_2)_5CONH(CH_2)_5CO—$$
聚酰胺-6

本节着重讨论立体构型异构。

7.2.1 立体（构型）异构及其图式

立体构型异构是原子在大分子中不同空间排列（构型 configuration）所产生的异构现象，与绕 C—C 单键内旋转而产生的构象（conformation）有别。

立体异构有对映异构和顺反异构两种：①对映异构，又称手性异构，由手性中心产生的光学异构体 R（右）型和 S（左）型，如丙烯、环氧丙烷的聚合物；②顺反异构，由双键引起的顺式（Z）和反式（E）的几何异构，两种构型不能互变，如聚异戊二烯。不论哪一类构型，立构规整聚合物多以螺旋状构象存在。

（1）乙烯衍生物　丙烯、1-丁烯等 α-烯烃（$CH_2 \!=\! CHR$）所形成的聚 α-烯烃大分子含有多个手性中心 C^* 原子，C^* 连有 H、R 和两个碳氢链段。紧邻 C^* 的 CH_2 链段不等长，对旋光活性的影响差异甚微，并不显示光学活性，这种手征中心常称作假手征中心。

$$nCH_2\!=\!\underset{CH_3}{CH} \longrightarrow \text{\textasciitilde}\text{\textasciitilde}\text{\textasciitilde}CH_2\underset{CH_3}{C^*}H—CH_2\underset{CH_3}{C^*}H—CH_2\underset{CH_3}{C^*}H\text{\textasciitilde}\text{\textasciitilde}\text{\textasciitilde}$$

每个假手性中心 C^* 都是立体构型点，与 C^* 相连的取代基可以产生右（R）和左（S）两种构型。如将 C—C 主链拉直成锯齿形，使处在同一平面上，取代基处于平面的同侧，或相邻手性中心的构型相同，就成为全同立构（或等规，isotactic）聚合物，如等规聚丙烯（it-PP）。若取代基交替地处在平面的两侧，或相邻手性中心的构型相反并交替排列，则成为间同立构（间规）聚合物，如间规聚丙烯（st-PP）。若取代基在平面两侧或手性中心的构型呈无规排列，则为无规聚合物，如无规聚丙烯（at-PP）。还有可能形成立构嵌段聚合物。

聚 α-烯烃的立体构型可用多种图式来描述：图 7-1(a) 为锯齿形图式，碳-碳主链处在纸

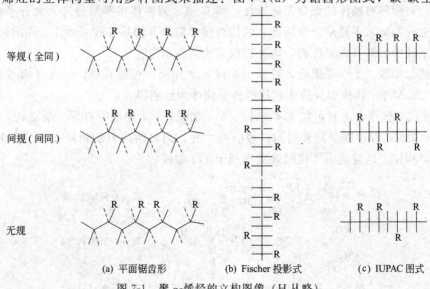

(a) 平面锯齿形　　　(b) Fischer 投影式　　　(c) IUPAC 图式

图 7-1　聚 α-烯烃的立构图像（H 从略）

平面上，H、R 处在纸平面上、下方的分别以实线和虚线表示。图 7-1(b) 为 Fisher 图式，如将 Fisher 图式按反时针方向扭转 90°，就成为 IUPAC 所推荐的图式，如图 7-1(c)。

对于两基团相同的 1,1-双取代乙烯 $CH_2 = CR_2$，如异丁烯和偏氯乙烯，则没有立体异构现象。若两取代基不同 $CH_2 = CRR'$，如甲基丙烯酸甲酯 $CH_2 = C(CH_3)COOCH_3$，则第二取代基伴随第一取代基同步定向，立体异构与单取代乙烯相似，也有等规、间规、无规三种构型。

1,2-双取代乙烯 $RCH = CR'$ 聚合物的构型异构更加复杂，该聚合物的结构单元有两个假手性中心，通过不同组合，就可能形成更多的立体异构现象。

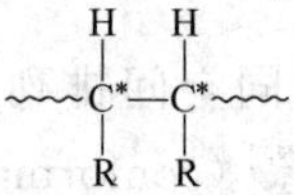

如果两手性原子均为等规，则可能出现两个双等规立构：①两个手性原子的构型互为对映体时，在 IUPAC 图中 R 和 R′ 在主链两侧，称为苏阿型对双等规立构（threodiisotactic）；②两个手性原子的构型相同时，R 和 R′ 在主链同侧，则称为赤藓型叠双等规立构（erythrodiisotactic）。相似，也有对双间规立构（threodisyndiotactic）和叠双间规立构（erythrodisyndiotactic）。

| 苏阿型对双等规立构 | 赤藓型叠双等规立构 | 叠双间规立构 | 对双间规立构 |

（2）聚环氧丙烷 环氧丙烷分子本身含有手性碳原子 C^*。聚合后，手性碳原子仍留在聚环氧丙烷大分子中，连有 4 个不相同的基团，属于真正的手性中心，如条件得当，就可以显示出旋光性。

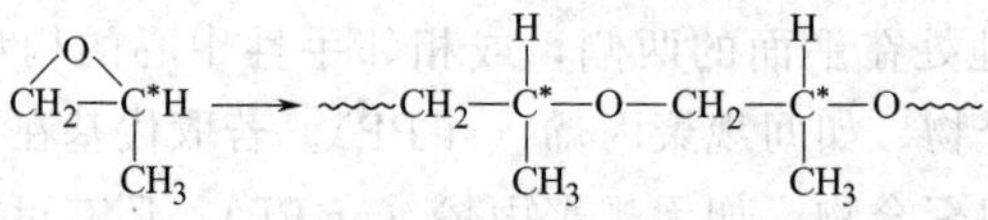

如果起始环氧丙烷是含有等量 R 和 S 对映体的外消旋混合物，所用引发剂，如氯化锌-甲醇体系，对两种对映体的聚合无选择性，则 R 和 S 对映体将等量地进入大分子链，结果，聚合产物也外消旋，不显示光学活性。纯的全同立构聚合物具有旋光活性，而间同聚环氧丙烷的相邻手性中心间有内对称面，内补偿使旋光活性消失。

（3）聚二烯烃 丁二烯聚合，可以 1,4 或 1,2 加成，可能有顺、反-1,4-和全同、间同-1,2-聚丁二烯四种立体构型异构体，这四种异构体均已制得。

1,3-异戊二烯聚合，有可能 1,4、1,2、3,4 加成；1,4 加成中有顺、反结构，如图 7-2；1,2 或 3,4 加成，都可能全同和间同；理应有六种，但目前还只制得顺-1,4、反-1,4 和 3,4 三种立构异构体，这可能由于位阻效应不利于 1,2 加成。

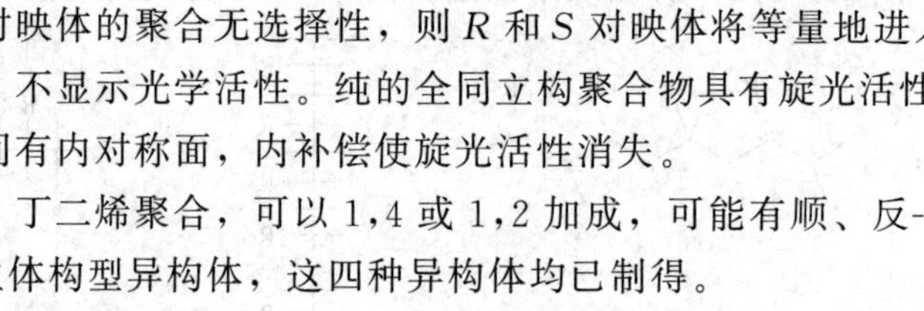

反-1,4-聚异戊二烯

顺-1,4-聚异戊二烯

图 7-2 顺式 1,4-和反式 1,4-聚异戊二烯结构的平面示意图

异戊二烯 1，2 或 3，4 加成，以及 1，4-加成的聚合反应式如下：

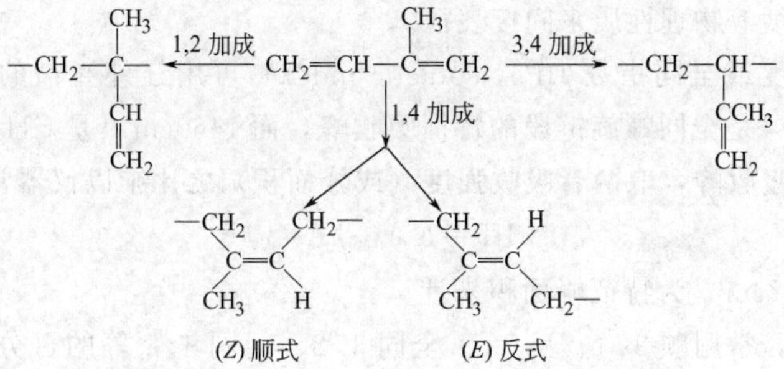

（Z）顺式　　　　　　（E）反式

7. 2. 2　立构规整聚合物的性能

聚合物的立构规整性首先影响大分子堆砌的紧密程度和结晶度，进而影响到密度、熔点、溶解性能、强度、高弹性等一系列宏观性能，表 7-1 只是一部分数据。

表 7-1　聚 α-烯烃和聚二烯烃的物理性能

聚　烯　烃	相对密度	熔点/℃	聚二烯烃	相对密度	熔点/℃	T_g/℃
低密度聚乙烯	0.91～0.93	105～110	顺式 1,4-聚丁二烯	1.01	2	−102
高密度聚乙烯	0.94～0.96	120～130	反式 1,4-聚丁二烯	0.97	146	−58
无规聚丙烯	0.85	75	全同 1,2-聚丁二烯	0.96	126	
全同聚丙烯	0.92	175	间同 1,2-聚丁二烯	0.96	156	
全同聚 1-丁烯	0.91	124～130	顺式 1,4-聚异戊二烯		28	−73
全同聚 3-甲基-1-丁烯		300	反式 1,4-聚异戊二烯		74	−58
全同聚 4-甲基-1-戊烯		250				
全同聚苯乙烯		240				
间同聚苯乙烯		270				

（1）聚 α-烯烃　聚丙烯为聚 α-烯烃的代表。无规聚丙烯熔点低（75℃），易溶于烃类溶剂，强度差，用途有限。而等规聚丙烯却是熔点高（175℃）、耐溶剂、比强（单位质量的强度）大的结晶性聚合物，广泛用作塑料和合成纤维（丙纶）。除 1-丁烯外，等规聚 α-烯烃的熔点随取代基增大而显著提高，如高密度聚乙烯的熔点为 120～130℃，全同聚丙烯 175℃，聚 3-甲基-1-丁烯 300℃，聚 4-甲基-1-戊烯 250℃等。因此，高级的聚 α-烯烃可用于耐温场合。

（2）聚二烯烃　立构规整性不同的聚二烯烃，结晶度、密度、熔点、高弹性、机械强度等也有差异。全同和间同 1,2-聚二烯烃是熔点较高的塑料，顺 1,4-聚丁二烯和顺 1,4-聚异戊二烯都是 T_g 和 T_m 较低、不易结晶、高弹性能良好的橡胶，而反 1,4-聚二烯烃则是 T_g 和 T_m 相对较高、易结晶、弹性较差、硬度大的塑料。天然的巴西三叶胶是顺-1,4 含量在 98％以上的聚异戊二烯，而产于中美洲和马来西亚的古塔胶和巴拉塔胶则主要是反-1,4 异构体。

（3）天然高分子　许多天然高分子也具有立体规整性，且有立体异构现象。例如纤维素与淀粉互为异构体，纤维素的葡萄糖结构单元按反-1,4 键接，以伸直链的构象存在，分子堆砌紧密，结晶度较高，不溶于水，难水解，有较强的力学性能，可用作纤维材料。而淀粉中的葡萄糖单元则按顺-1,4 键接，以无规线团构象存在，能溶于水，易水解，是重要的食物来源。

蛋白质是氨基酸的缩聚物，具立构规整性。酶是具有高度定向能力的生化反应催化剂。

7. 2. 3　立构规整度

立构规整度的定义是立构规整聚合物占聚合物总量的百分数。

（1）立构规整度的测定　立构规整度可由红外、核磁共振等波谱直接测定，也可能由结晶度、密度、溶解度等物理性质来间接表征。

聚丙烯的等规度或全同指数 IIP（isotactic index）可用红外光谱的特征吸收谱带来测定。波数为 $975cm^{-1}$ 是全同螺旋链段的特征吸收峰，而 $1460cm^{-1}$ 是 CH_3 基团振动有关、对结构不敏感的参比吸收峰，取两者吸收强度（或峰面积）之比乘以仪器常数 K 即为等规度。

$$IIP = KA_{975}/A_{1460} \tag{7-1}$$

间规度可用波数 $987cm^{-1}$ 为特征峰面积来计算。

对于聚二烯烃，常用顺-1,4、反-14、全同 1,2、间同 1,2 等的百分数来表征立构规整度。根据红外光谱特征吸收峰的位置（波数，cm^{-1}）和核磁共振氢谱的化学位移（δ，ppm）可以定性测定各种立构的存在，从各特征吸收峰面积的积分则可定量计算这四种立构规整度的比值。

为方便起见，有时也用溶解性能、结晶度、密度等物理性质来间接表征等规度，例如常用沸腾的正庚烷萃取剩余物占聚丙烯试样的质量百分数来表示聚丙烯的等规度 IIP，也可以测定无规和等规聚丙烯的密度来计算结晶度，用 X 射线衍射直接测定等规聚丙烯的结晶度。

（2）立构单元的序列分布　严格说来，立构规整度应该由二元组（diad）、三元组（triad）等的分数来表征。红外难以分析这些立构单元的序列分布，核磁共振氢谱（^{1}H-NMR）和碳谱（^{13}C-NMR）则是有力的工具。

单取代乙烯聚合物的立构单元序列分布表述如下。等规或间规二元组是相邻两重复单元的立体构型相同或相反的组合，其分数（或概率）以（m）或（r）表示。等规三元组、间规三元组和杂三元组也相似，其分数分别以（mm）、（rr）、（mr）表示。下图中横线代表主链，带点竖线代表重复单元中带取代基的手性中心部分，无点竖线代表两手性中心之间的 CH_2。等规和间规二元组中的 CH_2 所处的环境不同，在 NMR 谱中就显示出不同的化学位移。

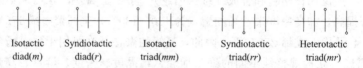

Isotactic diad(m)　　Syndiotactic diad(r)　　Isotactic triad(mm)　　Syndiotactic triad(rr)　　Heterotactic triad(mr)

两种二元组分数（或概率）的总和等于 1，三种三元组分数的总和也等于 1，即

$$(m) + (r) = 1$$
$$(mm) + (rr) + (mr) = 1$$

二元组分数与三元组分数之间有如下关系：

$$(m) = (mm) + 0.5(mr)$$
$$(r) = (rr) + 0.5(mr)$$

只要测得任何两个三元组的分数，就可以按以上四式求得聚合物二元组和三元组的完整信息。无规聚合物的 $(m) = (r) = 0.5$，$(mm) = (rr) = 0.25$，二元组和三元组无序分布时，$(mr) = 0.5$。完全等规聚合物，$(m) = (mm) = 1$；完全间规聚合物，则 $(r) = (rr) = 1$；无序分布时，$(m) \neq (r) \neq 0.5$，$(mm) \neq (rr) \neq 0.25$，等规程度或间规程度不同。$(m) > 0.5$ 或 $(mm) > 0.25$ 时，等规立构占优势；$(r) > 0.5$ 或 $(rr) > 0.25$，则间规立构占优势。

应用高分辨率的核磁共振氢谱（^{1}H-NMR）和碳谱（^{13}C-NMR），还可以测出四元组（tetrad）、五元组等，提供更详细的微结构信息。

7.3 Ziegler-Natta 引发剂

引发剂是影响聚合物立构规整程度的关键因素，单体种类、温度和溶剂也有影响。

配位聚合往往经单体定向配位、络合活化、插入增长等过程，才形成立构规整（或定向）聚合物，因而有配位聚合、络合聚合、插入聚合、定向聚合等名称，本章选用配位聚合术语。

目前配位阴离子聚合的引发体系有下列四类：

① Ziegler-Natta 引发体系，这类数量最多，可用于 α-烯烃、二烯烃、环烯烃的定向聚合；

② π-烯丙基镍（π-C_3H_5NiX），限用于共轭二烯烃聚合，不能使 α-烯烃聚合；

③ 烷基锂类，可引发共轭二烯烃和部分极性单体定向聚合，已在离子聚合一章内介绍；

④ 茂金属引发剂，这是新近的发展，可用于多种烯类单体的聚合，包括氯乙烯。

这些体系参与引发聚合以后，残基都进入大分子链，因此本书采用"引发剂"术语，代替习惯沿用的"催化剂"。

7.3.1 Ziegler-Natta 引发剂的两主要组分

最初 Ziegler-Natta 引发剂由 $TiCl_4$（或 $TiCl_3$）和 $Al(C_2H_5)_3$ 组成，以后发展到由ⅣB～ⅧB族过渡金属化合物和ⅠA～ⅢA族金属有机化合物两大组分配合而成，形成系列，难以数计。

（1）ⅣB～ⅧB族过渡金属（Mt）化合物，包括 Ti、V、Mo、Zr、Cr 的氯（或 Br、I）化物 $MtCl_n$、氧氯化物 $MtOCl_n$、乙酰丙酮物 $Mt(acac)_n$、环戊二烯基（Cp）金属氯化物 Cp_2TiCl_2 等，这些组分主要用于 α-烯烃的配位聚合；$MoCl_5$ 和 WCl_6 组分专用于环烯烃的开环聚合；Co、Ni、Ru、Rh 等的卤化物或羧酸盐组分则主要用于二烯烃的定向聚合。

（2）ⅠA～ⅢA族金属有机化合物，如 AlR_3、LiR、MgR_2、ZnR_2 等，式中 R 为烷基或环烷基。其中有机铝用得最多，如 $AlR_{3-n}Cl_n$、AlH_nR_{3-n}，一般 $n=0\sim1$。最常用的有 $Al(C_2H_5)_3$（或 $AlEt_3$）、$Al(C_2H_5)_2Cl$、$Al(i\text{-}C_4H_9)_3$ 等。

在以上两组分的基础上，进一步添加给电子体和负载，可以提高活性和等规度。

7.3.2 Ziegler-Natta 引发剂的溶解性能

Ziegler-Natta 引发体系可分成不溶于烃类（非均相）和可溶（均相）两大类，溶解与否与过渡金属组分和反应条件有关。立构规整聚合物的合成一般与引发体系的非均相有关。

（1）非均相引发体系 钛系为主要代表。$TiCl_4$-AlR_3（或 AlR_2Cl）在 -78℃下尚可溶于庚烷或甲苯，对乙烯聚合有活性，对丙烯聚合的活性则很低。升高温度，则转变成非均相，活性略有提高。低价氯化钛（或钒），如 $TiCl_3$、$TiCl_2$、VCl_4 等，本身就不溶于烃类，与 AlR_3 或 AlR_2Cl 反应后，仍为（微）非均相，对丙烯聚合有较高的活性，并有定向作用。

（2）均相引发体系 钒系为代表，如合成乙丙橡胶中的 $VOCl_3/AlEt_2Cl$ 或 $V(acac)_3/AlEt_2Cl$。卤化钛中的卤素部分或全部被 RO、acac 或 Cp 所取代，再与 AlR_3 络合，如 Cp_2TiCl_2-$AlEt_3$，也成为可溶性，对乙烯聚合尚有活性，但对丙烯聚合的活性和定向能力都很差。

凡能使丙烯聚合的引发剂一般能使乙烯聚合，但能使乙烯聚合的却未必能使丙烯聚合。

7.3.3 Ziegler-Natta 引发剂的反应

以 $TiCl_4$-$Al(C_2H_5)_3$（或 AlR_3）为代表，剖析两组分的反应情况。

$TiCl_4$ 是阳离子引发剂，AlR_3 是阴离子引发剂。这两种引发剂单独使用时，都难使乙烯或丙烯聚合，但相互作用后，却易使乙烯聚合；$TiCl_3$-$AlEt_3$ 体系还能使丙烯定向聚合。

　　配制引发剂时需要一定的陈化时间，保证两组分适当反应。反应比较复杂，首先是两组分间基团交换或烷基化，形成钛—碳键。烷基氯化钛不稳定，进行还原性分解，在低价钛上形成空位，供单体配位之需，还原是产生活性不可或缺的反应。相反，高价钛的配位点全部与配体结合，就很难产生活性。分解产生的自由基双基终止，形成 C_2H_5Cl、n-C_4H_{10}、C_2H_6、H_2 等。

烷基化
$$TiCl_4 + AlR_3 \longrightarrow RTiCl_3 + AlR_2Cl$$
$$TiCl_4 + AlR_2Cl \longrightarrow RTiCl_3 + AlRCl_2$$
$$RTiCl_4 + AlR_3 \longrightarrow R_2TiCl_2 + AlR_2Cl$$

烷基钛的均裂
$$RTiCl_3 \longrightarrow TiCl_3 + R^{\cdot}$$

和还原
$$R_2TiCl_2 \longrightarrow RTiCl_2 + R^{\cdot}$$
$$TiCl_4 + R^{\cdot} \longrightarrow TiCl_3 + RCl$$

自由基的终止
$$2R^{\cdot} \longrightarrow 偶合或歧化终止$$

　　以 $TiCl_3$ 作主引发剂时，也发生类似反应。两组分比例不同，烷基化和还原的深度也有差异。上述只是部分反应式，非均相体系还可能存在着更复杂的反应。

　　研究 Cp_2TiCl_2-$AlEt_3$ 可溶性引发剂时，发现所形成的蓝色结晶有一定熔点（126～130℃）和一定分子量，经 X 射线衍射分析，确定结构为 $Ti\cdots Cl\cdots Al$ 桥形络合物（如下左式）。估计氯化钛和烷基铝两组分反应，也可能形成类似的双金属桥形络合物（下中式）或单金属络合物（下右式），成为烯烃配位聚合的活性种，但情况会更加复杂。

Cp₂TiCl₂-AlEt₃桥形络合物　　TiCl₃-AlEt₃双金属络合物　　TiCl₃单金属活性种

7.3.4　Ziegler-Natta 引发剂两组分对聚丙烯等规度和聚合活性的影响

　　等规度（IIP）和分子量是评价聚丙烯性能的重要指标，等规度和聚合活性则是衡量配位聚合引发剂的主要指标。聚合活性常以单位质量钛所能形成聚丙烯的质量 [g（PP）/g（Ti）] 来衡量，有时还引入时间单位 [g（PP）/g（Ti）·h]，以便比较速率。引发剂两组分的不同搭配和配比，上述三指标会有很大的差异，从表 7-2 中数据可以看出影响聚丙烯立构规整度的一般规律。

　　引发剂组分的变化往往会使聚合活性和立构规整度的变化方向相反，选用时应加注意。两组分对聚 α-烯烃立构规整性影响大致有如下规律。

　　（1）过渡金属组分的影响　　定向能力与过渡金属元素的种类和价态、相态和晶型、配体的性质和数量等有关。研究得最多的过渡金属是钛，+4、+3、+2 等不同价态都可能成为活性中心，但定向能力各异，其中 $TiCl_3$（α，γ，δ）的定向能力最强。过渡金属对定向能力的影响规律如下。

　　a. 三价过渡金属氯化物　　$TiCl_3(\alpha,\gamma,\delta) > VCl_3 > ZrCl_3 > CrCl_3$

　　b. 高价态过渡金属氯化物　　$TiCl_4 \approx VCl_4 \approx ZrCl_4$

　　c. 不同价态的氯化钛　　$TiCl_3(\alpha,\gamma,\delta) > TiCl_2 > TiCl_4 \approx \beta\text{-}TiCl_3$

　　d. 三价卤化钛的配体　　$TiCl_3(\alpha,\gamma,\delta) > TiBr_3 \approx \beta\text{-}TiCl_3 > TiI_3$

　　　　　　$TiCl_3(\alpha,\gamma,\delta) > TiCl_2(OR) > TiCl(OR)_2$

表 7-2　Ziegler-Natta 引发体系组分对聚丙烯等规度的影响

组别	主引发剂 过渡金属化合物	共引发剂 烷基金属化合物	IIP	组别	主引发剂 过渡金属化合物	共引发剂 烷基金属化合物	IIP
I	$TiCl_4$	$AlEt_3$	30~60	III	$TiCl_3(\alpha,\gamma,\delta)$	$BeEt_2$	94
	$TiBr_4$		42			$MgEt_2$	81
	TiI_4		46			$ZnEt_2$	35
	VCl_4		48			$NaEt$	0
	$ZrCl_4$		52	IV	$TiCl_3(\alpha)$	$Al(CH_3)_3$	50
	$MoCl_4$		50			$Al(C_2H_5)_3$	85
II	$TiCl_3(\alpha,\gamma,\delta)$	$AlEt_3$	80~92			$Al(n\text{-}C_3H_7)_3$	78
	$TiBr_3$		44			$Al(n\text{-}C_4H_9)_3$	60
	$TiCl_3(\beta)$		40~50			$Al(n\text{-}C_6H_{13})_3$	64
	TiI_3		10			$Al(C_6H_5)_3$	约60
	$TiCl_2(OC_4H_9)$		35	V	$TiCl_3(\alpha)$	$AlEt_2F$	83
	$TiCl(OC_4H_9)_2$		10			$AlEt_2Cl$	83
	VCl_3		73			$AlEt_2Br$	93
	$CrCl_3$		36			$AlEt_2I$	98
	$ZrCl_4$		53				

　　e. 四卤化钛的配体　　　　　$TiCl_4 \approx TiBr_4 \approx TiI_4$。

　　f. 三氯化钛的晶型　　三氯化钛有 α，β，γ，δ 四种晶型，其中 α，γ，δ 三种结构相似，紧密堆砌，层状结晶，都可以形成高等规度的聚丙烯。而 $TiCl_4$ 经 $AlEt_3$ 还原成的 $\beta\text{-}TiCl_3$ 却是线形结构，定向能力最低，只能形成无规聚合物。

　　(2) ⅠA～ⅢA 族金属烷基化合物的影响　　ⅠA～ⅢA 族金属组分的参与，对引发剂活性和定向能力都有显著影响。Ⅰ族的 Li、Na、K，Ⅱ族的 Be、Mg、Zn、Cd，Ⅲ族的 Al、Ga 等烷基物，用于乙烯或 α-烯烃定向聚合都很有效，但铝化合物使用方便，用得最广。Ga 贵，铍有毒，Ⅰ族烷基物难溶于烃类溶剂，都很少应用。

　　若所用的 $TiCl_3$ 相同，金属烷基化合物共引发剂中的金属和烷基对 IIP 有如下影响。

　　a. 金属　　　　　　　　　$BeEt_2 > MgEt_2 > ZnEt_2 > NaEt$

　　b. 烷基铝中的烷基　　　　$AlEt_3 > Al(n\text{-}C_3H_7)_3 > Al(n\text{-}C_4H_9)_3 \approx Al(n\text{-}C_6H_{13})_3 \approx$ $Al(n\text{-}C_6H_5)_3$

　　c. 一卤代烷基铝中的卤素　$AlEt_2I > AlEt_2Br > AlEt_2Cl \approx AlEt_2F$

　　d. 氯代烷基铝中氯原子数　$AlEt_3 > AlEt_2Cl > AlEtCl_2 > AlCl_3$

　　如果Ⅰ～Ⅲ族金属原子大小和电负性与过渡金属相当，如铍、铝与钛，可使活性种的稳定性增加。烷基铝中如被一个氯原子取代，可使铝的电负性更接近钛；第二个取代氯原子则使铝的正电性过大，从而失去活性。

　　由上述可见，Ziegler-Natta 引发体系两组分对聚丙烯等规度的影响因素非常复杂，诸如反应后形成络合物的晶型、状态和结构，活性种的价态和配位数，过渡金属和I～Ⅲ族金属的电负性和原子半径，以及烷基化速度和还原能力等。从 IIP 考虑，首先选 $TiCl_3$(α，γ，δ) 作丙烯配位聚合的主引发剂，但共引发剂的存在对丙烯聚合速度却起着重要作用，见表 7-3。

　　从 IIP、速率、价格等指标综合考虑，丙烯聚合时，优选 $AlEt_2Cl$ 作共引发剂。对于乙烯配位聚合，无定向可言，速率成为考虑的首要条件，因此选用 $TiCl_4\text{-}AlEt_3$ 作引发剂。立构规整度和聚合速率不仅取决于引发剂两组分的搭配，而且还与配比有关。对于许多单体，最高立构规整度和最高转化率处在相近的 Al/Ti 比（表 7-4），这对聚合工艺参数的选定颇为有利。

表 7-3　AlEt₂X 对丙烯聚合速度和 IIP 的影响（主引发剂为 α-TiCl₃）

AlEt₂X	相对聚合速度	IIP	AlEt₂X	相对聚合速度	IIP
AlEt₃	100	83	AlEt₂I	9	96
AlEt₂F	30	83	AlEt₂OC₆H₅	0	—
AlEt₂Cl	33	93	AlEt₂SC₆H₅	0.25	95
AlEt₂Br	33	95			

表 7-4　Al/Ti 摩尔比对转化率和聚烯烃立构规整度的影响

单　体	最高转化率的 Al/Ti 比	最高立构规整度时的 Al/Ti 比	单　体	最高转化率的 Al/Ti 比	最高立构规整度时的 Al/Ti 比
乙烯	2.5~3	—	苯乙烯	2.0	3
丙烯	1.5~2.5	3	丁二烯	1.0~1.25	1.0~1.25(反-1,4)
1-丁烯	2	2	异戊二烯	1.2	1
4-甲基-1-丁烯	1.2	1			

$TiCl_3(\alpha, \gamma, \delta)$-AlEt₂Cl 选作引发体系，聚丙烯的分子量也受 Al/Ti 比的影响，呈钟形曲线变化，Al/Ti 比=1.5~2.5 时，转化率和分子量均达最大值，因此是优化的条件。

对于同一引发体系，因取代基空间位阻的影响，α-烯烃的聚合活性次序如下。

$$CH_2=CH_2>CH_2=CHCH_3>CH_2=CHC_2H_5>CH_2=CHCH_2CH(CH_3)_2$$
$$>CH_2=CHCH(CH_3)C_2H_5>CH_2=CHCH_2(C_2H_5)_2\ggg CH_2=CHC(CH_3)_3$$

7.3.5　Ziegler-Natta 引发体系的发展

引发剂是 α-烯烃配位聚合的核心问题，研究重点放在提高聚合活性、提高立构规整度、使聚合度分布和组成分布均一等目标上。关键措施有二：添加给电子体和负载。

（1）给电子体（Lewis 碱）——第三组分的影响　α-TiCl₃ 配用 AlEt₂Cl 引发丙烯配位聚合时，定向能力比配用 AlEt₃ 时高，聚合活性则稍有降低。如配用 AlEtCl₂，则活性和定向能力均接近于零，但加入含有 O、N、P、S 等的给电子体 B：（Lewis 碱）后，聚合活性和 IIP 均有明显提高，分子量也增大。早期多从化学反应角度进行局部解释：例如 AlEtCl₂ 歧化成 AlEt₂Cl 和 AlCl₃ 后，Lewis 碱可与 AlCl₃ 络合，使 AlEt₂Cl 游离出来，恢复了部分活性和定向能力。

$$2AlEtCl_2 + :B \longrightarrow AlEt_2Cl + AlCl_3:B$$

给电子体对铝化合物的络合能力随其中氯含量增多而加强，其顺序为

$$B:AlCl_3 > B:AlRCl_2 > B:AlR_2Cl > B:AlR_3$$

20 世纪五六十年代，第一代 α-TiCl₃-AlEt₃ 两组分引发剂对丙烯的聚合活性只有 5×10^3 gPP/gTi，聚丙烯 IIP 约 90%。20 世纪 60 年代，曾添加六甲基磷酸胺（HMPTA），使丙烯聚合活性提高到 5×10^4 gPP/gTi，增加了十倍。七八十年代以后，添加酯类给电子体，并负载，活性提高到 2.4×10^6 gPP/gTi，IIP>98%。活性提高后，引发剂用量减少，残留引发剂不必脱除，后处理简化。

除上述从化学反应角度对聚合活性和定向能力提高的机理作出局部解释外，更应该从晶型改变、物理分散等多方面来综合考虑。

（2）负载的影响　在早期 Ziegler-Natta 引发剂中，裸露在晶体表面、边缘或缺陷处而能成为活性中心的 Ti 原子只占约 1%，这是活性较低的重要原因。如果将氯化钛充分分散在载体上，使大部分 Ti 原子裸露（如 90%）而成为活性中心，则可大幅度地提高活性。

载体种类很多，如 MgCl₂、Mg(OH)Cl、Mg(OR)₂、SiO₂ 等。对于丙烯聚合，以

$MgCl_2$ 最佳。常用的无水氯化镁多为 α-晶型，结构规整，钛负载量少，活性也低。负载时，如经给电子体活化，则可大幅度地提高活性。活化方法有研磨法和化学反应法两种。

① 研磨法。$TiCl_4$-$AlEt_3$ 引发剂、$MgCl_2$ 或 $Mg(OH)Cl$ 载体、给电子体（如苯甲酸乙酯 EB）共同研磨，使分散并活化，则可显著提高聚合活性，这种在引发剂制备过程中所加入的给电子体，俗称内加给电子体（或内加酯）。提高活性的原因可能是形成了 $MgCl_2 \cdot EB$ 或 $MgCl_2 \cdot EB \cdot TiCl_4$ 络合物，构成了负载型引发剂的主体，推测有如下结构：

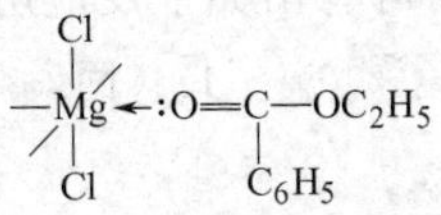

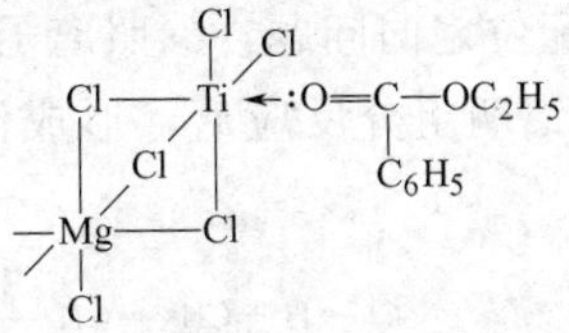

内加酯的配位能力愈强，则产物等规度愈高。酯的配位能力与电子云密度和邻近基团空间障碍有关，以 R_1COOR_2 为例，R_1 基团愈大，则 α-烯烃定向配位得愈好；而 R_2 基团增大，则影响到 $MgCl_2$ 与酯的配位，导致等规度下降。一般双酯（如邻苯二甲酸二丁酯）引发体系活性中心对等规度的贡献比单酯（如苯甲酸乙酯）大。

经内加酯后的负载型引发剂用于聚合时，往往还应加另一酯类，如二苯基二甲氧基硅烷，这称为外加酯（给电子体）。外加酯参与活性中心的形成，改变了钛中心的微环境，增加了立体效应，有利于等规度的提高。载体和内、外加酯种类很多，配合得当，效果更佳，例如 $MgCl_2$/邻苯二甲酸二丁酯/二苯基二甲氧基硅烷，引发剂的聚合活性可以高达 $10^6 gPP/gTi$。

内、外加二醚 $[ROCH_2C(R_1R_2)CH_2OR]$ 或多醚类，也可提高活性和等规度。R 和 R_1、R_2 可以是 $C_1 \sim C_{18}$ 的直链或支链烷基、环烷基、芳基、烷芳基或芳烷基。

② 化学反应法。研磨法主要是物理分散，而化学反应法则是在溶液中反应而后沉淀出来，使引发剂组分-载体分散得更细，形态更好。一般先将 $MgCl_2$ 与醇、酯、醚类 Lewis 碱（LB）等制成可溶于烷烃的复合物。

$$MgCl_2(s) + ROH \longrightarrow MgCl_2 \cdot ROH$$
$$MgCl_2 \cdot ROH + LB \longleftrightarrow MgCl_2 \cdot ROH \cdot LB$$

再与 $TiCl_4$ 进行一系列化学反应，重新析出 $MgCl_2$，同时使部分钛化合物负载在 $MgCl_2$ 表面。加有 Lewis 碱，析出的 $MgCl_2$ 晶体是带有螺旋（rd）缺陷的结晶 $MgCl_2 \cdot LB(s)$，这是高活性引发剂的最好载体。而无 Lewis 碱时，析出的则是立方和六方紧密堆砌的 $MgCl_2$ 晶体，活性较差。以上形成的良好载体，继续载钛，就形成活化钛。

$$MgCl_2(s) + TiCl_4 \longrightarrow MgCl_2(s) \cdot TiCl_4$$
$$MgCl_2(s) + Cl_3TiOR \longrightarrow MgCl_2(s) \cdot Cl_3TiOR$$

根据成型加工的需要，还可以将负载引发剂制成球形，以便烯烃在此骨架上聚合发育成长，最终形成球形树脂。现已发展有多种高效、颗粒规整、结构可控的新型引发体系。

7.4　丙烯的配位聚合

丙烯是 α-烯烃的代表，经 Ziegler-Natta 聚合，可制得等规聚丙烯。

等规聚丙烯是结晶性聚合物，熔点高（175℃），拉伸强度高（35MPa），相对密度低

（约 0.90），比强大，耐应力开裂和耐腐蚀，电性能优，性能接近工程塑料，可制纤维（丙纶）、薄膜、注塑件、热水管材等，是目前发展最快的塑料品种，约占聚合物总产量的 1/5。

7.4.1 丙烯配位聚合反应历程

丙烯由 α-$TiCl_3$-$AlEt_3$（或 $AlEt_2Cl$）体系引发进行配位聚合，机理特征与活性阴离子聚合相似，基元反应主要由链引发、链增长组成，难终止，难转移。增长链寿命长，加入第二单体，可以形成嵌段共聚物。

暂不考虑吸附和配位定向问题，参照离子聚合，可写出如下反应历程。

（1）链引发 钛-铝两组分反应后，形成活性种 Ⓒ^{δ^+}—$^{-\delta}R$（简写 Ⓒ—R），引发在表面进行。

$$\text{Ⓒ—H} + CH_2{=}\underset{R}{CH} \xrightarrow{k_1} \text{Ⓒ—CH}_2{-}\underset{R}{CH_2}$$

$$\text{Ⓒ—C}_2H_5 + CH_2{=}\underset{R}{CH} \xrightarrow{k_2} \text{Ⓒ—CH}_2{-}\underset{R}{CH}{-}C_2H_5$$

（2）链增长 单体在过渡金属—碳键间（Ⓒ—C 或 Mt^{δ^+}—$^{-\delta}CH_2\leadsto P_n$）插入而增长。

$$\text{Ⓒ—CH}_2\underset{R}{CH}{-}C_2H_5 + nCH_2{=}\underset{R}{CH} \xrightarrow{k_p} \text{Ⓒ—CH}_2\underset{R}{CH}{-}(CH_2\underset{R}{CH})_n{-}C_2H_5$$

增长反应是经四元环的插入过程。可能有两种进攻方式同时进行：一是增长链端阴离子对烯烃双键的 α-碳作亲核进攻（反应 1），二是阳离子 Mt^{δ^+} 对烯烃 π 键的亲电进攻（反应 2）。

$$\underset{\delta^-}{\underset{P_n{-}\underset{R}{CH}}{}}\cdots\overset{\alpha\delta^+}{R{-}CH}\cdots\overset{\delta^-\beta}{CH_2}\cdots\underset{\delta^+}{Mt}$$

（3）链转移 活性链可能向烷基铝、丙烯转移，但转移常数较小。生产时，需加入氢作链转移剂来控制分子量。

向烷基铝转移
$$\text{Ⓒ—CH}_2\underset{R}{CH}{-}(CH_2\underset{R}{CH})_n{-}C_2H_5 + AlEt_3 \xrightarrow{k_{tr,Al}} \text{Ⓒ—Et} + AlEt_2{-}CH_2\underset{R}{CH}{-}(CH_2\underset{R}{CH})_n{-}C_2H_5$$

向单体转移
$$+ C_3H_6 \xrightarrow{k_{tr,M}} \text{Ⓒ—C}_3H_7 + CH_2{=}\underset{R}{C}{-}(CH_2\underset{R}{CH})_n{-}C_2H_5$$

向氢转移
$$+ H_2 \xrightarrow{k_{tr,M}} \text{Ⓒ—H} + CH_3\underset{R}{CH}{-}(CH_2\underset{R}{CH})_n{-}C_2H_5$$

（4）链终止 配位聚合难终止，经过长时间，也可能向分子链内的 β—H 转移而自身终止。

$$\text{Ⓒ—CH}_2\underset{R}{CH}{-}(CH_2\underset{R}{CH})_n{-}C_2H_5 \xrightarrow{k_t} \text{Ⓒ—H} + CH_2{=}\underset{R}{C}{-}(CH_2\underset{R}{CH})_n{-}C_2H_5$$

水、醇、酸、胺等含活性氢的化合物是配位聚合的终止剂。聚合前，要除净这些活性氢物质，对单体纯度有严格的要求；聚合结束后，可加入醇一类终止剂人为地结束聚合。

$$\text{Ⓒ—CH}_2\underset{R}{CH}{-}(CH_2\underset{R}{CH})_n{-}C_2H_5 + ROH \xrightarrow{k_t} \text{Ⓒ—OR} + CH_3\underset{R}{CH}{-}(CH_2\underset{R}{CH})_n{-}C_2H_5$$

7.4.2 丙烯配位聚合动力学

对于均相体系配位聚合，可参照阴离子聚合写出下列增长速率方程。

$$R_p = k_p[C^*][M] \qquad (7-2)$$

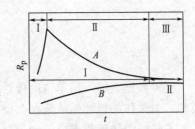

但是，α-$TiCl_3$-$AlEt_3$ 是微非均相体系，吸附是重要的步骤，不容忽视。

随着引发剂制备方法的不同，聚合动力学或聚合速率-时间（R_p-t）曲线有两种类型，如图 7-3。曲线 A 为衰减型，由研磨或活化后的引发体系所产生，曲线分三段：第 I 段为增长期，在短时间（数分钟）内，速率即增至最大值，相当于活性种迅速形成的过程；第 II 段为衰减期，可延续数小时；第 III 段为稳定期，速率几乎不变。曲线 B 采用未经研磨或未经活化的引发剂，为加速型，可分为两个阶段：第 I 段开始速率就随时间而增加，是引发剂粒子

图 7-3　丙烯聚合动力学曲线

（α-$TiCl_3$-$AlEt_3$）

A—衰减型（I—增长期，II—衰减期，III—稳定期）；B—加速型（I—增长期，II—稳定期）

逐渐破碎、表面积逐渐增大的结果；后来，粒子的破碎和聚集达到平衡，进入稳定期（第 II 段）。B 型聚合速率随聚合温度和丙烯压力的提高而增加。A 型和 B 型稳定期的速率基本接近。

对于 A 型衰减一段（II 段）的动力学，T. Keli 按照曲线形状，曾用式（7-3）来描述。

$$\frac{R_0 - R_\infty}{R_t - R_\infty} = e^{-kt} \qquad (7-3)$$

式中，R 代表速率；t 为时间；下标 0 为起始最大值；∞ 为后期稳定值；k 为常数，与丙烯压力有关，与三乙基铝浓度无关。因为是实验数据的拟合，所以并不反映增长速率常数 k_p。

上述丙烯配位聚合属于非均相体系，考虑到三乙基铝和丙烯在三氯化钛微粒子表面的吸附平衡，稳定期的速率可用 Langmuir-Hinschelwood 和 Rideal 两种模型来描述。

Langmuir-Hinschelwood 模型的根据是，过渡金属表面的吸附点可以同时吸附烷基铝（所占分率为 θ_{Al}）和单体（所占分率为 θ_M），单体只在吸附点上聚合，溶液中和吸附点上的烷基铝和单体各自平衡，服从 Langmuir 等温吸附式：

$$\theta_{Al} = \frac{K_{Al}[Al]}{1 + K_{Al}[Al] + K_M[M]} \qquad (7-4)$$

$$\theta_M = \frac{K_M[M]}{1 + K_{Al}[Al] + K_M[M]} \qquad (7-5)$$

[Al] 和 [M] 分别为溶液中烷基铝和单体的浓度，K_{Al} 和 K_M 分别是两者的吸附平衡常数。当表面上吸附点只与吸附的单体反应，则聚合速率应为

$$R_p = k_p \theta_{Al} \theta_M [S] \qquad (7-6)$$

[S] 为吸附点的总浓度（mol·L^{-1}）。综合以上三式，得

$$R_p = \frac{k_p K_M k_{Al} [M][Al][S]}{1 + K_M[M] + K_{Al}[Al]} \qquad (7-7)$$

当氢用作分子量调节剂时，只考虑由氢转移来调节分子量，而不参加表面的竞争吸附，根据数均聚合度的定义 $[\overline{X}_n = R_p / (R_t + R_{tr})]$（$k_t$ 为自终止速率常数，k_{tr} 为链转移常数），取倒数，得

$$\frac{1}{\overline{X}_n} = \frac{k_{tr,M}}{k_p} + \frac{k_s}{k_p K_M[M]} + \frac{k_{tr,Al} K_{Al}[Al]}{k_p K_M[M]} + \frac{k_{tr,H}[H_2]}{k_p K_M[M]} \qquad (7-8)$$

Rideal 模型假定活性种同溶液或气相中未被吸附的单体反应，吸附和聚合速率可简化为

$$\theta_{Al} = \frac{K_{Al}[Al]}{1 + K_{Al}[Al]} \tag{7-9}$$

$$R_p = \frac{k_p k_{Al}[M][Al][S]}{1 + K_{Al}[Al]} \tag{7-10}$$

实验数据表明，当单体的极性可与烷基铝在表面上的吸附竞争时，速率服从 Langmuir 模型；当单体的极性低从而在表面上的吸附弱得多时，则符合 Rideal 模型。

乙烯或丙烯配位聚合的动力学参数比较难测，文献数据比较有限，而且可能差别很大。早期曾测得活性中心数 $[C^*]$ 很低（约 $0.1\% \sim 1\%$ Ti），增长速率常数也低（如 80L·$mol^{-1}\cdot s^{-1}$），低于自由基聚合的数据（$10^2 \sim 10^4$），与离子聚合中的紧离子对相当。添加给电子体和负载后，聚合活性显著提高。

对于丙烯/TiCl$_4$-AlEt$_3$/MgCl$_2$ 体系，用猝灭法曾测得活性种的总浓度 $[C]$，再用 ESR 测定等规活性种的浓度 $(C)_i$，两者差值就是无规活性种的浓度 $(C)_a$，两者增长速率常数分别为 k_{pi} 和 k_{pa}，如表 7-5。由表可见，与单独内加酯相比，内、外加酯等规活性种的浓度虽有所降低，增长速率常数变化不大，等规度却有很大的提高；但无规活性种的浓度降得较多。向单体和烷基铝的链转移速率常数约 10^{-4}，转移常数低达 10^{-6}，对分子量影响不大。欲控制分子量，需添加氢气作分子量调节剂，向氢的链转移常数约 10^{-2}。

表 7-5　TiCl$_4$-AlEt$_3$/MgCl$_2$ 引发丙烯动力学参数

丙烯 $=0.65 mol\cdot L^{-1}$，Ti$=0.0001 mol\cdot L^{-1}$，50℃

动力学参数	内加苯甲酸乙酯	内加苯甲酸乙酯 外加苯甲酸甲酯	动力学参数	内加苯甲酸乙酯	内加苯甲酸乙酯 外加苯甲酸甲酯
$[C]$/mol·L^{-1}	6.0×10^{-6}	2.3×10^{-6}	等规度/%	68.2	96.0
$[C]_i$/%Ti	6.0	2.3	$k_{tr,M}$/L·mol^{-1}·s^{-1}	9.1×10^{-3}	7.2×10^{-3}
$[C]_a$/%Ti	24	2.4	$k_{tr,Al}$/L·mol^{-1}·s^{-1}	4.0×10^{-6}	1.2×10^{-6}
k_{pi}	138	133	k_s/s^{-1}	8.2×10^{-3}	9.7×10^{-3}
k_{pa}	16.6	5.1			

由非均相引发剂制得的聚乙烯和聚丙烯的分子量分布很宽，一般 $\overline{M}_w/\overline{M}_n$ 达 $5\sim20$。宽的原因很多，如各活性种的寿命不同，引发速度比增长慢，衰减时间长，稳态期短，聚合后期扩散控制等。均相配位聚合物的分子量就要窄得多，$\overline{M}_w/\overline{M}_n$ 约 $2\sim3$，甚至接近 1。

大多数 Ziegler-Natta 聚合速率总活化能 E_R 在 $20\sim70 kJ\cdot mol^{-1}$ 范围内，E_R 是引发、增长、终止、吸附等的综合活化能。虽然速率随温度而增加，但一般不宜在 70℃ 以上聚合。因为温度过高，将引起引发体系的变化，立构规整性和速率均会降低。

7.4.3　丙烯配位聚合的定向机理

Ziegler-Natta 引发剂引发 α-烯烃配位聚合的机理，主要集中在活性种的化学-物理结构和性质、增长的场所（钛-碳或铝-碳键）、定向的原因等问题上。

高价态过渡金属的配位点全部被配体所占据，无空位可供烯类进行 π-络合，但低价过渡金属却能和烯烃形成稳定的 π-络合物，原因是过渡金属的 d-轨道和烯烃的 π-轨道重叠。重叠可能有两种形式：一是金属 d_{xy} 轨道与烯烃的 π-反键轨道重叠 [图 7-4（a）]，另一是 $d_{x^2-y^2}$ 轨道的一叶与烯烃的 π-轨道重叠 [图 7-4（b）]。可见引发剂制备过程中，还原是不可或缺的关键反应。

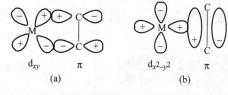

图 7-4　过渡金属与烯烃络合的轨道重叠图

关于烯烃配位聚合，先后曾提出过多种机理，主要有双金属机理和单金属机理，目前单金属机理更易被接受，但双金属机理中某些部分倒可吸取参考。不论哪种机理，配位聚合过程可以归纳为：形成活性中心（或空位），吸附单体定向配位，络合活化，插入增长，类似模板地进行定向聚合，形成立构规整聚合物。

两种机理的过程和模式比较如图 7-5。

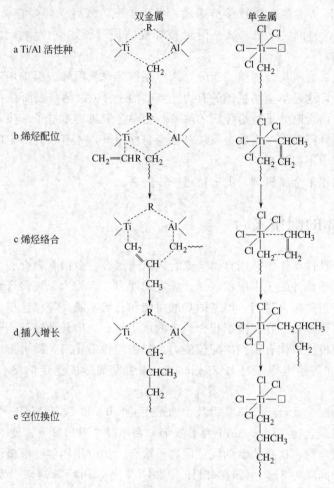

图 7-5 双金属和单金属配位聚合机理

（1）Natta 双金属机理 1959 年 Natta 提出双金属机理。金属有机化合物化学吸附在氯化钛上，进行反应，形成缺电子桥双金属络合物，成为活性种，如图 7-5 左 a。富电子的 α-烯烃在亲电的钛原子和增长链端（或烷基）间配位（或叫 π-络合），在钛上引发，如图左 b。缺电子桥络合物部分极化后，与配位后的单体形成六元环过渡状态，如图左 c。极化的单体插入 Al—C 键而增长，六元环结构瓦解，恢复四元缺电子桥络合物，如图左 d。如此反复，继续增长。由于聚合时首先是富电子的烯烃在钛上配位，Al—R 间断裂成 R 碳离子接到单体的碳上，因此称作配位阴离子聚合机理。

双金属机理的核心思想是单体在 Ti 上配位，而后在 Al—C 键间插入，在 Al 上增长。这是最大的问题所在，因为许多实验表明，在过渡金属—碳键（Mt—C）插入增长。

（2）Cossee-Arlman 单金属机理 1960 年 P. Cossee 和 E. J. Arlman 提出单金属机理，核心思想是活性种由单一过渡金属（Ti）构成，单体在 Ti 上配位，后在 Ti—C 键间插入增长。

氯化钛与烷基铝经交换烷基反应，形成以过渡金属原子为中心的活性种，其上连有 4 个氯原子和 1 个烷基配体 R，留出 1 个空位，呈正八面体，示意如图 7-5 右 a 式。

丙烯在非均相引发剂表面定向吸附，与烷基化后的 Ti^{3+} 配位（或称 π-络合），如图右 b。双键的 π 电子的给电子作用使 Ti—C 键活化，形成四元环过渡状态（图右 c），然后 $CH_2\text{～～}$ 或烷基 R 从过渡金属转移给烯烃，发生加成，或者说烯烃在钛-碳键间插入增长（图 d），空位重现，但位置改变。欲使丙烯按等规结构增长，空位须换位到原来位置。否则，将形成间规结构。

用Ⅰ～Ⅲ组金属有机化合物单一组分，未能制得等规聚丙烯。但单用钛组分制得等规聚合物却有不少例子，这是单金属机理的有力论点。加上 $TiCl_3$ 结晶表面存在空位的推断，以及过渡金属与烯烃络合时分子轨道能级的解释，使单金属机理推进了一步，更易被接受。但是不可忽视，钛组分需在Ⅰ～Ⅲ族金属烷基化合物作用下，才有较高的定向能力和活性，这一点在单金属机理中不容忽视。

配位聚合倾向于单金属机理，但有待进一步完善。

7.5　极性单体的配位聚合

一般情况下，极性单体多选用自由基聚合或离子聚合。自由基聚合和在溶剂化程度高的溶剂中离子聚合，活性种处于未配位状态，无定向能力，产物为无规聚合物。如单体、引发剂、溶剂、温度等条件配合得当，甲基丙烯酸甲酯和乙烯基醚类等极性单体也能进行配位聚合，形成立构规整聚合物。在弱溶剂化介质中的离子聚合，增长种和反离子配位，才有定向能力。丙烯酸酯类极性单体有很强的配位能力，只需均相引发剂，就可形成全同聚合物。极性单体中的 O 或 N 等给电原子易与 Ziegler-Natta 引发剂形成稳定的络合物，反使引发剂失效。

在极性单体的配位聚合中，研究得最多的是用 n-BuLi 和 C_6H_5MgBr 引发（甲基）丙烯酸酯类，形成全同聚合物。以 n-BuLi 为引发剂，在甲苯中和 0℃下，使 MMA 聚合，得到 81% 全同立构的聚合物，这是典型的配位阴离子聚合。如改用四氢呋喃极性溶剂，增长种以松离子对存在，全同降为 31%。如在 THF 中和 70℃下，用联苯钠来引发 MMA 聚合，全同进一步降为 9%，间同却达 66%，这一条件下，增长种以自由离子存在。后两种情况均属于典型的阴离子聚合。未配位的增长种易形成无规物，降低温度有利于间同立构的形成。

苯乙烯具有弱极性，用非均相 Ziegler-Natta 引发剂，可以聚合得 95%～98% 全同聚合物；用四乙氧基钛-烷基铝组成的可溶性 Ziegler-Natta 引发剂，则得高间规聚苯乙烯。部分等规聚苯乙烯可用正丁基锂（−40℃）或烯醇非均相催化剂（−20℃，己烷）制得；部分间规聚苯乙烯可用多种引发剂/溶剂在适当条件下制得，如正丁基锂/甲苯/−25℃、萘-铯/甲苯/0℃等。

7.6　茂金属引发剂

20 世纪 50 年代，发现双(环戊二烯基)二氯化钛（Cp_2TiCl_2）与烷基铝配合，成为可溶性引发剂，但对烯烃聚合的活性较低，未能实际应用。1980 年 Kaminsky 用二氯二锆茂（Cp_2ZrCl_2）作主引发剂，改用甲基铝氧烷（MAO）作共引发剂，对乙烯显示出超高的聚合活性。从此，新型高活性茂金属引发剂迅速发展。

所谓茂金属引发剂（metallocene）是由五元环的环戊二烯基类（简称茂）、ⅣB 族过渡金属、非茂配体三部分组成的有机金属络合物的简称。

茂金属引发剂有普通结构，桥链结构和限定几何构型配位体结构三种，简示如图 7-6。

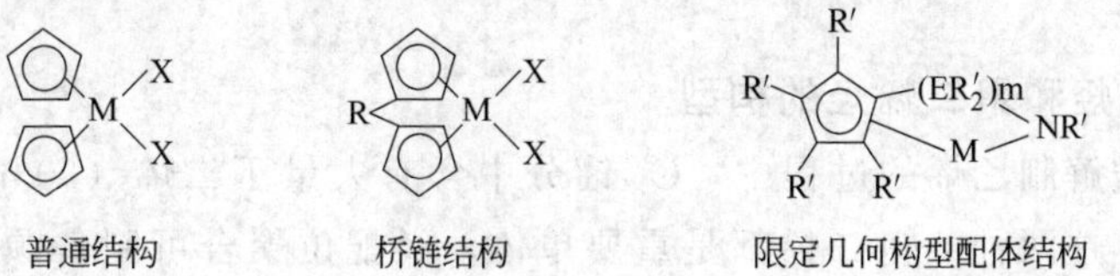

普通结构　　　　　　桥链结构　　　　限定几何构型配体结构

图 7-6　金属茂引发剂三种结构

茂金属引发剂中的五元环可以是单环或双环戊二烯基（Cp）、茚基（Ind）或芴基，环上的氢可被烷基取代。过渡金属 M 为锆（Zr）、钛（Ti）或铪（Hf），分别有茂锆、茂钛、茂铪之称。非茂配体 X 为氯、甲基等。二氯二锆茂是普通结构的代表。桥链结构中 R 为亚乙基、亚异丙基、二甲基亚硅烷基等，将两个茂环连接起来，以防茂环旋转，增加刚性；亚乙基二氯二茂锆则是桥链结构的代表。限定几何构型只采用一个环戊二烯基，另一茂基被氨基 N—R′所替代，由亚硅烷基（ER′$_2$）$_m$ 桥连接，R′为氢或甲基。

单独茂金属引发剂对烯烃聚合基本没有活性，常加甲基铝氧烷 MAO [含—Al(CH$_3$)—O—] 作共引发剂。MAO 由三甲基铝水解而成，呈线形或环状结构。MAO、（CH$_3$）$_3$Al 或（CH$_3$）$_2$AlF 与 Cp$_2$ZrCl$_2$ 或 Et(Ind)$_2$ZrCl$_2$ 组合的引发剂，对乙烯或丙烯聚合都有相当高的活性。为了提高活性和选择性，一般要求 MAO 大大过量，充分包围茂金属分子，以防引发剂双分子失活，因此成本较高。最近还进一步开发了非 MAO 共引发剂，如 AlMe$_3$/（MeSn）$_2$O。茂金属引发剂也可负载，赋予非均相引发剂的优点：如聚合结束容易后处理分离，可降低 Al/M 比，使引发剂更稳定。

茂金属引发聚合机理与 Ziegler-Natta 体系相似，即烯烃分子与过渡金属配位，在增长链端与金属之间插入而增长。

均相茂金属引发剂发展迅速，因为有许多优点：①高活性，几乎 100%金属原子均可形成活性中心；例如 Cp$_2$ZrCl$_2$/MAO 用于乙烯聚合时的活性可高达 10^8g（PE）/（gZr·h），比高效 Ziegler-Natta 引发剂的活性 10^6g（PE）/（gTi·h）要高两个数量级；②单一活性中心，聚合物结构和性能容易控制，立构规整能力强，可能合成纯等规或纯间规聚丙烯、间规聚苯乙烯；③可获得窄分子量分布（1.05～1.8）、共聚物组成均一的产物；④可聚合的烯类更广，包括环烯烃、共轭二烯烃，氯乙烯、丙烯腈等极性单体。根据这些特点，可以实现聚合物结构设计和性能控制，如密度、分子量及其分布（包括单峰或双峰）、共聚物组成分布、共单体结合量、支化度、晶体结构、熔点等。

茂金属引发剂也有一些缺点，如合成困难，贵，很难从聚合物中脱除，对氧和水分敏感。

茂金属引发剂，已经成功地用来合成线形低密度聚乙烯、高密度聚乙烯、等规聚丙烯、间规聚丙烯、间规聚苯乙烯、乙丙橡胶、聚环烯烃等。可采用淤浆、溶液和气相聚合诸方法，无需脱灰工序。茂金属引发剂发展迅猛，正与 Ziegler-Natta 引发剂相竞争。

在茂金属引发剂之后，还发现一系列新型单活性中心烯烃聚合引发剂，俗称"茂后"引发剂。茂后引发剂分两类，即非茂体系化合物以及含环戊二烯基的非 IVB 族过渡金属化合物，后过渡金属镍、钯、铁、钴的多亚胺类化合物。

7.7 共轭二烯烃的配位聚合

7.7.1 共轭二烯烃和聚二烯烃的构型

在轻、重油裂解制乙烯的过程中，C_4 馏分中含有大量丁二烯（30％～50％），C_5 馏分中则有异戊二烯。这两种共轭二烯都是重要单体，经配位聚合可制备顺-1,4 结构的合成橡胶。氯丁二烯则采用自由基聚合。

1,3-二烯烃的配位聚合和聚合物的立构规整性比 α-烯烃更为复杂，原因有三：

① 加成有顺式、反式、1,2-、3,4-等多种形成。

② 单体有顺、反两种构象。例如在常温下，丁二烯的 S-顺式占 4％，S-反式占 96％；相反，异戊二烯的 S-顺式却占 96％，而 S-反式只占 4％。

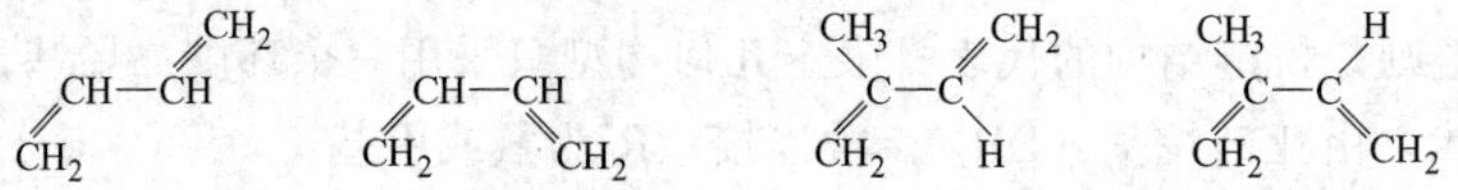

| S-反式 | S-顺式 | S-反式 | S-顺式 |

| 丁二烯 | | 异戊二烯 | |

③ 增长链端有 σ-烯丙基和 π-烯丙基两种键型。

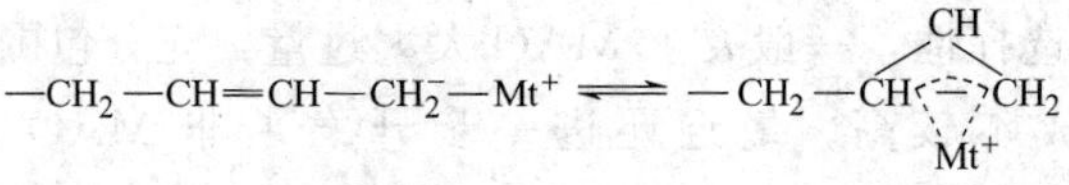

σ-烯丙基　　　　　　π-烯丙基

上式中 Mt 为过渡金属或锂，左边 σ-烯丙基由 Mt 和 CH_2 以 σ 键键合，右边 π-烯丙基则由 Mt 与三价碳原子成 π 键，两者构成平衡。

根据上述三种特点，有可能选用多种引发体系，产生不同的配位定向机理。

丁二烯可以配位聚合成顺-1,4、反-1,4 和 1,2-聚丁二烯，1,2-结构又有等规和间规之分。其中顺 1,4-聚丁二烯（顺丁橡胶）最重要，是我国第二大胶种，其玻璃化温度低达 $-120℃$，耐低温、弹性好、耐磨，虽然粘结、加工性能稍差，但与天然胶或丁苯胶混用，可制得综合性能优良的橡胶制品，包括轮胎。

聚异戊二烯的立体异构体更为复杂，其中顺式 1,4-的结构性能与天然橡胶相同。

7.7.2 二烯烃配位聚合的引发剂和定向机理

二烯烃配位聚合的引发剂大致有三类：Ziegler-Natta 型、π-烯丙基型和烷基锂。烷基锂引发二烯烃聚合已在阴离子聚合中作了介绍。

（1）Ziegler-Natta 引发剂和二烯烃单体-金属配位机理　在 Ziegler-Natta 引发剂中，除了两（或三）组分的适当搭配外，配体种类和两组分的比对聚丁二烯的立构规整性也颇有影响，详见表 7-6。

经典的 Ziegler-Natta 引发剂（$TiCl_4$-$AlEt_3$）用于丁二烯聚合，当 Al/Ti<1，产物中反-1,4 占 91％；而 Al/Ti>1，则顺-1,4 和反-1,4 各半。如改用 TiI_4-$AlEt_3$，则顺-1,4 可高达 95％。又如 $TiCl_4$-$AlEt_3$ 引发异戊二烯聚合，Al/Ti<1 时，反-1,4 占 95％；Al/Ti>1 时，则顺-1,4 占 96％。

表 7-6　丁二烯立构规整聚合引发剂

聚合类型	引　发　剂	微观结构/%		
		顺-1,4	反-1,4	1,2-
顺-1,4	TiI_4-$AlEt_3$	95	2	3
	$CoCl_2$-2py-$AlEt_2Cl$	98	1	1
	$Ni(naph)_2$-$AlEt_3$-$BF_3 \cdot OEt_2$	97	2	1
	$Ln(naph)_2$-$AlEt_2Cl$-$Al(^iBu)_3$	97	2	1
	$U(OCH_3)$-$AlEtCl_2$-$AlCl_3$	98	1	1
反-1,4	$TiCl_4$-AlR_3　Al/Ti$<$1	6	91	3
	$Co(acac)_2$-$AlEt_3$	0	97	3
	$V(acac)_4$-$AlEt_2Cl$	0	99	1
	$VCl_3 THF$-$AlEt_2Cl$	0	99	1
1,2-间规	$V(acac)_3$-AlR_3 Al/V=10(陈化)	3~6	1~2	92~96
	$MoO_2(acac)_2$-AlR_3 Al/Mo$<$6	3~6	1~2	92~96
	$Cr(CNC_6H_5)_6$-AlR_3(未陈化)	4~5	0~2	93~95
	$Co(acac)_2$-AlR_3-amine	0	2	98
1,2-等规	$Cr(CNC_6H_5)_6$-AlR_3(未陈化)	0~3	2	97~100

注：naph—环烷酸基；py—吡啶；acac—乙酰基丙酮基；Ln—镧系元素。

从表 7-6 中还可看出，Ti、Co、Ni、U 和稀土（镧系）体系，如组分选择得当，都可以合成高顺-1,4-聚丁二烯。例如：国外多用钛系（TiI_4-$AlEt_3$）和钴系（$CoCl_2$-2py-$AlEt_2Cl$），我国则用镍系［$Ni(naph)_2$-$AlEt_3$-$BF_3 \cdot O$-$(iBu)_2$］，还开发了稀土引发体系，例如 $Ln(naph)_2$-$AlEt_2Cl$-$Al(iBu)_3$、$NdCl_3 \cdot 3iPrOH$-$EtAl_3$ 等。这些体系引发丁二烯聚合的技术条件都比较温和：温度 30~70℃，压力 0.05~0.5MPa，1~4h，烃类作溶剂。

Ziegler-Natta 体系引发丁二烯聚合时，可用单体-金属的配位来解释定向机理，其观点是单体在过渡金属（Mt）d 空轨道上的配位方式决定着单体加成的类型和聚合物的微结构。

若丁二烯以两个双键和 Mt 进行顺式配位（双座配位），1,4 插入，将得到顺-1,4-聚丁二烯；若单体只以一个双键与金属单座配位，则单体倾向于反式构型，1,4 插入得反-1,4 结构，1,2 插入得 1,2-聚丁二烯，如图 7-7。当有给电子体（L）存在时，L 占据了空位，单体只能以一个双键（单座）配位，因此反式-1,4 或 1,2-链节增多。

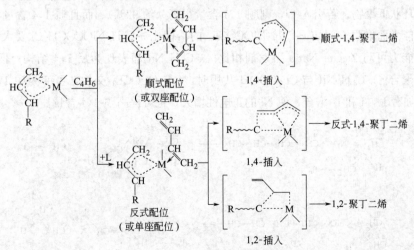

图 7-7　丁二烯-金属配位机理模型

M＝Ni 或 Co，L＝给电子体

单座或双座配位取决于两个因素：①中心金属配位座间的距离，适于 S-顺式的距离约 28.7nm，为双座配位，适于 S-反式的距离为 34.5nm 者则为单座配位；②金属同单体分子轨道的能级是否接近，金属轨道的能级同时受金属和配体电负性的影响，电负性强的金属与电负性强的配体配合，才能获得顺-1,4-聚丁二烯，该结论与表 7-7 的规律相符，也是合成顺丁橡胶选用引发体系的依据，如钛系（TiI_4-$AlEt_3$）用碘化钛、钴系（$CoCl_2$-2py-$AlEt_2Cl$）用氯化钴、镍系 [$Ni(naph)_2$-$AlEt_3$-$BF_3 \cdot OBu_2$] 需与氟相配合。

表 7-7　过渡金属和配位体的组合情况对聚丁二烯顺式 1,4-结构含量（％）的影响

配位体	Ti	Co	Ni	配位体	Ti	Co	Ni
F	35	83	98	Br	87	91	80
Cl	75	98	85	I	93	50	10

（2）π-烯丙基镍引发剂和 π-烯丙基配位机理　Ti、V、Cr、Ni、Co、Rh、U 等过渡金属均可与 π-烯丙基形成稳定的络合物，其中 π-烯丙基卤化镍（π-allyl-NiX）研究得最多，式中 X＝Cl，Br，I，$OCOCO_3$，$OCOCH_2Cl$，$OCOCF_3$ 等负性基。这类引发剂只含一种过渡金属，如配体负性得当，单一组分对丁二烯聚合就有很高的活性，转化率、速率、立构规整性均可与 Ziegler-Natta 引发体系相比，而且制备也容易。

π-烯丙基过渡金属卤化物种类很多，π-allyl-NiX 引发丁二烯聚合结果示例如表 7-8。

表 7-8　π-allyl-NiX 引发剂对聚丁二烯微结构的影响

π-allyl-NiX	共引发剂	微结构/%		
		顺式-1,4	反式-1,4	1,2-
$(\pi\text{-}C_3H_5)_2Ni$		得 1,3,5 环十二碳三烯环化产物		
$\pi\text{-}C_3H_5NiCl$		92	6	2
$\pi\text{-}C_3H_5NiI$	（水溶液）	4	93	3
$\pi\text{-}C_3H_5NiOCOCH_2Cl$		92	6	2
$\pi\text{-}C_3H_5NiOCOCF_3$	$CF_3COOH/Ni=1$	94	3	3
$\pi\text{-}C_3H_5NiOCOCF_3$	$CF_3COOH/Ni=5$	50	49	1

π-allyl-NiX 中配体 X 对聚丁二烯微结构深有影响：π-烯丙基镍中如无卤素配体，则无聚合活性，只得到环状低聚物。若引入 Cl，则顺-1,4 含量很高（约 92％）。而且顺-1,4 含量和活性随负性基吸电子能力而增强，例如 $\pi\text{-}C_3H_5NiOCOCF_3$ 的活性比 $\pi\text{-}C_3H_5NiOCOCH_2Cl$ 要大 150 倍，其活性和定向能力可与 Ziegler-Natta 引发剂相比。$\pi\text{-}C_3H_5NiI$ 却表现为反-1,4 结构；但对水稳定，可用于乳液聚合。$\pi\text{-}C_3H_5NiI$ 与 CF_3COOH 共用时，I 与 $OCOCF_3$ 交换，可变为顺-1,4 特性。π-C_3H_5NiI 中加有 I_2，I 和 I_2 络合，使 Ni 的正电性增大，也可提高顺-1,4 含量。

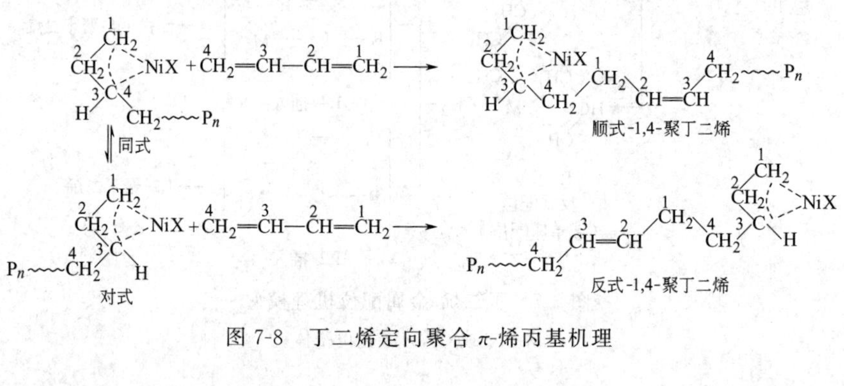

图 7-8　丁二烯定向聚合 π-烯丙基机理

π-烯丙基卤化镍（π-allyl-NiX）或镍-铝-硼〔Ni（naph）$_2$-AlEt$_3$-BF$_3$·OBu$_2$〕体系引发丁二烯聚合时，增长链端本身就是π-烯丙基，因此，可用π-烯丙基配位来解释定向机理。π-烯丙基有对式（anti）和同式（syn）两种异构体，互为平衡。引发聚合时，同式π-烯丙基链端将得到顺-1,4-结构，而对式链端则得到反-1,4-结构，如图7-8所示。

二烯烃定向聚合还可能由其他机理来解释。

摘　要

1. 聚合物的立体异构现象　聚合物的立体异构有手性异构和几何异构两类。聚丙烯的手性异构体有等规、间规和无规三种，等规度可用庚烷中不溶物的分率来表示，深入研究时则用序列结构来表征。丁二烯可以1,2加成和1,4加成，1,4-聚丁二烯有顺、反两种几何异构体。不同立体异构体的性质有很大的差异。

2. Ziegler-Natta引发剂　从早期用于乙烯聚合的TiCl$_4$-Al（C$_2$H$_5$）$_3$和用于丙烯聚合的TiCl$_3$-Al（C$_2$H$_5$）$_2$Cl，发展到由ⅣB～ⅧB族过渡金属化合物和ⅠA～ⅢA族金属有机化合物两大组分配合的系列。其中以钛系为代表的非均相引发体系用于乙烯、丙烯的立构规整聚合，而以钒系为代表的均相体系则用于乙丙橡胶的合成。

在引发体系配制过程中，两组分经过系列反应，形成活性中心；添加给电子体和负载，可以提高聚合活性和立构规整性。近期还发展了茂金属引发体系。

3. 丙烯的配位聚合机理特征　丙烯配位聚合具有阴离子活性聚合的性质，活性种难终止，链转移是主要终止方式，常加氢气作分子调节剂。定向机理先后有双金属机理和单金属机理，聚合过程可以归纳为：形成活性中心（或空位），吸附单体定向配位，络合活化，插入增长，而后定向聚合，类似模板聚合。

4. 共轭二烯烃的配位聚合　有三类引发剂可用于二烯烃类的立构规整聚合：丁基锂，Ziegler-Natta引发剂，π-烯丙基卤化镍，配位定向机理互有联系，但有差异。

习　题

思　考　题

1. 如何判断乙烯、丙烯在热力学上能够聚合？采用哪一类引发剂和工艺条件，才聚合成功？

2. 解释和区别下列诸名词：配位聚合，络合聚合，插入聚合，定向聚合，有规立构聚合。

3. 区别聚合物构型和构象。简述光学异构和几何异构。聚丙烯和聚丁二烯有几种立体异构体？

4. 什么是聚丙烯的等规度？用红外和沸庚烷不溶物的测定结果有何关系和区别？

5. 下列哪些单体能够配位聚合，采用什么引发剂？形成怎样立构规整聚合物？有无旋光活性？写出反应式。

(1) CH$_2$=CH—CH$_3$　　　　(2) CH$_2$=C(CH$_3$)$_2$　　　　(3) CH$_2$=CH—CH=CH$_2$

(4) H$_2$N(CH$_2$)COOH　　　(5) CH$_2$=CH—CH=CH—CH$_3$　　(6) CH$_2$—CH—CH$_3$
　　　　　　　　　　　　　　　　　　　　　　　　　　　　＼O／

6. 下列哪一种引发剂可使乙烯、丙烯、丁二烯聚合成立构规整聚合物？

(1) n-C$_4$H$_9$Li/己烷　　　　　　　　(2)（萘＋钠）/四氢呋喃

(3) TiCl$_4$-Al(C$_2$H$_5$)$_3$　　　　　　(4) α-TiCl$_3$-Al(C$_2$H$_5$)$_2$Cl

(5) π-C$_3$H$_5$NiCl　　　　　　　　　(6)（π-C$_4$H$_7$）$_2$Ni

7. 简述Ziegler-Natta引发剂两主要组分，对烯烃、共轭二烯烃、环烯烃配位聚合，在组分选择上有何区别？

8. 试举可溶性和非均相Ziegler-Natta引发剂的典型代表，对立构规整性有何影响？

9. 丙烯进行自由基聚合、离子聚合及配位阴离子聚合，能否形成高分子量聚合物？分析其原因。

10. 乙烯和丙烯配位聚合所用 Ziegler-Natta 引发剂两组分有何区别？两组分间有哪些主要反应？钛组分的价态和晶形对聚丙烯的立构规整性有何影响？

11. 丙烯配位聚合时，提高引发剂的活性和等规度有何途径？简述添加给电子体和负载的方法和作用。

12. 丙烯配位聚合中增长、转移、终止等基元反应的特点。如何控制分子量？

13. 简述配位聚合两类动力学曲线的特征和成因。动力学方程为什么要用 Langmuir 和 Rideal 模型来描述？

14. 简述丙烯配位聚合时的双金属机理和单金属机理模型的基本论点。

15. 简述茂金属引发剂基本组成、结构类型、提高活性的途径和应用方向。

16. 列举丁二烯进行顺式-1,4 聚合的引发体系，并讨论顺式-1,4 结构的成因。

17. 简述 π-烯丙基卤化镍引发丁二烯聚合的机理。用 $(\pi\text{-}C_3H_5)_2Ni$、$\pi\text{-}C_3H_5NiCl$ 和 $\pi\text{-}C_3H_5NiI$，结果如何？

18. 生产等规聚丙烯和顺丁橡胶，可否采用本体聚合和均相溶液聚合？体系的相态特征？

8 开环聚合

环状单体开环而后聚合成线形聚合物的反应，称作开环聚合，通式如下：

$$n\text{R—X} \longrightarrow -\!\!\left[\text{R—X}\right]_n$$

式中，R 代表 $-\!\!\left(\text{CH}_2\right)_n\!\!-$；X 代表 O、N、S 等杂原子或基团，主要单体有环醚、环缩醛、环酯（内酯）、环酰胺（内酰胺）、环硅氧烷等。许多半无机和无机高分子也由开环聚合来合成。

开环聚合可与缩聚、加聚并列，成为第三大类聚合反应。与缩聚相比，大部分开环聚合物属于杂链高分子，与缩聚物相似。与烯类加聚相比，开环聚合时并无 π-键断裂，仅由环转变成线形聚合物，无副产物产生，聚合物与单体的元素组成相同，貌似加聚反应。

开环聚合也存在有热力学问题和引发剂-动力学问题。

从机理上考虑，除小部分杂环可以逐步聚合外，大部分开环聚合属于连锁离子聚合机理。烯类单体离子聚合常用的引发剂也可用于开环聚合，但开环聚合的阴离子活性种往往是氧阴离子（$\sim\!\!\sim\!\!\text{O}^\ominus\text{A}^\oplus$）、硫阴离子（$\sim\!\!\sim\!\!\text{S}^\ominus\text{A}^\oplus$）、胺阴离子（$\sim\!\!\sim\!\!\text{NH}^\ominus\text{A}^\oplus$），阳离子活性种是三级氧鎓离子（$\equiv\!\!\text{O}^\oplus\text{B}^\ominus$）或锍离子（$\equiv\!\!\text{S}^\oplus\text{B}^\ominus$）。

8.1 环烷烃开环聚合热力学

环状化合物种类很多，开环聚合的倾向各异。三、四元环容易开环聚合，五、六元环能否开环与环中杂原子有关，下列六元环不能开环聚合。

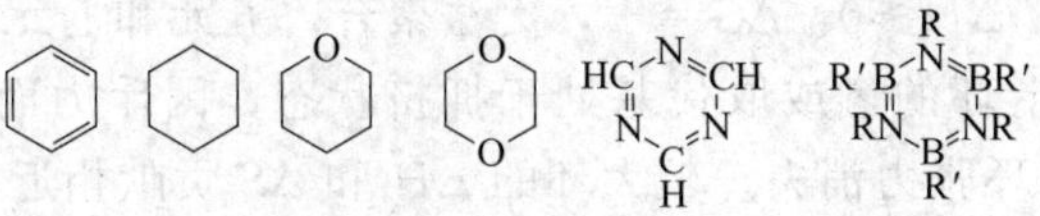

七、八元环也能开环聚合，但环与线形聚合物往往构成平衡，类似于二官能度单体线形缩聚时的成环倾向。可见开环聚合与缩聚的关系更为密切。

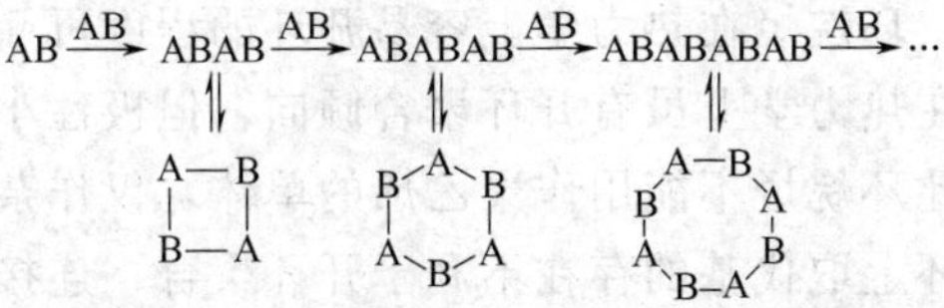

环的开环能力可用环张力来作出初步判断，进一步用聚合自由焓来量化。杂环开环聚合的热力学数据有限，先以环烷烃作参比，进行热力学稳定性分析。

环的大小、环上取代基和构成环的元素（碳环或杂环）是影响环张力的三大因素。

（1）环大小的影响　环张力有多种表示方法，如键角大小或键的变形程度、环的张力能、聚合热乃至聚合自由焓。键的变形程度愈大，环的张力能和聚合热也愈大，聚合自由焓负得更厉害，则环的稳定性愈低，愈易开环聚合。环烷烃的相关参数见表 8-1。

表 8-1　环烷烃的变形和有关热力学参数（25℃）（直链烷烃中 CH_2 基的燃烧热为 $659.0kJ \cdot mol^{-1}$）

环烷烃$(CH_2)_n$ n 值	平面形 的键角	环烷中 键的变形	CH_2 燃烧热 $/kJ \cdot mol^{-1}$	(CH_2)张力能 $/kJ \cdot mol^{-1}$	环张力能 $/kJ \cdot mol^{-1}$	聚合热$-\Delta H_{lc}$ $/kJ \cdot mol^{-1}$
3	60°	24°44′	679.6	38.6	115.8	113.0
4	90°	9°44′	686.7	27.7	110.8	105.1
5	108°	0°44′	664.5	5.5	27.5	21.8
6	120°	−5°16′	659.0	0.0	0.0	2.9
7	128°34′	−9°33′	662.8	3.8	26.6	21.4
8	135°	−12°46′	664.1	5.1	40.6	34.8
9			664.9	5.9	53.1	46.9
10			664.1	5.1	51.0	48.2
11			663.2	4.2	46.2	45.2
12			660.3	1.3	15.6	14.2

环烷烃中键角与环的大小有关，环烷烃键角与正常键角（109°28′）差值之半，定义为碳键的变形程度。环烷烃中每一亚甲基的张力可由环烷烃中和直链烷烃中亚甲基燃烧热的差值来表征。环的张力能则等于每一亚甲基的张力与环中亚甲基数的乘积。张力以内能的形式储存在环内，开环聚合时，张力消失，这部分内能就以聚合热的形式释放出来，聚合热就相当于环张力能，实测的聚合热与环张力能计算值相近。开环聚合是减熵过程。

聚合自由焓则由聚合焓和聚合熵两项组成（$\Delta G = \Delta H - T\Delta S$），如表 8-2。

表 8-2　环烷烃开环聚合热力学参数（25℃）

$(CH_2)_n$ 中的 n 值	$-\Delta H_{lc}$ $/kJ \cdot mol^{-1}$	ΔS_{lc} $/J \cdot mol^{-1} \cdot K^{-1}$	$-\Delta G_{lc}$ $/kJ \cdot mol^{-1}$	$(CH_2)_n$ 中的 n 值	$-\Delta H_{lc}$ $/kJ \cdot mol^{-1}$	ΔS_{lc} $/J \cdot mol^{-1} \cdot K^{-1}$	$-\Delta G_{lc}$ $/kJ \cdot mol^{-1}$
3	113.0	69.1	92.5	6	−2.9	10.5	−5.9
4	105.1	55.4	90.0	7	21.4	15.9	16.3
5	21.8	42.7	9.2	8	34.8	3.3	34.3

环的张力有两类：一类是键角变形引起的角张力，另一类是氢或取代基间斥力造成的构象张力。三、四元环角张力和聚合热很大，易开环聚合，ΔH 成为 ΔG 的决定因素。五元环键角108°，角张力和 ΔH 甚小，则 ΔS 项对开环聚合起了重要作用。环己烷六元环呈椅式或船式，键角变形趋于零，$\Delta H \approx 0$，$\Delta G = +$，无法聚合。五元和七元环因邻近氢原子的相斥，形成构象张力。八元以上环的氢或取代基处于拥挤状态，因斥力而形成跨环张力（构象张力）。十一元以上环的跨环张力消失。较大环的 ΔH 和 ΔS 贡献相近，都不能忽略。

根据上述分析，不同大小环烷烃的热力学稳定性次序大致如下：

$$3,4 \ll 5,7 \sim 11 < 12 \text{ 以上},6$$

实际上九元以上的环较少，环烷烃在热力学上容易开环的程度可简化为 3,4＞8＞7,5。

六元环以外的环烷烃在热力学上虽有开环聚合倾向，但极性小，不易被离子活性种所进攻，产物分子量很低，因此环烷烃不能用作聚乙烯的单体，仅作杂环开环聚合的参比。

（2）取代基的影响　环上取代基的存在不利于开环聚合，连接有大侧基的线形大分子不稳定，容易解聚而成环。原因是环上侧基间的距离大（如下式 a），斥力或内能小，而线形大分子上的侧基间或侧基与链中原子间的距离小（如下式 b 和 c），斥力或内能相对较大，因此不利于开环聚合，或有利于环-线平衡的逆反应，向成环方向移动。

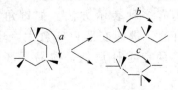

小侧基环状低聚物和线形聚合物中分子内斥力相近，并不影响聚合。如果侧基较大，则三、四聚体环状齐聚物中侧基间的斥力比其线形大分子内斥力小，欲使聚合，必须增熵，以致 ΔH 或 ΔG 向正的方向发展，有可能从负值变为零，聚合就难以进行。

　　比较无取代的和有取代的环烷烃，随着取代程度的增加，$(-\Delta H)$ 依次递减，聚合难度递增。取代杂环的情况也类似，如二甲基硅氧烷的聚合产物含有 87％线形聚合物和 13％环状四、五聚体，而带氟丙基 $\pm(F_3CC_2H_4)Si(CH_3)\text{—}O\}_n$ 的硅氧烷，聚合产物则含有 86.5％环状三至六聚体。许多大侧基的环状单体较难或不能聚合，就是这一原因。

8.2　杂环开环聚合热力学和动力学特征

　　杂环化合物能否开环聚合也须从热力学和动力学两方面进行考虑。

　　(1) 热力学因素　杂环开环聚合的倾向可以参比环烷烃作出初步判断，一般三、四和七、八元杂环都能开环聚合。但杂原子的存在，可能引起键能、键角、环张力的变化，以致五、六元杂环的开环聚合倾向有所变异。五元环醚（四氢呋喃）可聚合，而五元环内酯却不能聚合。相反，六元环四氢吡喃和 1,4-二氧六环不能聚合，而六元环酯却能聚合。五、六元环酰胺都能聚合。这些变异的原因是五、六元杂环的张力本来就小，杂原子的引入，容易引起 ΔG 的正负变化，致使在聚合和不能聚合之间变动。开环聚合的主要单体和引发剂摘要如表 8-3。

表 8-3　开环聚合的单体和引发剂

单体类别	结　构	环的大小	引　发　剂
环烯		4,5,8	W,Mo,Ru,Re,Ti,Ta
环醚	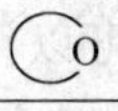	3,4,5,7	阴离子,阳离子,亲核试剂
环缩醛	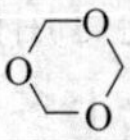	6,8,更大	阳离子
环酯	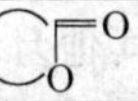	4,6,7,8	阴离子,阳离子,亲核试剂
环酸酐	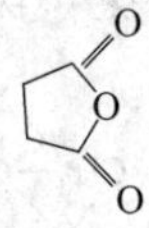	5,7,8,更大	阴离子
环碳酸酯	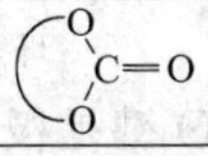	6,7,8,20,更大	阴离子,亲核试剂
环酰胺	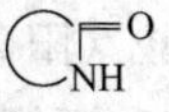	4~8,更大	阴离子,阳离子
环胺		3,4,7	阳离子,亲核试剂
环硫醚		3,4	阳离子,阴离子,亲核试剂
环二硫	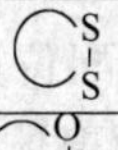	4~8,更大	自由基
环硅氧烷	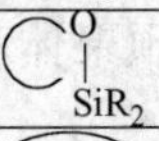	6,8,10,更大	阴离子,阳离子
环磷氮烯	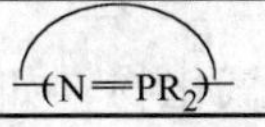	6	阳离子

（2）引发剂和动力学因素　环中杂原子容易被亲核或亲电活性种进攻，只要热力学上有利于开环，动力学上就比环烷烃更易开环聚合。杂环开环聚合的引发剂有离子型和分子型两类。离子引发剂比较活泼，包括阴离子引发剂 Na、RO^-、HO^- 和阳离子引发剂 H^+、BF_3。分子型引发剂（如水）活性较低，只限用于活泼单体。

离子开环聚合有两类机理。

① 引发剂进攻环而后断裂，在末端形成离子对，单体插入离子对而增长，有如下式：

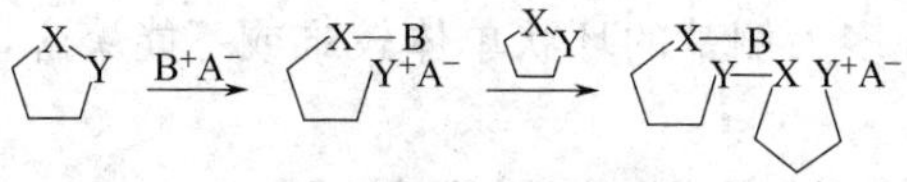

$$\text{环结构} \xrightarrow{B^+A^-} \text{环结构} \xrightarrow{} \text{环结构}$$

② 引发剂与环状单体形成络合中间体（通常是氧鎓离子），成为两性离子活性种。但链加长后，形成大环才能使两端离子靠近，有利于单体插入聚合。

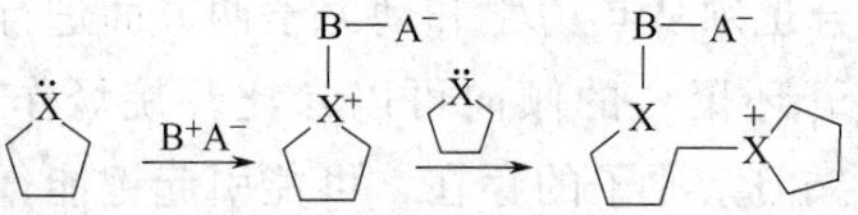

$$\text{环结构} \xrightarrow{B^+A^-} \text{环结构} \xrightarrow{} \text{环结构}$$

很多情况下难以区分这两种机理。

大部分离子开环聚合属于连锁机理，但有些带有逐步性质。特点有：分子量随转化率而增加，聚合速率常数接近于逐步聚合，存在有聚合-解聚平衡。

8.3　三元环醚的阴离子开环聚合

环醚又称环氧烷烃，无取代的三、四、五元环醚分别称作环氧乙烷（氧化乙烯）、环丁氧烷、四氢呋喃，其聚合活性依次递减。二氧五环和三氧六环也能开环聚合，但后者另列为缩醛类。六元环的四氢吡喃和二氧六环不能开环聚合。更大的环醚较少用于开环聚合。

含氧杂环，包括环醚、三氧六环、环内酯、环酐等，都可以用阳离子引发剂来开环聚合，因为氧原子易受阳离子的进攻。但三元环醚，张力大，也可用阴离子引发剂来开环。阳离子聚合易引起链转移副反应，因此能用阴离子引发的，工业上多不采用阳离子聚合。

本节仅介绍三元环醚的阴离子开环聚合，下一节则介绍其他环醚的阳离子聚合。

环氧乙烷（EO）和环氧丙烷（PO）是开环聚合的常用单体，环氧丁烷和环氧氯丙烷多用作共单体。但环氧氯丙烷更多用作环氧树脂的原料。

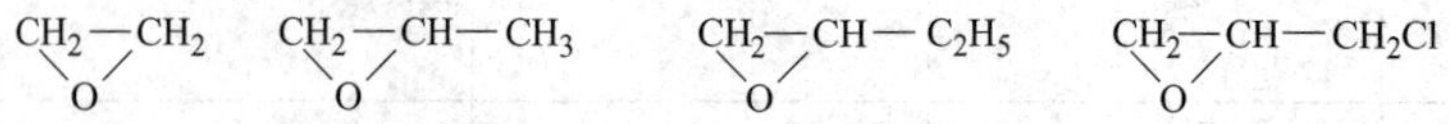

$$\underset{\text{环氧乙烷}}{CH_2—CH_2 \atop \diagdown O \diagup} \quad \underset{\text{环氧丙烷}}{CH_2—CH—CH_3 \atop \diagdown O \diagup} \quad \underset{\text{环氧丁烷}}{CH_2—CH—C_2H_5 \atop \diagdown O \diagup} \quad \underset{\text{环氧氯丙烷}}{CH_2—CH—CH_2Cl \atop \diagdown O \diagup}$$

三元环醚，张力大，热力学上很有开环倾向。加上 C—O 键是极性键，富电子的氧原子易受阳离子进攻，缺电子的碳原子易受阴离子进攻，因此，酸（阳离子）、碱（阴离子）、甚至中性（水）条件均可使 C—O 键断裂开环，在动力学上，三元环醚也极易聚合。

环氧乙烷开环聚合的产物是线形聚醚，有如下式。

$$\underset{O}{CH_2—CH_2} \longrightarrow —O—CH_2—CH_2—$$

聚环氧乙烷分子量可达 3 万～4 万，经碱土金属氧化物引发或配位聚合甚至可达百万，但聚环氧乙烷柔性大强度低，多合成聚醚低聚物，用作聚氨酯的预聚体和非离子型表面活性剂。

8.3.1　环氧乙烷阴离子开环聚合的机理和动力学

环氧烷烃开环聚合常用的阴离子引发剂有碱金属的烷氧化物（如醇钠）、氢氧化物、氨基化物、有机金属化合物、碱土金属氧化物等。

环氧乙烷是高活性单体，低活性甲醇钠也能引发聚合，以此为例来说明环氧烷经阴离子开环聚合的机理。甲醇与氢氧化钠反应，加热、减压脱水，形成甲醇钠。由甲氧阴离子（CH_3O^-）或醇钠离子对（$CH_3O^- Na^+$ 或 $A^- B^+$）来引发环氧乙烷（EO）开环。

$$CH_3OH + NaOH \longrightarrow CH_3O^- Na^+ + H_2O$$

$$CH_3O^- Na^+ + EO \longrightarrow CH_3OEO^- Na^+$$

烷氧阴离子进攻环氧乙烷中的碳原子，开环聚合成线形聚合物。

引发

$$A^- B^+ + CH_2{-}CH_2 \underset{O}{} \longrightarrow A{-}CH_2{-}CH_2O^- B^+$$

增长

$$A{-}CH_2{-}CH_2O^- M^+ + CH_2{-}CH_2 \underset{O}{} \longrightarrow A{-}CH_2CH_2O{-}CH_2CH_2O^- B^+$$

$$\xrightarrow{CH_2{-}CH_2} A(CH_2CH_2O)_nCH_2CH_2O^- B^+$$

这一体系属于活性阴离子聚合机理，即由引发和增长两步基元反应组成，难终止。欲结束聚合，需人为地加入草酸、磷酸等质子酸，使活性链失活。

$$A{\leftarrow}EO{\rightarrow}_n EO^- B^+ + H^+ \longrightarrow A{\leftarrow}EO{\rightarrow}_n EOH + B^+$$

如不加终止剂而另加环氧丙烷，则可继续聚合成两性嵌段共聚物，用作表面活性剂。

环氧乙烷开环聚合属于二级亲核取代反应（S_N2），聚合速率与单体浓度（[M]）、引发剂浓度（$[C]_0 = [CH_3ONa]_0$）成正比（下标 0 表示起始，即 $t=0$，与烯烃阴离子聚合相似。

$$R_p = -\frac{d[M]}{dt} = k_p[C][M] \tag{8-1}$$

$$\overline{X}_n = \frac{[M]_0 - [M]}{[C]_0} \tag{8-2}$$

以乙二醇为起始剂，环氧乙烷开环聚合物为聚乙二醇或聚醚二醇 $H{\leftarrow}OCH_2CH_2{\rightarrow}_n OH$，分子量不等（200～5000），主要用作聚氨酯的预聚体。也可制得环氧乙烷和环氧丙烷无规共聚物的聚醚二醇预聚体。

以甘油作起始剂，由环氧丙烷（PO）开环聚合，可制得三官能团的聚醚预聚体。

$$C_3H_5[O(PO)_n H]_3 \qquad n=17 \qquad MW = 3000 \pm 200$$

通过分子设计，就可以由环氧烷烃开环（共）聚合，合成多种聚醚产品。

8.3.2 聚醚型表面活性剂的合成原理

聚醚型表面活性剂分子由疏水端基和亲水的聚氧乙烯链段组成。疏水端基由特定的起始剂来提供。起始剂（RXH）和环氧乙烷（EO）聚合成聚醚的通式如下：

$$RXH + nEO \longrightarrow RX(EO)_n H$$

起始剂中的 R 是 C、H 疏水基，X 为连接元素（如氧、硫、氮），H 为活性氢。以 OP-10 [$C_8H_{17}C_6H_4O(EO)_{10}H$] 为例，辛基酚起始剂所提供的端基（$C_8H_{17}C_6H_4{-}$）分子量为 189，10 单元的环氧乙烷分子量 440，可见属于低聚物，端基所占的比例不容忽略。

改变疏水基 R、连接元素 X、环氧烷烃种类及其聚合度 n 四变量，就可以衍生出成千上万种聚醚产品。起始剂种类很多，如脂肪醇（ROH）、烷基酚（RC_6H_4OH）、脂肪酸（RCOOH）、胺类（RNH_2）等，可形成多种聚醚型表面活性剂系列，简示如表 8-4。环氧乙烷与环氧丙烷进行嵌段共聚，也可以形成特定的表面活性剂系列（Plunorics），因为聚环氧丙烷的聚合度（>15）到一定的程度，可以看作疏水基团。

表 8-4　聚醚型非离子表面活性剂

起 始 剂	环氧乙烷加成物	N	EO/%（质量分数）	HLB
烷基酚 R—C$_6$H$_4$OH(C=8～9)	C$_9$H$_{19}$—C$_6$H$_4$O(EO)$_n$—H	1.5～40	20～90	4.6～17.8
脂肪醇 ROH(C=12～18)	C$_{16}$H$_{33}$O(EO)$_n$H	2～50	15～90	
脂肪醇 ROH(C=8～18)	RO(PO)$_m$—(EO)$_n$—H	$m>8$	25～95	
脂肪酸 RCOOH(C=11～17)	RCOO(EO)$_n$—H			
丙二醇 HOC$_3$H$_6$OH	HO(EO)$_a$—(PO)$_b$—(EO)$_c$H	$b=15～56$	10～80	

聚醚型表面活性剂的合成原理也遵循环氧乙烷活性阴离子开环聚合的一般规律。但除了引发、增长反应外，起始剂的引入，还有交换反应。例如以脂肪醇 ROH（C$_{16}$H$_{33}$OH）作起始剂为例，聚环氧乙烷（OE）活性种将与脂肪醇起交换反应。

$$CH_3(OE)_nO^-Na^+ + ROH \rightleftharpoons CH_3(OE)_nOH + RO^-Na^+$$

交换反应结果，新形成的起始剂活性种 RO$^-$Na$^+$ 可以再引发单体而增长，聚合速率并不降低。但使原来的活性链终止，导致分子量降低，于是，聚合度应为

$$\overline{X}_n = \frac{[M]_0 - [M]}{[C]_0 + [ROH]_0} \tag{8-3}$$

交换前后，末端均为醇钠。两者活性相当，平衡常数 $K=1$，两类活性种并存。

烷基酚、脂肪酸、硫醇等起始剂 RXH 的酸性远强于醇，$K \gg 1$，平衡很快向右移动。

$$ROCH_2CH_2O^- + RXH \rightleftharpoons ROCH_2CH_2OH + RX^-$$

引发形成的环氧乙烷单加成物 ROCH$_2$CH$_2$O$^-$，很快就与 RXH 交换成 RX$^-$。当起始剂 RXH 全部交换成 RX$^-$ 以后，才同步增长，产物分子量分布窄，反映出快引发慢增长的活性阴离子聚合特征。在聚醚型表面活性剂合成中，交换反应就成为重要的基元反应。

用酸性较强的脂肪酸或烷基酚作起始剂时，交换反应总是向酸性较弱的生成物方向移动。起始剂酸性和引发剂活性不同，引发、增长、交换反应的相对速率也有差异，最终影响到聚合速率和分子量。

8.3.3　环氧丙烷阴离子开环聚合机理和动力学

环氧丙烷阴离子开环聚合机理与环氧乙烷有些差异，反映在开环方式和链转移上。

环氧丙烷结构不对称，可能有两种开环方式，其中 β-C(CH$_2$) 原子空间位阻较小，易受亲核进攻，成为主攻点。但两种开环方式最终产物的头尾结构却是相同的。

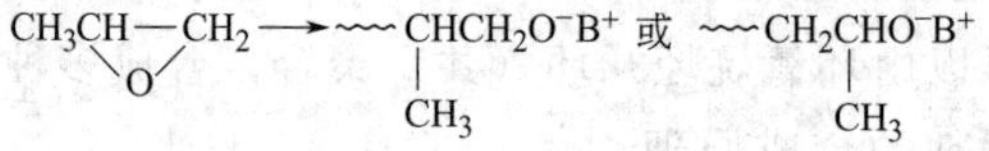

环氧乙烷阴离子开环聚合产物分子量可达 3 万～4 万，而环氧丙烷开环聚合物的分子量仅 3 千～4 千，原因是环氧丙烷分子中甲基上的氢原子容易被夺取而转移，转移后形成的单体活性种很快转变成烯丙醇钠离子对，可继续引发聚合，但使分子量降低。

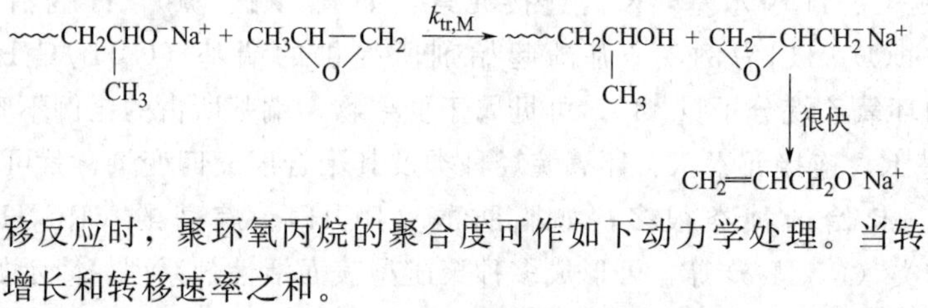

向单体链转移反应时，聚环氧丙烷的聚合度可作如下动力学处理。当转移速率很快时，单体消失速率为增长和转移速率之和。

$$-\frac{d[M]}{dt} = (k_p + k_{tr,M})[M][C] \tag{8-4}$$

因为无终止，聚合物仅由链转移生成，因此聚合物链（其浓度＝[N]）的生成速率为

$$\frac{d[N]}{dt} = k_{tr,M}[M][C] \tag{8-5}$$

令 $C_M = k_{tr,M}/k_p$，$[N]_0$ 为无链转移时的聚合物浓度。将式(8-5)和式(8-4)相除，积分，得

$$[N] = [N]_0 + \frac{C_M}{1+C_M}([M]_0 - [M]) \tag{8-6}$$

有、无向单体链转移时的平均聚合度分别为：

$$\overline{X}_n = \frac{[M]_0 - [M]}{[N]} \tag{8-7}$$

$$(\overline{X}_n)_0 = \frac{[M]_0 - [M]}{[N]_0} \tag{8-8}$$

联立式(8-6)、式(8-7)和式(8-8)，得

$$\frac{1}{\overline{X}_n} = \frac{1}{(\overline{X}_n)_0} + \frac{C_M}{1+C_M} \tag{8-9}$$

以 $1/\overline{X}_n$ 对 $1/(\overline{X}_n)_0$ 作图，得一直线，从直线截距可求得 C_M。以甲基钠引发，在 70℃ 和 93℃下环氧丙烷的 C_M 分别为 0.013 和 0.027（10^{-2}），比一般单体的 C_M（$10^{-4} \sim 10^{-5}$）要大 2～3 数量级，致使聚环氧丙烷的分子量总在 3 千～4 千以下。

8.4 环醚的阳离子开环聚合

8.4.1 概述

除三元环醚外，能开环聚合的环醚还有丁氧环、四氢呋喃、二氧五环等。七、八元环醚也能开环聚合，但研究得较少。六元环四氢吡喃和二氧六环都不能开环聚合。环醚的活性次序为：环氧乙烷＞丁氧环＞四氢呋喃＞七元环醚＞四氢吡喃（＝0）。

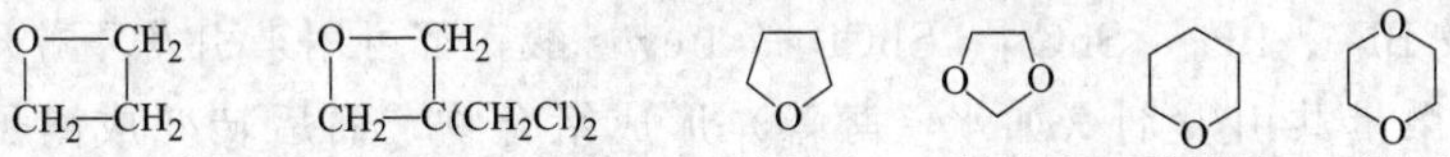

丁氧环　　3,3'-二(氯亚甲基)丁氧环　　四氢呋喃　　二氧五环　　四氢吡喃　　二氧六环

从表 8-5 环醚和环缩醛的聚合热和聚合熵，更可以看出其聚合倾向。三、四元环醚聚合热大，易聚合。五、七元环醚的聚合热要低得多。这一变化符合一般规律。三聚甲醛聚合热较低，却是六元环醚中能够聚合的仅有一员。

表 8-5　环醚和环缩醛的聚合熵

单体	环大小	$-\Delta H$ /kJ·mol^{-1}	$-\Delta G$ /J·mol^{-1}·K^{-1}	单体	环大小	$-\Delta H$ /kJ·mol^{-1}	$-\Delta G$ /J·mol^{-1}·K^{-1}
环氧乙烷	3	94.5		三氧六环	6	4.5	18
丁氧烷	4	81		二氧七环	7	15.1	48.1
四氢呋喃	5	15	49	二氧八环	8	53.8	
二氧五环	5	16.7	45.9	甲醛		31.1	79.2

四、五元环醚的环张力较小，阴离子不足以进攻极性较弱的碳原子，多采用阳离子进攻极性较强的氧原子来开环聚合。在较高温度下，环醚的线形聚合物易解聚成环状单体或环状齐聚物，构成环-线平衡。这是开环聚合中的普遍现象。

8.4.2 丁氧环和四氢呋喃聚合物

（1）丁氧环　四元环醚又称丁氧环，经 Lewis 酸（如 BF$_3$、PF$_5$）引发，在 0℃ 或较低的温度下，易开环聚合成聚（氧化三亚甲基）。但有应用价值的单体却是 3,3'-二（氯亚甲基）丁氧环，聚合产物俗称氯化聚醚，是结晶性成膜材料，熔点 177℃，机械强度比氟树脂好，吸水性低，耐化学药品，尺寸稳定性好，电性能优良，可用作工程塑料。

$$\begin{array}{c} O \!-\!\!-\! CH_2 \\ | \qquad | \\ CH_2\!-\!C\!-\!CH_2Cl \\ | \\ CH_2Cl \end{array} \xrightarrow{\ BF_3\ } \begin{array}{c} CH_2Cl \\ | \\ \left[\!O\!-\!CH_2\!-\!C\!-\!CH_2\!\right]_{\!n} \\ | \\ CH_2Cl \end{array}$$

（2）四氢呋喃　四氢呋喃是五元环，张力小，活性低，对引发剂和单体纯度都有更高的要求，PF$_5$、SbF$_5$、[Ph$_3$C]$^+$[SbCl$_6$]$^-$ 均可用作引发剂。四氢呋喃与 PF$_5$ 可形成络合物，成为引发剂，30℃ 聚合 6h，产物聚（氧化四亚甲基）的分子量约 30 万，为韧性的成膜物质，结晶熔点 45℃。

$$\begin{array}{c}\boxed{} \\ O\end{array} \xrightarrow{\ PF_5,THF\ } \left[OCH_2CH_2CH_2CH_2\right]_{\overline{n}}$$

相对来说，Lewis 酸络合物所提供的质子直接引发四氢呋喃开环的速率较慢，常加少量环氧乙烷作活化剂。选用五氯化锑引发剂时，速率和分子量要低得多。

四氢吡喃和 1,4-二氧六环不能开环聚合，而七元环醚环张力虽小，但还能开环聚合，聚合和解聚构成可逆平衡，30℃ 聚合产物中，线形聚合物占 97%～98%，七元环醚占 2%～3%。

8.4.3 聚合机理

有些环醚阳离子开环聚合具有活性聚合的特性，如活性种寿命长，分子量分布窄，引发比增长速率快，所谓快引发慢增长。但往往伴有链转移和解聚反应，使分子量分布变宽；也有终止反应。结合四、五元环醚阳离子开环聚合，介绍各基元反应的特征。

（1）链引发与活化　有许多种阳离子引发剂可使四、五元环醚开环聚合。

① 质子酸和 Lewis 酸。如浓硫酸、三氟乙酸、氟磺酸、三氟甲基磺酸等强质子酸（H$^+$A$^-$），以及 BF$_3$、PF$_5$、SnCl$_4$、SbCl$_5$ 等 Lewis 酸，都可用来引发环醚开环聚合。

Lewis 酸与微量共引发剂（如水、醇等）形成络合物，而后转变成离子对（B$^\oplus$A$^\ominus$），提供质子或阳离子。有些 Lewis 酸自身也能形成离子对。

$$PF_5 + H_2O \longrightarrow [PF_5 \cdot H_2O] \longrightarrow H^\oplus[PF_5OH_2]^\ominus$$
$$2PF_5 \longrightarrow [PF_4]^\oplus[PF_6]^\ominus$$

上述形成的离子对就成为阳离子聚合的初始活性种，引发四氢呋喃，成为单体活性种。四氢呋喃分子继续插入离子对而增长。

$$\begin{array}{c} H_2C\!-\!CH_2 \\ | \qquad | \\ H_2C \quad CH_2 \\ \diagdown O \diagup \end{array} + B^\oplus A^\ominus \longrightarrow \begin{array}{c} H_2C\!-\!CH_2 \\ | \qquad | \\ H_2C \quad CH_2A^\ominus \\ \diagdown O \diagup \\ | \\ B \end{array}$$

四氢呋喃是 Lewis 碱，BF$_3$ 是 Lewis 酸，两者可能络合成活性种，但活性较低。

$$\begin{array}{c} H_2C\!-\!CH_2 \\ | \qquad \diagdown \\ \quad\quad O\!-\!BF_3 \\ | \qquad \diagup \\ H_2C\!-\!CH_2 \ \delta^+ \ \delta^- \end{array}$$

② 环氧乙烷活化剂。引发初始活性种往往是碳阳离子，而环醚阳离子聚合的增长活性种却是三级氧鎓离子。质子引发环醚开环，先形成二级氧鎓离子，再次开环，才形成三级氧鎓离子，因而产生了诱导期。而环氧乙烷却很容易被引发开环，直接形成三级氧鎓离子，从

而缩短或消除诱导期，因此环氧乙烷或丁氧环常用作四氢呋喃开环聚合的活化剂。

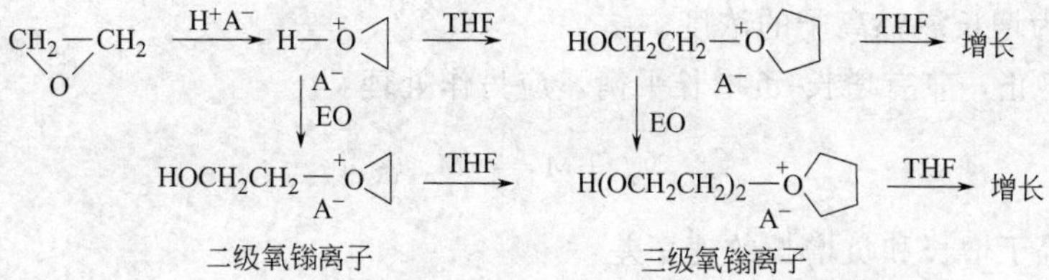

$$\text{CH}_2\text{—CH}_2 \xrightarrow{\text{H}^+\text{A}^-} \text{H—O}◁ \xrightarrow{\text{THF}} \text{HOCH}_2\text{CH}_2\text{—}{}^+\text{O} \bigcirc \xrightarrow{\text{THF}} \text{增长}$$

③ 三级氧鎓离子。既然环醚开环聚合的增长活性种是三级氧鎓离子，四氟硼酸三乙基氧鎓盐 $[(\text{C}_2\text{H}_5)_3\text{O}^+(\text{BF}_4)^-]$ 能提供三级氧鎓离子，就可以直接来引发环醚聚合，如

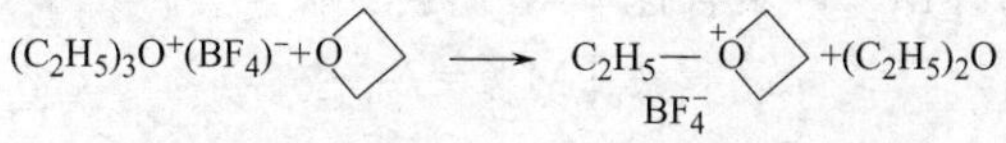

$$(\text{C}_2\text{H}_5)_3\text{O}^+(\text{BF}_4)^- + \text{O}◇ \longrightarrow \text{C}_2\text{H}_5\text{—}{}^+\text{O}◇ + (\text{C}_2\text{H}_5)_2\text{O}$$

④ 有机金属引发剂。$\text{Zn}(\text{C}_2\text{H}_5)_2$、$\text{Al}(\text{C}_2\text{H}_5)_3$ 等有机金属化合物也曾用作引发剂，水或醇用作共引发剂，有时还用环氧氯丙烷作活化剂，反应结果，形成 $\text{C}_2\text{H}_5\text{ZnOZnC}_2\text{H}_5$ 或 $(\text{C}_2\text{H}_5)_2\text{AlOAl}(\text{C}_2\text{H}_5)_2$ 活性种，多数按配位机理进行聚合。

（2）链增长　增长活性种氧鎓离子带正电荷，其邻近的 α-碳原子电子不足，有利于单体分子中氧原子的亲核进攻而开环，以 3,3′-二(氯亚甲基)丁氧环开环聚合的增长反应为例：

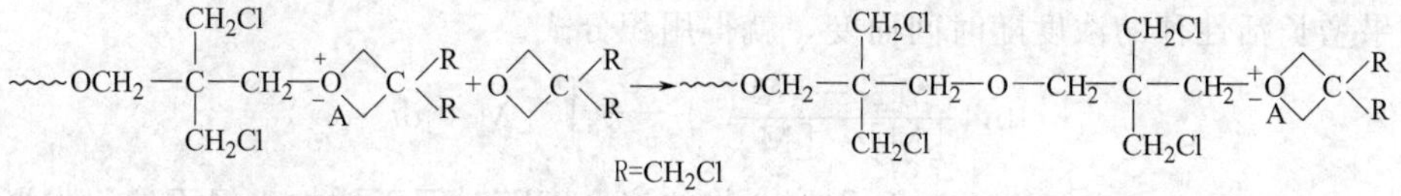

R=CH₂Cl 的增长反应式

$$R=\text{CH}_2\text{Cl}$$

如此一直增长下去。因此大多数环醚阳离子开环聚合都是 S_N2 反应。

（3）链终止　如反离子亲核性过强，则容易与阳离子活性种结合而链终止。

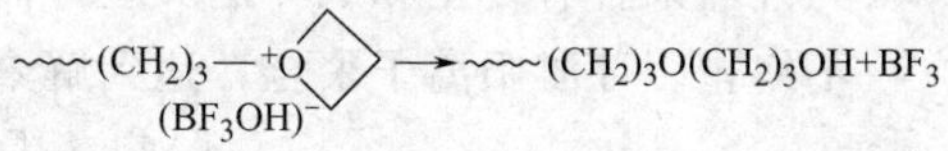

$$\sim\sim(\text{CH}_2)_3\text{—}{}^+\text{O} \bigcirc \longrightarrow \sim\sim(\text{CH}_2)_3\text{O}(\text{CH}_2)_3\text{OH} + \text{BF}_3$$

（4）链转移和解聚　链转移与链增长是一对竞争反应，当增长较慢时，链转移更容易显现出来。大分子链中氧原子亲核进攻活性链中的碳原子，即增长链氧鎓离子与大分子链中醚氧进行分子间的烷基交换而链转移，有如下式。转移结果使分子量分布变宽。

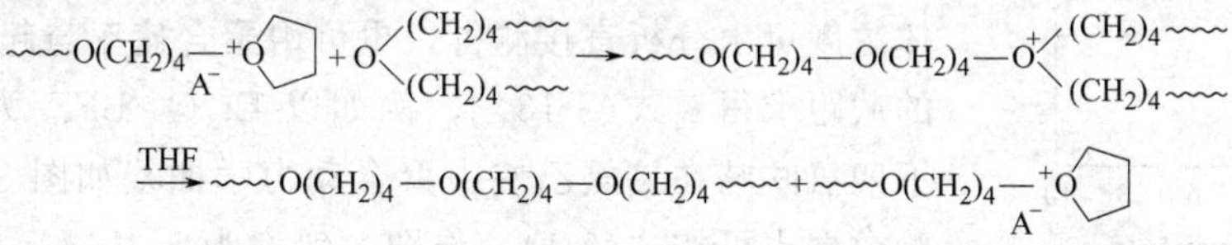

环醚的线形聚合物也可以分子内"回咬"转移，解聚成环状低聚物，与开环聚合构成平衡，这是开环聚合的普遍现象。但回咬在 1～4 单元处都有可能，形成多种环状低聚物的混合物。例如聚环氧乙烷解聚产物是二聚体 1,4-二氧六环，有时可以高达 80%。

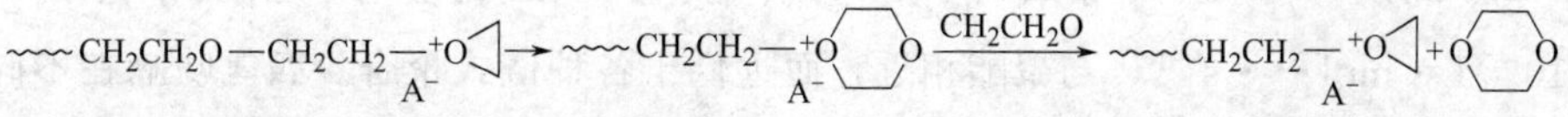

环醚的亲核性随环的增大而增加，因此，与环氧乙烷相比，聚丁氧烷解聚成环状低聚物稍少一些，四氢呋喃则更少。在丁氧烷聚合中，环状低聚物以四聚体为主，还有少量三聚体、五到九聚体，无二聚体。在四氢呋喃聚合中，二到八聚体都有，也以四聚体为主。

8.4.4　聚合动力学

环醚阳离子开环聚合速率可以有多种处理方式，有些与烯烃阳离子聚合类似，对于无终止聚合，则动力学方程与活性阴离子聚合相似，有如下式。

$$R_p = k_p [M^*][M] \tag{8-10}$$

式中，$[M^*]$ 为增长氧鎓离子的浓度。

如果是无终止，兼有增长-负增长平衡，应另作处理。

$$M_n^* + M \underset{k_{dp}}{\overset{k_p}{\rightleftharpoons}} M_{n+1}^*$$

聚合速率等于增长和负增长的速率差：

$$R_p = -\frac{d[M]}{dt} = k_p [M^*][M] - k_{dp}[M^*] \tag{8-11}$$

平衡时，单体浓度为 $[M]_e$，聚合速率等于零，则

$$k_p [M]_e = k_{dp} \tag{8-12}$$

将式(8-12) 和代入式(8-11)，则聚合速率为

$$R_p = -\frac{d[M]}{dt} = k_p [M^*]([M] - [M]_e) \tag{8-13}$$

分离变数，积分，

$$\ln\left(\frac{[M]_0 - [M]_e}{[M] - [M]_e}\right) = k_p [M^*] t \tag{8-14}$$

如果增长活性种的浓度随时间而变，就得用积分式。

$$\ln\left(\frac{[M]_0 - [M]_e}{[M] - [M]_e}\right) = k_p \int_{t_1}^{t_2} [M^*] dt \tag{8-15}$$

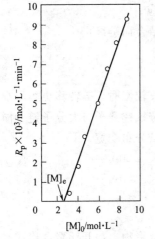

图 8-1　四氢呋喃聚合
R_p-$[M]_0$ 图 $Et_3O^+ BF_4^-$，
二氯乙烷，0℃

环醚聚合物的聚合度随时间而增加，但不像逐步聚合那样持续增长下去，到一定程度，聚合度不再变化，逐渐趋平，因为开环聚合有终止和成环逆反应，而基团数相等的逐步聚合则不终止。环醚阳离子聚合，达到解聚平衡时的聚合度为

$$\overline{X}_n = \frac{[M]_0 - [M]_e}{[C]_0 - [C]_e} \tag{8-16}$$

表明聚合度与起始、平衡时的单体、引发剂浓度有关。

式(8-11) 和式(8-12) 可用来求取增长速率常数。平衡单体浓度可由分析直接测得，也可由聚合速率与起始单体浓度图的截距求得 [式(8-13)]，例如以 $Et_3O^+ BF_4^-$ 为引发剂，0℃下四氢呋喃在二氯乙烷中聚合动力学曲线如图 8-1。动力学实验数据也可按式(8-14) 作图，斜率为 $k_p [M^*]$。测得活性聚合物的数均分子量后，先求 $[M^*]$，进一步可算出 k_p。

环醚开环聚合的 k_p 值与逐步聚合相近，例如环氧乙烷、丁氧环、四氢呋喃、1,3-二氧庚环、三氧辛环的 k_p 值约 $10^{-1} \sim 10^{-3} L \cdot mol^{-1} \cdot s^{-1}$，与聚酯相近，而远低于各种链式聚合。四氢呋喃在不同极性的溶剂中进行阳离子聚合时，离子对和自由离子的增长速率常数相近，可能离子对就比较松散。这与烯烃阳离子聚合时的情况迥然有异。环醚开环聚合的活性种浓度约 $10^{-2} \sim 10^{-3} mol \cdot L^{-1}$，与烯烃阳离子聚合相近。

温度对环醚开环聚合速率和聚合度的影响与体系有关，单体、溶剂、引发剂、共引发剂、活化剂的不同，影响深度不一。升高温度使速率增加，综合活化能约 $20 \sim 80 kJ \cdot mol^{-1}$。

温度对聚合度的影响比较复杂，例如 BF₃ 引发四氢呋喃聚合，聚合物的特性粘度与温度的关系有一转折点，如图 8-2。低温阶段，温度对终止尚无影响，聚合度将随温度增加而增加；高温阶段，将使链转移、回咬终止反应加速，聚合度则随温度增加而降低。

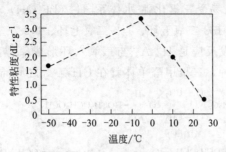

图 8-2　聚四氢呋喃特性粘度与温度的关系（BF₃）

8.5　羰基化合物和三氧六环

聚甲醛可由甲醛或三聚甲醛聚合而成。

甲醛是羰基化合物的代表，其中 C=O 双键具极性，易受 Lewis 酸引发而进行阳离子聚合。但甲醛精制困难，工业上往往先使预聚成三聚甲醛，经精制后，再开环聚合成聚甲醛。三聚甲醛升华过程或经 γ 射线辐照，也有聚甲醛形成。

$$\text{甲醛} \quad H_2C{=}O \longrightarrow \quad \text{三聚甲醛}$$
$$\text{聚甲醛} \quad {-}[O{-}CH_2]_{\overline{n}}$$

聚甲醛属于工程塑料，可在 180～220℃ 下模塑成型，制品强韧，半透明。

8.5.1　羰基化合物

羰基化合物中的 C=O 键经极化后，有异裂倾向，产生正负电荷两个中心，不利于自由基聚合，而适于离子聚合，聚合产物为聚缩醛。

$$C{=}O \longrightarrow {\sim}\!\!\sim\!\!\sim C{-}O{-}C{-}O{\sim}\!\!\sim\!\!\sim$$

R＝R′＝H，上式就成为甲醛。实际上，羰基化合物中也只有甲醛才用于聚合。

乙醛中甲基有位阻效应，聚合热低，仅 $29kJ \cdot mol^{-1}$，聚合上限温度也低，见表 8-6。甲基还有诱导效应，使羰基氧上的电荷密度增加，也不利于聚合。需采用高活性的阳或阴离子引发剂，在较低温度下才勉强聚合，产物分子量也不高。

表 8-6　羰基化合物的聚合上限温度

单体（介质条件）	$T_c/℃$	单体浓度	单体（介质条件）	$T_c/℃$	单体浓度
甲醛（气）	126	$1.013{\times}10^5\,Pa$	三氯乙醛（吡啶中）	−31	纯单体
甲醛（二氯甲烷中）	30	0.06mol/L	丙醛（液）	12.5	0.1%（摩尔分数）
乙醛（液）	−31	纯单体			

丙酮有两个甲基，位阻和诱导效应更大，更难聚合，在高压和低温下，才勉强聚合。此外，应用配位引发剂，倒可与甲醛进行共聚。

卤代醛，如三氯乙醛，由于氯的吸电子性，使氧上的电荷密度分散，活性种得以稳定，很容易被弱碱（如吡啶）等引发聚合。三氟乙醛在 $-78℃$ 下由丁基锂引发，聚合在 1s 内完成，甚至还可以用过氧化二苯甲酰引发进行自由基聚合。

8.5.2　三氧六环（三聚甲醛）

三氧六环是甲醛的三聚体，易受三氟化硼-水体系 $[H^+(BF_3OH)^-$ 或 $H^+A^-]$ 引发，进行阳离子开环聚合，形成聚甲醛。1,3-二氧五环、1,3-二氧七环、1,3-二氧八环也能开环聚合。

聚合机理有如下特点：引发反应是 H^+A^- 与三氧六环形成氧鎓离子，而后开环转化为碳阳离子；碳阳离子成为增长种，三聚甲醛单体就在 $CH_2^+A^-$ 之间插入增长。

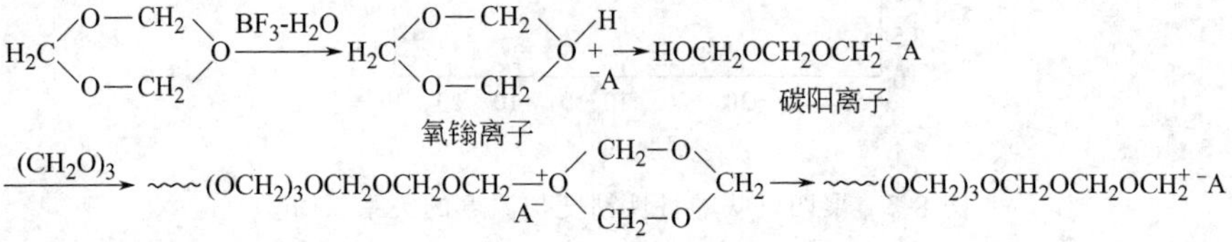

A^- 是反离子（BF_3OH^-）。上式表明氧鎓离子可转变成共振稳定的碳阳离子，简示如下式：

$$\sim\!\!\!\sim O^+\!\!-\!CH_2 \rightleftharpoons \sim\!\!\!\sim O\!\!-\!C^+H_2$$

三聚甲醛开环聚合时，发现有聚甲醛-甲醛平衡或增长-解聚平衡的现象，诱导期就相当于产生平衡甲醛的时间。如果预先加入适量甲醛，则可消除诱导期。

$$\sim\!\!\!\sim OCH_2OCH_2OC^+H_2 \rightleftharpoons \sim\!\!\!\sim OCH_2OC^+H_2 + OCH_2$$

聚合结束，这种平衡仍然存在。如果排除甲醛，将使聚甲醛不断解聚。

无水时，在二氯甲烷中，BF_3 也能引发三聚甲醛聚合，只是速率较慢。估计三聚甲醛与 BF_3 先形成络合物，而后转变称两性离子，引发聚合。

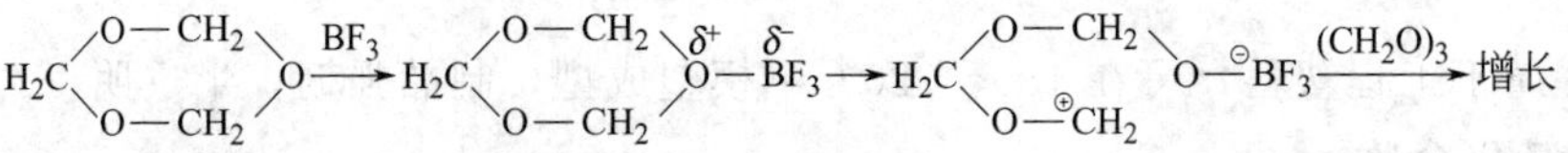

聚甲醛有显著的解聚倾向，受热时，往往从末端开始，作连锁解聚。改进方法有二。

① 乙酰化或醚化封端。加入醋酐，与端基反应，使乙酰化封端，这是防止聚甲醛从端基解聚的重要措施。这一类产品称作均聚甲醛。

$$\sim\!\!\!\sim(CH_2O)_nCH_2OH \xrightarrow{(RCO)_2O} RCOO(CH_2O)_nCH_2OCOR$$

② 三聚甲醛与少量二氧五环共聚，在聚甲醛主链中引入 $-CH_2CH_2O-$ 链节，即使聚甲醛受热从端基开始解聚，也就到此而停止，阻断解聚。这类产品则称为共聚甲醛。

$$\sim\!\!\!\sim(CH_2O)_n\!\!-\!CH_2CH_2O\!\!-\!\!|CH_2O\!\!-\!CH_2OH$$

由三聚甲醛合成均聚甲醛或共聚甲醛，都可以选用溶液聚合法或本体聚合法。

8.6　其他含氧环

环酯、乙交酯和丙交酯、环酐、环碳酸酯都是容易开环聚合的含氧环，其聚合物的共同特性是容易生物降解和生物相容性，可望在生物医药中获得应用。

8.6.1　环酯

环酯（内酯）可用阴离子、配位阴离子或阳离子引发剂开环聚合，形成线形聚酯。

$$n\,O(CH_2)_mC\!\!=\!\!O \longrightarrow \overline{[}O(CH_2)_mC\overline{]}_n$$
$$\qquad\qquad\qquad\qquad\quad \parallel$$
$$\qquad\qquad\qquad\qquad\quad O$$

环酯的开环聚合倾向和活性与环的大小有关，四元的 β-丙内酯和七元的 ε-己内酯均能开环聚合，但五元 γ-丁内酯不能聚合，而六元 δ-戊内酯倒能聚合。

环酯阴离子开环聚合时，有两种断键方式：①在酰氧键═C—O—处断键，机理类似碱皂化；②烷-氧键（—CH$_2$—O—）处断键，用弱亲核引发剂引发张力大的环酯，多属这种断键方式。上述两种断键结果的聚合物结构还是相同的。

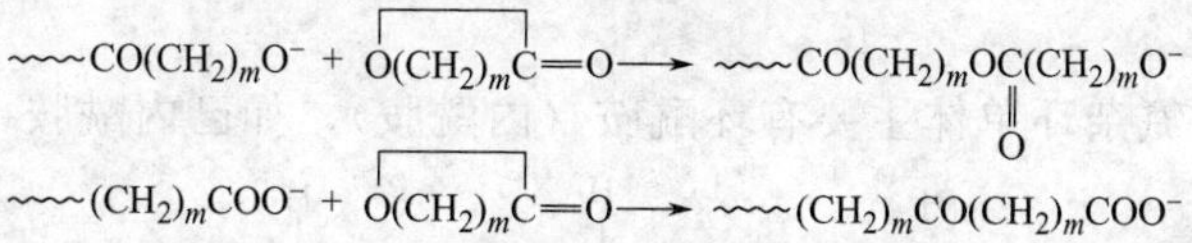

$$\sim\!\!\sim\!CO(CH_2)_mO^- + O(CH_2)_mC\!=\!O \longrightarrow \sim\!\!\sim\!CO(CH_2)_mOC(CH_2)_mO^-$$

$$\sim\!\!\sim\!(CH_2)_mCOO^- + O(CH_2)_mC\!=\!O \longrightarrow \sim\!\!\sim\!(CH_2)_mCO(CH_2)_mCOO^-$$

应用阴离子开环聚合技术，可以合成嵌段共聚物和羟端基的遥爪聚合物。

环酯也可以受氧鎓或酰阳离子进攻而开环聚合。

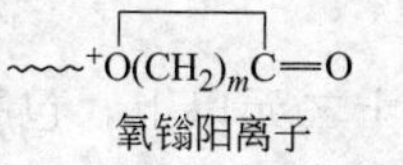

$$\sim\!\!\sim\!^+O(CH_2)_mC\!=\!O \qquad \sim\!\!\sim\!O(CH_2)_mC^+\!=\!O$$

氧鎓阳离子　　　　酰阳离子

环酯还可以经酶催化而开环聚合，所谓酶促聚合，ε-己内酯是研究的常用单体。

8.6.2　乙交酯和丙交酯

α-羟基乙酸或羟基丙酸（乳酸）经缩聚，可制得聚羟基乙酸或聚乳酸，但分子量较低。与这两种羟基酸相对应的三元环酯活泼，易二聚成六元环的乙交酯或丙交酯，再进一步开环聚合成相应的高分子量线形聚酯，如下式。

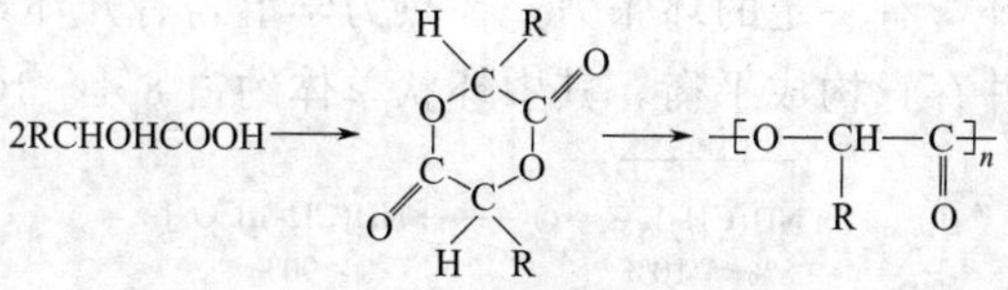

乙交酯（R＝H）或丙交酯（R＝CH$_3$）

乙交酯可用氯化亚锡、辛酸亚锡或三氟化锑阳离子引发剂，在190℃下，聚合成聚氧乙酰 $\displaystyle \{\!\!-\!\!OCH_2CO\!-\!\!\}_n$ 。也可用 PbO、ZnO 或 ZnEt$_2$ 等阴离子引发剂，使丙交酯聚合成结晶性立构规整聚合物，且有旋光性。乙交酯和丙交酯还可以共聚。这些聚酯具有生物相容性和生物降解性能，易水解成 α-羟基酸，在人体代谢过程中排出，适于制缓释药物胶囊，手术后无需拆除的缝合线。乙交酯聚合物水解速度较慢，改变两单体比，可调节共聚物的水解速度。

8.6.3　环酐

环酐，如己二酸酐，在溶液中进行开环聚合，可形成高分子量线形聚酸酐，聚酸酐也容易生物降解。可以选用的引发剂种类很多，如氢化钠、醋酸钾等阴离子引发剂，三氯化铝、三氟化硼乙醚络合物等阳离子引发剂，或 2-乙基己酸亚锡等配位引发剂。

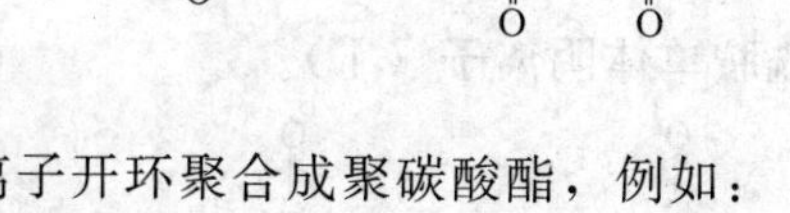

$$n\,O\!=\!C(CH_2)_xC\!=\!O \longrightarrow \{\!\!-\!C(CH_2)_xC\!-\!O\!-\!\!\}_n$$

8.6.4　环碳酸酯

脂族环碳酸酯很容易阴离子开环聚合成聚碳酸酯，例如：

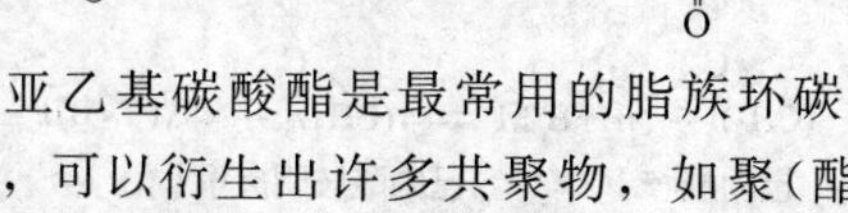

环三亚甲基碳酸酯和环亚乙基碳酸酯是最常用的脂族环碳酸酯，与乙（丙）交酯、环醚、环酐、己内酰胺等共聚，可以衍生出许多共聚物，如聚（酯-碳酸酯）、聚（醚-碳酸酯）、聚（磷酸酯-碳酸酯）等。脂族聚碳酸酯及其共聚物熔点和 T_g 低，可利用其生物相容性和生

物可降解的特性，在药物缓释放载体、手术缝合线、骨骼支撑材料等方面获得应用，前景看好。

8.7 己内酰胺和其他含氮环

8.7.1 概述

能开环聚合的含氮杂环单体主要有环酰胺（内酰胺），如己内酰胺，其次是环亚胺。

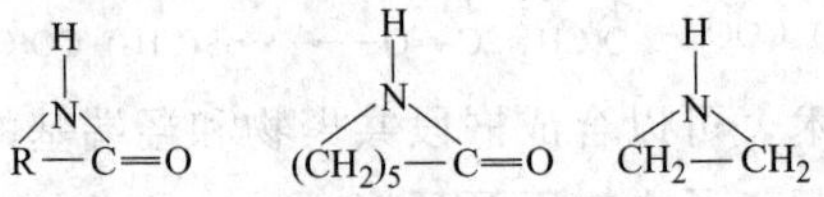

内酰胺　　己内酰胺　　环亚胺

$R=(CH_2)_{2\sim12}$

许多内酰胺，从四元环（环丙酰胺）到十二元以上，包括五、六元环，都能开环聚合，其聚合活性与环的大小有关，次序大致如下：

$$4>5>7>8,6$$

根据酰胺基团和亚甲基比的不同，聚内酰胺的性能差异很大，例如聚丙内酰胺类似多肽酶，聚十二内酰胺接近聚乙烯。调节两基团数比，或通过共聚，就可获得多种聚酰胺。

工业上应用得最多的首推己内酰胺，下面着重介绍其聚合机理。

己内酰胺是七元杂环，有一定的环张力，在热力学上，有开环聚合的倾向，最终产物中线形聚合物与环状单体并存，构成平衡，其中环状单体约占 8%～10%。

$$n\,\overline{NH(CH_2)_5C}{=}O \longrightarrow \left[NH(CH_2)_5CO\right]_n$$

$$8\%\sim10\% \qquad\qquad >90\%$$

己内酰胺可用水、酸或碱来引发开环，分别按逐步、阳离子和阴离子机理进行聚合。

① 水解聚合。工业上由己内酰胺合成尼龙-6 纤维时，多采用水作引发剂，在 250～270℃的高温下进行连续聚合，属于逐步聚合机理。已在第 2 章作了介绍。

② 阳离子聚合。可用质子酸或 Lewis 酸引发聚合，但有许多副反应，产物转化率和分子量都不高，最高分子量可达 1 万～2 万，工业较少采用。

③ 阴离子聚合。主要用于模内浇铸（MC）技术，即以碱金属引发己内酰胺成预聚体，浇铸入模内，继续聚合成整体铸件，制备大型机械零部件，成为工程塑料。

8.7.2 己内酰胺阴离子开环聚合的机理

己内酰胺阴离子聚合具有活性聚合的性质，但引发和增长都有其特殊性。

(1) 链引发　引发由两步反应组成。

① 单体阴离子的形成。己内酰胺与碱金属（M）或其衍生物 B^-M^+（如 NaOH，CH_3ONa 等）反应，形成内酰胺单体阴离子（Ⅰ）。

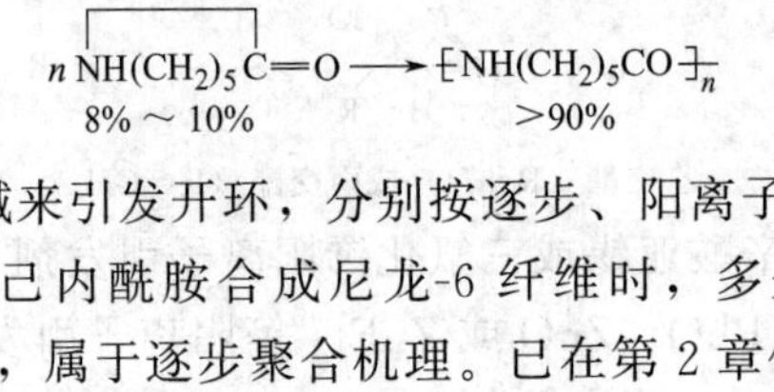

（反应 1a）

（反应 1b）

己内酰胺　　己内酰胺阴离子（Ⅰ）

选用氢氧化钠或甲醇钠时，副产物水或甲醇须在减压下排净，而后进入真正引发阶段。

② 二聚体胺阴离子活性种的形成。己内酰胺单体阴离子（Ⅰ）与己内酰胺单体加成（反应2），生成活泼的二聚体胺阴离子活性种（Ⅱ）。

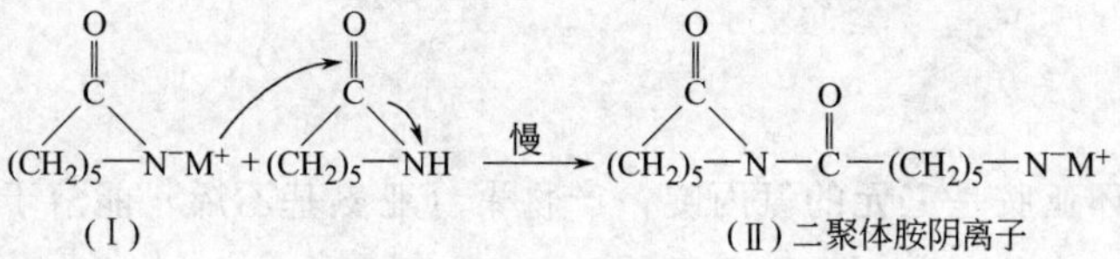

$$(CH_2)_5-N^-M^+ + (CH_2)_5-NH \xrightarrow{\text{慢}} (CH_2)_5-N-C-(CH_2)_5-N^-M^+ \quad \text{（反应2）}$$

（Ⅰ）　　　　　　　　　　　　　　　　　（Ⅱ）二聚体胺阴离子

己内酰胺单体阴离子（Ⅰ）与环上羰基双键共轭，活性较低；而己内酰胺单体中酰胺键的碳原子缺电子性又不足，活性也较低，在两者活性都较低的条件下，反应2缓慢，有诱导期。

（2）链增长　增长反应比经典的活性阴离子聚合要复杂得多。

反应2形成的二聚体胺阴离子（Ⅱ）无共轭效应，活性高，但还不直接引发单体，而夺取单体上的质子而链转移，形成二聚体（Ⅲ），同时再生出内酰胺单体阴离子（Ⅰ），如反应3。

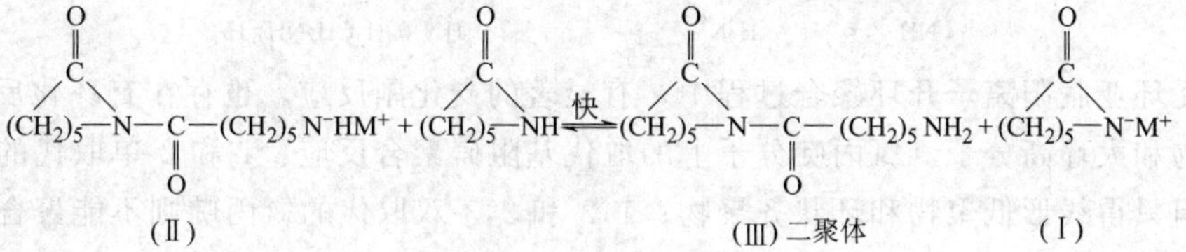

$$(CH_2)_5-N-C-(CH_2)_5N^-HM^+ + (CH_2)_5NH \xrightleftharpoons{\text{快}} (CH_2)_5-N-C-(CH_2)_5NH_2 + (CH_2)_5-N^-M^+ \quad \text{（反应3）}$$

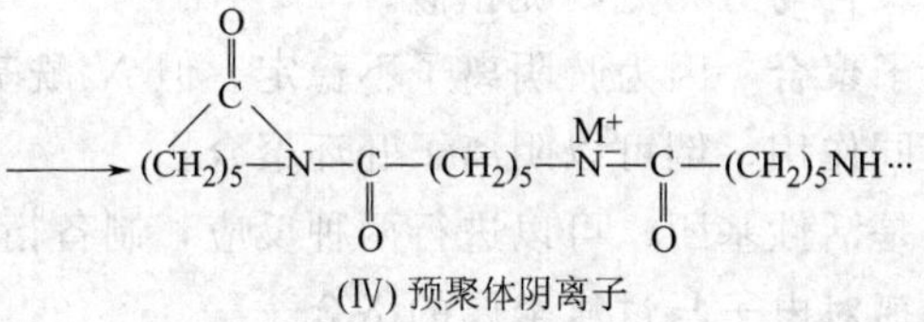

（Ⅱ）　　　　　　　　　　　　　　　　　　　　　　　（Ⅲ）二聚体　　　　（Ⅰ）

$$\longrightarrow (CH_2)_5-N-C-(CH_2)_5-N^{M^+}-C-(CH_2)_5NH\cdots \quad \text{（反应4）}$$

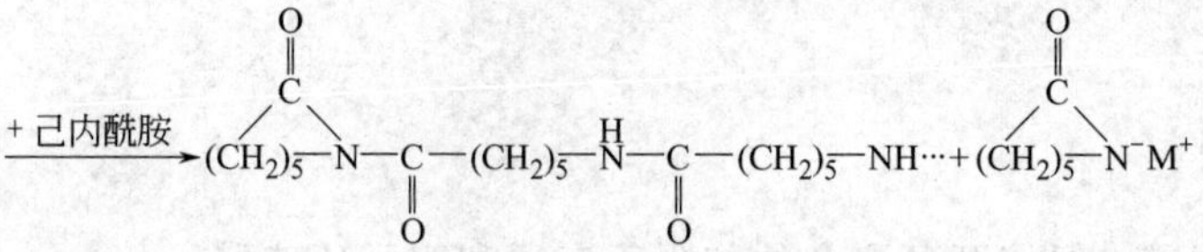

（Ⅳ）预聚体阴离子

$$\xrightarrow{\text{+己内酰胺}} (CH_2)_5-N-C-(CH_2)_5-N-C-(CH_2)_5-NH\cdots + (CH_2)_5-N^-M^+ \quad \text{（反应5）}$$

反应3的产物二聚体（Ⅲ）中环酰胺的氮原子受两侧羰基的双重影响，使环酰胺键的缺电子性或活性显著增加，有利于低活性的己内酰胺单体阴离子（Ⅰ）的亲核进攻，很容易被开环而增长，如反应4，其形式与反应2相似，只是增加一个结构单元，速率也快得多。

反应4的产物与单体进行链转移，如反应5，即酰化后，又很快地与单体交换质子（转移），形成多1个结构单元的活泼 N-酰化内酰胺，并再生出内酰胺阴离子（Ⅰ），反应5类似反应3。如此反复，使链不断增长。

从上述反应看来，在形式上貌似己内酰胺单体阴离子（Ⅰ）开环后插入活性较强的酰化内酰胺（Ⅲ）中，或认为活性较强的酰化内酰胺（Ⅲ）使内酰胺阴离子（Ⅰ）开环而增长。但不妨看作低活性的内酰胺阴离子（Ⅰ）引发高活性的酰化内酰胺（Ⅲ）开环聚合。

己内酰胺阴离子开环聚合的动力学特征是速率与单体浓度并无直接关系，而决定于活化单体和内酰胺阴离子（Ⅰ）的浓度，而这两物种的浓度则决定于碱的浓度，因此速率决定于碱的浓度。

如此看来，酰化的内酰胺比较活泼，是聚合的必要物种。如果以酰氯、酸酐、异氰酸酯等酰化剂与己内酰胺反应，预先形成 N-酰化己内酰胺，而后加到聚合体系中，则可消除诱导期，加速反应，缩短聚合周期。目前工业上生产浇铸尼龙的配方中都加有酰化剂。

$$O{=}C(CH_2)_5NH + RCOCl \longrightarrow O{=}C(CH_2)_5N{-}CR + HCl$$
$$\quad\quad\quad\quad\quad\quad\quad\quad\quad\quad\quad\quad\quad\quad\quad\quad\overset{\displaystyle |}{\underset{\displaystyle O}{}}$$

8.7.3　环亚胺

研究得最多的环亚胺是三元的氮丙啶，产物聚（亚氨基乙烯）能溶于水，可用作纸张和织物的处理剂。

$$n\underset{\underset{\displaystyle NH}{}}{CH_2{-}CH_2} \longrightarrow \underset{\underset{\displaystyle H}{}}{{+}CH_2CH_2N{+}_n}$$

三元环亚胺可用酸或其他阳离子开环，由于环张力大，聚合极快，即使在室温下，反应也非常激烈。三氟化硼-乙醚络合物、硫酸二甲酯、溴化苄都是有效的引发剂。引发反应使乙烯亚胺质子化或阳离子化，单体亲核进攻亚胺阳离子 $\sim\sim\sim C{-}N^+$ ，然后按相同方式增长。增长中心是亚胺阳离子，与环醚的阳离子聚合相似。

$$\underset{\underset{\displaystyle NH}{}}{CH_2{-}CH_2} \xrightarrow{H^+} \underset{\underset{\displaystyle H_2N^+}{}}{CH_2{-}CH_2} \xrightarrow{nC_2H_4NH} \underset{\underset{\displaystyle HN{+}(CH_2CH_2NH)_nH}{}}{CH_2{-}CH_2}$$

在三元环亚胺阳离子开环聚合过程中，有显著的支化副反应，也存在有环化反应，形成环状齐聚物和大环高分子。氮丙啶分子上的取代基阻碍聚合反应：1-和2-单取代的氮丙啶尚能聚合，但只得线形低聚物和环状齐聚物；1,2-和2,3-双取代的氮丙啶则不能聚合。

四元环亚胺的阳离子聚合与三元氮丙啶相似。

环亚胺不能进行阴离子聚合，因为胺阴离子不稳定。但 N-酰基氮丙啶的氮原子缺电子，加上三元环高度张力的协同作用，倒可以阴离子开环聚合。

聚乙烯亚胺中的亚胺是活性基团，可以进行两种反应，制备衍生物：一是氢原子的基团取代，另一是氮原子上的孤对电子与过渡金属的络合。

8.8　环硫醚

环硫醚酷似环醚，但能开环聚合的却限于三元和四元环硫醚。

$$\underset{\underset{\displaystyle S}{}}{CH_2{-}CH_2} \quad\quad \underset{\underset{\displaystyle S}{}}{CH_2{-}CH{-}CH_3} \quad\quad \underset{\underset{\displaystyle S}{}}{CH_2{-}CH{-}CH_2Cl} \quad\quad \underset{\underset{\displaystyle S{-}CH_2}{}}{} \quad\quad \underset{\underset{\displaystyle S{-}CH_2}{}}{}$$

环硫乙烯　　　　环硫丙烯　　　　环硫氯丙烯　　　　丁硫环　　3,3'-二甲基丁硫环

环硫醚容易阳离子开环聚合，强质子酸和 Lewis 酸都是有效的引发剂。以环硫乙烯为例，反应式如下：

$$n\underset{\underset{\displaystyle S}{}}{CH_2{-}CH_2} \longrightarrow {+}SCH_2CH_2{+}_n$$

环硫醚的碳-硫键更易极化，活性比环醚高，以致四元丁硫环也可阴离子聚合，而丁氧环却只能阳离子聚合。另一方面，硫原子的体积较大，环硫醚的张力相应较小，五元环的四氢噻吩不能聚合，而四氢呋喃却能阳离子聚合。更大的环硫醚也难开环聚合。

硫代甲醛的三聚体类似三聚甲醛，也可阳离子开环聚合。三硫六环是稳定的结晶固体，熔点 215～216℃，用 γ 射线辐照，可以进行固相聚合；也可用三氟化硼或五氟化锑，进行阳离子熔融聚合。硫代甲醛四聚体的聚合行为也类似，最终产物都是聚硫代甲醛。

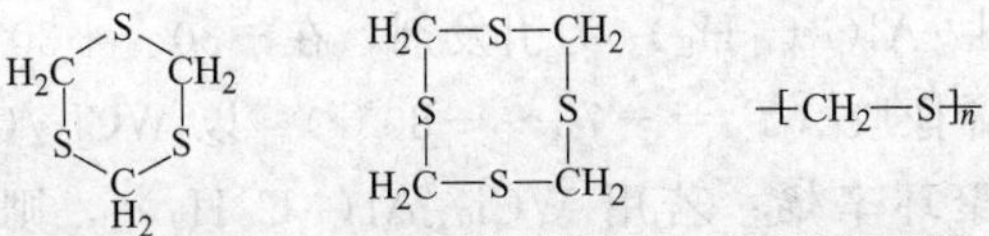

三聚硫代甲醛   四聚硫代甲醛   聚硫代甲醛

环硫醚阳离子的增长活性种是环锍离子，单体亲核进攻环锍离子的 α-碳原子而增长。

环锍离子   硫阴离子

环硫乙烷也可进行阴离子开环聚合，活性种是硫阴离子，亲核进攻单体而增长，活化能较低，具有活性聚合特性。

环硫丙烷是手性单体，R 和 S 对映体量相等，因外消旋而不显示光学活性。采用对 R 对映体有选择倾向的引发剂，如（R）叔丁基乙二醇/ZnCl₂，进行配位聚合，可使 R 对映体优先聚合，因而可制得有旋光性的立构规整聚合物。

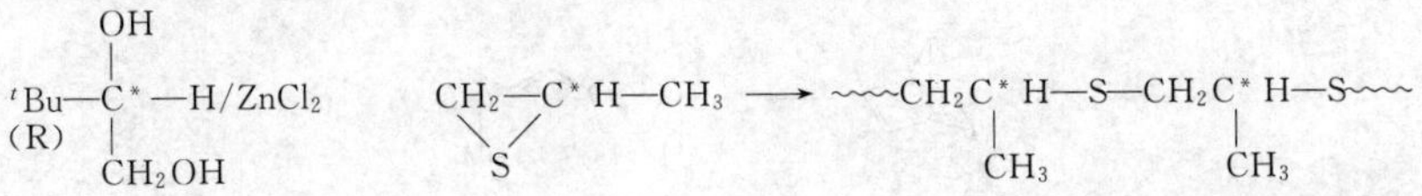

(R/S=50/50)   (R/S=75/25)

8.9　环烯的开环聚合和非共轭二烯烃的成环聚合

环烯，包括单环单烯、单环双烯或多烯、双环烯类，都能开环聚合成相应的聚合物。

8.9.1　环烯开环歧化（易位）聚合

除六元环己烯外，其他环烯，包括有、无取代的单环烯和双环烯，均能开环聚合，最重要的环烯单体有环戊烯、环辛烯、降冰片烯及其衍生物。综合反应可表示如下式：

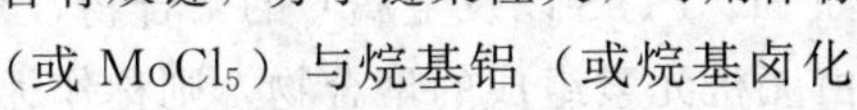

$$n\mathrm{CH{=}CH(CH_2)}_m \longrightarrow \mathrm{\{CH{=}CH(CH_2)}_m\}_n$$

环烯开环聚合往往并不打开双键，而是环中单键断裂，形成线形聚合物，这一聚合特称作开环歧化（易位）聚合（ROMP）。

开环歧化聚合的引发剂主要由 WCl_6、$WOCl_4$、MoO_3、$RuCl_2$ 等和烷基铝共引发剂组成，也属于 Ziegler-Natta 引发体系。

环烯开环聚合物主链中含有双键，分子链柔性大，可用作橡胶，现介绍若干例子。

（1）环戊烯　由 WCl_6（或 $MoCl_5$）与烷基铝（或烷基卤化物）组成引发剂，可使环戊烯开环聚合。

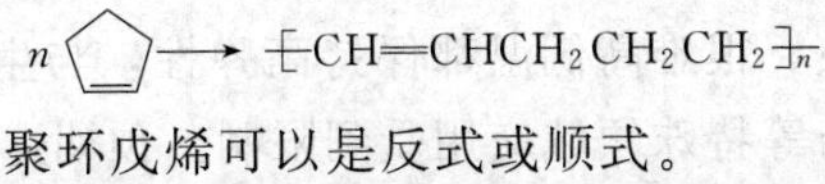

$$n\bigcirc \longrightarrow \mathrm{\{CH{=}CHCH_2CH_2CH_2\}}_n$$

根据引发体系的不同，聚环戊烯可以是反式或顺式。

以 $WCl_6/Al(i\text{-}C_4H_9)_3$ 为引发剂，环氧乙烷为活化剂，环戊烯将开环聚合成反式-1,5-聚戊烯，其 T_g -97℃，熔点 18℃，性能类似丁苯橡胶。调节 Al/W 比和聚合温度，可将反式控制在 85% 以下，防止过度结晶，保持高弹性。但耐温性差，硬度较大，至今尚未工业化。

以 $MoCl_5/Al(C_2H_5)_3$ 为引发剂，环戊烯在 $-30\sim-40℃$ 下开环聚合，则得 99% 顺式聚环戊烯。其 T_g -114℃，结晶熔点 -41℃，耐低温是其特点，但其物理机械性能稍差。

（2）环辛烯　根据引发体系和聚合温度的不同，聚环辛烯也可以有反式或顺式。以

$WCl_6/Al(C_2H_5)_3$ 或 $WCl_6/Al(i\text{-}C_4H_9)_3$ 为引发剂，在$-30\sim+30℃$下，环辛烯可开环聚合成 80% 反式-1,8-聚环辛烯橡胶（$T_g=-75\sim-80℃$）。以 $WCl_6/C_2H_5AlCl_2$ 为引发剂，则得 $75\%\sim80\%$ 顺式-1,4-聚环辛烯；若用 $WCl_6/Al(i\text{-}C_4H_9)_3$，则需调节温度来控制顺式结构。

环辛二烯及其衍生物可以进行类似开环聚合。环十二烯也可开环聚合成相应聚合物。

（3）环辛四烯　在特殊钨引发剂作用下，环辛四烯可以开环聚合成聚乙炔，用来制备导电高分子。

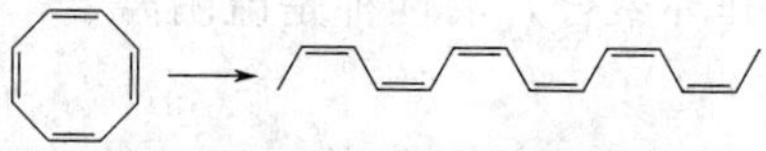

上式聚乙炔是顺式结构，加热后可转变成反式。另见功能高分子一章中的电功能高分子。

（4）双环烯　降冰片烯是双环烯，1955 年曾用 $TiCl_4/MgC_2H_5Br$ 体系进行开环聚合，1976 年工业化。

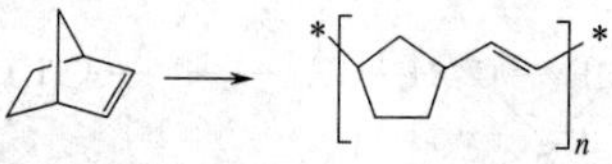

聚降冰片烯分子链中保留有五元环和双键。是性能特殊的橡胶，吸收几倍自重的油类增塑剂，仍能保持原有性质。撕裂强度和动力阻尼特性均高，可用于噪声控制和减震。

8.9.2　非共轭二烯烃的成环聚合

非共轭二烯烃，如己二烯，在自由基聚合过程中，有环形成，特称作成环聚合。己二烯经自由基 $R^·$ 引发，先形成带双键的线形自由基，而后分子内环化，再加上己二烯而成为含环的线形聚合物，五、六元环可能同时形成，聚合机理复杂，大致过程有如下式。

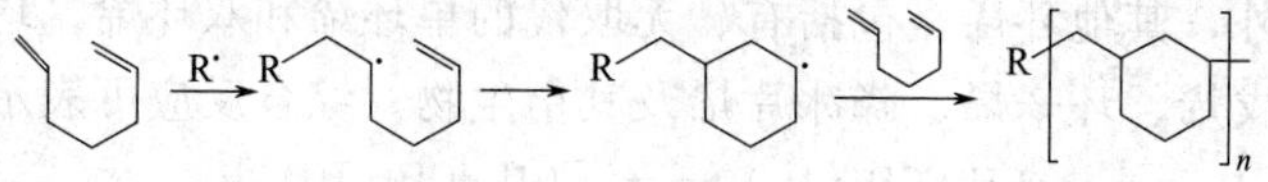

8.10　半无机和无机高分子

8.10.1　概述

目前多数合成聚合物是有机高分子，主链和侧基多由 C、H、O、N 四元素构成。主链或侧基含有部分无机原子（如 Si、P、S 以及金属）的聚合物，则成为半无机（或元素有机）高分子，而主链、侧基全部由无机元素组成的聚合物，则称作无机高分子。

有机聚合物优点甚多，如质轻，耐腐蚀，电绝缘，易加工。但也有些缺点，如不耐热，不耐有机溶剂和紫外光，易燃，很难高低温都保持高弹性，与生物血液和组织相容性差等，因此在高温、航天、生物医药等特殊领域应用受到限制。预期这些问题有待半无机和无机高分子来解决。

材料基本上可以分成聚合物、陶瓷、金属、半导体/电光材料四大类，在历史上，按各自的基础进行发展，形成了不同的行业和学科，可用图 8-3 方框的 4 角来表示。

这四种材料的结构性能各有差异，互有优缺点。如能通过分子设计，合成出新的杂化材料，即半无机和无机高分子，保留优点，弱化缺点，优化综合性能，将成为今后的重要研究方向。图 8-3 的中心或靠近边角，都可能成为研究目标。

陶瓷性能与聚合物差别很大，但两者结构却可类比。聚合物是有机高分子，陶瓷则是无机高分子。在发展史上，这两种材料分属于两门学科，近年来开始相互渗透。这里有必要说明一下"陶瓷"的术语及其结构特征。按照我国习俗，陶瓷意指陶器、瓷器等制品。但在科技上，玻璃、水泥、陶瓷制品乃至硅酸盐矿物都可归属于陶瓷（ceramics）。而广义的现代陶瓷还应包括非硅酸盐陶瓷，如碳化硅、氮化硅、氮化硼等。

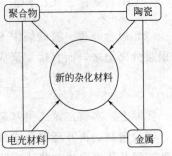

图 8-3 四大材料的相互关系

参比聚合物结构，天然和合成陶瓷也可以有线形、梯形和片状、交联体形三类结构。三类结构均以硅氧链为骨架，侧基是氧原子，与 Na^+、Ca^{2+} 构成离子键，也可能通过 Ca^{2+} 或 Al^{3+} 形成离子交联网络。二度和三度结构的硅氧主链之间多由氧桥深度交联。因此其性能特征是耐高温、硬脆，而失去了柔性、高弹性和成膜性。

半无机和无机高分子可以粗分为三类。

① 主链由非金属无机元素（Si、P、N、O、S 等）组成、侧基为有机或半无机聚合物，有可能兼具耐高温、耐油、阻燃和柔性、高弹性、韧性、成膜性等两方面的综合性能，从而沟通无机高分子和有机高分子。这一类处于图 8-3 的中心部位，是研究的主攻目标，也是本节介绍的重点。

② 侧基含有无机元素的碳链聚合物。

③ 陶瓷前体聚合物，主链由无机元素构成，侧基可以是有机或无机，经高温裂解，可转变成交联结构的非硅酸盐陶瓷（无机高分子）。这类转变之前的半无机或无机聚合物则称作陶瓷前体，趋近于图 8-3 的右上角。左下角半导体/电光材料则另见功能高分子一章。

许多半无机和无机高分子由开环聚合来合成，因此列在本章内，即使用其他聚合方法来合成，也顺便介绍。侧重聚硅氧烷、聚磷氮烯、聚氮化硫和碳化硅等及其陶瓷前体。

8.10.2 聚硅氧烷

聚硅氧烷，俗称有机硅，是目前半无机高分子中工业化早、发展规模最大的一员。

硅和碳同属于Ⅵ族元素，正常价态为 4，但其价电子却在 3d 轨道，原子半径较大，Si—Si 键能（约 125kJ·mol^{-1}）要比 C—C 键能（350kJ·mol^{-1}）低得多，因此硅烷（Si_nH_{2n+2}）不稳定，分子量也不高。同族 Ge—Ge、Sn—Sn 键能更小，更难形成聚合物。但 Si—O 键却很稳定（约 370kJ·mol^{-1}），这就成为合成聚硅氧烷的基础。Si—C 键能也不低（240kJ·mol^{-1}），可以形成碳化硅，成为高硬度、耐磨的无机高分子材料。

聚二甲基硅氧烷是聚硅氧烷的代表，主链由硅和氧相间而成，硅上连有 2 个甲基。

$$\left[O-\underset{\underset{CH_3}{|}}{\overset{\overset{CH_3}{|}}{Si}} \right]_n$$

（1）单体　氯硅烷是聚硅氧烷的原始单体，工业上由单质硅与氯代烷或氯苯直接反应而成，铜为催化剂，250～280℃，产物是多种氯硅烷的混合物，经精馏分离提纯，可得各种纯氯硅烷。

$$Si+CH_3Cl \xrightarrow{Cu,250\sim280℃} (CH_3)_2SiCl_2 + (CH_3)_3SiCl + CH_3SiCl_3 + CH_3SiHCl_2$$

$$\phantom{Si+CH_3Cl \xrightarrow{Cu,250\sim280℃}} 70\%\sim80\% \quad\quad 5\%\sim8\% \quad\quad 10\%\sim18\% \quad\quad 3\%\sim5\%$$

除了二甲基二氯硅烷用作主单体外，为了改善交联、耐热、强韧、阻燃、相容等性能，还可以与带乙基、乙烯基、三氟丙基、对氰乙基、苯基等共单体进行共聚，例如：

$(CH_3)_2SiCl_2$　　　　CH_3SiCl_3　　　　$(CH_3)_2SiCl$　　　　$CH_2\!=\!CHSi(OC_2H_5)_3$　　　　$(C_6H_5)_2SiCl_2$

　　主单体　　　　　交联剂　　　　　封端剂　　　　　提供交联基团　　　　　提高耐热性

（2）**聚合原理**　氯硅烷中 Si—Cl 键不稳定，容易水解成硅醇。氯硅烷水解速率快，硅醇很难分离出来，而直接缩聚成聚硅氧烷，但分子量不高。

$$-\!\!\overset{|}{\underset{|}{Si}}\!\!-Cl \xrightarrow{H_2O} -\!\!\overset{|}{\underset{|}{Si}}\!\!-OH \xrightarrow{-H_2O} -\!\!\overset{|}{\underset{|}{Si}}\!\!-O-\!\!\overset{|}{\underset{|}{Si}}\!\!-$$

实际上，多将二氯二甲基硅烷水解，预缩聚成八元环四聚体（$R_2SiO)_4$ 或六元环三聚体，经过精制，再开环聚合成聚硅氧烷。环硅氧烷四聚体为无色油状液体，100℃以上，可由碱或酸开环聚合成油状或冻胶状线形聚硅氧烷，分子量可以高达 2×10^6，或 25000 重复单元。

$$Cl\!-\!\overset{CH_3}{\underset{CH_3}{Si}}\!-\!Cl \xrightarrow{H_2O,\,-HCl} [HO\!-\!\overset{CH_3}{\underset{CH_3}{Si}}\!-\!OH] \xrightarrow{-H_2O} \begin{matrix} CH_3\ \ CH_3 \\ CH_3\!-\!Si\!-\!O\!-\!Si\!-\!CH_3 \\ O\ \ \ \ O \\ CH_3\!-\!Si\!-\!O\!-\!Si\!-\!CH_3 \\ CH_3\ \ CH_3 \end{matrix} \xrightarrow{碱或酸} \begin{bmatrix} O\!-\!\overset{CH_3}{\underset{CH_3}{Si}} \end{bmatrix}_{\!\!n}$$

八元或六元环硅氧烷开环聚合，热力学上有两个特征：①环张力小，ΔH 接近于零，ΔS 却是正值，熵增就成为聚合的推动力，因为柔性线形聚硅氧烷比环状单体可以有更多的构象。②存在环-线平衡，聚合时线形聚合物和少量环状单体共存；在较高的温度（如250℃）下，将解聚成环状齐聚物，三至六聚体（六至十二元环）不等。

在动力学上，硅氧烷的开环聚合属于离子机理，碱或酸均可用作引发剂。

KOH 或 ROK 是环状硅氧烷开环聚合常用的阴离子引发剂，可使硅氧键断裂，形成硅氧阴离子活性种，—O⁻ 进攻环中硅原子，环状单体插入 —O⁻K⁺ 离子对而增长。

引发　　　　　　$RO^-K^+ + SiR_2(OSiR_2)_3O \longrightarrow RO(SiR_2O)_3SiR_2O^-K^+$

增长　　　$\sim\!\!\sim\!\!SiR_2O^-\ K^+ + SiR_2(OSiR_2)_3O \longrightarrow \sim\!\!\sim\!\!(SiR_2O)_4SiR_2O^-\ K^+$

碱引发可合成高分子量聚硅氧烷。需另加 $(CH_3)_3Si$—O—$Si(CH_3)_3$ 作封端剂，控制分子量。封端终止是链转移反应，有如下式：

$$\sim\!\!\sim\!\!Si(CH_3)_2\!-\!O^{-+}K + (CH_3)_3Si\!-\!O\!-\!Si(CH_3)_3 \longrightarrow$$
$$\sim\!\!\sim\!\!(CH_3)_2Si\!-\!O\!-\!Si(CH_3)_3 + (CH_3)_3Si\!-\!O^{-+}K$$

强质子酸或 Lewis 酸也可使环硅氧烷阳离子开环聚合，活性种则是硅阳离子—$Si(R_2)^+A^-$，单体插入 Si^+A^- 键而增长，也可能先形成氧鎓离子，而后重排成硅阳离子。酸引发时，聚硅氧烷分子量较低，常用于硅油的合成。

$(CH_3)_3SiCl$ 水解后只有一个羟基，可用来封锁端基。CH_3SiCl_3 水解后则有三个羟基，可起交联作用，四氯化硅将水解成四羟基的硅酸，会引起深度交联。乙烯基氯硅烷参与共聚，将引入双键侧基，可供交联之需。苯基硅氧烷的苯环可以提高聚硅氧烷的耐热性。

（3）**结构与性能**　聚二甲基硅氧烷的结构特征是氧、硅原子相间，硅原子有两个侧基，氧的键角较大（140°），侧基间相互作用较小，容易绕 Si—O 单键内旋，$T_g=-130℃$，可以在宽温度范围（$-130\sim+250℃$）内保持柔性和高弹性，是高分子中最柔顺的一员。此外，还有耐高温（<180℃）、耐化学品、耐氧化、疏水、电绝缘等优点，可以在许多重要领域中应用。

聚硅氧烷的工业产品主要有硅橡胶、硅油和硅树脂三类。高分子量线形聚硅氧烷进一步交联，就成为硅橡胶。低分子线形聚二甲基硅氧烷和环状低聚物的混合物可用作硅油。有三官能度存在的聚硅氧烷，俗称硅树脂，可以交联固化，用作涂料。

硅橡胶的交联方法有多种：①过氧化二氯代苯甲酰在 110～150℃ 下分解成自由基，夺取侧甲基上的氢，成亚甲基桥交联；②加少量（0.1%）乙烯基硅氧烷作共单体，引入乙烯基侧基交联点；③加多官能度氯硅烷，如四氧烷硅，用辛酸锡催化，则可室温固化。

硅橡胶的高度柔性同时也是产生高度渗透性的原因，可用作膜材料。利用其透氧性，曾试图用来研制潜水员的人工鳃。利用其惰性、疏水性、抗凝血性，可用于人工心脏瓣膜和有关脏器配件、接触眼镜、药物控制释放制剂、药物导管以及防水涂层等。

（4）改性　聚硅氧烷可以改性，例如与环氧树脂、醇酸树脂结合，制备复合涂料；与三氟丙基甲基二氯硅烷共聚，制耐高温的氟硅橡胶，用于宇航；与聚碳酸酯共聚，制嵌段共聚物等。

聚硅氧烷限在 180℃ 以下使用，加热至 250℃，就迅速解聚成环状齐聚物。可以通过下列几种方法，进一步提高耐热性。

① 可溶性梯形有机硅。由苯基三氯硅烷 $C_6H_5SiCl_3$ 水解而成。

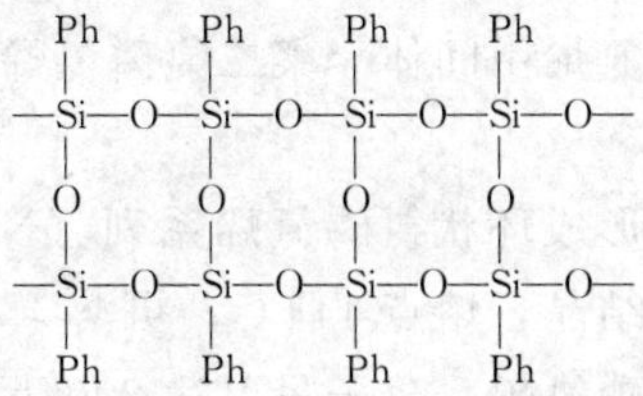

梯形结构限制了分子链的活动，因此提高了熔点，耐温 300℃，但牺牲了弹性。但尚未交联，仍能溶于有机溶剂中，形成粘滞溶液。用少量溶剂溶胀，可以拉伸取向。

② 主链中引入芳环。下列共聚物在 450℃ 以下稳定，$T_g = -25℃$，仍有弹性。

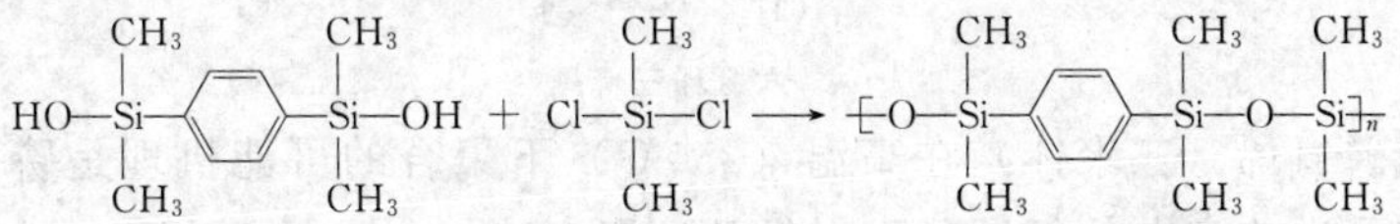

③ 主链中引入碳硼烷。提高聚硅氧烷的热稳定性，而保留高弹性。

碳硼烷（carborane）是以碳、硼原子为骨架的特殊"笼状"分子，例如 1,2-二碳代十二硼烷（$C_2B_{10}H_{12}$），每一碳和硼原子都连有一个氢原子，由癸硼烷和乙炔反应而成。

$$B_{10}H_{14} + HC\equiv CH \xrightarrow[\text{C}_6\text{H}_6]{2\ (\text{C}_2\text{H}_5)_2\text{S}} C_2B_{10}H_{12} + 2H_2$$

上述碳硼烷呈二十面体结构，其性能特点是特别稳定，原因是碳-硼结构允许电子在整个笼子内各原子之间自由活动，并能使相邻的单元稳定。因此碳硼烷与硅氧烷共聚，在两碳硼烷笼子之间只要搭上一个或几个硅氧烷桥，就足以保留柔性，并提高热稳定性。

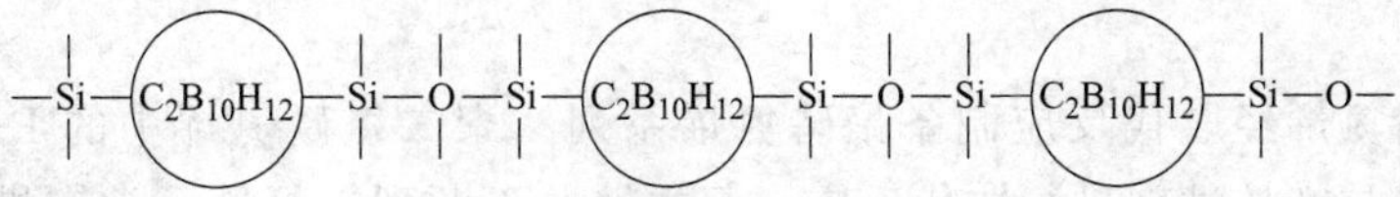

碳硼烷笼子

8.10.3　聚磷氮烯

聚磷氮烯又名聚磷腈，主链由 P、N 交替而成，磷原子上有两个侧基，分子量很大。

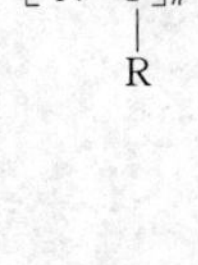

聚磷氮烯分子结构与聚硅氧烷类似。氮原子上留有一对孤电子对，可供其他分子配位。氮 p 轨道上的其他电子则与磷 d 轨道电子构成 π 键，P ═ N 键能很大，因而稳定。氮键角大，又无基侧，主链内旋自由度很大，因此玻璃化温度很低，柔性大，多数是弹性体。

保持磷氮主链不变，改变侧基，可以合成多种聚磷氮烯，现已制得 700 多种。引入不同侧基，聚磷氮烯性能的变化范围甚广，为其他聚合物所不及：可从低温弹性体、生物材料、聚合物药物、水凝胶、液晶材料、阻燃纤维一直到半导体材料等。图 8-3 方框中的任何部位都可以有聚磷氮烯的研究工作，且发展迅速，前景看好。

聚磷氮烯弹性体耐油，阻燃，玻璃化温度低，可用作输油管线、垫圈和不燃泡沫橡胶制品。用作生物医药时，在体内可降解成磷酸盐、氨和氨基酸。此外，聚磷氮烯还可用作充电锂电池中的固体离子导体宿主，燃料电池中质子传导膜，以及高折射率光学材料等。

除特殊品种外，聚磷氮烯的缺点是加热至 $200 \sim 250℃$ 以上，将部分解聚成环状齐聚物（主要是三、四聚体），这是开环聚合的普遍现象。因此，耐热性也受到限制。

制备聚磷氮烯将涉及多种合成高分子的反应，如：①开环聚合；②大分子侧基取代反应；③缩聚，包括常规缩聚和离子机理的缩聚。

（1）开环聚合制备聚二氯磷氮烯中间体　聚二氯磷氮烯是聚磷氮烯系列的中间体，由环状氯磷氮开环聚合而成。

五氯化磷与氯化铵反应，可形成环状氯磷氮烯系列 $(NPCl_2)_n$，$n＝3 \sim 6$ 不等，但以环状三聚体为主。该化合物是白色结晶，熔点 $114℃$，可溶于有机溶剂，$230 \sim 300℃$ 和减压条件下加热，就聚合成透明聚二氯磷氮烯，分子量可达 200 万，相当于 15000 重复单元。

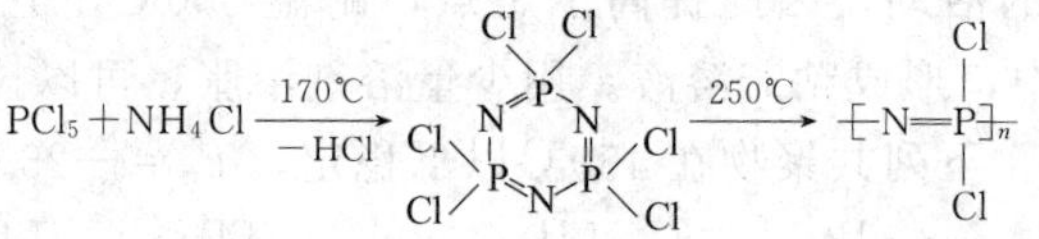

六氯环三磷氮　　　　聚二氯磷氮烯

六元环二氯磷氮烯（三聚体）在高温（$250℃$）下聚合的可能机理是磷-氯键离解成 P^+ 和 Cl^-，磷阳离子进攻富电的氮原子而引发开环聚合。

聚二氯磷氮烯全部由无机元素构成，是真正的无机高分子，分子链高度柔顺，低温下呈橡胶态，冷却至 T_g（$-63℃$）附近才硬化，其应力-松弛的弹性体行为，甚至于比天然橡胶还要理想，俗称"无机橡胶"。但 P—Cl 键是弱键，对水分敏感，长期在空气中存放，易水解成磷酸盐、氨和氯化氢，变成粉末，无法直接使用，但可供作合成聚磷氮烯的中间体。

六氟环三磷氮烯 $(NPF_2)_3$，也可开环聚合成聚二氟磷氮烯，为后续的取代反应提供中间体。卤代磷氮烯三、四聚体也可以只限一个卤原子被有机基团取代，而后用作中间体。

（2）卤代磷氮烯经取代反应制备聚磷氮烯系列　聚二氯磷氮烯中的 P—Cl（或 P—F）键是弱键，容易与亲核试剂进行取代反应，而主链并不断裂。氯原子被有机基团取代以后，就成为很稳定的半无机高分子。

有 250 多种亲核试剂用于取代反应，例如聚二氯磷氮烯与醇钠（如乙醇钠、三氟乙醇钠）或酚钠反应，形成烷氧或芳氧衍生物；与胺类 RNH_2（如苯胺或丁胺）反应，形成氨基衍生物；与有机金属化合物（如格氏试剂、二烷基镁、有机锂）反应，可引入烷、芳基。

$$\underset{\text{聚二氯磷氮烯}}{\left[N=P\right]_n \begin{smallmatrix} Cl \\ | \\ | \\ Cl \end{smallmatrix}}
\quad
\begin{array}{l}
\xrightarrow[\;-\,NaCl\;]{+\,RONa}\quad \left[N=P\right]_n \begin{smallmatrix} OR \\ | \\ | \\ OR \end{smallmatrix} \qquad \text{烷氧衍生物} \\[3em]
\xrightarrow[\;-\,HCl\;]{+\,R_2NH}\quad \left[N=P\right]_n \begin{smallmatrix} NR_2 \\ | \\ | \\ NR_2 \end{smallmatrix} \qquad \text{氨基衍生物} \\[3em]
\xrightarrow[\;-\,HCl\;]{+\,CF_3CH_2ONa}\quad \left[N=P\right]_n \begin{smallmatrix} OCH_2CF_3 \\ | \\ | \\ OCH_2CF_3 \end{smallmatrix} \qquad \text{聚双(三氟乙氧)磷氮烯}
\end{array}$$

聚磷氮烯的性能与侧基有关：引入甲氧基或乙氧基，则成为弹性体；引入氟烷氧基、酚氧基或氨基，则成为成膜材料；引入氨基，可增加亲水性；引入有机金属，可供进一步反应。取代基对聚磷氮烯性能的影响见表 8-7。

表 8-7　侧基对聚磷氮烯性能的影响

基　团	性　能	基　团	性　能
OC_2H_5	弹性体	$OCH_2CH_2OCH_2CH_2OCH_3$	水溶性
OCH_2CF_3	疏水微结晶热塑性	$OCH_2CH(OH)CH_2OH$	水溶性,可生物降解
$OCH_2CF_3 + OCH_2(CF_2)_xCF_2H$	弹性体(低 T_g)	Glycosyl	水溶性
OC_6H_5	疏水微结晶热塑性	$NHCH_2COOC_2H_5$	可生物降解
$OC_6H_5 + OC_6H_4R$	弹性体	$OC_6H_5P(C_6H_5)_2$	过渡金属的络合配体
$NHCH_3$	水溶性	茂铁基	电极介体聚合物

聚合物的结晶性与侧基排布的规整性有关。通过两种不同亲核试剂的同时或相继反应，可在同一磷原子上引入两种不同的取代基，例如两种烷氧基（OR 和 OR'）、烷氧基和二乙基氨基（—NEt$_2$）、两种氨基（二乙基氨基和烷基氨基）等，破坏了结构的规整性，取代产物都趋向于橡胶。

特别引人兴趣的是氟乙氧基的引入。引入两个氟乙氧基，如 $\left[N=P(OCH_2CF_3)_2\right]_n$，则成为微结晶的软塑料，$T_g$ 低（$-66℃$），熔点高（$242℃$），类似聚乙烯，能溶纺、成膜，疏水性能与聚四氟乙烯、聚硅氧烷相当。如果引入 OCH_2CF_3 和 $OCH_2(CF_2)_xCF_2H$ 两种基团，则成为特种橡胶，热稳定性、疏水性、耐溶剂、低温弹性均佳，有些甚至优于氟、硅橡胶。

（3）缩聚　上述开环聚合和侧基取代反应是合成聚磷氮烯的主要方法，但缩聚也是合成聚磷氮烯的另一途径，单体的通式为 $Me_3SiN=PR_3$，其中 R 为卤原子或有机基团。缩聚反应式如下：

$$Me_3Si-N=P-R^2 \begin{smallmatrix} R^1 \\ | \\ | \\ R^3 \end{smallmatrix} \xrightarrow{\;-\,Me_3SiR^2\;} \left[N=P\right]_n \begin{smallmatrix} R^1 \\ | \\ | \\ R^3 \end{smallmatrix}$$

缩聚曾有三法：高温常规缩聚，中温阴离子聚合和低温阳离子聚合。高温缩聚有如：

$$(CH_3)_3Si-N=P-OCH_2CF_3 \begin{smallmatrix} CH_3 \\ | \\ | \\ CH_3 \end{smallmatrix} \xrightarrow{\;-(CH_3)_3SiOCH_2CF_3\;} \left[N=P\right]_n \begin{smallmatrix} CH_3 \\ | \\ | \\ C_6H_5 \end{smallmatrix}$$

在此基础上，以 Bu$_4$NF 作引发剂，低温下可按阴离子聚合机理制备聚烷氧磷氮烯。

在溶液中和室温下，$Me_3SiN=PCl_3$ 用微量 PCl_5 处理，则按活性阳离子聚合机理，形成聚二氯磷氮烯，聚合度可由单体-引发剂比来调节，分子量分布窄。也可制备嵌段共聚物。

8.10.4 聚硫

室温下，单质硫以稳定的八元环菱形硫存在，性脆结晶，熔点 113℃，熔体呈黄红色。硫的聚合下限温度是 159℃，159℃以上，可聚合成线形聚硫，体系粘度随温度而增加。但温度升至 175℃，粘度又开始下降，原因是线形聚合物解聚成环硫。

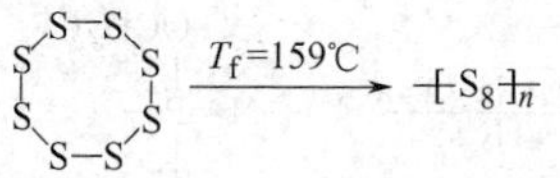

可用两种急冷法将高分子量线形聚硫从聚硫熔体中分离出来：一是将聚硫熔体倒入干冰-丙酮浴（-78℃）中急冷，线形聚硫就以黄色半透明玻璃状分离出来。其 $T_g=-30$℃，-30℃以下，呈非晶态；超过 -30℃，就转变成高弹态，估计是线形聚合物与八元环硫共存，环硫起了增塑作用，如用二硫化碳将环硫萃取出来，留下的线形聚硫，T_g 升为 75℃。

另一分离方法是将聚硫熔体倒入冷水中急冷，就形成半结晶聚硫和八元环硫晶体的混合物，如加热至 90℃以上，就迅速转变成菱形硫。但在室温下，解聚环化的速率相当低。因此，聚硫的实际用途有限。然而，这一热行为往往是许多无机聚合物的共同特性：即环可以聚合成线形聚合物，高温下，又解聚成环。

环状单质硒和碲的聚合行为与环硫相似。

8.10.5 聚氮化硫

聚氮化硫（$+S=N+_n$）是很出名的合成无机高分子，具有与金属相似的电性能和光学性能，室温下导电性能与汞、铋、镍铬等金属同数量级。其导电率随温度降低而增加，4.2K 时电导率是 25℃时的 200 倍，0.3K 时就变成了超导。

聚氮化硫由八元环氮化硫四聚体经过多步的复杂反应而成。氮化硫四聚体由元素硫或 S_2Cl_6、SF_4、S_2F_{10} 与氨反应而成，呈橘黄色，结晶，熔点 178℃。环氮化硫四聚体加热至 $200\sim300$℃，转变成二聚体；二聚体在 25℃下进行固相聚合，则成聚氮化硫。

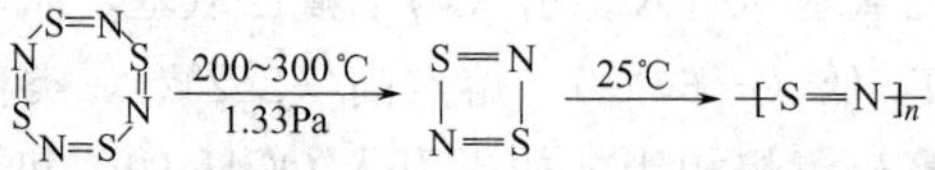

聚氮化硫可以成膜和成纤，在室温下对空气和水都稳定，但长期放置或加热，将分解成硫、氮和其他产物，应用受到限制。但其导电性为导电高分子的研制打开了思路。

8.10.6 侧基含无机元素的碳链聚合物

这类聚合物可以通过两种方法来合成：烯类单体的加聚和聚合物侧基的化学反应。

（1）加聚 带无机侧基的聚合物，可以由相应单体（如下式）加聚而成。

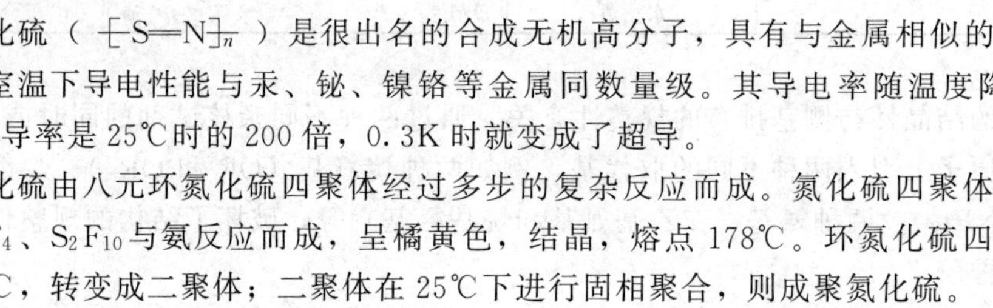

无机侧基将使烯类自由基聚合活性降低，有些可与苯乙烯、甲基丙烯酸甲酯等共聚，调节溶解度、T_g 等性能。上式第三种单体可阳离子聚合，而第四种可由格氏试剂进行阴离子聚合。如果在乙烯基与无机侧基之间有脂族或芳族间隔基，则可提高聚合活性。

乙烯基二茂铁可进行自由基聚合（AIBN）、阳离子聚合和 Ziegler-Natta 聚合，但不能阴离子聚合，过氧类引发剂将使茂铁氧化，也不适用。二茂铁本身和主链含二茂铁的聚合物均耐热，但二茂铁处于侧基的乙烯基聚合物的耐热性却与高密度聚乙烯相似。乙烯基二茂铁聚合物可用作氧化-还原介体，尤其在电极表面。

（2）侧基配位或取代反应　有金属配位点或成盐点的聚合物可与有机金属或无机物反应，在侧基上可接上无机单元。引入过渡金属，可赋予催化性能。无机或有机金属化合物与聚合物的取代反应活性较低。

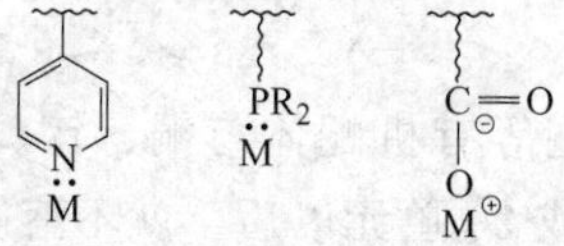

以聚乙烯亚胺为例，亚胺中氢被锡烷基取代，引入微量锡（10^{-6} 或 10^{-9} 级），即具抗菌性能，可用作织物防霉处理剂或海洋船泊涂料的添加剂，以防海洋生物粘附船体生长。

$$\underset{\overset{|}{H}}{\bigl[CH_2CH_2-N\bigr]_n} + R_3SnCl \longrightarrow \underset{\overset{|}{SnR_3}}{\bigl[CH_2CH_2-N\bigr]_n}$$

聚乙烯亚胺中氮原子与钴化合物络合，易吸收空气中的氧，成为氧的载体，可用于氧化还原电池。

8.10.7　主链含有金属的有机金属聚合物

聚合物主链或侧基中如引入金属元素，就成为有机金属聚合物。有机金属聚合物种类可以很多，性能特殊，价昂，只限于用量较少的特殊场合。引入过渡金属，具催化特性。

加聚、缩聚和开环聚合都可以用来合成有机金属聚合物。

主链含金属的聚合物比侧基金属聚合物多，更有发展前途。金属在聚合物主链中可以有共价结合和配位络合两种方式。

（1）主链中金属共价结合　这一类有机金属聚合物可用二官能度有机单体和金属二氯化物缩聚而成，类似聚酯和聚酰胺反应。二官能度有机单体有醇、硫醇、胺、羧酸、肟、肼等，二氯化物中的金属包括 ⅥB～ⅧB 族元素，如 Ti、Pb、Sb、Bi、U、Mn、Fe、Co、Pt 等。现选二茂铁为例。

20 世纪 70 年代以来，曾尝试将茂金属引入聚合物主链。先采用缩聚反应，近期则改用开环聚合。二茂铁 $[(C_5H_5)_2Fe]$ 引入聚合物主链，可提高聚合物的耐热性，利用其容易电化学氧化性能，可望在半导体中获得应用。

羟甲基二茂铁与二酰氯缩聚，可将茂金属引入主链。

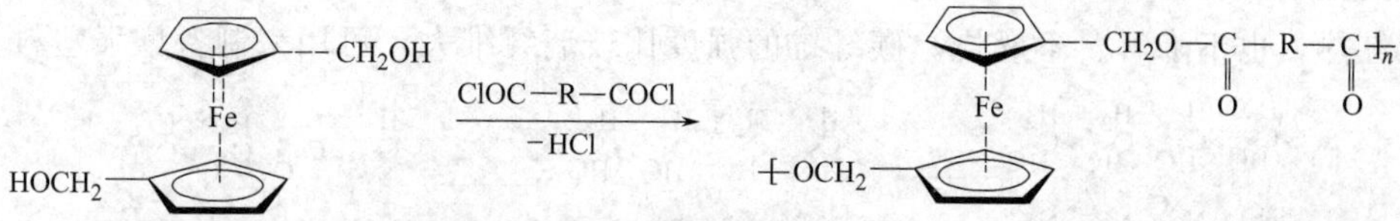

下列开环聚合，也可以形成稳定的二茂铁聚合物。

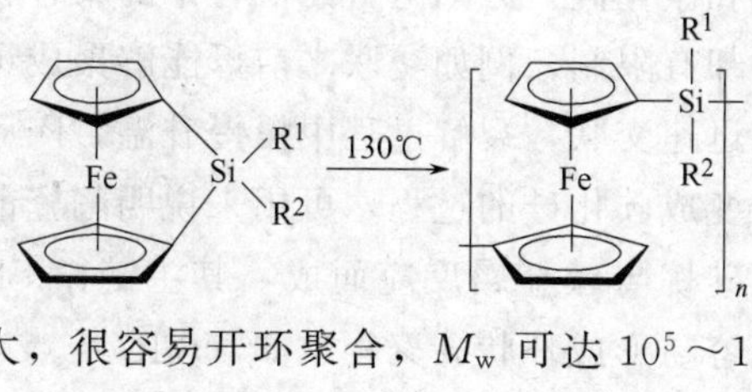

上述环状化合物张力大，很容易开环聚合，M_w 可达 $10^5 \sim 10^6$，$M_n > 10^5$（约 400 重复

单元）。侧基 R^1 和 R^2 可以是 $C_1 \sim C_6$ 烷基，也可以是甲基和氯原子，氯的存在可供后续取代反应之用。玻璃化温度随侧基 R 而变，可从 +99℃（R^1＝甲基和 R^2＝铁茂）降至 −51℃（R^1 和 R^2＝己氧基）。这些聚合物的特点是可以用作电子导体和磁性陶瓷的前体。

（2）金属与电子给体配位络合构成主链　有许多金属可以与 O、N 等供电原子配位而进入高分子的主链，结构有如下式。

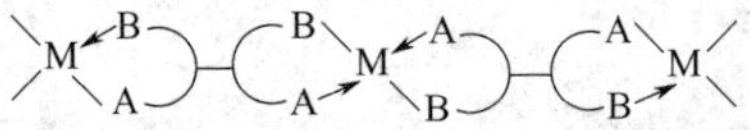

Schiff 碱、δ-羟基喹啉、β-二酮等有机配体与铜、锌、镍、钴、锰、钯等金属都曾有上述形式配位。但是聚合度到达 10 或 20 单元以后，就不溶解。如果配体的有机特性明显，则配位聚合物的性质可以与一般聚合物相似，也可成纤或成膜，只是不甚稳定。

8.10.8　陶瓷前体聚合物和现代陶瓷

传统陶瓷熔点高，成型加工困难，制备温度高，生产能耗大，有机-无机杂化材料或非硅酸盐现代陶瓷就也难用此法生产，而发展了溶胶-凝胶法和陶瓷前体法。

8.10.8.1　溶胶-凝胶法

该法多以金属或无机元素烷氧化合物为原料，经几步反应而成。以硅酸四乙酯制二氧化硅为例，来说明其制备过程。将硅酸四乙酯溶于水-乙醇溶剂中，水解成溶胶，再轻微交联成疏松网络的凝胶，成型，干燥脱除水和乙醇，进一步转变成深度交联结构，主要成分是二氧化硅。该法的主要缺点是缩聚时体积收缩。

硅酸盐网络中适当结合些可溶性或亲水性有机聚合物，形成互穿网络材料，就可以降低脆性和体积收缩，其中陶瓷部分保证强度，聚合物部分赋予抗冲性能。

8.10.8.2　陶瓷前体法

低分子物和交联陶瓷不能成纤和成膜，如将半无机聚合物先成型，后交联，再裂解脱除有机成分，最终将成为保持原状的无机聚合物（陶瓷）。该原始聚合物就称作陶瓷前体。

裂解时，消去侧基，体积收缩。因此，希望陶瓷前体尽可能少含有机侧基，含氧少的硅或硼聚合物是首选的陶瓷前体，裂解之后，就成为无氧陶瓷，如碳化硅、氮化硅、氮化硼等。碳纤维中的碳可以看作无机碳，也可归入这一类。

（1）碳纤维　石墨、木炭、碳纤维等可以看作无机碳交联聚合物。聚丙烯腈或粘胶纤维是碳纤维的前体，经 1000℃ 高温裂解，脱除氧、氢，留下稠芳环结构，最后在 2500～2800℃ 高温下石墨化。碳纤维质轻，惰性，可成为半导体或导体，热稳定性极佳，用丙烯火焰烧至红热，也不降解、不燃烧。碳纤维的强度比玻璃纤维大，可用来制备增强塑料。

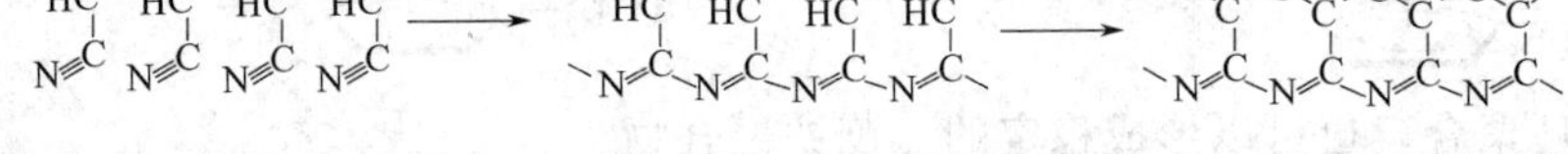

（2）聚硅烷、聚碳硅烷和碳化硅　原则上，无机骨架的聚合物都应该可以裂解成高度交联的超结构陶瓷，但实际上却有限制，例如交联之前可能解聚成可液化或可汽化的环状齐聚物。因此希望裂解初期就能迅速交联，裂解过程中慢慢升温，陶瓷前体尽可能少含侧基。

由聚硅烷或聚碳硅烷转变成碳化硅的过程，可用来说明陶瓷前体聚合物的许多特征。

聚硅烷可由二甲基二氯硅烷与碱金属反应而成，其主链由 Si—Si 构成，Si 原子上连有两个有机基团。硅烷单体很容易形成环状齐聚物，如（SiR_2）$_6$。

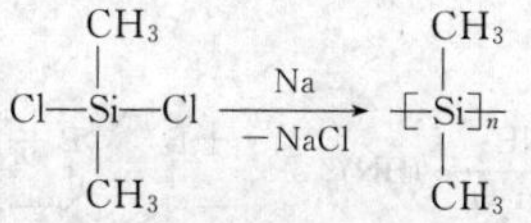

$$\underset{\underset{CH_3}{|}}{\overset{\overset{CH_3}{|}}{Cl-Si-Cl}} \xrightarrow[-NaCl]{Na} \left[\underset{\underset{CH_3}{|}}{\overset{\overset{CH_3}{|}}{Si}}\right]_n$$

聚硅烷不稳定，不能用作结构材料和弹性材料，但可用作碳化硅的前体。

聚二甲基硅烷受热，分子重排，侧甲基的碳原子迁移入主链内，成为聚碳硅烷。

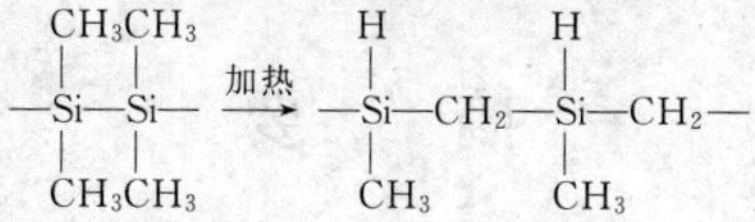

$$\underset{\underset{CH_3}{|}\ \underset{CH_3}{|}}{\overset{\overset{CH_3}{|}\ \overset{CH_3}{|}}{-Si-Si-}} \xrightarrow{\text{加热}} \underset{\underset{CH_3}{|}\ \ \ \underset{CH_3}{|}}{\overset{\overset{H}{|}\ \ \ \overset{H}{|}}{-Si-CH_2-Si-CH_2-}}$$

由聚硅烷制备碳化硅的具体过程比较复杂，大致如下：将分子量约 8000 的聚碳硅烷溶于己烷中，先溶纺成纤维，经 350℃ 表面氧化，使具一定的刚性，便于加工。经 800℃ 裂解，消去甲烷和氢，就成为无定形陶瓷。进一步在 1300℃ 下加热，诱导结晶成 β-SiC。最终产物中的含碳量大于 SiC 的计算值。该纤维强度很高（350kg·mm^{-2}）。

二甲基二氯硅烷与甲基苯基二氯硅烷共聚，同时引入甲基和苯基，可制得可溶性聚硅烷 $[(PhMeSi)(Me_2Si)]_n$，有利于直接纺丝后裂解。也可以将 $C_2 \sim C_8$ 烷基与甲基同时引入，改变 T_g。例如引入正己基，$T_g = -75℃$；引入丙基，$T_g = +25℃$；引入环己基，$T_g = +120℃$。

聚硅烷与聚乙炔及其衍生物有些相似，而与聚乙烯、聚丙烯、聚异丁烯等相去较远。

（3）聚硅氮烷和氮化硅　硅氮烷一般由有机氯硅烷与氨或胺反应而成。根据硅原子上的非卤基团和胺性质的不同，产物可以是环、环线或环网结构。这些都可以成为氮化硅（Si_3N_4）陶瓷的前体。

$(CH_3)_2SiCl_2$ 与氨反应，形成环状齐聚物 $[(CH_3)_2Si-NH]_x$，因含碳量较高，并非理想的陶瓷前体。但 H_2SiCl_2 与氨反应，则形成复杂的环线和环网齐聚物，如下式结构。

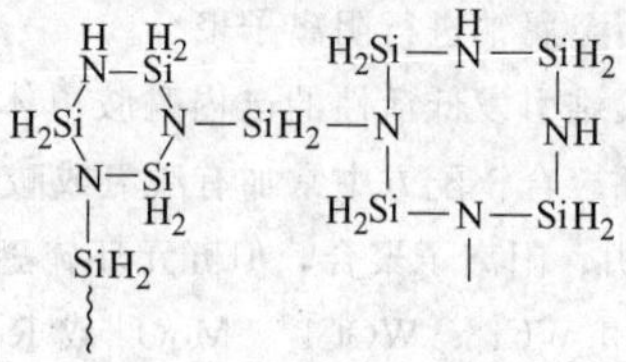

将此前体加热至 1200℃，就聚合，脱除挥发物，温度更高，则失 $H_3SiNHSiH_3$，最后形成 Si_3N_4，产率 69%。看来 Si—H 上的活泼氢对超结构陶瓷的形成起了重要作用。

（4）氮化硼及其前体　氮化硼是著名的材料，耐 2000℃ 高温，1800℃ 是电绝缘体，极耐腐蚀，缺点是难加工成纤维、薄膜和型材，因此，应该由适当的前体来制备。

氨与硼烷反应，可形成六元环氮硼烷三聚体，再开环聚合成环线结构的聚氮硼烷。

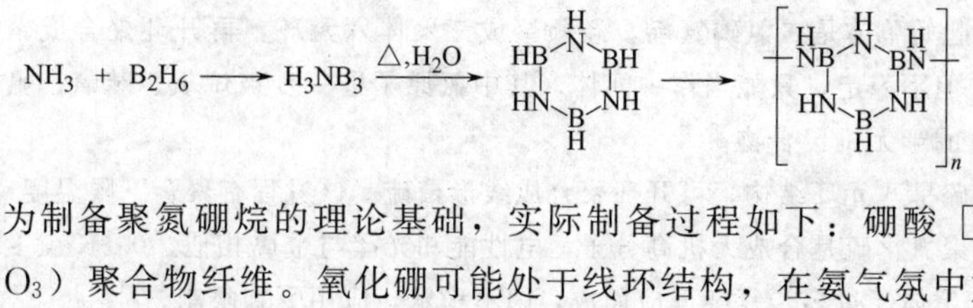

$$NH_3 + B_2H_6 \longrightarrow H_3NB_3 \xrightarrow{\triangle, H_2O} \cdots$$

以上反应可以作为制备聚氮硼烷的理论基础，实际制备过程如下：硼酸 $[B(OH)_3]$ 脱水，制成氧化硼（B_2O_3）聚合物纤维。氧化硼可能处于线环结构，在氨气氛中加热，析出水分，硼氧环就转变成硼氮环。600℃ 以上，硼氮环转变成层状（石墨型）结构。1800℃，再重排成多晶（金刚石型）氮化硼，经历了这些过程，仍然保持纤维状态。

$$B(OH)_3 \xrightarrow{-H_2O} B_2O_3 \xrightarrow[-H_2O]{NH_3} (BN)_n$$

聚合物　　　　　陶瓷　　　　　　线环结构　　　　　层状结构

摘　要

1. 环的稳定性与开环聚合倾向　环的稳定性与环的大小、环中杂原子、取代基三因素有关。三、四元环张力大，容易开环聚合，聚合热是主要推动力。六元环烷烃不能开环聚合。五、六元杂环的开环倾向有所变异。七、八元环能开环聚合，存在可逆平衡，聚合热和熵对聚合的贡献都不容忽视。

多数开环聚合属于连锁离子聚合机理，但阴离子活性种往往是氧阴离子、硫阴离子、胺阴离子，阳离子活性种是三级氧鎓离子或锍离子。

2. 三元环醚的阴离子开环聚合　三元环醚活性特高，可以进行阳离子聚合和阴离子聚合。为避免副反应，多选用阴离子聚合，醇钠作引发剂。环氧乙烷开环聚合机理属于二级亲核取代反应，合成聚醚型表面活性剂时，有交换反应；环氧丙烷聚合时，有链转移反应，形成烯丙醇钠离子对，活性降低，分子量受到限制。

3. 四、五元环醚的阳离子开环聚合　丁氧环和四氢呋喃可进行阳离子开环聚合，其增长活性种是三级氧鎓离子，聚合时，除烯烃聚合常用的阳离子引发剂外，尚需添加环氧乙烷作活化剂。

4. 三氧六环的阳离子开环聚合　三聚甲醛开环聚合时，存在有聚甲醛-甲醛平衡，加少量甲醛，可消除诱导期。均聚甲醛的热稳定性差，易连锁解聚，可加乙酐，使端基乙酰化封端，或与二氧五环共聚。

5. 其他含氧环　环酯、乙交酯和丙交酯、环酐、环碳酸酯均易开环聚合，合成可生物降解高分子。

6. 己内酰胺开环聚合　己内酰胺开环聚合存在可逆平衡，聚合产物中约含 8%～10% 环状单体。己内酰胺可用多种引发剂来开环聚合。阳离子聚合副反应多，工业上较少采用。合成纤维用尼龙-6，采用水和酸作引发剂，浇铸尼龙工程塑料则选用金属钠进行阴离子聚合。

己内酰胺单体阴离子活性较低，较难引发低活性的己内酰胺单体，诱导期长。一旦形成活性较高的二聚体胺阴离子，就能很快地使单体开环聚合。配方中常加有酰氯或酸酐，预先酰化，这就成为关键技术。

7. 环硫醚　三、四元环硫醚均可阴、阳离子聚合，但五元环硫醚却不能聚合。

8. 环烯开环歧化（易位）聚合　由 WCl_6、$WOCl_4$、MoO_3 或 $RuCl_2$ 和烷基铝组成引发体系，可使环戊烯、环辛烯或降冰片烯等开环聚合，环中单键断裂，形成的聚合物主链中含有双键，可用作橡胶。

9. 半无机和无机高分子　聚合物、陶瓷、金属、半导体材料是目前四大材料，合成半无机和无机的杂化材料是重要的研究方向。

10. 聚硅氧烷　主链由硅和氧交替而成的聚合物，硅原子上另有烷基、乙烯基、苯基等取代基。聚硅氧烷的起始单体是二氯二甲基硅氧烷，先水解环化成八元的四聚体，进一步经阴离子开环聚合而成，聚合存在环-线平衡。聚硅氧烷有硅橡胶、硅油、硅树脂三类工业产品，能在 180℃ 以下长期使用。

11. 聚磷氮烯　起始单体是二氯磷氮烯，经预聚成三聚体六元环，再开环聚合成聚二氯磷氮烯，该聚合物是无机弹性体，但不稳定，只能当作中间体。其中氯原子进一步被烷氧、苯氧、氟烷氧、氨基等取代后，可形成多种多样的半无机聚合物。

12. 聚硫　单质硫呈八元环结构，可开环聚合合成线形聚硫。该过程有聚合下限温度（159℃）。

13. 聚氮化硫　聚氮化硫是合成无机高分子，电性能和光泽与金属相似，0.3K 就变成了超导。聚氮化硫由八元环氮化硫四聚体经过多步复杂反应而成，因不稳定，应用受到限制。

14. 现代陶瓷和陶瓷前体　现代陶瓷包括传统硅酸盐陶瓷以外的许多杂化材料，如碳化硅、氮化硅、氮化硼等。陶瓷熔点高，成型困难，现代陶瓷多采用溶胶-凝胶法和陶瓷前体法来制备。陶瓷前体一般是半无机高分子，先成型，后交联，再裂解脱除有机成分，成为现代陶瓷。为减少裂解时体积收缩，保持原来形状，尽可能减少陶瓷前体中的有机侧基和含氧基团，这是成功的关键技术。

习　题

思　考　题

1. 举出不能开环聚合的 3 种六元环，为什么三氧六环却能开环聚合？
2. 环烷烃开环倾向大致为：三、四元环＞八元环＞七、五元环，分析其主要原因。
3. 引发剂对开环聚合-解聚平衡有何影响？为什么？
4. 下列单体选用哪一引发体系进行聚合，写出综合聚合反应式。

单　体	环氧乙烷	丁氧环	乙烯亚胺	八甲基四硅氧烷	三聚甲醛
引发剂	$n\text{-}C_4H_9Li$	BF_3+H_2O	H_2SO_4	CH_3ONa	H_2O

5. 以辛基酚为起始剂，甲醇钾为引发剂，环氧乙烷进行开环聚合，简述聚合机理。辛基酚用量对聚合速率、聚合度、聚合度分布有何影响？

6. 以甲醇钾为引发剂聚合得的聚烷氧乙烷分子量可以高达 30000～40000，但在同样条件下，聚环氧丙烷的分子量却只有 3000～4000，为什么？说明两者聚合机理有何不同？

7. 丁氧环、四氢呋喃开环聚合时需选用阳离子引发剂，环氧乙烷、环氧丙烷聚合时却多用阴离子引发剂，而丁硫则可阳离子聚合，也可阴离子聚合，为什么？

8. 甲醛和三聚甲醛均能聚合成聚甲醛，但实际上多选用三聚甲醛作单体，为什么？在较高的温度下，聚甲醛很容易连锁解聚成甲醛，提高聚甲醛的热稳定性有哪些措施？

9. 乙交酯和丙交酯、环碳酸酯开环聚合倾向如何？可用哪一类引发剂？其（共）聚合物的特性和用途是什么？

10. 己内酰胺可以由中性水和阴、阳离子引发聚合，为什么工业上很少采用阳离子聚合？阴离子开环聚合的机理特征是什么？如何提高单体活性？什么叫乙酰化剂，有何作用？

11. 什么叫开环歧化聚合？环戊烯和降冰片烯可用哪一类引发剂开环聚合，产物有何特性和用途？

12. 为什么半无机和有机高分子的主链多限于 C、N、O、P、S、Si 等主族元素，而其他元素受到限制？

13. 合成聚硅氧烷时，为什么选用八甲基环硅氧烷作单体，碱作引发剂？如何控制聚硅氧烷的分子量？如何进行交联？为什么只能在 180℃ 以下使用？如何提高热稳定性？

14. 聚硅氧烷和聚磷氮烯都是具有低温柔性和高弹性的半无机聚合物，试说明其结构有何相似之处。聚硅氧烷多由分子量和交联来改变品种，较少更动侧基；相反，聚磷氮烯却通过侧基的变换来改变品种，较小调节分子量和交联。试说明原因。

15. 聚二氯磷氮烯是高弹性能良好的"无机橡胶"，为什么实际应用受到限制？但经取代反应，可以合成多种性能的聚合物。试举三例来说明。

16. 自然界单质硫多以八元环菱形硫状态存在，有聚合成线形聚硫的倾向，但聚合温度范围较窄，即 160～175℃ 以外都难聚合，原因何在？

17. 简述由聚硅烷或聚碳硅烷制备碳化硅的基本要点。

18. 简述制备氮化硅和氮化硼的基本原理。

计　算　题

70℃ 下用甲醇钠引发环氧丙烷聚合，环氧丙烷和甲醇钠的浓度分别为 0.80mol·L^{-1} 和 2.0×10^{-4} mol·L^{-1}，有链转移反应，试计算 80% 转化率时聚合物的数均分子量。

9　烯类聚合物

烯类单体，包括单烯类和双烯类，按连锁增长机理，经自由基聚合、离子聚合或配位聚合，可形成烯类加聚物，从最简单的聚乙烯到带有各种各样侧基的碳链聚合物，包括聚烯烃、聚二烯烃、聚卤代乙烯、聚乙烯基化合物、聚丙烯酸酯类等，种类甚多，其产量占聚合物总产量的 80% 以上。

9.1　聚乙烯

乙烯的聚合热大（95.0kJ·mol^{-1}），从热力学上判断，能聚合，但在很长一段时期内，却未能聚合成高分子量聚乙烯，主要是引发剂和动力学上的原因。

聚乙烯是最简单的聚合物，却是产量最大的品种，约占聚合物世界总产量的三分之一。乙烯是基本化工原料，主要由轻油和乙烷高温裂解制得，其产量是衡量石油化工、乃至整个化学工业发展程度的标志。大部分乙烯用来生产聚乙烯及其共聚物。

根据结构性能的不同，工业上聚乙烯有三大类：低密度聚乙烯、线形低密度聚乙烯和高密度聚乙烯，也可将前两种合称作低密度聚乙烯，两者结构有些差异，但性能相近，主要用来生产薄膜、片材、电缆料和注塑品；而高密度聚乙烯则用来制吹塑和注塑制品。此外，还有以乙烯为主单体的共聚物，如乙烯-醋酸乙烯酯共聚物、乙烯-丙烯酸共聚物等。

聚乙烯主要由乙烯加聚而成，从聚合机理上考虑，低密度聚乙烯在高压高温条件由自由基聚合而成，而线形低密度聚乙烯和高密度聚乙烯则由配位聚合而成。这些都是本节所要介绍的内容。

理论上还有少数其他合成方法，但只限于学术研究。例如以三氟化硼为催化剂，重氮甲烷脱除氮气，形成聚亚甲基，结构性能类似聚乙烯，结晶度高，熔点约 136.5℃，分子量可达百万。

$$CH_2N_2 \xrightarrow{BF_3} \overline{\quad CH_2 \quad}_{\overline{n}} + N_2$$

又如在 20MPa 和 140℃，以钌等过渡金属作催化剂，氢和一氧化碳可以反应成分子量高达十万的聚乙烯。

$$H_2 + CO \xrightarrow{Ru} \overline{\quad CH_2 \quad}_{\overline{n}}$$

9.1.1　自由基法低密度聚乙烯（LDPE）

1937～1939 年间，英国 I.C.I. 公司开发成功高压聚乙烯，即在高温（150～200℃）、高压（150～200MPa）下，以微量氧作引发剂，按自由基机理，乙烯聚合成带支链的聚乙烯。从此以后，直至 20 世纪 60 年代以前，大部分低密度聚乙烯（LDPE）都采用这一方法生产。

这一聚合过程初期存在有诱导期。乙烯与氧反应，先形成过氧化物，后分解成自由基，再引发乙烯聚合，链增长和终止并无独特之处，链转移反应却是重要的基元反应。

高温聚合，易发生链转移反应。经分子间转移，形成长支链；经分子内转移，则形成短支链。经红外分析，曾测得一个高压聚乙烯分子平均每 1000 碳原子约有 1~2 长支链，10~40 短支链，乙基和丁基支链比约 2∶1。支链的端部为甲基，可由甲基含量来判断支链的多少。

众多支链阻碍了聚乙烯分子的紧密堆砌，致使其结晶度低（50%~65%），熔点（105~110℃）低，密度（0.91~0.93g·cm^{-3}）也低，因此，现多称作低密度聚乙烯，主要用来加工薄膜。

工业上乙烯自由基本体聚合关键有二。

① 强放热的散除。可采用两种措施，一是应用长径比甚大、单位体积散热面较大的管式反应器；二是降低单程转化率，减慢聚合速度，使未反应的乙烯体外冷却，循环使用。

② 氧用量的控制。氧有如下影响：聚合速率（转化率）与氧含量成正比，分子量与氧含量成反比，诱导期与氧浓度的 0.23 次方成反比。更重要的是要控制氧在最高安全极限浓度以内（0.05%~0.2% 以下），准确计量，在乙烯压缩前加入。

管式和多级釜式均有使用。好的反应器设计要保证及时散热（3400~4200kJ·kg^{-1}），控制有关操作参数。管式反应器表面积-体积比大，停留时间容易控制，是其优点。但搅拌釜的温度分布比较均匀。采用釜式反应器时，多选用过氧化二苯甲酰、过氧化十二酰等引发剂。

管式反应器由内径 38mm、外径 50mm 的不锈钢管构成，长度可达千米。管内停留时间 3~5min。单程转化率约 15%~30%，其大小对生产成本有影响。优化条件为 0.03%~0.1% 氧，190~210℃，150MPa。在这压力下，乙烯的密度为 0.46g·cm^{-3}，而其临界密度为 0.22g·cm^{-3}。聚合一经开始，液态乙烯就成为聚乙烯的溶剂。乙炔、氢等杂质易引起链转移反应，必须除净。反应结束，减压至 25~35MPa，脱除乙烯，循环使用，聚乙烯熔体则经挤出造粒成树脂商品。

低密度聚乙烯的短支链数、长支链数、平均分子量、分子量分布可能有较大的变化，M_w/M_n 值波动在 20~50 之间。短支链控制着结晶度、刚性和密度，也影响着熔体的流动性。

9.1.2 线形低密度聚乙烯（LLDPE）

自由基法低密度聚乙烯中的支链在高温条件下因链转移反应随机生成，无法控制。如果选用 Ziegler-Natta 引发体系，在比较温和的温度下，乙烯只要与 5% α-烯烃（1-丁烯、1-己烯或辛烯）共聚，引入少量侧基（10~40C$_2$H$_5$/1000C），就足以破坏共聚物的规整性，降低结晶度，改善抗冲强度和环境应力开裂。这类共聚物基本上保持线形结构，类似梳形，密度也较低（0.910~0.940g·cm^{-3}），故称作线形低密度聚乙烯（LLDPE），其性能与高压法低密度聚乙烯相当，用来生产薄膜。但聚合条件比较温和，基建投资和生产成本均较低，因此 LLDPE 发展迅速，其生产能力近于聚乙烯的 1/3。

在极大多数情况下，用 Ziegler-Natta 引发剂能够进行均聚的单体一般也能共聚。乙烯共聚时也可采用 Ziegler-Natta 系或铬系引发剂，聚合温度 50~70℃。乙烯和 α-烯烃的竞聚率差别较大，对共聚物组成和分布颇有影响。根据表 9-1，$r_{C_2H_4} \gg r_{C_4H_8}$，可以想见乙烯-丁烯共聚时，乙烯以更快的速度进入共聚物，残留单体中的丁烯含量逐步增加，共聚物组成分布较宽。这是合成时需要关注的问题。烯烃共单体的活性与均聚时类似，即

$$乙烯 > 丙烯 > 1\text{-}丁烯 > 1\text{-}己烯$$

LLDPE 的聚合技术与高密度聚乙烯相似，可以采用溶液、淤浆、气相聚合法。

表 9-1　乙烯和 α-烯烃配位共聚的竞聚率

M_1	M_2	引 发 剂	r_1	r_2	M_1	M_2	引 发 剂	r_1	r_2
乙烯	丙烯	$TiCl_3/Cp_2Ti(CH_3)_2$	9.9	0.22			$MgH_2/TiCl_4/AlEt_3$	55	0.02
		$TiCl_3/Al(n\text{-}C_6H_{13})_3$	15.7	0.032	乙烯	1-己烯	$TiCl_3/Cp_2Ti(CH_3)_2$	68	0.024
		$VOCl_3/AlEt_2Cl$	12.1	0.018	丙烯	1-丁烯	$VCl_4/Al(n\text{-}C_6H_{13})_3$	4.4	0.23
乙烯	1-丁烯	$TiCl_3/Cp_2Ti(CH_3)_2$	72	0.11	丙烯	苯乙烯	$TiCl_3/Al(C_2H_5)_3$	130	0.18

9.1.3　高密度聚乙烯 （HDPE）

工业上曾用 Ziegler-Natta 系和负载型过渡金属氧化物两类引发剂来生产高密度聚乙烯。这两类催化剂的操作条件并不相同，比较如表 9-2。

表 9-2　高密度聚乙烯的制备条件

条 件	Ziegler-Natta	$Cr_2O_3/$载体	$MoO_3/$载体
温度/℃	75	140	234
压力/MPa	0.5	30	70
体系状态	悬浮	悬浮	悬浮

（1）**Ziegler 法**　采用典型的 Ziegler-Natta 引发剂 （$TiCl_4$-$AlCl_3$），在温度 （60~90℃）和压力 （0.2~1.5MPa）都比较温和的条件下，乙烯按配位机理聚合成聚乙烯，旧称低压聚乙烯。由于聚合温度较低，链转移反应较少，所得产物支链少，线形规整，大分子容易紧密堆砌，结晶度可以高达 90%~95%，密度也较高 （0.95~0.96g·cm^{-3}），现改称为高密度聚乙烯。

乙烯结构对称，无取代基，向活性中心配位插入聚合时，无定向问题，对所用的引发剂并无立构规整度的要求，只希望有高的活性。因此乙烯聚合选用最常用的 $TiCl_4/AlCl_3$ 体系。两者反应结果，$TiCl_4$ 被还原成 β-$TiCl_3$，其活性比其他晶型的 $TiCl_3$ （α，γ，δ）要高。早期双组分引发剂的活性较低，只有 10^3gPE/gTi，能形成活性中心的钛原子仅约 1%，无效的钛组分残留在产物内，需在后处理中脱除，以保证产品质量。

目前，Ziegler-Natta 引发剂效率和选择性均有很大提高。现在多用 $MgCl_2$ 作载体，使钛组分尽量分散，并加酯作第三组分，进行一定的络合反应，使增长速率常数也增加，最终可使 80%~90%Ti 原子成为活性中心，引发剂的活性可提高到约 10^6g PE/gTi，提高了成百上千倍。最近由二环戊二烯基二氯化锆和铝氧烷组成的茂金属催化剂的活性甚至高达 5×10^6g PE/(gZr·h)。因为活性高，引发剂用量很少，残留在聚合物内不必脱除，简化了后处理工序。

乙烯配位聚合可选择淤浆聚合和气相聚合两种技术。淤浆聚合多采用烷烃作溶剂，将 Ziegler-Natta 引发剂 （$TiCl_4$-$AlCl_3$）经 $MgCl_2$ 负载并内、外加酯活化，乙烯于 50~80℃、0.18MPa 压力下聚合 1~4h，即可完成反应。聚乙烯不溶于溶剂，沉淀析出，呈淤浆状，故名淤浆聚合。乙烯是聚合热 （3800~3900kJ/kg）最大 （按 kg 计）的单体，应该保证及时散热，气相聚合更不容忽视传热问题。在聚合过程中，用氢气来调节分子量 （<35 万）。超高分子量品种的分子量可高达 200 万。Ziegler 法聚乙烯密度约 0.94g·cm^{-3}，经改进后可达 0.965g·cm^{-3}。

（2）**负载型过渡金属氧化物法**　以负载型ⅥB族过渡金属 （Cr、Mo 等）氧化物为引发剂，在温度 130~270℃和中等压力 1.8~8MPa 下，以烷烃为溶剂，也可以使乙烯聚合成高密度聚乙烯。例如 Phillips 公司应用 CrO_3 （0.5%~5%）载于 Al_2O_3 或 SiO_2/Al_2O_3 上作引发剂，温度 150℃，压力 3～5MPa，二甲苯作溶剂。Standard Oil 公司则用 MoO_3 载于 γ-Al_2O_3 上作引发剂，温度 130～270℃，压力 7MPa。聚合机理与 Ziegler-Natta 引发剂配位聚合相似。

有两种负载方法：一是用载体浸渍金属离子溶液，然后在空气中高温灼烧成氧化物；另一是将载体氧化物（如氧化铝）和金属氧化物共沉淀。负载后的金属氧化物在空气中干燥，再用氢、金属氢化物或一氧化碳还原活化。载体除使金属氧化物分散、增加表面积外，相互间还可能存在一定的作用。水、氧都是这类催化剂的毒物。

这样制得的中压聚乙烯支链少，线形规整，与 Ziegler-Natta 体系的聚乙烯相似，结晶度 90%，有中密度（0.926～0.94g·cm^{-3}）和高密度（0.941～0.97g·cm^{-3}）两种，分子量约 5 万。

用负载型金属氧化物引发丙烯，等规度不高；引发高级 α-烯烃，则得无规聚合物；对苯乙烯无聚合活性；可使异戊二烯聚合成反式 1,4-聚合物。实际上这类引发剂限用于乙烯聚合，且因引发效率不高，发展趋缓。

以负载过渡金属氧化物作引发剂时，工业上多采用淤浆聚合，条件为：温度 90～100℃，压力 2.9～3.2MPa，催化剂浓度 0.004%～0.03%，典型的稀释剂为正戊烷和正己烷。淤浆中固体含量约 20%～40%，聚合物颗粒内包埋有引发剂粒子。聚合结束后，经冷却、过滤或离心分离，回收单体循环使用。

有多种聚合反应器，乙烯气体可以起搅拌、保持悬浮的作用。除常用的搅拌釜以外，也有使用环管反应器和流化反应器。使用流化床时，不用稀释剂，高纯乙烯气体和干粉催化剂一起进入流化床，在 2MPa 和 85～100℃聚合。气流使聚合物颗粒流化，并帮助散热。聚合物颗粒从流化床底部取出，分离出其中 5% 的单体，回用。乙烯和烯烃共聚，可以调节分子量。改进引发剂、改变操作条件和/或使用链转移剂（如氢），可以控制分子量和分子量分布。

低密度和高密度聚乙烯的分子量一般在 50000～300000 之间，也有分子量很低的聚乙烯蜡和超高分子量（10^6）聚乙烯。高密度聚乙烯的分子量分布约 4～15，支链 <3/1000C。

几种聚乙烯的结构性能比较如表 9-3。

表 9-3　几种聚乙烯性能比较

性　　能	LDPE	LLDPE	低压法 HDPE	中压法 HDPE
聚合方法	自由基聚合	Ziegler 配位聚合	Ziegler 配位聚合	负载过渡金属氧化物
密度/g·cm^{-3}	0.91～0.935	0.91～0.94	0.941～0.965	0.94～0.98
分子量/万	10～50	5～20	4～30	4.5～5
结晶度/%	50～55		85～95	
熔点/℃	108～110		129～131	136
最高使用温度/℃	80～90	95～105	110～130	
熔体流动速度/g·10min^{-1}	0.2～70	0.2～50		0.01～80
结构	20～30 C_2～C_4 支链/1000C 少数长支链	10～30C_2～C_6 支链/1000C 无长支链	基本线形 7C_2/1000C	几乎全是线形
双键	0.6～2/1000		0.1～1/1000C	<3/1000C
键的类型	15%端乙烯基 68%亚乙烯基 17%内反式烯烃		43%端基 32%亚乙烯基 25%内反式烯烃	94%端基 1%亚乙烯基 5%内反式烯烃

9.1.4 乙烯共聚物

聚乙烯非极性，属于柔性聚合物，玻璃化温度低（$-125 \sim -85℃$）；但结构规整，却是晶态软塑料，结晶度 $55\% \sim 95\%$ 不等。如果乙烯与少量第二单体共聚，则可降低结构规整性和结晶度。乙烯与约 5% 丁烯或辛烯共聚，合成线形低密度聚乙烯，已如上述。乙烯和丙烯共聚，合成乙丙橡胶，将在聚丙烯以后介绍。这里仅仅简介乙烯与少量其他单体的共聚物。

（1）乙烯-醋酸乙烯酯共聚物（EVA）　在适当的温度和中等压力（$30 \sim 40MPa$）下，乙烯和醋酸乙烯酯可以由自由基聚合成无规共聚物。两单体的竞聚率均接近 1，共聚物组成容易控制。醋酸乙烯酯是容易链转移的单体，EVA 中支链度与温度有关。根据醋酸乙烯酯含量的不同，EVA 有多种牌号，广用作纸张涂层和粘结剂。含 $30\% \sim 40\%$ VAc 的 EVA 是弹性体，主要用作聚氯乙烯的抗冲改性剂。EVA 也可部分水解成乙烯-乙烯醇共聚物，$30\% \sim 70\%$ 乙烯醇的品种主要用作阻透包装材料。

类似，乙烯也可以与丙烯酸酯类共聚，以提高粘结性能。

（2）乙烯-丙烯酸共聚物——离聚体　在适当高压下，以乙烯为主单体，与 $3\% \sim 20\%$（例如 10%）（甲基）丙烯酸共聚，共聚物中 $40\% \sim 50\%$ 羧基预先与钠或锌等金属离子结合成盐，称作离聚体，实际上是离子交联，室温下刚韧，加温后，离子聚集体遭破坏，可以流动加工，但冷却后，再恢复成聚集体。

离聚体韧性好，耐磨，对金属表面粘结力强。

（3）乙烯--氧化碳共聚物　乙烯--氧化碳共聚物，可称作聚酮，正处于工业化阶段，实际上是含有少量丙烯的三元共聚物。共聚物的特点是韧性好，耐化学腐蚀。

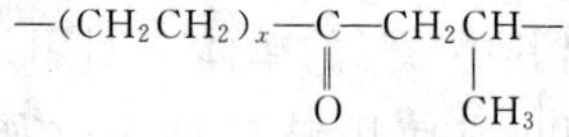

$$-(CH_2CH_2)_x-\underset{\underset{O}{\|}}{C}-CH_2CH-$$
$$\underset{CH_3}{|}$$

室温下，钯化合物，如 $[Pd(PPh_3)_x(Me(CN)_{4-x}]^{2+}(BF_4^-)_2$，可引发乙烯和一氧化碳交替共聚，估计是插入钯-碳键的聚合机理。

9.2　聚丙烯

丙烯是重要的单体，来自石油馏分裂解。丙烯和 α-烯烃自由基聚合时，完全受链转移反应控制，很难制得聚合物。丙烯经 Ziegler-Natta 引发剂的配位聚合，可制成等规聚丙烯和间规聚丙烯。等规聚丙烯产量大，约占聚合物总产量的 20%，居第二、三位。间规聚丙烯正在发展之中。丙烯配位聚合过程中伴生有少量无规聚丙烯。

9.2.1 等规聚丙烯

20 世纪 50 年代，意大利 G. Natta 首先以 $TiCl_3$-$AlEt_3$ 作引发剂，使丙烯聚合成等规聚丙烯。

等规聚丙烯具有下列优良性能：熔点高（175℃），拉伸强度高（35MPa），相对密度低（0.903），比强大，耐应力开裂和耐腐蚀，电性能优等，性能接近工程塑料，可制纤维（丙纶）、薄膜、注塑件、管材等，是发展最快的塑料品种。

商品聚丙烯分子量高，约 15 万～70 万，应用时多根据熔体流动速度（MI）划分成许多品种牌号。聚丙烯的分子量较宽，分布指数约 2～10。

丙烯与少量乙烯和/或长链 α-烯烃（1-丁烯、1-辛烯等）共聚，适当减弱等规聚丙烯的结晶度，改善加工性能，提高抗冲强度，降低低温脆性，可以扩大使用范围，如用作热水管材料。

近半个世纪来，引发剂经过了多次改进，聚合活性和等规度有了极大的提高。在选用 α-、γ-、δ-$TiCl_3$ 和 $Al(C_2H_5)_2Cl$ 的基础上，继用负载技术，使 $TiCl_3$ 在 $MgCl_2$ 上高度分散，再添加酯、醚等 Lewis 碱，提高活性。聚合活性已从初期的 100gPP/gTi 提高到 40kgPP/gTi，等规度从 20%～40% 提高到 95%～97%。有关聚合机理和方法比较成熟，详见配位聚合一章。

茂金属催化剂在等规聚丙烯合成中的应用是近期另一发展。

聚丙烯可以用淤浆聚合、液相本体聚合、气相聚合等方法来生产。

淤浆聚合是早期采用的方法，目前仍在使用。以己烷或庚烷作溶剂，$TiCl_3$-$Al(C_2H_5)_2Cl$-$MgCl_2$-酯作引发体系，$Al/Ti \approx 4:1$，温度 50～80℃，压力 0.4～2MPa，以保持丙烯处于溶液状态，丙烯浓度 10%～20%，氢气作分子量调节剂。少量无定形聚丙烯留在溶液中，而等规聚丙烯则从溶剂中沉析出来，呈淤浆状，故名淤浆聚合。聚合结束后，分离出未反应的单体，循环使用。采用高活性引发剂时，不必用醇来破坏，经溶剂回收、分离出等规聚丙烯粉末，再经洗涤、干燥、造粒，即成商品。

以液态丙烯进行本体聚合，单体和介质合一，沸腾可带出热量，可以选用环管式或搅拌釜式反应器。聚合结束，聚丙烯也沉析成淤浆状，丙烯蒸发回收后，即得粉状聚丙烯产品，后处理比较简单。

丙烯气相聚合是近期发展起来的技术，原理与乙烯气相聚合相似。

9.2.2　间规聚丙烯

在合适引发剂和条件下，丙烯可以聚合成间规聚丙烯。间规聚丙烯的结晶度虽然要低一些，但透明性好，具有弹性，抗冲性能好。间规聚丙烯晶体结构属于正交晶系，熔点 139℃，密度 0.89～0.91g·cm^{-3}；数均分子量 25000～60000，随反应条件而定。而单斜晶系等规聚丙烯的熔点 171～186℃，密度 0.92～0.943g·cm^{-3}。

高间规度的聚丙烯可用 VCl_4 或 V$(acac)_3$/二烷基卤化铝/苯甲醚三元可溶性引发体系，在 -48～-78℃聚合而成。引发剂组分、配比、工艺条件对间规度很有影响。AlR_2X/钒化合物比 = 3～10 最有效。钒化合物的性质对间规度的影响很重要，例如 VCl_4 与 $Al(C_2H_5)_2F$ 配合，形成非均相引发剂，将产生等规聚丙烯；相反，V$(acac)_3$ 与 $Al(C_2H_5)_2F$ 配合，则形成可溶性引发剂，将产生间规聚丙烯。苯甲醚与钒的最佳比是 1:1。在低温下聚合，可以获得更高的间规度。丙烯用 V$(acac)_3$/$Al(C_2H_5)_2Cl$ 可溶性引发体系聚合，具有活性聚合的特性，$M_w/M_n = 1.05～1.20$。动力学研究表明，在 -68℃以下聚合，无链转移和无终止。

新近有不少茂金属催化体系可以用来合成间规聚丙烯，正处在工业化的进程之中。

9.3　高级 α-烯烃聚合物和其他烃类聚合物

9.3.1　高级 α-烯烃聚合物

许多高级 α-烯烃可用 Ziegler-Natta 体系引发聚合，产率高，聚合物立构规整，结晶。可用三氯化钒/三乙基铝体系引发的 α-烯烃通式为 $CH_2=CH-(CH_2)_x-R$，其中 $x=0～3$，$R=CH_3$，$CH(CH_3)_2$，$C(CH_3)_3$ 或 C_6H_5，用钛系引发剂，聚合产物结晶度更高一些，引

发体系中添加 $(C_4H_9)_2O$、$(C_4H_9)_3N$ 或 $(C_4H_9)_3P$ 等路易氏碱，可以进一步提高结晶度。

经 Ziegler-Natta 体系聚合的聚 α-烯烃很多，但工业化的很少，这里只简介两例。

（1）聚-1-丁烯　商业上等规聚-1-丁烯可由 1-丁烯经 $[TiCl_2/AlCl_3/Al(C_2H_5)_2Cl]$ 三组分引发体系聚合而成。采用连续聚合法，将单体溶液、$TiCl_2/AlCl_3$ 悬浮液、$Al(C_2H_5)_2Cl$ 溶液同时加入反应器中，经聚合，产物的悬浮液从反应器连续流出。调节聚合温度来控制分子量。流出液中溶有 5%～8% 无规聚丁烯，在引发剂破坏之后，容易分离出来。产物密度 0.92g·cm^{-3}，熔点 124～130℃。

（2）等规聚（4-甲基-1-戊烯）　是第二种商品化的高级 α-烯烃聚合物，透明、耐热、电绝缘性能好，密度特低（0.83g·cm^{-3}），缺点是不能长期承重，不耐紫外光，而且对水汽和气体的阻透性能差，实际应用受到限制。

聚（4-甲基-1-戊烯）的生产过程和设备与聚丙烯相同。

还有许多带有较大侧基的高级聚 α-烯烃，如聚（3-甲基-1-丁烯）（T_m=240～285℃）、聚（4,4-二甲基-1-戊烯）、聚（乙烯基环己烷）。由于内聚能密度增大，能够紧密堆砌，侧基刚性增大，致使熔点升高。

9.3.2　古马隆-茚树脂

煤焦油中 150～200℃ 馏分含有 20%～30% 古马隆和相当量的茚，其他部分是环烷烃为主的石脑油。

古马隆和茚的沸点相近，分别为 174℃ 和 182℃，不必分离，用硫酸或 $AlCl_3$ 引发，通过五元环上的双键聚合，可以形成分子量 1000～3000 的混合树脂。聚合以后，蒸出石脑油，即成商品。

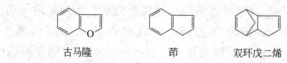

古马隆　　　　茚　　　　双环戊二烯

石油馏分中的环戊二烯二聚成双环戊二烯，进一步聚合成树脂，俗称石油树脂，其性能与古马隆-茚树脂相似，软化点约 100～120℃，继续加热，则形成不溶解的涂层。

9.4　乙丙橡胶

乙烯和等规聚丙烯都是晶态塑料，乙烯与其他烯烃共聚以后，产物的立构规整性降低，结晶度、密度、软化点和脆性温度也相应降低。乙烯与适当量的丙烯共聚，可形成弹性体，特称作乙丙橡胶。乙丙橡胶有二元胶和三元胶两种。

乙丙二元胶（EPR）仅由乙烯和丙烯共聚而成，主链中无双键，耐老化，但难硫化，只能用过氧化物来交联。如将非共轭二烯作第三单体，共聚成含有双键的三元乙丙胶（EPDM），就可以用常规法硫化。虽然乙丙橡胶硫化速度慢、粘结性能较差，但具有耐老化、耐臭氧、耐化学品、密度小（0.86～0.87g·cm^{-3}）等优点，因此，车胎以天然橡胶或丁苯橡胶作主胶外，常配用 20%～25% 乙丙橡胶。

乙丙橡胶的合成需从单体配比、引发体系、溶剂、聚合方法等几方面考虑。

二元和三元乙丙胶一般含有 45%～70%（摩尔分数）乙烯，随着乙烯含量的增加，生胶强度增大，弹性降低，结晶倾向增加。70%（摩尔分数）乙烯的乙丙胶玻璃化温度约 −58℃，有良好的高弹性。乙丙胶的数均分子量约 4 万～20 万，重均分子量约 20 万～40

万；三元胶含有约 15 双键/1000 碳原子，而顺丁橡胶双键含量则要高得多（约 250 双键/1000 碳原子）。工业上三元胶的不饱和度以碘值表示，碘值范围为 6～30g 碘/100g 共聚物。才能保证一定的硫化速度。

典型三元胶中乙烯-丙烯比为 60：40，二烯烃约占单体总量的 3％，有些特种胶可以含 10％或更多的二烯烃。目前常用的第三单体是非共轭二烯烃，通常是桥环结构，而且环中至少有一双键，如亚乙基降冰片烯、亚甲基降冰片烯、双环戊二烯、1,4-己二烯、环辛二烯等。

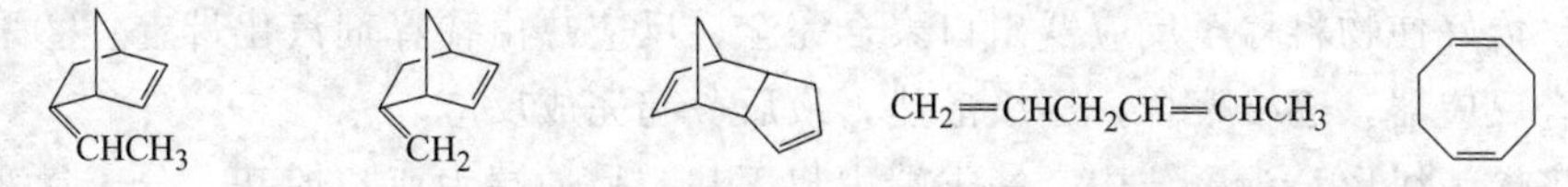

亚乙基降冰片烯　　亚甲基降冰片烯　　双环戊二烯　　　　1,4-己二烯　　　　环辛二烯

制备乙丙三元胶时，需注意三种单体的混合问题，因为乙烯和丙烯是气体，而二烯烃却是液体，剧烈搅拌，同时鼓入气态单体，尽可能使气液相平衡，保持组成一定。

乙丙共聚的引发剂也是 Ziegler-Natta 体系，最好选用可溶性钒-铝引发体系，所用的钒化合物有 VCl_4，$VOCl_3$，$V(acac)_3$，$VO(OR)_3$，$VO(OR)_2Cl$，$VO(OR)Cl_2$。

制备乙丙橡胶有溶液聚合和悬浮聚合两种技术，与选用的溶剂有关。

（1）溶液聚合　早期选用溶液聚合法来合成乙丙橡胶，例如采用 $VOCl_3/AlEt_2Cl$ 或 $V(acac)_3/AlEt_2Cl$ 可溶性引发体系，Al/V 摩尔比为 20～40，以己烷（C_5～C_7 烷烃）或芳烃作溶剂，在 0～25℃ 下进行溶液聚合，以氢气作分子量调节剂。聚合结束后，用醇来沉淀。

钒系引发剂寿命短，易失活，引发效率低，往往添加含有氧、氮、硫或磷等多卤取代的给电子体作第三组分活化剂（如三氯乙酸乙酯），可使引发剂效率提高 5～10 倍，达（2～5）$\times 10^4$g 共聚物/g 钒。在铝-钒体系中，三价钒络合物才具有活性，增加三价钒的浓度，就能提高引发活性。对甲苯磺酰氯、偶氮苯、四氢呋喃等添加剂均有活化作用。在三氯氧钒-倍半乙基铝体系中，添加过氧化二苯甲酰、过氧化二异丙苯等过氧化物，也可提高活性，活化机理是过氧化物与倍半乙基铝反应，生成乙基自由基，将失活的 V^{2+} 氧化成具有活性的 V^{3+}。

（2）悬浮共聚　溶液聚合须有溶剂分离和回收工序，增加成本，因此，现在多改用悬浮法。即将乙烯溶解在液态丙烯中，在 50℃ 下共聚。乙丙共聚物（溶度参数 $\delta = 16.5$J·$cm^{-3/2}$），不溶于液态丙烯（$\delta = 12.3$J·$cm^{-3/2}$）中，析出呈悬浮状，故名。未聚合的残余丙烯容易分离。

乙丙悬浮共聚也可以采用负载型引发剂（载体-Ti-Al、载体-V-Al、载体-Ti-V-Al 等体系），使活性进一步提高 5～10 倍，即为经典钒铝引发剂的 50～100 倍，达 2×10^4g 共聚物/g 钒。$MgCl_2$、$Mg(OH)_2$、$Mg(OH)Cl$ 等镁化合物是常用的载体，负载的目的是使引发剂充分分散，将引发剂效率从 1％提高到 90％。

近期发展，茂金属催化剂也可以用来制备乙烯-丙烯无规共聚物和交替共聚物，但目前交替共聚物尚未发现有实际应用价值。

9.5　聚异丁烯和丁基橡胶

异丁烯不能自由基聚合或阴离子聚合，只能阳离子聚合。聚合物分子量受链转移反应控制，聚合温度是控制链转移反应和分子量的关键因素。聚合机理已见阳离子聚合。

9.5.1 聚异丁烯

早在 1940 年，异丁烯经阳离子聚合，就已制备成高分子量聚异丁烯，并工业化。条件是以 BF_3 或 $AlCl_3$ 为引发剂，液态乙烯或氯甲烷作稀释剂，聚合温度 $-80\sim-100℃$。即使在这样低的温度下，反应还非常激烈，需设法解决传热问题。解决办法有二：①采用不锈钢履带式反应器进行"瞬时"聚合，反应可在几秒钟之内完成。即异丁烯-液态乙烯溶液和 BF_3 或 $AlCl_3$-液态乙烯溶液（用量为单体的 $0.1\%\sim0.3\%$）从履带的一端加入，调节履带移动速度，恰好使物料移至反应器出口聚合完全，反应热由稀释剂汽化带走；②采用多级捏合机或混合反应器，逐级聚合，逐级散热，最后一起完成反应。

聚异丁烯为线形，头尾结构，一末端为叔丁基，另一端为亚乙烯基。分子量变动范围可以很大，从分子量为 $2000\sim20000$ 的粘滞液体到高分子量弹性体都有。聚异丁烯容易热降解，需加少量（$0.1\%\sim1.0\%$）热稳定剂，如芳胺类、酚类、含硫化合物等。聚异丁烯能溶于多种烃类溶剂中，却耐腐蚀。高分子量聚异丁烯的拉伸强度颇好，但有冷流的缺点。

以 $AlCl_3$ 为引发剂，在 $0\sim-40℃$ 下，异丁烯经阳离子聚合，可合成低分子量聚异丁烯（$\overline{M}_n<5$ 万），该产物是粘滞液体或半固体，主要用作粘结剂、嵌缝材料、密封材料、动力油料的添加剂，以改进粘度。异丁烯在 $-100℃$ 下低温聚合，则得橡胶态的高分子量聚异丁烯（$\overline{M}_n=5\times10^4\sim10^6$），可用作蜡、其他聚合物和封装材料的添加剂。

9.5.2 丁基橡胶

丁基橡胶是异丁烯与少量异戊二烯的共聚物，其中异戊二烯单元的残留双键可供交联之用。丁基橡胶的特点是气密性优，耐热老化，耐臭氧，适宜于制作内胎；但硫化速度慢，弹性、强度、粘结性以及与其他橡胶的相容性较差。异丁烯与其他二烯烃的共聚物也称丁基橡胶，还可以制成三元胶，环戊二烯作第三单体，可提高耐臭氧性能。

丁基橡胶中异戊二烯单元含量习惯称作不饱和度，在 $0.6\%\sim3.0\%$ 之间，按其含量，可以分成 $4\sim5$ 个商品等级。丁基橡胶呈线形结构，两单元头尾连接，无规分布，异戊二烯以反-1,4 结构为主。丁基橡胶分子量在 20 万以上才不发粘，共聚物的分子量与异戊二烯量、聚合温度、杂质量等因素有关，正丁烯或水都是链转移剂。为了保持均匀的分子量，一般控制转化率在 60% 以下。

异丁烯阳离子聚合的活性比异戊二烯要大得多，在 $AlCl_3$-$CHCl_3$ 体系中和 $-100℃$ 下，两者竞聚率为 $r_1=2.5\pm0.5$，$r_2=0.4\pm0.1$，因此单体中异戊二烯含量（$1.4\%\sim4.5\%$）比共聚物中含量（$0.6\%\sim3.0\%$）要多。在上述条件下聚合，反应几乎瞬间完成。丁基橡胶不溶于氯甲烷，以细粉状沉析出来，俗称悬浮聚合。保证传热和悬浮分散是技术关键之一。

9.6 共轭二烯烃聚合物

共轭二烯烃包括丁二烯、异戊二烯、氯丁二烯等，可进行自由基、离子、配位等多种机理聚合，已经制得微结构各不相同的多种均聚物和共聚物，分子量可以从几千的液体橡胶，到几十万的合成橡胶。

$$CH_2=CH-CH=CH_2 \qquad\qquad \underset{\underset{CH_3}{|}}{CH_2=C-CH=CH_2} \qquad\qquad \underset{\underset{Cl}{|}}{CH_2=C-CH=CH_2}$$

9.6.1 聚丁二烯

丁二烯是最简单共轭二烯烃，由石油馏分热裂解和丁烷、丁烯催化脱氢而成。根据聚合机理和引发体系的不同，丁二烯有可能聚合成顺式 1,4-、反式 1,4-和 1,2-聚丁二烯，1,2 结构还可能是无规、全同、间同构型。全同 1,2-、间同 1,2-和反式 1,4-聚丁二烯都呈现塑料性质，而高顺式 1,4-聚丁二烯则显示橡胶高弹性，玻璃化温度-120℃，是重点胶种。聚合机理参见连锁聚合各章。

丁二烯与其他单体共聚，也可以形成多种合成橡胶，例如与苯乙烯共聚，形成丁苯橡胶和 SBS 三嵌段共聚物；与丙烯腈共聚，形成丁腈橡胶；与（甲基）丙烯酸共聚，则成羧基丁二烯橡胶等。

（1）乳液法聚丁二烯橡胶　早在 20 世纪 20 年代，就曾试图用乳液聚合法制备通用聚丁二烯橡胶，但未成功。直至 60 年代，利用丁苯橡胶装置和相似的工业条件，却实现了乳液聚丁二烯的工业化。该种橡胶的微结构为：14%顺-1,4，60%反-1,4，17%1,2，各单元无规分布。乳液聚丁二烯的特点是加工和共混性能好，多与其他胶种并用，显示出优良的抗屈挠、耐磨和动态力学性能。另一方面，聚丁二烯胶乳还可以供作 ABS、MBS 等核壳共聚物的核。

丁二烯自由基聚合的特点是聚合温度和聚合方法（本体和乳液法）对 1,4-结构（78%~82%）和 1,2-结构（18%~22%）的比值影响较少，但随着聚合温度的降低，反-1,4/顺-1,4 比有降低的趋势。自由基聚合的聚丁二烯带有支链，因为留在大分子中的双键易受自由基进攻；转化率过高，将进一步交联，产生凝胶，甚至粘釜。

（2）高顺 1,4-和低顺 1,4-聚丁二烯橡胶　按照顺 1,4 含量不同，聚丁二烯可以分成高顺和低顺两类，主要条件是引发剂和溶剂的选择。

高顺 1,4-聚丁二烯橡胶含 92%~97%顺 1,4 结构，玻璃化温度-120℃，橡胶弹性佳，是合成橡胶中的第二大胶种，仅次于丁苯橡胶。许多引发体系都可达到高顺的要求，如镍系 $[Ni(naph)_2\text{-}AlEt_3\text{-}BF_3 \cdot O\text{-}(iBu)_2]$、钛系（$TiI_4\text{-}AlEt_3$）、钴系（$CoCl_2\text{-}2py\text{-}AlEt_2Cl$）和稀土体系（$Ln(naph)_2\text{-}AlEt_2Cl\text{-}Al(iBu)_3$、$NdCl_3 \cdot 3iPrOH\text{-}EtAl_3$）等。这些体系的聚合工艺条件都比较温和：温度 30~70℃，压力 0.05~0.5MPa，1~4h。另见配位聚合一章。

低顺 1,4-聚丁二烯橡胶含有 35%~40%顺式-1,4，45%~55%反式-1,4 结构，数均分子量约 13 万~14 万，主要用于塑料改性和专用橡胶制品。采用丁基锂/烷烃或环烷烃体系，经阴离子溶液聚合而成，聚合温度 40~80℃。

（3）中 1,2-和高 1,2-聚丁二烯　根据 1,2 结构含量，聚丁二烯可分成中 1,2 和高 1,2 两大品种。中 1,2-聚丁二烯，1,2-结构含量 35%~65%。合成方法与低顺 1,4-聚丁二烯相似，也采用丁基锂/烃类体系，只是添加少量四氢呋喃或乙二醇二甲醚等极性化合物来调节结构，调节的原理是增加引发剂的溶剂化程度和离子对结合的疏松程度，来增加 1,2-结构含量。中 1,2-聚丁二烯的特点是耐磨性优异，可以单独或与其他胶混用，制作轮胎胶面。

高 1,2-聚丁二烯含有大于 65% 1,2-结构，其含量随 Ziegler 引发体系和丁基锂体系而定，例如钼系（$MoCl_5\text{-}R_3AlOC_2H_5$）/加氢汽油体系，1,2 结构可达 84%~92%；钴系 $[AlR_3\text{-}H_2O\text{-}CoX(PR_3)]$ 大于 88%；丁基锂/烷烃/四氢呋喃体系大于 70%。

9.6.2 聚异戊二烯

理论上，聚异戊二烯有顺-1,4、反-1,4、3,4、1,2 等多种构型，后两种又有无规、全同、间同三种，但天然存在和目前能合成的只有顺-1,4、反-1,4、3,4 三种。

天然聚异戊二烯主要有顺-1,4（三叶胶、银菊胶）和反-1,4（巴拉塔胶、古塔波胶）两种。顺-1,4-天然胶分子量 $10^5 \sim 10^6$，玻璃化温度 $-72℃$，富高弹性，是综合性能最好的通用橡胶；反-1,4-聚异戊二烯易结晶，弹性较差，可制作高尔夫球。这两种异构体现在都可以合成，工业生产着重顺-1,4 品种。

有两类引发剂可使异戊二烯聚合成顺-1,4-聚异戊二烯。

① 锂或烷基锂体系，用烃类溶剂，聚合物含 94％顺-1,4，6％3,4 结构。

② Ziegler 引发体系，$TiCl_4/Al(C_2H_5)_3$ 摩尔比小于 1，产物结构与锂系相似，含 96％顺-1,4 结构。如果 Ti/Al 比大于 1，则得反-1,4。以芳烃为溶剂，产物中凝胶含量少。以脂肪烃作溶剂，将产生 20％～35％凝胶，凝胶量与引发剂浓度无关，随转化率增加而略有升高，凝胶的形成速度往往与 3,4 加成速度相同。

其他引发体系，如 VCl/AlR_3、$AlCl_3/C_2H_5Br$、BF_3/C_5H_{12}、自由基氧化还原体系等，都容易形成反-1,4-聚异戊二烯，并伴有 1,2 和 3,4 结构。

9.6.3 氯丁橡胶

氯丁橡胶是最早（1931 年）开发成功并商品化的橡胶品种。目前多采用氧化还原体系进行乳液聚合，其中部分还原剂可以脱除有阻聚作用的微量氧，加速聚合反应。在同样条件下，氯丁二烯聚合速度比异戊二烯要快 700 倍，因此要迅速散热。有时还要加阻聚剂，减慢反应速度，硫最常用。丁二烯或异戊二烯聚合时却不能用硫。乳液聚氯丁二烯只含 1.5％ 1,2结构。

9.6.4 丁苯橡胶

丁苯橡胶是丁二烯和苯乙烯的无规共聚物，其产量约占合成橡胶一半以上，超过了天然橡胶，是第一大胶种。按聚合方法的不同，丁苯橡胶又可分为乳液（聚合）丁苯胶和溶液（聚合）丁苯胶两类。

（1）乳液丁苯橡胶　乳液丁苯胶具有良好的综合性能，其物理机械性能、加工性能、制品使用性能都与天然橡胶相近，可用来制作轮胎、胶带、胶鞋、电绝缘材料等。

丁苯胶中丁二烯单元和苯乙烯单元无规分布，丁二烯单元中以反-1,4 结构为主，约占 65％～72％，顺-1,4 结构占 12％～18％，1,2 结构约 16％～18％；微结构随聚合温度不同而稍有变化。数均分子量约 15 万～40 万，玻璃化温度 $-57 \sim -52℃$。

50℃，丁二烯和苯乙烯的竞聚率分别为 $r_1=1.59$，$r_2=0.44$，接近理想共聚行为。按照通用级乳液丁苯胶中结合有 23.5％苯乙烯考虑，丁二烯/苯乙烯单体配比常取 70～71/30～29。

按聚合温度，丁苯胶可分为热法（50℃）和冷法（5℃）两类，热法采用单一过硫酸盐作引发剂，冷法则选用氧化还原引发体系。多种阴离子表面活性剂组成乳化体系，十二硫醇作分子量调节剂，还有其他助剂。聚合配方和工艺条件已见乳液聚合一节。丁苯胶产量大，配方工艺相对比较完善，常用作其他单体乳液聚合时引发体系和乳化剂体系选用的参考。

乳液丁苯胶的生产过程多采用 8～12 釜串联连续操作，单体在首釜进入，调节剂和乳化剂可以在不同釜次分点补加，使分子量分布更均匀一些，使乳液更稳定一些。最终转化率约 60％，以减少交联、凝胶的产生。聚合时间约 8～12h。

（2）溶液丁苯橡胶　有多种引发剂可使丁二烯和苯乙烯进行溶液聚合，合成溶液丁苯橡胶。最常用的引发剂是烷基锂，如丁基锂，属于阴离子活性聚合机理。与乳液丁苯胶相比，溶液丁苯胶的微结构有些差别，按 1,2-结构含量，可分为低（8%～15%）、中（30%～50%）、高（50%～80%）三类，其玻璃化温度相应提高；顺-1,4 结构增加，反-1,4 结构减少；分子量分布较窄，无凝胶。

烃类是常用的聚合溶剂。在丁基锂/烃类体系中，丁二烯的竞聚率远大于苯乙烯的竞聚率，例如苯中，$r_1=4.5$，$r_2=0.03～0.41$，说明丁二烯优先进入大分子链，参与共聚的苯乙烯甚微。但在极性溶剂中，两者竞聚率相近，例如在四氢呋喃中，$r_1=1.03$，$r_2=0.77$。因此，在聚合配方中，需添加少量醚、叔胺、含磷化合物等极性化合物，适当提高苯乙烯的竞聚率，使早期就有较多的苯乙烯进入大分子，最终成为无规共聚物，这些极性化合物就称作无规剂。无规剂的加入同时可提高聚合速率。如果不添加无规剂，可以应用共聚原理，采用不同的单体加料方案来达到无规的目的：一是使丁二烯和苯乙烯连续或间歇加入速度低于聚合速度，使单体供应处于饥饿状态，保证苯乙烯充分聚合；另一是提高初期苯乙烯浓度、并连续补加活性较大的丁二烯单体，保持丁二烯和苯乙烯的相对浓度稳定。

9.6.5 SBS 热塑性弹性体

SBS 是苯乙烯-丁二烯-苯乙烯三嵌段共聚物，其中 S 代表苯乙烯链段，分子量约 1 万～1.5 万；B 代表丁二烯链段，分子量约 5 万～10 万。常温下 SBS 因 B 段而显示橡胶弹性，S 段处于玻璃态微区，起到物理交联的作用。高温下（聚苯乙烯玻璃化温度约 95℃）具流动性，可以用热塑性聚合物加工设备模塑成型，因此 SBS 可称作热塑性弹性体，无需硫化。

SBS 的合成方法与溶液丁苯胶有点相似，采用丁基锂/烷烃体系，进行活性阴离子溶液聚合。尽可能使丁二烯链段成为顺-1,4-结构，充分发挥其橡胶弹性。所不同的是根据链段的预定长度，依次加入苯乙烯、丁二烯、苯乙烯单体，相继聚合，形成三个链段。原理已见阴离子活性聚合和聚合物化学反应中嵌段聚合两节。

9.6.6 丁腈橡胶

丁腈橡胶是丁二烯和丙烯腈的无规共聚物。其中丁二烯单元以反-1,4 结构为主，随着聚合温度的提高，反-1,4 结构减少，而顺-1,4 和 1,2 结构增加。

腈基的引入，增加了丁腈橡胶的耐油性和耐热性，降低了回弹性和介电性能，属于特种橡胶。丁腈橡胶的特点是：耐弱极性溶剂和油类，对芳烃、酮、酯稍有溶胀；比天然胶、丁苯胶耐热，在空气中 120℃下可长期使用，耐寒性却降低；气密性好，仅次于丁基橡胶。

丁腈橡胶中丙烯腈结合量在 18%～50%范围内，按其含量，可以分成五类。

丁腈橡胶采用乳液聚合法，也分高温聚合（30～50℃）和低温聚合（5～10℃）两种技术，都采用氧化还原体系。生产过程与丁苯橡胶的合成相似，但有以下一些特点。

丁二烯和丙烯腈的竞聚率都小于 1，有交替聚合的倾向，有恒比点，例如 5℃，$r_1=0.18～0.08$，$r_2=0.02～0.03$，恒比组成＝56/44。在恒比点以上和以下，单体组成或共聚物组成随转化率的变化走向相反，应该采取不同的控制措施。

丙烯腈在水中有相当的溶解度，如室温下约 7.8%，易在水相中聚合，形成不溶性聚合物，并能与小的胶粒结合反应。

丙烯腈在酸性介质中易水解成丙烯酸，因此，聚合须在中性或弱碱性中进行。丙烯腈的存在将使十二硫醇的链转移常数降低。

丁腈橡胶主要用作耐油制品。粉末丁腈与聚氯乙烯相容性好，可以用作聚氯乙烯的长效增塑剂，提高抗冲性能。

9.7　聚苯乙烯类

20 世纪早期，H. Staudinger 就已确立苯乙烯聚合属于连锁机理。苯乙烯是能够进行自由基（热引发和引发剂引发）、阴离子、阳离子、配位等多种机理聚合的少有单体，前三种机理的聚合物无规，有些配位聚合可以形成等规或间规聚苯乙烯。苯乙烯能够进行各种机理聚合的原因有：

① 单体极性低，有利于自由基、阴离子、阳离子、金属络合物的进攻；

② 处于过渡态的聚苯乙烯活性种受共振稳定作用，使增长活化能降低；

③ 无副反应，而其他基团取代的单体进行离子聚合时，往往有副反应。

苯乙烯常用来探讨新的聚合反应机理，但工业上大吨位无规聚苯乙烯系列都采用自由基聚合生产，通常分成三类：通用聚苯乙烯（GPPS）、抗冲聚苯乙烯（HIPS）、可发性聚苯乙烯（EPS）。此外，还有许多共聚物，如苯乙烯-丙烯腈共聚物（SAN）、苯乙烯-丁二烯-丙烯腈三元接枝共聚物（ABS）等抗冲衍生物，广用作家用电器的外壳、内衬和汽车零部件。Ziegler-Natta 配位聚合的等规聚苯乙烯曾试图工业化，终因熔点高（230℃），性脆，未能成功。目前间规聚苯乙烯正处在工业化进程中。

9.7.1　通用聚苯乙烯

苯乙烯自由基聚合机理已见自由基聚合一章，这里复述一些特征。

① 可以较高的速度进行热聚合，这是其他单体所不及的；

② 聚合温度较低时（<60℃），终止以偶合为主；温度较高时，才出现歧化终止；链转移常数较小，但也不可避免地因链转移而产生少量支链，支链含量随聚合温度而增加；

③ 转化率小于 30%～35%，凝胶效应不显著；转化率小于 40%～50%，才明显自动加速；

④ 苯乙烯本体聚合初期，低转化率下聚合速率对单体浓度呈一级反应。

通用聚苯乙烯是苯乙烯的均聚物，分子量约 5 万～30 万，玻璃化温度 95℃，是典型硬塑料，伸长率只有 1%～3%，尺寸稳定，电性能好，透明色浅，流动性好，易成型加工。但有性脆、不耐溶剂、不耐紫外光和氧等缺点。

GPPS 和 HIPS 可以采用悬浮聚合或本体聚合法生产，在工艺和设备同时作了改进以后，新建厂多趋向于连续本体法；而 EPS 只能采用悬浮法生产。

本体聚合成功的关键是保证良好的搅拌混合和及时传热，聚合工艺和反应器结构的改进起到重要作用。工艺上，单体加 20% 乙苯稀释，转化率控制在 80% 以下，使最终聚合物含量约 60%，以免粘度过高，影响搅拌传热。加适量引发剂，使热聚合和引发剂聚合并存，保证合适的聚合速度。分预聚和后聚合两段，分别选用不同反应器。预聚阶段温度 80～100℃，控制转化率小于 30%～35%，这阶段凝胶效应不明显，可在一般搅拌釜内进行。大于 35% 转化率以后，进入后聚合阶段，粘度增加，自动加速渐增，温度自 95℃ 递增至225℃。温度增加，可降低粘度，扩大温差，有利于传热。反应器结构进行了特殊设计，多釜串联、多塔串联、釜塔串联都有选用，首釜多用作预聚，成为各家公司的专利。聚合结束后，物料进入减压脱挥装置，将残留苯乙烯降低到理想的含量（<0.3%），保证质量。另见聚合方法一章。

适当改变条件，同一设备也可用来生产抗冲聚苯乙烯、苯乙烯-丙烯腈共聚物、ABS 等。

可发性聚苯乙烯采用悬浮聚合技术，将单体、引发剂、石油醚（发泡剂）、分散剂一起在水介质中进行悬浮聚合，聚合物颗粒中溶有石油醚，供以后发泡之用。也可以将常规悬浮聚合所得的聚苯乙烯粒子，在加温加压条件下浸渍石油醚而成可发性树脂。

9.7.2 抗冲聚苯乙烯

聚苯乙烯性脆，不能适用于许多场合。曾经使用过多种措施来克服脆性，如超高分子量、添加增塑剂、添加填料（如玻璃纤维、木粉等）、定向拉伸、添加橡胶、共聚等，都未能达到满意的结果。最后通过苯乙烯与低顺丁二烯橡胶接枝共聚，才大幅度地提高了抗冲性能，以致目前抗冲聚苯乙烯的产量远超过通用聚苯乙烯。有关接枝机理另见聚合物化学反应一章，这里仅介绍橡胶-苯乙烯本体接枝聚合过程的一些特点。

将 $7\%\sim8\%$ 低顺橡胶、适量过氧化物引发剂溶于苯乙烯中，成为均相溶液，进行聚合。苯乙烯聚合的同时，部分自由基向橡胶链转移，产生接枝点，苯乙烯在接枝点上聚合，长出支链，形成接枝共聚物 P(B-g-S)。最终聚合产物是聚苯乙烯、聚丁二烯、丁二烯-苯乙烯接枝共聚物的混合物，其中接枝共聚物处于两种均聚物的界面，起到增溶的作用，使聚丁二烯以细小粒子（$1\sim2\mu m$）稳定分散在聚苯乙烯基体中，类似海岛结构。抗冲聚苯乙烯受力时，按银纹机理，吸收了冲击能，而起到抗冲的作用。

在合成抗冲聚苯乙烯过程中，除了聚合、接枝等化学反应外，体系相态的变化也是关键，包括相分离和相转变。聚丁二烯-聚苯乙烯-苯乙烯三元相平衡是剖析相分离和相转变的热力学基础，粘度和搅拌强度则是动力学基础。初期形成的少量聚苯乙烯溶于聚丁二烯-苯乙烯的均相溶液中。当聚苯乙烯产生量超过一定的浓度，就从溶液中沉析出来，所谓相分离。当聚苯乙烯的生成量（体积）超过橡胶量，则产生相转变现象，即聚苯乙烯-苯乙烯溶液从原来的液滴分散相转变成连续相（海），而橡胶溶液则从原来的连续相转变成分散相（岛）。搅拌强度是促进相转变的动力。最后希望橡胶粒径约 $1\sim2\mu m$，才能保证较高的抗冲强度。

HIPS 保持聚苯乙烯原有的许多优点，因橡胶粒子的存在，变成不透明，但抗冲强度提高了许多倍，可用作家用电器的外壳、内衬和汽车零部件。

9.7.3 苯乙烯-丙烯腈共聚物（SAN）和 ABS 树脂

苯乙烯与极性单体丙烯腈共聚，可以克服聚苯乙烯的脆性。与均聚苯乙烯相比，SAN 的耐溶剂性、耐油性、软化点、耐应力、抗冲性能等均有很大的提高，可以用作结构材料。但是，还不能适用于某些场合，因此，进一步发展了丙烯腈-丁二烯-苯乙烯三元接枝共聚物，简称 ABS 树脂。

苯乙烯和丙烯腈的竞聚率分别为 $r_1=0.41$，$r_2=0.04$，有交替倾向，恒比点处于 S/AN＝75/25（质量比）。SAN 和 ABS 树脂中苯乙烯和丙烯腈含量比常取恒比点附近的组成，单体组成就很容易配制，随转化率的变化较小，容易控制。

α-甲基苯乙烯是合成苯乙烯时的伴生副产物，也可以自由基聚合，只是聚合上限温度较低，均聚物易热降解，不稳定；此外，聚 α-甲基苯乙烯玻璃化温度更高（170℃），性更脆，很少单独使用。与 SAN 相似，α-甲基苯乙烯也可以与丙烯腈共聚，克服这两方面缺点，制得耐温更高的共聚物，用作耐热级 ABS 的掺混料。

ABS 树脂有多种制备方法，最常用的是先将丁二烯经乳液聚合，制成聚丁二烯胶乳。然后加入苯乙烯和丙烯腈，进行接枝共聚，部分苯乙烯-丙烯腈接枝在聚丁二烯胶粒表面，更多的苯乙烯-丙烯腈在接枝层上无规共聚，形成了所谓核壳结构。共聚结束后，经凝聚分离干燥，就成为 ABS 母料。再与悬浮法或本体法苯乙烯-丙烯腈共聚物共混成 ABS 树脂商品。

ABS 抗冲性能优于 HIPS，属工程塑料的范畴，应用范围更广。

HIPS 和 ABS 的开发成功促使聚苯乙烯系列更大的发展，也是接枝共聚工业化的典范。

ABS 树脂一般不透明，如果以甲基丙烯酸甲酯代替丙烯腈，则成透明的 MBS 树脂。ABS 分子中有丁二烯的双键，不耐候，如以丙烯酸丁酯代替丁二烯，则可合成耐候的 AAS 树脂；同理，也可以聚丙烯酸丁酯为核，以甲基丙烯酸甲酯-苯乙烯共聚物为壳，合成 MAS 树脂。上述诸多三元接枝共聚物都可以用作聚氯乙烯的抗冲改性剂。

9.7.4 苯乙烯-马来酸酐共聚物（SMA）和其他共聚物

苯乙烯是供电性单体，马来酸酐是吸电性单体，两者竞聚率分别为 $r_1 = 0.15$，$r_2 = 0.04$，容易形成电荷转移络合物而聚合成交替共聚物。这类共聚物分子量低，只能用作悬浮聚合的分散剂。如果将聚合温度再提高到 $80 \sim 90 ℃$ 以上，电荷转移络合物解离成原来的单体，减弱了交替共聚的倾向，而形成苯乙烯-马来酸酐无规共聚物，符号简写为 SMA。含 8％马来酸酐的 SMA 就可以使抗冲强度提高到工程塑料的水平。

苯乙烯、马来酸酐、丙烯腈三元共聚物综合三种单体的优良性能，成为性能更好的共聚物。以上二元和三元共聚物都可以进一步用橡胶接枝增韧，关键是性能-价格平衡。

苯乙烯-二乙烯基苯悬浮共聚物珠粒可以用作离子交换树脂的母体。

9.7.5 离子和配位聚合聚苯乙烯

评价阳离子引发剂-共引发剂活性，以及评价单体阳离子聚合活性时，常选取苯乙烯作参比单体，但苯乙烯阳离子（共）聚合并没有实际应用价值。

研究萘-钠-四氢呋喃体系阴离子活性聚合机理时，也常选用苯乙烯作单体。苯乙烯经阴离子活性聚合，可以制备分子量单分散聚苯乙烯（$M_w/M_n = 1.06$），用作 GPC 的标样。SBS 三嵌段共聚物是苯乙烯阴离子共聚的工业规模应用。

戊基钠和钛/铝体系均可使苯乙烯聚合成等规聚合物，头尾连接，分子链呈螺旋形结构，三个苯乙烯单元构成一螺环。等规聚苯乙烯是结晶性聚合物，熔点高（$230 \sim 240 ℃$），但结晶速度慢，性脆，难以工业应用。

钛化合物用甲基铝氧烷活化，可使苯乙烯聚合成间规聚合物。间规聚苯乙烯结晶速度快，熔点高（$270 \sim 275 ℃$），可望成为强度高的结构材料。茂金属引发剂在间规聚苯乙烯合成中的应用有了很大的发展，如 $CpTiCl_3$，$IndTiCl_3$ 与甲基铝氧烷体系。现正处在工业化的进程中。

9.8 聚氯乙烯和其他含氯聚合物

9.8.1 聚氯乙烯

聚氯乙烯产量约占聚合物世界总产量的 20％，居第二、三位，与聚丙烯相当。大部分聚氯乙烯是均聚物，因为可以与增塑剂、稳定剂、多种助剂配合，加工成多种多样的塑料，从薄膜、人造革、电缆料、鞋料、泡沫塑料等软塑料，到管、板、型材等硬塑料，应用范围甚广，不需要共聚技术来解决。这一特点是其他聚合物难以相比的。

约 80％聚氯乙烯用悬浮聚合法生产，本体法约 8％，两者颗粒结构相似，平均粒径约 $100 \sim 160 \mu m$。10％～12％糊用聚氯乙烯则用乳液法和微悬浮法生产，粒径分别约 $0.2 \mu m$ 和

$1\mu m$。少量涂料用氯乙烯共聚物才用溶液法制备。

聚氯乙烯按聚合度或溶液粘度划分成许多品种和牌号,为便于成型加工时增塑剂的吸收,要求颗粒结构疏松,对颗粒形态有特殊的要求,这也是其他聚合物所没有的。

氯乙烯容易进行自由基聚合,很难离子聚合。氯乙烯中 C—Cl 键是弱键,氯原子容易被自由基提取而发生链转移反应,向单体链转移是主要的终止方式,成为氯乙烯自由基聚合的特征,另见自由基聚合一章。温度对链转移常数有显著影响,因此,聚合温度就成了控制聚氯乙烯分子量的关键因素,甚至是决定通用级聚氯乙烯(聚合度约 $600\sim1600$,聚合温度 $45\sim65℃$)分子量的唯一因素,生产时要求聚合过程和聚合釜内各处温度偏差在 $0.2\sim0.5℃$ 内,而引发剂浓度对分子量无影响,仅仅是调节聚合速度的因素。高聚合度($1600\sim4000$)聚氯乙烯在较低的温度($35\sim45℃$)下聚合,分子量才受温度和引发剂浓度两因素影响。合成低聚合度(<600)聚氯乙烯时,为了不使聚合温度过高,需添加链转移剂来降低分子量,向单体转移(即温度因素)和向链转移剂转移同时影响着分子量。

合成某种型号聚氯乙烯的聚合温度既定以后,聚合速率就由引发剂用量来调节。目前多选用过氧化碳酸酯类高活性引发剂,并由几种活性不同的引发剂混合使用,使半衰期约 2h,用量约 $0.02\%\sim0.05\%$,以期接近匀速聚合,将聚合时间缩短至 $4\sim6h$。

聚氯乙烯-氯乙烯是部分互溶体系,聚氯乙烯可被氯乙烯溶胀,其中氯乙烯含量约 30%;但聚氯乙烯在氯乙烯的溶解度甚微($<0.1\%$),因此氯乙烯聚合具有沉淀聚合的特征。小于 70% 转化率时,聚合在单体液滴和聚氯乙烯富相(溶胀粒子)两相中进行,而以富相中为主。转化率大于 70% 时,单体相消失,聚氯乙烯富相中残留氯乙烯单体继续聚合。一般在 85% 转化率以下,结束聚合反应,以免体积收缩影响树脂颗粒的疏松结构。

聚氯乙烯颗粒形态受分散剂和搅拌特性控制,在合适搅拌条件下,分散剂就成了关键因素。部分水解聚乙烯醇(水溶液表面张力约 $50\sim55mN/m$)、羟丙基甲基纤维素(水溶液表面张力 $45\sim50mN/m$)是常用的分散剂,往往再添加第三组分,复合使用。这方面多涉及专利。

传热和搅拌是氯乙烯聚合两大工程问题。传热要求及时散热,保持聚合温度恒定。而搅拌除混匀物料和帮助传热外,主要考虑液液分散和对树脂颗粒特性的影响。

氯乙烯悬浮聚合过程大致如下:将水、分散剂、其他助剂、引发剂先后加入聚合釜中,抽真空和充氮排氧反复几次,然后加单体,升温至预定温度聚合。在聚合过程中保持温度和压力恒定。后期压力下降 $0.1\sim0.2MPa$,即可出料,这时的转化率约 $80\%\sim85\%$。如降压过多,反而会使原已形成的疏松结构转变成致密树脂。聚合结束后,回收单体,出料,经后处理、离心分离、洗涤、干燥,即得聚氯乙烯粉状树脂成品。另见聚合方法一章中的悬浮聚合。

本体法聚氯乙烯的颗粒特性与悬浮法树脂相似,疏松,但无皮膜,更洁净。本体聚合的主要困难是散热、防粘、保持疏松颗粒特性等问题,采用两段聚合可以解决这些困难。

9.8.2 氯乙烯共聚物和氯化聚氯乙烯

氯乙烯与 $3\%\sim20\%$ 醋酸乙烯酯共聚物是最常见的氯乙烯共聚物,可溶于丙酮或二氧六环中,用作涂料时,添加 1% 马来酸酐作第三单体,更可提高粘结性。含 $10\%\sim15\%$ VAc 的共聚物容易塑化成型,可用来制作唱片和地砖。

氯乙烯与 $3\%\sim10\%$ 丙烯无规共聚,可以降低拉链式脱氯化氢的反应,但应用还不普遍。

能溶解聚氯乙烯的溶剂（四氢呋喃，环己酮等）有限，但经过氯化，制成氯化聚氯乙烯，使氯含量提高到 $63\%\sim64\%$，就能溶于普通酮类，可用作粘结剂、涂料和纤维，耐热性也提高。

9.8.3 聚偏氯乙烯

除氯乙烯以外，偏氯乙烯是唯一能够聚合的含氯烯类单体。

偏氯乙烯聚合物是阻透性特优的材料，但偏氯乙烯均聚物是结晶性聚合物，熔点约 $220℃$，玻璃化温度 $+23℃$，熔点附近开始热分解，也不溶于有机溶剂，无法成型加工。若偏氯乙烯与少量氯乙烯 $[10\%\sim20\%$（质量分数）$]$ 或丙烯酸甲酯（$8\%\sim10\%$）等第二单体共聚，适当降低结晶度，熔点和玻璃化温度（$-5℃$）则显著降低，改善了熔体流动性能和加工性能，就可以用常规的塑料成型设备加工成薄膜和纤维，广用作食品、医药、军需品的包装材料。利用其优异的耐溶剂性能、高耐磨和阻燃性能，共聚物还可以用作管材、滤布以及特殊的军用场合。

共聚物组成、分子量、粒度等是偏氯乙烯共聚物的主要质量指标，调节这些指标，使阻透性、强度、成膜性诸性能综合平衡，达到最佳状态。

共聚物组成可以根据共聚原理进行控制。$45℃$下偏氯乙烯和氯乙烯的竞聚率分别为：$r_1=2.98$，$r_2=0.175$，接近理想共聚行为。偏氯乙烯/氯乙烯质量配比约 $80\sim85/20\sim15$，一次投料，最终转化率小于 85%，共聚物组成分布还不致太宽，符合工业产品要求。偏氯乙烯和丙烯酸甲酯的竞聚率为 $r_1=1$，$r_2=1$，共聚物组成与单体组成完全恒比，控制更不成问题。

共聚物的分子量主要决定于引发剂浓度和聚合温度，转化率大于 35% 以后，分子量几乎不随转化率而变。

引发剂浓度和温度同时影响着聚合速率。偏氯乙烯和氯乙烯共聚反应的特点是交叉增长（终止）占主导地位，原因是偏氯乙烯活性远大于氯乙烯，几乎成了氯乙烯自由基的"终止剂"，因此两单体共聚速率较低，即使选用过氧化碳酸酯类高活性引发剂，聚合时间也在 $20h$ 以上，远大于氯乙烯的聚合时间（$5\sim6h$）。

偏氯乙烯和氯乙烯共聚多选用悬浮聚合，工艺过程与氯乙烯悬浮聚合相似，具有沉淀聚合的特征。但聚合速率或放热速度较低，传热不成问题。共聚物粒粗圆整，并不要求疏松，因此，对搅拌的要求也较低，但需根据其特点，对搅拌强度另行设计。分散剂可以选用纤维素醚类，并无特殊要求。

除偏氯乙烯-氯乙烯共聚物外，偏氯乙烯-丙烯酸乙酯共聚物也是热塑性塑料，偏氯乙烯与 $35\%\sim45\%$ 丙烯腈共聚物是成纤材料，但应用还不普遍。

9.9 含氟聚合物

含氟聚合物，包括四氟乙烯、三氟氯乙烯、偏二氟乙烯、氟乙烯等的均聚物或共聚物，具有耐热、耐氧化、耐化学品、电绝缘性能好、表面能低、摩擦系数小等优点，属于特种聚合物。

$$CF_2{=}CF_2 \qquad \underset{\underset{Cl}{|}}{CF_2{=}CF} \qquad CH_2{=}CF_2 \qquad CH_2{=}CHF \qquad \underset{\underset{CF_3}{|}}{CF_2{=}CF} \qquad \underset{\underset{OCF_3}{|}}{CF_2{=}CF}$$

与乙烯相比，含氟烯类单体 $C{=}C$ 的 π 键能低，摩尔聚合热特大，更容易自由基聚合，反应剧烈。在物理性质上，含氟单体具有沸点低（$< -70℃$）和在水中溶解度低（约 $0.1g \cdot L^{-1}$）的双重特点，很少液化进行本体聚合、液滴悬浮聚合或浓溶液聚合，多采用稀水溶液沉淀聚合。

9.9.1 聚四氟乙烯

聚四氟乙烯是含氟聚合物的代表，约占 80％产量。

（1）单体特性与聚合活性的关系　乙烯 C＝C 的 π 键能约 $611 \sim 615kJ \cdot mol^{-1}$，C—H 键能 $414.5kJ \cdot mol^{-1}$，可用作参比数据。

氟是电负性最大（4.0）的元素，亲电能力强（3.6eV），四氟乙烯分子中 4 个氟原子吸电子的结果，使 C＝C 双键大大减弱（$398 \sim 440kJ \cdot mol^{-1}$），成缺电子状态，是一强电子受体，很容易接受自由基而被引发聚合，聚合活性特高，成为烯类中摩尔聚合热最大的单体。四氟乙烯与乙烯的键能和聚合热的比较如表 9-4。

表 9-4　四氟乙烯与乙烯的键能和聚合热的比较

键能/$kJ \cdot mol^{-1}$	四氟乙烯	乙烯	键能/$kJ \cdot mol^{-1}$	四氟乙烯	乙烯
C＝C π 键能	$398 \sim 440$	$611 \sim 615$	C—H 键能		414.5
C—F 键能	461		聚合热$-\Delta H$	172	95

C—F 键能大，如果四氟乙烯中无含氢杂质，就很难进行链转移反应和歧化终止，主要经偶合而终止。四氟乙烯齐聚物在水中溶解度极低，成为沉淀聚合，自由基受到包埋，寿命长，从而可以制得高分子量（几百万）聚合物。聚四氟乙烯的强度主要决定于分子量。

四氟乙烯沸点低（$-76.3℃$），常温下为气体，常压下在水中溶解度低（约 $0.1g \cdot L^{-1}$），只能进行稀水溶液沉淀聚合，工业上俗称的"悬浮"聚合和分散聚合都属于这一范畴。所谓悬浮聚合，体系只由四氟乙烯单体、水溶性引发剂、水组成，聚合物一经形成，就从水相中沉析出来，粒子几经聚并，成为悬浮粗粒，故名悬浮聚合。分散聚合则另加少量全氟辛酸皂，其浓度低于临界胶束浓度，用来防止粒子聚并，细粒（$< 30\mu m$）产物分散在水中，故名分散聚合，有时也俗称乳液聚合，但非真正的乳液聚合。其他含氟单体的水溶液沉淀聚合也相似。

除水溶性引发剂外，聚合温度、操作压力、搅拌强度都是重要的参数。

聚合温度随引发体系而定，采用过硫酸钾单一引发剂，聚合温度需在 $50 \sim 90℃$ 之间。氧化还原体系是优先选用的引发剂，聚合温度可降低到 $30 \sim 50℃$。

加压操作的目的是提高四氟乙烯在水中的溶解度，从而提高聚合速度和分子量。考虑聚合速度、设备强度、安全操作等因素，压力很少超出 3MPa。难溶单体服从亨利定律，即单体浓度与气体压力成正比，3MPa 的单体浓度要比常压下高 30 倍。分散聚合中所用的全氟辛酸皂主要作用是保护粒子，防止聚并，但对单体也有适当的增溶作用。

四氟乙烯水溶液沉淀聚合全过程由气液传质和聚合反应串联而成，气液传质成为控制步骤，必须要有足够的搅拌强度，提高气态单体的溶解速度，保证单体的及时供应，使聚合场所有足够的稳定单体浓度。合适的搅拌强度也成为聚合成功的关键之一。

（2）性能　聚四氟乙烯有许多优异性能，如化学稳定，耐溶剂、耐氧化、耐强酸，这与 C—F 键能大有关。结构对称，堆砌紧密，结晶度高（93％～97％），熔点也高（327℃），T_g120℃，可在 260℃下长期使用。无极性基团，介电损耗小，电绝缘性能好，用作高温高频绝缘材料。摩擦系数小，可制自润滑轴承。表面能低，可制防水涂层。但粘结性能差，难染色是其缺点。

(3) 加工方法　聚四氟乙烯熔点高和熔体粘度高（380℃，10^{10} Pa·s），难以用常规的塑料成型方法加工，只好将粉状产物先模压暂时成型，后烧结（350℃）定型，再机械加工，如车刨成薄膜和带。如欲制形状制品，可将粉末与沸点 200℃ 以上的矿物油拌成面团，然后在此温度以上挤出。

聚四氟乙烯分散液可用作水性涂料，涂布后再烧结，即成牢固的涂层。

9.9.2　其他含氟均聚物

氟原子半径小，氟代乙烯中，不论氟原子多少，均能聚合，形成耐热的聚合物。

(1) 聚三氟氯乙烯　三氟氯乙烯沸点 −26.8℃，是带有毒性的气体，可以用 $K_2S_2O_8$/ $NaHSO_3$ 氧化还原体系进行水相沉淀聚合，聚合温度约 $30\sim40$℃，分子量可达 $50000\sim 500000$。

聚三氟氯乙烯的强度、硬度、耐蠕变性能均比聚四氟乙烯好，但含有体积较大的氯原子侧基，堆砌不甚紧密，结晶度（30%～85%）和熔点（220℃）相对较低，熔点以上可流动，溶解性能也变好。玻璃化温度 50℃，有冷流现象，受压时易粘在一起。

聚三氟氯乙烯可以用常规成型方法加工，也可以锯、钻等机械加工。在加工温度下，有些降解，设备材料要耐腐蚀。聚合物分散液可用作水性涂料，涂布后，经 220℃ 烧结，即成膜和涂层。如果经多次涂布，最后在 300℃ 下烧结，则可成无孔膜。

(2) 聚偏氟乙烯　聚偏氟乙烯是含氟聚合物的第二大品种。偏氟乙烯沸点 −84℃，常温下是气体，多采用悬浮聚合或分散聚合生产，与聚四氟乙烯相似。

聚偏氟乙烯商品分子量约 30 万～40 万，T_g −40℃，熔点 $153\sim157$℃，随晶形不同，有所变化，抗张强度 $45.2\sim47.6$MPa，属于热塑性，熔体流动性好，易加工，可以注塑和挤塑。聚偏氟乙烯耐候、耐热、耐化学品，绝缘性能好，仅次于聚四氟乙烯，主要用作食品包装材料、高性能电缆料以及压电、热电、光电传感器材料等功能性材料。

聚偏氟乙烯分散液固体含量约 20%～25%，粒度小于 40μm，可用作水性涂料，使用于食品包装涂层、化工防腐、建筑物防紫外辐射等。

聚偏氟乙烯可以由电离辐射来交联，这是与其他含氟聚合物的不同之处。

(3) 聚氟乙烯　氟乙烯沸点 −72℃，可用单一过氧化合物或氧化还原体系进行水溶液沉淀聚合。

聚氟乙烯性能是半结晶性聚合物，熔点约 200℃，加工温度约 210℃，100℃ 以上，可溶于二甲基甲酰胺和四甲基脲中，薄膜耐候性能优。聚氟乙烯一般用作耐候涂料和食品罐头涂料。

含氟聚合物的熔点和长期使用温度比较如表 9-5。

表 9-5　含氟聚合物的熔点和长期使用温度

聚合物	T_m/℃	长期使用温度/℃	相对密度
聚乙烯(参比)	134	80～100	0.92～0.96
聚四氟乙烯	327	260	2.1～2.2
聚三氟氯乙烯	212～217	180	2.1～2.2
聚偏氟乙烯	170～185	150	1.77～1.79
聚氟乙烯	210	107	1.38～1.57
四氟乙烯-全氟丙烯共聚物	285～295	200	2.15～2.17
四氟乙烯-乙烯共聚物	165～170	150～180	1.73～1.75
三氟氯乙烯-乙烯共聚物	250～264	150	1.68

9.9.3 含氟共聚物

在含氟聚合物的发展过程中，20世纪40~50年代主要生产均聚物，60~70年代则转向共聚物的研制，多以四氟乙烯或偏氟乙烯为主单体，关注耐热、耐油、耐化学品、容易加工的含氟塑料和弹性体的合成。

（1）四氟乙烯共聚物　共聚的分子设计思想是保留聚四氟乙烯热稳定性和化学稳定性的优点，适当破坏结构的规整性，改善溶解、熔融流动和加工性能，以期达到最佳的综合性能。

选用的共单体有含氟烯类单体和 α-烯烃，有关竞聚率见表9-6。含氟烯类单体缺电子，与四氟乙烯共聚属于无规理想行为；α-烯烃具供电性，与四氟乙烯共聚，则有交替倾向。

表 9-6　四氟乙烯（M_1）与烯类（M_2）共聚的竞聚率

M_2	$T/℃$	r_1	r_2	M_2	$T/℃$	r_1	r_2
$CF_2\!=\!CFCF_3$		3.5	0	$CH_2\!=\!CH_2$	-30	0.013	0.10
$CF_2\!=\!CFOCF_3$		1.73	0.09	$CH_2\!=\!CHCH_3$	65	0.045	0.14
$CF_2\!=\!CFOC_3F_7$		8.72	0.06	$CH_2\!=\!C(CH_3)_2$	-25	0	0
$CF_2\!=\!CH_2$		3.73	0.23				

① 四氟乙烯-全氟丙烯共聚物（F_{46}）。这是含氟共聚物中的第一大品种。共聚以后，破坏了结构规整性，可成为热塑性塑料和耐油弹性体，285℃塑化，可用一般成型方法加工。制品可在$-260~+205℃$间长期使用。

四氟乙烯和全氟丙烯的竞聚率差异较大，共聚物组成不容易控制。以过硫酸钾作引发剂，可在90~95℃下进行水溶液聚合。

四氟乙烯与偏氟乙烯共聚物也是耐热、耐化学品的品种。

② 四氟乙烯-全氟烷基乙烯基醚。共单体全氟烷基乙烯基醚包括全氟丙基乙烯基醚（$CF_2\!=\!CFOC_3F_7$）和全氟甲基乙烯基醚（$CF_2\!=\!CFOCF_3$），均已商业化，该种共单体用量仅1.9%~5%（摩尔分数），就足以改善熔融流动性能。并能保持机械性能和热稳定性。四氟乙烯-全氟丙基乙烯基醚共聚物性能极佳，$T_m=302~310℃$，长期使用温度约250℃。

③ 四氟乙烯-α-烯烃交替共聚物。四氟乙烯缺电子，α-烯烃供电性，两类单体共聚，有交替倾向，表9-6所示的两单体竞聚率接近于零，也表明这一点。

现以分散聚合法合成四氟乙烯-丙烯交替共聚物为例，说明聚合过程的要点。共聚物中两单体摩尔比=1:1时，T_m最大。预定共聚物含$C_2F_4=55\%$，$M_n=18$万（12万~15万），并希望有足够快的聚合速度。

两单体的竞聚率（$r_1=0.045$，$r_2=0.14$）不相等，共聚物组成将随转化率而变，组成分布不均一。因此，在聚合过程中，要补加些活性较大的单体，例如初始两单体摩尔比=75/25，补加单体摩尔比=50/50。水相中加有0.5%全氟辛酸铵，防止粒子聚并。为了提高聚合速率和产物分子量，除加压（3MPa）操作外，还可以添加少量叔丁醇，增加单体的溶解度。采用过硫酸钾/硫代硫酸钠/亚铁盐氧化还原体系，聚合温度30~40℃。

在上述二元共聚物的基础上，还可以添加偏氟乙烯作第三单体，形成 $C_2F_4/C_3H_6/CH_2\!=\!CF_2$ 三元共聚物，提高耐油性。这类共聚物品种很多，如 C_2F_4/C_2H_4、$C_2F_4/C_3H_6/CH_2\!=\!C(CH_3)_2$。

（2）偏氟乙烯共聚物

① 偏氟乙烯-全氟丙烯共聚物（F_{26}）　偏氟乙烯-全氟丙烯共聚物是最重要的含氟弹性

体。随着组成的不同，共聚物性能可以在树脂和弹性体之间变动。50%～70%（摩尔分数）偏氟乙烯的共聚物是弹性体，玻璃化温度 0～－15℃。全氟丙烯不能均聚，但能共聚，因此，其用量不超过 50%。

偏氟乙烯与全氟丙烯共聚物（70∶30）或与三氟氯乙烯 [(70∶30)～(50∶50)] 共聚物，可用 BPO/ZnO、胺类或二异氰酸酯交联成橡胶，耐油，耐化学品，可在－10～－50℃至150～200℃之间长期使用。

偏氟乙烯分子中有亚甲基，其中氢原子是热分解的弱点。但与全氟丙烯共聚以后，氢原子受到两侧 4 个氟原子的屏蔽保护，热稳定性反而提高。

$$
\begin{array}{c}
\quad\ \ \text{F} \qquad \text{F} \quad \text{F} \qquad\qquad \text{F} \qquad \text{CF}_3 \\
\ \mid \quad\ \ \mid \quad \mid \qquad\quad\ \ \mid \qquad\quad \mid \\
-\text{C}-\text{CH}_2-\text{C}-\text{C}-\ \ \quad -\text{C}-\text{CH}_2-\text{C}-\text{CH}_2- \\
\ \mid \quad\ \ \mid \quad \mid \qquad\quad\ \ \mid \qquad\quad \mid \\
\quad\ \ \text{F} \qquad \text{F} \ \ \text{CF}_3 \qquad\quad \text{F} \qquad \text{CF}_3
\end{array}
$$

② 偏氟乙烯-1,1-双三氟甲基乙烯共聚物。偏氟乙烯与 1,1-双三氟甲基乙烯共聚，成为可溶性聚合物，也可以熔融加工。两单体共聚，严格交替，结果，分子中 F 和 CF_3 基团对两侧 CH_2 有屏蔽作用，因此耐热性和热稳定性都很好，这一点与偏氟乙烯与全氟丙烯共聚物有点相似。共聚物的基本性能与 PTFE 相同，$T_m = 327℃$，但连续使用温度（288℃）、硬度、抗蠕变性能均优于 PTFE。

还有多种含氟共聚物。

9.10 聚醋酸乙烯酯和相关聚合物

除聚氯乙烯外，聚醋酸乙烯酯是主要的乙烯基聚合物，经过皂化水解，可以进一步转化为聚乙烯醇。聚乙烯基胺也属于这一类，并有工业应用价值。聚乙烯基硫醇 $\overline{\text{{—}CH}_2\text{CHSH}\text{—}}_n$ 只限于学术研究。四种聚合物的结构单元如下：

$$
\begin{array}{cccc}
-\text{CH}_2-\text{CH}- & -\text{CH}_2-\text{CH}- & -\text{CH}_2-\text{CH}- & -\text{CH}_2-\text{CH}- \\
\ \ \mid & \ \ \mid & \ \ \mid & \ \ \mid \\
\ \ \text{O=COCH}_3 & \ \ \text{OH} & \ \ \text{NH}_2 & \ \ \text{SH}
\end{array}
$$

9.10.1 聚醋酸乙烯酯

醋酸乙烯可制自乙炔和醋酸，或乙烯和醋酸。纯醋酸乙烯酯不能热聚合，但容易自由基聚合。聚醋酸乙烯酯是无规聚合物，玻璃化温度低（28℃）。工业上多采用乳液或悬浮聚合法，聚合温度不宜太高，否则，乳胶粒或珠粒容易聚并成块。乳液聚合时，可加阴离子表面活性剂，但乳液中固体含量很难达到 50% 以上；如果配用少量亲水性共单体（如乙烯基磺酸盐），则可提高固体含量。

聚乙烯醇常用作醋酸乙烯酯乳液聚合的非离子型表面活性剂，用量较多，残留的聚乙烯醇和聚醋酸乙烯酯同时用作粘结剂和涂料。

聚醋酸乙烯酯多用作粘结剂和木材胶料（40%溶液）、涂料（分散液）和水泥混凝土的添加剂（喷雾干燥细粉）。

醋酸乙烯酯常用作共单体，共聚物品种很多。乙烯-醋酸乙烯酯共聚物（EVA）是弹性体，可以用作抗冲改性剂。氯乙烯与少量（5%～15%）醋酸乙烯酯共聚，可以改善熔体流动性能，如果再添加马来酸酐（1%～2%）作第三单体，更可以提高涂料的粘结能力。硬脂酸乙烯酯是醋酸乙烯酯的同系物，与氯乙烯共聚，可以起到内增塑作用，只是成本不低。醋酸乙烯酯与少量硬脂酸乙烯酯或新戊酸乙烯酯共聚，引入较大的侧基，可以降低皂化速度，提高耐水解能力。醋酸乙烯酯与偏二腈乙烯共聚，可制合成纤维。

9.10.2 聚乙烯醇和缩醛

乙烯醇不稳定，将异构成乙醛存在。在低温下极性溶剂中，乙醛用醇钾引发聚合，固然也能产生聚乙烯醇，但工业上并不采用。因此，聚乙烯醇多由聚醋酸乙烯酯用甲醇脱酯而成，该反应特称作醇解。有关聚乙烯醇的合成和缩醛化另见聚合物化学反应一章。

聚乙烯醇可以用作维尼纶纤维的原料，纺织纤维的浆料，聚合中的乳化剂和分散剂，墨水、牙膏、化妆品中的添加剂。

聚合度（DP）和醇解度（DH）是聚乙烯醇的两个结构参数，不同品种就由这两种参数而定。DP＝2400～500，相当于20℃下4％溶液的粘度0.06～0.004Pa·s。根据醇解度的不同，聚乙烯醇可以分成两大类：①合成纤维用，接近全醇解，即DH＞99％，或残留醋酸酯小于1％（摩尔分数）；②水溶性分散剂和保护胶体用，部分醇解，大多数DH＝80％～88％，DP＝1700～2000。也有特种油溶性分散剂，DH＝50％，DP＝500～1000。

9.11 其他乙烯基聚合物

9.11.1 聚乙烯基醚

乙烯基醚通式为$CH_2=CHOR$，$R＝CH_3$，i-C_3H_7，C_4H_9。OR基团使得双键更具电负性，例如乙烯基丁基醚$e＝-1.6$，而醋酸乙烯酯$e＝-0.4$。因此乙烯基醚很难自由基聚合，而易阳离子聚合。原则上，OR是吸电子基团，但其p-π共轭效应相反，并且大于诱导效应，两者抵消结果，OR成为供电性。但是有一点还没有完全了解，用三氟化硼-乙醚引发剂时，低于某一温度，却不能聚合。乙烯基甲基醚的这一温度是$-25℃$，乙烯基异丙基醚为$-100℃$。

工业上甲基乙烯基醚的聚合过程如下：在5℃下，将少量甲基乙烯基醚加入二氧六环中，再加入$3％BF_3·2H_2O$，然后加单体聚合。

聚乙烯基醚是软树脂，耐皂化，光稳定，可用作粘结剂、增塑剂、纺织工业的添加剂。

9.11.2 聚（N-乙烯基咔唑）

咔唑提炼自煤焦油，与乙炔加成，即成乙烯基咔唑，反应条件为ZnO/KOH为催化剂，160～180℃，2MPa。

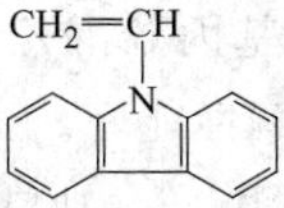

乙烯基咔唑可以进行自由基聚合或阳离子聚合。

聚乙烯基咔唑在160℃下仍能保持形状，但有脆性，与少量异戊二烯共聚，可使脆性降低。聚乙烯基咔唑可用作高频电器的绝缘层。

9.11.3 聚（N-乙烯基吡咯烷酮）

乙烯基吡咯烷酮的初始原料是丁二醇。丁二醇脱氢成丁内酯，丁内酯与氨反应成丁内酰胺，丁内酰胺与乙炔加成，即成乙烯基吡咯烷酮。

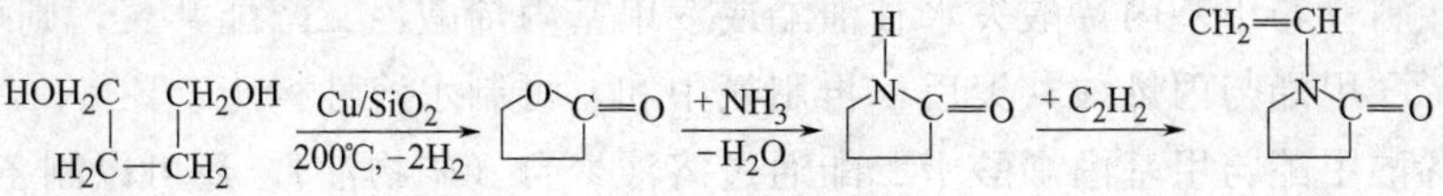

工业上聚合可以采用本体法或溶液法，H_2O_2-脂族胺作引发剂，乙烯基吡咯烷酮在酸性介质中要分解，脂族胺的加入可以阻止分解。

聚乙烯基吡咯烷酮溶于水、氯仿等极性溶剂，可用作保护胶体、乳化剂、血浆代用品。

9.12 （甲基）丙烯酸酯类聚合物

广言之，丙烯酸系单体可以包括（甲基）丙烯酸、（甲基）丙烯酸酯、（甲基）丙烯腈、（甲基）丙烯酰胺等。这些都容易进行自由基聚合，可以形成相应聚合物。

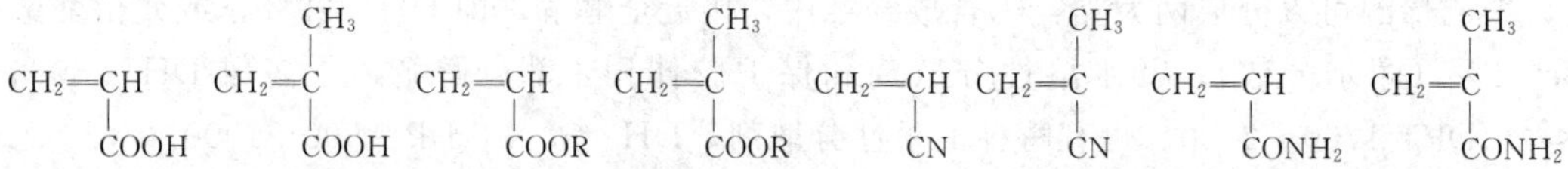

$$
\begin{array}{cccccccc}
 & CH_3 & & CH_3 & & CH_3 & & CH_3 \\
 & | & & | & & | & & | \\
CH_2{=}CH & CH_2{=}C & CH_2{=}CH & CH_2{=}C & CH_2{=}CH & CH_2{=}C & CH_2{=}CH & CH_2{=}C \\
| & | & | & | & | & | & | & | \\
COOH & COOH & COOR & COOR & CN & CN & CONH_2 & CONH_2
\end{array}
$$

先介绍聚（甲基）丙烯酸酯和（甲基）丙烯腈，后介绍聚（甲基）丙烯酸和聚（甲基）丙烯酰胺。

（甲基）丙烯酸酯类多采用自由基聚合，所形成的聚合物无规结构；也可阴离子或配位阴离子聚合，随着引发剂的不同，可以合成无规、等规、间规结构，但仅限于学术研究。

丙烯酸酯类自由基聚合机理的特征有：终止兼有歧化和偶合两种方式，歧化部分随温度升高而增加；有可能向叔氢或酯基上的氢原子转移，产生支链，甚至交联；凝胶效应显著，聚合速度快，短时间内可制得高分子量。

9.12.1 聚甲基丙烯酸甲酯

甲基丙烯酸甲酯是甲基丙烯酸酯类的代表，多采用自由基本体聚合，根据产品的不同要求，也可以选用溶液、悬浮、乳液聚合。

本体聚合主要用来生产透明板、棒、型材。聚合放热快，粘度大，凝胶效应显著，控制困难。多采用预聚、多段聚合技术。先在90℃下用过氧引发剂将单体聚合成20%转化率的浆料，冷却，加入添加剂，再将浆料灌入活动平板模中聚合。最后分子量可以高达百万，但分子量分布并不均一。详见聚合方法一章。

聚甲基丙烯酸甲酯透光率92%，比无机玻璃好，可用作有机玻璃；耐候性好，可用作室外标牌；对光的传递性能良好，可用作光导纤维。经双甲基丙烯酸乙二醇酯共聚交联或双轴拉伸，可以提高航空玻璃的强度。甲基丙烯酸乙二醇酯与双甲基丙烯酸乙二醇酯（如下式）共聚，形成亲水性交联凝胶，耐水解性能好。

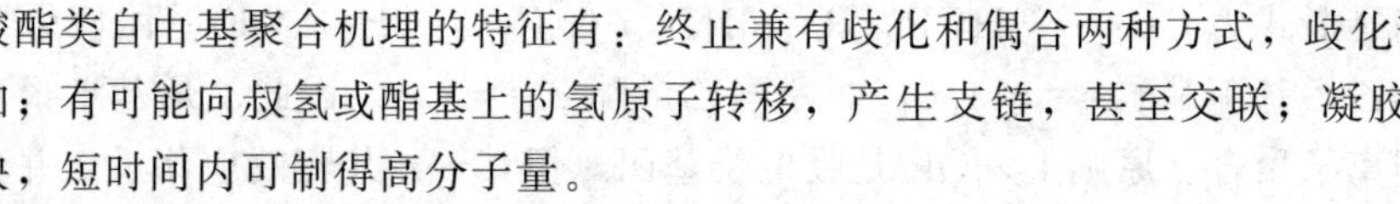

$$
\begin{array}{ccc}
CH_2{=}CCH_3 & CH_2{=}CCH_3 \quad H_3CC{=}CH_2 & CH_2{=}CCH_3 \\
| & | \qquad\qquad | & | \\
COOCH_2CH_2OH & COOCH_2CH_2OOC & COOCH_2CH{-}CH_2 \\
 & & \diagdown\!\!\diagup \\
 & & O
\end{array}
$$

悬浮聚合多用来制备注塑用树脂，如甲基丙烯酸甲酯与少量（约15%）苯乙烯共聚，可以改善熔体流动性能和加工性能，便于注塑成型。

溶液聚合和乳液聚合主要用来生产涂料和粘结剂。

以酮类、芳烃、酯类作溶剂，甲基丙烯酸甲酯与甲基丙烯酸十二酯进行溶液聚合，可制物理干燥型涂料；与甲基丙烯酸失水甘油酯或双甲基丙烯酸乙二醇酯共聚，则可制烘烤型涂料。甲基丙烯酸甲酯与丙烯酸共聚后，再用氨中和，可制水溶性树脂。

甲基丙烯酸甲酯与甲基丙烯酸十二酯通过溶液聚合（矿物油），还可以制备粘度改进剂。

常温下，油类是该共聚物的劣溶剂，流体力学体积小，呈紧密线团状。温度升高后，溶剂化能力增加，大分子线团松散疏展，粘度增加；但矿物油的粘度却随温度升高而降低，相互抵消，在很广的温度范围内，溶液粘度变化不大，甚至趋向定值。

为环境保护需要，溶剂型涂料多被乳液型涂料所取代，这将在丙烯酸酯类共聚中介绍。

9.12.2 聚丙烯酸酯类

丙烯酸酯类，如甲酯、乙酯、丁酯，俗称软单体，其均聚物的玻璃化温度都较低，相应为 $+6℃$、$-24℃$、$-54℃$，不仅不能当作结构材料使用，而且远低于乳液涂料的最低成膜温度，不能形成有足够强度、硬度的涂层。因此，丙烯酸酯类多与甲基丙烯酸甲酯、苯乙烯、醋酸乙烯酯、丙烯腈等硬单体进行共聚，尤其是乳液共聚，制备多种乳液涂料，如苯乙烯-丙烯酸丁酯为主的苯丙通用涂料，甲基丙烯酸甲酯-丙烯酸丁酯为主的全丙外墙涂料，醋酸乙烯酯-丙烯酸丁酯为主的醋丙内墙涂料等。还可配用多种软、硬单体，以及交联剂，见表 9-7。苯乙烯与丙烯酸酯类共聚用得最多，占着特殊的地位，两单体的竞聚率见表 9-8。

表 9-7　丙烯酸酯类共聚物的软、硬单体和交联剂

硬单体	软单体	交联剂	硬单体	软单体	交联剂
甲基丙烯酸甲酯	丙烯酸乙酯	丙烯酸,甲基丙烯酸	对甲基苯乙烯	丙烯酸辛酯	甲基丙烯酸失水甘油酯
甲基丙烯酸乙酯	丙烯酸异丙酯	丙烯酸羟乙酯和羟丙酯	丙烯腈	丙烯酸癸酯	丙烯酰胺
苯乙烯	丙烯酸丁酯	丙烯酸失水甘油酯	甲基丙烯腈	丙烯酸月桂酯	丙烯酸氨基乙酯

表 9-8　苯乙烯（M_1）与丙烯酸酯类竞聚率

M_2	r_1	r_2	聚合物 $T_g/℃$	M_2	r_1	r_2	聚合物 $T_g/℃$
丙烯酸甲酯	0.68	0.14	$+6$	丙烯酸辛酯	0.94	0.28	-50
丙烯酸乙酯	1.01	0.16	-24	甲基丙烯酸甲酯	0.52	0.46	105
丙烯酸正丁酯	1.80	0.21	-54	丙烯腈	0.42	0.06	

在碱性介质中，丙烯酸酯类的侧酯基容易水解，因此聚合多在中性或偏酸性条件下进行，同时要考虑乳液的稳定性和乳化剂的选择。

丙烯酸丁酯常用作核壳聚合物的核，如 ACR 抗冲改性剂，壳层为甲基丙烯酸甲酯。如果甲基丙烯酸甲酯与少量（5%）丙烯酸丁酯进行无规共聚，则成为 ACR 加工助剂，改善聚氯乙烯的加工性能。丙烯酸丁酯经常与甲基丙烯酸甲酯并用，都可以看作主单体，再加入少量第三单体，就可以合成多种共聚物。

丙烯酸乙酯或丁酯与约 5% 丙烯腈的共聚物是弹性体，可用过氧化物交联；与 2-氯乙基乙烯基醚或氯代醋酸乙烯酯的共聚物也是弹性体，可用多胺来交联。聚丙烯酸酯类弹性体耐热，耐氧化降解，适于制耐油的垫片和膜片。

9.12.3 聚丙烯腈

聚丙烯腈纤维，俗称腈纶，是合成纤维第三大品种，耐光、耐候，强度好，烫熨后（<150℃）能保持良好的形状，手感类似羊毛，有人造羊毛之称，适宜制作针织衫和外套。腈纶加热至 160～275℃，将形成亚胺结构，进一步脱氢，形成由共轭 C=C 和 C=N 组成的梯形结构，可用来制作石墨纤维。

工业上，聚丙烯腈的合成采用自由基聚合。丙烯腈也能阴离子聚合，但限于学术研究。

丙烯腈与水部分互溶，常温下，在水中的溶解度约 7.8%，但聚丙烯腈却不溶于水，丙烯腈水溶液自由基聚合所形成的聚合物就从水中沉析出来。聚丙烯腈分子间有氰基的强偶极作用，难溶于一般溶剂，但能溶于强极性溶剂（如二甲基甲酰胺，二甲基亚砜等）中。

目前腈纶用丙烯腈共聚物多采用水溶液连续聚合来合成，选用氧化还原引发体系，温度约40～50℃。除丙烯腈作主单体外，另加丙烯酸甲酯（7%～10%）作第二单体，提高溶解性能，衣康酸（约1%）等作第三单体，改善染色性能。将沉析出来的丙烯腈共聚物溶于强极性溶剂（如二甲基甲酰胺）中，经溶液纺丝，即成腈纶纤维。合成要点另见聚合方法一章。

丙烯腈与氯乙烯、偏氯乙烯的共聚物，也可纺制成纤维。丙烯腈还是丁腈橡胶、ABS、和苯乙烯-丙烯腈共聚物中的重要共单体。

甲基丙烯腈也可自由基聚合和阴离子聚合。聚甲基丙烯腈能溶于单体和酮类中。乳液聚合是常用的方法，甲基丙烯腈很少当作主单体，而当作第二单体来改善其他共聚物的性能。

9.12.4　α-氰基丙烯酸酯聚合物

α-氰基丙烯酸酯 CH_2 ═$C(CN)COOR$ 对自由基聚合或阴离子聚合活性特高，甚至碱性极为微弱的水都可以使引发聚合。因此，该单体与增塑剂、增稠剂、稳定剂（如 SO_2）一起可以配成单组分胶，粘结力极强。R为丁基、己基或庚基时，能被血液所润湿，将该单体喷涂在组织表面，就形成薄膜止血。伤口部分盖以聚乙烯膜，所喷的单体对聚乙烯并不粘结。该单体也可用作组织的粘结剂，单体对邻近细胞有作用，因此，只能使用于细胞允许破坏的场合，如肝脏和肾脏，而不能用于心脏。通过解聚，在2～3个月内，聚合物薄膜就能生化降解，在体内中和成尿酸，或分解成 CO_2 和 H_2O，排出体外。

9.13　聚（甲基）丙烯酸和聚丙烯酰胺

9.13.1　聚丙烯酸

聚丙烯酸、聚丙烯酸钠，以及以丙烯酸为主单体的共聚物都是水溶性聚合物，属于聚电解质，不耐盐，分子量 10^3～10^7 不等，形成许多品种。可以用作分散剂、增稠剂、絮凝剂、涂层剂、吸附剂和胶粘剂，广用于涂料、织物整理、水处理、采油采矿冶金、农业等领域。

丙烯酸及其钠盐是水溶性单体，可用过硫酸钾作引发剂，进行自由基聚合。主要有水溶液聚合和反相乳液聚合两种实施方法。

（1）水溶液聚合　将丙烯酸单体（或先中和成钠盐）溶于水，加入约1%过硫酸盐，加热至100℃，聚合1h，即可完成。反应激烈，可令单体初始浓度较低，以后补加，以便控制。这样制得的聚合物分子量较低。如果希望制备高分子量聚丙烯酸（或钠盐），可以降低聚合温度（50℃）和/或过硫酸钾-亚硫酸钠浓度（0.02%），2h聚合结束，分子量可达 10^6。

（2）反相乳液聚合　聚合过程示例如下：采用油溶性乳化剂，使50%丙烯酸钠水溶液在二甲苯中乳化，以过氧化二苯甲酰作引发剂，在60℃下聚合18h，经凝聚、过滤、干燥，可得高分子聚丙烯酸钠。

丙烯酸经共聚或接枝共聚，可形成更多聚合物。例如与少量交联剂共聚，可制吸水性树脂或阳离子交换树脂；经与淀粉接枝共聚，可制吸水性树脂；另见聚合物化学反应一章。

丙烯酸或甲基丙烯酸与甲基丙烯酸甲酯等疏水性单体共聚，可溶于碱土金属的水溶液中，用作原油生产的驱水剂；其钙盐能溶于水，因此也可用作土壤改良剂。聚丙烯酸本身所形成的钙盐不溶于水，可用于清理污水管道的絮凝剂；也可用作水溶性涂料的颜料分散剂。聚丙烯酸具有许多羧基，可使皮革表面交联，并封闭毛孔。

9.13.2　聚丙烯酰胺

丙烯酰胺是水溶性单体，其（共）聚合物也是水溶性，不电离，耐盐，有良好的粘附能力，应用这一特性，可以增稠、絮凝、稳定胶体、减阻、粘结、成膜、阻垢等，广用于水处理、造纸、采油、矿冶乃至水敏性凝胶、酶的固定化和生物医学材料等。

丙烯酰胺容易自由基聚合，过硫酸盐、过硫酸盐/亚硫酸钠是最常用的引发剂。在酸性（pH＜7）水溶液中聚合，如果温度过高，将形成酰亚胺结构而交联。如反应介质碱性太强（pH＞7），则酰胺基团可能水解成羧基，形成丙烯酰胺和丙烯酸的共聚物。

聚丙烯酰胺的合成可以采用水溶液聚合和反相乳液聚合两种方法。

（1）水溶液聚合 配方以单体、水、水溶性引发剂为主，8％～10％丙烯酰胺水溶液可在搅拌釜内聚合，N_2 或 CO_2 保护，温度 20～50℃，聚合 2～4h，转化率 95％～99％，所形成的水溶胶即为产品。为控制分子量，可加入适量 EDTA、氨水或异丙醇链转移剂。为使聚合完全，后期可以添加过硫酸盐和/或亚硫酸氢钠，除使残余单体充分聚合外，亚硫酸氢钠还可以与丙烯酰胺加成，形成无毒的 3-磺酸丙酰胺钠，脱除残留单体。

$$NaHSO_3 + CH_2 = CHCONH_2 \longrightarrow NaOSO_2CH_2CH_2CONH_2$$

8％～10％聚丙烯酰胺水溶液粘度很高，呈冻胶状，搅拌传热都很困难，分子量受到限制。如欲制备高分子量（10^7）品种，则选用反相乳液聚合法。

（2）反相乳液聚合 将丙烯酰胺、过硫酸钾/亚硫酸钠、水配成水溶液，另将油溶性乳化剂配成有机溶剂溶液，借搅拌使水溶液变成小液滴，分散在有机溶液中，构成油包水（W/O）乳液体系，聚合就在隔离的水液滴内进行，油溶性乳化剂起了保护作用。在 70℃下聚合 1h，就可完成反应。聚合结束后，也可加亚硫酸氢钠除去残余单体。

引发剂可以水溶性（如过硫酸钾）或油溶性（如过氧化二苯甲酰）。可用的有机溶剂有芳烃、环烷烃、烷烃等。油溶性乳化剂的 HLB 值一般在 5 以下，如山梨糖醇脂肪酸酯（Span 类）及其环氧乙烷加成物（Tween 类）。经聚合后，液滴内粘度可以很高，但体系粘度却较低，并不影响搅拌和传热，因此，容易制得高分子量（10^7）聚丙烯酰胺，胶乳的溶解速度也快。

摘 要

1. 聚乙烯 可分三类：①低密度聚乙烯，在高温高压下，以微量氧作引发剂，经自由基聚合而成，主要用来加工薄膜；②线形低密度聚乙烯，用 Ziegler-Natta 引发体系，由乙烯与少量 $C_4 \sim C_8 \alpha$-烯烃配位共聚而成，性能和用途与高压法聚乙烯同；③高密度聚乙烯，用 Ziegler-Natta 引发体系或负载型 VIB 族过渡金属（Cr、Mo 等）氧化物为引发剂，经配位聚合而成，可用来加工注塑件。

还有一些乙烯的共聚物，如乙烯醋酸乙烯酯共聚物（EVA），乙烯-丙烯酸酯类共聚物。乙烯与一氧化碳共聚物也有发展前景。

2. 聚丙烯 主要品种是等规聚丙烯，由配位聚合而成，以 $TiCl_3/Al(C_2H_5)_2Cl$ 为引发剂，再添加给电子体并负载，可提高活性和等规度。等规聚丙烯结晶度和熔点高，接近工程塑料；如与少量（＜5％）丁烯共聚，则可增韧，用来制备热水管。

间规聚丙烯熔点稍低，具有弹性，透明是其特点，可用 $V(acac)_3$/二烷基卤化铝/苯甲醚三元可溶性引发体系，在低温下合成，尚处在发展过程之中。无规聚丙烯仅仅是副产品，可用作石蜡的添加剂，提高熔点。

3. 乙丙橡胶 性能特点是耐氧化、耐候，可与通用橡胶共混，制备轮胎。采用铝-钒可用性引发体系（$VOCl_3/AlEt_2Cl$），乙烯和丙烯经溶液共聚或悬浮共聚，可合成乙丙二元橡胶［含 45％～70％（摩尔分数）乙烯］，如有非共轭二烯烃作第三单体，则成为乙丙三元胶。

4. 聚异丁烯和丁基橡胶　以 BF$_3$、AlCl$_3$ 为引发剂，异丁烯可阳离子聚合成聚异丁烯；与少量异戊二烯共聚，则成丁基橡胶。聚合特点是低温高速，链转移是影响聚合度的关键因素。丁基橡胶的性能特点是阻透性好，主要用来制备内胎。

5. 聚丁二烯　可分为顺 1,4-和 1,2-聚丁二烯两大类。顺 1,4-类又分为高顺和低顺两种，由引发剂/溶剂体系而定。高顺 1,4-聚丁二烯含 92％～97％顺 1,4 结构，玻璃化温度−120℃，橡胶弹性佳，是第二大合成胶种，由镍系、钛系、钴系或稀土系等引发体系来合成。低顺 1,4-聚丁二烯橡胶含有 35％～40％顺式-1,4，主要用于塑料改性和专用橡胶制品，采用丁基锂/烷烃，经阴离子溶液聚合而成。

1,2-聚丁二烯分成中 1,2 和高 1,2 两大品种。中 1,2-聚丁二烯含 35％～65％1,2-结构，采用丁基锂/烃类/少量四氢呋喃体系聚合而成。高 1,2-聚丁二烯含有大于 65％1,2-结构，可由特殊的 Ziegler 引发体系和丁基锂/烷烃/四氢呋喃体系来合成。

乳液聚丁二烯一般不单独使用，主要用作 ABS 的母体。

6. 顺-1,4-聚异戊二烯　含 94％～96％顺-1,4，性能类似天然橡胶。可用丁基锂/烃类溶剂或 Ziegler 引发体系（TiCl$_4$/Al(C$_2$H$_5$)$_3$ 摩尔比<1）来合成。

7. 氯丁橡胶　是耐油橡胶，由氯丁二烯用氧化还原体系经乳液聚合而成，反应迅速，需及时散热。

8. 丁苯橡胶　分乳液丁苯和溶液丁苯两类。乳液丁苯胶是第一大合成胶种，苯乙烯结合量约 23.5％，由丁二烯和苯乙烯共聚而成，采用氧化还原体系进行低温乳液聚合，8～12 釜串联生产。

溶液丁苯是采用丁基锂/烃类溶剂/少量四氢呋喃体系共聚而成。

9. SBS 热塑性弹性体　是苯乙烯-丁二烯-苯乙烯三嵌段共聚物，苯乙烯段分子量约 1 万～1.5 万；丁二烯段分子量约 5 万～10 万，尽可能是成顺 1,4 结构。采用丁基锂/烃类溶剂体系来合成。

10. 丁腈橡胶　耐油橡胶，合成方法与乳液丁苯胶相似。按丙烯腈结合量（18％～50％），可以分成 5 品级。另有粉末丁腈品种，可用作聚氯乙烯的长效增塑剂。

11. 聚苯乙烯　聚苯乙烯透明，电性能好，易加工，属于通用塑料，但性脆，经低顺聚丁二烯接枝改性后，可以成为抗冲级。苯乙烯可以用各种机理聚合，工业上采用自由基聚合。早期通用级和抗冲级聚苯乙烯多采用悬浮聚合方法，近期则倾向于本体法。关键技术有二：一是开发了新型聚合设备，改善传热和搅拌系统；另一是改善聚合工艺，即加 20％乙苯作溶剂，最终转化率 80％，控制体系粘度。另外还有可发性聚苯乙烯，在苯乙烯聚合配方中加有石油醚，经悬浮聚合而成。还有茂金属引发剂合成的间规聚苯乙烯处在发展之中。

12. 苯乙烯共聚物　为改善抗冲性能，合成有苯乙烯和丙烯腈共聚物、苯乙烯和马来酸酐无规共聚物等。

13. ABS　丁二烯、苯乙烯、丙烯腈的三元接枝共聚物，用作工程塑料。一般生产过程是丁二烯先进行乳液聚合，制得低顺丁胶乳，然后苯乙烯和丙烯腈在胶粒上接枝，形成 ABS 母料，最后与苯乙烯-丙烯腈共聚物共混而成商品。与其他共聚物共混，可以形成许多品种。

14. 聚氯乙烯　是第二、三位塑料大品种。氯乙烯只能自由基聚合，机理特点是向单体链转移显著，成为控制聚合度的关键因素。通用聚氯乙烯聚合度仅由温度来控制，引发剂浓度只用来调节聚合速率。通用聚氯乙烯用悬浮法（约 80％）和本体法（约 8％），糊用聚氯乙烯用乳液法和微悬浮法（10％～12％）生产，少量涂料用氯乙烯共聚物才用溶液法制备。聚氯乙烯与各种助剂共混，可以制备各类软、硬系列制品，对颗粒特性有特殊的要求。

15. 偏氯乙烯共聚物　聚偏氯乙烯是结晶性聚合物，阻透性特好，但熔点与分解温度相近，难加工。偏氯乙烯与少量氯乙烯、丙烯酸甲酯共聚，可以适当降低熔点，改善加工性能，可用作食品医药的包装材料。

16. 氟塑料　聚四氟乙烯是主要氟塑料，性能特点是耐热、耐腐蚀、电绝缘，属于特种塑料。四氟乙烯沸点低，难溶于水，多进行稀水溶液沉淀聚合，工业上有悬浮聚合和分散聚合之称。聚四氟乙烯熔点327℃，流动性差，采用烧结加工技术。通过共聚，可以改善加工性能。

四氟乙烯可与其他含氟单体（如六氟丙烯、偏氟乙烯、全氟烷基乙烯基醚等）共聚，也可与乙烯、丙烯共聚；偏氟乙烯作主单体，与全氟丙烯、1,1-双三氟甲基乙烯共聚等共聚，合成氟橡胶和熔融加工的氟塑料。此外，还有三氟氯乙烯、偏氟乙烯、氟乙烯的均聚物，聚偏氟乙烯是压电体，聚氟乙烯用作涂料。

17. 聚醋酸乙烯酯　有两类产品：一是以聚乙烯醇为乳化剂进行乳液聚合的胶乳产品，用作木材粘结剂；另一是以甲醇为溶剂进行溶液聚合，作为进一步醇解成聚乙烯醇的中间原料。

18. （甲基）丙烯酸酯类聚合物　聚甲基丙烯酸甲酯是有名的有机玻璃，用间歇本体聚合法生产。$C_2 \sim C_8$ 烷基的丙烯酸酯类属于软单体，玻璃化温度较低，多与甲基丙烯酸甲酯、苯乙烯、醋酸乙烯酯等硬单体共聚，制备乳液型涂料。α-氰基丙烯酸酯活性特高，可由水引发聚合，用作手术后无需缝合的粘结剂。

19. 聚丙烯腈　主要与丙烯酸甲酯、第三单体共聚，制作腈纶纤维。

20. （甲基）丙烯酸和聚丙烯酰胺　单体和聚合物都是水溶性，用来制备水溶性和吸水性高分子。

习　题

思　考　题

1. 工业上生产的有哪三类聚乙烯？其结构特征、主要性能和用途有何差别？

2. 简述高压低密度聚乙烯的合成原理，长支链和短支链如何产生？写出反应式。主要工艺条件如何考虑？氧起什么作用，其用量如何考虑？管式反应器有何特征？简述单程转化率和停留时间的概念？

3. 根据线形低密度聚乙烯的结构特征，考虑如何合成？

4. 合成高密度聚乙烯有哪些引发体系？工艺条件有何不同？提高引发剂活性有哪些措施？

5. 有哪些工业化的乙烯共聚物？线形低密度聚乙烯、EVA、离聚体、脂族聚酮如何合成？

6. 合成等规聚丙烯和间规聚丙烯的引发剂有何不同？

7. 乙丙橡胶中乙烯和丙烯的含量大致处于哪一范围？二元和三元乙丙橡胶在结构上有何区别？如何交联？有哪些重要第三单体？

8. 合成乙丙橡胶的溶液法和悬浮法有何差异？主要的引发体系有哪些？如何提高引发剂的活性？

9. 简述合成丁基橡胶时选用第二单体、引发剂、聚合温度的原则。

10. 乳液法、高顺式、低顺式、中乙烯基聚丁二烯的微结构有何不同？引发体系有何差别？如何合成？

11. 合成顺式-1,4-聚异戊二烯的引发剂有几类，溶剂条件如何？

12. 氯丁橡胶如何合成？性能和用途？

13. 低顺式聚丁二烯和SBS合成方法有何不同？

14. 乳液丁苯橡胶和溶液丁苯橡胶如何合成？结构和性能有何不同？

15. 丁腈橡胶如何合成？聚合反应中的特点？结构和性能特征是什么？

16. 通用聚苯乙烯和抗冲聚苯乙烯的结构和性能有何区别？如何制备？

17. 什么叫ABS？最常用的生产过程？

18. 聚氯乙烯聚合机理特征有哪些？分子量如何控制？与苯乙烯聚合比较，有何不同？

19. 偏氯乙烯-氯乙烯共聚的机理特征？共聚物组成、分子量、速率的特征？如何控制？

20. 从四氟乙烯分子结构来分析聚合机理的特点，从单体物理性质来分析选用聚合方法的特点。

21. 四氟乙烯可以与其他含氟单体、烯烃共聚的机理特征？各举一例加以说明。

22. 聚偏氟乙烯含有亚甲基氢，耐热性能降低，但与其他全氟单体共聚后，却不损及耐热性，试举例说明。

23. 聚醋酸乙烯酯、聚乙烯醇、聚乙烯醇缩醛如何合成？各有什么用途？

24. 甲基丙烯酸甲酯聚合反应的特征有哪些？制备有机玻璃板材时，有哪些技术关键？

25. 为什么丙烯酸酯类多进行乳液共聚，可选用的共单体和交联剂有哪些？

26. 丙烯酸单体和聚合物都是水溶性，考虑聚丙烯酸吸水性树脂的合成方案。

27. 聚丙烯酰胺是水溶性高分子，如何考虑合成分子量上千万的品种？简述反相乳液聚合方法。

10 天然高分子

天然高分子，与生命活动密切相关，量大，属于可再生资源，经化学改性，可以制备多种有用衍生物。因此，天然高分子，尤其是生物高分子，也是重要的研究领域。

天然高分子种类很多，组成结构复杂，可粗分成下列六类：

① 多糖，包括纤维素、淀粉、糖原、半纤维素等；

② 蛋白质，即动植物中的聚酰胺；

③ 核酸，即聚核苷酸；

④ 天然橡胶或聚异戊二烯；

⑤ 木质素；

⑥ 其他，如虫胶和聚链烷酸酯。

在动植物体中，往往几种天然高分子伴生共存。从量上看，多糖处于首位；从生命活动考虑，当以蛋白质和核酸为先。因此，多糖、蛋白质、核酸就成为本章的重点，顺便提及天然橡胶、木质素、天然树脂等。

多糖主要用作植物的支撑增强材料和动植物的储能物质。蛋白质的功能是维护生命，并具催化和携氧作用，可以加速细胞或组织的化学反应。核酸则有储存信息、复制细胞、合成蛋白质的功能。许多天然高分子的特点是立构规整，显示出生命活动的特征。

从高分子化学考虑，多糖、蛋白质、核酸可以看作二元醇、氨基酸或无机酸的缩聚物，在缓和温度条件下和水介质中，经生化催化缩聚反应，就能合成出这些天然高分子。

10.1 多糖

多糖是自然界分布最广的天然高分子。量最大的多糖是纤维素和淀粉，其次是糖原和半纤维素。纤维素和半纤维素是结构多糖，淀粉和糖原则是储能多糖。

纤维素、淀粉都是葡萄糖的均缩聚物，但两者葡萄糖单元的构型、连接方式、支化度、聚合度有所不同。葡萄糖是六元吡喃型环醚，每一分子带有 5 个羟基，有 α- 和 β- 两种构型，通过 1,4 位置上的羟基缩合失水而成二聚糖或多糖，可以有 α-1,4 和 β-1,4 两种连接方式。

淀粉是聚 [α-1,4-D-葡萄糖]，经水解，先后形成麦芽糖（α-1,4-D-二聚葡糖）和葡萄糖。纤维素是聚 [β-1,4-D-葡萄糖]，经水解，先形成纤维二糖（β-1,4-D-二聚葡糖），最终也水解成葡萄糖。葡萄糖不能再水解，称作单糖，是淀粉和纤维的单体。两者结构比较如下。

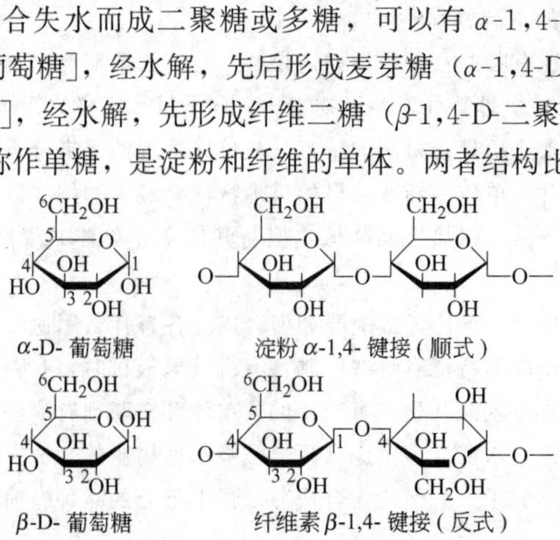

α-D- 葡萄糖　　　　淀粉 α-1,4- 键接（顺式）

β-D- 葡萄糖　　　　纤维素 β-1,4- 键接（反式）

淀粉用作食物，纤维素用作织物纤维和造纸。牛羊等胃中有纤维素分解酶，可以富含纤维素的草料作饲料。淀粉和纤维素更可以用作化工原料，化学转化成多种有用的衍生物。

10.1.1 纤维素

纤维素是植物细胞壁的主要成分，茎干中含量很多，几乎占植物的三分之一，在多糖中占首位。用于纺织和造纸工业的纤维素主要来自棉花（96％纤维素）和木材（约50％纤维素）。棉花纤维长 1~2cm，直径 5~20μm，是良好的纺织材料；而木浆的纤维则较短。

纤维素是 D-葡萄糖单元以 β-1,4-苷键连接（反式）而成的聚 [β-1,4-D-葡萄糖]。多数纤维素的聚合度约 2000~6700，具多分散性；棉花的聚合度达 10000，分子量约 150 万；亚麻的聚合度更高（36000），分子量可达 590 万。

纤维素大分子处于一定的伸展状态，聚集体分子间存在氢键，形成片状结晶网络，结晶度达 60％~70％，密度 1.63g·cm^{-3}，受热时不能塑化熔融，只能分解；不溶于水，可溶于浓碱液。工程技术上往往将不溶于 17.5％NaOH 的高分子量纤维素称作 α-纤维素，能溶于 17.5％ NaOH、但不溶于 8％NaOH 的部分称作 β-纤维素，而不溶于 8％NaOH 的部分则称作 γ-纤维素。

能破坏强氢键的溶剂，如铜氨溶液 [Cu(NH₃)₄](OH)₂、约 20％氢氧化钠、一定浓度的硫酸、硫氰化钙、氯化锌、氯化锂等水溶液，可使纤维素溶胀溶解。纤维素进行化学反应之前，必先经这些药剂溶胀预处理，才有利于反应物的渗透。

氢氧化钠强碱能够渗透入纤维素的晶格，并与葡萄糖单元中的羟基反应，形成碱纤维素。纤维素中每一葡萄糖单元中的三个羟基都可以进行化学反应，制备许多衍生物，如粘胶纤维、铜铵纤维等再生纤维素，硝酸纤维素、醋酸纤维素等酯类衍生物，甲基-、羧甲基-、乙基-、丙基-、羟丙基-、甲基羟丙基-纤维素等醚类衍生物。详见聚合物化学反应一章。

10.1.2 淀粉与糖原

（1）淀粉 淀粉主要存在于植物种子、茎或块根中，谷物含有较多的淀粉，是人类的主要食粮。

淀粉是 D-葡萄糖单元按 α-1,4-苷键连接（顺式）而成的聚 [α-1,4-D-葡萄糖]。淀粉是分子内氢键的聚集体，呈白色颗粒状（3~100μm），平均聚合度 200~6000，分子量约 3 万~100 万，大部分 20 万~30 万。

淀粉含有直链淀粉（约 20％）和支链淀粉（约 80％）两部分，可以分离开来。直链淀粉分子为线环形，呈双股螺旋，极少支链，不易溶于水，但能水化，遇碘变成蓝色的淀粉-碘络合物。支链淀粉的主链也是 α-1,4-D-葡萄糖聚合物，每 6~12 葡萄糖单元有 1 支链点，无规分布，支链长约 12~15 单元，通过 α-1,6-苷键与主链相连。支链淀粉易溶于水，遇碘呈紫色。

淀粉经部分水解，先形成糊精，糊精是 α-1,4-葡萄糖单元的环状低聚物，单元数约 6~8，糊精也能使碘变蓝或红，随聚合度而定；进一步水解，则成麦芽糖；彻底水解，则成 D-葡萄糖。食用和医用葡萄糖就是以淀粉为原料经酸水解而成。

利用葡萄糖结构单元中的三个羟基，淀粉可以进行多种化学改性，只是用途不广。淀粉和改性淀粉主要用作造纸助剂、纸张粘结剂、纺织品浆料、食品增稠剂等。

淀粉经接枝共聚，可制备高吸水性树脂和可降解的农用覆盖材料。

（2）糖原 糖原是动物的储能多糖，与植物中的淀粉相当。动物消化淀粉，形成葡萄糖，再缩聚成肝糖（约占肝脏 10％）和肌糖（约占肌肉 1％），储备作养料和能源。糖原结构与支链淀粉相近，都是 α-1,4-葡萄糖聚合物，只是分子量更高（肌糖约 250 万，肝糖 430 万），支链更多而较短，每隔三葡萄糖单元就有一支链。糖原分子呈球形，更易溶于水，遇碘呈红棕色。

纤维素、直链淀粉、支链淀粉、糖原的性质比较如表 10-1。

表 10-1 以葡萄糖为结构单元的多糖性质比较

性 质	纤维素	直链淀粉	支链淀粉	糖原
结晶性能	很好	好	差	—
水溶性	—	有限	溶于沸水	好
醋酸酯在 1％氯仿溶液中的粘度	高	高	中	低
在水中与碘反应的颜色	—	蓝	红紫	棕红
流动双折射	有	有	无	无
大分子形状	线形	线形	支链	球形
键接方式	β-1,4-	α-1,4-		α-1,4 和 1,6-
二糖	纤维素二糖		麦芽糖	
成膜性能	很好	好	脆	
成纤性能	很好	可能		

10.1.3 半纤维素和戊糖

半纤维素是植物细胞膜的组成之一，与纤维素、木质素伴生在一起，起着粘固的作用，其分子量比纤维素小得多。半纤维素是一技术名词，并不像纤维素是单一化合物，而是多种己糖和戊糖共缩聚物的混合物，水解产物含葡萄糖、葡糖醛酸等己糖，以及木糖、阿戊糖等戊糖。β-1,4-聚木糖是半纤维素的主要成分，木糖是葡萄糖消去 C6—CH_2OH 后的戊糖。

米糠、玉米芯、棉子壳、花生壳等含有大量戊糖（20％～40％）单元，经酸水解，先形成戊糖，进一步脱水，即成糠醛（α-呋喃甲醛），这是工业上生产糠醛的重要方法。糠醛有多种用途：①与苯酚反应制备酚醛树脂；②石油精制抽提含硫物质和环烷烃的溶剂；③医药有机合成的原料；④合成聚酰胺的单体己二酸和己二胺等。

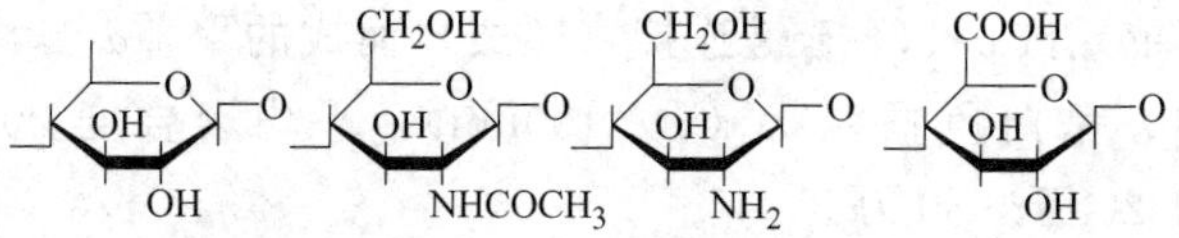

1,4-聚木糖   甲壳素   壳聚糖   藻酸

10.1.4 其他多糖

其他重要天然多糖类还有壳聚糖、藻酸、果胶、天然树胶等，经适当化学转化，可以制备粘结剂、增稠剂等有用产品。

（1）甲壳素和壳聚糖　甲壳素（几丁质）是甲壳类和昆虫的结构多糖，其地位仅次于纤维素，在动物结构材料中也仅次于蛋白质胶原，居第二位。蟹虾壳富含甲壳素，约 20％～25％，其余 70％为碳酸钙。用 5％盐酸去除碳酸钙，再用胃蛋白酶或胰蛋白酶除去蛋白质，就留下甲壳素。甲壳素的结构单元是 N-乙酰化-D-氨基葡糖（N-acetyl-D-glu-cosamine），可以看作葡萄糖单元中 C2—OH 被 CH_3CONH—取代的结果。甲壳素能溶于铜氨溶液或稀酸中，进一步与二硫化碳反应，可形成黄酸盐，制备再生甲壳素纤维。

甲壳素相继用 5％氢氧化钠溶液和氢氧化钠-乙醇浓溶液处理，可以脱除乙酰基，转变成氨基，就成为壳聚糖（聚氨基葡糖）。壳聚糖中的 C6-伯羟基、C3-仲羟基、C2-氨基都容易进行多种化学反应，如酰化、羧化、醚化、N-烷基化、酯化、水解等，引入糖基、多肽、聚酯链、烷基等。壳聚糖具有生物相容性、生化降解、抗菌性、促进伤口愈合等优良性能，其衍生物可望在医药、重金属回收、膜分离、日用化工、污水处理等方面获得应用。

（2）琼脂和藻酸　琼脂提取自海藻，是半乳糖吡喃糖苷的共聚物，不溶于冷水，能溶于沸水，$0.04\%\sim2\%$ 琼脂溶液，$35\,^\circ\!C$ 就可以形成凝胶，热至 $60\sim97\,^\circ\!C$，也不"熔融解冻"。应用这一良好的凝胶化性能，常用作细菌培养基和果酱增稠剂。藻酸的结构与纤维素很相似，只是葡萄糖单元中的 C6-CH_2OH 被 COOH 所取代，也是 β-1,4-连接。

此外，高等植物中的果胶（聚 [α-1,4-D-半乳糖醛酸]）和阿拉伯胶（聚 1,3-D-半乳糖吡喃糖）也是多糖。

10.2　蛋白质和氨基酸

蛋白质是第二大类天然高分子，仅次于多糖。蛋白质构成动物躯体大部分组织，存在于所有细胞中，是皮肤、肌肉、腱、神经、血液的主要组成，也是酶、激素、抗体的主要成分。

蛋白质种类很多，人体内约有 30 万种蛋白质，整个生物界约有 $10^{10}\sim10^{12}$ 种。这许多种蛋白质都是由 20 种标准氨基酸经缩聚键接而成，多种氨基酸的组合序列就难以数计。

蛋白质是多种氨基酸的共聚酰胺类，结构单元是氨基酸残基，聚合度 $50\sim8000$，分子量 $6000\sim1000000$ 不等。蛋白质中酰胺键称为肽键，氨基酸的二、三聚体称作二肽、三肽，分子量在 10000 以下的称为多肽，10000 以上的才称蛋白质，但两者没有严格的界线。

从高分子角度考虑，蛋白质结构可从结构单元、序列、大分子构象、聚集态等多层次来表述。但在生物化学中，更习惯采用一级、二级、三级、四级结构等术语。

蛋白质是参与生命活动不可或缺的物质，酶也是重要的蛋白质。除食品外，丝、毛、动物胶、酪素等还可用作工业原料。本节从高分子角度，作些概念性介绍。

10.2.1　*α*-氨基酸

天然蛋白质都是多种 L-α-氨基酸（NH_2—$^\alpha CHR$—COOH）的共缩聚物，氨基酸是合成多肽或蛋白质的单体，氨基和羧基缩合，形成酰胺键（或肽键）—NH—CO—。

$$H_2NCHCOOH + H_2NCHCOOH \xrightarrow{-H_2O} H_2NCH\!-\!\underset{\underset{R}{}}{C}\!-\!\underset{}{N}\!-\!CHCOOH$$

多种蛋白质经水解，曾分离得 20 种标准氨基酸，见表 10-2。另有 5 种衍生氨基酸也附在表内，未标符号。氨基酸英文名往往以 ine 作字尾，常选前 3 个字母或 1 个字母作符号。

从营养学上考虑，在 20 种的标准氨基酸中，约有 10 种是"必需"氨基酸（表中标以 ＊号），不能由人体来合成或合成效率很低，必须从食物中消化吸收，供代谢所需。

最简单的氨基酸是甘氨酸（氨基乙酸 H_2NCH_2COOH），是其他氨基酸的母体。甘氨酸中亚甲基氢被其他基团 R 取代，可以衍生出其他氨基酸。氨基连接 α-C 上，故称 α-氨基酸（H_2N—CHR—COOH）。R 可以是脂族、苯环、杂环等，也可能羟基、氨基、羧基、含硫基团等。20 种氨基酸中的 19 种都是一级胺 RNH_2，只有一种是二级氨基酸（辅氨酸）。除甘氨酸外，其他所有氨基酸都含有不对称的手性碳原子，显示光学活性。

20 种标准氨基酸还可以进一步分成中性、酸性或碱性。其中 15 种含有中性侧基，2 种有 2 个羧基（天冬氨酸、谷氨酸），3 种有 2 个氨基（赖氨酸、精氨酸、组氨酸）。

表 10-2　氨基酸 H_2N—CHR—COOH

亚类	R	中英文名称		符号		等电点	聚α-氨基酸构象	蛋白质构象
烷基	H—	甘氨酸	Glycine	Gly	G	5.97	β-折叠片状	γ-螺旋断裂
	CH_3—	丙氨酸	Alanine	Ala	A	6.01	α-螺旋	h-成螺性
	$(CH_3)_2CH$—	缬氨酸*	Valine	Val	V	5.97	β-折叠片状	h-成螺性
	$(CH_3)_2CH$—CH_2—	亮氨酸*	Leucine	Leu	L	5.98	α-螺旋	h-成螺性
	CH_3—CH_2—$CH(CH_3)$—	异亮氨酸*	Isoleucine	Ile	I	6.02	β-折叠片状	h-成螺性
羟基	HO—CH_2—	丝氨酸	Serine	Ser	S	5.68	β-折叠片状	O-惰性
	HO—$CH(CH_3)$—	苏氨酸*	Threonine	Thr	T	5.87	β-折叠片状	O-惰性
含硫	HS—CH_2—	半胱氨酸	Cysteine	Cys	C	5.05	—	O-惰性
	CH_3—S—CH_2—	蛋氨酸*	Methionine	Met	M	5.74	α-螺旋	h-成螺性
	—CH_2—S—S—CH_2—	胱氨酸	Cystine			—	—	—
苯环	C_6H_5—CH_2—	苯丙氨酸*	Phenylalanine	Phe	P	5.48	α-螺旋	h-成螺性
	HO—C_6H_4—CH_2—	酪氨酸	Tyrosine	Tyr	T	5.66	α-螺旋	h-成螺性
	HO—〈I,I〉—CH_2—	二碘酪氨酸	Diiodotyrosine			—		—
	HO—〈I,I〉—O—〈I,I〉—CH_2—	甲状腺氨酸	Thyroxine			—		—
羧基酰胺基	HOOC—CH_2—	天冬氨酸	Aspartic acid	Asp	D	2.77	α-螺旋	O-惰性
	H_2NOC—CH_2—	天冬酰胺	Asparagines	Asn	N	5.41	—	γ-螺旋断裂
	HOOC—$(CH_2)_2$—	谷氨酸	Glutamic acid	Glu	E	3.22	α-螺旋	h-成螺性
	H_2NOC—$(CH_2)_2$—	谷氨酰胺	Glutamine	Gln	Q	5.65	—	h-成螺性
氨基	H_2N—$(CH_2)_4$—	赖氨酸*	Lysine	Lys	K	9.74	α-螺旋［β-］	h-成螺性
	H_2N—CH_2—$CH(OH)$—$(CH_2)_2$—	羟基赖氨酸	Hydroxylysine			—		
	$HN=C(NH_2)$—NH—$(CH_2)_3$—	精氨酸*	Arginine	Arg	R	10.76		
	(吲哚)—CH_2—	色氨酸*	Tryptophane	Trp	W	5.89	α-螺旋	h-成螺性
	—CH_2(咪唑)	组氨酸*	Histidine	His	H	7.59	α-螺旋	h-成螺性
杂环	(吡咯烷)—COOH	脯氨酸	Proline	Pro	P	6.48	其他螺旋	γ-螺旋断裂
	HO(吡咯烷)—COOH	羟基脯氨酸	Hydroxyproline			—	其他螺旋	

　　氨基酸可以是亲水或疏水，酸性或碱性。氨基和羧基都是极性基团，因此，氨基酸熔点高，易溶于水和极性溶剂，而不溶于苯、醚等弱极性溶剂。R 基团为烷基时，疏水性增加。氨基酸缩聚成蛋白质后，大部分羧基和氨基消失，转变成酰胺键，因此表现出疏水性。

氨基酸有许多特殊性质，这里只提两性性质。

氨基酸分子同时含有碱性的氨基和酸性的羧基，分子内就可以进行酸碱反应。在中性 pH 值条件下，氨基质子化（—NH$_3^+$），而羧基离子化（—COO$^-$）。α-羧基的 pK$\approx$1.8～2.5，而 α-氨基的 pK$\approx$8.7～10.7。因此，在生理条件（pH＝7.4）下，氨基酸属于两性化合物。

羧基和氨基的酸碱强度并不相等，在某一特定的 pH 值，才呈中性。这一 pH 值特称为等电点（pI）。处于等电点，氨基酸成中性分子或偶极离子，两者处于平衡状态，偶极离子中的阳离子和阴离子浓度相等，呈中性，在直流电场中，不向两极移动。如果 pH＜pI，氨基酸将与 H$^+$ 结合成阳离子；如 pH＞pI，则成羧基阴离子。在不同 pH 值下，同一氨基酸可以在中性分子、偶极离子、阳离子、阴离子之间互变。以甘氨酸为例，示意如下式：

中性甘氨酸
NH$_2$—CH$_2$—COOH

$\Updownarrow$ pH＝pI＝5.97

pH＜pI $\qquad\qquad\qquad\qquad\qquad$ pH＞pI

$^+$NH$_3$—CH$_2$—COOH $\underset{+H^+}{\overset{-H^+}{\rightleftharpoons}}$ $^+$NH$_3$—CH$_2$—COO$^-$ $\underset{+H^+}{\overset{-H^+}{\rightleftharpoons}}$ NH$_2$—CH$_2$—COO$^-$

阳离子 $\qquad\qquad\qquad\qquad$ 偶极离子 $\qquad\qquad\qquad\qquad$ 阴离子

氨基酸的等电点与邻近基团有关，例如表 10-2 中有 15 种带中性侧基氨基酸的等电点在中性附近，即 pH＝5.0～6.5，其中前 5 种氨基酸的等电点处于 pH$\approx$5.96～6.02 的窄范围内，表明烃基的影响不大。有 2 种氨基酸由 2 个羧基和 1 个氨基组成，偏酸性，如天冬氨酸的等电点低达 pH＝2.77。相反，有 3 种氨基酸由 1 个羧基和 2 个氨基组成，就偏碱性，如赖氨酸的等电点为 pH＝9.74。多肽和蛋白质也有类似的等电点问题。

处于等电点时，氨基酸溶解度最低，最容易分离出来。根据这一特点，可以应用色谱、电泳等技术来分离蛋白质的水解产物，鉴别氨基酸。

10.2.2 蛋白质的种类和功能

蛋白质是多种氨基酸的共缩聚物，属于天然聚酰胺。可从不同角度，如功能用途、组成、结构形态等，对蛋白质可进行多种分类。为方便起见，常略去"质"字，简称"蛋白"。

① 按功能和用途，蛋白质可分为结构蛋白（如丝、毛、胶原），催化功能蛋白（如酶），传输蛋白（如传输氧的血红素蛋白）等，详见表 10-3。

表 10-3　蛋白质的生物功能

类型	功能示例
结构蛋白	如构成生物结构的角蛋白、弹性蛋白、胶原
保护蛋白	如防止传染的抗体
传输蛋白	如传输氧及其他养料至全身的血红蛋白
贮存蛋白	如储存养料的酪素
酶	如用作生化反应催化剂的麦蛋白酶
激素	如调节机体正常运转的激素

表 10-4　结合蛋白

名称	组成和用途
糖蛋白	与多糖结合，构成细胞膜
脂蛋白	与类脂、油脂结合，传输胆固醇和其他脂肪
色蛋白	与金属结合，如含铁的高等动物血红蛋白，含铜的低等动物血蓝蛋白，结合传输氧，产能
核蛋白	与核糖核酸结合成核糖体，蛋白质合成的场所
磷酸蛋白	与磷酸基结合，储存营养品。供生长晶胚之需

② 按组成，还可以将蛋白质分为单纯蛋白和结合蛋白。单纯蛋白仅仅是由多种不同的氨基酸共聚而成的聚酰胺，如血清蛋白。而结合蛋白则是单纯蛋白与辅基（非肽部分）相结合的蛋白，结合蛋白多属球蛋白，具有生物化学反应功能，如表 10-4。

③ 根据结构形态，蛋白质可以粗分成纤维蛋白和球形蛋白两大类，这种分类可以与聚

合物的构象特征、功能关联起来，简示如表 10-5。

表 10-5 若干纤维蛋白和球蛋白

纤维蛋白(不溶)		球蛋白(可溶)	
名称	存在和用途	名称	存在和用途
胶原蛋白	皮肤、腱、骨等连接组织	血红蛋白	传输氧
弹性蛋白	腱、动脉等弹性组织	免疫蛋白	免疫用
血纤维蛋白	原凝血用	胰岛素	控制葡萄糖代谢
角蛋白	毛丝爪蹄甲羽等保护组织	核糖体	控制核糖核酸合成的酶
肌蛋白	肌肉组织		

a. 纤维蛋白。纤维蛋白强韧，不溶于水，在兽类、鸟类和爬行动物的保护组织、连接组织中起着结构材料的作用。属于纤维蛋白的有：毛爪甲角羽皮中的 α-角蛋白，丝纤维中的 β-角蛋白（丝心蛋白），皮肤、腱、骨等组织中的胶原（蛋白），肌肉中的肌球蛋白等。

α-角蛋白一般是非弹性体，强韧或有一定柔性，其分子构象是 α-螺旋结构，即 L-氨基酸单元按右手螺旋排列，由多股 α-螺旋链绞在一起，类似"绳索"，螺旋链之间由氢键加固。此外，胱氨酸链间还有—S—S—交联，用还原剂可使双硫键还原成 S—H 键，使之软化。

β-角蛋白（丝心蛋白）也是 α-螺旋，有分子内氢键。丝织物湿烫时伸长，原因是分子内氢键断裂，转变成伸展链的构象，相邻伸展链之间有氢键，形成 β-折叠片状结构。

动物连接组织中的胶原蛋白并不排列成 α-螺旋状，而是每条链本身形成疏松螺旋，由氢键与其他两条分子链绞成三股"绳"，防止链的滑移，显示强韧。

b. 球蛋白。呈球形或椭球形，因分子内的强氢键使多肽链紧密折叠而成，螺旋链段和非螺旋链段均有，但分子间力却较弱，疏水部分向内，亲水基伸向水相，因此能溶于水和稀盐溶液中。球蛋白的二级结构比纤维蛋白要复杂得多。生物体内化学反应功能与球蛋白有关。属于这类蛋白质的有酶、激素、抗体、蛋清蛋白、血红素蛋白、肌红蛋白等。

10.2.3 蛋白质的四级结构

蛋白质分子很大，其结构要用四个层次（四级）来描述。

一级结构描述肽链中氨基酸残基的构型。天然多肽和蛋白质几乎都由 L-氨基酸构成，因此结构单元有着相同的构型，只是取代基不同改变着氨基酸的种类。

二级结构描述单个蛋白质大分子的构象，受氨基酸残基组成和序列的一级结构所控制。蛋白质链主要有 α-螺旋和 β-折叠片状两种构象，有时还可能间有无规线团。

α-螺旋形是蛋白质分子最重要的构象。带有较大侧基的线形肽链，多盘绕成右手螺旋，特称 α-螺旋。约 3～6 个氨基酸单元构成一个螺圈，螺圈间羰基和氨基形成氢键，使螺旋稳定。蛋白质多呈多股螺旋，未曾确定有单螺旋。螺旋结构赋予高弹性，拉伸时伸长。羊毛角蛋白、肌蛋白、胶原都属于 α-螺旋型。

β-折叠片状是蛋白质分子的另一重要构象。如果氨基酸中的基团较小，一条肽链可能回折成多个链段，在同一平面上形成 β-折叠片状；两条或多条肽链也可能顺向（如羽毛）或逆向（如丝蛋白）平行排列成 β-结构。肽链间的氢键使 β-结构稳定。β-折叠片状伸长率较小，但拉伸强度较高。

无规线团是氢键不足或断裂造成的。再生蛋白纤维、酪素、蛋清蛋白都呈无规线团。

蛋白质的一级结构和二级结构互有关系，氨基酸的成螺和不成螺倾向可参看表 10-2。

脯氨酸的杂环结构特殊，基团较大，会破坏多肽的螺旋结构。

三级结构是指一条多肽链形成一个或多个紧密球状单位或结构域，如双硫桥键。二级结构还不能完全描述蛋白质大分子的排列状况时，就用三级结构来描述。

四级结构表示若干多肽链的聚集态结构，可称作超分子结构，并不是每种蛋白质都具有。

纤维蛋白的特性一般用二级结构就能表现出来，具有生物学功能的球蛋白（如有催化功能的酶）多以三级结构来表现，而某些特殊球蛋白的生物学活性则需要四级结构来描述。例如，高铁血红蛋白由两条 A 链和两条 B 链构成；烟草斑纹病毒却由约 2100 多肽链构成。

不同蛋白质的分子量波动在 6000～1000000 之间，相当于聚合度 50～8000。由两条或多条肽链构成的超分子聚集体蛋白质的整体分子量甚至可以高达 4×10^7。许多蛋白质具单分散特性，这可能与生命活动有关。其他天然高分子，如多糖，往往具多分散性。

10.2.4 多肽的合成

某一氨基酸的氨基和另一氨基酸的羧基进行缩合，形成酰胺键（肽键），产物称为肽。两个氨基酸的缩合物称为二肽，含有一个肽键。二肽两端有一个氨基和一个羧基，分别称为 N 端和 C 端。为统一起见，规定氨基酸残基从 N 端到 C 端顺序进行多肽的命名。例如由甘氨酸和丙氨酸缩合，可能形成甘丙肽和丙甘肽两种二肽。

$$H_2N-CH_2-CONH-\overset{\overset{\displaystyle CH_3}{|}}{CH}-COOH \qquad H_2N-\overset{\overset{\displaystyle CH_3}{|}}{CH}-CONH-CH_2-COOH$$

甘丙肽   丙甘肽

三种氨基酸进行缩合，形成三肽，内含 2 个肽键，可能有 6 种三肽。某种激素由 8 种氨基酸构成，就可能组成 40000 多种八肽。胰岛素是含有 51 个氨基酸残基的多肽。

多肽的合成并不像一般聚酰胺化反应那么简单。按照一般聚合方法，几种氨基酸进行共缩聚时，均聚物和共聚物并存，而且结构无序，这就无法按预定氨基酸序列来合成多肽。1963 年 R. Bruce Merrifield 以高分子作底物，采用基团保护措施，以氨基酸为单体，进行肽的固相合成，解决了以上难题，为人工合成多肽成功作出了重要贡献，因而获得了诺贝尔奖。

10.2.5 蛋白质的化学反应

利用蛋白质中的基团，可以进行变性、水解、侧基反应、交联等化学反应。

（1）变性 蛋白质的活性是其结构和构象直接造成的，尤其是球蛋白。受热、冷冻、pH 值变化、化学试剂作用等，蛋白质的二级或三级结构会发生变化，生物活性因而受到破坏。这一过程称作变性，变性有可逆和不可逆之分，蛋白受热凝固是不可逆变性。

变性一般并不改变蛋白质的化学组成和氨基酸残基的序列，仅仅是二级的链构象改变，从原来的螺旋状转变成无规线团。三级结构，如疏水和亲水分子的相互作用、二硫桥键等，也可能变性。影响因素一旦消除，有可能慢慢恢复到原有的构象。四级结构中各分子链分离之后，一旦靠近，也会恢复到原来的超分子结构。例如血红蛋白中的 A 链和 B 链混合在一起，很容易重组装。又如去除酶中的金属，活性消失；重新引入金属，也会恢复催化功能。

（2）水解 可从结构剖析和工业应用两方面来研究蛋白质的水解反应。

蛋白质分子中的酰胺键可用酸、碱来水解。水解产物是氨基酸，经色谱、电泳或离子交换树脂分离，测定氨基酸的序列，以及氨基、羧基端基，可推断蛋白质的分子结构。

（3）侧基反应 蛋白质中侧基，如—OH、—COOH、—NH₂、—NH—、—CONH₂、

—SH等，可与酸、酰氯、酸酐、醇、偶氮盐、甲醛、异氰酸酯等反应，供研究或改性之需。

（4）交联　研究目的有二：①使蛋白质中的原有二硫桥交联断裂，增加蛋白质在水中的溶胀溶解性能；②在皮、毛、丝分子间引入交联，改善使用性能，例如动物生皮用单宁、铬盐、甲醛等鞣制（交联），增加对酸、碱、氧化剂、微生物霉变的稳定性。

10.2.6　重要天然蛋白质的结构特征和改性

羊毛、丝、胶原、酪素等重要天然蛋白质，可以根据其结构特征，进行改性。

（1）羊毛　属于角蛋白，其肽链几乎含有所有天然标准氨基酸，其中赖氨酸和酪氨酸周期性出现，分子量约 8000～80000。许多氨基酸都带有大的侧基，因此羊毛肽链较难形成 β-折叠片状结构，往往由 3 条肽链为一组，绞成 2nm 的 α-螺旋原纤维；再由 9 条原纤维绕着 2 条原纤维，扭成 8nm 的微纤维；最后由许多根微纤维构成 1000nm 的粗纤维。

毛蛋白的特点是硫含量很高（6%），含有较多的胱氨酸，原纤维之间有双硫桥交联，因此，硬度增加，不溶于水。用碱处理，双硫交联转变成硫醇；硫醇又可逆反应成双硫桥。毛织物水洗后收缩起皱，经湿烫，又能平直挺括，这与双硫桥与硫醇的互变原理有关。

$$
\text{CHCH}_2\text{—SH+HS—CH}_2\text{CH} \underset{\text{还原}}{\overset{\text{氧化}}{\rightleftharpoons}} \text{CHCH}_2\text{—S—S—CH}_2\text{CH}
$$

（2）蚕丝　由 18 种氨基酸组成，其中甘氨酸（约 42.8%）、丙氨酸（约 32.4%）、丝氨酸（约 14.7%）、酪氨酸（约 11.8%）占了大部分，其他氨基酸较少（约 8%）。丝蛋白中主要氨基酸的序列为：gly-ser-gly-ala-gly-ala。曾测得丝蛋白的数均分子量约 33000。多肽链呈逆向平行 β-折叠片状。每根蚕丝由 2 根半椭圆形或三角形的平行单丝经丝胶粘合而成。丝的结晶度约 50%，并具多层次的超分子结构，即单丝纤维可以考虑作由原始的微原纤经多次聚集而成：

$$20\sim50\text{nm 微原纤} \longrightarrow 10^2\text{nm 原纤} \longrightarrow 10^3\text{nm 巨原纤} \longrightarrow 10^4\text{nm 单丝纤维}$$

丝织物的缺点是洗后收缩发皱，原因是水分进入无定形区，破坏了氢键和离子键。丝织物经烫熨失水，恢复了氢键和离子键，显得光滑平整有弹性。因此经过交联处理，可获得防皱免熨的效果。丝蛋白分子主链上的酰胺键以及醇羟、酚羟侧基都是可交联基团，脂族环氧树脂（如乙二醇环氧树脂）、多元羧酸（如丁烷四羧酸和聚马来酸）、甲醛等可用作交联剂。

（3）胶原　胶原存在于皮、骨、腱、韧带中，几乎占了动物蛋白质的三分之一。胶原经水解，可制备明胶。将动物皮、骨加压蒸煮，其中胶原轻度水解成水溶性的动物胶，俗称明胶。明胶是食品、医药、照相工业的重要原料。

腱、动脉等弹性组织中还有弹性蛋白，其结构与胶原相似，但水解后不能形成明胶。

（4）酪素塑料和人造毛　酪素主要制自牛奶，也可从大豆中提取。牛奶是蛋白质、脂肪、乳糖、无机盐、维生素、水的混合物，其中蛋白质的分子量约 75000～375000。牛奶酪素是脱脂奶经发酵而成，产量约 3%。酪素染色后，热压成板材或棒材，浸在 55～65℃的 4%～5% 甲醛溶液中较长时间（以天计），使蛋白质中的侧氨基交联，再用 100℃甘油或油类处理软化，就成为酪素塑料，类似木材，可以进行机械加工，制备纽扣、服饰等塑料制品。其性能与脲醛或蜜醛树脂相似。

酪素毛的制法与酪素塑料相似，50℃酪素碱溶液进行纺丝，入酸浴固化，再由甲醛交联而成。酪素毛与天然毛相似，对酸、碱、热都较敏感，湿强较低。与天然毛不同的是容易塑性变形。30％酪素与70％丙烯腈接枝，可纺成丝状纤维，透明性比丝好，干湿强都较好。

10.2.7 酶

酶是特种蛋白质，具有生化反应的催化功能，催化效率高，对底物和反应都有特异性。一些酶的催化比较专一，一种酶只对一种物质进行一种反应，例如人胃中的淀粉酶只能使淀粉水解成葡糖，不能使纤维素水解。但也有一些酶可使多种物质反应。

酶和所有催化剂相似，不能改变反应的平衡常数，只能降低活化能，可加速反应或在较低温度下进行。例如淀粉和水无催化反应很慢，有淀粉酶存在，水解就能很快地进行。

酶中除蛋白质部分之外，还有辅助因子存在。蛋白质部分称作脱辅基酶。脱辅基酶或辅助因子单独都无催化作用；两者结合，才成全酶，只有全酶才有生物活性。

辅助因子可以是无机离子，如Zn^{2+}；也可以是有机小分子，如维生素。均衡食物需含有铁、锌、铜、锰等微量元素和各种维生素，目前已有9种水溶性维生素，4种油溶性维生素。

根据催化反应的类型，可将酶分成六大类，每一大类还可以细分。

（1）水解酶　专司水解反应，可以有酯基、磷酸基、酰胺基的专用水解酶。

（2）异构酶　可使D型和L型异构转化。

（3）连接酶　有结合CO_2的羧酸化酶和形成新键的合成酶，多有三磷酸腺苷参与。

（4）裂解酶　有脱羧酶和脱水酶。

（5）氧化还原酶　有氧化酶和还原酶，还有脱H_2而后形成双键的酶。

（6）转移酶　有磷酸基转移酶和氨基转移酶，将某一基团从底物转移到另一物质。

酶是现代生物技术中的重要组成部分，酶促反应和固定化酶是重要的研究方向。

10.3　核酸

核酸是第三大类生物高分子，最初从细胞核中分离出来，又有酸性，故名。核酸存在于所有活细胞中，参与生物过程和生命活动，肩负着遗传的特殊功能，如储存和传递遗传信息，导向和控制蛋白质和酶的模板合成、新细胞的生长和分裂等。

不同来源的核酸，组成结构各有差异，除C、H、O三元素外，N（15％～16％）和P（9％～10％）的含量特高，个别还含有S。

10.3.1　核酸及其单体——核苷酸

核酸水解产物由含氮杂环碱、戊糖和磷酸组成，可见这三种化合物是核酸的起始元件。杂环碱和戊糖结合成核苷，核苷与磷酸缩合成核苷酸（核苷的磷酸酯），核苷酸共缩聚成聚核苷酸（即核酸的学名）。核苷酸是核酸的单体，核苷酸残基就成为核酸的结构单元。

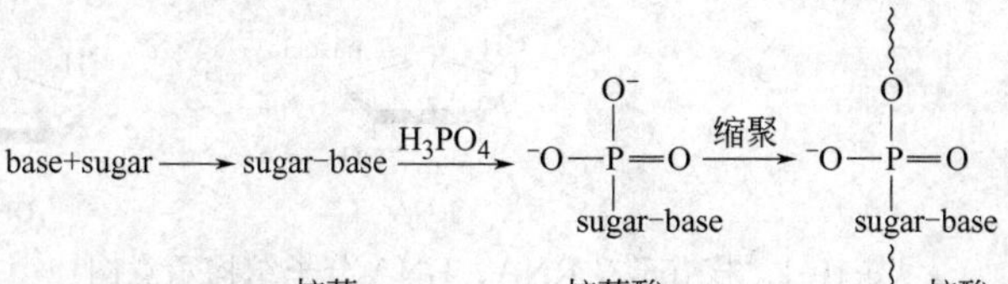

核酸可分为核糖核酸 RNA 和脱氧核糖核酸 DNA 两种，分别含有 D-核糖或 2′-D-脱氧核糖。这两种糖都是呋喃戊糖，碳原子的编号标以"′"，如3′、5′，以便与碱基中编号相区别。

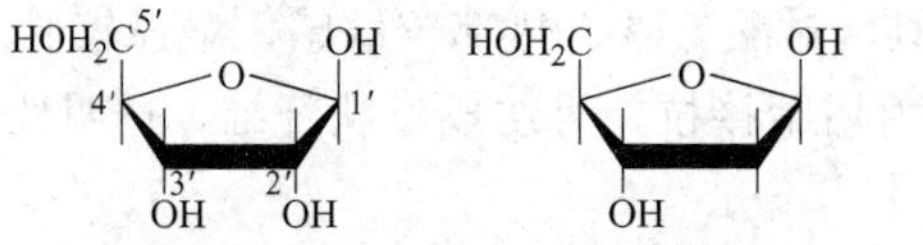

β-D-核糖 ribose   β-D-2-脱氧核糖 deoxyribose

核苷酸中有嘧啶系和嘌呤系两类氮杂环碱基，嘧啶碱主要有尿嘧啶、胸腺嘧啶和胞嘧啶三种，嘌呤碱主要有腺嘌呤和鸟嘌呤两种，五种杂环碱的结构式如下：

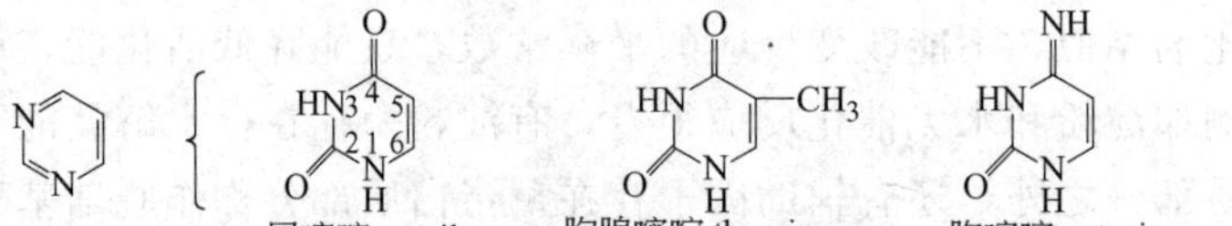

嘧啶   尿嘧啶 uracil   胸腺嘧啶 thymine   胞嘧啶 cutosine
         （2,4-二氧嘧啶）   （5-甲基-2,4-二氧嘧啶）   （2-氧-4-氨基嘧啶）

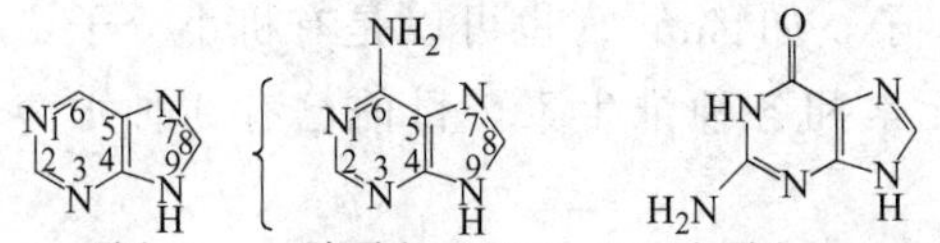

嘌呤   腺嘌呤 adenine   鸟嘌呤 guanine
         （6-氨基嘌呤）   （2-氨基-6-氧嘌呤）

DNA 中出现有两种嘧啶碱（胸腺嘧啶和胞嘧啶）和两种嘌呤碱（腺嘌呤和鸟嘌呤），RNA 中也由两种嘧啶碱和两种嘌呤碱，只是以尿嘧啶来替代 DNA 中的胸腺嘧啶（5-甲基-尿嘧啶）。

嘌呤（或嘧啶）碱与核糖（或 $2'$-脱氧核糖）C1′处相连，构成核苷（N-苷），连接键为 $β$-N-糖苷键。核苷中的核糖通过 C5′羟基与 1～3 个磷酸基相连，即成核苷酸。核苷酸中 $5'$-磷酸基团和另一核苷酸的 $3'$-羟基共缩聚，使核苷酸之间由磷酸二酯键相连，形成长链核酸。以腺苷酸作为多种核苷酸的代表，与 RNA、DNA 结构一起示意如图 10-1。

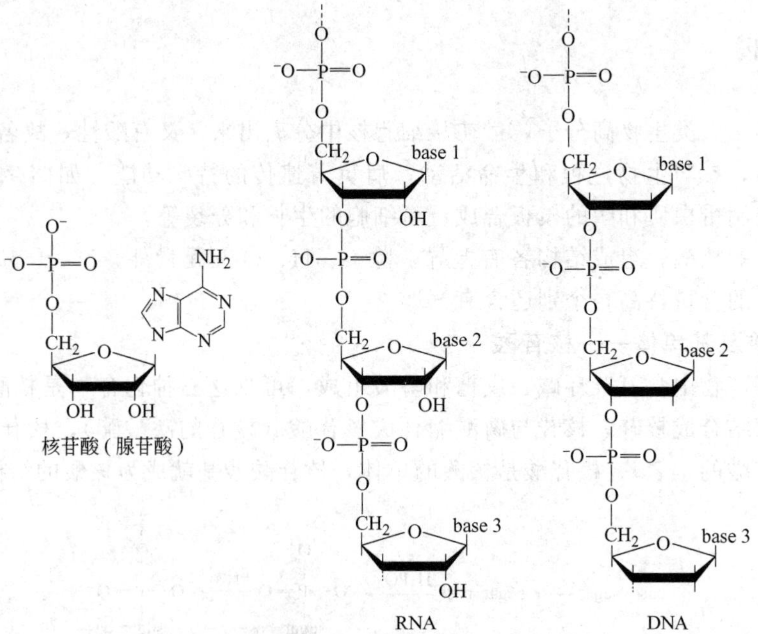

核苷酸（腺苷酸）   RNA   DNA

图 10-1 核苷酸、RNA、DNA 分子结构示意图

核酸的结构可与蛋白质进行对比，蛋白质的单体是氨基酸，特征基团是酰胺键，侧基有烷基、苯基、氨基、羧基、羟基、含硫基团等。而核酸的单体是核苷酸，特征基团是磷酸酯

键，侧基是各种嘧啶碱基和嘌呤碱基。

碱基是核苷酸的特征侧基，特定的碱基序列负载着遗传信息。核苷酸中结构单元序列不必写出全名，仅从 $5'$ 开始，依次写出碱的符号即可，如 T-A-G-C 代表含胸腺嘧啶-腺嘌呤-鸟嘌呤-胞嘧啶的核苷酸序列。

可以简单地小结一下：核酸可分为 DNA 和 RNA，两者化学组成有点相似，共同承担遗传任务。但两者分子量、二级结构、遗传分工却不相同。DNA 是脱氧核糖核苷酸的缩聚物，存在于细胞核，分子量很高（$10^8 \sim 10^{10}$），呈双螺旋结构，肩负着储存遗传信息、并将信息传给 RNA 的任务。RNA 则是核糖核苷酸的缩聚物，分子量要小得多（$10^4 \sim 10^6$），存在于细胞质，其量是 DNA 的 $5 \sim 10$ 倍。RNA 一般呈单螺旋。RNA 从 DNA 处获得遗传信息后，则承担阅读、解码，导向蛋白质合成的功能，所谓转录和翻译。DNA 和 RNA 比较如表 10-6。

表 10-6　DNA 和 RNA 的比较

核酸	戊糖	嘧啶碱	嘌呤碱	分子量	二级结构	功　能
脱氧核糖核酸 DNA	脱氧核糖	胸腺嘧啶 T，胞嘧啶 C	腺嘌呤 A 鸟嘌呤 G	$10^8 \sim 10^{10}$	双螺旋	遗传信息库，将信息传给 RNA
核糖核酸 RNA	核糖	尿嘧啶 U 胞嘧啶 C	腺嘌呤 A 鸟嘌呤 G	$10^4 \sim 10^6$	单螺旋	接受信息，阅读、解码、转录翻译、合成蛋白质

以上仅仅描述核酸的一级结构，二级结构有待进一步深化。先介绍 DNA，而后讨论 RNA。

10.3.2　碱基对、DNA 双螺旋结构和遗传功能

（1）碱基　DNA 中嘌呤碱与嘧啶碱总是成对出现。

经分析，发现许多 DNA 中腺嘌呤（A）数与胸腺嘧啶（T）数相等，鸟嘌呤 G 数与胞嘧啶 C 数也相等，两种碱基（A-T，G-C）互补，通过氢键成对出现，构成"碱基对"。因此，总嘌呤数也等于总嘧啶数，即 A＋G＝T＋C。同一物种不同组织器官中 DNA 的（A＋T）/（G＋C）比相同，但不同物种的 DNA 中，该比值却不相同。物种亲缘关系愈远，比值差异愈大。例如人体 DNA 含 A、T 各 30％，G、C 各 20％；牛 DNA 中 A、T 各 29％，G、C 各 21％，与人相近；而结核分支杆菌 DNA 中 A、T 各 15％，G、C 各 35％，与人相去甚远。

A-T 碱基对由 2 氢键相连，而 G-C 碱基对则有 3 氢键，但两种碱基对的恒等周期却相等。

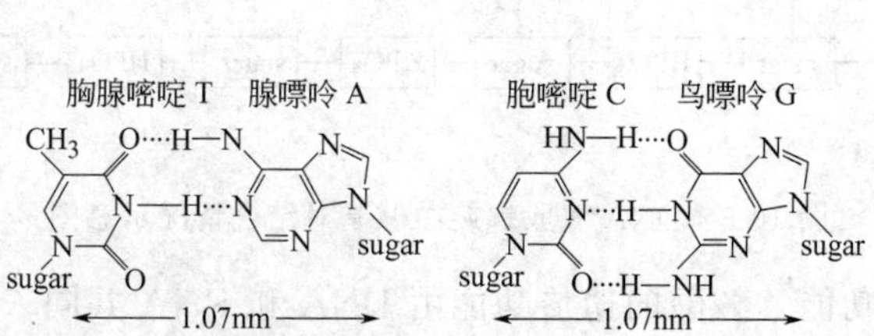

胸腺嘧啶 T　腺嘌呤 A　　胞嘧啶 C　鸟嘌呤 G

（2）DNA 的二级结构——双螺旋结构　经 X 射线衍射图研究，确定 DNA 的二级结构是双螺旋结构，如图 10-2 上半段，即由两条逆向平行的线形聚核苷酸链环绕同一中心轴缠绕，形成右手双螺旋，一条是 $5' \rightarrow 3'$ 方向，另一条是 $3' \rightarrow 5'$ 方向。两条链上的碱基伸向双螺旋的内部，通过氢键，形成碱基对（G-C 和 A-T），使螺旋结构稳定，两种碱基对的恒等周期相等，更有利于双螺旋的紧密配合。

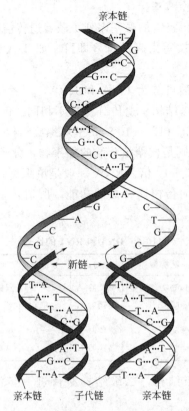

图 10-2　DNA 双股螺旋结构和复制示意图

碱基疏水，近似平面结构，与螺旋长轴垂直，容易密叠。脱氧核糖和带负电荷的磷酸基团相互交替，位于双螺旋的外测，糖环平面几乎与碱基平面成直角。每圈螺旋相当于 10 个核苷（10 碱基对），螺距 3.4nm，螺旋直径 2nm。DNA 双螺旋结构。

DNA 双螺旋的两股结构中碱基互补。将两股螺旋拉直，碱基对互补情况示意如图 10-3。

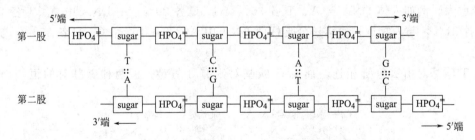

图 10-3　DNA 双股螺旋中碱基对结合情况示意图

（3）DNA 的遗传功能　核酸的遗传功能由 DNA 和 RNA 共同来完成。DNA 的功能是储存遗传信息，并将信息传给 RNA。RNA 的功能则是阅读、解码，利用接收到的信息来合成蛋白质。

遗传信息的传递分三步：①复制，将 DNA 的复印件保留下来；②转录，阅读遗传信号，转录后带离细胞核；③翻译，将遗传信息解码，用来合成蛋白质。

同一生物体内不同组织器官的 DNA 结构相同，生物体的生长也就是 DNA 的复制过程。

因此，DNA 结构与年龄无关。DNA 复制是酶催化过程，细胞内 DNA 准确无误的遗传复制能力与其双螺旋结构有关。复制前，碱基对中部分氢键断裂，DNA 中双股链分开成两个单股链，每一个单股链都作为一个模板，按其互补顺序使核苷酸聚合成两个相同的新股链。在新的双股中，一股是原来的亲本链，另一股是新合成的子代链，碱基的顺序与原来完全相同，如图 10-3 下半段所示。

DNA 双螺旋的复制过程，可以比仿作"手套模型效应"。原来的手模与手套互补。手模从手套中抽出，手模复制出手套，手套复制出手模，就成为两副相同的手模和手套。

DNA 的复制能力极强。DNA 分子在细胞中的排列非常复杂。人体细胞含有 23 对（46个）染色体，约有 30000 个基因不均匀地分布在染色体中。每个基因都给一种蛋白质编码，一个基因含有 1000～100000 核苷酸单元，这还仅仅考虑 1%～1.5% 的碱对。一个染色体都是一个很大的 DNA 分子，由成千上万个 DNA 链段（基因）组成，人体细胞中所有基因中的碱基对总数约 3×10^9。虽然分子很大，但忠实地执行着准确无误的复印任务，$(1 \sim 10) \times 10^{10}$ 碱基对，可能只出错一次。

10.3.3　RNA 的种类与遗传功能

RNA 与 DNA 密切配合，承担遗传任务。

（1）RNA 的种类　在细胞质内，发现有四种 RNA。

① 核糖体核糖核酸 rRNA。核糖体由 rRNA（约 60%）与蛋白质（约 40%）结合而成，是蛋白质合成的场所。rRNA 呈单螺旋，分子量约 10^6，约占 RNA 总量的 80%。

② 信使核糖核酸 mRNA。单螺旋，分子量约 2.5 万，占 RNA 总量的约 3%。原来在细胞核内，以 DNA 的一股作模板，由酶催化反应转录成 mRNA，而后带着遗传信息进入核糖体内，当作导向蛋白质合成的模板。

③ 转运核糖核酸 tRNA。分子量小，约 73～90 核苷酸单元，约占 RNA 总量的 15%，其功能是将氨基酸转运到核糖体中，供蛋白质合成之需。

④ 小分子核糖核酸，有催化功能，并参与 RNA 合成后的修饰和加工。

（2）mRNA 的合成和转录过程　mRNA 转录自 DNA。DNA 双螺旋中若干螺圈松散开来，形成空隙，两股链都裸露出碱基。其中含有基因的股称作编码股，被转录的股则称作模板股。核糖核苷酸通过氢键与模板股中互补碱基有规则的排列起来，按 $5' \rightarrow 3'$ 方向缩聚成键，转录成 mRNA，如图 10-4。

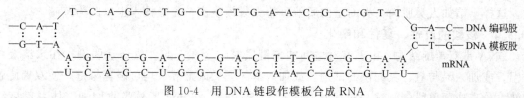

图 10-4　用 DNA 链段作模板合成 RNA

mRNA 的转录与 DNA 的复制有异。DNA 复制时，T-A 互补，形成两条双螺旋新DNA。而转录 mRNA 时，由尿嘧啶 U 代替胸腺嘧啶 T，与 DNA 模板股中的 A 形成 U-A 互补，转录成一股单螺旋的 mRNA。mRNA 离开 DNA，进入核糖体，等待翻译，供蛋白质合成之用。

（3）tRNA 的翻译和蛋白质的合成　由 DNA 转录来的 mRNA 分子链中，每三个核苷酸单元组成一个三元组，成为某一氨基酸的专用密码，例如 UUC 是苯丙氨酸的密码。RNA 中有四种碱基，三元组的可能组合数为 $4^3 = 64$，其中 61 个三元组成为氨基酸的密码，而余下三个三元组作为链终止时封端之用。

tRNA 解读 mRNA 中的密码，而后翻译成反码。例如 tRNA 将 mRNA 中的 UUC 翻译成反码 AAG。带有 AAG 反码的 tRNA 能够识别苯丙氨酸，就将它输送到增长着的肽链端，供继续缩聚增长之需。某种氨基酸可能只编有一种 tRNA 密码，由该种 tRNA 专递；另一些氨基酸也可能编有几种不同的 tRNA 密码，可以由几种 tRNA 的一种来输送，以资保证。

与 mRNA 中 61 个密码（三元组）相对应，tRNA 就有 61 个反码，能够识别相应的氨基酸，不断输送至核糖体缩聚场所。蛋白质合成结束，末端出现终止码封端，而后从核糖体分离出来。这就是蛋白质的合成过程。蛋白质的导向合成示意如图 10-5。

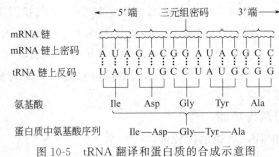

图 10-5　tRNA 翻译和蛋白质的合成示意图

至此，蛋白质的生化合成可以小结如下：在活细胞内和酶的作用下，蛋白质由氨基酸在核糖体处合成，由 mRNA 中的编码来控制氨基酸的序列。合成可以分成四步：①经酶催化，氨基酸与 tRNA 进行酯化，形成酯；②氨基酸-tRNA 酯与 mRNA 形成络合物；③按照 mRNA 的编码序列，氨基酸开始缩聚成蛋白质，每引入一个氨基酸单元，mRNA 和 tRNA-肽链都沿着核糖体移至下一编码点；④mRNA 引入最后密码，缩聚结束，蛋白质完全与核糖体分离。

标准氨基酸有 20 种，组合成的蛋白质数可能多达 1.4×10^{18} 种，如果没有 DNA 和 RNA 承担遗传任务来控制和导向，就很难合成出特定的蛋白质。

上述所介绍的核酸复制、转录、翻译等遗传功能，为基因工程（或遗传工程）打开了思路。基因工程可以简单地考虑作 DNA 的重组技术，用来改造或产生新生物机体。重组技术过程大致如下：分离遗传基因，并纯化；剪切基因，与载体 DNA 重组，改变原有的 DNA 遗传特性；重组 DNA 转移入宿主细胞（一般选用大肠杆菌），进行繁殖，产生出新的蛋白质。这样，诸如人类肌肉一类的蛋白质就可望大规模生产。克隆技术也以此为基础。

10.3.4　核酸的改性、复性和杂化

DNA 是双螺旋结构，由碱基对之间的氢键紧密结合在一起。氢键是弱键，在水溶液中升温，或加入易与氧、氮配位的试剂，或加入醇、酮、尿素等，均可破坏氢键，使双螺旋解缠绕，分离成两单股链，这一过程称作变性。变性时，260nm 紫外吸收增加，体系粘度降低，出现所谓"熔融"现象，不同细胞来源的 DNA 有着不同的熔点。利用紫外吸收或熔点，可检测出变性现象。

如果外界条件恢复到原来状态，变性后的两股 DNA 单链会重新缠绕成双螺旋结构，这一过程称作复性。变性时，如果双螺旋解缠绕并不彻底，还保留 12 以上的核苷酸残基仍处在缠绕状态，则其余残基就能够很快恢复重排，再缠绕在一起。如果两股螺旋已经完全分离，要恢复到双螺旋状态，就要慢得多。只能经无规碰撞，待单股链末端有缘相遇，才有机会排列，重新形成双螺旋。

从大分子运动和结构角度考虑，DNA 的变性和复性可以看作大分子的解缠绕和缠绕过程。金属离子对缠绕-解缠绕过程很有影响。易与骨架上的 P—OH 键接、即与 P—O⁻ 电荷中和的金属离子，将使螺旋结构稳定，提高熔点。相反，Cu(Ⅱ)、Zn(Ⅱ) 等二价金属离子将与碱基键合，产生假性配位交联，升温时，反而帮助解缠绕，使熔点降低。

两种物种的 DNA 受热变性后，将分别形成两对单股链。冷却退火，同种的两单股链将恢复成原有的双螺旋结构。如果两物种亲缘较近，异种单股链的碱基互补，也有可能结合成异种的双螺旋，这称作杂化。生物之间的亲缘关系愈接近，两者 DNA 之间的杂化也愈容易。

以上仅从高分子化学角度，对核酸的基本概念作了一些简单介绍，为生物化学和生物工程问题的深入研究提供引子。

10.4 天然橡胶和聚异戊二烯

自然界存在有两种由异戊二烯单元构成的天然高分子：①顺-1,4-聚异戊二烯，如三叶胶（hevea 胶）、银菊胶，专称天然橡胶，广用来制作轮胎和各种橡胶制品；②反-1,4-聚异戊二烯，如古塔胶、巴拉塔胶，易结晶，熔点 74℃，属于塑料，产量和应用均较少。

绪论和配位聚合两章都已提到这两种几何异构体。此外，还可以合成 3,4-聚异戊二烯。

常用的天然橡胶取自三叶橡胶树。橡胶树所产生的胶乳含有 35% 的聚异戊二烯，5% 蛋白质、类脂类、无机盐等，其余 60% 是水。天然橡胶中聚异戊二烯含 97% 顺-1,4-单元，1% 反-1,4-单元，2% 头尾连接的 3,4-单元；呈线形结构，无定形，玻璃化温度 −73℃，分子量约 20 万～50 万。天然橡胶经过素练，在剪切力和氧的双重作用下降解，分子量降低。进一步硫化交联，补强抗老化，才制成有用的橡胶制品。有关硫化另见聚合物化学反应一章。

10.5 木质素

木材由纤维素、木质素、半纤维素、树脂等组成，前三者伴生在一起，成为支撑植物的复合材料。但其结构复杂，三者在木材中的含量随木材种类和部位而变，如表 10-7。

表 10-7 干木材的主要成分   单位：%

成分	硬木	软木	棉花	成分	硬木	软木	棉花
纤维素	54	52	96	木质素	22	28	0
半纤维素	21	17	1	蛋白质、蜡、树脂等	3	3	3

在植物体内，木质素与纤维素由化学键结合在一起，并非游离存在。在木材蒸煮制木浆的过程中，化学键断裂，木质素与纤维素分离，并降解，因此，迄今木质素的分子结构和分子量均未能确定。但总的说来，可以看作是松柏醇（酚醇）的复杂聚合物，而松柏醇也是葡萄糖演变而来的，只是结构发生了根本的变化。

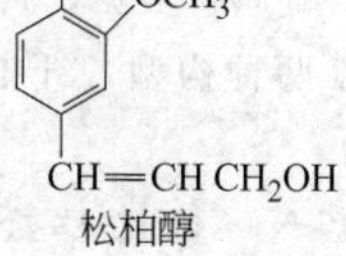

OH
OCH₃

CH=CHCH₂OH
松柏醇

如果年产 1 亿吨纸张全部制自木浆，副产木质素就非常可观。曾企图将木质素转变成有用的涂料和粘结剂，但成功的不多。与甲醛反应的产物曾用作木材粘结剂。从木浆中提取的木质素曾用作沥青的增量剂和油井钻探泥浆的添加剂，但其利用率仅及木质素的 1%。目前纸浆黑液的主要出路还是当作纸浆厂内的燃料。木质素的结构剖析和改性应用还有待时日。

10.6 其他天然高分子

可以考虑，纤维素是聚醚，蛋白质是聚酰胺，自然界中还存在着天然聚酯，但产量不多，远不能与其他天然高分子相比，也不能与合成聚酯相比。

紫胶是寄生在虫胶树上的紫胶虫吸食和消化液凝结而成，故又名虫胶。其原始成分是光桐酸（9,10,16-三羟基软脂酸）、紫胶酸（羟基脂环酸）及其酯类的复杂混合物，可交联固化。早期唱片由紫胶压制而成，其酒精溶液曾用作木材的涂料。可以看出紫胶的单体是羟基酸，而且是多官能团，有交联倾向。

许多细菌会产生天然聚酯，天然聚酯是羟基酸的聚合物或共聚物，如聚（β-羟基烷酸酯）。

$$HO-CHCH_2CO-\!\!\left[CHCH_2CO\right]_n\!\!-CHCH_2-COOH$$
$$\underset{R}{|}\qquad\underset{R}{|}\qquad\underset{R}{|}\qquad\underset{R}{|}$$

聚（β-羟基丁酸酯）最常见，即上式中 $R=CH_3$。在许多细菌细胞中发现这类物质，分子量可达百万以上，分子立体结构规整，分子紧密堆砌，成右手双螺旋，呈硬结晶粒状。因丁基在 β 位置，对热不稳定，不宜用作塑料。但是发现，在氧气不足的条件下，细菌会产生 β-羟基丁酸和 β-羟基戊酸的共聚物。根据不同种类的细菌和生活条件，还发现天然聚酯中有 11 种 β-羟基酸。市场上只有少量天然聚酯供应，包括韧、柔、熔点在 $80\sim180{}^{\circ}\!C$ 范围内的品种。

合成聚酯结构性能可以调节，品种多，产量大，用途广，天然聚酯的地位不足轻重。

顺便提一下松香。松香是松树切口流出的松脂、再经蒸出松节油后的物质，浅黄色，透明，脆如玻璃，但并非聚合物，而是由双萜、松香酸和及其酸酐组成的低分子物。

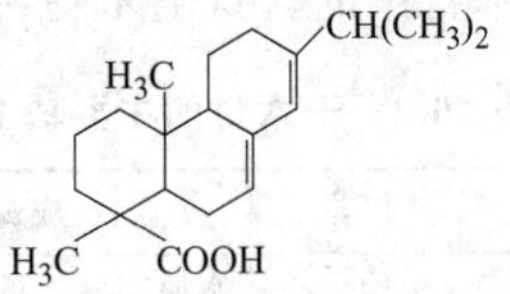

松香可用来改性合成树脂和涂料，如用于酚醛树脂和醇酸树脂的改性。利用羧基，还可以制松香皂，例如钴皂、锰皂、铅皂，用作油漆的干燥剂，钠皂或钾皂用于制备丁苯橡胶的乳化剂。为了防止松香酸中共轭双键的阻聚作用，需预先使松香进行歧化反应或加氢。

摘 要

1. **纤维素和淀粉** 是重要的天然高分子，都属于多糖，其水解中间产物分别是纤维二糖和麦芽糖，最终水解产物都是 D-葡萄糖。D-葡萄糖有 α 和 β 两种构型，纤维素和纤维二糖是 β-1,4-D-葡萄糖的聚合物，而淀粉和麦芽糖则是 α-1,4-D-葡萄糖的聚合物。

2. **甲壳素和壳聚糖** 甲壳素的结构单元是 N-乙酰化-D-氨基葡糖。甲壳素中乙酰基转变成氨基，就成为壳聚糖。壳聚糖经适当化学反应和接枝反应，可制备生物相容性制品。

3. α-氨基酸　氨基酸是蛋白质的单体。最简单的氨基酸是甘氨酸（$NH_2—CH_2—COOH$），其中亚甲基氢被其他基团 R 取代，就衍生出多种氨基酸，R 可以是烷基、苯环，或羟基、羧基、氨基、含硫基团。氨基酸有 20 多种，其中 10 种是人类的必需氨基酸。氨基酸属于两性化合物，以偶极离子存在，熔点高，不溶于非极性溶剂。等电点处呈中性，在直流电场中，不向两极移动，但在其他 pH 值，则可移动，可用电泳法进行分离。

4. 蛋白质　蛋白质是多种氨基酸的共缩聚物，特征基团是酰胺键。蛋白质的结构可用四级来描述：一级描述肽链中氨基酸单元的构型；二级描述单个蛋白质大分子的构象，主要构象有 α-螺旋和 β-折叠片状两种，有时还可能间有无规线团；三级结构是指一条多肽链形成一个或多个紧密球状单位或结构域，如 S—S 交联；四级结构表示若干多肽链的聚集态结构，或称作超分子结构。

按形态，蛋白质可分成纤维蛋白和球形蛋白两大类，纤维蛋白起着结构材料的作用，如毛爪甲角羽皮中的 α-角蛋白，丝中的 β-角蛋白，皮肤腱骨中的胶原蛋白，肌球蛋白等，而球形蛋白则司生物体内的化学反应功能，如酶、激素、抗体、蛋清蛋白、血红素蛋白、肌红蛋白等。羊毛、蚕丝、胶原、酪素都是重要的天然蛋白质。

5. 核酸　核酸是核苷酸的缩聚物，其水解产物由氮杂环碱、戊糖和磷酸组成，杂环碱和戊糖（核糖）结合成核苷，核苷与磷酸缩合成核苷酸（核苷的磷酸酯），核苷酸是核酸的单体。核酸有脱氧核糖核酸 DNA 和核糖核酸 RNA 两类，相应有脱氧核糖和核糖两种戊糖。主要杂环碱有嘧啶碱（胸腺嘧啶、胞嘧啶、尿嘧啶）和嘌呤碱（腺嘌呤、鸟嘌呤）两类五种，DNA 和 RNA 都含有四种碱基，胞嘧啶、腺嘌呤、鸟嘌呤为共有，DNA 另有胸腺嘧啶，而 RNA 另有尿嘧啶。核酸主链骨架由磷酸酯键将两核苷中核糖在 $3'$、$5'$ 位置连接起来。

DNA 为双螺旋结构，由嘧啶-嘌呤碱基对的氢键固结在一起，承担遗传功能中的复印任务，DNA 中由三个核苷酸单元组成某一氨基酸的专用密码，共有 64 个密码。RNA 为单螺旋，主要有三种，其中先使核糖核酸 mRNA 转录 DNA 的信息密码，转运核糖核酸 tRNA 解读 mRNA 中的密码，而后翻译成反码，并将特定的氨基酸转运到核糖体（核糖体核糖核酸 rRNA 与蛋白质的结合体）中，进行白质的合成。

6. 其他天然高分子　天然橡胶是聚-1,4-异戊二烯，已经大量用来制备橡胶制品。木质素量大，应用和研究有待深入。天然聚酯量少，只能起些补充作用。

习　题

思　考　题

1. 从结构和主要性能上区别：纤维素和淀粉，直链淀粉、支链淀粉和糖原，纤维二糖和麦芽糖，α-和 β-D-葡萄糖。

2. 说明纤维素结晶度和强度高的原因。根据纤维素的结构特征，可以进行哪一类反应？反应之前，纤维素应作哪些预处理？

3. 半纤维素与纤维素有何区别？写出木糖的结构式。

4. 壳聚糖和藻酸的结构特征和用途，与纤维素有何关系和区别？

5. 什么叫标准氨基酸和必需氨基酸？写出构成蛋白质的氨基酸通式，对带烷基、苯环、羟基、羧基、氨基、含硫的氨基酸各举一例。

6. 氨基酸为什么呈两性？什么叫等电点？在不同 pH 值的环境中，氨基酸所处的形式？写出甘氨酸处于 pH=3，6，9 时的结构式。

7. 有哪些天然蛋白质属于纤维蛋白和球蛋白，区别其结构特征有哪些？

8. 蛋白质二级结构中的 α-螺旋和 β-折叠片状有何区别？氨基酸残基的结构对二级结构有何影响？

9. 为什么常规的缩聚和开环聚合无法合成多肽和蛋白质？

10. 说明毛和丝织品洗涤后起皱和烫熨后平整的原因。提出免烫丝织品处理途径的设想。

11. 简述核糖、核苷、核苷酸、核酸的相互关系。嘧啶碱和嘌呤碱、核糖和脱氧核糖在结构上有何区别？

12. 在核酸中，碱基与戊糖如何结合，磷酸与戊糖如何结合？写出一核苷酸的结构单元式子。

13. DNA 的复制、mRNA 的转录、tRNA 翻译有何区别？以 A-G-T-C-G-A-C-T 为模板股，转录后的 mRNA 序列怎样？tRNA 翻译后的序列又怎样？

11　聚合物的化学反应

前面几章着重介绍低分子单体的聚合反应，本章进一步讨论聚合物的化学反应。

聚合物化学反应种类很多，范围甚广，文献繁浩，简短篇幅势难作出全面总结。目前聚合物化学反应尚难完全按机理分类，不妨暂按结构和聚合度变化先行归类，即先大致归纳成基团反应、接枝、嵌段、扩链、交联、降解等几大类。基团反应时聚合度和总体结构变化较小，因此可称为相似转变；接枝、嵌段、扩链、交联使聚合度增大，降解则使聚合度或分子量变小，这些都将引起结构的重大变化。许多功能高分子也可归属基团反应，但发展迅速，故专列一章。降解并非单一反应，比较复杂，也另列一章。

研究聚合物基团反应的主要目的是利用价廉的聚合物，进行改性，提高性能和引入功能，制备新的聚合物，扩大应用范围，例如将天然的纤维素转变成醋酸纤维素，将合成的聚醋酸乙烯酯转变成聚乙烯醇，合成接枝和嵌段共聚物，橡胶交联以提高弹性等。

11.1　聚合物化学反应的特征

低分子有机化合物有许多反应，如氢化、卤化、硝化、磺化、醚化、酯化、水解、醇解、加成等，聚合物也可以有类似的基团反应。

乙烯基聚合物往往带有侧基，如烷基、苯基、卤素、羧基、酯基等，二烯烃聚合物主链上留有双键，这些基团都可进行类似反应，可以概括成加成、取代、消去、成环等多种类型。

缩聚物主链中有特征基团，如醚键、酯键、酰胺键等，可以进行水解、醇解、氨解等，这部分已经在逐步聚合的逆反应中提及，将在降解一章进一步介绍。

11.1.1　大分子基团的活性

聚合物和低分子同系物可以进行相似的基团反应，例如纤维素和乙醇中的羟基都可以酯化，聚乙烯和己烷都可以氯化等。但对产率或转化率的表述和基团活性却存在着差异。

在聚合物化学反应中，不宜用分子计，而应该以基团计来表述产率或转化率。例如丙酸甲酯水解，可得 80% 纯丙酸，残留 20% 丙酸甲酯尚未转化，水解的转化率为 80%（以分子计）。聚丙烯酸甲酯也可以进行类似的水解反应，可转变成含 80% 丙烯酸单元和 20% 丙烯酸甲酯单元的无规共聚物，两种单元无法分离，因此应该以"基团"的转化程度（80%）来表述。

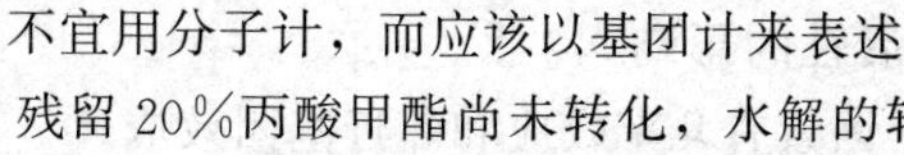

$$\text{-}CH_2CH\text{-}_n \longrightarrow \text{-}CH_2CH\text{-}_{0.8n} \text{-}CH_2CH\text{-}_{0.2n}$$
$$\qquad | \qquad\qquad\qquad | \qquad\qquad\quad |$$
$$\quad COOCH_3 \qquad\qquad COOH \qquad\quad COOCH_3$$

从单个基团比较，聚合物的反应活性似应与同类低分子相同，可以举出一些佐证例子。在处理聚合动力学时，曾经采用了"等活性"概念。但更多场合，聚合物中的基团活性、反应速率和最高转化程度一般都低于同系低分子物，少数也有增加的情况。主要原因是基团所处的宏观环境（物理因素）和微观环境（化学因素）不同所引起的。

11.1.2　物理因素对基团活性的影响

聚合物化学反应首先要求低分子药剂与高分子中基团接触，结晶、相态、溶解度等都影响到药剂的扩散，从而反映出基团表观活性和反应速率的差异。

（1）结晶度的影响　高结晶度聚合物的化学反应，药剂很难渗透入晶区，反应多局限于表面。多数晶态聚合物结晶并不完全，晶区和非晶区共存，反应多在非晶区内进行，例如结晶度约 $60\%\sim70\%$ 的聚乙烯醇纤维与甲醛反应，只有 $20\%\sim40\%$ 的非晶区才能缩醛化。又如纤维素是高结晶度的天然高分子，欲进行酯化或醚化，须用适当浓度的碱液或硫酸溶液溶胀或溶解，破坏结晶性。

玻璃态聚合物的链段被冻结，也不利于低分子试剂的扩散，最好在玻璃化温度以上或处于溶胀状态进行反应。例如苯乙烯和二乙烯基苯的共聚物是离子交换树脂的母体，属于非晶态的交联共聚物，须预先用适当溶剂溶胀，才易进行后续的磺化或氯甲基化反应。又如涤纶聚酯在熔点以下和玻璃化温度以上进一步进行固相缩聚，可以提高聚合度。

（2）相态的影响

聚合物化学反应的实施可以在均相溶液或液固、气固非均相状态下进行，但两者反应结果差别很大。非均相反应局限于表面反应，保留聚合物原有的聚集态结构，转化的基团分布不均匀。均相溶液反应可以消除聚集态方面的影响，反应后多形成非晶态聚合物，玻璃化温度和刚性均有改变，基团分布比较均匀。均相和非均相条件下聚乙烯的氯化产物性能就有很大差异。

（3）溶解度的影响

即使在均相溶液中反应，还需要注意局部浓度和生成物的溶解性能这两个问题。

高分子在溶液中常呈无规线团卷曲状，线团内基团浓度一般较高，线团外的浓度可以为零。以分子量 10^6 的聚醋酸乙烯酯为例，1% 溶液的乙酰基团总浓度约 $0.11mol/L$，而局部浓度却可以高 5 倍。而低分子药剂却均匀分布，线团内外浓度相等，因此对总的反应速度无影响。但在低分子试剂趋向于富集在线团内的情况，就会使速率增加。

也有情况是起始为均相溶液，反应产物为沉淀，体系粘度发生变化，药剂扩散、反应速率、最终转化程度会受到影响。例如 80℃ 聚乙烯在烷烃或芳烃溶液中氯化，溶解情况变化复杂：开始时，溶解度随氯化聚乙烯中氯含量而增加，到 30%（质量分数）氯时，溶解度最大，而后逐步降低，$50\%\sim60\%$ 氯时，溶解度最低，过后又增加。可以想见，反应速率也可能相应变化。

如果生成物完全不溶解，低分子药剂难以扩散，最终转化程度就会受到限制。

11.1.3　化学因素对基团活性的影响

影响聚合物反应的化学因素有几率效应和邻近基团效应。

（1）几率效应　当聚合物相邻侧基作无规成对反应时，中间往往留有未反应的孤立单个基团，最高转化程度因而受到限制。例如聚氯乙烯与锌粉共热脱氯成环，按几率计算，环化程度只有 86.5%，尚有 13.5%（$1/e^2$）氯原子未能反应，被孤立隔离在两环之间。实验测定结果与理论计算相近。这就是相邻基团按几率反应所造成的。聚乙烯醇缩醛也类似。

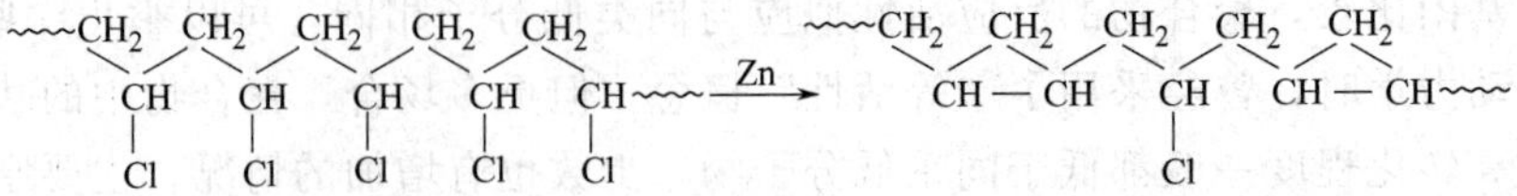

（2）邻近基团效应　高分子中原有基团或反应后形成的新基团的位阻效应和电子效应，以及试剂的静电作用，均可能影响到邻近基团的活性和基团的转化程度。

体积较大基团的位阻效应一般将使聚合物化学反应活性降低，基团转化程度受限。例如聚乙烯醇与三苯基乙酰氯反应，乙酰化程度只能达到 50%，就中止反应。

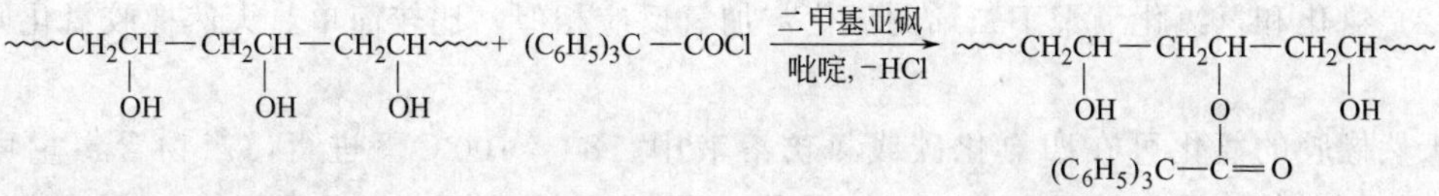

$$\sim CH_2CH-CH_2CH-CH_2CH \sim + (C_6H_5)_3C-COCl \xrightarrow[\text{吡啶,-HCl}]{\text{二甲基亚砜}} \sim CH_2CH-CH_2CH-CH_2CH \sim$$

不带电荷的基团转变成带电荷基团的高分子反应速率往往随转化程度的提高而降低，因此加盐对大分子上的电荷有屏蔽作用，能够部分减弱自动缓聚现象。带电荷的大分子和电荷相反的试剂反应，结果加速；而与相同电荷的试剂反应，则缓聚，转化程度也低于 100%。

以酸作催化剂，聚丙烯酰胺可以水解成聚丙烯酸，其初期水解速率与丙烯酰胺的水解速率相同。但反应进行之后，水解速率自动加速到几千倍。原因是水解成的羧基—COOH 与邻近酰胺基中的羰基 $\diagdown C=O$ 静电相吸，形成过渡六元环，有利于酰胺基中氨基—NH_2 的脱除而迅速水解。

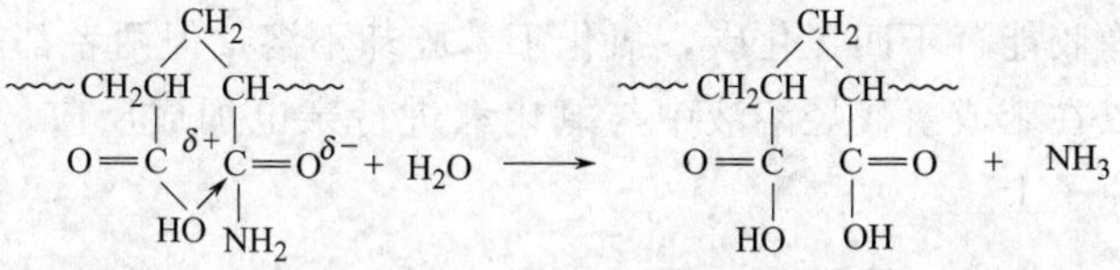

$$O=C \overset{\delta+}{\underset{HO}{\cdots}} C \overset{\delta-}{=O} + H_2O \longrightarrow O=C \quad C=O + NH_3$$

聚甲基丙烯酸甲酯用强碱氢氧化钾皂化，随着反应的进行，速率常数可以降低一倍，原因是未皂化的 PMMA 无羧基，不电离，对碱的氢氧离子并不相斥，而部分皂化后所形成的羧基与氢氧离子所带的电荷相同而相斥。聚甲基丙烯酰胺在强碱液中水解也有类似现象，最高水解程度一般在 70% 以下。

大分子上基团活性有时直接受邻近基团的影响。例如同样是甲基丙烯酸甲酯，如果用弱碱或稀碱液皂化（水解），则有自动催化效应，因为一些羧基阴离子形成后，易与相邻酯基形成六元环酐，再开环成羧基，而并非由氢氧离子来直接水解。凡有利于形成五、六元环中间体的，邻近基团都有加速作用。

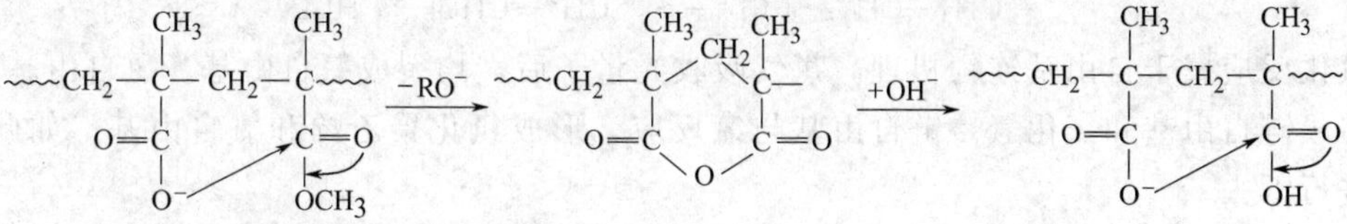

$$\sim CH_2-C-CH_2-C \sim \xrightarrow{-RO^-} \sim CH_2-C-CH_2-C \sim \xrightarrow{+OH^-} \sim CH_2-C-CH_2-C \sim$$

深入研究聚合物基团反应时，必须注意上述聚集态物理因素和化学因素的综合影响。

11.2　聚合物的基团反应

11.2.1　聚二烯烃的加成反应

与烯烃的加成反应相似，二烯类橡胶分子中含有双键，也可以进行加成反应，如加氢、氯化和氢氯化，从而引入原子或基团。

（1）加氢反应　顺丁橡胶、天然橡胶、丁苯橡胶、SBS（苯乙烯-丁二烯-苯乙烯三嵌段热塑性弹形体）等都是以二烯烃为基础的橡胶，大分子链中留有双键，易氧化和老化。但经加氢成饱和橡胶，玻璃化温度和结晶度均有改变，可提高耐候性，部分氢化的橡胶可用作电缆涂层。二烯类橡胶的加氢就成为重要的研究方向。加氢的关键是寻找加氢催化剂（镍或贵金属类），并且不局限于化学反应，氢的扩散传递可能成为控制步骤。

$$\sim\!\!\sim\!CH_2CH\!=\!CHCH_2\!\sim\!\!\sim\ +H_2 \longrightarrow \sim\!\!\sim\!CH_2CH_2\!-\!CH_2CH_2\!\sim\!\!\sim$$

（2）氯化和氢氯化　聚丁二烯的氯化与加氢反应相似，比较简单。天然橡胶氯化则比较复杂。

天然橡胶的氯化可在四氯化碳或氯仿溶液中、80～100℃下进行，产物含氯量可高达 65%（相当于每一重复单元含有 3.5 氯原子），除在双键上加成外，还可能在烯丙基位置取代和环化，甚至交联。

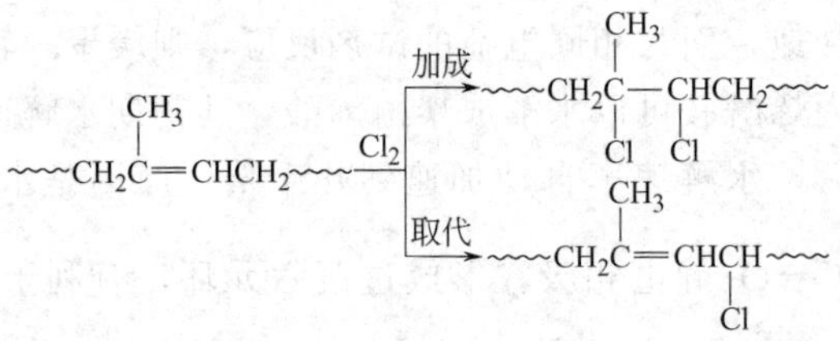

氯化橡胶不透水，耐无机酸、碱和大部分化学品，可用作防腐蚀涂料和粘合剂，如混凝土涂层。氯化天然橡胶能溶于四氯化碳，氯化丁苯胶却不溶，但两者都能溶于苯和氯仿中。

天然橡胶还可以在苯或氯代烃溶液中与氯化氢进行亲电加成反应。按 Markownikoff 规则，氯加在三级碳原子上。

$$-CH_2C(CH_3)\!=\!CHCH_2-\ \xrightarrow{\ H^+\ }\ -CH_2C^+(CH_3)CH_2CH_2-\ \xrightarrow{\ Cl^-\ }\ -CH_2CCl(CH_3)CH_2CH_2-$$

碳阳离子中间体也可能环化。氢氯化橡胶对水汽的阻透性好，除碱、氧化酸外，可耐许多化学品的水溶液，可用作食品、精密仪器的包装薄膜。

11.2.2　聚烯烃和聚氯乙烯的氯化

聚烯烃的氯化是取代反应，属于比较简单的高分子基团反应。

（1）聚乙烯的氯化和氯磺化　聚乙烯与烷烃相似，耐酸、耐碱，化学惰性，但易燃。在适当温度下或经紫外光照射，聚乙烯容易被氯化，氯原子取代了部分氢原子而成为氯侧基，形成氯化聚乙烯（CPE），并释放出氯化氢。氯化的总反应式可简示如下：

$$-CH_2-CH_2-+Cl_2 \longrightarrow -CH_2-CHCl-+HCl$$

氯化反应属于自由基连锁机理。氯气吸收光量子后，均裂成氯自由基。氯自由基向聚乙烯转移成链自由基和氯化氢。链自由基与氯反应，形成氯化聚乙烯和氯自由基。如此循环，连锁进行下去。

$$Cl_2 \xrightarrow{\ h\nu\ } 2Cl\cdot$$
$$-CH_2-CH_2-+Cl\cdot \longrightarrow -CH_2-CH\cdot-+HCl$$
$$-CH_2-CH\cdot-+Cl_2 \longrightarrow -CH_2-CHCl-+Cl\cdot$$

高密度聚乙烯多选作氯化的原料，高分子量聚乙烯氯化后可形成韧性的弹性体，低分子量聚乙烯的氯化产物则容易加工。氯化聚乙烯（CPE）的含氯量可以调节在 10%～70%（质量分数）范围内。氯化后，可燃性降低，溶解度有增有减，视氯含量而定。氯含量低时，性能与聚乙烯相近。但含 30%～40% Cl 的氯化聚乙烯（CPE）却是弹性体，阻燃，可用作聚氯乙烯抗冲改性剂。大于 40% Cl，则刚性增加，变硬。

工业上聚乙烯的氯化有两种方法：①溶液法，以四氯化碳作溶剂，在回流温度（例如 95～130℃）和加压条件下进行氯化，产物含 15% 氯时，就开始溶于溶剂，可以适当降低温度继续聚合，产物中氯原子分布比较均匀；②悬浮法，以水作介质，氯化温度较低（如 65℃），氯化多在表面进行，含氯量可到 40%。适当提高温度（如 75℃），含氯量还可提高，但需克服粘结问题。悬浮法产品中的氯原子分布不均匀。

聚乙烯还可以进行氯磺化。聚乙烯的四氯化碳悬浮液与氯、二氧化硫的吡啶溶液进行反应，则形成氯磺化聚乙烯，约含 $26\%\sim29\%$ Cl 和 $1.2\%\sim1.7\%$ S，相当于 $3\sim4$ 单元有 1 个氯原子，$40\sim50$ 单元有 1 个磺酰氯基团（$-SO_2Cl$）。氯的取代破坏了聚乙烯的原有结晶结构，而成为弹形体，$-50℃$，仍保持有柔性。少量磺酰氯基团即可供金属氧化物（氧化铅或氧化锰）交联，也可由硫和二苯基胍 $[(C_6H_5N)_2C=NH]$ 来交联固化。

$$\sim\sim CH_2CH_2\sim\sim CH_2CH_2\sim\sim \xrightarrow[-HCl]{Cl_2,SO_2} \sim\sim CH_2CH\sim\sim CH_2CH\sim\sim$$
$$\underset{Cl}{|} \qquad \underset{SO_2Cl}{|}$$

氯磺化聚乙烯弹性体耐化学药品、耐氧化，在较高温度下仍能保持较好的机械强度，可用于特殊场合的填料和软管，也可以用作涂层。

（2）聚丙烯的氯化 聚丙烯含有叔氢原子，更容易被氯原子所取代。

$$\begin{matrix} & CH_3 & & & CH_3 & \\ & | & & & | & \\ \sim\sim CH_2-C\sim\sim & +Cl_2 & \longrightarrow & \sim\sim CH_2-C\sim\sim & +HCl \\ & | & & & | & \\ & H & & & Cl & \end{matrix}$$

聚丙烯经氯化，结晶度降低，并伴有降解，力学性能变差，因此，其发展受到限制。但氯原子的引入，增加了极性，提高了粘结力，可以用作聚丙烯的附着力促进剂。常用的氯化聚丙烯含有 $30\%\sim40\%$（质量分数）Cl，软化点约 $60\sim90℃$，溶度参数 $\delta=18.5\sim19.0$ $J^{1/2}\cdot cm^{-3/2}$，能溶于弱极性溶剂，如氯仿，不溶于强极性的甲醇（$\delta=29.21$）和非极性的正己烷（$\delta=14.94$）。

（3）聚氯乙烯的氯化 聚氯乙烯的氯化可以水作介质在悬浮状态下 $50℃$ 进行，亚甲基氢被取代。

$$\sim\sim CH_2CH\sim\sim +Cl_2 \longrightarrow \sim\sim CHCH\sim\sim +HCl$$
$$\underset{Cl}{|} \qquad\qquad \underset{Cl}{|}\ \underset{Cl}{|}$$

聚氯乙烯是通用塑料，但其热变形温度低，约 $80℃$。经氯化，使氯含量从原来的 56.8% 提高到 $62\%\sim68\%$，耐热性可提高 $10\sim40℃$，溶解性能、耐候、耐腐蚀、阻燃等性能也相应改善，因此氯化聚氯乙烯可用于热水管、涂料、化工设备等方面。

11.2.3 聚醋酸乙烯酯的醇解

聚乙烯醇是维尼纶纤维的原料，也可用作粘结剂和分散剂。但其乙烯醇不稳定，无法游离存在，将迅速异构成乙醛。因此聚乙烯醇只能由聚醋酸乙烯酯经醇解（水解）来制备。

在酸或碱的催化下，聚醋酸乙烯酯可用甲醇醇解成聚乙烯醇，即醋酸根被羟基所取代。碱催化效率较高，副反应少，用得较广。醇解前后聚合度几乎不变，是典型的相似转变。

$$\sim\sim CH_2CH\sim\sim +CH_3OH \xrightarrow{NaOH} \sim\sim CH_2CH\sim\sim +CH_3COOCH_3$$
$$\underset{O=COCH_3}{|} \qquad\qquad\qquad \underset{OH}{|}$$

所得聚乙烯醇经醋酐酯化，也可以形成聚醋酸乙烯酯，相当于皂化的逆反应。借此可以证明聚醋酸乙烯酯和聚乙烯醇的结构。

在醇解过程中，并非全部醋酸根都转变成羟基，转变的摩尔百分比称作醇解度（DH）。产物的水溶性与醇解度有关。纤维用聚乙烯醇要求 $DH>99\%$；用作氯乙烯悬浮聚合分散剂则要求 $DH=80\%$，两者都能溶于水；$DH<50\%$，则成为油溶性分散剂。

聚乙烯醇配成热水溶液，经纺丝、拉伸，即成部分结晶的纤维。晶区虽不溶于热水，但无定形区却亲水，能溶胀。因此尚需以酸作催化剂，进一步与甲醛反应，使缩醛化。分子间缩醛，形成交联；分子内缩醛，将形成六元环。由于几率效应，缩醛化并不完全，尚有孤立羟基存在。

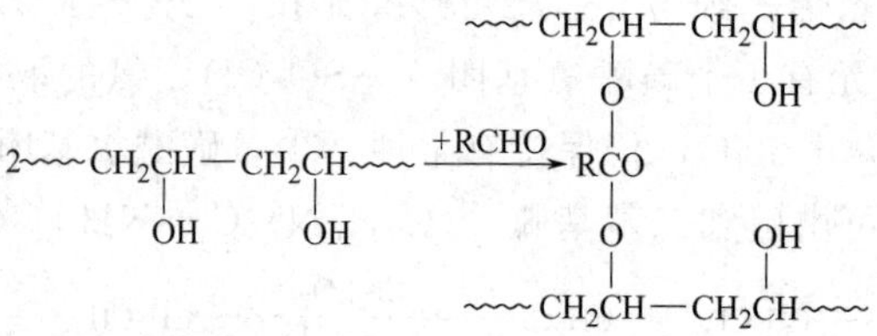

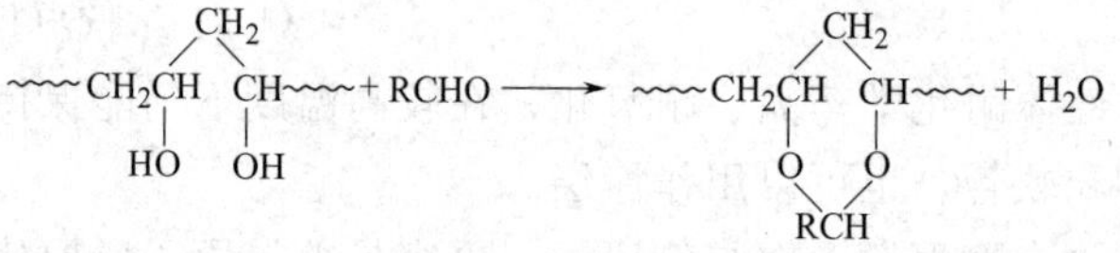

$$2 \sim CH_2CH-CH_2CH \sim \quad \xrightarrow{+RCHO} \quad$$

$$\sim CH_2CH \quad CH \sim + RCHO \longrightarrow \quad \sim CH_2CH \quad CH \sim + H_2O$$

但适当缩醛化后，就足以降低亲水性。因此维尼纶纤维的生产过程往往由聚醋酸乙烯酯的醇解、聚乙烯醇的纺丝拉伸、缩醛等工序组成。

聚乙烯醇缩甲醛或缩丁醛，可用作安全玻璃夹层的粘结剂（厚 $0.3\sim0.5mm$），电绝缘膜和涂料。

11.2.4 聚丙烯酸酯类的基团反应

丙烯腈经水解，第一步先形成丙烯酰胺，进一步可水解成丙烯酸。相似，聚丙烯酸甲酯、聚丙烯腈、聚丙烯酰胺经水解，最终均能形成聚丙烯酸。

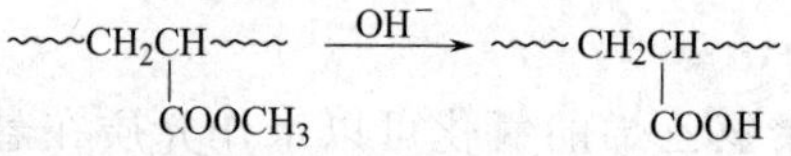

$$\sim CH_2CH \sim \quad \xrightarrow{OH^-} \quad \sim CH_2CH \sim$$
$$\quad | \qquad\qquad\qquad\qquad |$$
$$COOCH_3 \qquad\qquad\qquad COOH$$

聚丙烯酸或部分水解的聚丙烯酰胺可用于锅炉水的防垢和水处理的絮凝剂，水中有铝离子时，聚丙烯酸成絮状，与杂质一起沉降除去。

甲基丙烯酸受热失水，可形成高分子酸酐。高分子酸酐也具有酐的特征反应，即与水、醇、胺反应，可形成酸、酯和酰胺。苯乙烯-马来酸酐共聚物也有类似特性。

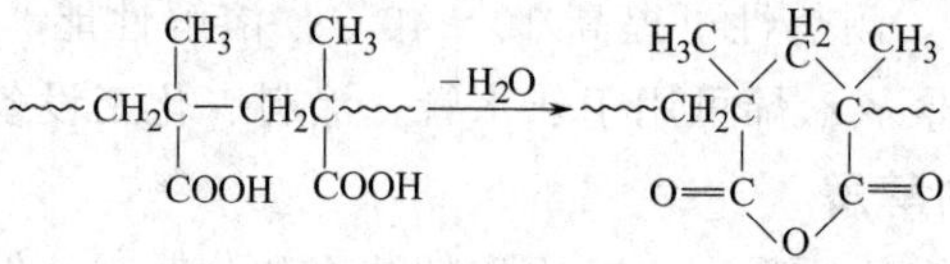

$$\sim CH_2C-CH_2C \sim \quad \xrightarrow{-H_2O} \quad$$

乙烯胺与乙烯醇相似，不稳定，难以游离存在，聚乙烯胺只好由聚丙烯酰胺经 Hofmann 反应来间接合成。

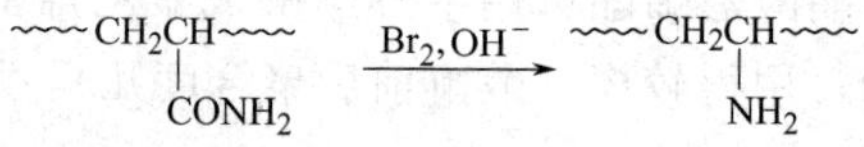

$$\sim CH_2CH \sim \quad \xrightarrow{Br_2,OH^-} \quad \sim CH_2CH \sim$$
$$\quad | \qquad\qquad\qquad\qquad |$$
$$CONH_2 \qquad\qquad\qquad NH_2$$

11.2.5 苯环侧基的取代反应

聚苯乙烯中的苯环与苯相似，可以进行系列取代反应，如烷基化、氯化、磺化、氯甲基化、硝化等。聚苯乙烯与不饱和烃（如环己烯）经傅氏反应，可制得油溶性聚合物，用作润滑油的粘度改进剂。

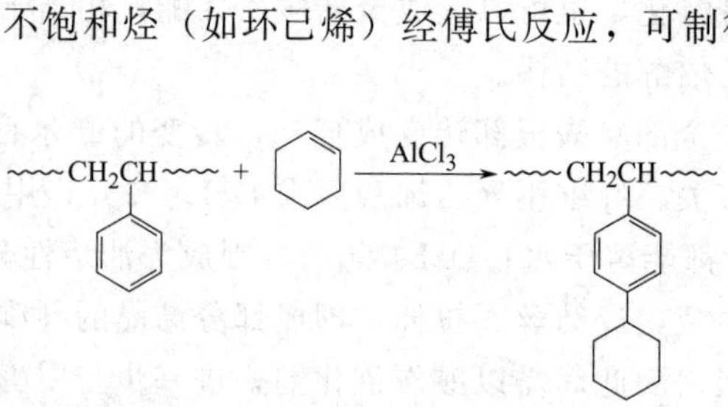

$$\sim CH_2CH \sim \quad + \quad \xrightarrow{AlCl_3} \quad \sim CH_2CH \sim$$

苯乙烯和二乙烯基苯的共聚物是离子交换树脂的母体，与发烟硫酸反应，可以在苯环上引入磺酸根基团，即成阳离子交换树脂；与氯代二甲基醚反应，则可引入氯甲基，进一步引入季铵基团，即成阴离子交换树脂。详见功能高分子中离子交换树脂一节。

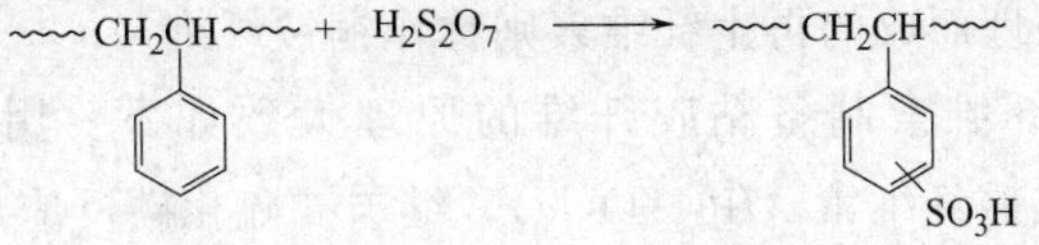

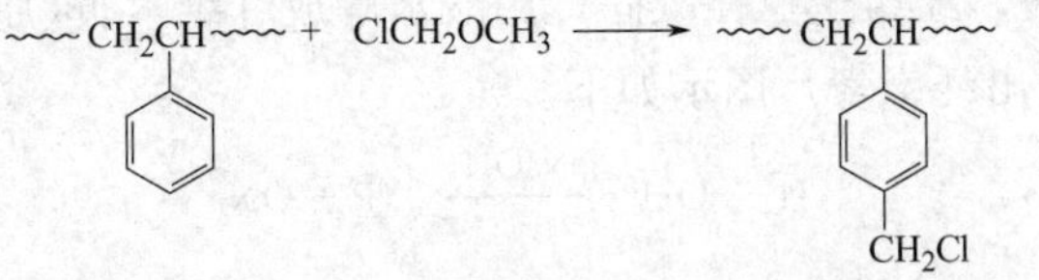

氯甲基化交联聚苯乙烯进一步进行其他反应，还可以引入其他基团。

11.2.6 环化反应

有多种反应可在大分子链中引入环状结构，例如前面已经提及的聚氯乙烯与锌粉共热、聚乙烯醇缩醛等的环化。环的引入，使聚合物刚性增加，耐热性提高。有些聚合物，如聚丙烯腈或粘胶纤维，经热解后，还可能环化成梯形结构，甚至稠环结构。

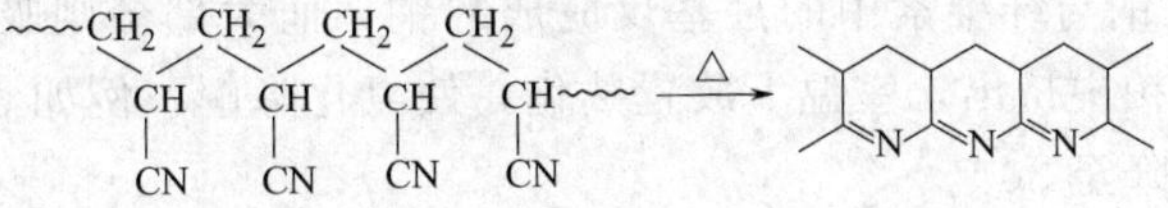

由聚丙烯腈制碳纤维大约分成三段：先在 $200 \sim 300 ℃$ 预氧化，继在 $800 \sim 1900 ℃$ 炭化，最后在 $2500 ℃$ 石墨化，析出其他所有元素，形成碳纤维。粘胶纤维也可用来制备碳纤维。碳纤维是高强度、高模量、耐高温的石墨态纤维，与合成树脂复合后，成为高性能复合材料，可用于宇航和特殊场合。

聚二烯烃的环氧化是另一类成环反应，其目的并非改变性能，而是引入可继续反应（如交联）的基团。环氧化可以采用过乙酸或过氧化氢作氧化剂。环氧化聚丁二烯容易与水、醇、酐、胺反应。

环氧化聚二烯烃经交联，可用作涂料和增强塑料。环氧程度为 33% 的天然橡胶可增加聚乙烯与炭黑的相容性，三者按 18/80/2 质量比混合，可用来制备填充型导电聚合物。

11.2.7 纤维素的化学改性

纤维素广分布在木材（约 50% 纤维素）和棉花（约 96% 纤维素）中。天然纤维素的重均聚合度可达 $10000 \sim 18000$，其重复单元由 2 个 D-葡萄糖结构单元 $[C_6H_7O_2(OH)_3]$ 按 β-1,4-键接而成。每一葡萄糖结构单元有三个羟基，都可参与酯化、醚化等反应，形成许多衍生物，如粘胶纤维和铜铵纤维、硝化纤维素和醋酸纤维素等酯类，甲基纤维素和羟丙基纤维素等醚类。

纤维素分子间有强的氢键，结晶度高（60%～80%），高温下只分解而不熔融，不溶于一般溶剂中，却可被适当浓度的氢氧化钠溶液（约 18%）、硫酸、醋酸所溶胀。因此纤维素在参与化学反应前，须预先溶胀溶解，以便化学药剂的渗透。

（1）再生纤维素——粘胶纤维和铜铵纤维 再生纤维素一般以使用价值较低、纤维较短的木浆和棉短绒为原料，经溶胀溶解和化学反应，再水解沉析凝固而成。与原始纤维素相比，再生纤维素的结构发生了变化：一是因纤维素溶胀过程中的降解，分子量有所降低；另一是结晶度显著降低。

纤维素经碱溶胀、继用二硫化碳处理而成的再生纤维素称作粘胶纤维，用氧化铜的氨溶液溶胀、继用酸或碱处理而成的再生纤维素则称作铜铵纤维。

① 粘胶纤维。从纤维素制备粘胶纤维的原理大致如下：用碱液处理纤维素（Ⓟ—OH），使溶胀并转变成碱纤维素（Ⓟ—ONa），继与二硫化碳反应成可溶性的黄（原）酸钠（Ⓟ—O—CSSNa）胶液，经纺丝拉伸凝固，用酸水解成纤维素黄（原）酸（Ⓟ—O—CSSH），同时脱二硫化碳，再生出纤维素，图示如下。

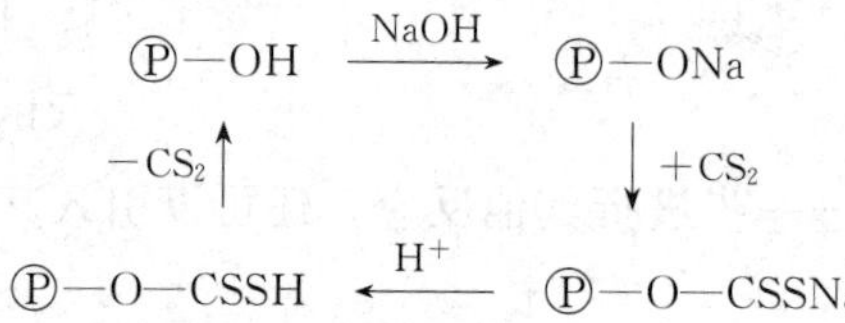

$$\begin{array}{ccc} \text{Ⓟ—OH} & \xrightarrow{\text{NaOH}} & \text{Ⓟ—ONa} \\ -CS_2 \uparrow & & \downarrow +CS_2 \\ \text{Ⓟ—O—CSSH} & \xleftarrow{H^+} & \text{Ⓟ—O—CSSNa} \end{array}$$

详细生产过程需经历下列诸多工序：

纤维素 ⟶ 碱纤维素 ⟶ 熟化降解 ⟶ 黄化 ⟶ 熟化增粘 ⟶ 纺丝或制膜 ⟶ 凝固水解 ⟶ 粘胶纤维

室温下，用 18%～20% 氢氧化钠处理棉短绒或木浆，使溶胀、反应成碱纤维素。小部分（约 10%）氢氧化钠与纤维素中的羟基反应成醇钠，而大部分则吸附在碱纤维素上。将多余碱液从纤维素浆粕中挤出，室温下放置熟化，使氧化降解，例如 30℃熟化 2～3 天，可将原来的聚合度 700 降至 300。

在 25～30℃下，用二硫化碳对碱纤维素进行黄化处理，形成纤维素黄酸钠粘胶。二硫化碳类似二氧化碳，黄酸钠就相当于羧酸钠，不稳定，与酸反应，就脱出二硫化碳。2、3、6 位置的羟基均可黄化，并非所有羟基都参与黄化，每 3 个羟基只要平均有 0.4～0.5 个黄酸，就足以使纤维素溶解。

上述形成的黄酸钠在室温下熟化，使部分黄酸盐水解成羟基，以增加粘度，成为易凝固的纺前粘胶液。一般粘胶液含有 27%纤维素，14% NaOH，8% CS_2，51%水。纯黄酸钠无色，工业产物却呈橙黄色，原因是 CS_2 与氢氧化钠形成的黄色三硫代碳酸钠造成的。

$$3CS_2 + 6NaOH \Longleftrightarrow 2Na_2CS_3 + Na_2CO_3 + 3H_2O$$

将粘胶液纺成丝或制成薄膜，入 35～40℃酸浴（7%～12% H_2SO_4，16%～23% Na_2SO_4，1%～6%硫酸锌）凝固和水解，再生成纤维素和二硫化碳，并伴有少量 H_2S、COS、单质硫等副产物产生。水解是黄酸化的逆反应，不稳定的纤维素黄酸钠就分解、再生成不溶的纤维素，经拉伸取向增强，即成为粘胶纤维。经洗涤漂白，才成成品。

$$\text{Ⓟ—O—CSSNa} + H_2SO_4 \longrightarrow \text{Ⓟ—OH} + Na_2SO_4 + CS_2$$

用作包装材料的玻璃纸制法也类似。

在纤维素黄酸钠还原成再生纤维过程中，有大量二硫化碳产生，除尽量回收循环使用外，尚须考虑尾气对大气的污染和环保问题。

② 铜铵纤维。利用纤维素能在铜氨溶液 $[Cu(NH_3)_4]^{2+}[OH]_2^{2-}$ 中溶解以及在酸中凝固的性质，也可以制备再生纤维素。将纤维素溶于铜氨溶液（25%氨水、40%硫酸铜、8% NaOH）中，搅拌，利用空气中氧气使该纺丝清液适当降解，降低聚合度，再经纺丝拉伸，在 7%硫酸浴中凝固，洗去残留铜和氨，即得铜氨人造丝。玻璃纸的制法也相似，只是浆液浓度较大而已。

铜氨法比较简单，但铜和氨的成本较高，虽然 95%的铜和 80%的氨可以回收。

（2）纤维素的酯化　纤维素中的羟基可以进行多种化学反应，产生许多衍生物，例如酯类、醚类，乃至接枝共聚物和交联产物等。

纤维素酯类包括硝酸酯、醋酸酯、丙酸酯、丁酸酯以及混合酯等。硝化纤维素是较早研究成功的改性天然高分子（1868）。醋酸纤维素继后。

① 硝化纤维素。硝化纤维素由纤维素在 $25\sim40℃$ 经硝酸和浓硫酸的混合酸硝化而成的酯类。浓硫酸起着使纤维素溶胀和吸水的双重作用，硝酸则参与酯化反应。

$$\text{P}-OH + HNO_3 \xrightarrow{H_2SO_4} \text{P}-ONO_2 + H_2O$$

并非三个羟基都能全部酯化，每单元中被取代的羟基数定义为取代度（DS），工业上则以含氮量 $N\%$ 来表示硝化度。理论上硝化纤维素的最高硝化度为 14.4%（$DS=3$），实际上则低于此值，硝化纤维素的取代度或硝化度可以由硝酸的浓度来调节。混合酸的最高比例为：$H_2SO_4：HNO_3：H_2O=6：2：1$。

不同取代度的硝化纤维应用于不同场合，高氮硝化纤维（$12.5\%\sim13.6\%$）用作火药，低氮（$10.0\%\sim12.5\%$）硝化纤维素可用作塑料、片基薄膜和涂料，见表 11-1。

表 11-1　硝化纤维的取代度和用途

氮含量	取代度	用　途	氮含量	取代度	用　途
14.4		理论	$10.6\sim12.4$	$2.25\sim2.6$	硝化漆
$12.6\sim13.4$	$2.7\sim2.9$	火药	$10.6\sim11.2$	$2.25\sim2.4$	赛璐珞
$11.8\sim12.4$	$2.5\sim2.6$	胶卷			

供赛璐珞用的硝化纤维素，在硝化之后含有 $40\%\sim50\%$ 水分，用酒精排水，经离心或压榨挤出水分，仍含有 $30\%\sim45\%$ "湿度"，但其中 80% 是酒精，20% 是水。再与 $20\%\sim39\%$ 樟脑（增塑剂）共混，经辊炼或捏合，将酒精降至 $12\%\sim18\%$。在 $80\sim90℃$ 和 $50\sim300N\cdot cm^{-2}$ 下压成块，切割成棒、管、板等半成品，再加工成塑料制品。但是硝化纤维素的最主要用途还是涂料，其聚合度约 200，取代度约 2.0。

硝化纤维素易燃，加工费用高，已被醋酸纤维素所取代。

② 醋酸纤维素。醋酸纤维素是以硫酸为催化剂经冰醋酸和醋酐乙酰化而成。硫酸和醋酐还有脱水作用。

$$\text{P}(OH)_3 + CH_3COOH \xrightarrow{H_2SO_4} \text{P}(OOCCH_3)_3 + H_2O$$
$$+ (CH_3CO)_2O \qquad\qquad + CH_3COOH$$

经上述反应，纤维素直接酯化成三醋酸纤维素（实际上 $DS=2.8$）。部分乙酰化纤维素只能由三醋酸纤维素部分皂化（水解）而成。

$$\text{P}(OOCCH_3)_3 + NaOH \longrightarrow \text{P}(OOCCH_3)_2(OH) + CH_3COONa$$

虽然三醋酸纤维素溶于氯仿或二氯甲烷和乙醇的混合物中，也可直接制成薄膜或模塑制品，但使用得更多的醋酸纤维素是 $2.2\sim2.8$ 取代度的品种，可用作塑料、纤维、薄膜、涂料等。因其强度和透明，可用来制作录音带、胶卷、片基、玩具、眼镜架、电器零部件等。

纤维素的醋酸-丙酸混合酯和醋酸（$29\%\sim6\%$)-丁酸（$17\%\sim48\%$）混合酯具有更好的溶解性能、抗冲性能和尺寸稳定性，耐水，容易加工，可用作模塑粉、动画片基、涂料和包装材料。

（3）纤维素的醚化　纤维素醚类品种很多，如甲基-、乙基-、羟乙基-、羟丙基-、甲基羟丙基-、羧甲基-纤维素等。其中乙基纤维素为油溶性，可用作织物浆料、涂料和注塑料。

其他水溶性。甲基纤维素可用作食品增稠剂，以及粘接剂、墨水、织物处理剂的组分。羧甲基-、羟乙基-、羟丙基-纤维素可用作粘接剂、织物处理剂和乳化剂。羟丙基甲基纤维素用作悬浮聚合的分散剂。

制备纤维素醚类时，首先需用碱液使纤维素溶胀，然后由碱纤维素与氯甲烷、氯乙烷等氯代烷（RCl）反应，就形成甲基纤维素或乙基纤维素。所引入烷氧基减弱了纤维素分子间的氢键，增加了水溶性。取代度增加过多，又会使溶解度降低。

$$\textcircled{P}—OH \cdot NaOH + RCl \longrightarrow \textcircled{P}—OR + NaCl + H_2O$$

羧甲基纤维素由碱纤维素与氯代醋酸（$ClCH_2COOH$）反应而成，取代度约 $0.5 \sim 0.8$ 的品种主要用作织物处理剂和洗涤剂；高取代度品种则用作增稠剂和钻井泥浆添加剂。

$$\textcircled{P}—OH \cdot NaOH + ClCH_2COONa \longrightarrow \textcircled{P}—OCH_2COONa + NaCl + H_2O$$

羟乙基或羟丙基甲基纤维素则由纤维素与环氧乙烷或环氧丙烷反应而成。羟乙基纤维素可用作水溶性整理剂和锅炉水的去垢剂。

$$\textcircled{P}—OH + \underset{O}{CH_2—CH_2} \longrightarrow \textcircled{P}—O—CH_2—CH_2—OH$$

可以想见，合成羟丙基甲基纤维素时，须用环氧丙烷和氯甲烷的混合醚化剂。

11.3 接枝共聚

接枝、嵌段和扩链反应有点相似，都使聚合度增大，三种聚合物的结构特征区别如下：

AAAAAAAAAAAA   AAAAAABBBBBB   AAAAAA~AAAAAA
|
BBBBBB

接枝共聚物   嵌段共聚物   扩链聚合物

接枝和嵌段共聚物都是多组分，还可能多相。通过接枝和嵌段共聚，可以将亲水的和亲油的、酸性的和碱性的、塑性的高弹性的以及互不相容的两链段键接在一起，赋予特殊的性能。

从组成考虑，接枝和嵌段聚合物都可称作共聚物，但其合成机理与常规的无规、交替共聚有所不同。自由基、离子、逐步等多种聚合机理几乎都可以产生活性点，活性点在主链上，将进行接枝；活性点处于末端，则形成嵌段共聚物。

先介绍接枝共聚。

接枝共聚物的性能决定于主链和支链的组成结构和长度，以及支链数，这为分子设计指路。本可以按聚合机理依次介绍接枝共聚，但按照接枝点产生方式，分成长出支链、嫁接、大单体共聚三大类，更能显示出接枝的特征。在大类之下，再考虑产生活性点的机理。

11.3.1 长出支链

工业上最常用的接枝是应用自由基向大分子（包括乙烯基聚合物和二烯烃聚合物）链转移的原理来长出支链（graft from），也可利用侧基反应而长出支链。

（1）乙烯基聚合物的接枝 高压聚乙烯和聚氯乙烯都有较多的支链，这是自由基向大分子链转移的结果。根据链转移原理，可以在某种聚合物的主链上接上另一单体单元的支链，形成接枝共聚物。要求母体聚合物含有容易被转移的原子，如聚丙烯酸丁酯、乙丙二元胶、氯化聚乙烯等乙烯基聚合物中的叔氢。

$$\sim\!\!\sim\!\!\sim A—A—A\sim\!\!\sim\!\!\sim \xrightarrow[-RH]{R\cdot} \sim\!\!\sim\!\!\sim A—A\cdot—A\sim\!\!\sim\!\!\sim \xrightarrow{nM} \sim\!\!\sim\!\!\sim A—A—A\sim\!\!\sim\!\!\sim \\ \underset{M_{n-1}M^*}{|}$$

单体/乙烯基聚合物体系进行自由基聚合时，引发剂所分解的自由基除引发单体聚合成均聚物外，还能向异种聚合物链转移，在主链中间形成活性点，进一步引发单体聚合而长出支链。最后，支链上的自由基终止，形成接枝共聚物。

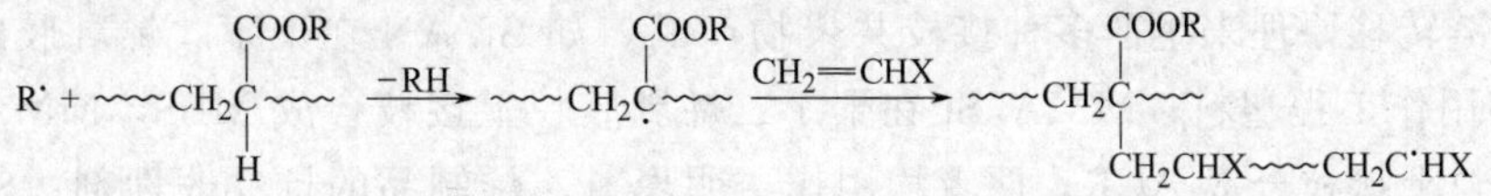

增长和转移反应相互竞争，产物中均聚物和接枝共聚物共存。链转移反应比增长反应要弱，接枝效率将受到一定的限制，均聚物往往比接枝共聚物多，但这并不妨碍工业应用。

接枝效率的大小与自由基的活性有关，引发剂的选用非常关键。以 PSt/MMA 体系为例，用过氧化二苯甲酰作引发剂，可以产生相当量的接枝共聚物；用过氧化二叔丁基时，接枝物很少；用偶氮二异丁腈，就很难形成接枝物；因为叔丁基和异丁腈自由基活性较低，不容易链转移。此外，不论采用何种引发剂，PMMA/VAc 或 PSt/VAc 体系，都很难形成接枝共聚物，只形成聚醋酸乙烯酯均聚物。

温度对接枝效率也有影响。升高聚合温度，一般使接枝效率提高，因为链转移反应的活化能比增长反应高，温度对链转移反应速率常数的影响比较显著。但在聚丙烯酸丁酯乳液中进行苯乙烯接枝，$60 \sim 90℃$ 范围内，温度对接枝效率的影响甚微。

（2）二烯烃聚合物上的接枝　聚丁二烯、丁苯橡胶、天然橡胶等主链中都含有双键，其接枝行为与乙烯基聚合物有些不同，关键是双键和烯丙基氢成为接枝点。现以聚丁二烯/苯乙烯体系进行溶液接枝共聚合成抗冲聚苯乙烯（HIPS）为例，来说明二烯烃聚合物的链转移接枝原理。

将聚丁二烯和引发剂溶于苯乙烯中，引发剂受热分解成初级自由基，一部分引发苯乙烯聚合成均聚物 PSt，另一部分与聚丁二烯大分子加成或转移，进行下列三种反应产生接枝点：

① 初级自由基与乙烯基侧基双键加成

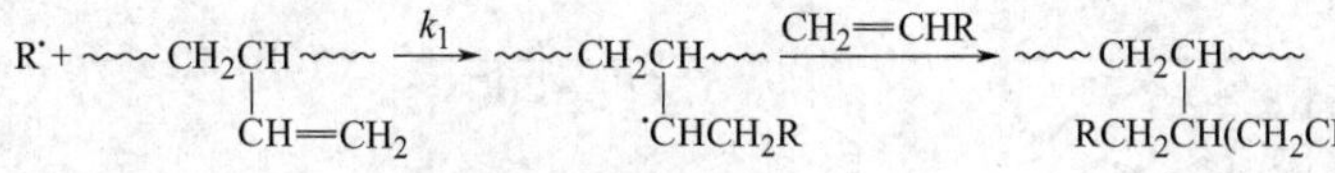

② 初级自由基与聚丁二烯主链中双键加成

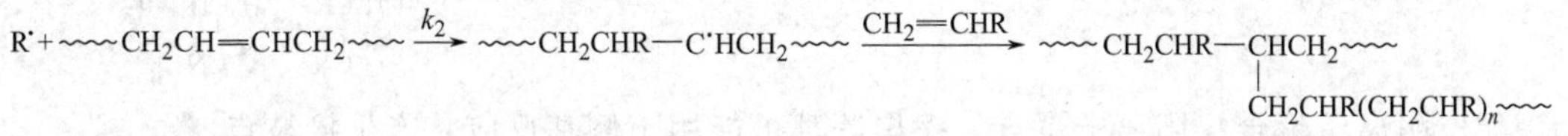

③ 初级自由基夺取烯丙基氢而链转移

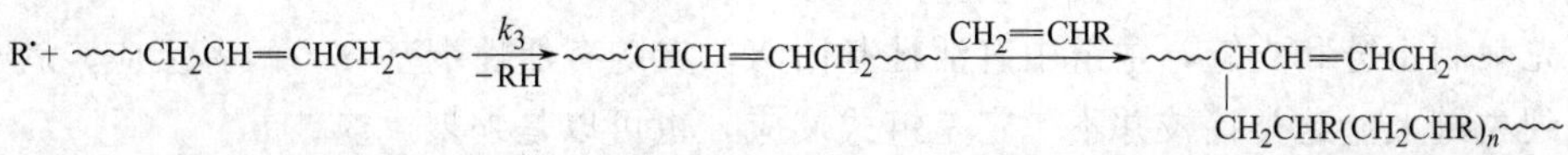

上述三反应速率常数大小依次为 $k_1 > k_2 > k_3$，可见1,2-微结构含量高的聚丁二烯有利于接枝，因此低顺丁二烯橡胶（含 $30\% \sim 40\%$ 1,2-加成结构）优先选作合成抗冲聚苯乙烯的接枝母体。

上述方法合成得的接枝产物是接枝共聚物 P[B-g-S] 和均聚物 PB、PS 的混合物，其中 PS 占90%以上，成为连续相；PB 约 $7\% \sim 8\%$，以 $2 \sim 3\mu m$ 的粒子分散在 PS 连续相内。P[B-g-S] 是 PB、PS 的增容剂，促进两相"相容"，从而提高了聚苯乙烯的抗冲性能。

60℃下研究天然橡胶/MMA/苯/过氧化二苯甲酰体系的接枝聚合机理时发现，60%±

5%属于双键加成反应，$40\%\pm5\%$则属于夺取烯丙基氢的反应，也说明了$k_2>k_3$。

链转移接枝法有些缺点：①接枝效率低；②接枝共聚物与均聚物共存；③接枝数、支链长度等结构参数难以定量测定和控制。但该法简便经济，实际应用并不计较这些缺点，工业上已经应用链转移原理来生产多种接枝共聚物产品。如 St/AN 在聚丁二烯乳胶粒上接枝合成 ABS，广用作工程塑料；MMA/St 在聚丁二烯乳胶粒上接枝合成 MBS，MMA 在聚丙烯酸丁酯乳胶粒上接枝合成 ACR，两者均用作透明聚氯乙烯制品的抗冲改性剂；St/AN 在乙丙橡胶上接枝合成 AOS，用作耐候抗冲改性剂等。

（3）侧基反应长出支链　通过侧基反应，产生活性点，引发单体聚合长出支链，形成接枝共聚物。

纤维素、淀粉、聚乙烯醇等都含有侧羟基，具还原性，可以与 Ce^{4+}、Co^{2+}、V^{5+}、Fe^{3+} 等高价金属化合物构成氧化还原引发体系，在聚合物侧基上产生自由基活性点，而后进行接枝反应。应用这一原理，由淀粉/Ce^{4+}/丙烯腈体系可合成高吸水性树脂。

$$Ⓟ—CH_2OH + Ce^{4+} \longrightarrow Ⓟ—CH_2CO^{\cdot} + H^+ + Ce^{3+}$$
$$或\ Ⓟ—C^{\cdot}HCOH$$

上述反应，自由基键接在主链上，只形成支链，可防止或减弱均聚物的形成。

还有许多侧基反应可用来合成接枝共聚物，尤其是聚苯乙烯类。例如，在聚苯乙烯的苯环上引入异丙基，氧化成氢过氧化物，再分解成自由基，而后引发单体聚合，长出支链，形成接枝共聚物。

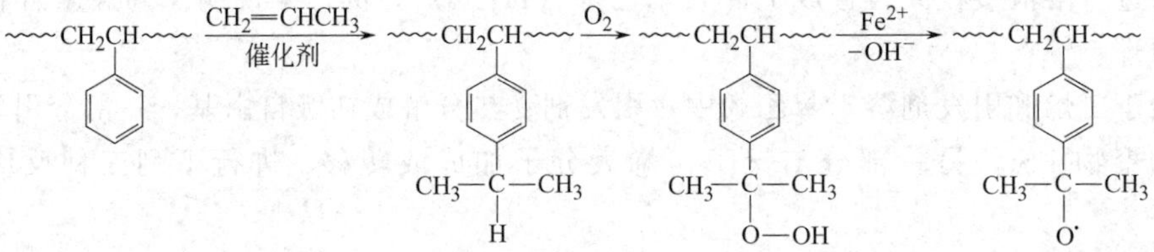

应用阴离子聚合机理，也可在大分子侧基上引入接枝点，如聚苯乙烯接上丙烯腈。

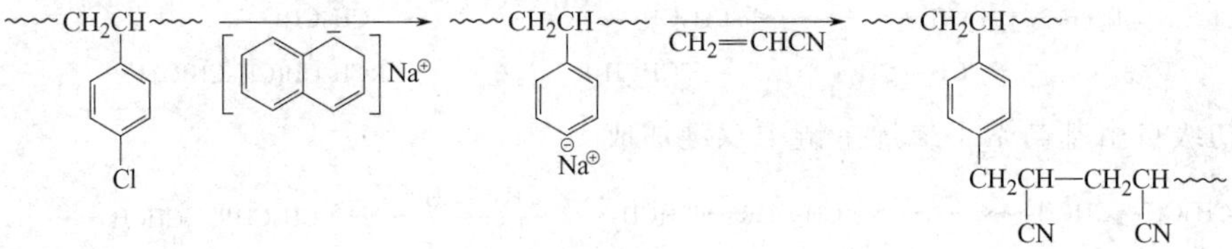

配位阴离子聚合、阳离子聚合、缩聚等都可能用于侧基反应，产生接枝点。

11.3.2　嫁接支链

预先裁制主链和支链，主链中有活性基团 X，支链有活性端基 Y，两者反应，就可将支链嫁接到主链上。这类接枝并不一定是链式反应，也可以是缩聚反应。

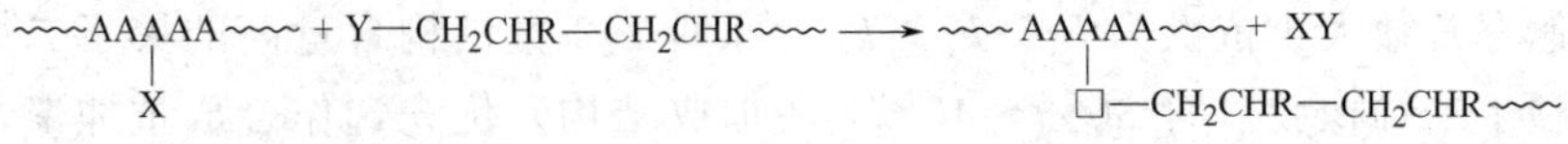

主链和支链可以预先裁制，两者结构可分别表征，因此，这一方法为接枝共聚物的分子设计提供了基础。

离子聚合最宜用于这一方法。带酯基、酐基、苄卤基、吡啶基等亲电侧基的大分子很容易与活性聚合物阴离子偶合，进行嫁接，接枝效率可达 $80\%\sim90\%$。例如活性阴离子聚苯乙烯，一部分氯甲基化，另一部分羧端基化，两者反应，就形成预定结构的接枝共聚物。

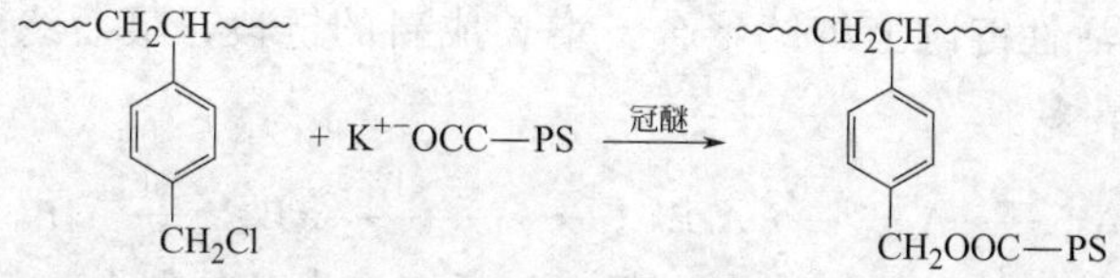

阳离子聚合也可用来合成嫁接支链的接枝物，例如活性聚四氢呋喃阳离子可以嫁接到氯羟基化的聚丁二烯和丁腈橡胶上，接枝效率达 52%～89%。同理，也可嫁接到环氧化后的丁基橡胶和环氧化的乙丙橡胶上。

11.3.3 大单体共聚接枝

大单体与普通乙烯基单体共聚，包括自由基共聚和离子共聚，可以形成接枝共聚物。

大单体多半是带有双键端基的齐聚物，或看作带有较长侧基的乙烯基单体，与普通乙烯基单体共聚后，大单体的长侧基成为支链，而乙烯基单体就成为主链。这一方法可避免链转移法的效率低和混有均聚物的缺点。

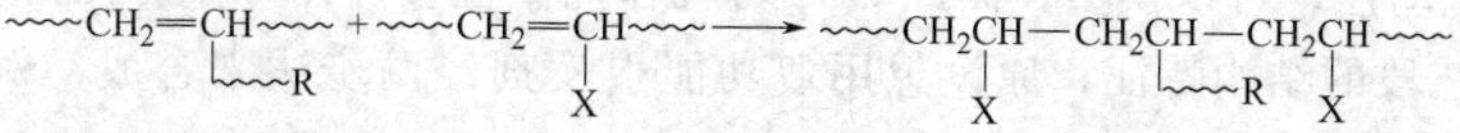

大单体一般由活性阴离子聚合制得，活性聚合可以控制链长、链长分布和端基，这一特点有利于分子设计裁制预定接枝共聚物。如果大单体上的取代基不是很长，与普通乙烯基单体共聚后，就可形成梳状接枝共聚物。这一方法遵循共聚的一般规律，共聚物组成方程和竞聚率均适用。这类接枝共聚物的种类很多。现仅举一例，活性聚苯乙烯锂先与环氧乙烷作用，再与甲基丙烯酰氯反应，形成带甲基丙烯酸甲酯端基的聚苯乙烯大单体；然后以偶氮二异丁腈（AIBN）为引发剂，与丙烯酸酯类共聚，即成接枝共聚物，反应式如下。

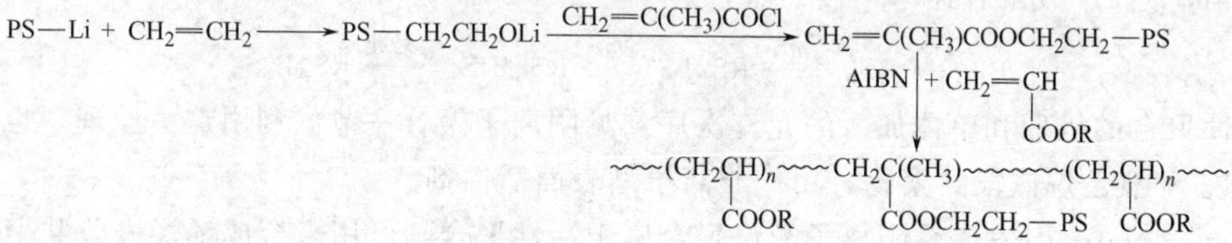

有多种苯乙烯型和甲基丙烯酸酯型大单体，例如：

苯乙烯型大单体　　　　甲基丙烯酸酯型大单体

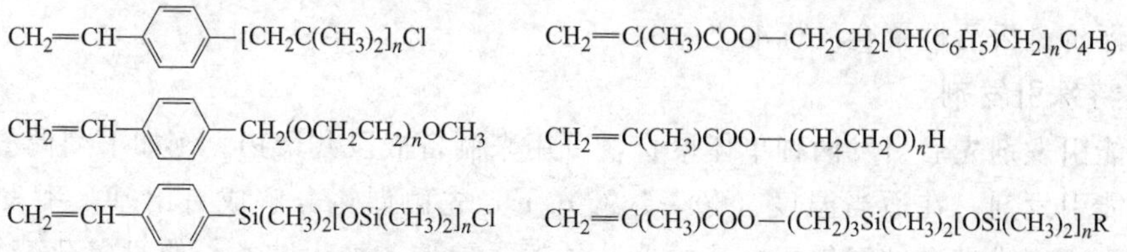

11.4 嵌段共聚

由两种或多种链段组成的线形聚合物称作嵌段共聚物，常见的有 AB 型和 ABA 型（如 SBS），其中 A、B 都是长链段；也有 $(AB)_n$ 型多段共聚物，其中 A、B 链段相对较短。

嵌段共聚物的性能与链段种类、长度、数量有关。有些嵌段共聚物中两种链段不相容，将分离成两相，一相可以是结晶或无定形玻璃态分散相，另一相是高弹态的连续相。

嵌段共聚物的合成方法原则上可以概括成两大类。

① 某单体在另一活性链段上继续聚合，增长成新的链段，最后终止成嵌段共聚物。活性阴离子聚合应用得最多。

$$A_n^{\cdot} \xrightarrow{B} A_nB^{\cdot} \xrightarrow{B} A_nB_2^{\cdot} \xrightarrow{B} \cdots\cdots \xrightarrow{B} A_nB_m^{\cdot} \xrightarrow{\text{终止}} A_nB_m$$

② 两种组成不同的活性链段键合在一起，包括链自由基的偶合、双端基预聚体的缩合、以及缩聚中的交换反应。

$$A_n^{\cdot} + B_m^{\cdot} \xrightarrow{\text{终止}} A_nB_m$$

现按不同机理举例说明嵌段共聚物的合成。

11.4.1 活性阴离子聚合

这是工业上合成嵌段共聚物的常用方法，SBS 就是一例。其中 S 代表苯乙烯链段，分子量约 1 万～1.5 万；B 代表丁二烯链段，分子量约 5 万～10 万。常温下 SBS 反映出 B 段高弹性，S 段处于玻璃态微区，起到物理交联的作用。温度升至聚苯乙烯玻璃化温度（约 95℃）以上，SBS 具流动性，可以模塑，因此 SBS 可称作热塑性弹性体，具有无需硫化的优点。

根据 SBS 三段的结构特征，原设想用双功能引发剂经两步法来合成，例如以萘钠为引发剂，先引发丁二烯成双阴离子 $^-B^-$，并聚合至预定的长度 $^-B_n^-$，然后再加苯乙烯，从双阴离子两端继续聚合而成 $^-S_mB_nS_m^-$，最后终止成 SBS 弹性体。但该法需用极性四氢呋喃作溶剂，定向能力差，很少形成顺-1,4 结构，玻璃化温度过高，达不到弹性体的要求。

因此，工业上生产 SBS 却采用丁基锂（C_4H_9Li）/烃类溶剂体系，保证顺-1,4 结构。一般采用三步法合成，即依次加入苯乙烯、丁二烯、苯乙烯（记作 S→B→S），相继聚合，形成三个链段。苯乙烯和丁二烯的加入量按链段长要求预先设计计量。丁二烯的活性虽然与苯乙烯相当，但 B→S 聚合速率稍慢一点。

$$R^- \xrightarrow{mS} RS_m^- \xrightarrow{nS} RS_mB_n^- \xrightarrow{mS} RS_mB_nS_m^- \xrightarrow{\text{终止}} RS_mB_nS_m$$

活性聚合的机理和单体加入的允许次序详见阴离子聚合一节。利用这一原理，也可合成环氧丙烷-环氧乙烷嵌段共聚物，用作非离子型表面活性剂。

Ziegler-Natta 引发体系阴离子配位聚合属于活性聚合，可用来合成烯烃嵌段共聚物。

也曾研究活性阳离子聚合用于嵌段共聚物的合成，但副反应多，应用受到限制。"活性"自由基聚合正处于发展之中，用来合成嵌段共聚物也是研究内容之一。能否形成嵌段共聚物，也是评价是否活性聚合的标准之一。

11.4.2 特殊引发剂

双功能引发剂先后引发两种单体聚合，可用来制备嵌段共聚物。例如下列偶氮和过氧化酯类双功能引发剂，在适当温度（60～70℃）下，先由偶氮分解成自由基，引发苯乙烯聚合，经偶合终止成带有过氧化酯端基的聚苯乙烯。然后，加入胺类，使过氧化酯端基分解，在 25℃ 下就可以使甲基丙烯酸甲酯继续聚合成 ABA 型嵌段共聚物。

$$(CH_3)_3COOCO(CH_2)_3\overset{\overset{\displaystyle CH_3}{|}}{\underset{\underset{\displaystyle CN}{|}}{C}}-N{=}N-\overset{\overset{\displaystyle CH_3}{|}}{\underset{\underset{\displaystyle CN}{|}}{C}}(CH_2)_3COOOC(CH_3)_3$$

$$(CH_3)_3COOCO(CH_2)_3\overset{\overset{\displaystyle CH_3}{|}}{\underset{\underset{\displaystyle CN}{|}}{C}}-St_n{-}St_m-\overset{\overset{\displaystyle CH_3}{|}}{\underset{\underset{\displaystyle CN}{|}}{C}}(CH_2)_3COOOC(CH_3)_3$$

也可以选用含有偶氮和官能团两种不同功能的化合物（如下式），先后经自由基聚合和缩聚反应，形成由加聚物和缩聚物组成的嵌段共聚物。

$$ClOC(CH_2)_3\overset{\overset{\displaystyle CH_3}{|}}{\underset{\underset{\displaystyle CN}{|}}{C}}-N=N-\overset{\overset{\displaystyle CH_3}{|}}{\underset{\underset{\displaystyle CN}{|}}{C}}(CH_2)_3COCl$$

用过氧化氢-硫酸亚铁体系引发苯乙烯聚合，使形成的聚苯乙烯带有羟端基，再与带异腈酸端基的聚合物反应，也可形成嵌段聚合物。

这一类嵌段方法尚停留在学术研究阶段，远没有活性阴离子聚合法有价值。

11.4.3 力化学

两种聚合物共同塑炼或在浓溶液中高速搅拌，当剪切力大到一定程度时，两种主链将断裂成两种链自由基，交叉偶合终止就成为嵌段共聚物，产物中免不了混有原来两种均聚物。

$$\sim\sim AA\sim\sim \xrightarrow{\text{塑炼}} 2\sim\sim A^{\cdot}$$
$$\sim\sim BB\sim\sim \xrightarrow{\text{塑炼}} 2\sim\sim B^{\cdot}$$
$$\sim\sim A^{\cdot}+{\cdot}B\sim\sim \xrightarrow{\text{偶合终止}} \sim\sim AB\sim\sim$$

当一种聚合物 A 与另一种单体 B 一起塑炼时，也可形成嵌段共聚物 AB，但也混有均聚物 B。聚苯乙烯在乙烯参与下塑炼，或与聚乙烯一起塑炼，就有 P(St-b-E) 嵌段共聚物形成。

超声波、辐射均可使大分子链断裂，也有类似形成嵌段共聚物的作用。

11.4.4 缩聚反应

通过缩聚中的交换反应，例如将两种聚酯、两种聚酰胺或聚酯和聚酰胺共热至熔点以上，有可能形成新聚酯、新聚酰胺或聚酯-聚酰胺嵌段共缩聚物。

羟端基聚苯乙烯和羧端基的聚丙烯酸酯类进行酯化反应，可得嵌段共聚物。聚醚二醇或聚酯二醇与二异氰酸酯反应合成聚氨酯也可看作嵌段共聚物，只是异氰酸酯部分较短而已。

11.5 扩链

分子量不高（如几千）的预聚物，通过适当方法，使两大分子端基键接在一起，分子量成倍增加，这一过程称为扩链。例如带有端基的聚丁二烯（遥爪预聚物 $MW=3000\sim6000$），呈液体状态，可称作液体橡胶，在浇注成型过程中，通过端基间反应，扩链成高聚物。

液体橡胶主要是丁二烯预聚体或共聚物，也有异戊二烯、异丁烯、环氧氯丙烷、硅氧烷等低聚物。活性端基有羟基、羧基、氨基、环氧基等。端基预聚体可按许多聚合原理合成。

（1）自由基聚合　应用带官能团端基的偶氮或过氧化类引发剂，引发丁二烯、异戊二烯、苯乙烯、丙烯腈等聚合，经偶合终止，即成带官能团端基的预聚物。

$$HO(CH_2)_2\overset{\overset{\displaystyle CH_3}{|}}{\underset{\underset{\displaystyle CN}{|}}{C}}-N=N-\overset{\overset{\displaystyle CH_3}{|}}{\underset{\underset{\displaystyle CN}{|}}{C}}(CH_2)_2OH \qquad HOOC(CH_2)_2\overset{\overset{\displaystyle CH_3}{|}}{\underset{\underset{\displaystyle CN}{|}}{C}}-N=N-\overset{\overset{\displaystyle CH_3}{|}}{\underset{\underset{\displaystyle CN}{|}}{C}}(CH_2)_2COOH$$

$$HOOC(CH_2)_2\overset{\|}{\underset{O}{C}}O-O\overset{\|}{\underset{O}{C}}(CH_2)_2COOH$$

（2）阴离子聚合　以萘钠作引发剂，可以合成双阴离子活性高分子。聚合末期，加环氧乙烷或二氧化碳作终止剂，即成带羟端基或羧端基的遥爪预聚物。详见阴离子聚合。

（3）缩聚 二元酸和二元醇缩聚，酸或醇过量时，可制得羧或羟端基的预聚物。

根据端基，选用适当二或多官能度化合物进行反应，才能扩链或交联，见表11-2。

表 11-2 遥爪预聚物的端基和扩链剂或交联剂的官能团

遥爪预聚物的端基	扩链剂或交联剂的端基	遥爪预聚物的端基	扩链剂或交联剂的端基
—OH	—NCO	$\overset{\displaystyle -CH-CH-}{\underset{\displaystyle O}{}}$	—NH$_2$，—OH —COOH
—COOH	$\overset{\displaystyle -CH-CH-}{\underset{\displaystyle O}{}}$ $\quad$ $\overset{\displaystyle -CH_2-CHR}{\underset{\displaystyle -N}{}}$	—SH	HO—N=ϕ=N—OH， —NCO 金属氧化物，有机过氧化合物
$\overset{\displaystyle CH_2-CHR}{\underset{\displaystyle N}{}}$	—COOH，—X	—NCO	—OH —NH$_2$ —COOH

注：ϕ 表示苯环。

11.6 交联

交联可分为化学交联和物理交联两类。大分子间由共价键结合起来的，称作化学交联；由氢键、极性键等物理力结合的，则称作物理交联。本节着重介绍化学交联。

有两场合会遇到交联问题：一是为了提高聚合物使用性能，人为地进行交联，如橡胶硫化以发挥高弹性，塑料交联以提高强度和耐热性，漆膜交联以固化，皮革交联以消除溶胀，棉、丝织物交联以防皱等。这一问题将在本节着重介绍。另一是在使用环境中的老化交联，使聚合物性能变差，应该积极采取防老化措施。这将在降解一章顺便提及。

在体形缩聚中已经提到交联反应，还有多种反应和方法可使聚合物交联，如不饱和橡胶的硫化，饱和聚合物的过氧化物交联，类似缩聚的基团反应，光、辐射等交联。

11.6.1 二烯类橡胶的硫化

未曾交联的天然橡胶和合成橡胶，称作生胶，硬度和强度低，大分子间容易相互滑移，弹性差，难以应用。1839 年，天然橡胶和单质硫共热交联，才制得有应用价值的橡胶制品。硫化也就成了交联的同义词。

顺丁、异戊、氯丁、丁苯、丁腈等二烯类橡胶以及乙丙三元胶主链上都留有双键，经硫化交联，才能发挥其高弹性。

研究硫化时发现，自由基引发剂和阻聚剂对硫化并无影响，用电子顺磁共振也未检出自由基；但有机酸或碱以及介电常数较大的溶剂却可加速硫化。因此认为硫化属于离子机理。

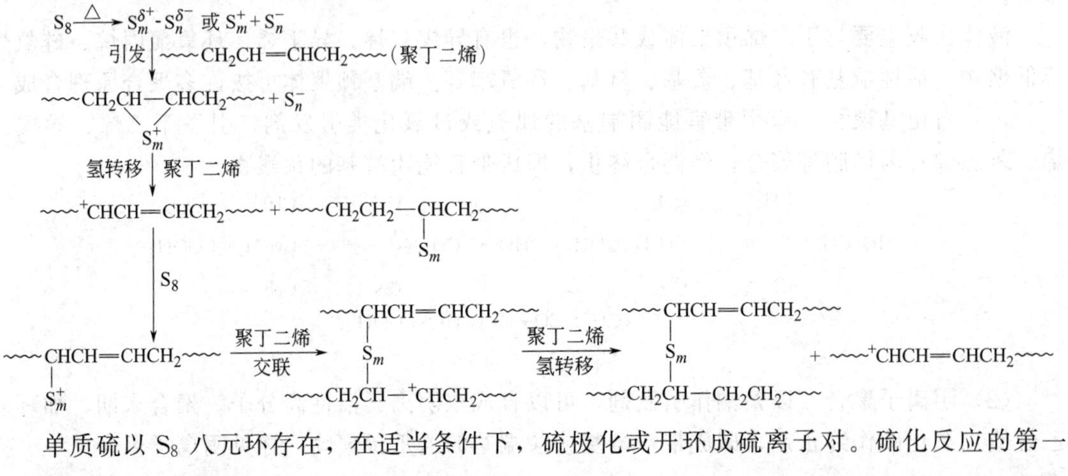

单质硫以 S_8 八元环存在，在适当条件下，硫极化或开环成硫离子对。硫化反应的第一

310

步是橡胶和极化后的硫或硫离子对反应成锍离子（sulfonium）。接着，锍离子夺取聚二烯烃中的氢原子，形成烯丙基碳阳离子。碳阳离子先与硫反应，而后再与大分子双键加成，产生交联。通过氢转移，继续与大分子反应，再生出大分子碳阳离子。如此反复，形成大网络结构。

单质硫的硫化速度慢，需要几小时；硫的利用率低（40%～50%），原因有：①硫交联过长（40～100个硫原子）；②形成相邻双交联，却只起着单交联的作用；③成硫环结构等。

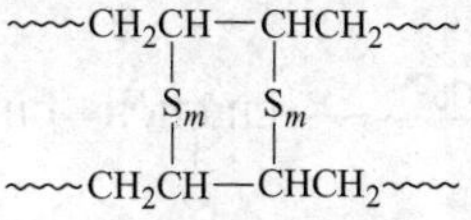
双长硫桥

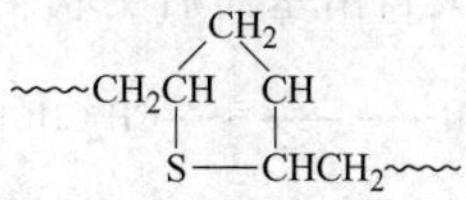
环硫

因此，工业上硫化常加有机硫化合物作促进剂，如：

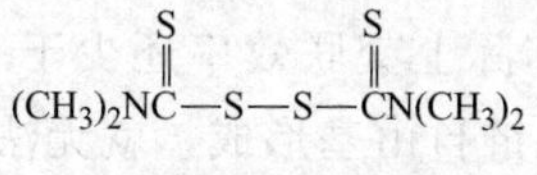
四甲基秋兰姆二硫化物

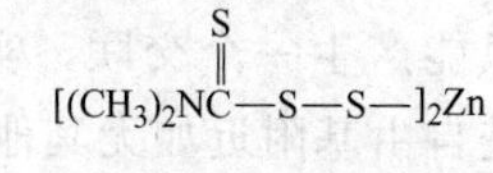
二甲基二硫代氨基甲酸锌

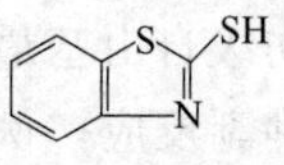
2-巯基苯并噻唑

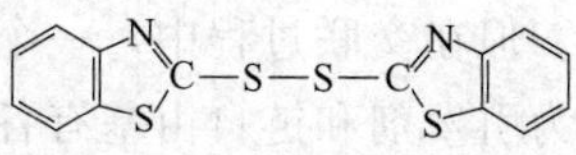
苯并噻唑二硫化物

以苯并噻唑二硫化物为例，说明促进剂加速硫化的机理。苯并噻唑二硫化物可以与硫结合，形成多硫化物，进一步与二烯类橡胶的烯丙基氢作用而后交联，示意如下式。

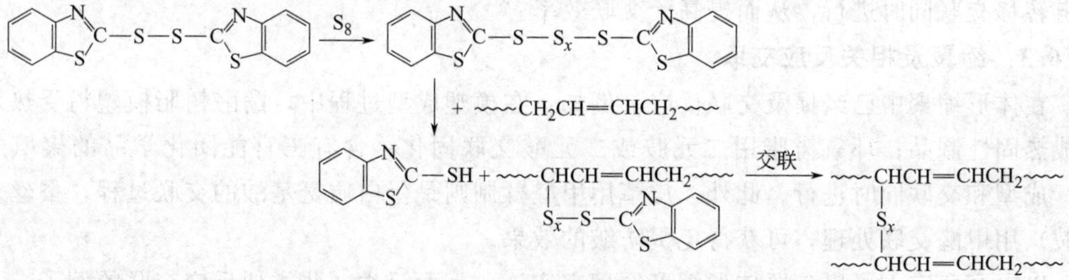

上式形成的多硫交联逐步脱硫变短，直至单硫原子交联，从而提高了硫的利用效率。

单质硫和促进剂单独共用，硫化速度和效率还不够理想，如再添加氧化锌和硬脂酸等活化剂，速度和效率均显著提高，硫化时间可缩短到几分钟，而且大多数交联较短，只有1～2硫原子，甚少相邻双交联和硫环。硬脂酸的作用是与氧化锌成盐，提高其溶解度。锌提高硫化效率可能是锌与促进剂的螯合作用，类似形成锌的硫化物。

11.6.2 过氧化物自由基交联

聚乙烯、乙丙二元胶、聚硅氧烷橡胶的大分子中无双键，无法用硫来交联，却可与过氧化二异丙苯、过氧化叔丁基等过氧化物共热而交联。这一交联过程属于自由基机理。聚乙烯交联后，提高了强度和耐热性；乙丙胶和硅橡胶交联后，才成为有用的弹性体。

过氧化物受热分解成自由基，夺取大分子链中的氢（尤其是叔氢），形成大分子自由基，而后偶合交联。

$$\mathrm{ROOR} \longrightarrow 2\mathrm{RO}^{\bullet}$$

$$\mathrm{RO}^{\bullet} + \sim\sim\mathrm{CH_2CH_2}\sim\sim \longrightarrow \mathrm{ROH} + \sim\sim\mathrm{CH_2C^{\bullet}H}\sim\sim$$

$$2\sim\sim\mathrm{CH_2C^{\bullet}H}\sim\sim \longrightarrow \begin{array}{c}\sim\sim\mathrm{CH_2CH}\sim\sim\\ |\\ \sim\sim\mathrm{CH_2CH}\sim\sim\end{array}$$

过氧化物也可以使不饱和聚合物交联，原理是自由基吸取烯丙基上的氢而后交联。

$$2RO^{\cdot} + 2 \sim CH_2CH=CHCH_2 \sim \longrightarrow 2 \sim \overset{\cdot}{C}HCH=CHCH_2 \sim + 2ROH$$

$$\sim \underset{|}{C}HCH=CHCH_2 \sim$$
$$\sim CHCH=CHCH_2 \sim$$

醇酸树脂的干燥原理也相似。有氧存在，经不饱和油脂改性的醇酸树脂可由重金属的有机酸盐（如萘酸钴）来固化或"干燥"。氧先使带双键的聚合物形成氢过氧化物，钴使过氧基团还原分解，形成大自由基而后交联。

$$\sim CH_2CH_2CH=CH \sim \xrightarrow{O_2} \sim CH_2\underset{OOH}{\overset{|}{C}}HCH=CH \sim \xrightarrow{Co^{2+}} \sim CH_2\underset{O^{\cdot}}{\overset{|}{C}}HCH=CH \sim + Co^{3+} + OH^-$$

$$\downarrow$$
交联

在自由基聚合过程中，一个自由基可使成千上万个单体连锁加聚起来，成为一个大分子。但在交联过程中，一个初级自由基最多只能产生一个交联，实际上交联效率还少于一，因为引发剂和链自由基有各种副反应，例如链自由基附近如无其他链自由基形成，就无法交联。链的断裂、氢的被夺取、与初级自由基偶合终止等都将降低过氧化物的利用效率。

聚二甲基硅氧烷结构比较稳定，虽然也可以用过氧化物来交联，但效率比聚乙烯交联低得多。有许多方法可用来提高交联效率，例如在结构中引入少量乙烯基，乙烯基交联和原有的链转移交联同时进行，从而提高了交联效率。

11.6.3 缩聚及相关反应交联

在体形缩聚中已经提及交联反应。例如：在模塑成型过程中，酚醛树脂模塑粉受热，交联成热固性制品；环氧树脂用二元胺或二元酸交联固化；含有三官能团化学品的聚氨酯配方，成型和交联同时进行。此外，皮革用甲醛鞣制则是蛋白质氨基酸的交联过程，蚕丝（聚酰胺）用甲醛交联处理，可获得免熨防皱的效果。

以上交联实例可以参照体形缩聚原理来实施，下面只举一些类似反应交联的例子。

聚丙烯酰氯薄膜或纤维可以用二元胺来处理，形成酰胺键交联。

$$2 \sim CH_2\underset{COCl}{\overset{|}{C}}H \sim + H_2NCH_2CH_2NH_2 \longrightarrow \sim CH_2\underset{O=CHNCH_2CH_2NHC=O}{\overset{|}{C}}H \sim + 2HCl$$
$$\sim CH_2CH \sim$$

四氟乙烯和偏氟乙烯共聚物是饱和弹性体，除了可用过氧化物或金属氧化物（ZnO，PbO）交联外，也可与二元胺共热而交联。交联机理涉及脱氟化氢而后加上二元胺。

$$\sim CH_2CF_2CF(CF_3) \sim \xrightarrow{-HF} \sim CH=CFCF(CF_3) \sim \xrightarrow{H_2NRNH_2} \begin{array}{c} \sim CH_2CFCF(CF_3) \sim \\ HN-R-NH \\ \sim CH_2CFCF(CF_3) \sim \end{array}$$

氯磺化聚乙烯也可用乙二胺或乙二醇直接交联，但更多的是在有水的条件下用金属氧化物（如 PbO）来交联，因为硫酰氯不能与金属氧化物直接反应，而先水解成酸，再成盐。

$$\sim \underset{SO_2Cl}{\overset{|}{C}}H \sim \xrightarrow{H_2O} \sim \underset{SO_2OH}{\overset{|}{C}}H \sim \xrightarrow{PbO} \sim \underset{O_2S-O-Pb-O-SO_2}{\overset{|}{C}}H \sim \sim \overset{|}{C}H \sim$$

11.6.4 辐射交联

自由基聚合一章提到辐射引发聚合。聚合物受到光子、电子、中子或质子等高能辐照，将发生交联或降解。中间有系列反应：第一步激发、电离、低速放出电子，产生离子，在极短时间内（10^{-12} s），离子和已激发的分子重排，同时失活或共价键断裂，产生离子或自由基。第二步促使 C—C 和 C—H 断裂，降解和/或交联。哪一占优势，与辐射剂量和聚合物结构有关。高剂量辐射有利于降解。辐射剂量低时，哪一反应为主则决定于聚合物结构。α, α-双取代的乙烯基聚合物，如聚甲基丙烯酸甲酯、聚 α-甲基苯乙烯、聚异丁烯、聚四氟乙烯等，趋向于降解，而且解聚成单体。聚氯乙烯类，则趋向于分解，脱氯化氢。聚乙烯、聚丙烯、聚苯乙烯、聚丙烯酸酯类等单取代聚合物，以及二烯类橡胶，则以交联为主，见表 11-3。

表 11-3　辐射对聚合物的影响

交　联	解　聚	交　联	解　聚
聚乙烯	聚四氟乙烯	聚丙烯酸酯类	聚甲基丙烯酸甲酯
聚丙烯	聚异丁烯	聚丙烯腈	聚甲基丙烯酰胺
聚苯乙烯	丁基橡胶	二烯类橡胶	聚偏二氯乙烯
聚氯乙烯	聚 α-甲基苯乙烯	聚甲基硅氧烷	

辐射交联与过氧化物交联的机理相似，都属于自由基反应。能辐射交联的聚合物往往也能用过氧化物交联。交联老化将使聚合物性能变坏，但有目的的交联，却可提高强度，并增加稳定性。只是辐射交联所能穿透的深度有限，限用于薄膜。

有些体系交联速度太慢，反不如断链，需要高剂量辐射才能达到一定交联程度，通常还要添加交联增强剂，甲基丙烯酸丙烷三甲醇酯等多活性双键和多官能团化合物是典型的交联增强剂，与聚氯乙烯复合使用，可使交联效率提高许多倍。

有些场合，如宇航，需要采用耐辐射高分子。一般主链或侧链含有芳环的聚合物耐辐射，如聚苯乙烯、聚碳酸酯、聚芳酯等。苯环是大共轭体系，会将能量传递分散，以免能量集中，破坏价键，导致降解和交联。

电子束也属于高能辐射，轰击聚合物（如聚乙烯）时，脱除氢自由基，氢自由基再夺取聚乙烯分子上的氢，形成链自由基，而后两链自由基交联。

$$\sim\!\!\sim\!CH_2CH_2\sim \xrightarrow{\text{电子束}} \sim\!\!\sim\!CH_2\dot{C}H\sim + H\cdot$$
$$\sim\!\!\sim\!CH_2CH_2\sim + H\cdot \longrightarrow \sim\!\!\sim\!CH_2\dot{C}H\sim + H_2$$
$$2\sim\!\!\sim\!CH_2\dot{C}H\sim \longrightarrow \begin{array}{l}\sim\!\!\sim\!CH_2CH\sim \\ \qquad\qquad | \\ \sim\!\!\sim\!CH_2CH\sim\end{array}$$

电子束交联已用于聚乙烯或聚氯乙烯电缆皮层或涂层的交联，而不像光固化涂料那样需要光引发剂。

光能也可使聚合物交联。应用光交联原理，发展了光固化涂料和光刻胶，详见功能高分子一章中的光敏高分子。

摘　要

1. 聚合物的化学反应　天然高分子和合成聚合物可以进行多种化学反应，改进性能，扩大品种。属于基团反应的有加成、取代、消去、环化等，结构上稍有变化，而聚合度变化较小，可称作相似转变。接枝、嵌段、扩链、交联等反应将使结构发生较大变化，并使聚合度增加。

2. 聚合物化学反应的特征　受物理和化学因素的影响，大分子基团的活性与低分子不同。聚集态和溶解情况是物理因素，几率效应、邻近基团的影响是化学因素。

3. 加成反应　丁二烯类聚合物中含有不饱和双键，可以进行加氢、加氯化氢、加氯等反应。

4. 取代反应　有多种类型，如聚烯烃和聚氯乙烯的氯化、聚醋酸乙烯酯的醇解、聚丙烯酸酯类侧基的水解、聚苯乙烯中苯环上的取代。

5. 环化反应　聚丙烯腈、粘胶纤维高温裂解制碳纤维是环化反应的代表。

6. 纤维素的化学改性　纤维素葡萄糖单元中的三个羟基可以进行多种取代反应。纤维素高度结晶，反应之前，需用适当浓度的碱液、硫酸、铜铵液溶胀。纤维素可以有再生纤维素、酯类、醚类等多种衍生物。再生纤维素有粘胶纤维和铜铵纤维两种。粘胶纤维主要用 CS_2 处理，铜铵纤维则用铜铵络合物处理。

纤维素酯类主要有硝化纤维素和醋酸纤维素两类。硝化纤维素由硝酸和硫酸的混合酸反应而成，按硝化程度有不同品种。醋酸纤维素则由醋酸和醋酐先反应成三醋酸纤维素，而后再部分水解成低取代度的品种。纤维素醚类品种更多，如甲基、羧甲基、乙基、羟丙基的取代基，由氯代烷或环氧烷烃反应而成。

7. 接枝共聚　有长出支链、嫁接支链、大单体共聚接枝等多种方法，涉及自由基聚合、缩聚、阴离子聚合等。

8. 嵌段共聚　活性阴离子聚合是主要方法，如 SBS 的制备。也会涉及自由基聚合和缩聚。

9. 扩链　利用预聚物的端基反应，可以进行扩链，使分子量成倍增加。可能涉及自由基聚合、阴离子聚合和缩聚。

10. 交联　二烯烃橡胶的硫化是最典型的交联，硫化技术、硫化机理和硫化剂都比较成熟。饱和聚合物多用过氧化物进行自由基交联。多官能团单体的缩聚将引起交联。辐射可以引起交联和降解，随聚合物种类而异。

习　题

思　考　题

1. 聚合物化学反应繁浩，如何考虑合理分类，便于学习和研究。

2. 聚集态对聚合物化学反应影响的核心问题是什么？举一例子来说明促使反应顺利进行的措施。

3. 几率效应和邻近基团效应对聚合物基团反应有什么影响，各举一例说明。

4. 在聚合物基团反应中，各举一例来说明基团变换、引入基团、消去基团、环化反应。

5. 从醋酸乙烯酯到维尼纶纤维，需经过哪些反应？写出反应式、要点和关键。

6. 由纤维素合成部分取代的醋酸纤维素、甲基纤维素、羧甲基纤维素，写出反应式，简述合成原理要点。

7. 简述粘胶纤维的合成原理和过程要点。

8. 根据链转移原理合成抗冲聚苯乙烯，简述丁二烯橡胶品种和引发剂种类的选用原则，写出相应反应式。

9. 比较嫁接和大单体共聚技术合成接枝共聚物的基本原理。

10. 以丁二烯和苯乙烯为原料，比较溶液丁苯橡胶、SBS 弹性体、液体橡胶的合成原理。

11. 下列聚合物选用哪一类反应进行交联：a 天然橡胶，b 聚甲基硅氧烷，c 聚乙烯涂层，d 乙丙二元胶和三元胶。

12. 如何提高橡胶的硫化效率，缩短硫化时间和减少硫化剂用量。

12 功能高分子

12.1 概述

在很长一段时期内，高分子化学主要环绕结构材料的目标开展研究工作。合成树脂和塑料、合成纤维、合成橡胶，所谓三大合成材料，多用作结构材料。

近几十年来，功能高分子发展迅速，涉及面广。功能高分子除了力学性能外，更需要特殊基团和结构，显示特殊功能，包括化学功能（如反应）、物化功能（如吸附）、物理功能（如导电）等。除高分子和有机化学基础外，还要与材料、光、电、医药、生物诸学科交叉。

12.1.1 功能高分子的种类

功能高分子种类繁多，比较零散，暂按应用功能归成下列几类：

① 反应功能高分子，如高分子试剂、高分子药物、高分子催化剂、固定化酶等；

② 分离功能高分子，如吸附树脂、吸油树脂、吸水树脂、离子交换树脂、螯合树脂等；

③ 膜用高分子，如分离膜、缓释膜等；

④ 电功能高分子，如导电、光致导电、压电等高分子；

⑤ 光功能高分子，如光固化涂料、光致抗蚀剂，光致变色、光能转换等高分子；

⑥ 液晶高分子。

希望尽可能将应用功能与组成结构密切联系起来。

12.1.2 功能与结构的关系

多数功能高分子由特殊基团和高分子骨架两部分组成，两者对功能的贡献有多种组合。

① 基团对功能起主要作用，高分子骨架则起支撑、分隔等辅助作用。如离子交换树脂中的磺酸或季铵基团，起着离子交换或催化作用，而交联聚苯乙烯母体承担支撑任务。

② 基团和高分子骨架协同作用，如固相合成中中交联聚苯乙烯的氯甲基与氨基酸（低分子试剂）反应，形成高分子底物，基团和高分子骨架缺一不可。

③ 大分子骨架和基团合一，如聚乙炔大共轭体系具有导电特性。

④ 骨架提供主要功能，基团只限于辅助作用，如主链型芳族聚酰胺液晶高分子。

12.1.3 功能高分子的制备方法

根据功能高分子由骨架和基团组成的特征，其合成方法可以归纳成高分子功能化和功能基团高分子化两大类。

（1）高分子功能化　高分子功能化主要是在高分子骨架（母体）上键接上功能基团，这一方法可以归属于聚合物化学反应。同一种骨架可以键接不同功能基团，衍生出多种功能高分子。

聚合物骨架除要求容易接上基团外，还希望有足够的强度以及热、化学稳定性，不溶解，但能溶胀，便于反应药剂的渗透扩散。苯乙烯-二乙烯基苯交联共聚物是首选的骨架，因为苯环容易进行多种取代反应，如磺化、氯甲基化、锂化等，氯甲基化和锂化后，还可以与亲核试剂、亲电试剂进一步反应，键接上其他基团。

苯乙烯型母体广用于高分子试剂、高分子催化剂、吸附树脂、离子交换树脂、螯合树脂的制备。按交联度和孔径的不同，交联聚苯乙烯骨架基本上可分为两类。

① 低交联度凝胶型，含 1%～2%二乙烯基苯，在溶剂中能溶胀成凝胶，自由体积成微孔。

② 高交联度大孔型，二乙烯基苯含量约 6%～8%，高的可达 20%。共聚时混有稀释剂作致孔剂，聚合结束后脱除，留下大孔。优点是比表面积大，反应快，容易处理。

聚丙烯酸、聚甲基丙烯酸酯类、聚酰胺、聚砜、聚碳酸酯、纤维素也可用作骨架母体。

（2）功能基团高分子化　功能基团高分子化主要由功能单体聚合而成，例如（甲基）丙烯酸与适当交联剂共聚，即成为弱酸型离子交换树脂。（甲基）丙烯酸酯类、苯乙烯均可用作共单体。

两类合成方法遵循聚合物化学反应和聚合反应的一般规律，可以参考前八章作基础。

功能高分子种类繁多，本书对于每一类只能择要简介一些基本概念。

12.2　反应功能高分子

反应功能高分子主要包括高分子试剂和高分子催化剂两大类。高分子药物可以归入高分子试剂，离子交换树脂兼有试剂和催化功能，而固定化酶则类似于高分子催化剂。

12.2.1　高分子试剂

高分子试剂是键接有反应基团的高分子，其品种可以与低分子试剂相对应。现从每一类反应中选择一种高分子试剂作代表，将其母体、反应基团和有关反应示例如表 12-1。

表 12-1　高分子试剂

高分子试剂	母体	功能基团	反应
氧化剂	聚苯乙烯	—ϕ—COOOH	使烯烃环氧化
还原剂	聚苯乙烯	—ϕ—Sn(n-Bu)H$_2$	将醛、酮等羰基还原成醇
氧化还原树脂	乙烯基聚合物	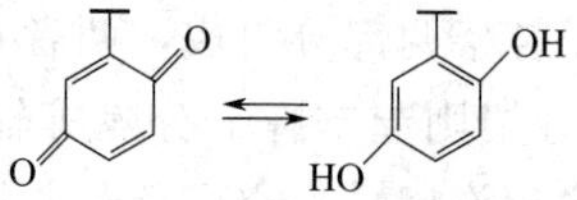	兼有氧化还原可逆反应特性
卤化剂	聚苯乙烯	—ϕ—P(C$_6$H$_5$)$_2$Cl$_2$	将羟基或羧基转变成氯代或酰氯
酰化剂	聚苯乙烯	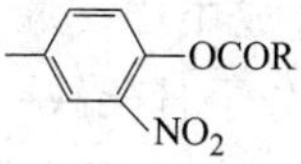	可使胺类转变成酰胺，R 为氨基酸衍生物时，则为肽的合成
烷基化剂	聚苯乙烯	—ϕ—SCH$_2^-$Li$^+$	与碘代烷反应，增长碳链
亲核合成试剂	聚苯乙烯	—ϕ—C$_2$N$^+$(CH$_3$)$_3$(CN$^-$)	卤烷被氰基的亲核取代
Wittig 反应试剂	聚苯乙烯	—ϕ—P$^+$(C$_6$H$_5$)$_2$CH$_2$RCl$^-$	R'C=O 经 Wittig 反应，转化为 R$_2'$C=CHR

注：ϕ—苯环。

表中所列高分子试剂的聚苯乙烯母体代表苯乙烯-二乙烯基苯共聚物及其衍生物。

与低分子试剂相比，高分子试剂有许多优点：不溶，稳定；对反应的选择性高；经再生，可就地重复使用；生成物容易分离提纯。现以高分子过氧酸的制备和应用为例简介如下。

在二甲基亚砜溶液中，用碳酸氢钾处理氯甲基化交联聚苯乙烯（Ⓟ—ϕ—CH$_2$Cl），先转变成醛，进一步用过氧化氢氧化成高分子过氧酸。

$$Ⓟ—\phi—CH_2Cl \xrightarrow{KHCO_3} Ⓟ—\phi—CHO \xrightarrow{H_2O_2,H^+} Ⓟ—\phi—CO_3H$$

在适当溶剂中，烯烃可用高分子过氧酸氧化成环氧化合物，流程示意如下。

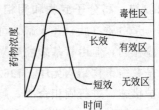

高分子过氧酸被烯烃还原成高分子酸，过滤，使环氧化合物粗产物与高分子酸分离。蒸出粗产物中溶剂，经纯化，即成环氧化合物精制品。高分子酸则可用过氧化氢再氧化成过氧酸，循环使用。高分子过氧酸比臭氧、过氧化氢安全。

其他高分子试剂的反应过程也类似。

12.2.2　高分子药物

高分子药物属于高分子试剂范围，只是在人体内反应。大部分药物是小分子，只有少数才是高分子，即药理活性基团连同大分子整体一起才显示药效。例如分子量大于 3 万的聚 2-乙烯-N-氧吡啶是硅沉着病的有效药，但其齐聚物却无药效。

药物在体内需达足够浓度才有药效，过浓则有毒性，一般药剂在体内的浓度波动很大。缓释放或控制释放药剂则可在较长的时间内维持药物浓度在有效区内，如图 12-1。低分子药物高分子化，可达到缓/控释放的目的。处理方法有化学结合和物理隔离两类。

（1）化学结合　将低分子药物与高分子共价结合或络合，产生药效的仅仅是低分子药物部分，高分子部分只减慢药剂

在体内的溶解和酶解速度，达到缓/控释放、长效、产生定点药效等目的。例如将普通青霉素与乙烯醇-乙烯胺（2%）共聚物以酰胺键结合，药效可延长 30～40 倍，而成为长效青霉素。四环素与聚丙烯酸络合、阿司匹林中的羧基与聚乙烯醇或醋酸纤维素中的羟基进行熔融酯化，均可成为长效制剂。

图 12-1　药物浓度与时间关系

更完善的结构可设计如下式，包括药 D、连接基 S、输送基 T、增溶基 E 四类基团。

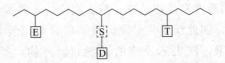

D—药；S—连接基；E—增溶基；T—输送基

药物 D 通过连接基 S 与高分子相连，暂时结合，经体液水解或酶解，再断裂释放；输送基 T 的作用是将药物输送到特定的组织细胞；增溶基 E（如羧酸盐、磺酸盐、季铵）则使药物整体溶于水。上述四种基团可以通过共聚、嵌段或接枝等方法结合在一起。

（2）物理隔离　化学结合比较复杂，使用得更多的还是以下三种物理隔离法。

① 外包膜。在药物外包一层聚合物薄膜，在膜上用激光打一小孔，水透过包衣使药物溶解，产生渗透压，药液就从小孔扩散出来，起到控制释放效果。包衣并不溶解和降解，最后经肠道排出体外。例如硝苯地平可用此法制成控制释放降压药剂，一天只需服药一次。

② 混匀法。将水溶性聚乙烯醇或聚乙二醇水溶液与药物混匀，赋形，制成颗粒制剂，粉末药物表面附有极薄层膜，降低药物溶解速度。膏药贴膜可看作缓释制剂的一种形式。

③ 微胶囊。这是最普遍的方法，利用溶胶-凝胶技术或非均相聚合方法，将低分子药物包埋在 $1\sim1000\mu m$ 聚合物微胶囊内。以肠溶片为例，选用天然虫胶作包衣，在胃酸环境中 $6.5h$ 不溶解，进入十二指肠微碱性环境，只 $12min$ 即可溶解，达到肠溶定位给药的目的。

物理隔离药物用的聚合物有三类：①不溶、不生物降解，如有机硅、乙烯-醋酸乙烯酯共聚物、聚氨酯等，适宜于皮下埋植，或经消化道排出体外；②可溶性，如聚乙烯醇，经消化道排出体外；③可生物降解，如聚羟乙酸、聚乳酸、聚氨基酸、脂族聚碳酸酯、聚磷酸脂、聚酸酐等，参与体内正常代谢，水解或酶解成水溶性低分子，进入血液，随尿排泄。

农药、除莠剂、杀虫剂等也可能配制成缓释放胶囊制品。

12.2.3　高分子底物和固相合成

蛋白质（肽）经水解，可制得多种氨基酸，可见蛋白质是多种氨基酸的共缩聚物，而且有序排列。但由氨基酸缩聚来人工合成多肽，却是个难题：一是共缩聚时混有许多均聚物，二是共缩聚物结构无序。1963 年，Merrifield 以高分子作底物，以氨基酸为单体，采用基团保护措施，进行固相合成，解决了以上两难题，人工合成多肽成功，因而获得了诺贝尔奖。

固相合成法常采用氯甲基苯乙烯树脂（氯球 Ⓟ—ΦCH₂Cl）作底物。氨基可用叔丁氧基羰基〔$(CH_3)_3CO—C(O)—$，符号 BOC〕来保护。氨基酸与叔丁氧基羰基叠氮化合物反应就形成叔丁氧基羰基保护基。BOC 保护基容易水解，而不损坏肽键。这种受保护的低分子反应物特称作低分子底物。低分子底物与氯甲基聚苯乙烯反应，则形成高分子底物。在二氯甲烷溶液中，上述产物用三氟醋酸脱除保护基团，恢复成氨基，以便与另一受保护的氨基酸反应。

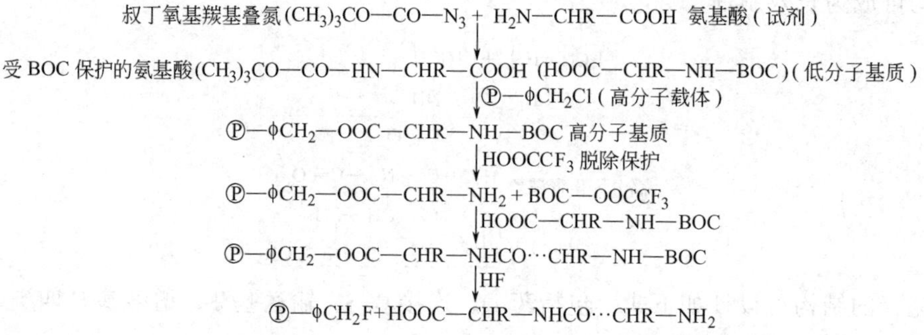

叔丁氧基羰基叠氮$(CH_3)_3CO—CO—N_3$ + $H_2N—CHR—COOH$ 氨基酸（试剂）

受 BOC 保护的氨基酸$(CH_3)_3CO—CO—HN—CHR—COOH$ （$HOOC—CHR—NH—BOC$）（低分子基质）

Ⓟ—ΦCH₂Cl（高分子载体）

Ⓟ—ΦCH₂—OOC—CHR—NH—BOC 高分子基质

HOOCCF₃ 脱除保护

Ⓟ—ΦCH₂—OOC—CHR—NH₂ + BOC—OOCCF₃

HOOC—CHR—NH—BOC

Ⓟ—ΦCH₂—OOC—CHR—NHCO⋯CHR—NH—BOC

HF

Ⓟ—ΦCH₂F + HOOC—CHR—NHCO⋯CHR—NH₂

为了提高第二氨基酸的活性和反应速率，减少副反应，常加入活化剂。最常用的活化剂是二环己基二亚胺（DCC）。如此反复共缩聚，就可以合成出复杂的多肽。最后用 HF 使多肽从聚合物底物上分裂出来，洗去未反应的试剂和副产物，经分离精制，就得多肽的精制品。

固相合成可简化如下图：

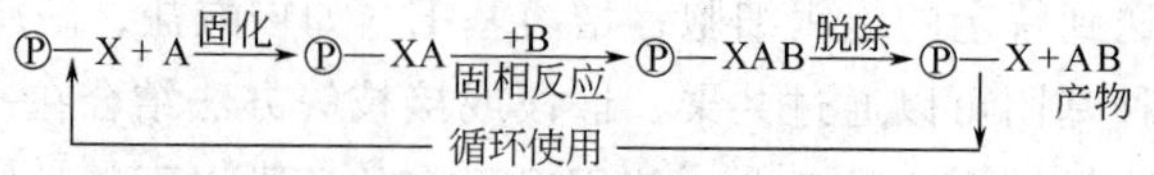

Ⓟ—X + A $\xrightarrow{固化}$ Ⓟ—XA $\xrightarrow[固相反应]{+B}$ Ⓟ—XAB $\xrightarrow{脱除}$ Ⓟ—X + AB 产物

循环使用

固相合成法已经应用于多肽、低聚核苷酸、寡糖、大环化合物以及光学异构体的聚合。

12.2.4 高分子催化剂

高分子催化剂由高分子母体Ⓟ和催化基团 A 组成，催化基团不参与反应，只起催化作用；或参与反应后恢复原状。因属液固相催化反应，产物容易分离，催化剂可循环使用。

$$Ⓟ—A+低分子反应物 \longrightarrow Ⓟ—A+产物$$

苯乙烯型阳离子交换树脂可用作酸性催化剂，用于酯化、烯烃的水合、苯酚的烷基化、醇的脱水，以及酯、酰胺、肽、醣类的水解等。带季铵羟基的高分子，则可用作碱性催化剂，用于活性亚甲基化合物与醛、酮的缩合、酯和酰胺的水解等。其他高分子催化剂见表12-2。

表 12-2　高分子催化剂

聚合物载体	催化剂基团	反　　　应
聚苯乙烯	$—\phi—SO_3H$	酸催化反应
聚苯乙烯	$—\phi—CH_2N^+(CH_3)_3(OH^-)$	碱催化反应
聚苯乙烯	$—\phi SO_3H \cdot AlCl_3$	正己烷的裂解和异构化
二氧化硅	$—P\phi_2RhCl(P\phi_3)_2$	氢化，加氢甲酰化
聚苯乙烯	$—P\phi_2P^+Cl$	
聚(4-乙烯基吡啶)	$—\phi—NCu(OH)Cl$	取代酚的氧化聚合
聚苯乙烯	$—\phi—CH_2$	光敏反应，如单线氧的产生,有机物的光氧化,环化加成,二聚
聚苯乙烯	$—\phi H \cdot AlCl_3$	醚、酯、醛的形成

注：ϕ—苯环。

高分子催化剂反应设备类似固定床反应器或色谱柱，将催化剂填装在器内，令液态低分子反应物流过，流出的就是生成物，分离简便，催化剂也容易再生。高分子催化剂另有许多优点，如选择性高，稳定，易储运，低毒，污染少等。

12.2.5 固定化酶

固定化酶可以看作高分子催化剂。酶是分子量中等的水溶性蛋白质，是生化反应的催化剂，具有反应条件温和、活性高、选择性高等优点。但反应后，混在产物中，难以分离回收循环使用，产物也不易精制。如将酶固定在高分子载体上，活性虽有降低，但可克服以上缺点，具有稳定、不易失活、可以重复使用等优点。

与高分子药物相似，酶的固定化也有物理法和化学法两大类，载体主要是聚合物，也偶用无机物。固定化酶可以制成颗粒、膜、微胶囊、纤维、导管等形状。

物理固定法有吸附和包埋两种。吸附法比较简单，只通过分子间力或离子键将酶吸附在载体表面。包埋法则将酶封闭在微交联的聚合物凝胶或微胶囊中，但并非化学键接。例如将酶与丙烯酰胺、少量 N,N-亚甲基双丙烯酰胺进行水溶液交联共聚，酶即被封装在交联凝胶内。进行生化反应时，反应物和生成物均可自由透过溶胀的凝胶，而酶的分子较大，无法透过，留在凝胶网络之内。

化学固定法则将酶共价键接在聚合物载体上，成为非水溶性酶，键接点可以是聚合物表面或交联凝胶网络上。聚合物载体中的常见活性基团有 OH、NH_2、COOH 等，酶含有 NH_2 或其他基团，两者不能直接反应时，还需要经过许多有机反应。最常用的载体有琼脂糖或纤维素衍生物，聚丙烯酰胺或聚丙烯酸酯，丁烯二酸酐-乙烯共聚物等。以下是酶固定化的例子。

① 利用琼脂糖的羟基，再经有关反应。

$$\text{—OH} \xrightarrow{BrCN} \text{—O} \diagdown C=NH \xrightarrow{H_2N—\text{Ⓔ}} \text{—OCONH—Ⓔ} \qquad \text{Ⓔ—NH}_2 = \text{酶}$$

② 利用羧甲基纤维素中的羧基，再通过叠氮化等反应。

$$\text{—OCH}_2\text{COOH} \xrightarrow[H^+]{CH_3OH} \text{—OCH}_2\text{COOCH}_3 \xrightarrow{H_2N—NH_2} \text{—OCH}_2\text{CONH—NH}_2 \xrightarrow[H^+]{NaNO_2}$$

$$\text{—OCH}_2\text{CON}_3 \xrightarrow{H_2N—\text{Ⓔ}} \text{—OCH}_2\text{CONH—Ⓔ}$$

③ 利用聚丙烯酰胺的酰胺键进行系列反应。

$$\text{—CONH}_2 \xrightarrow{H_2N—NH_2} \text{—CONHNH}_2 \xrightarrow{HNO_2} \text{—CON}_3 \xrightarrow[-NH_3]{H_2N—\text{Ⓔ}} \text{—CONH—Ⓔ}$$

④ 利用聚合物中的氨基，经过相应反应。

$$\text{—NH}_2 \begin{cases} \xrightarrow{BrCN} \text{—NH—CN} \xrightarrow{H_2N—\text{Ⓔ}} \text{—NH—}\underset{\underset{NH}{\|}}{C}\text{—NH—Ⓔ} \\ \xrightarrow{OHC(CH_2)_3CHO} \text{—N=CH(CH}_2)_3\text{CHO} \xrightarrow{H_2N—\text{Ⓔ}} \text{—N=CH(CH}_2)_3\text{CH=N—Ⓔ} \end{cases}$$

顺丁烯二酸酐-乙烯共聚物中羧基可与酶中多个氨基反应，直接形成交联网络。

酶约有 2000 种，近年来已有多种固定化酶用于工业化生产，如光学纯 L-氨基酸、淀粉的糖化和转化糖、6-氨基青霉素酸、干扰素诱导剂的合成和生产、甾族化合物的转化等。

固定化酶连续反应器代替旧有的间歇反应器，生产效率显著提高，可用于大规模生产。

12.3 分离和吸附功能高分子

广言之，分离和吸附功能可以包括毛细管/表面的吸附、分子亲和相溶的吸收、离子交换反应、配位原子与金属离子的络合或螯合等，狭义的吸附则专指表面吸附。"吸附"与"分离"两词往往混用，吸附树脂、高分子吸附剂、分离功能高分子也就有着相似的含义。

许多天然无机物和有机物曾被用作吸附剂，如活性炭、酸性白土的脱色和除臭，硅藻土的吸附沉降，纤维素的吸水保墒等。近几十年来，合成的分离功能高分子有了更大的发展；按离子的有无，可粗分成两大类。

① 非离子型，从非极性到强极性，借范德华力、氢键、静电等分子间力对物质进行吸附/吸收，包括普通吸附树脂、弱极性的吸油树脂、强极性的高吸水性树脂等；

② 离子型，主要包括离子交换树脂和螯合树脂。螯合树脂本身虽不含离子，却含有多个配位原子，可以与金属离子螯合而达到分离的目的，因此也归入这一类。

在某些方面，膜用高分子与吸附树脂有些相似，但膜分离技术发展迅速，故另列一节。

需从聚合物组成、微结构、颗粒形态、孔隙特性等多层次地考虑吸附树脂的要求。

① 高选择性和高吸附容量，根据极性相似相溶原则，选择吸附剂的主单体。

② 机械强度和稳定性，适当交联，防止吸附剂的溶解流失和破碎损失，提高吸附容量。

③ 高吸附速率，合成适当孔径、孔隙率、比表面积的吸附树脂。

④ 吸附和再生使用方便，选用悬浮聚合法制成珠粒状或粉末状，控制粒径和孔隙度。

每一大类高分子吸附剂都可以制备成微孔凝胶型和大孔型颗粒。

① 微孔凝胶型，孔小如自由体积，交联不深，经溶胀成凝胶，内部空隙充满溶剂。

② 大孔型，较大的孔隙率和比表面积可以提高吸附速率，可在溶胀或未溶胀状态下使用。

吸附树脂多采用悬浮聚合法制备。合成大孔型树脂时，配方中加有劣溶剂或沉淀剂作致孔剂，如脂肪烃、芳烃、醇类等。溶剂可使单体溶解，仅使交联共聚物溶胀而不溶，聚合结束后，用蒸发或萃取法脱除，即成多孔或大网络结构的不透明珠粒。溶剂和沉淀剂的用量将影响到孔径和孔径分布、孔隙率和比表面积，最终将影响到吸附速率和吸附容量。

吸附树脂可用于有机合成、药物、生化、食品、冶金、废水处理等部门的分离、提纯、浓缩、净化等过程，也可用作催化剂、药物、酶、色谱柱的载体。

12.3.1 非离子型吸附树脂

根据极性大小，可将非离子吸附树脂分成弱极性、中极性、极性和强极性几类。

① 弱极性，如苯乙烯-二乙烯基交联共聚物，单体偶极矩 $\mu \leqslant 0.3$，主要用于水或极性溶剂中非极性物质的吸附。

② 中极性，如（甲基）丙烯酸酯类交联共聚物，单体 $\mu \approx 1.8$；可用于水中非极性物质的吸附或非极性溶剂中极性物质的吸附。

③ 极性，如聚丙烯酰胺，单体 $\mu \approx 3.3$；也可在聚苯乙烯型母体中引入中极性或极性基团。

④ 强极性，如聚乙烯基吡啶，单体 $\mu \approx 3.9 \sim 4.5$，可吸附非极性溶剂中的极性杂质等。

另一方面，还可以根据交联共聚物骨架的不同，将吸附树脂分成聚苯乙烯型、聚丙烯酸酯型等。重要的吸附树脂举例如下。

(1) 聚苯乙烯型吸附树脂 这一类占吸附树脂的极大部分（约80%），其制备原理是将苯乙烯（S）与适量二乙烯基苯（DVB）进行悬浮共聚，即得球状交联共聚物（S-DVB），俗称白球。除可直接用作吸附树脂外，也可用作离子交换树脂、高分子试剂、高分子催化剂的母体。

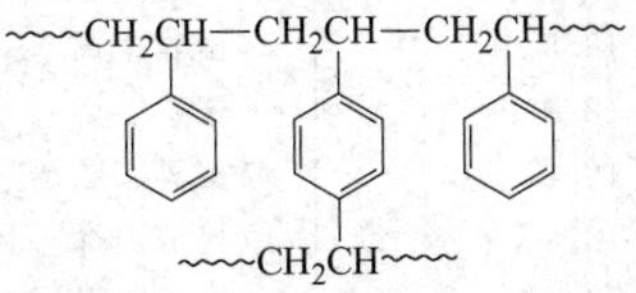

苯乙烯-二乙烯基苯交联共聚物属于非或弱极性吸附树脂，主要用于水溶液中非或弱极性有机物的吸附和分离，如脱除废水中的酚类，脱除率可达99%。再生时用5%NaOH溶液解吸，解吸率可达98%，解吸液可以循环使用。

聚苯乙烯型吸附树脂的商品型号和规格很多，根据用途，结构参数可在很广的范围内波动，如粒度 $0.3 \sim 50$ 目，干密度 $0.2 \sim 0.4 \mathrm{g} \cdot \mathrm{cm}^{-3}$，孔径 $10 \sim 1000 \mathrm{nm}$，比表面积 $20 \sim 1000 \mathrm{m}^2 \cdot \mathrm{g}^{-1}$。

S-DVB母体有许多优点，如价廉，机械强度好，耐温、耐氧化、耐水解，每一苯环都可以引入一个活性基团，吸附容量大，不溶解，但能溶胀，利于反应试剂的扩散渗透。在聚苯乙烯型母体的苯环上可以引入多种基团，调节吸附树脂的极性，例如先后经过硝化、还原、酰胺化反应，引入硝基、氨基、酰胺基团。

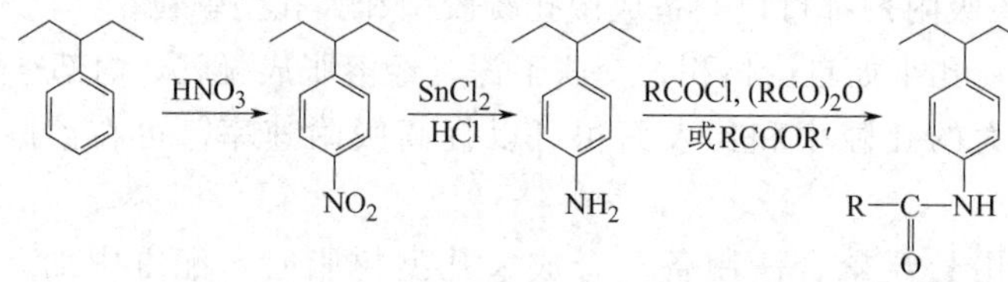

$$\text{HNO}_3 \longrightarrow \quad \xrightarrow[\text{HCl}]{\text{SnCl}_2} \quad \xrightarrow{\text{RCOCl, (RCO)}_2\text{O 或 RCOOR'}}$$

（结构式：苯乙基→对位NO₂→对位NH₂→对位R—C(=O)—NH）

聚苯乙烯型母体（白球）接上相应的离子基团，即成离子交换树脂。

（2）甲基丙烯酸酯类吸附树脂　甲基丙烯酸甲酯属于中极性单体，与双甲基丙烯酸乙二酯进行交联共聚，即成中极性吸附树脂，其用量仅次于聚苯乙烯型。

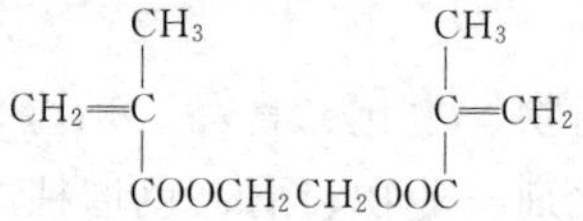

$$\text{CH}_2\!=\!\underset{\underset{\text{COOCH}_2\text{CH}_2\text{OOC}}{|}}{\overset{\overset{\text{CH}_3}{|}}{\text{C}}}\qquad\underset{\overset{\text{CH}_3}{|}}{\text{C}}\!=\!\text{CH}_2$$

双甲基丙烯酸乙二酯

该树脂对疏水基团和亲水基团都有吸附能力，因此可从水溶液中吸附亲油性物质，从有机溶液中吸附亲水性物质。通过水解，可将这类吸附树脂的酯基转变成羧基，成为强极性吸附剂。

（3）其他　此外，还有聚丙烯腈、聚乙烯醇、聚丙烯酰胺、聚酰胺、聚乙烯亚胺、纤维素衍生物等交联共聚物用作极性吸附树脂，异丁烯交联共聚物可用作非极性吸附树脂。

12.3.2　吸油树脂

油品失漏，影响环境，吸油树脂的应用和开发应运而生。

吸油树脂的分离原理不局限于表面吸附，更在于相溶吸收，性能要求吸油倍率高，油水选择性好，吸油速度快，保油能力强，只溶胀而不溶解，有足够的强度和稳定性，便于再生回用。根据这些要求，吸油树脂一般是低交联度的非极性共聚物，可从组成结构、交联、颗粒特性三个层次来考虑其分子设计问题。

表 12-3　溶剂和聚合物的溶度参数　　　　　　单位：$J^{\frac{1}{2}}\cdot cm^{-\frac{3}{2}}$

溶　剂	δ	聚　合　物	δ
正己烷	14.9	聚乙烯	16.1
正辛烷	16.0	聚丙烯	17.0
环己烷	16.8	聚异丁烯	16.4
二甲苯	18.0	聚丁二烯	17.5
甲苯	18.2	聚异丁二烯	16.1
苯	18.8	聚苯乙烯	19.1
乙醚	15.1	聚正丁醚	17.6
醋酸异戊酯	16.0	聚丙烯酸丁酯	18.3
醋酸正戊酯	17.4	聚甲基丙烯酸甲酯	19.0
醋酸乙酯	18.6	聚醋酸乙烯酯	19.6
四氯化碳	17.6	聚氯乙烯	19.7
四氯乙烷	19.3	聚偏氯乙烯	20.6
丙酮	20.3	聚甲醛	20.5
正丁醇	23.3	聚乙烯醇	27.5
乙醇	26.1		

吸油树脂和一般吸附树脂有差异。吸附树脂的吸附容量低，多以被吸物质的脱除率来评价，例如脱除废水中酚类的 99%，并不反映树脂的饱和吸附量。在机理上，往往局限于表面吸附。而吸油树脂却能吸收自身重十几到几十倍的油。吸油过程和机理大致如下：油类先

向吸油树脂扩散，经范德华力吸附，而后亲油基团和油分子亲和相溶或溶剂化，使分子链舒展，继续吸油溶胀，最后受交联网络回弹力的限制，达到饱和的有限溶胀热力学平衡状态，所谓饱和吸油倍率。

常用油品和溶剂一般是非或微极性的脂烃和芳烃，以及弱或中极性的氯代烃、酯类。根据极性相似相溶原则，可选用组成极性相似的单体来制备吸油树脂。表12-3中溶剂和聚合物的溶度参数（$\delta < 18.2J^{\frac{1}{2}} \cdot cm^{-\frac{3}{2}}$）可供选用单体时参考。

聚烯烃往往结晶，难吸油。多选用苯乙烯、（甲基）丙烯酸酯类作吸油树脂的单体。长链烷基（$C_4 \sim C_{20}$）苯乙烯原是好单体，但制备不易。（甲基）丙烯酸长链烷基（$C_4 \sim C_{20}$）酯类反而成为常用的主单体，如甲基丙烯酸十六酯。吸收芳烃时，可以选用丙烯酸芳酯，如丙烯酸壬基酚酯、甲基丙烯酸萘酯；也可由甲基丙烯酸长链酯与苯乙烯共聚，保持树脂强度和刚性。

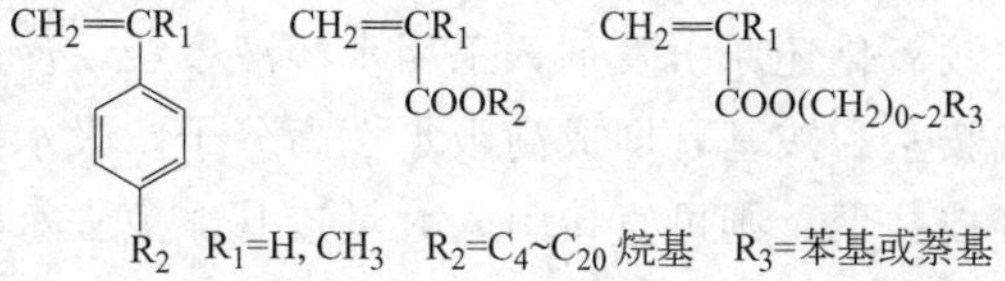

$$CH_2=CR_1 \qquad CH_2=CR_1 \qquad CH_2=CR_1$$
$$\qquad\qquad\qquad COOR_2 \qquad\qquad COO(CH_2)_{0-2}R_3$$
$$R_2 \qquad R_1=H, CH_3 \qquad R_2=C_4\sim C_{20}\text{烷基} \qquad R_3=\text{苯基或萘基}$$

为了提高保油能力，需加少量（$0.1\% \sim 3\%$）交联剂，以保证吸油树脂有足够的强度和稳定性。交联剂过少，易使粒子变软发粘，残留有许多溶胶，容易流失，反使吸油率降低。

除二乙烯基苯外，双（甲基）丙烯酸二元醇（$C_2 \sim C_8$）酯是常用的交联剂，如双（甲基）丙烯酸乙二醇酯、丙二醇酯、二甘醇酯、丁二醇酯等，邻苯二甲酸二烯丙基酯也可选用。吸收芳烃时，可以选用双甲基丙烯酸芳酯。

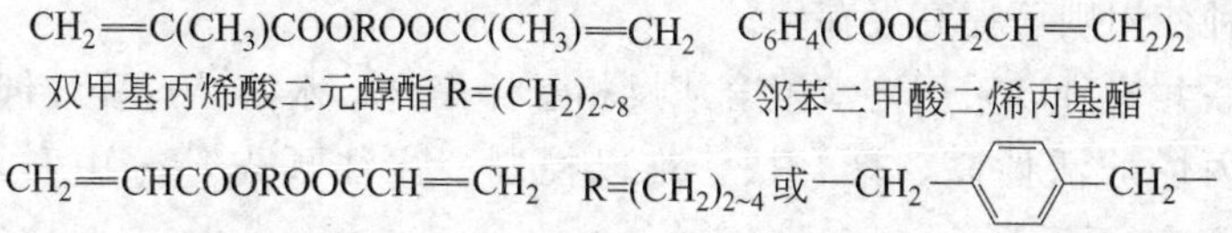

$$CH_2=C(CH_3)COOROOCC(CH_3)=CH_2 \qquad C_6H_4(COOCH_2CH=CH_2)_2$$
双甲基丙烯酸二元醇酯 $R=(CH_2)_{2-8}$ 　　　邻苯二甲酸二烯丙基酯

$$CH_2=CHCOOROOCCH=CH_2 \qquad R=(CH_2)_{2-4}\text{或}—CH_2\text{—}\bigcirc\text{—}CH_2—$$

长链交联剂可以提供较大的吸油空间，从而增加吸油倍率，二乙烯基苯倒并不一定优先选用。

在化学交联共聚物的基础上，还可以考虑充填少量非晶态的聚丁二烯、乙丙橡胶、无规聚丙烯或无规聚乙烯等，引入物理交联，以提高吸油率。为了弥补吸油后树脂强度的降低，在（甲基）丙烯酸酯类共聚配方中可以适当提高苯乙烯的用量（例如$60\% \sim 80\%$）。

吸油树脂采用悬浮聚合法制备，过氧化二苯甲酰作引发剂，聚乙烯醇作分散剂，根据需要来控制粒度（$100 \sim 2000\mu m$）。合成大孔树脂时，可加甲苯或醋酸乙酯作致孔溶剂。聚合可分两段：先80℃聚合2h，后90℃继续熟化2h，使充分聚合。

根据使用场所的不同，可将吸油树脂本身或与其他支撑材料配合，制成多种形态，如粒状、水浆状、乳液以及织物、包覆、片状等。

吸油树脂主要用于废水脱油处理，此外，也可以用作芳香剂、杀虫剂、诱鱼剂的缓释基材，以及纸张添加剂、渔网防污剂等。

12.3.3　高吸水性高分子

脱脂棉、手纸、海绵等是常用的一般吸水材料，吸水量可达十几到几十倍，受压时，水分容易被挤出。淀粉也可以吸水，无限溶胀成糊，谈不上保水能力。但化学合成的高吸水性树脂却可以吸收 500～2000 倍的水分。受压时水分不容易流失，吸水性和保水性就成为高吸水性高分子使用性能的两项基本要求，在特定的应用场合，还需要耐盐和足够的凝胶强度。

根据使用性能的要求，高吸水性高分子的制备需要考虑化学组成、交联、形态三个层次。首先，高吸水性高分子多半含有—OH、—COOH 等强亲水基团；—CONH$_2$ 亲水性虽稍低，但耐电解质。其次，适当交联，形成水凝胶，有限溶胀，使水保留在大分子网络内，受一定的压力，也不流失。最后，按使用场所不同，制成一定的颗粒形态或配用支撑基材（如纸张或纸浆），使成为高吸水性材料，如卫生巾、土壤保水剂、泥浆凝固剂、混凝土添加剂等。

根据亲水基团的不同，吸水性高分子有下列几类。

（1）淀粉类　淀粉的结构单元是葡萄糖残基，带有三个亲水羟基。制备高吸水性树脂多选用玉米、小麦等支链形淀粉。淀粉经水解糊化，引入更多羟基，以便提高吸水能力。再经适当交联成网状结构，赋予保水能力。

具体制法可用硝酸铈铵氧化还原引发剂，采用水溶液聚合，使丙烯腈与淀粉接枝，再经碱水解，使氰基转变成酰胺基和羧基，即成高吸水性高分子，吸水容量可达千倍以上。如用丙烯酸代替丙烯腈进行接枝共聚，则可直接引入大量羧基，免去水解步骤。

（2）纤维素类　纤维素的结构单元也是葡萄糖残基，与淀粉相似，只是结晶度高，不溶于水。需经溶胀，才能转变成水溶性衍生物。如羧甲基纤维素，再经适当交联，并用纸作支撑材料，可制卫生巾。其吸水容量虽不甚高，但吸水速度快是其优点。羟丙基甲基纤维素也是高分子吸水剂。

（3）聚丙烯酸类　聚丙烯酸是水溶性高分子，经少量交联，即成高吸水性高分子，可吸水上千倍，吸尿液十余倍，主要用于生理卫生材料。用作土壤保水剂时，可使 95% 水分供农作物利用，拌种使用则可提高发芽率。

丙烯酸的交联共聚可以采用溶液聚合或反相悬浮聚合，水溶性过硫酸钾或其氧化还原体系选作引发剂。丙烯酸活性高，聚合快，难以控制，往往预先部分中和成丙烯酸钠（如 80%～90% 中和度），而后聚合。

丙烯酸（或钠）水溶液交联共聚产品呈粉状，而反相悬浮聚合产品则呈珠粒状。反相悬浮聚合可选用环己烷作溶剂，油溶性非离子型表面活性剂 Span-60（HLB＝4.7）作分散剂。

丙烯酸钠与微量（0.01%～0.02%）交联剂（如 N,N'-亚甲基双丙烯酰胺）进行水溶液聚合，所得产品吸水率可达 650～700 倍，吸盐水（0.9%）80～90 倍。

羧基及其钠盐是电解质，不耐盐，聚丙烯酸类交联共聚物吸水率虽高（上千倍），但吸盐水率却很低。为了提高耐盐性，可以选用丙烯酰胺作共单体，并可保持高的吸水速率。

马来酸钠与丙烯酰胺（20：80 摩尔比）进行反相悬浮交联共聚，也可制备高耐盐高吸水性树脂。以环己烷为分散介质，Span-60 为分散剂（0.01g·ml^{-1}），N,N'-亚甲基双丙烯酰胺为交联剂（0.2%），过硫酸钾为引发剂，共聚产物吸水 840 倍，吸盐水（0.9%）高达 270 倍。

（4）聚乙烯醇类　聚乙烯醇是强亲水性高分子。聚醋酸乙烯酯和丙烯酸甲酯的共聚物经水解，可用来制备同时含有羟基和羧基的高吸水性共聚物。聚醋酸乙烯酯与马来酸酐的共聚物水解后，也得到类似产物，其特点是除了吸水外，还能够吸收大量乙醇。

12.3.4　离子交换树脂

离子交换树脂的主要功能是可以与阴、阳离子交换，去除水中离子，故名。离子交换树脂也可以称作聚电解质，还有聚酸、聚碱、聚离子等别名。

应用得最多的离子交换树脂母体是交联聚苯乙烯，因为苯环上容易引入电离基团，结构容易控制。为了使母体结构稳定，并保持溶胀能力，苯乙烯需与少量二乙烯基苯共聚，形成交联。聚丙烯酸型也可用作母体。早期曾使用过酚醛树脂，因结构难以控制，后渐被淘汰。

依次介绍离子交换树脂的类型、合成方法、交换反应和用途。

(1) 离子交换树脂的类型　根据电离程度的不同，可以分成下列几类：

① 强酸型，带磺酸基团（—SO$_3$H），如聚苯乙烯型，酸性与硫酸、盐酸相当，在碱性、中性、甚至酸性介质中都有离子交换功能；

② 弱酸型，带羧酸（—COOH）或磷酸基团、酚基，如聚丙烯酸型，酸性相当于 pH＝5～7，只在碱性或接近中性的介质中才有离子交换能力；

③ 强碱型，带季铵基团（—NR$_3$），如聚苯乙烯型，在碱、中、酸性介质中都可显示离子交换功能；

④ 弱碱性，带伯胺（—NH$_2$）、仲胺（—NHR）或叔胺（—NR$_2$），如聚苯乙烯型，只在中性和酸性介质中显示离子交换能力；

⑤ 两性，兼有酸性和碱性两种交换基团。

按宏观结构，上述每一类离子交换树脂都可以制成均相凝胶型、大孔凝胶型和载体型（球形硅胶或玻璃球表面涂覆离子交换树脂层）。

(2) 合成方法　高分子功能化和功能基团高分子化两种方法都可用来制备离子交换树脂。苯乙烯-二乙烯基苯共聚物经磺化或氯甲基化属于前一方法，丙烯酸-二乙烯基苯共聚则属于后一方法。

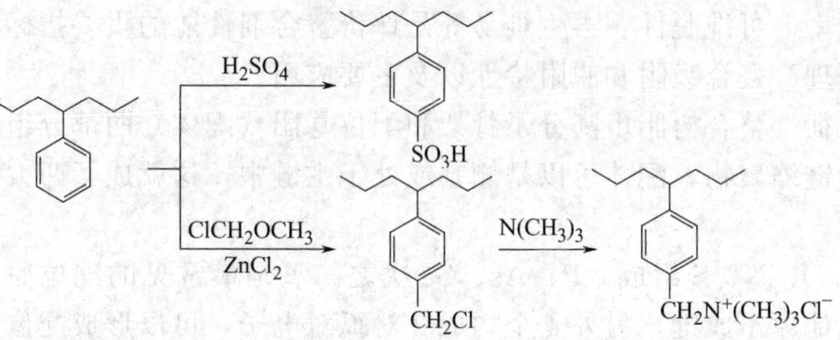

以苯乙烯-二乙烯基苯的球状交联共聚物（俗称白球）为母体，经溶胀，在 100℃与浓硫酸或发烟硫酸反应，在苯环上引入磺酸基团，就成为强酸型阳离子交换树脂。母体在 35℃下经氯甲基化，再与三甲基氨 N(CH$_3$)$_3$ 反应，就得强碱性季铵型阴离子交换树脂；如用仲胺 HN(CH$_3$)$_2$ 或伯胺进行胺化，则得弱碱性阴离子交换树脂。

母体的聚集态结构和孔隙大小对交换容量和速率影响很大。苯乙烯-二乙烯基苯共聚既可制成均相凝胶状珠粒，也可以添加稀释剂，制成大孔凝胶。稀释剂包括良溶剂（甲苯）、非溶剂或沉淀剂（庚烷）和不良溶剂，甚至再添加线形聚合物，以改变孔隙体积和孔径分布。

(3) 离子交换反应　离子交换树脂能在水中溶胀，有利于离子的迁移扩散。阳离子交换树脂中的 H$^+$能与金属阳离子交换，阴离子交换树脂中的 OH$^-$能与酸根阴离子交换，从而除去水中的电解质，成为去离子水。以Ⓟ$^-$和Ⓟ$^+$代表聚合物阴、阳离子交换树脂的母体，离子交换反应如下。

$$\circleT{P}^-H^+ + Na^+ \rightleftharpoons \circleT{P}^-Na^+ + H^+$$

$$\circleT{P}^+OH^- + Cl^- \rightleftharpoons \circleT{P}^+Cl^- + OH^-$$

$$\circleT{P}^-H^+ + \circleT{P}^+OH^- + NaCl \rightleftharpoons \circleT{P}^-Na^+ + \circleT{P}^+Cl^- + H_2O$$

离子交换是可逆反应。交换树脂被金属阳离子、酸根阴离子饱和以后，可分别用无机酸、碱处理，按上述逆反应再生，就可恢复成原来的阳、阴离子交换树脂，供继续循环使用。

离子交换树脂的交换能力与每一单体单元上可电离的基团数、交联度、孔隙度有关。一般大孔离子交换树脂具有较强的交换能力。但交联度过大，会使交换能力降低。

（4）应用　离子交换树脂除了离子交换功能外，还有脱水、脱色、吸附、催化等功能，因此有多种用途，如水处理制备去离子水，糖和多元醇的脱色精制，废水处理回收贵金属，抗生素和生化药物的分离精制，以及酯化、烷基化、烯烃水合、水解、脱水、缩醛化、缩合等催化。

12.3.5　螯合树脂

螯合树脂是吸附树脂的一种，与金属离子的配位螯合，才达到"吸附"分离的目的。

络合是 O、N 等原子的孤对电子与金属原子的空电子轨道的配位反应。同一分子如有两个以上配位原子同时与同一金属原子的空电子轨道配位，形成相对稳定的五、六元环络合物，形似螃蟹的螯，特称作螯合，该化合物就称作螯合剂。低分子乙二胺可与 Pt^{2+} 螯合，聚乙烯醇则可与 Cu^{2+} 螯合，如下式，式中"→"表示配位键。

高分子螯合剂结构复杂，种类繁多，所能螯合的金属离子或原子各异。吸附选择性和吸附容量、吸附速率、可洗脱性、再生难易等是评价螯合剂性能的重要指标。现举例介绍其结构特征、合成原理、螯合吸附和脱附特性以及主要应用。

（1）结构特征　螯合树脂由高分子骨架和配位基团（配体）两部分组成。骨架可以是乙烯基聚合物或杂链缩聚物，配体可以是侧基或处于主链中，这就成了两大类螯合树脂，带侧基配体的最常用。

配体主要由 O、N、S 组成，P、As、Se 次之。氧是最常见的配位原子，6 个外层电子中 2 个电子与其他原子成键，另外 4 个构成 2 对孤对电子，可以形成配位键。氮原子的 5 个外层电子中 3 个电子与其他原子成键，留下一孤对电子供络合之用。硫与氧相似。

配体可以是非环状或杂环状，O、N、S 配位原子及其基团列在表 12-4 内，未列杂环。

表 12-4　螯合树脂中的配位原子和配位基团

配位原子	配　位　基　团
O	—OH(醇、酚)，—O—(醚、冠醚)，$\diagdown$C=O (醛、酮、醌)，—COOH，—COOR，—NO，—NO$_2$，$\equiv$N→O，—SO$_3$H，—PHO(OH)，—PO(OH)$_2$，—AsO(OH)$_2$
N	—NH$_2$，$\diagdown$NH，$\equiv$N，$\diagdown$C=NH (亚胺)，$\diagdown$C=N—(席夫碱)，$\diagdown$C=NOH(肟)，—CONHOH(羟肟酸)，—CONH$_2$，—CONHNH$_2$(酰肼)，—N=N—(偶氮)，含氮杂环
S	—SH(硫醇、硫酚)，—S—(硫醚)，$\diagdown$C=S(硫醛、硫酮)，—COSH(硫代羧酸)，—CSSH(二硫代羧酸)，—C(S)—S—S—C(S)—，—CSNH$_2$(硫代酰胺)，—SCN(硫氰)

高分子骨架、配体和两者结合方式的不同，就可能衍生出难以数计的高分子螯合剂，对金属离子的螯合选择性和稳定性各不相同。

（2）合成原理　螯合树脂的合成方法主要有两类：高分子基团化和配体高分子化。

① 高分子基团化——聚合物化学反应。以乙烯基聚合物作骨架，通过化学反应，引入配体侧基，是螯合树脂最常用的合成方法。最简单的例子是聚醋酸乙烯酯醇解成聚乙烯醇，成为二价铜的螯合剂；进一步与乙烯酮反应，形成 β-酮酸酯，则转变成三价铁离子的有效螯合剂。

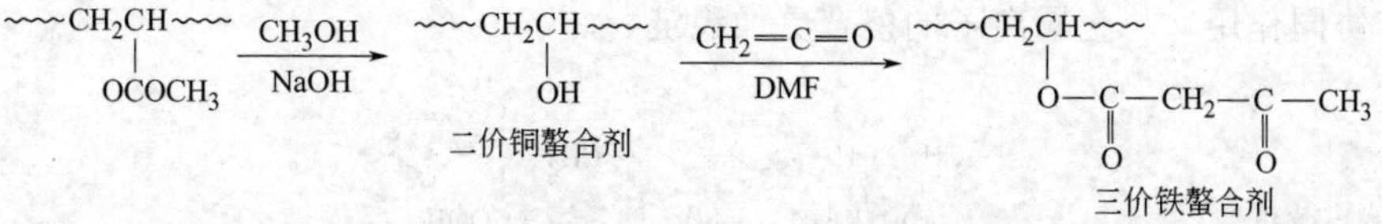

苯乙烯-二乙烯基苯共聚物（交联聚苯乙烯）更是螯合树脂中的常用母体，例如先后经硝化、还原、重氮化等反应，进一步在偶氮上接上水杨酸或 8-羟基喹啉，就成为螯合树脂。

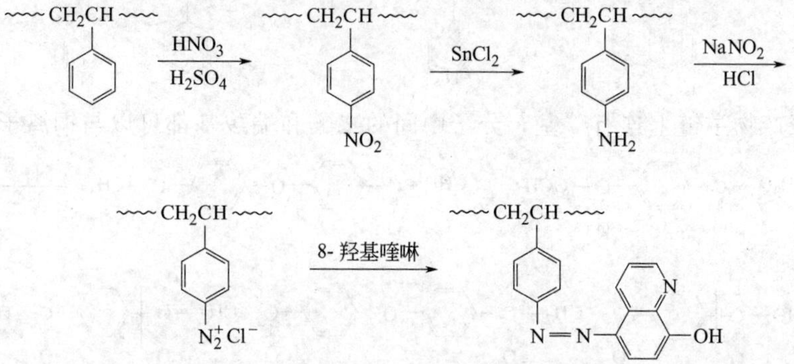

经氯甲基化的交联聚苯乙烯（简称氯球）用作母体更普遍，下列氯球特性可作为代表：含 6%二乙烯基苯，含氯 22%，比表面 43m^2·g^{-1}，平均孔径 19nm，粒度 20～60 目。

氯球经过不同反应，可以合成多种螯合树脂。例如与氨反应，引入氨基，进一步与氯代醋酸反应，就形成与 EDTA 相似的高分子螯合剂。

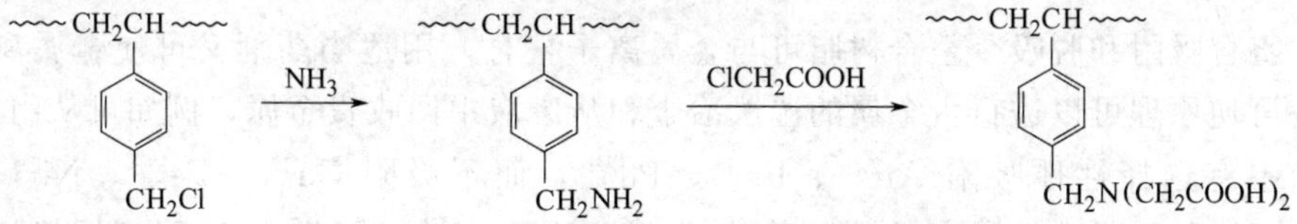

氯球与水杨酸进行傅-克反应，合成带有酚羟基的螯合树脂，可用于重金属离子、维生素和抗生素的分离。

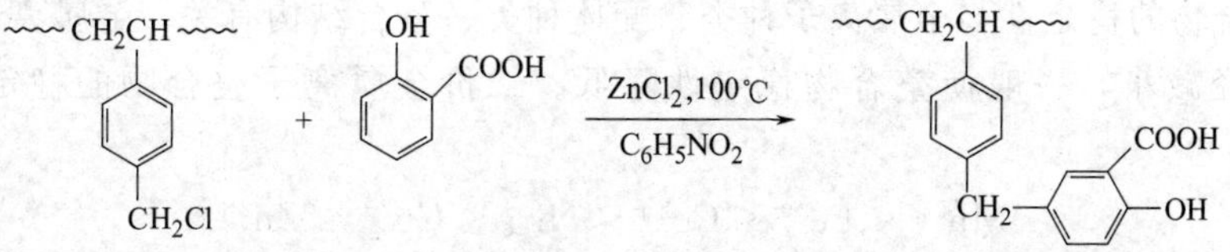

在氯球上还可以引入磷酸基团，对重金属离子有突出的吸附性，可用于 UO^{2+} 的分离。

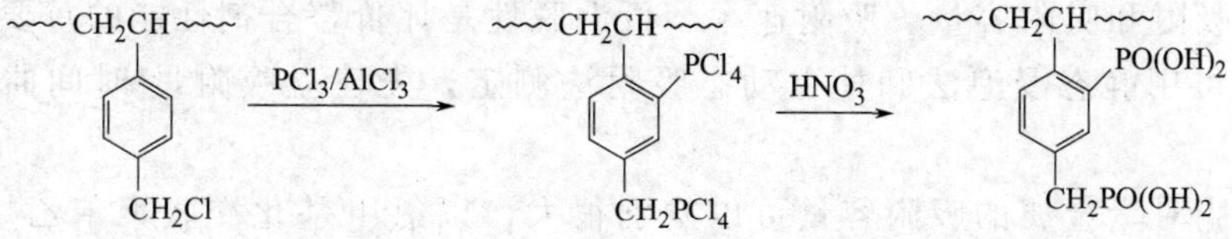

327

以上仅仅是功能化的少数例子，难以数计的众多品种，制法却相似，只是配位基团不同而已。

② 配位基团高分子化——功能单体的聚合。加聚、缩聚、开环聚合均曾用于螯合树脂的合成。这样合成的螯合基团在主链上分布比较均匀，螯合容量大。但单体合成比较困难，反不如高分子基团化的制法用得普遍。

聚丙烯酸、聚甲基丙烯酸、聚顺丁烯二酸等是以羧基为配体的螯合树脂，可由相应单体加聚而成。更有效的螯合树脂是顺丁烯二酸-噻吩共聚物和甲基丙烯酸-呋喃共聚物，因为不同基团有协同作用，与金属离子的螯合更加稳定。

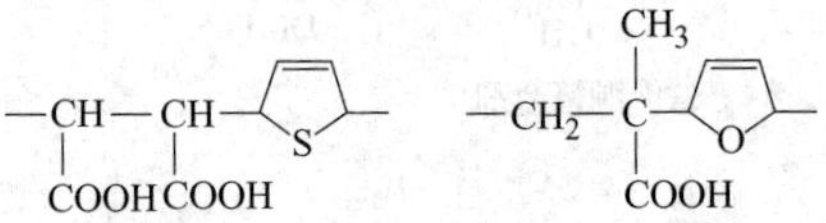

乙烯基吡啶、乙烯基咪唑均聚物或共聚物，都可用作螯合树脂。

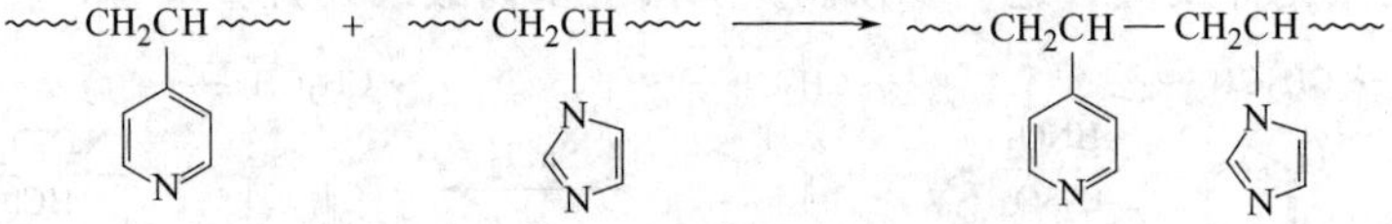

下列缩聚产物主链上连有羰基，分子中间的二酮和端羧基都可以与铜离子螯合。

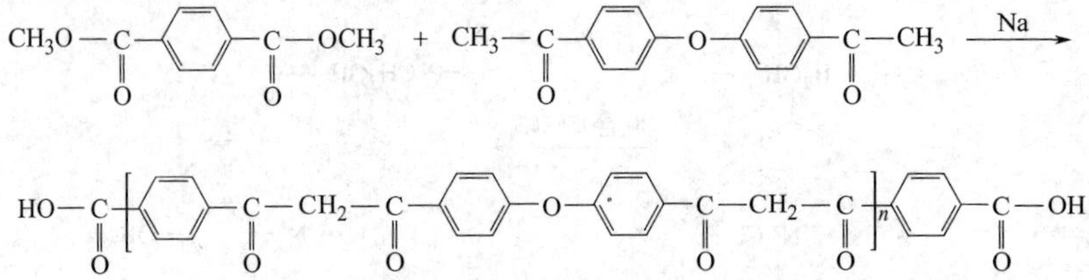

三元的氮丙啶开环聚合后，形成聚乙烯亚胺。其中氮原子上孤对电子可以与过渡金属络合或螯合。例如与钴离子络合，易吸收氧，可用作氧的介体，用于氧化还原电池。

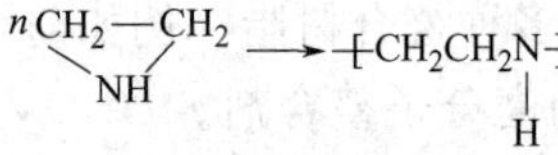

（3）螯合吸附和脱吸　螯合树脂可与金属离子螯合，用适当药剂又可使金属离子洗脱，应用这一可逆原理可以进行贵金属的湿法冶金和从废液中回收贵金属，例如可从组成复杂的离子溶液中有选择性地吸附 Au^{3+}、Pt^{4+}、Pd^{2+}，而不吸附 Cu^{2+}、Fe^{3+}、Ni^{2+}、Co^{2+}，加以分离。树脂吸附贵金属离子后，可用 2％硫脲洗脱，借以回收；甚至将吸附后的树脂灼烧，烧尽有机物，留下贵金属。

金属螯合物的稳定性与金属离子种类、配体种类、螯合结构有关。金属离子正电荷数增加和离子半径减小，一般使螯合物稳定性降低。二价金属离子螯合物的稳定性顺序大致如下：

$$Mn^{2+} < Fe^{2+} < Co^{2+} < Ni^{2+} < Cu^{2+} < Zn^{2+}$$

配体的 pK_a 愈大，则螯合物愈稳定。一般五元环最稳定，但含双键的六元环更稳定。

选择性吸附和吸附容量、吸附速率、可洗脱性是评价螯合剂性能的重要指标。吸附容量和速率可用静态浸泡法和柱上动态吸附法测定，先建立吸附量-时间曲线，再求吸附容量。

螯合树脂对贵金属的吸附容量可以差别很大，以氯甲基化交联聚苯乙烯骨架为例，结合上不同基团，对 Au^{3+} 的吸附容量大不相同，多原子杂环往往更有利于贵金属离子的螯合。

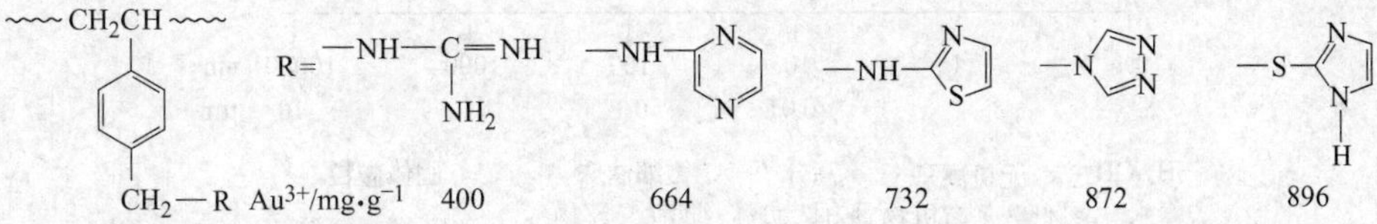

$R=$	—NH—C—NH	—NH	—NH	—N	—S
	$\overset{\|}{NH_2}$				
$Au^{3+}/mg\cdot g^{-1}$	400	664	732	872	896

吸附其他贵金属，须另作考虑。对于某一贵金属离子往往选用或设计特定的螯合剂。

（4）应用　根据螯合剂对金属离子有选择性络合、富集的原理，可以用于湿法冶金，尤其是提炼贵金属和稀有元素；富集回收电镀废液、照相废液中的贵重金属；脱除废污水中的有害金属离子；以及分析化学中的络合分析。有些螯合树脂与特定金属离子螯合之后，赋予了新的物理化学性能，还可用作催化剂、光敏剂、抗静电剂等。

12.4　分离膜和膜用高分子

自然界生命活动中有许多膜分离现象，如营养液的吸收、尿液的排泄、肺鳃皮肤的呼吸等。现代膜分离技术是利用膜对混合物中各组分的选择性透过或截留，来实现分离、提纯或富集的过程。待分离的混合物可以是气体、液体或微细悬浮液，尺度从约 $0.1nm$ 的分子到约 $10\mu m$ 的粒子；推动力可以是能量差或化学位差，如压差、浓度差、电位差等。

膜分离是新型分离技术，节能、高效、环保，已经广泛应用，如海水淡化，果汁、牛奶、药剂的浓缩和提纯，电镀、照相、造纸等废液处理，有用气体的分离和回收、物性相近有机物的分离等，并向药物控制释放、人工肾、人工肺等脏器方向发展。

与其他功能高分子相似，对于分离膜，最好也按"应用功能—宏观性能—结构—制备（合成和成型）"来逆向思考。

12.4.1　膜分离过程原理和类型

有多种膜分离形式，典型膜分离过程示意如下：

膜分离原理有三类：

① 机械筛分原理，在压差的推动下，某些气、液分子透过一定孔径的多孔膜，截留较大分子或粒子，分离效果主要决定于膜的孔径等宏观结构形态；

② 溶解扩散机理，受浓度差伴压差推动，混合物中某一组分经致密膜吸附、溶解、扩散而后分离，待分离物质与膜材料须有亲和性，分离效果与膜的组成、微结构有关；

③ 离子导向作用，在电场作用下，离子交换膜上的结合离子引导溶液中阴、阳离子选择性地透过。

根据上述分离原理结合推动力的不同，就有多种膜分离过程。为了更有效地选择膜材料和膜制法，对重要膜分离的技术特征作进一步简介。

（1）压差驱动的膜分离　包括微滤、超滤、纳滤和反渗透。按筛分原理，使溶液中某小分子组分透过膜，而截留无机离子、大分子和微粒，分离尺度如下所示。这几种方法的优点是设备简单、条件易控，因此应用广泛。

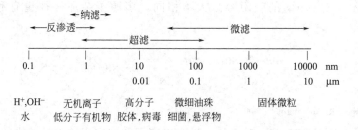

① 微滤。膜孔径大（0.1～10μm），阻力小，操作压力低（<0.2MPa），主要用来去除溶液中的病毒、微生物、悬浮微粒等微米级的较大粒子。

② 超滤。膜孔径约 1～100nm，操作压力稍高（0.2～0.4MPa），主要用来去除溶液中胶体、细菌等，分离中草药中鞣质、蛋白质、淀粉、树脂等大分子。

微滤和超滤都使用多孔膜，两者所分离的粒径并不能截然划分，有所交叉。

③ 纳滤。膜孔径在 1nm 上下，操作压力高于超滤（0.7～1MPa），用于去除分子量大于 200 的有机物，对二价及二价以上无机离子的截留很有效。

④ 反渗透。可采用致密膜，更多采用具有致密面层和多孔支撑层的复合膜，分离原理是溶解扩散。反渗透膜的孔径极小（0.1～1nm），只允许 H^+、OH^- 透过，截留任何其他无机离子和低分子有机物。为了克服小孔径和渗透压的双重阻力，需要较高的压力（0.7～5.5MPa）。反渗透可用于高纯水的制备，海水淡化，牛奶、果汁的浓缩，己内酰胺水溶液的浓缩等。

（2）浓度差（或伴有压差）驱动的膜分离　包括气体分离、渗透汽化和透（渗）析。分离机理为溶解扩散，即上游混合物中某一组分被膜优先吸附溶解，然后在膜内扩散至下游而达到分离的目的。这类膜多为非晶态的致密均质膜，对待分离的组分具有良好的溶解性和扩散性。膜的传递特性可用渗透系数 P（溶解度系数 S 和扩散系数 D 的乘积）来表征。

$$P = S \times D$$

溶解度系数 S 可从溶解度参数中获得信息，与膜材料和待分离组分的亲和性密切相关。扩散服从 Fick 第一定律，即扩散速率与膜的面积、浓度梯度成正比，与膜厚度成反比，比例系数就是扩散系数。

① 气体分离。利用气体在膜中溶解扩散性能的不同而达到分离目的，可用于气体除湿，氧的富集，天然气中氦、石油伴生气中 CO_2、合成氨尾气中氢的分离和回收等。

② 渗透汽化。液体混合物中待分离组分在膜内溶解、扩散至下游汽化，而后冷凝收集的分离过程。溶解受热力学因素影响，扩散是动力学过程，汽化对总传质影响较少。下游减压或用惰性气体吹扫，扩大两侧压差，可以加速分离。

渗透汽化可用于三类液体混合物的分离：a. 有机溶剂脱水，如酒精脱水，酒精浓度较高时，选用亲水膜脱水，生产无水酒精；酒精浓度低时，选用亲醇膜透醇，脱水浓缩酒精；b. 水中微量有机物（如苯类、酚类）的脱除，选用亲有机物的膜，如聚偏氟乙烯中空纤维脱除水中微量苯（120mg/kg）；c. 有机-有机混合物的分离，包括极性-极性（如醇/醚）、极性-非极性（如醇/烷烃）、非极性-非极性（如芳烃/烷烃、烯烃/烷烃）体系，以及同分异构体的分离。按（极性）相似相溶的原则和溶度参数来选择膜用高分子。这是渗透汽化技术中的难点和重点。

③ 透析是利用半透膜两侧液体中溶质浓度梯度所产生的扩散现象而引起的分离过程。

以上两类压差和浓度差驱动膜的分离特性或分离效果常用两个重要指标来评价。

① 透过速率或通量。以单位时间单位面积所透过的物质量计（$mol \cdot m^{-2} \cdot h^{-1}$ 或 $kg \cdot m^{-2} \cdot h^{-1}$）。采用单位膜厚度的透过速率（透过系数），则更便于比较不同膜的性能。

② 选择性。对以压差驱动的分离膜，选择性通常用截留率 R 表示。R 处于 $1 \sim 0$ 之间：$R=1$，溶质完全截留；$R=0$，溶质全部透过。而对气体分离或渗透汽化膜，选择性则用分离因子 a（某物质透过量与参考物质透过量之比）表示，a 值愈大，则选择性愈好。

通量和选择性两指标有时相互矛盾，需要协调兼顾。

（3）电位差驱动的膜分离　包括电渗析、膜电解等。

① 电渗析。离子交换膜有阴、阳离子交换膜之分。季铵型阴离子交换膜离解后，膜上留有正电荷；磺酸型阳离子交换膜离解出的氢离子后，膜上留有负电荷。在电场作用下，溶液中阴、阳离子就分别透过阴、阳离子交换膜，移向阳、阴极，从而达到分离或去除的目的。

$$\begin{array}{cc} -CH_2-CH-CH_2-CH- & -CH_2-CH-CH_2-CH- \\ | \quad\quad\quad | & | \quad\quad\quad | \\ R^-A^+ \quad R^-A^+ & R^+A^- \quad R^+A^- \\ R=SO_3^-,\ COO^- & R=NR_3'^+ \\ \text{阳离子交换} & \text{阴离子交换} \end{array}$$

因此，电渗析必需具备三个条件：离子（带电粒子），受电荷相反的电场作用，膜孔径大于离子直径。电渗析已用于高纯水的制备、柠檬汁的脱酸等。离子交换膜多属致密膜，但能溶胀，形成能使离子通过的孔道。

② 膜电解。以氯化钠溶液电解制氢氧化钠为例。用阳离子交换膜将电解池分成两室，阳极一侧注入食盐水，氯离子将电子传给阳极，失去电荷，放出氯气，同时生成的钠离子透过膜，进入阴极室，与氢氧根离子结合成氢氧化钠流出；氢离子接受阴极的电子，形成氢气，也在阴极室放出。因为膜只允许阳离子透过，阳极侧无氯化钠，所以所制得的烧碱比较纯净。加上电能耗低，在电解制烧碱的方法中，离子交换膜法逐步取代传统的隔膜法和汞法。

以上各类主要膜分离过程的机理、特点和功能摘要如表 12-5。

表 12-5　膜分离过程种类及其特征

膜过程	推动力	传递机理	透过物	截留物	膜类型	应用示例
微滤	压差 $<$ 0.2MPa	筛分,粒径,形状	水,溶剂,溶解物	$0.1 \sim 10\mu m$ 悬浮粒子	多孔膜	城市废水处理,制备膜生物反应器、膜接触器
超滤	压差 $0.2 \sim$ 0.4MPa	筛分,粒径,形状	水,溶剂小分子	$0.1 \sim 100nm$ 胶体,病毒,$M=10^3 \sim 10^7$ 大分子	多孔膜,复合膜	中草药精制和浓缩酶,疫苗的纯化和浓缩
纳滤	压差 $0.7 \sim$ 1.5MPa	筛分,粒径,亲和作用	单价离子,有机小分子	多价无机离子,分子量大于200的有机分子	多孔膜,复合膜	染料脱盐
反渗透	压差 $1 \sim$ 10MPa	溶解扩散	水,溶剂	$0.3 \sim 1.2nm$ 悬浮物大分子,离子	复合膜	海水淡化,超纯水制备
气体分离	浓度差,压差 $0.7 \sim$ 5.5MPa	溶解扩散	易透气,气体	难透气,气体	致密膜,复合膜	O_2 富集,N_2/H_2,CO_2/CH_4 分离
渗透汽化	温度差,压差	溶解扩散,汽化	易透溶剂	难透溶剂或溶质	致密膜,复合膜	醇水分离,恒沸和近沸物分离
透析	浓度差	溶解扩散	低分子,离子	分子量>1000	致密膜	血液透析,滤过
电渗析	电位差	离子传递	离子	非电解质,大分子	离子交换膜	纯水制备,水溶液脱盐
膜电解	电位差	离子传递	阳离子	阴离子	离子交换膜	烧碱生产

12.4.2 高分子分离膜的种类和形态

膜是膜分离技术中的关键。膜的种类很多，可从不同角度分类：例如生物膜和合成膜，固膜和液膜，有机（高分子）膜和无机膜（陶瓷、金属）。这里仅讨论合成高分子膜。

膜往往按膜过程来定名，如微滤膜、超滤膜、反渗透膜等。除离子交换膜外，基本上可以按孔径归纳成致密膜和多孔膜两大类。按孔径沿膜截面的变化，可另分为对称膜和不对称膜。单层的致密膜是对称膜，多孔膜中的毛细管膜也属对称膜。多数多孔膜是不对称膜，由致密面层和多孔支撑层组成的复合膜也不对称。应该避免不同分类中膜名称的混串。

力学强度、热稳定性和化学稳定性是各类膜的共同要求。致密膜和多孔膜是最基本的两类膜，复合膜由致密膜和多孔膜复合而成，离子交换膜结合有离子交换基团的致密膜。

（1）致密膜 又称均质膜，无人为孔，仅由大分子链无序热运动而形成的瞬时通道，所谓"自由体积"，孔径约 $0.1\sim1nm$。主要用于纳滤、反渗透、气体分离等过程。按溶解扩散原理使气体或液体中某一组分选择性地溶解、扩散透过而分离。

致密膜用高分子有两个基本要求：①无定形玻璃态或高弹态；②与待渗透的物质相溶。

（2）多孔膜 按待分离粒子或分子的大小，还可以细分，如微滤膜、超滤膜等。多孔膜的分离原理是筛分作用，对膜用聚合物的种类并无严格要求，需要考虑的是制膜条件，使符合一定的孔径，还应注重抗膜污染能力和清洗方法，以保证分离效果。

多数多孔膜是不对称膜。在相转变法制膜过程中，皮层比较致密，而主体却多孔疏松。

（3）复合膜 一般由两种不同的膜材料复合而成。最典型的复合膜由很薄（厚度约 $0.2\mu m$）的致密膜作表面皮层和较厚（$100\sim200\mu m$）的多孔膜作支撑层。皮层承担分离功能，支撑层承受较高的压力（10MPa），并保证较高的渗透速度。反渗透、渗透汽化常用这类膜。复合膜中的表层和支撑层可在成膜过程中一次形成，也可在支撑层上涂覆表层而成。

（4）离子交换膜（荷电膜） 主要用于电渗析、膜电解等过程。离子交换膜有着特殊的要求，制膜以外，还要交联和引入离子交换基团。交联可用多官能度共单体在聚合时引入，也可以在聚合之后，经后处理或辐照形成。离子交换基团一般在交联膜形成之后引入，即高分子进行功能化。此外，含交换基团的单体经聚合（或高分子化）也可以制成交换膜。

食盐电解的阳离子交换膜不仅要求阳离子选择性透过、电导率和电流效率高和足够的强度，而且高度耐酸、耐碱、耐氯的腐蚀，因此选用了带磺酸阳离子基团的全氟聚合物，如：

$$\begin{array}{c} -\!\!\left[CF_2\!-\!CF_2\right]_{\overline{n}}\!\!\left[CF_2\!-\!CF\right]_{\overline{m}} \\ | \\ O\!-\!CF_2CF(CF_3)\!-\!O\!-\!CF_2CF_2\!-\!SO_3H \end{array}$$

全氟磺酸型阳离子交换膜还可用于燃料电池、有机电合成等领域。

12.4.3 膜用高分子和制膜方法

原则上，凡是可以成膜的聚合物都可制作分离膜，曾经试用过上百种聚合物。但实际上往往根据膜过程原理、分离条件和待分离物质的性质来选用膜用高分子，经常选用的品种不过十几种。醋酸纤维素、聚砜、硅橡胶最常用，聚酰胺、芳族聚酰胺、聚酰亚胺、聚碳酸酯、聚丙烯、聚乙烯、聚乙烯醇（缩醛）、聚丙烯腈、聚四氟乙烯等也在不同场合使用。

分离膜将涉及分离对象、分离特性（通量和选择性）、结构形态（微结构和聚集态结构）、制备方法（合成和成型）诸多问题。

分离膜的制法有多种，如溶液浇铸法、熔融挤出法、粉末烧结法、径迹刻蚀法、原位聚合成膜法等。其中浇铸法用得最多，在着重介绍之前，先浏览一下其他方法。

熔融挤出拉伸法是制备聚丙烯多孔膜和中空纤维膜的常用方法，为防结晶，膜的后处理是关键。烧结法主要用于聚四氟乙烯多孔膜的制备，颗粒界面熔接在一起，构成粒间孔隙。膜孔大小和孔径分布决定于原粉的粒径和分布，可制备 $5\sim10\mu m$ 的多孔膜。径迹刻蚀法可制毛细管孔膜，例如聚碳酸酯膜经高能粒子辐照，受损部分形成径迹，再用碱或酸处理使腐蚀，可形成 $0.02\sim10\mu m$ 均匀圆柱状孔。原位聚合或界面缩聚直接成膜法可使聚合和成膜同步进行，聚合后脱除溶剂成膜。以上诸法都只局限于某些特种膜的制备。

分离膜的最常用制法是溶液浇铸法，在膜技术中则称作"相转变法"。利用溶剂-非溶剂、温度等因素对高分子浓溶液相平衡的影响，改变聚合物的溶解度，使起始的高分子均相溶液向多相转变，经沉析、凝胶化、固化而成膜。浇铸法可用来制备致密膜和多孔膜，制备不对称多孔膜更具优势。目前几乎全部超滤膜、反渗透膜和大部分微滤膜都由相转变法制备。

常用的膜用高分子、溶剂、致孔剂、制膜方法举例如表 12-6。

表 12-6　铸膜法制备多孔膜的聚合物/溶剂体系

聚合物	溶　剂	致孔剂	成膜法	膜形状	膜类型
硝基纤维素	丙酮	丁醇	干法	平面	大孔径微滤膜
醋酸纤维素	丙酮	无	干法	平面	微滤、超滤、纳滤膜
	丙酮,甲酸甲酯	甲醇,$Mg(ClO_4)_2$ 水溶液	湿法	中空纤维、平面	微滤、超滤膜
聚(醚)砜	二氯甲烷	三氟乙醇	干法	中空纤维、毛细管、	微滤、超滤、纳滤膜
	DMF 或二甲基亚砜	醋酸钠、硝酸钠或氯化锌	干法	平面	微滤、超滤、纳滤膜
尼龙-66	98%甲酸	水	湿法	平面	微滤膜
	90%甲酸		干法		微滤膜
尼龙-6	N,N-二羟基乙基胺	无	热法	平面	微滤膜
聚乙烯	DOP	无,或加二氧化硅而后脱除	热法	中空纤维	微滤膜
聚丙烯	N,N-二羟基乙基胺		热法	中空纤维	微滤膜
聚四氟乙烯	无		烧结法	平面	微滤膜
聚丙烯腈	二甲基甲酰胺 DMF	水	湿法	中空纤维、平面	超滤
聚偏氟乙烯	DMF	甘油	湿法	中空纤维、毛细管、平面	微滤、超滤膜

浇铸法制致密膜时，可采用单一溶剂；而制备多孔膜时，多采用溶剂和非（或劣）溶剂的混合溶剂，聚合物可以是均聚物、共聚物或共混物。

溶剂选择是制膜成功的关键。所用的溶剂可以定性地分为（良）溶剂、劣溶剂（溶胀剂）和非溶剂（沉淀剂）。良溶剂可使聚合物完全溶解，配成均相溶液。劣溶剂对聚合物溶解有限，或溶胀，或部分互溶，温度适当，可以完全溶解，降温，则可能分离成两相。非溶剂不能溶解聚合物，成为沉淀剂。劣溶剂和非溶剂都有致孔的功能，只是程度不同而已。

相转变法制备多孔膜的过程一般要经过均相浓溶液、溶胀溶胶、凝胶、固膜等阶段，实施方法则有干法、湿法、热法、聚合物辅助法等。

① 干法。又称完全蒸发法，利用加热使溶剂挥发而成膜。这是最早、最简单的制膜法。

制备致密膜时，仅由聚合物和溶剂两组分（如醋酸纤维素和丙酮）配成均相溶液，铸膜，使溶剂完全蒸发，即成。成膜关键有二：一是选用良溶剂，使高分子处于舒展状态；另一是控制溶剂挥发速度，使大分子接近溶液中原有分散形态，保持"无孔致密"。

制备多孔膜时，需在上述均相溶液的基础上，再添加沸点比溶剂高 30℃ 的少量非溶剂，先使聚合物完全溶解，保持均相，以便铸膜。加热，先使膜中溶剂挥发，逐渐转变成两相，成为聚合物/非溶剂的不互溶凝胶，再升温，脱除非溶剂，即成多孔膜。以硝基纤维素制备多孔膜为例，选用醋酸甲酯（$T_b=57℃$）作良溶剂，乙醇（78℃）和丁醇（118℃）作劣溶剂，水（100℃）和少量甘油（290℃）作非溶剂，配成约3%的均相溶液，铸膜，然后逐步升温，按沸点的不同，依次相伴挥发脱除，最后留下硝基纤维素多孔膜，孔隙率可以高达85%。

② 湿法。这是目前用得最多的制膜法，原理类似湿法纺丝。将聚合物/溶剂（如醋酸纤维素/丙酮，也可添加致孔剂）配成10%～30%浓溶液，浇铸成厚度100～500μm膜，浸入沉淀浴（水）中，水将膜中溶剂萃取出来，部分水进入膜内，形成两相：聚合物富相成膜，溶剂富相成孔，其中水含量就相当于孔隙率。表层孔比底层孔小得多，因而成为不对称膜。

不对称膜的成因可以解释如下：当铸膜浸入水中，表层溶剂迅速被水抽提，聚合物快速沉析，形成致密表层，厚度约0.25μm，孔径0.8～2.0nm。表层形成后，水对内层溶剂的抽提减慢，先形成水凝胶，后成疏松多孔的支撑层，厚度达100μm，孔径100～400nm。如加有致孔剂，则可改变聚合物的沉析速度，从而改变孔的形状。快速沉析，容易形成指状孔，其通量大，而选择性低；相反，缓慢沉析，则容易形成海绵状，选择性好，但通量低。

③ 热（致相变）法。要求所用溶剂对聚合物的溶解性能随温度而变，在较高温度下，聚合物/溶剂体系完全互溶成均相溶液，铸膜。冷却至共溶点以下，体系沉析成两相：一相是溶剂富相，内含少量聚合物；另一相为凝胶状聚合物富相，溶胀有少量溶剂。具有这种特性的溶剂可称作潜溶剂，一般是沸点较高的非挥发性液体。残留在膜中的潜溶剂常温下难以蒸发除净，可用沸点较低的溶剂萃取出来，留下微孔。再设法除净低沸溶剂，就成为多孔膜。

高密度聚乙烯、聚丙烯、聚苯乙烯、苯乙烯-丁二烯共聚物、改性聚苯醚等均可选用 N-二醇取代的脂肪胺类（TDEA）作潜溶剂，成膜温度200～250℃。

④ 聚合物辅助法。将聚合物1、聚合物2、溶剂三组分配成均相溶液，铸膜。如果直接加热，脱除全部溶剂，将成致密共混膜。若另选不使聚合物1溶解的溶剂，将膜内原有溶剂和聚合物2萃取出来，则成多孔膜。聚合物2就起到致孔剂的作用。如果聚合物2是水溶性高分子，则可用水作萃取剂。

总的说来，分离膜的制作包括聚合物的合成、聚合物溶液的配制、成膜、功能化等步骤。

表 12-7　膜器件填装的比表面 A/V

膜器件	$A/V/\text{m}^2 \cdot \text{m}^{-3}$	膜器件	$A/V/\text{m}^2 \cdot \text{m}^{-3}$
平面状		管状	
板框式	100～400	管式	50～300
卷式	300～1000	毛细管	600～1200
		中空纤维	2000～30000

12.4.4　膜设备

膜分离需要较大面积的分离膜，为了减少占地面积，希望将膜器件尽可能组装得紧凑一些。膜器件的设计须综合考虑不同膜分离过程和清洗、维护、操作的方便。膜器件主要有平面状和管状两种构型。平面膜可以制成板框式或卷式，管状膜则有管式（直径＞10mm）、毛细管（0.5～10mm）和中空纤维（＜0.5mm）三种构型。不同形状膜器件填装的面积/体积（A/V,）比可以相差很大，如表12-7所示。提高填装面积/体积比，虽可降低投资，但容易污染，清洗困难，应作综合考虑。

12.5 电功能高分子

12.5.1 概述

大多数聚合物是绝缘体，金属是导体。但近几十年来却发展了兼有聚合物和金属双重性能的新材料，尤其是导电（含半导体和导体）、光致导电、压电等电功能高分子。

材料的导电性能可用电导率来评价。电导单位是西门子 S（Ω^{-1}），电导率的单位是 S·cm^{-1}，即电阻率的倒数 Ω^{-1}·cm。该数值乘以 100，就成为 SI 单位（S·m^{-1}）。

按电导率大小，可将材料粗分为导体（$>10^2$ S·cm^{-1}）、半导体（$10^2 \sim 10^{-6}$ S·cm^{-1}）、绝缘体（$<10^{-6}$ S·cm^{-1}）三类，范围的划分并不严格，可能上下波动。电导率$>10^8$ S·cm^{-1}，则进入超导范围，超导的电阻率接近于零。多种材料的电导率示例如图 12-2。

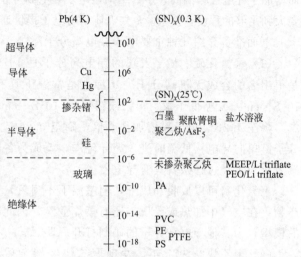

图 12-2　材料的电导率（S·cm^{-1}）示例

导电高分子可以分成两大类：

① 复合型，即以聚合物为基质，与粉状或纤维状金属、石墨等导电组分复合而成，可以配制成塑料、橡胶、涂料、粘结剂等导电产品，这一类已在广泛应用；

② 结构型，即特殊结构的高分子本身就具有导电性，这一类是目前国际前沿研究课题，部分正处在应用的进程中。

材料的宏观导电性是由物质中的微观自由电荷迁移引起的，自由电荷通常称作载流子，载流子可以是电子或空穴，也可以是正、负离子，相应产生电子导电和离子导电，导电高分子也就可以分成这两类。在电场作用下，载流子作定向移动，产生电流。因此，电导率就与载流子浓度和迁移速率两因素有关。

导电高分子用途很广，从易加工的半导体芯片和集成电路、到燃料电池和蓄电池的电极、传感器、电色显示，轻质导线乃至抗静电包装材料，这就是导电高分子研究活跃的原因。

共轭聚合物、聚合物的电荷转移络合物、自由基-离子化合物以及有机金属聚合物等都可能有导电性能，多数处于半导体范围。下面将依次介绍电子导电和离子导电聚合物。

12.5.2 电子导电聚合物

电子导电聚合物是能为电子（或正的空穴）提供传递通道的固态高分子，电子可沿分子链传递，也可在链之间跳跃传递。导电过程与金属或类金属半导体的导电相似。

电子导电高分子的结构有一共同特征，即由单键和双键沿分子链相间交替，形成线形或平面形大 π-共轭体系，有如以下诸式：

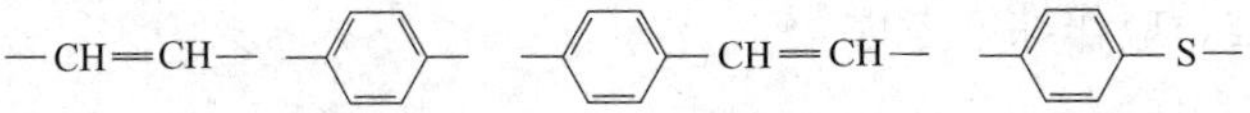

$-CH=CH-$ 　　 　　 　　 $-CH=CH-$ 　　 $-S-$

聚乙炔　　　聚亚苯基　　聚亚苯基亚乙烯基　聚苯硫醚

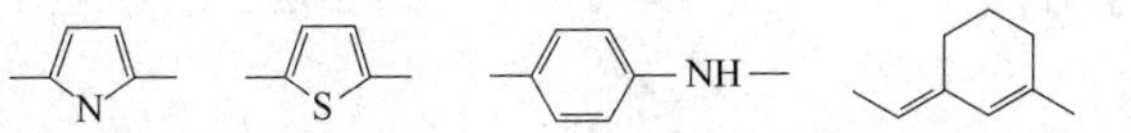

　　　　　　　　　　　　　　$-NH-$

聚吡咯　　　聚噻吩　　　聚苯胺　　　聚(1,6-庚二炔)

随着 π-电子共轭体系的增大，电子离域性增加，可移动范围扩大，赋予跨键移动能力，从而增加了导电性。因此，多数结构型电子导电高分子一般有三个要求：π-共轭结构，共轭体系要大到足够的程度，掺杂。π-共轭体系为电子提供通道，掺杂则向通道注入电子或空穴。

下面准备介绍几种重要电子导电高分子。

(1) 聚氮化硫　最早发现的导电高分子是 1975 年合成的聚氮化硫 ($-S=N-]_n$)，这是很出名的合成无机高分子。其特点是常温下具有金属光泽和导电性能，其电导率（$3\times10^3 \text{S} \cdot \text{cm}^{-1}$），略低于汞、镍铬或铋（$1\times10^4 \text{S} \cdot \text{cm}^{-1}$）。电导率随温度降低而增加，温度从 25℃降至 4.2K，电导率增加 200 倍，降至 0.26K，就成了超导。常温下载流子沿聚氮化硫分子链单向导电；低温时进入超导范围，就成为各向同性，三向导电。到目前为止，只有纯聚氮化硫不经过掺杂就具有导电性。

聚氮化硫可以成膜和成纤，但室温下不耐氧，长期放置或加热，将分解成硫、氮和其他产物；在空气中加热或受压，还有爆炸危险，因此应用受到限制。但可当作电子电导聚合物的模型，为其他导电高分子的研制打开思路。

(2) 聚乙炔　1977 年，发现聚乙炔经掺杂后，具有导电性，成为导电高分子的重要代表。

聚乙炔由乙炔聚合而成。在甲苯、四氢呋喃等溶剂中，低温下，采用钛系［如 $\text{Ti}(\text{OC}_4\text{H}_9)_4/\text{AlEt}_3 = 1:4$］或稀土系［如 $\text{Ln}(\text{naph})_3/\text{Al}(i\text{-Bu})_3$］等 Ziegler-Natta 引发剂，甚至 MOCl_4 和 WOCl_4 单组分引发剂，都可使乙炔聚合成聚乙炔。聚乙炔的结晶度可达 85%。

$$n\text{CH}\equiv\text{CH} \xrightarrow{\text{Ziegler-Natta 引发剂}} [\text{CH}=\text{CH}]_n$$

近年来的突出成果是以环辛四烯为单体，钨化合物为引发剂，经开环聚合，可制成可溶性预聚物，经加热，进一步可转变成聚乙炔导电膜。

纯聚乙炔原本是绝缘体，但实际上含有微量杂质，致使其薄膜呈金属色泽，具有半导体性质。如果经人为掺杂，电导率可增加很多，而成为半导体或导体。

经过氧化或还原处理使聚合物转变成半导体或导体的过程称作"掺杂"，实质上是电荷从聚乙炔分子向掺杂剂转移，形成载流子。聚乙炔可用少量电子受体（如氯、溴、碘、AsF_5）进行氧化掺杂（p 型），也可用电子给体（如萘钠）作还原掺杂（n 型），示意如下式：

氧化掺杂（p-型）　　　　　　　$(\text{CH})_n + 1/2\text{I}_2 \longrightarrow (\text{CH})_n^{\oplus}(\text{I}_3)_{1/3}^{\ominus}$

还原掺杂（n-型）　　　　　　　$(\text{CH})_n + x\text{Na} \longrightarrow (\text{Na})_x^{\oplus}(\text{CH})_n^{\ominus}$

聚乙炔可以顺、反式存在，室温或低温聚合，以顺式为主；高温聚合，则以反式为主。反式在热力学上更稳定，顺式聚乙炔长期存放或加热至 150℃，就转变成反式。顺、反式纯聚乙炔的电导率差别很大，分别为 $10^{-9} \text{S} \cdot \text{cm}^{-1}$ 和 $10^{-5} \text{S} \cdot \text{cm}^{-1}$，处于绝缘体和半导体边缘区。经掺杂后，电导率可升至 $10^2 \text{S} \cdot \text{cm}^{-1}$，增加了 11~7 数量级。经过氯酸、硫酸、三氟甲烷磺酸等强质子酸掺杂，电导率可达 $10^3 S \cdot cm^{-1}$。因此控制掺杂程度，可以稳定在半导体和导体之间。掺杂剂中 AsF_5 的效果最佳，碘次之，溴较差。

掺杂使聚乙炔电导率增加的原因与电荷转移络合物（CTC）的生成有关。聚乙炔具有离域 π-电子结构，无杂质时，π-电子无法离域流动，故不导电。一经给体或受体掺杂，就与聚乙炔形成电荷转移络合物，形成电子或"空穴"载流子。载流子沿分子链自由流动，产生导电现象。高结晶度和低交联聚乙炔经掺杂后，电导率可高达 $1.5 \times 10^5 S \cdot cm^{-1}$，相当于铜的 1/3。

如果聚乙炔分子链的平面结构受到破坏、聚合度降低或结晶度降低，都使电导率降低。例如聚苯乙炔的稳定性虽比聚乙炔好，但因苯基侧基的位阻效应，将使分子链呈非平面构象，电导率因而显著降低。

电导率随掺杂结合量而增加，结合量到达一定量〔如聚合物结构单元的 2%（摩尔分数）〕后，电导率的变化趋平，不再增加。经掺杂后的聚乙炔暴露在空气中，电导率会逐渐下降，一个月后可能下降一个数量级，这给应用带来困难，有待解决。

聚乙炔可用作电池或燃料电池的电极、电路中的轻质导线或 p-n 结器件。

虽然聚乙炔并非电子或光电领域中的最佳材料，但为后继导电聚合物的研究工作起到了跳板作用，因此，Heeger，MacDiarmd 和白川英树在聚乙炔导电高分子研究工作的出色成就，获得了 2000 年的诺贝尔化学奖。

（3）亚苯基聚合物　聚（对亚苯基）、聚（亚苯基乙烯基）、聚（苯硫醚）、聚（1,6-庚二炔）都属于亚苯基聚合物。亚苯基引入主链，也可形成共轭体系，赋予导电性能。经掺杂，电导率多在半导体范围。

① 聚（对亚苯基）。简称聚苯，可用 $AlCl_3/CuCl_2$ 催化剂，由苯脱氢聚合而成。

聚苯具有离域的 π-电子结构，长期来总希望能成为导电高分子，可惜聚合度很低时就不溶，从溶剂中沉析出来，终止增长，只形成齐聚物；而且熔点很高，难加工。只能利用其齐聚物来掺杂，研究导电性能。聚苯齐聚物用 AsF_5 掺杂后，发现齐聚物分子可连接成高聚物，未掺杂时电导率很低（$10^{-14} S \cdot cm^{-1}$），掺杂后电导率却有很大的提高（$5 \times 10^2 S \cdot cm^{-1}$）。

② 聚（亚苯基乙烯基）。聚（亚苯基乙烯基）的合成和研究对导电高分子的应用起了重要作用。该聚合物的结构类似对亚苯基和乙炔的交替共聚物，也是不溶的短链齐聚物，但在苯环上引入烷基侧基，则可改善溶解性能，并能提高分子量。其导电行为与聚乙炔类似，经 AsF_5 掺杂，电导率达 $3 S \cdot cm^{-1}$。后来利用高聚物前体消去反应，制得分子量较高的聚（亚苯基乙烯基），经 AsF_5 或碘掺杂，电导率可达 $5 \times 10^2 \sim 3 \times 10^3 S \cdot cm^{-1}$。经碘掺杂，能在大气中稳定。聚（亚苯基乙烯基）比聚乙炔稳定，可用于纳米导线和电致发光材料。

聚（亚苯基亚乙烯基）用于发光屏幕已经商业化。电子和空穴注入聚合物半导体两侧，两者相遇时，湮灭，以光子的形式释放出能量。简言之，半导体通上电流而发光。光的颜色与聚合物结构和能带间隙有关。能带间隙大，发蓝光；间隙小，则发绿光；间隙更小，则为红光。红、绿、蓝的不同组合，就可以产生任何颜色的可见光。

③ 聚苯硫醚。可由二氯苯与硫化钠在 N-甲基吡咯烷酮溶液中缩聚而成，早已商品化。聚苯硫醚化学稳定性和热稳定性俱佳，可溶可熔，可模塑可成纤成膜，应用方便。经 AsF_5 氧化掺杂，电导率可提高到 $1 \sim 10 S \cdot cm^{-1}$。

聚苯硫醚原始结构似非大共轭体系，有可能形成下列结构而导电。

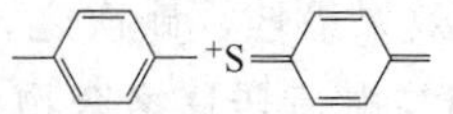

④ 聚（1,6-庚二炔）。可由 1,6-庚二炔经 Ziegler 催化成环聚合而成。

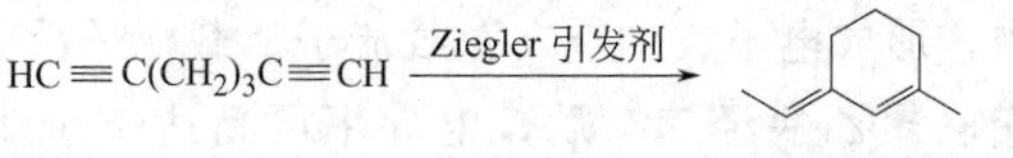

$$HC \equiv C(CH_2)_3C \equiv CH \xrightarrow{\text{Ziegler 引发剂}}$$

聚（1,6-庚二炔）

（4）主链含芳杂环共轭高分子　聚吡咯、聚噻吩、聚苯胺是这类的代表。

① 聚吡咯　1979 年，用电化学氧化聚合法，合成得聚吡咯。与聚乙炔不同的是，在电化学氧化聚合过程中，有支持电解质存在，聚吡咯直接形成掺杂形式，而且在空气、水中稳定，可以加热至 200℃ 而电性能不变，是有发展前途的导电高分子。

以 $R_4N^{\oplus}ClO_4^{\ominus}$ 或 $R_4N^{\oplus}BF_4^{\ominus}$ 作支持电解质，在乙腈中，吡咯可经电化学氧化聚合，形成有光泽的蓝黑色聚吡咯薄膜，沉析在电极上，可以剥离下来。

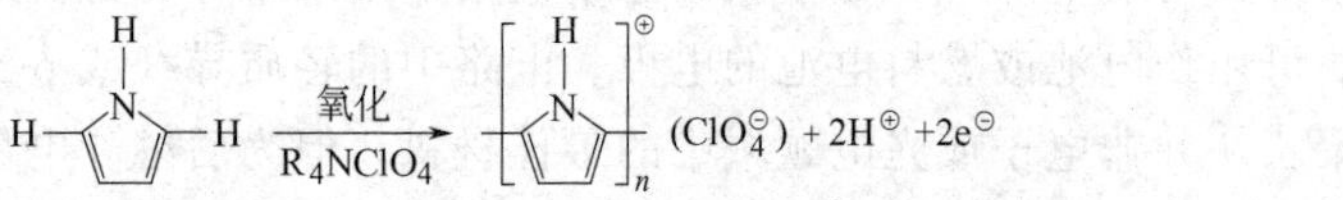

这样合成的聚吡咯带正电，每 3～4 单元与一阴离子（$ClO_4^{\ominus}$ 或 $BF_4^{\ominus}$）相平衡，呈电中性。电导率可达 $10^2 S \cdot cm^{-1}$，处于半导体范围。电导率随温度而增加。

聚吡咯薄膜有良好的机械强度，在大气中稳定，经氧化和还原，可以变色，可用于显示装置中的电色开关，在蓄电池中也已实际应用。

② 聚噻吩。1982 年，经电化学氧化，聚合得聚噻吩。但其电导率低（$10^{-3} \sim 10^{-4} S \cdot cm^{-1}$），空气中不稳定。有取代的噻吩聚合物才有价值，如噻吩格氏试剂经催化偶联，可制得聚（3-烷基噻吩）。未取向的聚（3-十二烷基噻吩）经碘掺杂，平均电导率约 $6 \times 10^2 S \cdot cm^{-1}$，最大可达 $10^3 S \cdot cm^{-1}$。

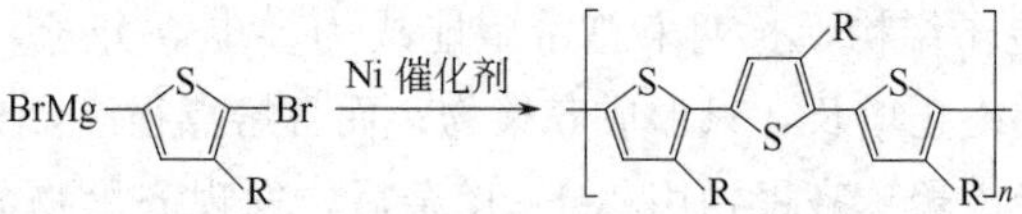

聚吡咯和聚噻吩都可用作电显示材料。中性聚吡咯呈黄色，氧化后呈深棕色。中性聚（3-甲基噻吩）在蓝区（480nm）有较强吸收，而氧化后，最大吸收带转移到红区（560nm）。

③ 聚苯胺。聚苯胺呈黑色、暗绿色或蓝紫色，组成不确定，苯胺黑染料已知 100 多年，但近期却进一步发展成导电高分子。聚苯胺有几种氧化态，电导和颜色均随氧化态而变，其中只有翠绿亚胺盐才能导电。这种材料很容易由苯胺在酸性水介质中经电化学氧化制成。

翠绿亚胺柔软薄膜可由 N-甲基吡咯烷酮溶液浇铸而成，再浸入酸液或在酸气氛中进行质子掺杂，并不需要氧化或还原，即成电导体。翠绿亚胺盐的电导率随掺杂用酸的 pH 值降低而增加。亚胺氮原子的质子化过程如下：

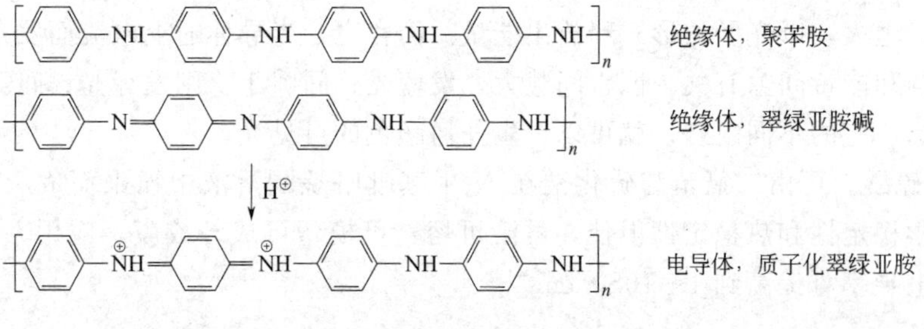

绝缘体，聚苯胺

绝缘体，翠绿亚胺碱

电导体，质子化翠绿亚胺

苯胺经电化学氧化和化学氧化，可制导电材料，但苯胺的电化学氧化比聚吡咯或聚噻吩的合成要复杂一些。苯胺在恒定电位下电化学氧化，只形成粉状产物，不能在电极上成膜。相反，如在$-0.2\sim+0.8V$电压下作周期性变化，则能在电极上成膜。

聚苯胺在空气、水中对热、氧和储存都很稳定，电导率较高，是导电高分子中较有应用前景的品种之一，已用于电池、传感器等领域。

（5）稠芳环共轭高分子　天然石墨具有平面型稠芳环结构，电导率高达$10^2\sim10^3$S·cm^{-1}，高于一般合成的导电高分子，已进入导体行列。聚苯乙炔热处理产物、聚丙烯腈碳纤维、聚酞菁化合物等都属于稠芳环共轭高分子，都具有半导体性质。

在氩气氛中150℃下，苯乙炔可热聚合成聚苯乙炔，分子量约$1100\sim1500$，可溶，黑色，尚无半导体性质。但在减压（$0.53\sim0.67$Pa）下热处理，700℃，电导率可增至2.2×10^{-4}S·cm^{-1}，进入半导体范围。热处理时，裂解析出低分子烃类气体，留下交联稠芳环结构的固体残留物。

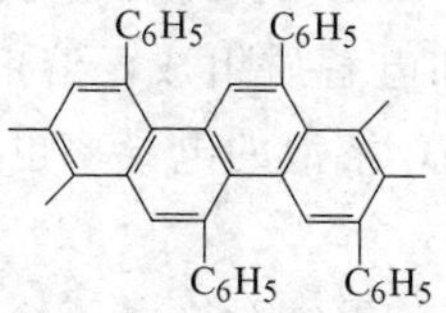

聚苯乙炔可以看作聚乙炔的衍生物，以WCl_6、$MoCl_5$为引发剂，或稀土环烷酸盐/三异丁基铝络合体系，苯乙炔进行溶液聚合，可制得高分子量（$10^4\sim10^5$）聚苯乙炔，经掺杂，可成为半导体型的光电导体，有望成为复印显影材料。

下列带稠芳环侧基的乙烯基聚合物也具有半导体特性。

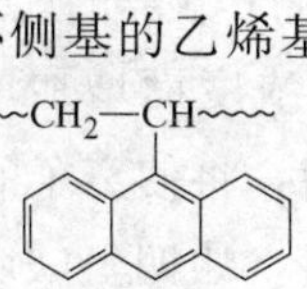

聚蒽乙烯 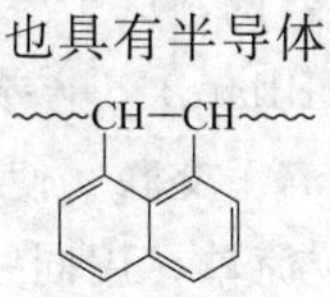　　　　　聚苊 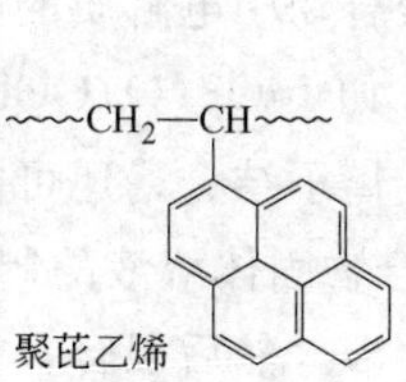　　　　　聚芘乙烯

聚丙烯腈在$400\sim600$℃下热处理，形成稠环共轭体系，具有半导体性质，电导率约$10^{-8}\sim10^{-4}$S·cm^{-1}。

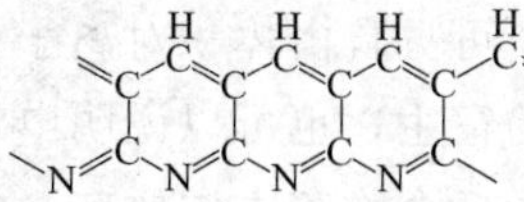

（6）积叠式酞菁聚合物　酞菁是平面型大环结构（如下左式），中心氮可与金属结合或络合（如下中式），与铜结合或络合，就成为著名染料酞菁蓝，并初具半导体性质，电导率约$10^{-8}\sim10^{-2}$S·cm^{-1}。

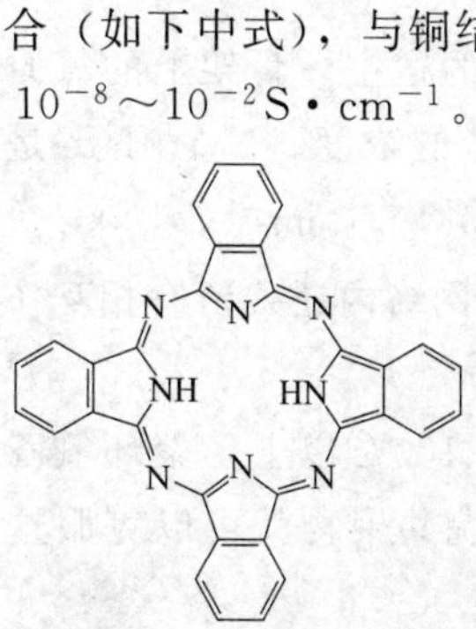

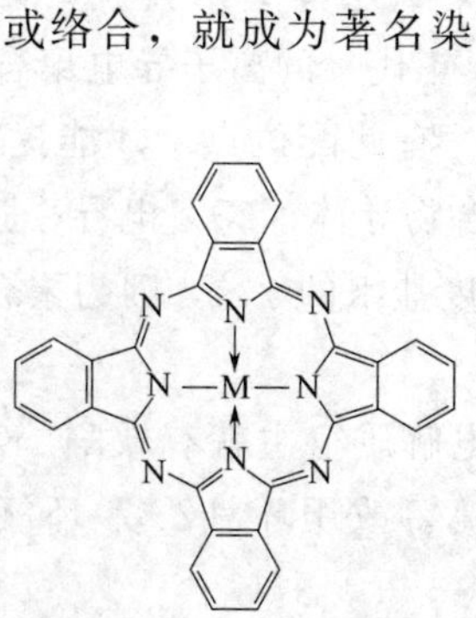

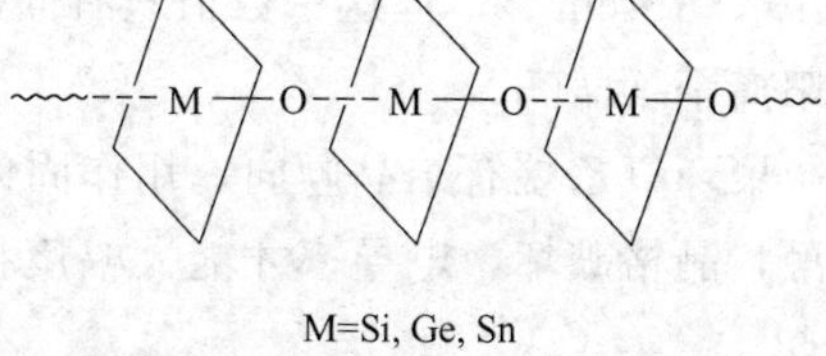

M=Si, Ge, Sn

低分子酞菁类难溶于有机溶剂和水，难成膜成纤，但经高分子化和控制酞菁量（例如<4%），却可改善这些性能。酞菁类聚合物的合成方法有三类：①将酞菁嵌入高分子主链；

②将低分子酞菁键接在聚合物侧基上；③将含有酞菁侧基的单体与乙烯基单体共聚。

如果将硅、锗、锡的二元醇单元结合在环内，二元醇进一步缩聚成主链骨架，将片状酞菁串叠在一起，就形成积叠式酞菁聚硅氧烷等，示意如上右式。这样结构的聚合物能溶于浓硫酸，可以溶纺成纤维，经碘掺杂或电化学氧化，就能沿主链导电，电导率接近 $1S \cdot cm^{-1}$。

如果片状酞菁分子中心没有金属络合，也无—M—O—主链串联，而是规整地积叠成结晶，也能在片-片之间导电，室温电导率高达 $7 \times 10^2 S \cdot cm^{-1}$，1.5K，可升至 $3.5 \times 10^3 S \cdot cm^{-1}$。可见已经进入金属范围，与前面提到的导电高分子的导电行为有些不同。

迄今，已经发现有不少导电高分子属于半导体范围，但其电导率受温度、压力，以及合成、后处理、掺杂的影响，解决稳定性问题以后，才有应用前景，可望用于信息电子器件。

12.5.3 离子导电聚合物

离子导电聚合物包括一般离子传递和质子传递两类。

(1) 固体聚合物中的离子导电 在电场作用下，食盐水溶液中 Na^+ 和 Cl^- 分别向相反电极移动而导电。导电体系由溶剂和电解质组成，溶剂对离子有溶剂化作用，使两离子分离。盐的浓度愈大，则电荷载体愈多，溶液的电导率也愈大。相似，离子导电高分子体系则由电解质和聚合物构成固体溶液。

聚合物用作固体溶剂，要求有二：①结合有电子给体（碱）配位点，以便与盐的阳离子形成弱键，使离子溶剂化而分离，如果两离子处于紧密离子对，聚合物就无离子可载；②无定形，柔性，T_g 低，为离子迁移提供"自由体积"，否则，离子无法迁移，仍然不能导电。

离子导电聚合物中电解质的晶格能要低，低于溶剂化和离子分离的能，一般选用阴离子体积较大的盐，如 $LiOS(O)OCF_3$（Li-triflate）。电导率随盐浓度而增加，过最高点而后下降。盐过浓会使离子结合，还可能形成离子交联，使 T_g 提高，将使离子的活动能力降低。

电解质-聚合物固体溶液的制法比较简单，用同一种溶剂（如四氢呋喃）将电解质和聚合物分别配成溶液，然后混合，铸膜，脱除溶剂，就形成聚合物-电解质共轭膜。

聚合物中离子电导的机理可作如下解释：当聚合物受热作弯曲、扭转、蠕动等时，配位在大分子上的离子可以从某大分子的配位点移向另一大分子的配位点。施加外电场，离子单向扩散迁移，例如阳离子移向阴极。可见自由体积对离子扩散传递非常重要。这就可以说明为什么要优选无定形聚合物作离子的宿主，也可以说明电导率随温度而增加的原因。

根据上述原理，用作离子导电的聚合物宿主主要有两类。

① 脂族聚醚类。包括聚环氧乙烷、环氧乙烷-环氧丙烷共聚物。

聚环氧乙烷是最早研究（20世纪70年代）的离子导电聚合物的宿主。骨架上的氧原子是给体配位点，可与碱金属阳离子络合。有此配位点，才能提高盐的浓度。Li-triflate 是常用的盐。两者配位以后，就成为离子聚合物导体，25℃电导率达 $10^{-6} S \cdot cm^{-1}$，100℃，升为 $10^{-4} S \cdot cm^{-1}$，但这一数值只有同浓度盐水的1%，因为聚合物网络内还残留有相互作用的阳离子-阴离子。

聚环氧乙烷有结晶倾向，用作固体电解质宿主就有缺陷。70～100℃以上，聚环氧乙烷熔融，晶格破坏，电导率才能大幅度提高。改用环氧乙烷-环氧丙烷共聚物就可以克服这一缺点。

② 聚磷氮烯和聚硅氧烷类梳形聚合物。利用聚磷氮烯和聚硅氧烷主链的柔性，接上电子给体配位点侧基，就可以成为电解质的聚合物宿主。这两种聚合物的结构单元有如下式：

$$\begin{array}{cc} O(CH_2CH_2O)_2CH_3 & O(CH_2CH_2O)_xCH_3 \\ | & | \\ -N=P- & -O-Si- \\ | & | \\ O(CH_2CH_2O)_2CH_3 & CH_3 \end{array}$$

聚[双(甲氧乙氧乙氧)磷氮烯](MEEP)$T_g = -84℃$，完全无定形，可溶于四氢呋喃，带有配位点的侧基密集，可形成多个配位点。该体系室温电导率可达 2.2×10^{-5} S·cm^{-1}。经适当交联，尺寸稳定性增加，但电导率并不显著降低。如果以支链形乙烯基氧代替 MEEP 中的线形侧基，则电导率可提高到 10^{-4} S·cm^{-1}，材料形态也从固态转变成胶状。

MEEP 室温电导率过低，还不能满足一般蓄电池的要求。如果添加少量配位有机溶剂，如碳酸丙烯酯，则可将电导率提高到所需要的水平 10^{-3} S·cm^{-1}。

离子导电聚合物可用于质轻、高能密度的蓄电池，以此制成的充电锂电池单位质量或单位体积所储存的能量可以是铅-酸蓄电池的 2～5 倍。其他还可能用于电色显示装置、电致变色玻璃、固体光电池、传感器、电化学换能器、超电容器等。

（2）质子传递膜　质子传递聚合物是第二种固体离子导体，可用作燃料电池的质子传递膜。

质子传递膜材料多选用含有酸性侧基的聚合物，以便质子在膜内从一酸点迁移到另一酸点，水的存在可以帮助质子传递。经典的质子传递膜材料是 Nafion-117，是带有磺酸基团（—SO_3H）的含氟聚合物，类似电解食盐用的离子膜。80℃以上 Nafion 容易水解，只能在80℃以下使用。因此希望另找替代材料，例如磺化聚酰亚胺和其他耐高温聚合物。含有磺酸、膦酸、磺亚酰胺基团的聚（苯基氧磷氮烯）也已取得良好的结果。

燃料电池可将氢、甲醇或甲烷等转变成电能。燃料电池中的质子传递膜将两电极隔离开来。阳极含有 Pt-Ru 粉末，而阴极则含 Pt 粉。氢用作燃料，从阳极室引入，转变成质子和电子。电子流经外电路，传至阴极，而质子则经膜迁移至阴极，质子在阴极被空气氧化成水。甲醇燃料电池的操作原理也相似，不同的只是甲醇被氧化成二氧化碳和水。氢燃料电池可望用于汽车和小型电站。但甲醇燃料电池用于汽车更有优势。

12.5.4　光致导电高分子

有些物质在黑暗时是绝缘体，紫外光下电导率可增几个数量级而变为导体，这种现象称作光致导电，是光电转换过程。原理是材料在光激发下形成电子或空穴载流子，在电场作用下载流子迁移而产生电流。有效的光导电材料希望产生载流子的量子效率高，载流子迁移速率大，光电流与暗电流的比值（$I_{光}/I_{暗}$）大。硒、硫化锌、硫化镉都是著名无机光电导体。

以上介绍的不少导电高分子，如聚乙炔、键接有酞菁基团的高分子等，都可以成为光电高分子。但最突出的典型光电导高分子首推聚乙烯基咔唑。其黑暗时的电导率为 5×10^{-14} S·cm^{-1}，紫外光下（360nm）为 5×10^{-13} S·cm^{-1}，在可见光下（550nm）的感光度仍然较差，如果在乙烯基咔唑环 3,6 位上引入溴、硝基或氨基等取代基，或形成交替或无规共聚物，则可增加光导电性能。更有效的简便方法是添加增感剂，如 2,4,7-三硝基芴酮。

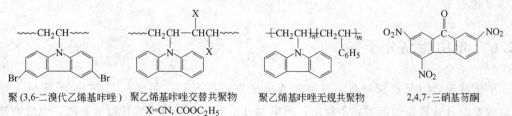

聚(3,6-二溴代乙烯基咔唑)　聚乙烯基咔唑交替共聚物　聚乙烯基咔唑无规共聚物　2,4,7-三硝基芴酮
　　　　　　　　　　　　　X=CN, COOC$_2$H$_5$

目前静电复印和电子照相大多以硒作光电材料，聚乙烯基咔唑类也已经开始使用。

复印过程由四步组成：①充电，即涂覆在金属导电支持层的光电高分子由电晕在暗处放电使带负电；②曝光成像，将待复印的纸张放在光电高分子层的上面，使光照部分放电而得静电潜像；③静电显影，喷洒带正电荷的碳粉（载体和调色剂）；④图像转移定影，即将图像转移到负电荷的纸上，光通过部分，电阻下降而不吸附碳粉，因而得以定影成像或复制。

无机和高分子光电材料可用于光通讯、太阳能电池、静电复印、电子照相、传真、显像、自动控制等领域中的传感器。

12.5.5　压电性和热电性高分子

有些电介质受外力作用，极化状态发生变化，产生表面电荷，表面电荷密度与应力成正比，这称为正电压效应。反之，施加外电场，介质内产生机械形变，应变与电场强度成正比，这称为逆压电效应。这种机械能和电能相互转换的正、逆效应就称作压电性。物质受热而产生电荷的性能则称作热电性。根据压电性、热电性的特点，可以用来制作能量变换元件。

压电性的强弱可用正效应的压电率 d 来衡量，所谓压电率，就是单位应力 T（N·m^{-2}）的极化或电位移（C·m^{-2}），相当于库仑/牛顿（C·N^{-1}）。按逆效应，则以形变率来衡量，即单位电位 E（V·m^{-1}）所产生的形变 S。

$$d = \frac{\partial D}{\partial T} = \frac{\partial S}{\partial E}$$

相似，热电性的强弱则用热电率 p 来衡量，热电率表示单位温度（以绝对温度 Θ 计）变化的电位移。

$$p = \frac{\partial D}{\partial \Theta}$$

石英具有压电性，已经用于超声波元件和标准时钟元件等。酒石酸钾钠、钛酸钡等强介电性晶体，不仅有压电性，而且有热电性。压电陶瓷是目前最佳的压电体和热电体，钛酸钡、钛酸铅、锆钛酸铅（简称 PZT）等已广用于现代电子技术。

聚偏氟乙烯是压电和热电性能最好的高分子。与 PZT 陶瓷相比，PVDF 的压电率要低一个数量级，但介电常数却高二个数量级，加上质轻价廉，柔韧、易加工成薄膜，更具综合优势。偏氟乙烯-三氟乙烯共聚物、偏氟乙烯-四氟乙烯共聚物也可用于压电体。

聚偏氟乙烯的合成方法与聚四氟乙烯相似，也按自由基机理用水相沉淀聚合方法生产，详见烯类聚合物一章。用于压电体的聚偏氟乙烯，要求序列结构规整。降低聚合温度，可以减少头头连接的产生，不难合成小于 3% 头头连接的聚偏氟乙烯。

压电体可应用于扩音器、心音计、耳机、超声波诊断装置、压力传感器等。聚偏氟乙烯热电体薄膜温度变化 1℃能产生 10V 电位，灵敏度极高，甚至可测百万分之一度的温度变化，因此可用于红外传感器的夜间报警器、火警报警器、非触点温度计、热光导显像管等。

12.6　光功能高分子

单体或聚合物吸收紫外光、可见光或电子束或激光后，可能从基态 S_0 跃迁至激发态 S_1。激发态具有较高的能量，不稳定，可能通过以下两类转化方式耗散激发能，而后恢复成基态：①光化学反应，如引发聚合（见第3章）、交联、降解等（见末章）；②物理变化，如发射荧光、磷光或转化成热能。示意如图12-3。因此，光功能高分子可以粗分成化学功能和物理功能大类：

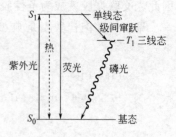

图12-3　光吸收和耗散图

① 光化学功能，包括光固化涂料、光刻胶等；

② 光物理功能，包括光致变色、光致导电、电致发光、光能转换等，以及线性和非线性光学高分子。

12.6.1　光固化涂料

光固化涂料的基料是能进行光交联固化的低分子量预聚物，其特点是含有能光交联的基团，尤其是双键。低分子量（约1000～5000）的目的是使粘度和熔点适当，便于涂布成膜。不饱和聚酯本身，以及环氧树脂、聚氨酯、聚醚类等引入双键后，都可成为光固化涂料。

$$\sim\sim\sim OCH_2CH-CH_2 \quad \begin{array}{l} +HOOCCH=CH_2 \longrightarrow \sim\sim\sim OCH_2CHCH_2OCCH=CH_2 \\ OH \quad\quad O \\[4pt] +HOCH_2CH_2OOCCH=CH \longrightarrow \sim\sim\sim OCH_2CHCH_2OCH_2CH_2OCCH=CH_2 \\ OH \quad\quad\quad\quad O \\[4pt] +HOOCCH=CHCOOR \longrightarrow \sim\sim\sim OCH_2CHCH_2OCCH=CHCOOH \\ OH \quad\quad O \end{array}$$

光固化聚氨酯可由羟端基的聚酯预聚物（如己二酸己二醇酯）先后与二异氰酸酯、丙烯酸羟乙酯反应而成。聚醚由环氧化合物与多元醇缩合而成，羟基可作为光交联的活性点。

光敏涂料除预聚物基料外，为保证快速交联固化（几到几十秒），尚需添加光引发剂或光敏剂。光引发剂的种类、感光波长、代表化合物（如安息香）见表12-8。

表12-8　光引发剂及其感光波长

种　类	感光波长/nm	代表化合物	种　类	感光波长/nm	代表化合物
羰基化合物	360～420	安息香	色素类	400～700	核黄素
偶氮化合物	340～400	偶氮二异丁腈	有机金属	300～450	烷基金属
有机硫化物	280～400	硫醇,硫醚	羰基金属	360～400	羰基锰
卤化物	300～400	卤化银,溴化汞			

光敏剂吸收光能后易跃迁到激发态，而后将能量转移给另一分子，为交联提供自由基。而光敏剂本身恢复到基态，并不损耗，类似催化剂。常用光敏剂有苯乙酮、二甲苯酮等。

为保证涂膜性能，如流平性、强度、化学稳定性、光泽、粘结力等，尚需添加相应助剂。氧有阻聚作用，在惰性气氛中有利于光固化。提高温度，可以加速固化，并提高固化程度。

12.6.2　光致抗蚀剂

光致抗蚀剂俗称光刻胶，实际上以能进行光化学反应的感光树脂为主体，添加增感剂、溶剂配制而成，主要用于集成电路、印刷电路版以及普通印刷版的制作。

制作集成电路时，用预先设计好的图案保护半导体表面的氧化层，涂布光刻胶，曝光，进行光化学反应，再用溶剂处理而显影。根据光交联和光分解的不同，光刻胶可分为负性胶和正性胶。

（1）光交联型负性光刻胶　交联型光刻胶曝光后，图案部分的涂层交联，不溶，被保留下来；而未曝光部分则溶，经刻蚀，图案部分显影出来，所得电路版成为负性版（凹版），因此光交联型胶就成为负性胶。

聚乙烯醇肉桂酸酯是典型的交联型感光树脂，吸收紫外光后，通过二聚而交联，如下式。

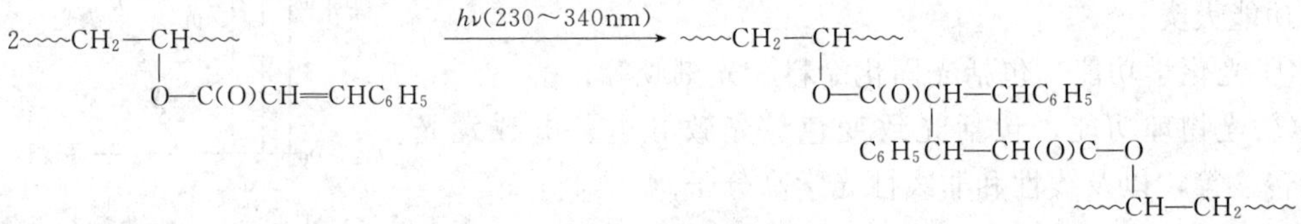

聚乙烯醇肉桂酸酯的特征吸收波长为 $230 \sim 349nm$，为适用于可见光源（如 $450nm$），需添加适当光敏剂（增感剂），如硝酸芴、硝酸苊等。

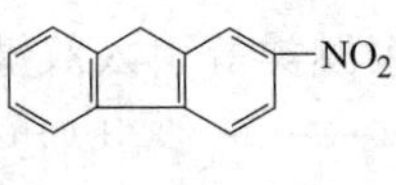

2-硝酸芴 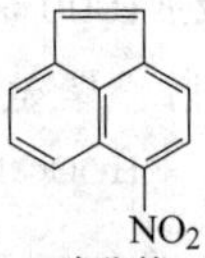　　　　　5-硝酸苊

聚乙烯醇肉桂酸酯的苯环上如接上硝基或叠氮基团，感光度可以提高 $2 \sim 3$ 数量级。

负性光刻胶也可以由不饱和聚酯、活性单体、光引发剂（如安息香）组成，活性单体可以是苯乙烯、丙烯酸酯类以及二乙烯基苯、N,N-亚甲基双丙烯酰胺、双丙烯酸乙二醇酯等。

（2）光分解型正性光刻胶　　光分解型预聚物用作光刻胶，光照后，图案部分的涂层分解，被溶剂溶解而刻蚀，而未曝光部分不溶，被保留下来，最后成了正性版（凸版），因此，光分解型胶也就是正性胶。

邻重氮醌化合物经紫外光照后分解，脱 N_2，重排成五元环烯酮，经水解，形成能溶于稀碱液的茚酸。如果将邻重氮醌基团键接在高分子上，甚至共混，就成为光分解型正性光刻胶，例如酸性酚醛树脂的重氮萘醌磺酸酯。光分解过程有如下式：

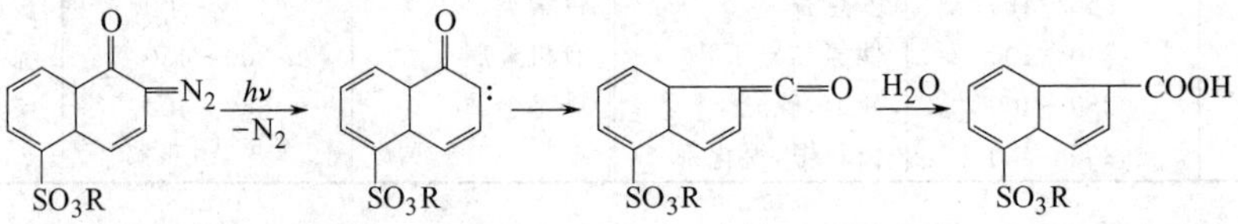

R= 酸催化酚醛树脂

当集成电路向大规模方向发展时，需要短波长、高分辨率等要求更高的辐射光刻胶，曝光光源也从紫外光向远紫外（$100 \sim 260nm$）、电子束、X 射线、离子束等发展。聚合物有甲基丙烯酸酯类、烯酮类、重氮类、苯乙烯类等。

12.6.3　线性和非线性光学高分子

（1）线性光学高分子　　线性光学材料是在光强变化或电场作用下颜色或折射率不变的透明材料，可用作透镜、棱镜、光学导波器、窗玻璃等。硅酸盐玻璃是传统的线性光学材料，因其特点是不吸收可见光，折射率仅决定于其组成和温度。无机玻璃重、脆，需高温加工，难制成复杂形状。因此，在照相机透镜、棱镜、抗震眼镜、防弹玻璃等方面，聚合物有取代无机玻璃的趋势。汽车和飞机等交通工具更需要质轻的透明材料。

无机玻璃和聚合物的折射率比较如表 12-9。不同聚合物之间相容性较差，只有通过共聚，达到分子级的均匀，才能保持透明度，调节折射率。

表 12-9　无机玻璃和聚合物的折射率

物　　　质	折射率 （589~623nm）	物　　　质	折射率 （589~623nm）
水	1.33	聚苯乙烯	1.59
石英	1.50	聚（2-氯苯乙烯）	1.61
无铅玻璃	1.52	涤纶聚酯	1.64
铅玻璃	1.65	带 2-和 4-苯基苯氧侧基的聚磷氮烯	1.69
聚甲基丙烯酸甲酯	1.49	带碘萘氧侧基的聚磷氮烯	1.75
聚碳酸酯	1.57		

折射率决定于单位体积的电子数，这是铅玻璃的折射率高的原因。聚合物中引入芳环和溴或碘，可以提高电子密度。因此，大部分光学聚合物都含有苯环。聚磷氮烯引入二苯氧和萘氧侧基，芳环上再接溴或碘，都可以提高折射率。

利用聚合物受热时的折射率变化，可用作电话交换机上的光学开关。

（2）非线性光学高分子　在外加电场作用下或光强变化时，折光率发生变化的光学材料称作非线性光学材料。非线性光学材料有二阶（χ^2）和三阶（χ^3）两类。

χ^2-聚合物一般带有可极化的大侧基（如下式），通过柔性间隔基与主链连接，属于侧基液晶高分子。

$$-O-\!\!\!\!\!\!\bigcirc\!\!\!\!\!\!-CH=CH-\!\!\!\!\!\!\bigcirc\!\!\!\!\!\!-CN \qquad -O-\!\!\!\!\!\!\bigcirc\!\!\!\!\!\!-N=N-\!\!\!\!\!\!\bigcirc\!\!\!\!\!\!-NO_2$$

欲使 χ^2 具有活性，需使材料结构呈非中心对称，即侧基集中在一边。处理方法是将聚合物膜加热至 T_g 以上，施加千伏级强电场，使侧基取向。然后冷至 T_g 以下，冻结保留。如果 T_g 比室温高得不多，经数天或数周，侧基取向会慢慢消失，也就失去了非线性的特征。

χ^3-聚合物是主链中有离域电子的材料，如聚乙炔、聚（亚苯基亚乙烯基）、聚（亚苯基）等。χ^3 效应较弱，但并不一定需要取向，因此，寿命较长。

非线性光学聚合物的主要问题是，通讯设备长期受激光照射，会不稳定。高度电子离域聚合物会着色。这在聚合物结构和操作波长之间应作综合平衡考虑。

12.6.4　光致变色高分子

经光照而改变颜色的现象称作光致变色。光致变色高分子往往带有可逆光致变色侧基。变色的主要原因是光化学反应所引起的结构变化，导致吸收特征波长的改变，如互变异构、顺反异构、开环闭环、氧化还原、解离成离子或自由基等。现举若干例子如下。

硫卡巴腙〔—N=NC(S)NHNH—〕衍生物与 Hg^{2+} 能生成有色络合物，是分析化学中灵敏显色剂。如果在聚丙烯酰胺的侧基上引入这种基团，经光照，就发生氢原子转移的互变异构变化，颜色由黄色变为蓝色。加热后，进行逆反应，恢复成原有的黄色。

黄色　　　　　　　　　　　　　　　　　　　蓝色

偶氮苯类聚合物（如下式），在光照下，因顺反异构互变而变色。

在光照下，亚水杨基苯胺类光致变色材料将发生质子转移引起烯醇-酮异构互变，由淡黄色变为红色。

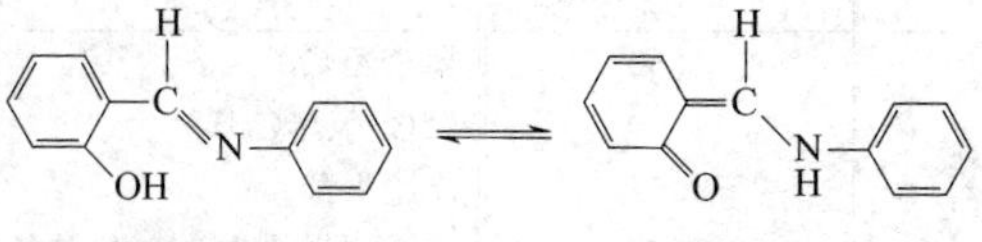

淡黄色（烯醇式）　　　　　　　红色（酮式）

螺苯并吡喃类衍生物也是光致变色材料，原来无色，经光照后，C—O 键断裂，生成开环的部花青化合物，因有顺反异构而呈紫色，加热后又闭环而恢复到无色的螺环结构。

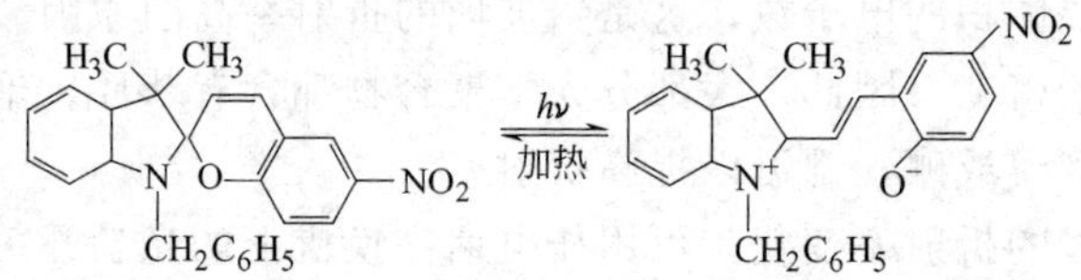

无色　　　　　　　　　　　　　　紫色

将螺苯并吡喃溶于或键接于聚合物上，可以用来制备能自动调节暗度的变色太阳镜和窗玻璃。光线强时，玻璃变成深色，暗度增加；光弱时，变成透明无色，透明度增加。

光致变色高分子可用于军事伪装隐蔽色、信息记录等。

12.7 液晶高分子

12.7.1 概述

气、液、固，常称物质三（相）态，改变温度和/或压力，可使相态转变。液体，容易流动，形状不固定，近程有序，而远程无序，各向同性。结晶固体的特征是近程有序，形状稳定，各向异性。后来发现另有一类物质，兼有液体的流动性和晶体的有序性，这类物质特称作液晶，可以算作物质第四态。液晶这种双重特性是特殊分子结构的宏观反映。

多数液晶分子含有长棒状刚性基元，如下左式，下右式是首例合成的小分子室温液晶。

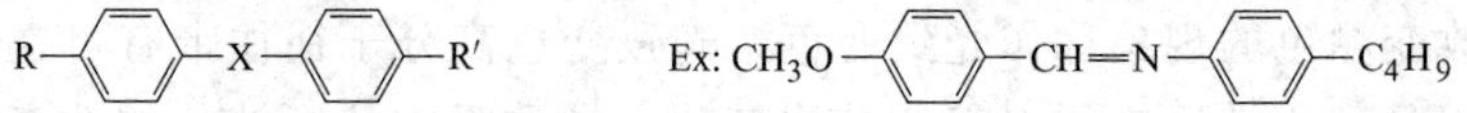

从上式可以看出，刚性基元由三部分组成。

① 两个或多个苯环或芳杂环，达到一定的长径比（$L/d>4$），保证足够的刚性；有时可在苯环上引入取代基，调节刚性。

② 桥键 X，如—CH＝N—、—N＝N—、—N＝N(O)—、—C(O)O—、—CH＝CH—等，提供极化基团，保持线形，与苯环形成大共轭体系，调节刚性。—O—、—S—柔性过大，将破坏刚性，无法形成液晶；有时可兼用少量—CH₂CH₂—、—CH₂CH₂O—柔性键。

③ 极性或可极化的端基 R，R′，如烷基、烷氧基、酯基、硝基、氨基、卤素、氰基等，提高液晶相的稳定性和液晶相的温度范围。

改变上述三方面的结构，就可以衍生出多种液晶。刚性基元达到足够的长度，才能形成液晶。例如小分子液晶分子的长度约 2～4nm，宽度约 0.4～0.5nm，要求长宽比大于 4。液晶分子结构要求体现出液晶相的生成能力和液晶相的稳定性。

将长棒状低分子刚性基元进行高分子化，即引入高分子主链或侧链，就成为液晶高分子。

346

12.7.2 液晶高分子的分类

迄今已知液晶高分子数以万计，合成的也上千
种。可以从分子结构、液晶相结构、形成液晶的条件
等多方面对液晶高分子进行分类。

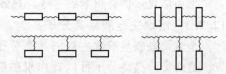

图 12-4 液晶高分子结构示例

（1）按分子结构分类 根据刚性基元在大分子中
所处的位置，可将液晶高分子分成主链型和侧链型（梳形）两大类；在这基础上，还可以进
一步细分。

大多数液晶基元呈长棒状，少数呈盘状。现以长棒状为例，主链型和侧链型的液晶高分
子的结构简示如图 12-4。

主链型液晶高分子多采用缩聚反应来合成，而侧链型液晶高分子则可用乙烯基类单体加
聚和高分子化学反应来制备。

（2）按液晶相结构分类 液晶的有序性一般包括分子取向有序和位置有序。根据这两种
有序性的不同，可将液晶分为向列型（nematic）、近晶型（smectic）、胆甾型（cholesteric）
三大类，如图 12-5 所示。

图 12-5(a) 代表向列型液晶分子，沿长轴平行排列，分子取向有序，但其重心上下无
规，位置无序，总体上仅保持一维有序。在外
力作用下，液晶分子可沿长轴一维方向流动，
而不影响液晶结构。这是三种液晶中流动性最
好的一种，也是最重要的一种。

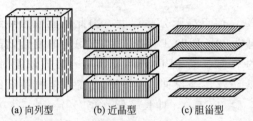

(a) 向列型　　(b) 近晶型　　(c) 胆甾型

图 12-5 液晶相结构示意图

图 12-5(b) 所示的近晶型液晶与一般晶体
结构最接近，故名。这类液晶分子相互平行排
列，同时形成层状，兼有分子取向有序和位置

有序。在层内，分子可以沿层面相对运动，随机分布，保持流动性；层与层之间关联较小，
可以相互滑动，粘度各向异性。总体上呈二维有序。

图 12-5(c) 所示的胆甾型液晶也兼有分子取向有序和位置有序。分子平行排列成层状，
但层内分子长轴与层面平行，不相垂直。而且长轴取向有规则地旋转一定的角度，层层旋
转，经 360°构成一周期，而后复原，总体上呈螺旋状。

（3）按形成液晶的条件 可以分成溶致性（lyotropic）和热致性（thermotropic）两类。
溶致液晶是液晶分子在溶液中经溶剂化，浓度较低时呈均相溶液，达到一定浓度后，才有序
排列成液晶相。而热致液晶则在加热熔融过程中某一温度段就能够形成液晶相。除了玻璃化
温度外，热致液晶通常还有熔点和清亮点两个相转变温度。固态液晶加热至熔点，先转变成
能流动的浑浊液晶相，继续升高至另一临界温度，液晶相消失，转变成透明的液体，这一转
变温度就定义为清亮点 T_i。清亮点的高低可用来评价液晶的稳定性。

发现和研究得最早的液晶高分子属于溶致性，有其历史地位；但目前大多研究工作却环
绕热致液晶高分子进行。DSC、偏光显微镜、X 衍射是表征液晶的重要手段。

上述三种分类均经常选用，不同研究方向，会有所侧重。

主链型和侧链型液晶高分子都有溶致性和热致性品种。溶致主链型液晶高分子主要用作
高性能纤维，热致主链液晶高分子则用作高性能工程塑料，溶致侧链型液晶高分子较少，在
药物胶囊中有所应用，而许多热致侧链型液晶高分子具有特殊的光学性能，可用作光电
材料。

下面依次示例介绍溶致主链、热致主链、溶致侧链、热致侧链四类液晶高分子。

12.7.3　溶致主链液晶高分子

全芳聚酰胺是溶致主链液晶高分子的代表，而全芳聚酯则是热致主链液晶高分子的代表。这两类液晶高分子可以看作聚酰胺-66 和涤纶聚酯的延伸和发展，但单体合成和纯度、线形缩聚技术有着更高的要求。

溶致主链液晶高分子一般由缩聚反应制得，有下列诸多例子。

（1）聚对氨基苯甲酸（PBA）　是最简单的全芳聚酰胺，由对氨基苯甲酰氯经低温溶液自缩聚而成，可以用来制备高强的纤维。这是杜邦公司原先想开发的品种，虽因成本过高，未能商品化，但为后继 Kevlar（PPD-T）的开发成功打开了思路。

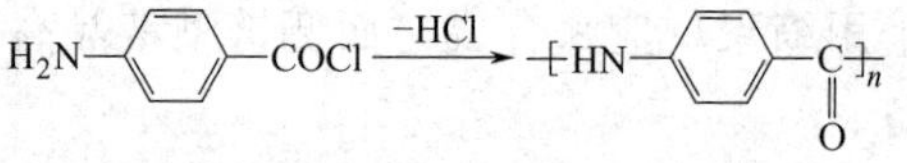

（2）聚对苯二甲酰对苯二胺　由对苯二胺和对苯二甲酰氯或对苯二甲酸缩聚而成，可用来制备高性能的 Kevlar 纤维，这可算作商业化最早、目前产量最大的液晶高分子，对其他液晶高分子的发展深有影响。芳胺活性低，聚合技术要求高，详见缩聚一章。

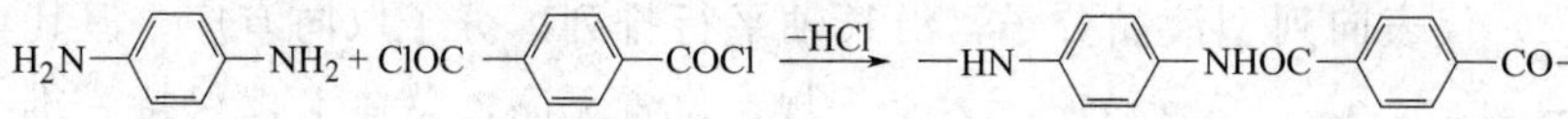

芳族聚酰胺耐高温，$T_g = 375℃$，$T_m = 530℃$，熔点高于分解温度，因此不能成为热致液晶高分子，也无法熔融纺丝。但可用浓硫酸配成 20％PPD-T 溶液，生成稳定的复合物晶体，相当于 1mol PPD-T/10mol H_2SO_4，熔点约 70℃。当 PPD-T 溶液到某一临界浓度时，显示出液晶性质，属于溶致液晶。可以进行溶液纺丝，经拉伸取向，形成高强度的微纤结构。Kevlar 纤维强度高（>2400MPa），模量高（>62GPa），伸长率低（<5％）。

在 Kevlar 的基础上，还可以引入第三单体，开发更多的芳族共聚酰胺。代替部分对苯二甲酸的共单体有丁烯二酸、4,4′-联苯二甲酸，代替部分对苯二胺的有 3,4′-二氨基二苯醚，还有 4-氨基苯甲酸等，如下式。只是 Kevlar 仍然处在综合优势地位。

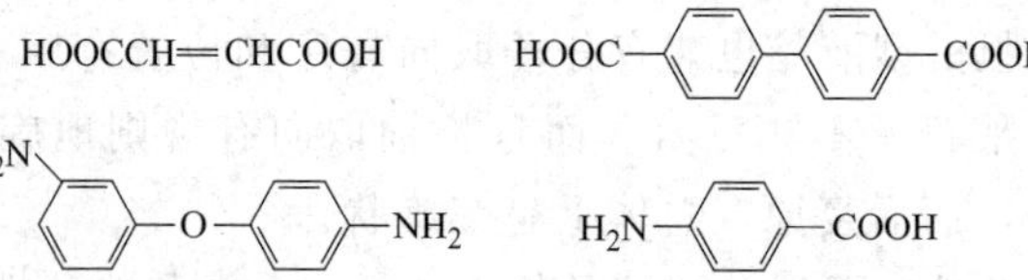

（3）芳杂环聚合物　聚苯并噁唑（PBO）、聚苯并噻唑（PBZT）是高强、耐热的芳杂环高分子的代表，刚性、共轭、极性、线形兼备，也是重要的溶致性成纤液晶高分子。下列诸式均写成顺式，也可以有反式。均苯四甲酸聚酰亚胺也可成为溶致液晶高分子。

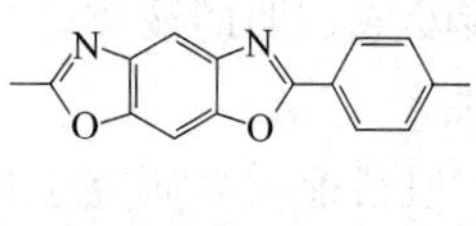

聚苯并噁唑（PBO） 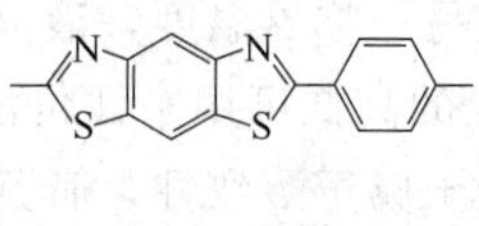　　　　聚苯并噻唑（PBZT） 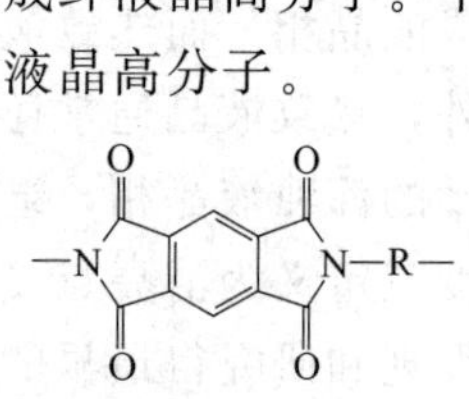　　　　聚酰亚胺（PIM）

单体的合成和纯度是成功的关键，要求聚合物有足够大的特性粘数，例如 PBZT$[\eta] = 14dL \cdot g^{-1}$（$\overline{M}_w = 26000$），选用多聚磷酸作溶剂，配成 13％～17％浓度，在 60～90℃下，进行干喷湿纺成丝，热处理拉伸增强。

以上芳族聚酰胺和芳杂环聚合物兼有刚性的芳杂环和强氢键的酰胺键，分子间力很大，熔点很高，高于分解温度，无法熔融加工。但都可以溶于强酸或强极性溶剂中，成为溶致性液晶高分子。经过溶纺，可以生产高性能纤维，尚难用作工程塑料。PPD-T、PBZT、PBO三种纤维的力学性能比较如表12-10。

表12-10 PPD-T、PBZT、PBO纤维的力学性能

力学性能	PPD-T	PBO	PBZT
密度/$g\cdot cm^{-3}$	1.44	1.51	1.58
拉伸强度/GPa	2.8～3.4	3.3	3.5
拉伸模量/GPa	130	386	307
伸长率/%	2.5		

12.7.4 热致主链液晶高分子

芳族聚酯是热致主链液晶高分子的代表。

从脂族聚酯到涤纶聚酯（聚对苯二甲酰乙二醇酯PET）是聚酯品种的一大发展，但涤纶聚酯并非液晶高分子。预计全芳聚酯将有更高的刚性和耐热性，可望成为液晶高分子。

与芳族聚酰胺相似，全芳聚酯也有两大类：对羟基苯甲酸（HBA）的均聚物，对苯二甲酸和对苯二酚的缩聚物。这两类都呈线形，结构规整，单体价廉。但熔点很高（约600℃），上述三种单体共缩聚物的熔点虽降低许多（约400℃），但仍高于分解温度，无法熔融加工。

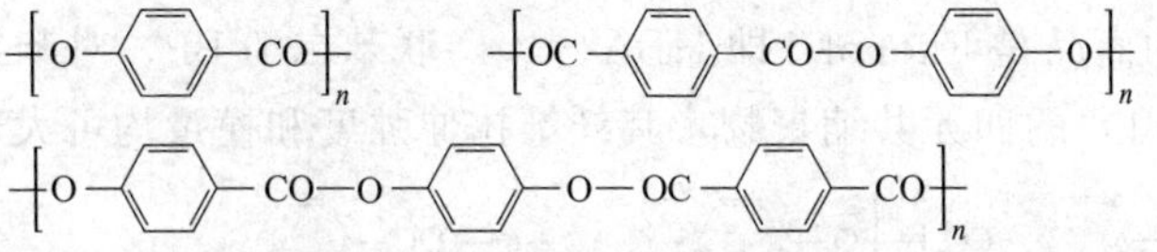

T_m约600℃

T_m约400℃

在上述两类芳族聚酯的基础上，选择多种共单体进行共缩聚，适当减弱分子链的有序性或增加柔性，扩大分子间距离，降低堆砌紧密程度和分子间力，可望适当调低结晶度和熔点，改善液晶的形成能力和加工性能。

二羟基共单体有乙二醇、4,4′-联苯二酚、间苯二酚、2-取代对苯二酚、6-萘二酚等，羟基酸有6-羟基-2-萘酸，二羧基共单体有间苯二甲酸等，如下式：

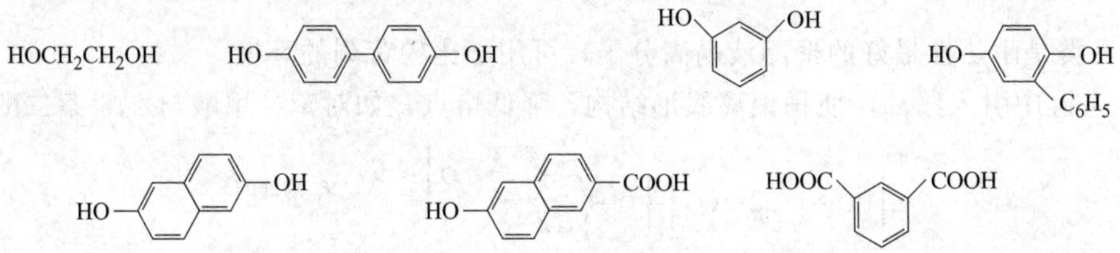

全芳聚酯很难找到适当的溶剂，无法成为溶致性液晶高分子，只能通过化学修饰，适当降低熔点和清亮点，成为热致液晶高分子。但熔点不能降得过低，以免损害液晶相的稳定性。现介绍几类以对羟基苯甲酸（HBA）为基础的重要主链聚酯液晶高分子。

① HBA/PET共缩聚物。原先想用HBA来改性涤纶树脂PET，提高耐热性和强度。结果却研制成功最早的热致主链高分子。

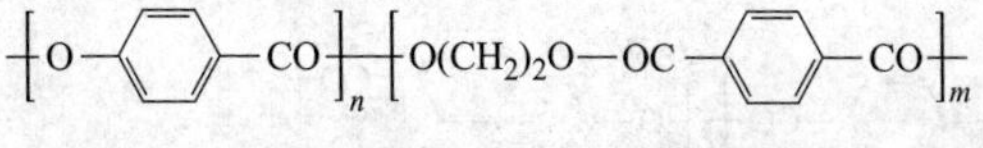

T_m=230℃

在这一体系中，HBA的用量和序列分布对液晶化和性能有重要的影响。HBA＜30%（摩尔分数），共缩聚物熔体清亮透明，表明尚无液晶相；HBA＞30%，开始出现浑浊，密度急剧上升，而粘度有所下降，这是液晶相形成的反映；HBA＝60%～70%，浊度最甚，粘度最低，表明体系全部进入液晶相，这样的组成就成为商业化的目标。

具体实施共缩聚时，可以用 HBA 的乙酸酯，即对乙酰氧基苯甲酸，与 PET 进行熔融酯交换反应。为了防止 HBA 自缩聚，以免形成 HBA 均聚物或长链段，可以采取分次加入的措施，保证无规共缩聚物的形成。结果，HBA 含量可以很高（80％），从而提高热变形温度、取向程度和拉伸强度。乙二醇单元柔性较大，过多的存在将影响到耐热性和强度。即使少量存在，熔点也降得很多，$T_m < 230℃$。

在主链聚酯液晶高分子中，这一类是耐热性和强度比较低的一种，价廉是其优点。

② 以 PET 为基础，引入少量二酚类（如 4,4′-联苯二酚、2-取代对苯二酚、间苯二酚）或间苯二甲酸，进行共缩聚。例如对苯二甲酸与 2-苯基对苯二酚共缩聚，或对苯二甲酸、10％间苯二甲酸和 2-甲基对苯二酚共缩聚，均可使缩聚物的熔点降至 350℃ 以下，成为热致液晶高分子。

$$\left[\!OC\!-\!\!\bigcirc\!\!-\!CO\right]_n\!\!\left[\!O\!-\!\!\bigcirc\!\!-\!O\right]_m \qquad T_m < 340℃$$
（带 C_6H_5 取代基）

$$\left[\!OC\!-\!\!\bigcirc\!\!-\!CO\!-\!O\!-\!\!\bigcirc\!\!-\!O\right]_n\!\!\left[\!OC\!-\!\!\bigcirc\!\!-\!CO\!-\!O\!-\!\!\bigcirc\!\!-\!O\right]_m \qquad T_m < 350℃$$
（带 CH_3 取代基）

在这一类中更著名的商品是 Ekonol，即 HBA、4,4′-联苯二酚 BP、对苯二甲酸 TA、间苯二甲酸 IA（4∶2∶1∶1）的四元共缩聚物，其纤维拉伸强度和模量均可大于 Kevlar。

$$\left[\!O\!-\!\!\bigcirc\!\!-\!CO\right]_2\!\!\left[\!O\!-\!\!\bigcirc\!\!-\!\!\bigcirc\!\!-\!O\!-\!OC\!-\!\!\bigcirc\!\!-\!CO\right]$$
对或间位

四种单体的摩尔比可以适当变动，例如 12∶4∶3∶1 或 12∶4∶2∶2。从中可以看出：HBA 本身含有等量的羟基和羧基，可以独立形成聚酯短链段，其含量可以变动，一般较多；但联苯二酚的摩尔数须与两种苯二甲酸的摩尔总数相等，而对、间位对苯二甲酸的比例又可以调节。

这一类是耐热性最好的聚酯液晶高分子，可用于比较苛刻的环境。

③ 主链中引入萘环，使稍偏离线形结构，降低熔点，如对苯二甲酸与 2,6-萘二酚缩聚。

$$\left[\!OC\!-\!\!\bigcirc\!\!-\!CO\right]_n\!\!\left[\!O\!-\!\!\bigcirc\!\!\bigcirc\!\!-\!O\right]_m \qquad T_m 约260℃$$

对羟基苯甲酸与 6-羟基-2-萘酸（摩尔比 3∶1～2∶3）共缩聚物更有优势，因为两者活性相近，无明显均聚成长链段倾向，易成无规共聚物，商品名是 VectraA。具体实施时，羟基酸预先乙酰化，而后缩聚。这一类的耐热性介于以上两类之间，综合性能较好。

$$CH_3COO\!-\!\!\bigcirc\!\!-\!COOH + CH_3COO\!-\!\!\bigcirc\!\!\bigcirc\!\!-\!COOH \xrightarrow[-CH_3COOH]{200\sim340℃}$$

$$\left[\!O\!-\!\!\bigcirc\!\!-\!CO\right]_n\!\!\left[\!O\!-\!\!\bigcirc\!\!\bigcirc\!\!-\!CO\right]_m$$

$$T_m = 245\sim300℃$$

上述几例中，只要共单体比例调节得当，都可以制成热致性液晶高分子。不规整或柔性共单体用量过多，将使结晶度过分降低，达不到液晶的要求。

制备芳族聚酯，目前多采用熔融酯交换法。为了避免温度过高，也可以将分子量较低的熔融缩聚物在略低于熔点的条件下进行固相缩聚或扩链反应，以提高分子量。

主链型芳族聚酯液晶强度高，易加工，吸湿性低，尺寸稳定，化学惰性，阻透性佳，可用作高性能工程塑料，如制作高精度的电路多接点接口部件。热致型聚酯液晶粘度低，流动性好，还可以与其他热塑性聚合物（如聚酰胺-66）共混，改善其加工性能，降低成本。

12.7.5 溶致侧链液晶高分子

溶致侧链液晶高分子的侧链多呈双亲结构，即一端亲水，一端亲油，类似表面活性剂。一般以水作溶剂，溶液到达一定临界浓度，将形成胶束；继续增加浓度，则形成液晶相。双亲结构的侧链有利于在溶液中液晶的形成。

这类液晶高分子主要有两种合成方法。

（1）自由基聚合　例如先将十一碳烯酸配成钠盐，溶于水，浓度在临界胶束浓度以上，以偶氮二异丁腈为引发剂，或经光引发，进行稀水溶液聚合，可制得相应聚合物。

$$
\begin{array}{c}
CH_2=CH \\
| \\
CH_2(CH_2)_7COOH
\end{array}
\xrightarrow{\text{AIBN}}
\begin{array}{c}
\sim\!\sim\!CH_2-CH\!\sim\!\sim \\
| \\
CH_2(CH_2)_7COOH
\end{array}
$$

（2）接枝共聚　十一碳烯酸与环氧乙烷反应，先形成加成物，增加水溶性，成为烯类大单体，再与带活性氢的聚甲基硅氧烷进行加成而接枝共聚，就形成侧链液晶高分子。

$$
\begin{array}{c}
CH_3 \\
| \\
\leftarrow Si-O\rightarrow_n \\
| \\
H
\end{array}
+ CH_2=CH
\begin{array}{c}
\\
| \\
CH_2(CH_2)_7COO(CH_2CH_2O)_mCH_3
\end{array}
\longrightarrow
\begin{array}{c}
CH_3 \\
| \\
\leftarrow Si-O\rightarrow_n \\
| \\
CH_2(CH_2)_9COO(CH_2CH_2O)_mCH_3
\end{array}
$$

上述两例表明，长侧链并非刚性单元，而是柔性的两亲基团。

这类溶致侧基液晶高分子可用来制作模拟特殊生物细胞膜和胶囊，便于药物定点缓释。

12.7.6 热致侧链液晶高分子

这类液晶高分子通常由柔性主链、柔性间隔基和刚性侧链三部分组成。刚性侧链对液晶相的形成起着主导作用，主链则将刚性侧链串在一起，承担辅助作用。间隔基则将主链和刚性侧链连接在一起，有利于刚性基元的有序排列和液晶化。

（1）柔性主链　最常用的主链是丙烯酸类、甲基丙烯酸类、硅氧烷类等，前后两种都是柔性链，甲基丙烯酸类有一定的刚性。

$$
\begin{array}{ccc}
\sim\!\sim\!CH_2CH\!\sim\!\sim &
\begin{array}{c} CH_3 \\ | \end{array} &
\begin{array}{c} CH_3 \\ | \end{array} \\
| & \sim\!\sim\!CH_2-C\!\sim\!\sim & \sim\!\sim\!Si-O\!\sim\!\sim \\
CO-O- & | & | \\
& CO-O- &
\end{array}
$$

聚合物的 T_g 愈低，柔性愈好，受热时液晶熔体转变成各向同性的清亮点温度（T_i）与 T_g 之差 $\Delta T(=T_i-T_g)$ 愈大，表明形成液晶的温度范围变宽，使用范围变广。此外，聚合度和分布也有影响：聚合度小于某一数值，难形成近晶相。窄分布更有利于某些液晶相的形成。

（2）间隔基（spacer）　虽然有些侧链液晶高分子的刚性单元直接与主链相连，但多数却通过柔性间隔基来间接连接，这更有利于液晶相的形成。常用的间隔基有酯键、C—C键、醚键、酰胺键等。过短的间隔基对主链与刚性单元的连接束缚性较大，不利于刚性单元的排布，形成向列相液晶的倾向大；相反，过长的间隔基有利于近晶相液晶的形成，清亮点随间隔基的变化有先降后升的趋势。

（3）刚性基元（MU） 前面已经提到刚性基元的基本结构，现连同间隔基举例如下：

$$-(CH_2)_nO-\!\!\!\bigcirc\!\!\!-COO-\!\!\!\bigcirc\!\!\!-X$$

$$-(CH_2)_nO-\!\!\!\bigcirc\!\!\!-COO-\!\!\!\bigcirc\!\!\!-OOC-\!\!\!\bigcirc\!\!\!-X$$

$$-(CH_2)_nO-\!\!\!\bigcirc\!\!\!-\!\!\!\bigcirc\!\!\!-X$$

$n=2\sim10$ $X=CH_3, OCH_3, OC_4H_9, CN, NO_2$

多种主链、间隔基、刚性基元的不同组合，就可以形成多种多样的侧链液晶高分子。主链可以是少数几种聚合物，但侧链刚性基元的结构却可以有较大的变化。

热致侧链液晶高分子可以由加聚、开环聚合、缩聚等聚合方法来合成，也可以由高分子化学反应通过接枝共聚来制备。

（1）加聚 先制备带有间隔基-刚性基元的（甲基）丙烯酸类单体，再进行自由基聚合。

$$CH_2\!=\!\underset{\underset{CO-O(CH_2)_n-MU}{|}}{\overset{\overset{CH_3}{|}}{C}} \xrightarrow{\text{AIBN, }60℃} \sim\!CH_2\!-\!\underset{\underset{CO-O(CH_2)_n-MU}{|}}{\overset{\overset{CH_3}{|}}{C}}\!\sim$$

刚性基元 MU 一般带有极性，较难进行离子聚合。

（2）开环聚合 带刚性基元的环醚或杂环容易开环聚合成侧基液晶高分子。

$$\underset{\underset{CH_2O-\!\!\!\bigcirc\!\!\!-\!\!\!\bigcirc\!\!\!-OC_4H_9}{|}}{\overset{\overset{O}{\diagup\!\!\!\!\backslash}}{CH_2\!-\!CH}} \xrightarrow[-20℃]{BF_3} \sim\!\!\underset{\underset{CH_2O-\!\!\!\bigcirc\!\!\!-\!\!\!\bigcirc\!\!\!-OC_4H_9}{|}}{OCH\!-\!CH_2}\!\!\sim$$

（3）缩聚 含液晶基元侧基的双官能团单体（如丙二酸酯）与二元醇的缩合。由于单体合成和纯化比较困难，较少选用缩聚反应来合成侧基液晶高分子。

（4）高分子化学反应 利用聚硅氧烷中的活性氢与带刚性基元的乙烯基单体加成，形成接枝物，例如

$$\sim\!\!\underset{\underset{H}{|}}{\overset{\overset{CH_3}{|}}{Si}}\!-\!O\!-\!\!\sim +CH_2\!=\!CHCH_2O-\!\!\!\bigcirc\!\!\!-CO-O-\!\!\!\bigcirc\!\!\!-OCH_3 \longrightarrow$$

$$\sim\!\!\underset{\underset{CH_2CH_2CH_2O-\!\!\!\bigcirc\!\!\!-CO-O-\!\!\!\bigcirc\!\!\!-OCH_3}{|}}{\overset{\overset{CH_3}{|}}{Si}}\!-\!O\!-\!\!\sim$$

许多热致侧链型液晶高分子具有特殊的光、电性能，可在信电材料中获得应用。

以上四类液晶高分子仅仅是示例介绍，需要深入研究时，可以进一步参阅专著。

摘　　要

1. 功能高分子 可以有反应功能、分离功能、分离膜、电功能、光功能、液晶等高分子。多数功能高分子以主链作骨架，侧基显示功能，但也有主链与侧基协同、甚至主链本身就显示功能。功能高分子有两类合成方法：高分子功能化（聚合物侧基化学反应）和功能基团高分子化（功能单体的聚合）。

2. 反应功能高分子 含高分子试剂、高分子药物、高分子催化剂、固定化酶。核心思想是固载，使反

应或催化基团化学结合、络合、吸附、分散或包埋在聚合物载体上。固载在固相合成多肽中起了关键作用。

3. 分离功能高分子　包括物理力的吸附树脂、吸油树脂和吸水性树脂；以及化学键合的离子交换树脂和螯合树脂，核心是以交联聚合物为骨架，键接有分离功能的基团。

4. 非离子吸附树脂可分成非或弱极性（苯乙烯-二乙烯基交联共聚物）、中极性〔（甲基）丙烯酸酯类交联共聚物〕、极性（聚丙烯酰胺）和强极性（聚乙烯基吡啶）几类。第一类用量最多，主要用来脱除水中的弱极性物质，如酚类。第二类次之，可从水溶液中吸附亲油性物质，从有机溶液中吸附亲水性物质。

5. 吸油树脂和吸水树脂　吸油树脂是低交联度的弱极性共聚物，常由甲基丙烯酸长链酯与适量苯乙烯、交联剂共聚而成，能吸油一二十倍。吸水树脂则是含有羟基、羧基的交联共聚物，包括淀粉类、聚丙烯酸类、聚乙烯醇类等，能吸水千倍。如在吸水树脂中引入丙烯酰胺单元，吸水倍率虽然降低，但耐盐。

6. 离子交换树脂和螯合树脂　离子交换树脂主要以交联聚苯乙烯为母体，接上离子交换基团而成；强酸型含—SO_3H，弱酸型含—COOH，强碱型含—NR_3，弱碱型含—NH_2、—NHR 或—NR_2。主要用于去除水中的阴、阳离子，也可用作催化剂。离子交换以后，可用无机酸、碱溶液再生，循环使用。螯合树脂由高分子骨架（如交联聚苯乙烯）和 O、N、S 配位基团两部组成。有两种合成方法：高分子基团化和配体高分子化。螯合树脂可用于（重、贵）金属离子的分离、回收和脱除。

7. 分离膜和膜用高分子　膜分离有三种原理：①机械筛分原理；②溶解扩散机理；③离子电场导向作用。根据分离原理结合推动力，就有多种膜分离过程，如压差驱动的微滤、超滤、纳滤、反渗透等，浓度差（或伴有压差）驱动的气体分离、渗透汽化、渗析、控制释放等，电位差驱动的电透析、膜电解等。相应有多种膜：致密膜，多孔膜，复合膜和离子交换膜。常用的膜材料有醋酸纤维素、聚砜、硅橡胶，其他尚有十余种用于不同场合。最常用的制膜方法是相转变法，尤其是类似于湿法纺丝的湿法制膜。

8. 电功能高分子　按电导率（$S \cdot cm^{-1}$）大小，可将材料粗分为导体（$>10^2$）、半导体（$10^2 \sim 10^{-6}$）、绝缘体（$<10^{-6}$）三类。一般聚合物是绝缘体，但近期却合成有导电（电子导电和离子导电）高分子和光致导电高分子，有些则有压电和热电性质。

电子导电高分子多半是大 π-共轭体系，经掺杂后，具有半导体、甚至导体的性质。线形的有聚乙炔、聚吡咯、聚噻吩、聚苯胺等，平面形稠环结构的有聚苯乙炔热处理产物、聚丙烯腈碳纤维、聚酞菁化合物等。

离子导电聚合物包括离子传递和质子传递两类。离子传递聚合物是特种盐（如$LiOS(O)OCF_3$）在特种聚合物（聚磷氮烯和聚硅氧烷类梳形聚合物）中的固体溶液，可用于高能密度的蓄电池。质子传递高分子是带有酸性侧基（如—SO_3H）的聚合物，如磺化的含氟聚合物（如 Nafion-117），可用于燃料电池。

聚乙烯基咔唑在 3,6 位上引入硝基、溴或氨基，或添加 2,4,7-三硝基芴酮增感剂，可成为光致导电高分子，用于复印技术。聚偏氟乙烯是比较有名的压电和热电高分子。

9. 光功能高分子　包括光固化涂料、光致抗蚀剂、非线性光学高分子、光致变色高分子等。

光固化涂料是以能光交联的预聚物作基料，添加光引发剂（如安息香）或光敏剂（苯乙酮、二甲苯酮）和有关助剂而成。不饱和聚酯本身、引入双键后的环氧树脂、聚氨酯、聚醚类等都可以成为基料。

光刻胶可分为光交联型负性光刻胶（如聚乙烯醇肉桂酸酯，添加硝酸芴、硝酸苊等增感剂）和光分解型正性光刻胶（如酸性酚醛树脂的重氮萘醌磺酸酯），主要用来制作印刷电路版。

光致变色高分子往往带有可逆光致变色侧基，光照引起化学变化，如互变异构（如接有硫卡巴腙衍生物的聚丙烯酰胺）、顺反异构（偶氮苯类）、开环闭环（螺苯并吡喃类）、氧化还原、解离成离子或自由基等，导致结构变化和吸收特征波长的改变而变色，可用作变色玻璃。

10. 液晶高分子　液晶高分子兼有液体流动性和晶体有序性。多数液晶分子含有长棒状刚性基元，刚性基元由两个或多个苯环或芳杂环（长径比＞4）、桥键、极性或可极化的端基三部分组成。可以从不同角度对液晶高分子进行分类：按分子结构，可分为主链型和侧链型两大类；按晶体结构，可分为向列型、近晶型、胆甾型三大类；按形成液晶的条件，可以分成溶致性和热致性两类。

聚对苯二甲酰对苯二胺是溶致主链液晶高分子的代表，可制作高性能纤维。对苯二甲酸和对苯二酚的缩聚物是溶致主链液晶高分子，用作高性能工程塑料。聚十一碳烯酸是溶致侧链液晶高分子，具两亲性，可用作模拟特殊生物细胞膜和胶囊，便于药物定点缓释放。热致侧链液晶高分子由柔性主链、柔性间隔基和刚性侧链三部分组成，具有特殊的光学性能、电光效应、热色效应等，用来制作光电子器件。

习　题

思　考　题

1. 试就高分子功能化和功能基团高分子，各举一例来说明功能高分子的合成方法。

2. 高分子化药物和微胶囊药物有何区别？简述制备这两种药物的要点。

3. 简述固相合成多肽的基本概念和要点。

4. 高分子催化剂和固定化酶有何关系？简述制备和应用的要点。

5. 脱除废水中的酚类，选用哪一种吸附树脂？简述这种树脂的制备方法和吸附、解吸过程。

6. 试设计吸收苯类和酯类的两种吸油树脂的配方和制备方法。

7. 简述制备去离子水的最常用阴、阳离子交换树脂的制法，离子交换反应和再生。

8. 试举三种不同类型的螯合树脂，指出其结构特征。

9. 微滤和汽化渗透的膜分离过程和原理有何区别？举例分离对象，如何考虑膜材料的选用和制膜方法？

10. 举例说明光引发剂和光敏剂的区别。

11. 举例说明负性和正性光刻胶的成像原理和区别。简述增感剂的结构特征和作用机理。

12. 聚乙炔如何合成？有哪些电子给体和电子受体掺杂剂？顺、反式聚乙炔经掺杂后，电导有何变化？

13. 对杂环导电高分子和稠环导电高分子各举 1～2 例。

14. 对全芳聚酰胺和全芳聚酯液晶高分子各举一例，简述其合成要点和关键，以及溶致性或热致型的归属。

15. 简述热致侧链液晶高分子的结构特征，举例说明。

13　降解与老化

聚合物在使用过程中，受众多环境因素的综合影响，性能变差，如外观上变色发黄、变软发粘、变脆发硬，物化性质上的分子量、溶解度、玻璃化温度的增减，力学性能上的强度、弹性等变差和消失，这些都是降解和/或交联的结果，总称为老化。前一章已经讨论了交联原理，本节着重介绍降解，而后提及老化。

降解是一技术术语，并未界定哪一类化学反应。这里点明，降解特指聚合物聚合度或分子量变小的化学反应，包括解聚、无规断链、侧基脱除等。影响降解的因素很多：如热、机械力和超声波、光和辐射等物理因素，氧、水、化学品、微生物等化学因素，可以分别称为物理降解和化学降解。在自然界中老化，物理因素和化学因素往往并存，如热-氧、光-氧、水-微生物等，而且降解和交联有时也相伴进行。

研究降解的目的有三：①有效利用，如天然橡胶硫化成型前的素炼以降低分子量，废聚合物的高温裂解以回收单体，纤维素和蛋白质的水解以制葡萄糖和氨基酸，以及耐热高分子和易降解塑料的剖析和合成等；②探讨老化机理，以便提出防老措施，延长使用寿命，研制耐老化聚合物和环境友好易降解聚合物，以及废塑料的回收等；③根据降解产物，研究聚合物结构。有关降解和老化的研究问题摘要在表 13-1 中，可以选择部分内容作专题研究。

表 13-1　研究降解和老化时需要考虑的问题

项　目	内　容
聚合物种类	聚烯烃，含卤和芳环乙烯基聚合物，二烯烃聚合物，杂链聚合物，半无机和无机聚合物
制品配方和加工条件	各种加工助剂，如增塑剂、热稳定剂、抗氧剂、光稳定剂等，温度、压力、环境等
老化方法	天然老化，人工老化（模拟和强化使用环境条件）
影响因素	热、机械力和超声波、光和辐射等物理因素，氧、水、化学品、微生物等化学因素
老化机理	热降解，氧化和热氧化，光解和光氧化，化学降解等
化学组成结构变化	基团脱除，聚合度降低，交联等
产物性能变化	溶解和溶胀性能，强度、弹性、硬度等力学性能，电性能
表观性能变化	变色、发粘、变软、变脆、变硬、龟裂等

为方便起见，先按单一因素来剖析降解问题，但免不了、也不容忽视另一因素的共同影响；同时也会涉及交联问题。

13.1　热降解

虽然热-氧降解是最常见的降解方式，但热降解本身也很重要，因为涉及耐高温聚合物和易热降解的聚合物，尤其是聚氯乙烯一类通用聚合物。另一方面，先介绍单一因素的热降解，更便于机理剖析。

13.1.1　热降解的研究方法

在介绍热降解以前，有必要提示一下聚合物热降解行为和热稳定性的几种研究方法。

（1）热重分析法 将一定量的聚合物放置在热天平中，从室温开始，以一定的速度升温，记录失重随温度的变化，绘制热失重-温度曲线（图 13-1）。根据失重曲线的特征，分析判断聚合物热稳定性或热分解的情况。为了排除氧的影响，可在真空或惰性气氛中实验。

（2）恒温加热法 将试样在真空下恒温加热 40～45（或 30）min，用质量减少一半的温度（半衰期温度）T_h 来评价热稳定性。一般 T_h 愈高，则热稳定性愈好。

（3）差热分析法 在升温过程中测量物质发生物理变化或化学变化时的热效应 ΔH，用来研究玻璃化转变、结晶化、熔解、氧化、热分解等。图 13-2 是差热分析曲线示意图。

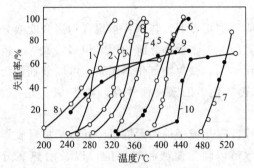

图 13-1 聚合物的热失重-温度曲线

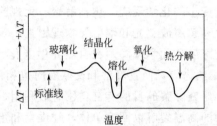

图 13-2 差热分析曲线示意图

1—α-甲基苯乙烯；2—聚甲基丙烯酸甲酯；3—聚异丁烯；
4—聚苯乙烯；5—聚丁二烯；6—聚甲醛；7—聚四氟乙烯；
8—聚氯乙烯；9—聚丙烯腈；10—聚偏氯乙烯

近年来已普遍将热重分析和差热分析联机，对同一样品可以同时作出两种曲线。

高温裂解是热降解的极端情况，可以用红外、紫外、色谱、质谱来分析低分子裂解产物和残留物的结构，借以推断原始聚合物的结构。

同时，还可以测定降解和老化前后溶解性能、物理机械性能、电性能、分子量的变化，与影响因素相联系。

13.1.2 聚合物热稳定性与结构的关系

聚合物热稳定性的差异很大，主要与键能有关，一般键能大小次序如下：

$$C—F > C—H > C—C > C—Cl$$

但键能还受邻近基团的电子效应和位阻效应的影响，C—C 键的强弱会有所改变，其大小和聚烯烃的热稳定性次序如下：

线形聚乙烯   支链聚乙烯   聚异丁烯

同理，C—H 键能和热稳定性也有差异，一般次序为：

$$—CH_3 > —CH_2 > —CH > —C=C—CH_2$$

伯氢   仲氢   叔氢   烯丙基氢

苯环和芳环是大共轭体系，比烷烃中的 C—C、C—H 键都要稳定。这些键能知识可以供作定性判断聚合物热稳定性的基本知识，也可用于氧化和光（氧）降解的稳定性分析，但更需要实验来证实，关注偏离的原因。

热分解半衰期温度（表 13-2）可用来说明聚合物热稳定性与结构的关系。聚四氟乙烯中碳氟键能特高，400～500℃才热解，T_h 高达 509℃，说明热稳定性甚好。甲基、亚甲基、苯环也比较热稳定，例如聚乙烯（$T_h=404℃$）、聚苯乙烯（$T_h=364℃$），聚对亚苯基热稳定性更好。

表 13-2　聚合物的热分解特性

聚合物	T_h /℃	单体产率 /%	活化能 /kJ·mol^{-1}	聚合物	T_h /℃	单体产率 /%	活化能 /kJ·mol^{-1}
聚氯乙烯	260	0	134	聚三氟氯乙烯	380	25.8	238
聚醋酸乙烯	269	0	71	聚丙烯	387	0.17	243
聚甲基丙烯酸甲酯	327	91.4	125	支链聚乙烯	404	0.03	262
聚 α-甲基苯乙烯	286	100	230	聚丁二烯	407	—	260
聚异戊二烯	323	—	—	聚亚甲基	414		300
聚氧化乙烯	345	3.9	192	聚苄基	430		244
聚异丁烯	348	18.1	202	聚四氟乙烯	509	96.6	333
聚苯乙烯	364	40.6	230				

聚异丁烯（$T_h=348℃$）分子中的甲基拥挤，产生有位阻应力，解聚后可以得到释放，因此其热稳定性较聚乙烯差。聚甲基丙烯酸甲酯（$T_h=327℃$）和 α-甲基苯乙烯（$T_h=286℃$）也有类似情况。聚氯乙烯（$T_h=260℃$）热解时易脱氯化氢，热稳定性更差。

高分子的耐热性体现在两方面：一是对热解的化学稳定性，另一是耐变形的物理稳定性，即要有高的熔点、玻璃化温度等热转变温度。要满足这两个要求，大分子主链往往由芳环或杂环间以醚、酯、酰胺或砜基团组成。芳杂环赋以刚性，可提高热转变温度，中间基团则赋以柔性，保证一定的易加工性能。聚芳酰胺、聚酰亚胺、聚苯硫醚，乃至梯形聚合物都是耐热高分子的例子。引入芳杂环、引入极性键（氢键）、交联是提高耐热性的三大措施。

与低分子相比，同系列中高分子的热降解温度要低一些，降解的产物也要复杂一些。例如聚乙烯在约 200℃ 就开始降解，低于十六烷的降解温度。有许多因素造成两者的差异：其中之一是在聚合过程中，产生了少量不规整的结构，如双键、烯丙基氢、叔氢、卤原子等弱键，还可能残留有引发剂和杂质，降解就可能从这些弱点开始。

聚合物热降解基本上有解聚、无规断链、侧基脱除三种类型。解聚和无规断链将使聚合度降低，侧基脱除可能保持聚合度基本不变，而分子量略有降低。聚合物的热解类型与其结构、热解温度有关。例如在适当高温下，聚甲基丙烯酸甲酯可以完全解聚成单体；聚苯乙烯兼有解聚和无规断链，热解产物兼有单体和低分子物；聚乙烯热解产物主要是低分子气体，单体很少；聚氯乙烯热解，主要是脱氯化氢。

有了以上基本概念，结合聚合物的结构特征，可进一步深入探讨三类降解的机理。

13.1.3　解聚

α,α-双取代乙烯基聚合物受高能辐射或受热，易解聚成单体，尤其在聚合上限温度以上。两者都属自由基机理。这类聚合物的聚合热和聚合上限温度都较低。

顾名思义，解聚是聚合（链增长）的逆反应。先形成端基自由基，如果末端的自由基活性不很高，α,α-双取代聚合物又无易被吸取的原子，难以链转移，结果，按连锁机理"拉链"式地迅速逐一脱除单体，如下式。反映出很陡的热失重曲线，如图 13-1 中曲线 1-3。

$$P_n^* \longrightarrow P_{n-1}^* + M \longrightarrow P_{n-2}^* + 2M \longrightarrow \cdots$$

聚甲基丙烯酸甲酯（PMMA）的解聚研究得比较详细，从链端开始解聚，分子量逐渐降低，270℃，PMMA 可以全部解聚成单体。根据这一特点，在实验室内可以利用废有机玻璃的热解来回收单体。温度较高时，则伴有无规断链。

甲基丙烯酸甲酯聚合时多以歧化方式终止，一半大分子伴有双键端基，容易在烯丙基碳碳键处断裂，产生两个自由基：一个是三级碳自由基；另一是共振稳定的烯丙基自由基，夺取三级碳自由基上甲基中的氢，终止成单体。失去氢原子后的三级碳自由基迅速再解聚，如此反复，就形成拉链式的解聚机理。

$$\begin{array}{c} \overset{CH_2}{\underset{COOR}{\sim\sim CH_2C}}-\overset{CH_2}{\underset{COOR}{CH_2C}}-\overset{CH_2}{\underset{COOR}{CH_2C}}\sim \end{array} \longrightarrow \begin{array}{c} \overset{CH_3}{\underset{COOR}{CH_2C}}-\overset{CH_3}{\underset{COOR}{CH_2\dot{C}}} + \overset{CH_2}{\underset{COOR}{\dot{C}CH_2}}\sim \end{array}$$

聚甲基丙烯酸低级酯类（丁酯以下）的热解情况与聚甲基丙烯酸甲酯的情况相似，也解聚成单体。但高级酯类，尤其是二级和三级烷基酯，烷基本身也可能降解。

聚 α-甲基苯乙烯解聚机理也相似，只是没有双键端基；受热时，先从链的中间无规断链成两个自由基，然后从端自由基连锁解聚成单体，$200\sim500℃$ 热解时，单体产率达 $95\%\sim100\%$。凡是 α,α-双取代乙烯基聚合物都容易 100% 地解聚成单体，见表 13-3。

表 13-3   300℃ 真空下聚合物热解时的单体产率

聚合物	挥发产物中的单体/%		聚合物	挥发产物中的单体/%	
	质量分数	摩尔分数		质量分数	摩尔分数
聚甲基丙烯酸甲酯	100	100	聚丁二烯	14	57
聚甲基苯乙烯	100	100	丁苯橡胶	12	52
聚异丁烯	32	78	聚异丁烯	11	44
聚苯乙烯	42	65	聚乙烯	3	21

除了从分子结构微观角度来解释解聚难易的原因外，还可以从热力学角度加以评价。单体聚合热和聚合上限温度愈低，则该聚合物愈易解聚成单体，解聚的温度也愈低。α-甲基苯乙烯聚合热和聚合上限温度都很低（61℃），这是该聚合物容易解聚成单体的宏观原因。

聚四氟乙烯分子中的 C—F 键能特大，聚合时，无歧化终止和链转移反应，形成分子量很高的线形聚合物。虽然聚四氟乙烯是耐热高分子，但高温时，先无规断链，因无链转移反应，迅速从端自由基开始拉链式地全部连锁解聚成单体。这是实验室内制备四氟乙烯单体的有效方法。

13.1.4   无规断链

聚乙烯受热时，大分子链可能在任何处直接无规断链，聚合度迅速下降。

$$P_n \longrightarrow P_m^{\cdot} + P_{n-m}^{\cdot}$$

聚乙烯断链后形成的自由基活性高，经分子内"回咬"转移而断链，形成低分子物，但较少形成单体。聚乙烯热降解气态产物可用色谱来分析，丙烯占主要部分，其他有甲烷、乙烷、丙烷，以及一些饱和烃和不饱和烃，乙烯量较少，而且温度的影响甚微。

$$\begin{array}{c} \sim\sim CH_2CH_2\overset{CH_2}{\underset{H}{CH}}\quad \overset{CH_2}{\underset{\dot{C}H_2}{CH_2}} \longrightarrow \sim\sim CH_2CH_2\dot{C}H \quad \overset{CH_2}{\underset{CH_2}{CH_2}} \begin{array}{l} \longrightarrow \sim\sim CH_2CH_2CH = \dot{C}H_2CH_2H_3 \\ \longrightarrow \sim\sim CH_2\dot{}+CH_2=CHCH_2CH_2CH_2H_3 \end{array} \end{array}$$

上述丙基自由基中的次甲基氢经转移反应被抽提后，即成丙烯。

聚苯乙烯在 350℃ 热解，同时有断链和解聚，产生约 40% 单体，少量甲苯、乙苯、甲基苯乙烯，以及二、三、四聚体；725℃ 的高温裂解，则可得 85% 苯乙烯。聚苯乙烯的裂解产物组成复杂，还有许多低分子物，包括苯、乙烯、氢等有利用价值的裂解产物。

$$\sim\sim CH_2CH\sim\sim \longrightarrow C_6H_6 + CH_2{=}CH_2 + H_2$$
$$|$$
$$C_6H_5$$

头头连接、支链点、双键都是苯乙烯热解的弱点。聚对甲基苯乙烯的热解机理和产物与聚苯乙烯相似。

13.1.5 侧基脱除

聚氯乙烯、聚氟乙烯、聚醋酸乙烯酯、聚丙烯腈等受热时，在温度不高的条件下，主链可暂不断裂，而脱除侧基。在热失重曲线后期往往再出现平台，如图 13-1 曲线 8-10。其中聚氯乙烯的后期平台失重率为 $58\%\sim60\%$，与聚氯乙烯中氯含量 58.4% 相当；聚醋酸乙烯酯失重率为 $69\%\sim70\%$，与聚醋酸乙烯酯中醋酸含量 69.8% 相一致。表明两者侧基脱除比较完全。

(1) 聚氯乙烯的热解　硬聚氯乙烯一般需在 $180\sim200℃$ 下成型加工，但在较低温度（$100\sim120℃$）下，就开始脱氯化氢，颜色变黄。$200℃$ 下脱氯化氢更快，形成共轭双键结构生色基团，聚合物颜色变深，强度变差。总反应式如下：

$$\sim\sim CH_2CHClCH_2CHCl \longrightarrow \sim\sim CH{=}CHCH{=}CH\sim\sim +2HCl$$

上述反应看似简单，机理却颇复杂。聚氯乙烯受热脱氯化氢属于自由基机理，且从双键弱键开始，大致分三步反应。

① 聚氯乙烯分子中某些薄弱结构，特别是烯丙基氯，分解产生氯自由基。

$$\sim\sim CH{=}CH{-}CHCl{-}CH_2 \longrightarrow \sim\sim CH{=}CH{-}\overset{\centerdot}{C}H{-}CH_2 +Cl{\centerdot}$$

② 氯自由基向聚氯乙烯分子转移，从中吸取氢原子，形成氯化氢和链自由基。

$$Cl{\centerdot} + \sim\sim CH_2{-}CHCl{-}CH_2{-}CHCl\sim\sim \longrightarrow \sim\sim \overset{\centerdot}{C}H{-}CHCl{-}CH_2{-}CHCl\sim\sim +HCl$$

③ 聚氯乙烯链自由基脱出氯自由基，在大分子链中形成双键或烯丙基。

$$\sim\sim \overset{\centerdot}{C}H{-}CHCl{-}CH_2{-}CHCl\sim\sim \longrightarrow \sim\sim CH{=}CH{-}CH_2{-}CHCl\sim\sim +Cl{\centerdot}$$

双键的形成将使邻近单元活化，其中的烯丙基氢更易被新生的氯自由基所夺取，于是按②、③两步反应反复进行，即发生所谓"拉链式"连锁脱氯化氢反应。

理想状态，聚氯乙烯大分子应该是头尾连接的规整结构。但在聚合和后处理过程中，难免会在大分子链中留有缺陷，如双键、支链等。中部的烯丙基氯最不稳定，端基烯丙基氯次之。曾测得聚氯乙烯中平均每 1000 个碳原子含有 $0.2\sim1.2$ 个双键，多的甚至到达 15 个，双键旁的氯就是烯丙基氯。可见双键愈多，愈不稳定，愈易连锁脱氯化氢。

氯化氢一旦形成，对聚氯乙烯继续脱氯化氢有催化作用，加速降解。

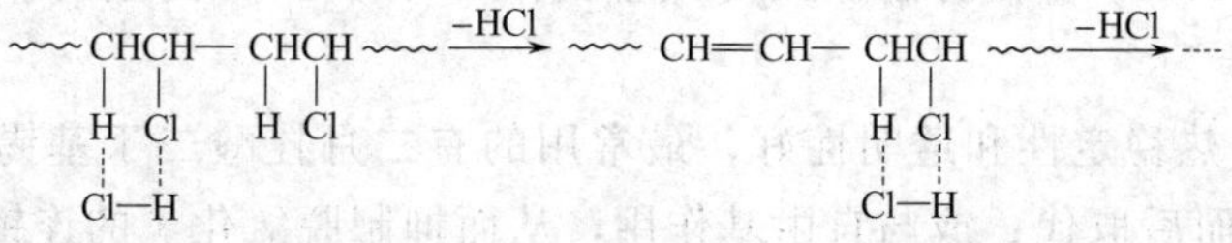

$$\sim\sim CHCH{-}\ CHCH\sim\sim \xrightarrow{-HCl} \sim\sim CH{=}CH{-}\ CHCH\sim\sim \xrightarrow{-HCl} \cdots$$

除氯化氢外，氧、铁盐对聚氯乙烯脱氯化氢也有催化作用。热解产生的氯化氢与加工设备反应形成的金属氯化物，如氯化铁，又促进催化。因此聚氯乙烯加工时需加入稳定剂，这是制备硬聚氯乙烯制品获得成功的必要条件。

(2) 其他聚合物的基团脱除　聚氟乙烯、聚偏氟乙烯、聚三氟乙烯热解时，将释放出大量 HF，因为这些聚合物中的 H 原子是自由基夺取而转移的对象。这一点与聚四氟乙烯的热解完全不同。

聚醋酸乙烯酯 $200 \sim 250 ℃$ 热解时将释放出醋酸，这是醋酸根与邻近的 β-氢构成过渡的六元环而促进脱除的结果。温度更高时，将形成芳构化裂解产物。

$$\sim\!\!\sim\!\!CH\!-\!CH\!-\!\sim\!\!\sim \longrightarrow \sim\!\!\sim CH\!=\!CH\!\sim\!\!\sim + CH_3COOH$$

$$\begin{array}{ccc} | & | \\ H & O~H~Cl \\ & | \\ & O\!=\!C\!-\!CH_3 \end{array}$$

氯乙烯-醋酸乙烯酯共聚物热稳定性比两者均聚物都差，降解一开始，释放出来的氯化氢和醋酸乙烯比几乎保持不变。

聚丙烯酸酯类热解产物有烯烃、与烷基相当的醇、二氧化碳。

$$\sim\!\!\sim\!\!CH_2CH\!\sim\!\!\sim \longrightarrow \sim\!\!\sim CH_2CH\!\sim\!\!\sim ~+~ CH_2\!=\!CHR$$
$$\begin{array}{ccc} | & & | \\ COOCH_2CH_2R & & COOH \end{array}$$

13.1.6　聚氯乙烯热稳定剂

聚烯烃相对比较热稳定，聚丙烯中叔氢的不稳定往往由氧化和光降解引起，因此有关聚烯烃的稳定剂列入氧降解和光降解中介绍。本节着重介绍聚氯乙烯热稳定剂。

根据聚氯乙烯热分解的机理，为了提高热稳定性，在聚合过程中，应尽可能减少双键等弱键的形成；在弱键无法避免的情况下，成型加工时，须添加稳定剂。稳定剂的主要作用有三：①中和氯化氢；②使杂质钝化；③破坏和消除残留引发剂和自由基反应。根据这些机理，聚氯乙烯热稳定剂大致有下列几类。

① 铅盐。包括无机酸铅和有机羧酸铅，如三碱式硫酸铅（$3PbO \cdot PbSO_4 \cdot H_2O$）、二碱式亚磷酸铅（$2PbO \cdot PbHPO_4 \cdot 1/2H_2O$）、二碱式硬脂酸铅 $[2PbO \cdot Pb(C_{17}H_{35}COO)_2Pb]$、二碱式邻苯二甲酸铅 $[2PbO \cdot Pb(C_6H_4O_4)]$ 等。这些铅盐都含有未成盐的氧化铅，因此称作碱式铅盐。氧化铅与氯化氢的结合能力强，热稳定效果优，电绝缘性好，价廉。但有毒，易受硫化污染，制品不透明，用量较多，分散性能较差等。改用其他热稳定剂或混合使用，可以弥补这些缺点。

这类稳定剂可与氯化氢反应成氯化物，因此可称为氯化氢捕捉剂或吸收剂。但其碱性不宜过强，否则，将促进聚氯乙烯中氯化氢的脱除，加速降解。

$$MX_n + nHCl \longrightarrow MCl_n + nHX$$

② 金属皂类。碱土金属（Mg、Ca、Ba 等）和重金属（Zn、Cd、Pb 等）硬脂酸盐或月桂酸盐。硬脂酸盐的润滑性好，二月桂酸盐的印刷性、热合性较好。往往多种稳定剂混合使用，例如钡-镉、钡-镉-锌体系，能产生良好的协同作用。镉盐有毒，逐渐被锌盐所代替，如钡-锌体系，食品包装用薄膜可选用钙-锌混合皂。硬脂酸锌单独使用时，稳定效果不佳。

硬脂酸能吸收 HCl，抑制分解。同时羧基的 α-H 有吸收自由基的作用，抑制拉链式的脱氯化氢。

③ 有机锡类。热稳定性和透明性好，最常用的有二月桂酸二丁基锡。作用机理是与不稳定的氯原子配位而后取代；或与自由基作用，从而抑制脱氯化氢的连锁反应。

$$2\sim\!\!\sim CH_2CHCH_2\!\sim\!\!\sim + R_2SnX_2 \longrightarrow 2\sim\!\!\sim CH_2CHCH_2\!\sim\!\!\sim + R_2SnCl_2$$
$$\begin{array}{ccc} | & & | \\ Cl & & X \end{array}$$

$$R^{\cdot} + (C_4H_9)_2Sn(OCOC_{11}H_{23})_2 \longrightarrow R\!-\!C_4H_9 + C_4H_9\dot{S}n(OCOC_{11}H_{23})_2$$

烷基较小的二丁基锡具有一定的生理毒性，而辛基锡却无毒，常与钙锌体系混合，用于透明食品包装级制品。

④ 亚磷酸酯类（$RO)_3P$。如亚磷酸三苯酯或三甲酚酯，最好使用脂族和芳族的混合酯。

亚磷酸酯是还原剂，促进氢过氧化物的分解，其本身则被氧化成磷酸脂。

$$(RO)_3P+R'OOH \longrightarrow (RO)_3P=O+R'$$

亚磷酸酯一般与硬脂酸盐、有机锡或环氧豆油混合使用，以期取得更好的稳定效果。

⑤ 不饱和脂肪酸的环氧化合物。以环氧豆油最常用。其中不饱和酸的羧基和双键的 α-氢有吸收自由基的作用，而且环氧基易与氯化氢反应成氯醇，如下式：

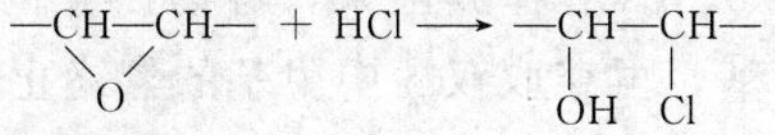

氯醇可与聚氯乙烯分子中的双键再结合。

亚磷酸酯和环氧类一般只用作辅助稳定剂，可与金属皂类混合使用。

氧易使聚氯乙烯中的烯丙基氢或叔氢原子氧化，增加了氯原子的不稳定性。小于 300nm 的紫外光将促进 HCl 的脱除。经历氧接触和光照历史的聚氯乙烯也容易热分解。因此，在伴有氧、光的条件下，聚氯乙烯更不稳定，应该同时添加抗氧剂和光稳定剂。

13.1.7 杂链聚合物的热解

多数杂链聚合物由逐步机理的缩聚反应合成，按离子开环聚合形成的也不少。杂链聚合物的主链含有杂原子，碳-杂原子键往往是弱键，容易化学降解，其热解行为也与碳链聚合物不同，在弱键处断裂，变化较大。现仅选择少数几例：

① 聚甲醛。聚甲醛是甲醛或三聚甲醛经连锁离子聚合而成。热解时，易从羟端基开始，"拉链"式地解聚成甲醛。解聚的引发点可能有三：

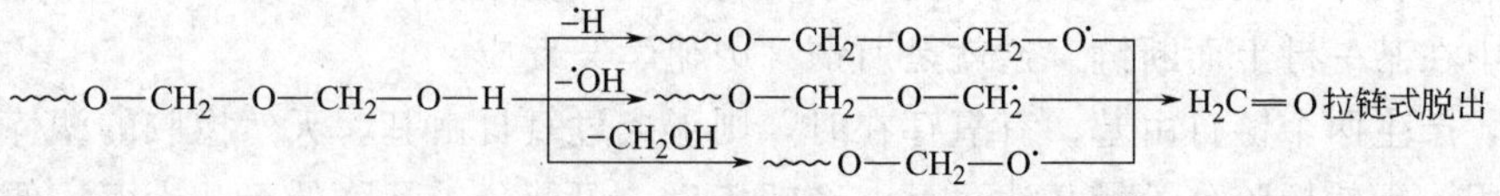

根据甲醛的聚合机理，聚甲醛的解聚可能是离子机理，并非自由基机理。

聚甲醛的稳定措施有二：①使羟端基酯化或醚化，将端基封锁；②与二氧五环共聚，在主链中引入—OCH_2CH_2—单元。端基封锁后的聚甲醛受热时，还可能先无规断链而后连锁解聚脱甲醛。但当解聚至—OCH_2CH_2—单元时，就可使连锁解聚中止。

② 聚酯。涤纶聚酯热解时有一系列平行和串联反应，在 $282\sim323℃$ 下保持在熔融状态，慢慢转变成低分子气态产物，主要有二氧化碳、乙醛、对苯二甲酸等，还有一些微量其他化合物。推测有下列反应机理：

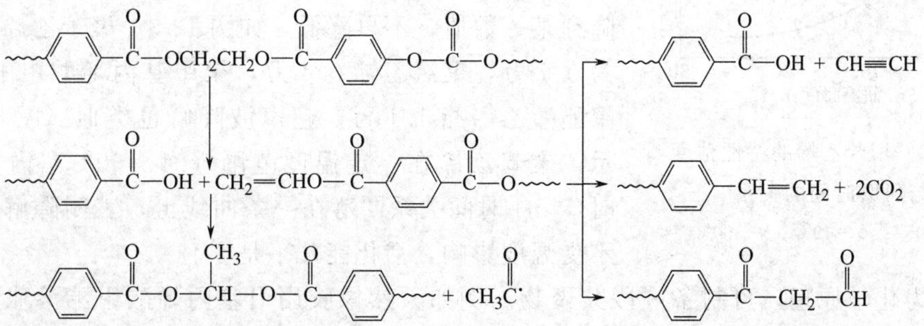

③ 聚酰胺。聚酰胺热解时断链不在酰胺键（—CO—NH—），而在酰胺键近旁的 N—C键。$305℃$ 加热 100h，聚合物中氮失去一半，推测由两个端氨基反应，脱出了氨。此外，还有 CO_2、H_2O 和低分子胺类产生，并产生凝胶，但无单体，热解反应复杂。聚酰胺-66，热解时，己二酸部分还可能通过多种途径成环，例如：

$$\sim\sim\text{HNCO(CH}_2)_4\text{COOH} \xrightarrow{-\text{H}_2\text{O}} \sim\sim\text{HNCO}\!-\!\!\!\bigcirc\!\!\!\longrightarrow \sim\sim\text{NH}_2 + \bigcirc + \text{CO}$$

其他杂链高分子的热解都有各自的特点。例如用二胺类和酸酐类交联固化的双酚 A 环氧树脂热解行为有差异：用胺固化的，将产生较多的水和氢，乙醛量比丙酮多；用酐固化的，将再生出酐，并有大量 CO、CO_2 释放出来，容易产生丙酮。聚芳砜热解，C—S 键断裂，析出 SO_2，产生苯基自由基，再夺取双酚中甲基的氢终止。

聚二甲基硅氧烷热解时将解聚成二甲基硅氧烷的环状四聚体、三聚体和少量环状齐聚物，这可以看作开环聚合的逆反应，也属于离子机理。

上述几种杂链聚合物的合成、成型和使用温度很少在热解温度以上，热降解似无问题，但酯键、酰胺键的化学降解却很重要。

13.2 力化学降解

力化学降解和热降解都是单独由能促使价键断裂而引起的降解。

碳链聚合物中的 C—C 键能约 $350\text{kJ}\cdot\text{mol}^{-1}$，当作用力超过这一数值时，就有可能断链。聚合物经塑炼或熔融挤出，高分子溶液流过毛细管受强剪切力或超声波作用，就有这现象。如果要求机械力平均分布在每一化学键上而超过键能，倒不容易，但若将机械力集中在某一弱键上，就有可能断链。例如将高分子材料多次反复形变，由于形变滞后于应力，可能使应力集中在某一键上而断链。这就是所谓"力化学"反应。

断链，产生两个链自由基；有氧存在时，则形成过氧自由基。天然橡胶的塑炼是力化学的工业应用。天然橡胶分子量高达百万，经塑炼后，可使分子量降低至几十万，便于成型加工。塑炼时往往加有苯肼一类塑解剂来捕捉自由基，防止重新偶合，以加速降解。

在机械降解中，剪切应力将链撕断，形成两个自由基。大分子卷曲得愈厉害，耐应力的能力愈差，愈易降解。聚异丁烯溶液通过毛细管，受到应力，与良溶剂相比，在 Θ 溶剂中的降解就要厉害得多。剪切能较难迫使刚性大分子链旋转，因此也容易使之降解。可以预见到，在不良溶剂中，低温和高剪切速率等条件下，刚性大分子将剧烈降解。

聚合物机械降解时，分子量随时间的延长而降低，但降到某一数值，不再降低，如图 13-3。聚苯乙烯这一数值为 0.7 万，聚氯乙烯 0.4 万，聚甲基丙烯酸甲酯 0.9 万，聚醋酸乙烯酯 1.1 万。超声波降解也类似。图 13-3 还表示，聚苯乙烯在一定温度范围（20～60℃）内机械降解时，$[\eta]$-时间关系同落在一条曲线上，表明降解速率几乎不受温度影响，活化能几乎是零。

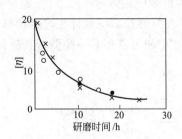

图 13-3 聚苯乙烯的特性粘度
与研磨时间的关系
×—20℃；○—40℃；●—60℃

根据力化学原理，可制备嵌段共聚物。例如天然橡胶用甲基丙烯酸甲酯溶胀，然后挤出，由机械作用产生的自由基引发单体聚合和链转移反应，结果形成异戊二烯和甲基丙烯酸甲酯的嵌段共聚物。两种均聚物一起塑炼时，也可能有嵌段共聚物形成，嵌段一节已作了介绍。

超声波降解是特殊的机械降解。在溶液中，超声能产生周期性的应力和压力，形成"空穴"，其大小相当于几个分子。空穴迅速碰撞，释放出相当大的压力和剪切应力，释放出来的能量超过共价键能时，就使大分子无规断链。超声降解与输入的能量有关，当溶液彻底脱气，使空穴的核难以形成，也就减弱了降解。

13.3　水解、化学降解和生化降解

日常使用聚合物总是处于有一定湿度的大气中或与水直接接触。碳-碳键耐化学降解，聚烯烃、乙烯基聚合物等饱和的碳链聚合物长期埋在含有细菌的酸性或碱性土壤中，也难降解，因此可用作防腐材料。相反，缩聚物主链中的碳杂原子键却是水解、醇解、酸解、胺解等化学降解的薄弱环节。缩聚物的化学降解可以看作缩聚的逆反应。因此，化学降解侧重于缩聚物，从逐步聚合一章中的缩聚逆反应可以获得化学降解的基本概念。

纤维素和尼龙含有极性基团，能吸收一定的水分，在室温下，这些水分可以起到增塑、降低刚性和硬度、产生强度的作用。但在较高的加工温度和较高的相对湿度下，却会水解降解，特别是聚酯和聚碳酸酯对水解很敏感，加工前应充分干燥，以防降解使聚合度和强度降低。涤纶树脂和水在密闭的反应釜中升温至涤纶的熔点以上（如 265℃），在自动产生的压力下水解，固体的水解产物主要是对苯二甲酸，液体产物主要由乙二醇和少量二聚体组成。对苯二甲酸对水解有催化作用，速率常数与温度关系服从 Arrhenius 方程。

另一方面，利用化学降解的原理，可使缩聚物降解成单体或低聚物，进行废聚合物的回收和循环利用。例如纤维素、淀粉经酸性水解成葡萄糖，天然蛋白质水解成白明胶和氨基酸，废涤纶树脂加过量乙二醇可醇解成对苯二甲酸二乙二醇酯或低聚物，聚酰胺经酸或碱催化水解，可得氨基或羧基低聚物，固化了的酚醛树脂可用过量苯酚降解成酚醇或低聚物。

聚乳酸 $\left[O{-}C(CH_3){-}CO\right]_n$ 易水解，可制外科缝合线，手术后，无需拆线；经体内生化水解为乳酸，由代谢循环排出体外。易降解塑料，在土壤中自然降解，成为环境友好材料。

相对湿度 70％ 以上的环境有利于微生物对天然高分子和有些合成高分子的生化降解。许多细菌能产生酶，使缩氨酸和糖类水解成水溶性产物。天然橡胶经过交联或纤维素经过乙酰化，可增加对生化降解的耐受力；也可加入酚类或铜、汞、锡的有机化合物，防止菌解。

13.4　氧化和抗氧剂

聚合物在加工和使用过程中，免不了接触空气而被氧化。热、光、辐射等对氧化有促进作用。自然降解和老化经常是热-氧、光-氧综合作用的结果。氧化初期，聚合物与氧化合（吸氧）而增重、变色，进一步则发粘、发脆、失去弹性和强度，实质上是降解和交联的综合反映。

13.4.1　聚合物的氧化活性

经验表明，二烯类橡胶和聚丙烯易氧化，而无支链的线形聚乙烯和聚苯乙烯却比较耐氧化。聚合物的氧化活性与其结构有关，碳碳双键、烯丙基和叔碳上的 C—H 键都是弱点，易受氧的进攻。C＝C 键氧化，多形成过氧化物；C—H 氧化，则形成氢过氧化物：两者分解，都形成自由基，而后进行一系列连锁反应。

聚合物氧化的关键步骤是氢过氧化物的形成，即 C—H 键转变成 C—O—O—H，氧化

活性可以比较 C—H 和 O—H 键能（表 13-4）的差异作出初步判断。氢过氧化物 ROOH 中 O—H 键能约 $377kJ \cdot mol^{-1}$，碳-氢键能低于或近于这一数值的聚合物容易氧化，即碳-氢键能愈小，愈易氧化。下列模型化合物的氧化活性次序如下：

$$CH_2=CH-CH_2-H \quad > \quad CH_3C(O)-H \quad > \quad (CH_3)_3C-H \quad > \quad (CH_3)_2CH-H \quad > \quad CH_3CH_2CH_2CH_2-H$$

$$\quad\;\; 356 \qquad\qquad\qquad 368 \qquad\qquad\;\; 381 \qquad\qquad\quad 402 \qquad\qquad\quad 410kJ \cdot mol^{-1}$$

烯丙基上的氢　　　　　羰基上的氢　　　　三级碳上的氢　　　　二级碳上的氢　　　　一级碳上的氢

可见烯丙基氢、叔氢是容易受氧进攻的弱键，而 CH_2、CH_3 则较难氧化。邻近基团会影响 C—H 键的氧化活性，但仍保持着相对大小的定性关系。

表 13-4　碳-氢键能

键	键能/$kJ \cdot mol^{-1}$	键	键能/$kJ \cdot mol^{-1}$
C—C 键		$(CH_3)_2CH-H$	402
CH_3-CH_3	368	$(CH_3)_3C-H$	381
$(CH_3)_3C-C(CH_3)_3$	285	$CH_3C(O)-H$	368
C—H 键		$CH_2=CHCH_2-H$	356
C_6H_5-H	468	$\dot{C}H_2CH_2-H$	163
CH_3-H	435	ROO—H(参比)	377
$CH_3CH_2CH_2-H$	410		

现比较二烯类橡胶和饱和碳链聚合物的氧化反应特征。

① 二烯类橡胶的氧化。二烯类橡胶主链上保留有 C=C 双键，构成了烯丙基结构。与氧加成有两种形式：一是双键本身直接与氧加成，形成过氧化物，再分解成双氧自由基和醛类；另一是烯丙基的 C—H 键与氧加成，形成氢过氧化物，然后分解成自由基，进一步引起降解和交联。

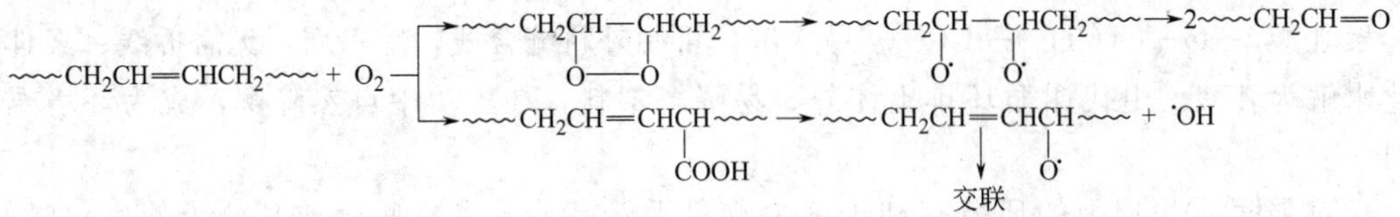

过氧自由基还可以与双键加成或环氧化，进一步分解，继续反应。

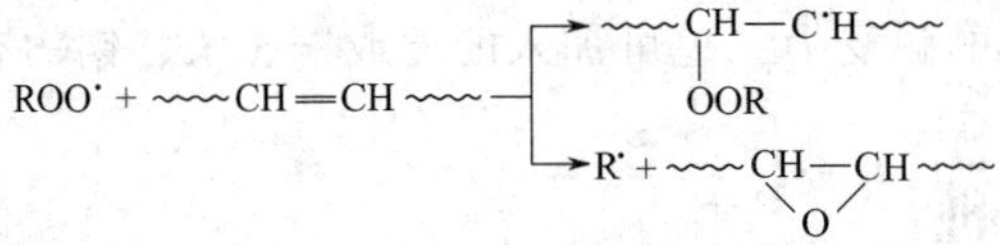

天然橡胶氧化，分子量将降低，并有醛、酸等含氧化合物产生。而丁苯橡胶氧化，往往分子量迅速增加，交联，变脆，不溶。一般降解与交联同时发生。因此二烯烃橡胶类制品必须添加稳定剂和抗氧剂。

② 饱和碳链聚合物。无紫外光时，结构规整的线形聚乙烯比较热稳定，也耐氧化，与低分子直链烷烃相类似。但带支链的聚乙烯，尤其是聚丙烯，有叔氢原子，就易氧化，不加抗氧剂，几乎无法加工。乙丙二元胶对氧化的稳定性介于聚乙烯和聚丙烯之间。

聚苯乙烯也有叔氢原子，但受苯环共振作用的保护，比聚丙烯要耐氧化一些，在室温黑暗环境中放置几年，未发现紫外吸收光谱的改变。但在大气中受紫外光照射，经光氧化，产生羰基和羟基，表面很快发黄。继续氧化，聚苯乙烯会降解成苯甲醛、甲基苯基酮。

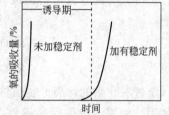

聚丙烯有叔氢原子，无任何保护基团，容易氧化。聚丙烯在138℃烘箱中放置3h，分子量可以从250000降至10000。经红外检测，发现有醛、酮、酸、酯和γ-己内酯生成。

碳氢键能还受邻近基团的影响，耐氧化的程度会有所改变。如聚丙烯腈，因有氰基的影响，亚甲基反而易受氧的进攻；聚苯乙烯中的苄基氢受到惰性苯环的保护，异丁烯中CH_2的氢受到两侧4个甲基的保护，都比较耐氧化。异丁烯受热易断链则属于热降解问题。

邻近杂原子会影响碳-氢键能。过氧自由基具亲电性，醚、醛、胺、硫化物中杂原子的未共用电子对易吸取邻近碳原子上的氢而被氧化。

聚合物的氧化活性还与聚集态、接触面积、温度等物理因素有关。在玻璃化温度以上，聚合物的无序区易被氧化，晶区难氧化，因为分子氧不易渗透。表面最易被氧化，是氧化降解的薄弱区。

聚合物的氧化活性可以用吸氧增重量-时间曲线来评价，如图13-4所示。不加抗氧剂时，氧化活性高的聚合物，诱导期短或无，吸氧速率很快，即曲线很陡。氧化活性低的聚合物，或加有抗氧剂，则有一定的诱导期，诱导期过后，才较快地氧化。

图13-4 热氧化过程中氧的吸收量

氧化速度与氧浓度成正比，与试样厚度成反比。

13.4.2 氧化机理

聚合物氧化是自由基反应过程，可以粗分为两个阶段。第一阶段，聚合物RH受氧分子、臭氧、残留引发剂自由基的进攻，产生"初始"自由基，相当于引发。第二阶段，初始自由基继续进行增长、转移反应，进入真正的连锁自动氧化过程。但第一阶段是关键。

自由基聚合物中免不了残留有引发剂（如过氧化二苯甲酰），残留引发剂分解成初始自由基，与聚合物RH进行链转移反应，形成大分子自由基R·。

$$C_6H_5-CO-O^{\cdot} + RH \longrightarrow C_6H_5-COOH + R^{\cdot}$$

大气中的少量臭氧（约0.1mg/kg）与聚合物反应，也能形成自由基，如下式。

$$RH + O_3 \longrightarrow RO^{\cdot} + {}^{\cdot}OOH$$

但更主要的是氧与聚合物RH反应，或直接产生自由基R·，或先形成过氧化合物，而后分解成自由基。初始自由基一旦形成，后续的增长、转移等系列基元反应就连锁迅速进行。

自由基R·和氧加成极快，活化能几乎等于零，转移反应相对较慢，但比一般化学反应却要快得多，因此抗氧化的关键是防止初始自由基的产生，并及时消灭。

氧化过程中的众多基元反应摘要如下，根据活化能，可以初步判断活性。

引发 $RH \longrightarrow R^{·}+^{·}H$

    $ROOH \longrightarrow RO^{·}+^{·}OH$ $E=150kJ·mol^{-1}$

增长（快） $R^{·}+O_2 \longrightarrow ROO^{·}$ $E\approx 0kJ·mol^{-1}$

转移（慢） $R^{·}+O_2 \longrightarrow HOO^{·}+$ 烯烃 $E=30\sim 40kJ·mol^{-1}$

    $ROO^{·}+RH \longrightarrow ROOH+R^{·}$ $E=30\sim 45kJ·mol^{-1}$（三级 H 和二级 H）

    $HOO^{·}+RH \longrightarrow HOOH+R^{·}$ $E=60kJ·mol^{-1}$（一级 H）

    $HO^{·}+RH \longrightarrow H_2O+R^{·}$ $E=4\sim 8kJ·mol^{-1}$

    $RO^{·}+RH \longrightarrow ROH+R^{·}$

终止 $R^{·}$，$RO^{·}$，$ROO^{·} \longrightarrow$ 双基终止成稳定产物

  氢过氧化物除了能均裂成两个自由基外，还可能有下列诱导分解反应，使氧化加速。

$$ROOH+R^{·} \longrightarrow RO^{·}+ROH$$

$$2ROOH \longrightarrow ROO^{·}+RO^{·}+H_2O$$

  在上述诸多基元反应中，氢过氧化物的分解活化能最高（$150kJ·mol^{-1}$），与引发剂异丙苯过氧化氢相当。但有铁、铜、钛等过渡金属存在时，其高价态是氧化剂，低价态是还原剂，都可以与氢过氧化物构成氧化还原体系，加速分解、氧化，因此过渡金属是氧化的催化剂。

$$ROOH+Mt^{x+} \longrightarrow RO^{·}+OH^-+Mt^{(x+1)+}$$

$$ROOH+Mt^{x+} \longrightarrow ROO^{·}+H^++Mt^{(x-1)+}$$

  氢过氧化物的均裂产物虽然是醇、醛、酮，但最后将被氧化成羧酸，对金属氧化起着催化作用。如果绝缘层保护不好，聚合物-导线铜的界面上就很容易形成羧酸铜，加速催化氧化。

13.4.3 抗氧剂和抗氧机理

  为提高聚合物的抗氧化能力，首先要合成和选择比较稳定的聚合物，其次是使可氧化的基团与氧隔离（如表面涂层），最后是添加抗氧剂，防止氧化或降低氧化速度。

  "抗氧剂"是按功能来取名的技术术语。根据上述氧化的自由基机理特征，抗氧剂可以有多种类型，配合使用，各司其能。如链终止剂以消灭已经产生的自由基；过氧化物分解剂以破坏尚未分解的过氧化物，防患于未然；过渡金属钝化剂以消除对过氧化物分解的催化作用，如表 13-5 所示。

表 13-5 抗氧剂

类 型	典型化合物
链终止剂（主抗氧剂）	阻位酚类和芳胺类
氢过氧化物分解剂（副抗氧剂）	硫醇，多硫化物，二硫代氨基甲酸盐，亚磷酸盐等
金属钝化剂（助抗氧剂）	芳胺，酰胺，酰肼类

  (1) 链终止剂型抗氧剂——主抗氧剂 终止剂型抗氧剂（AH）实际上可以看作阻聚剂或自由基捕捉剂，其主要作用是通过链转移，及时消灭已经产生的初始自由基，而其本身则转变成不活泼的自由基 $A^{·}$，终止连锁反应。

$$ROO^{·}+AH \xrightarrow{极快} ROOH+A^{·}$$

  典型的抗氧剂一般是带有体积较大供电基团的所谓"阻位"酚类和芳胺，如

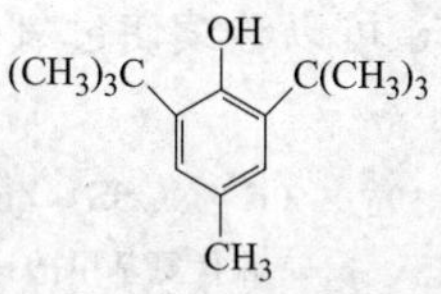

2,6-二叔丁基-4-甲基苯酚(264)

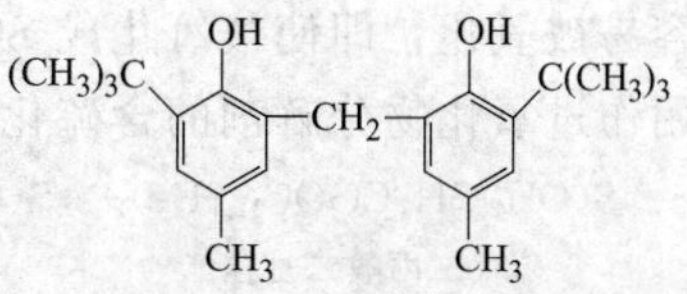

2,2′-亚甲基双(4-甲基-6-叔丁基苯酚)(2246)

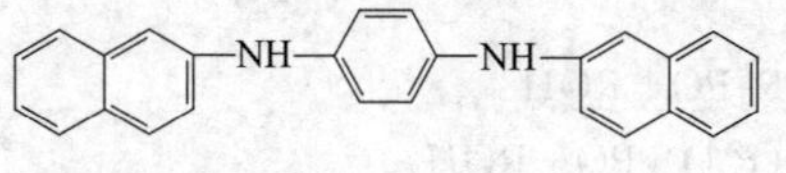

N,*N*-二-*β*-萘基对苯二胺(DNP)

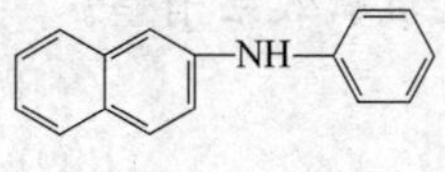

苯基-*β*-萘胺

酚类抗氧剂多数是2,4,6-三烷基苯酚类，$—CH_3$、$—C(CH_3)_3$ 等推电子基使抗氧能力增强。邻位上的庞大叔丁基，妨碍了酚氧和苯环的p-π共轭，从而削弱了O—H键，致使其中H容易被过氧自由基所夺取。聚合物氧化产生的大分子自由基 $ROO^{\bullet}$ 夺取酚羟基上的氢而终止，而酚类本身则转变成较稳定的酚氧自由基，进一步转变成醌型化合物，而且一个酚类分子可以终止多个自由基。

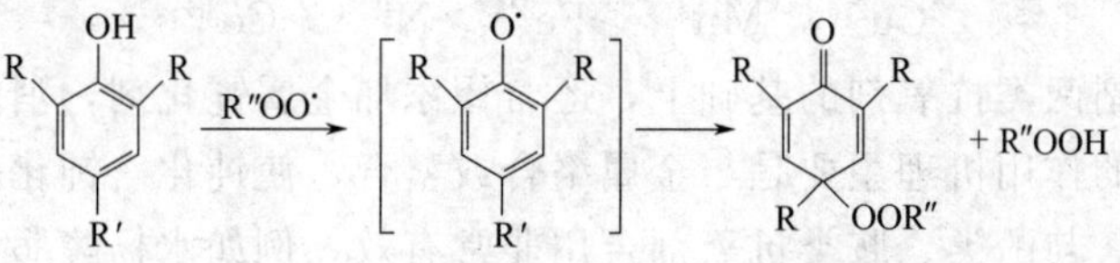

二级芳胺类（如*N*,*N*-二苯基对苯二胺）的抗氧机理可由下式来说明。

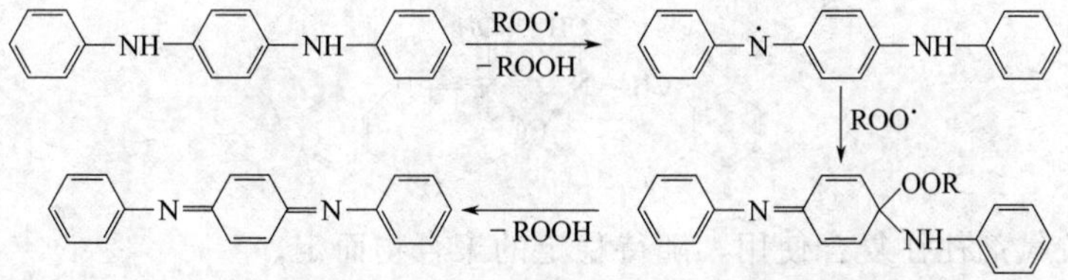

胺类有颜色有毒，主要用于黑色橡胶制品，而浅色塑料制品多用酚类抗氧剂。

(2) 氢过氧化物分解剂——副抗氧剂　虽然终止剂型抗氧剂是主抗氧剂，但其作用是消灭已经产生的自由基，并非破坏过氧化合物，因此不能使氧化完全停止。氢过氧化物相当于引发剂，积累后，仍能分解成自由基而氧化。因此，最好添加氢过氧化物分解剂（又称失活剂），与终止剂型抗氧剂合用，提高抗氧能力。从阻聚诱导期和吸氧速率看来，两者的协同效果比单独使用时效果的加和还要好。

氢过氧化物分解剂实质上是有机还原剂，包括硫醇RSH、有机硫化物 R_2S、三级膦 R_3P、三级胺 R_3N 等，其作用是使氢过氧化物还原、分解和失活，而分解剂本身则被氧化。

硫醇最终被氧化成硫化物和砜，反应机理如下式所示：

$$2R'—SH \xrightarrow[-H_2O,\,-ROH]{ROOH} R'—S—S—R' \xrightarrow[-2ROH,\,-SO_2]{2ROOH} R'—S—R' \xrightarrow[-ROH]{ROOH}$$

$$R'—\overset{\overset{\displaystyle O}{\|}}{S}—R' \xrightarrow[-ROH]{ROOH} R'—\overset{\overset{\displaystyle O}{\|}}{\underset{\underset{\displaystyle O}{\|}}{S}}—R'$$

上式表明，1mol硫醇可以分解5mol氢过氧化物。但二硫代有机化合物可以分解更多的氢过氧化物，例如1mol二烷基二硫代氨基甲酸锌却可分解7mol氢过氧化物，抗氧效率更高，成为优先选用的过氧化物分解剂，但其分解机理比较复杂，核心是硫处在最低价态（−2），且不稳定，容易被氧化，即使被氧化成 SO_2，还是还原态，可以继续使过氧化物还原。

下列是用作过氧化物分解剂的含硫化合物。

$$S(CH_2CH_2COOC_{12}H_{25})_2 \qquad S(CH_2CH_2COOC_{18}H_{37})_2 \qquad (R_2'NCSS)_2Zn$$

硫代二丙酸二月桂酯 　　　　硫代二丙酸十八醇酯 　　　二硫代氨基甲酸锌

三级膦、亚磷酸酯类等含磷化合物也能分解氢过氧化物，自身被氧化成膦氧、磷酸酯，往往一对一地分解，抗氧效果稍差。

$$R_3'P+ROOH \longrightarrow R_3'PO+ROH$$

$$(R'O)_3P+ROOH \longrightarrow (R'O)_3PO+ROH$$

亚磷酸三壬基苯酯 $(C_9H_{19}C_6H_4O)_3P$ 是含磷类氢过氧化物分解剂的代表。

（3）金属钝化剂——助抗氧剂　铁、钴、铜、锰、钛等过渡金属对氢过氧化物分解成自由基的反应有催化作用。

$$M^{n+}+ROOH \longrightarrow M^{(n+1)+}+RO^{\cdot}+OH^-$$

$$M^{(n+1)+}+ROOH \longrightarrow M^{n+}+ROO^{\cdot}+H^+$$

影响聚丙烯热氧化反应的金属活性次序为：

$$Cu^{2+}>Mn^{2+}>Fe^{2+}>Ni^{2+}>Co^{2+}$$

因此，在以上主、副两类抗氧剂的基础上，还希望添加金属钝化剂，消除或减弱其催化分解作用。金属钝化剂的作用机理主要是与金属络合或螯合，使钝化。钝化剂通常是酰肼类、肟类、醛胺缩合物等，与酚类、胺类抗氧剂合用非常有效。例如水杨醛肟与铜螯合，可防止对氢过氧化合物的诱导分解，起到辅助抗氧作用。

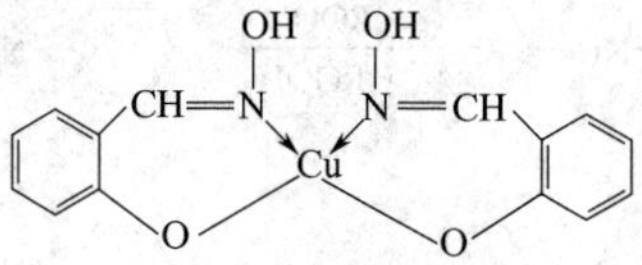

上述三类抗氧剂往往复合使用，随待稳定的聚合物而定。

橡胶加工常加有炭黑。炭黑是光屏蔽剂，可以减弱光降解，但一般要加少量其他抗氧剂，如硫代双酚、脂族硫醇或二硫化物，发挥协同作用，增加稳定效果。

抗氧剂复合得不当，例如胺类和酚类复合，作用会有所抵消，效果反不如单独使用。有些酚类将促进铜对氢过氧化物的催化分解，炭黑对大多数抗氧剂的效率有所降低。

在考虑各种抗氧剂化学性质的同时，尚需注意稳定、无毒、无色、价格、与聚合物的相容性等，与聚合物共混后，要有足够的流动性，使扩散到达各反应点。

13.5　光降解和光氧化降解

聚合物在室外使用，受阳光照射，紫外和近紫外光能可使多数聚合物的化学键断裂，引起光降解和光氧化降解，导致老化。按对光降解的稳定程度，可将常用聚合物分成以下三类：

① 稳定聚合物，如聚甲基丙烯酸甲酯、聚乙烯等；

② 中等稳定聚合物，如涤纶树脂和聚碳酸酯；

③ 不稳定聚合物，如聚丙烯、橡胶、聚氯乙烯、尼龙等，使用时，需添加光稳定剂。

探明光降解的机理，可为光稳定和光敏聚合物的合成、光稳定剂的选择、稳定措施的确定指明方向。

13.5.1 光解和光氧化的机理

聚合物受光的照射，是否引起大分子链的断裂，决定于光能和键能的相对大小。共价键的离解能约 $160\sim600kJ\cdot mol^{-1}$，如果光能大于这一数值，才有可能使链断裂。

光的能量与波长有关，波长愈短，则能量愈大。红外线波长在 100nm 以上，相当于 $125kJ\cdot mol^{-1}$ 的能量，远低于键能，不易引起聚合物降解。日光中的短波长（120~280nm）远紫外线和高能辐射大部分被大气层臭氧所吸收，照射到地面的是 300~400nm 的近紫外部分，相当于 $400\sim300kJ\cdot mol^{-1}$ 的光能，足以使一些共价键断裂。

聚合物吸收光能后，并非平均分配，其中一部分分子或基团转变成激发态，然后按两种方式进一步变化：一是激发态发射出荧光、磷光，或转变成热能后，恢复成基态；另一是激发态能量大，足以使化学键断裂，促进化学反应。

聚合物往往对特定的光波长敏感，见表 13-6。不同基团或共价键有特定的吸收波长范围，如 C—C 键吸收 195nm、230~250nm，羟基吸收 230nm，日光中这些波长无法到达地面，因此饱和聚烯烃和含羟基聚合物对日光比较稳定。而醛、酮等羰基、双键、烯丙基、叔氢则是光降解和光氧化自由基连锁降解的弱点。这些基团可能是聚合物固有，也可能在合成、加工过程中经氧化产生。此外，聚合产物还可能残留有少量引发剂或过渡金属等，都可能促进光氧化反应。

表 13-6　聚合物对光敏感的波长

聚　合　物	敏感波长/nm	聚　合　物	敏感波长/nm
聚酯	325	聚碳酸酯	280.5~305
聚苯乙烯	318.5		330~360
聚丙烯	300	聚乙烯	360
聚氯乙烯	320	醋酸丁酸纤维素	295~298
EVA	327,364	聚苯乙烯-丙烯腈	290,325
聚醋酸乙烯酯	280		

虽然 300~400nm 的紫外光并不能使许多聚合物直接离解，却可转变成激发态。被激发的 C—H 键容易与氧反应，形成氢过氧化物，然后分解成自由基，按氧化机理降解。

$$RH+O_2 \longrightarrow ROOH \longrightarrow R^{\cdot}+{}^{\cdot}OOH$$

$$R^{\cdot}+O_2 \longrightarrow ROO^{\cdot} \xrightarrow{RH} ROOH+R^{\cdot}$$

聚（甲基）丙烯酸酯类不吸收紫外光，对光降解很稳定，可用作室外的标牌和外墙涂料。纯的高密度聚乙烯也比较稳定。另一方面含叔氢、双键（及烯丙基）、羰基等弱键的聚合物，如聚丙烯、天然橡胶、涤纶聚酯却易光氧化。

① 聚乙烯。纯线形聚乙烯并不吸收紫外光，比较稳定。但一般聚乙烯经汞灯辐照，用 ESR 却检测到自由基，并且主要是 ~~~CH$_2$CH$_2^{\cdot}$ 和 ~~~CH$_2$C$^{\cdot}$HCH$_2$~~~ 等烷基自由基。可能的原因是光氧化造成的，形成了羰基。光氧化聚乙烯的红外光谱中有强的羰基和乙烯基谱线，据此，提出两类断链方式：

类型 I
$$\underset{\substack{\| \\ O}}{RC}\!-\!CH_2CH_2CH_2R \xrightarrow{h\nu} \underset{\substack{\| \\ O}}{RC^{\cdot}} + {}^{\cdot}CH_2CH_2CH_2R$$

类型 II
$$\underset{\substack{\| \\ O}}{RCCH_2}\!-\!CH_2CH_2R \xrightarrow{h\nu} \underset{\substack{\| \\ O}}{RCCH_3} + CH_2\!=\!CHR$$

断链后产生的羰基和双键端基都是易光降解和光氧化的活性。

聚乙烯和聚苯乙烯商品中往往存在有结构缺陷和杂质，如酮、醛和过氧化合物，对光降解和光氧化降解都有促进作用。

② 聚丙烯。聚丙烯光降解很快，原因是含有叔氢原子，以及聚合、加工过程中所产生的生色团。聚丙烯光氧化，形成氢过氧化物。过氧键断裂成自由基，产生系列降解反应。

$$\sim\!\!CH_2\!-\!\overset{\underset{\displaystyle CH_3}{|}}{\underset{|}{C}H}\!-\!CH_2\!\sim \xrightarrow[h\nu]{+O_2} \sim\!\!CH_2\!-\!\overset{\underset{\displaystyle CH_3}{|}}{\underset{|}{C}}\!-\!CH_2\!\sim \xrightarrow[h\nu]{-\cdot OH} \sim\!\!CH_2\!-\!\overset{\underset{\displaystyle CH_3}{|}}{\underset{|}{C}}\!-\!CH_2\!\sim$$

$$RH + \cdot OH \longrightarrow R\cdot + H_2O \qquad RH + \cdot CH_3 \longrightarrow R\cdot + CH_4$$

Ziegler-Natta 引发剂中的过渡金属对光氧化有催化作用，加速聚烯烃的降解。

③ 二烯类橡胶。聚合物中的双键可以直接吸收紫外光，断裂成氢自由基和烯丙基自由基。氢自由基自身偶合终止成氢气，烯丙基自由基则相互终止，形成交联。

$$\sim\!\!CH_2\overset{CH_3}{\underset{|}{C}}\!=\!CHCH_2\!\sim \xrightarrow{h\nu} \sim\!\!\overset{CH_3}{\underset{|}{\dot{C}}}HC\!=\!CHCH_2\!\sim + H\cdot$$

最终降解产物中有氢，甲基、乙烯基化合物和交联。因此，二烯类橡胶对光敏感，很快发粘变脆，降解交联老化，加工是须添加光稳定剂和防老剂。

④ 涤纶对 280nm 的紫外光有强烈的特征吸收而降解，降解产物主要有 CO、H_2、CH_4，由此推断可能有下列反应。降解产生的大自由基间还可以进一步交联。

按理，纯聚氯乙烯对光照应该比较稳定，并不吸收 $300\sim400$nm 紫外光，但原有和热降解后产生的少量双键或羰基就易吸收紫外光而降解。降解结果，脱出 HCl。

13.5.2 光稳定剂

根据上述分析，光稳定机理可以概括如下。首先大分子直接吸收光或从吸收光后的物种经转移而获得能，转变成激发态 A*。激发后的 A* 较稳定，不起化学反应，发出荧光、磷光辐射或热而失去多余能，或分解成稳定产物。

激发   A $\longrightarrow$ A*

发射   A* $\longrightarrow$ A+光或热

降解   A* $\longrightarrow$ 分解产物

按此机理，防止光降解，可从下列几方面考虑：防止紫外光的吸收；使激发态失活；破坏已经形成的过氧化合物；防止自由基与聚合物反应。后两点已见氧化和抗氧剂一节。光稳定剂有下列三类。

① 光屏蔽剂。能反射紫外光，防止透入聚合物内部而遭受破坏的助剂。炭黑（粒度 15～25nm，2％～5％）、二氧化钛、活性氧化锌（2％～10％）和很多颜料都是有效的紫外光屏蔽剂，与紫外光吸收剂合用，效果更好。炭黑和含硫抗氧剂有协同作用，与芳胺及酚类抗氧剂有对抗作用。氧化铁细粉也很有效，但在较高温度下，却促进聚氯乙烯降解。

② 紫外光吸收剂。这类化合物能吸收 290～400nm 的紫外光，从基态转变成激发态，然后本身能量转移，放出强度较弱的荧光、磷光，或转变成热，或将能量转送到其他分子而自身回复到基态。实际上紫外光吸收剂起着能量转移的作用。

目前使用的紫外光吸收剂有邻羟基二苯甲酮、水杨酸酯类、邻羟基苯并三唑三类。

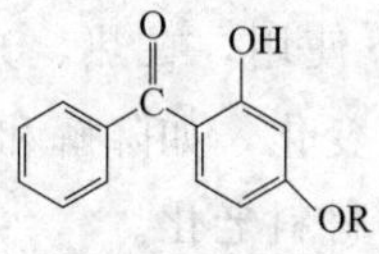

2-羟基二苯甲酮类
R=OCH₃,OC₈H₁₇

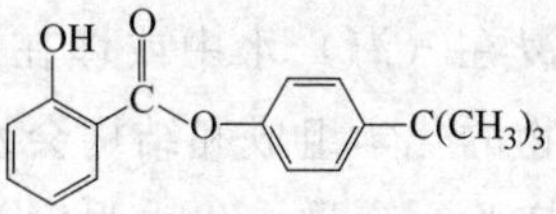

水杨酸对叔丁基苯酯

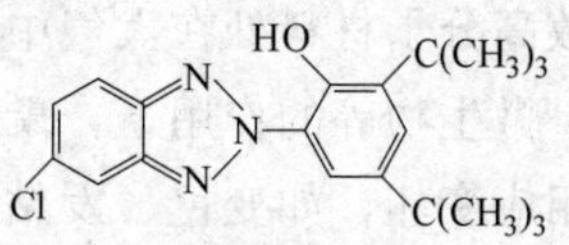

邻羟基苯并三咔唑

以上诸式中的供电烷氧基可增进与聚合物的混容性，有利于能量的散失。

以 2-羟基苯基苯酮 （2-hydroxybenzophenone） 为例，通过分子本身内部能量的转移，来说明紫外线的吸收作用。该化合物的基态是羰基与羟基通过氢键形成的螯合环，吸收光能后开环，即从基态变成激发态，激发态异构成烯醇或醌，同时放出热量，恢复成螯合环基态。光吸收剂本身的结构未变，而把光转变成热。形成的氢键越稳定，则开环所需的能量越多，因此传递给高分子的能量越少，光稳定效果也就越显著。

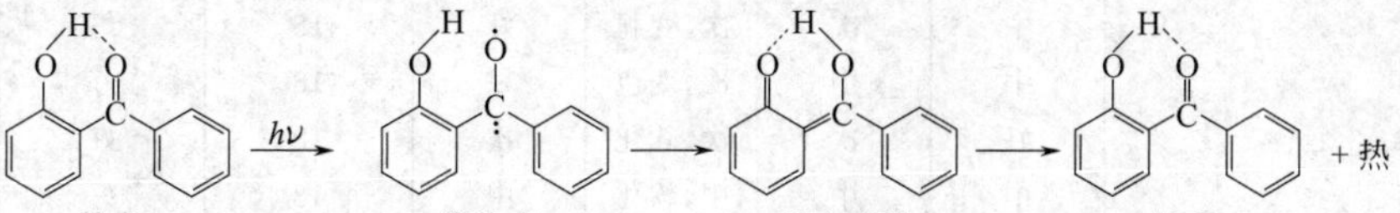

基态　激发态　烯醇或醌　基态

水杨酸酯类是紫外光吸收剂的前驱体，经光照后，其中酚基芳酯结构重排，成为二苯甲酮结构，成为真正的紫外光吸收剂，作用机理与 2-羟基苯基苯酮相似。

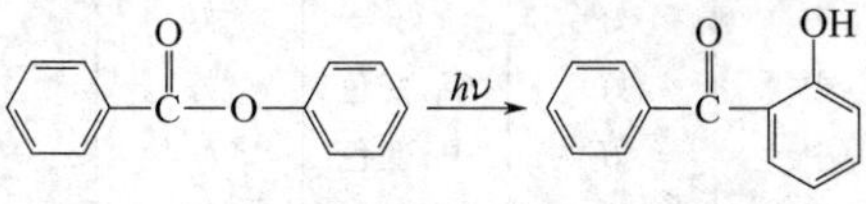

邻羟基苯并三唑中的羟基与三唑环之间形成氢键，吸收紫外光后可将激发能量转移而起到光稳定作用。

③ 紫外光猝灭剂。猝灭剂的作用机理简示如下：处于基态的高分子 A 经紫外光照射，转变成激发态 A*。猝灭剂 D 接受了 A* 中的能量，转变成激发态 D*，却使 A* 失活而回到稳定的基态 A。激发态 D* 以光或热的形式释放出能量，恢复成原来的基态 D。

$$A^* + D \longrightarrow A + D^* \longrightarrow A + D + 光或热$$

由此可见，紫外光猝灭剂与紫外光吸收剂的作用机理有点相似，都是使激发态的能量以光或热发散出去，而后恢复到基态。两者的差异是猝灭剂属于异分子之间的能量转移，而吸收剂则是同一分子内的能量转移。

目前用得最广泛的猝灭剂是二价镍的有机螯合剂或络合物，如双（4-叔辛基苯）亚硫酸镍、硫代烷基酚镍络合物或盐、二硫代氨基甲酸镍盐等。

$$R-\!\!\!\bigcirc\!\!\!-O-S-O-Ni-O-S-O-\!\!\!\bigcirc\!\!\!-R \quad R=C(C_2H_5)_2CH_3$$

双(4-叔辛基苯)-亚硫酸镍

镍猝灭剂本身呈绿色，且不稳定，在加工温度（约 300℃）下将分解；与含硫稳定剂共用时，将变黑。因此，另开发了无镍猝灭剂，以改进色泽上的缺点。

猝灭剂往往与紫外光吸收剂混合使用，进一步消除未被吸收的残余紫外光能，以提高光稳定效果。户外使用制品常同时添加有光稳定剂和抗氧剂，改善抗老化性能。

13.6 老化和耐候性

大多数高分子材料处在大气中、浸在（海）水中或埋在地下使用，在热、光、氧、水、化学介质、微生物等的作用下，聚合物的化学组成和结构会发生变化，如降解和交联；物理性能也会相应变坏，如变色、发粘、变脆、变硬、失去强度等，材料老化。

诸因素的影响已在上面几节分别介绍。若干因素综合影响的老化试验可在真实的环境下进行，也可以在实验室内模拟环境条件下进行加速试验。

各种因素对不同种类聚合物的影响差别很大，如聚乙烯耐臭氧、耐水解、吸水率低、不耐光氧化、易燃等。聚氯乙烯对热不稳定，放出氯化氢，但自熄。详见表 13-7。

表 13-7 聚合物对各因素使性能变坏的相对耐受性

聚 合 物	裂解	自氧化	光氧化	臭氧化	氧指数/%	水解	吸湿性/%
聚乙烯	好	次	次,变脆	好	18	好	<0.01
聚丙烯	中	次	次,变脆	好	18	好	<0.01
聚苯乙烯	中	中	次,变色	好	18	好	0.03～0.10
聚异戊二烯	好	次	次,软化	次	18	好	低
聚异丁烯	中	中	中,软化	中	18	好	低
聚氯丁二烯	中	次	中	中	26	好	中
聚甲醛	次	次	次,变脆	中	16	次	0.25
聚苯醚	好	次	次,变色	好	28	中	0.07
聚甲基丙烯酸甲酯	好	好	好	好	18	好	0.1～0.4
聚对苯二甲酸乙二醇酯	中	好	中,变色	好	25	中	0.02
聚碳酸酯	中	好	中,变色	好	25	中	0.15～0.18
聚己二酰己二胺	中	次	次,变脆	好	24	中	1.5
聚酰亚胺	好	好	次,变脆	好	51	中	0.3
聚氯乙烯	次	次	次,变色	好	～40	好	0.04
聚偏氯乙烯	次	次	中,变色	好	60	好	0.10
聚四氟乙烯	好	好	好	好	<95	好	<0.01
聚二甲基硅烷	好	好	中	好	——	中	0.12
ABS 树脂	中	次	次,变色	好	19	好	0.20～0.45
三醋酸纤维	次	次	次,变脆	好	19	次	1.7～6.5

在高分子材料选用问题上，除了根据聚合物的结构性能特点，合理应用于特定场合，或适当改变聚合物结构使适应某种环境外，有一重要措施是添加各种助剂和采取防老措施。防老剂种类很多，如热稳定剂、抗氧剂和助抗氧剂、紫外光吸收剂和屏蔽剂、防酶剂和杀菌剂等，部分已见上述，根据需要选用。

13.7　聚合物可燃性和阻燃

日常生活中，聚合物的使用量日益增多，阻燃防火是一重要问题。为了解决这一问题，需要了解燃烧过程和机理、聚合物的可燃性，以及阻燃机理。

13.7.1　燃烧过程和燃烧机理

可燃物、氧和温度是燃烧的三要素，缺一不可。在热力学上，有机高分子对氧不稳定，都是可燃物；但只有在一定高温下获得了必要的活化能，才开始着火，而后持续燃烧。

聚合物是凝聚相，氧是气相，初看起来，燃烧在聚合物表面进行，属于多相反应。多相反应的燃烧速率决定于氧气扩散至表面和反应产物离开表面的速度，往往是扩散控制，但也不能排除反应控制的条件。

实际上，燃烧是一复杂过程，基本上可分成两个阶段：第一阶段是聚合物受热（300～800℃），解聚和裂解，产生气态或挥发性低分子可燃物质，到达着火点，就开始着火，产生火焰和热量。刚开始着火，并不稳定。如散热快，温度不够，或氧气供应不足，将自动熄火。可见燃烧热的产生速率大于散热速率是着火的必要条件之一。如条件符合，则进入自动加速氧化、保持有火焰、继续燃烧的第二阶段。燃烧所产生的热促使聚合物进一步裂解，加剧气相燃烧。如此反复循环，最终形成 CO_2、H_2O、CO 等燃烧产物。含卤聚合物燃烧后还产生卤化氢，聚氨酯、聚丙烯腈等含氮聚合物则释放出 HCN；聚酯纤维燃烧时熔融；这些对人的生命安全都具有更大的危害性。由此可见，燃烧并不局限于凝聚相，往往气相燃烧起着更主要的作用。燃烧可以有蒸发燃烧、分解燃烧和表面燃烧三种情况。聚合物不挥发，更多的是分解燃烧。燃烧过程可简示如下。

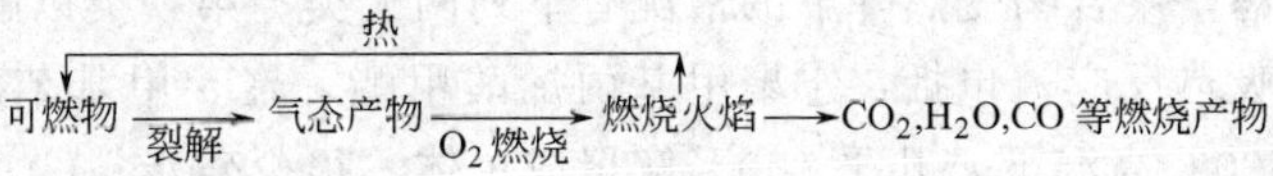

$$可燃物 \xrightarrow[裂解]{热} 气态产物 \xrightarrow{O_2\ 燃烧} 燃烧火焰 \longrightarrow CO_2, H_2O, CO\ 等燃烧产物$$

从化学考虑，燃烧可以看作氧化还原反应，并且是自由基连锁反应过程。可燃物是还原剂，氧气是氧化剂。燃烧能够以亚声波的速度蔓延，并产生火焰和光。从化学工程考虑，燃烧条件除氧化反应外，还涉及传热和传质。

13.7.2　聚合物的可燃性

聚合物的可燃性能差异很大，易燃、缓慢燃烧、阻燃、自熄，程度不等。

物质的燃烧性能常用（最低）氧指数来评价。其测定方法是将聚合物试样直放在一玻璃管内，上方缓慢通过氧、氮的混合气流，氧氮比例可以调节。能够保证稳定燃烧的最低氧含量（以体积百分数计）就定义为（最低）氧指数 LOI 或 OI，表达式如下：

$$LOI(\%) = \phi_{O_2} = \frac{V_{O_2}}{V_{O_2} + V_{N_2}} \times 100\%$$

氧指数愈高，表明材料愈难燃烧，借此可以用来评价聚合物燃烧的难易程度和阻燃剂的效率（表 13-8）。氧指数大于 22.5%（或 0.225），为难燃；大于 27%，则自熄。聚乙烯、聚丙烯氧指数仅 17.4%，易燃烧，并熔融淌滴类似石蜡，但不生烟。聚烯烃、乙丙橡胶、丁苯橡胶等的燃烧性能与木材相似，其薄片用一根火柴就可以点燃。聚苯乙烯氧指数与之相近（18.2%），也易燃烧，并产生浓重的黑烟。聚氯乙烯的氧指数为 45%～49%，难燃，自熄，但热解、释放出窒息有毒的氯化氢气体，并生烟。阻燃和抑烟同等重要。

表 13-8　聚合物和低分子物的氧指数

化　合　物	氧指数/%	化　合　物	氧指数/%
氢	5.4	聚乙烯醇	22.5
甲醛	7.1	氯丁橡胶	26.3
苯	13.1	涤纶	26.3
聚甲醛	14.9	聚碳酸酯	27
聚氧乙烯	15.0	聚苯醚	28
聚甲基丙烯酸甲酯	17.3	尼龙-66	28.7
聚乙烯和聚丙烯	17.4	聚酰亚胺	36.5
聚苯乙烯	18.2	硅橡胶	26～39
麻、棉	20.5～21	聚氯乙烯	45～49
聚丙烯腈	21.4	聚四氟乙烯	95

烟是悬浮炭微粒，烃类炭化生烟的难易程度依次是：

直链烃＜支链烃＜环烃＜芳烃＜稠环烃＜碳或石墨

含卤素易生烟，因为碳-卤键是弱键，大分子上的卤原子是自由基的转移点，对支化和环化也有促进作用。含较多杂原子的聚合物热解时，烟可能由凝聚的液滴溶胶组成。双键、卤或杂原子取代容易芳构化，芳环又容易转变成稠环，最终炭化。

聚合物燃烧难易程度与组成和结构有关。氢含量愈多，并有容易形成自由基和链转移反应的弱键，则愈易燃烧；卤素含量愈多，则愈难燃烧。含 C、H、O、N、卤素的聚合物的可燃性与原子数比的组成参数（CP）间曾建立有如下粗略关系：

$$CP = (H/C) - 0.65(F/C)^{1/3} - 1.1(Cl/C)^{1/3} - 1.6(Br/C)^{1/3}$$

H/C 原子数比愈小，即聚合物的芳构化程度愈深，则氧指数愈高，即愈难燃烧。CP≥1，LOI＝17.5%；CP<1，则 LOI＝60%～42.5%。

从燃烧角度考虑，聚合物受热降解的情况有下列两大类。第一类以解聚为主，产生大量可燃性气体，属于吸热反应，包括：①聚甲基丙烯酸甲酯、聚 α-甲基苯乙烯、聚四氟乙烯、聚甲醛等在 300～800℃高温下，几乎 100%解聚成单体，很少残炭；② 聚苯乙烯、聚乙烯、聚丙烯、聚丙烯酸酯类等，无规断链成低分子产物，很少单体和残炭。第二类包括聚氯乙烯、聚丙烯腈、聚乙烯醇以及芳杂环聚合物，热解时，产生少量不易燃烧的气态产物，N、O、S 等杂原子从炭骨架上的脱除，从 600℃开始，往往可以延续到 1300～1700℃。但很大一部分经过环化、缩合、再结合，形成共轭双键、芳构化和稠环化，最终形成炭化产物。残炭愈多，则愈难燃烧。最低氧指数 LOI 与残炭指数（CR，体积分数）有如下关系：

$$LOI = 17.5 + 0.4CR$$

阻燃中的一项重要措施是加强炭化，减少气态可燃物进入气相，使转化为非均相的表面燃烧。

除了微观组成结构之外，高分子材料的宏观结构形态、孔隙度、表面积对燃烧也有影响。同一试样质量/表面积比增加一倍，氧指数将增加 1/7。温度对氧指数也有影响，温度升高，氧指数一般要降低。一些在室温下难燃的高分子（如 OI＝21%），在高温下也能燃烧。

13.7.3　阻燃剂和阻燃机理

除了少数聚合物本身具有阻燃性能外，阻燃措施主要依靠添加阻燃剂。希望阻燃剂兼有延缓燃烧、抑烟、自熄等多种功能。根据燃烧过程图示，可从凝聚相和火焰气相两方面来考虑阻燃问题，两者阻燃原理有些区别。总的说来，阻燃原理有三：

① 减弱放热，加速散热，冷却降温，减少热解和可燃气体的产生，抑制气相燃烧；

② 释放不可燃气体（N_2、CO_2、H_2O）或促进炭化，隔离氧，减弱传热和传质；

③ 捕捉自由基，终止连锁氧化反应。

阻燃剂有许多种类，主要是 P、N、Cl、Br、Sb、Al、Mg、B 等元素的化合物（见表 13-9）。多数阻燃剂属于添加共混型，即含有阻燃元素的化合物与聚合物共混，以达到阻燃的目的；少数聚合物含有阻燃元素，本身就能阻燃，常称作反应性阻燃剂。

表 13-9 阻燃剂

阻燃剂类型	磷系	氮系	卤素	锑系	铝、镁系	硼系
添加共混型						
无机	红磷 磷酸			三氧化锑	水合氧化铝 氢氧化镁	硼酸锌 次硼酸钠
有机	含卤磷酸酯 不含卤膦酸酯 磷酸铵	三聚氰胺 双氰胺 氨基磺酸铵	含卤磷酸酯			
反应型 （含阻燃元素的聚合物）			有机氯 有机溴			

某一阻燃剂可能兼有几种阻燃机理，各种阻燃剂的阻燃机理举例如下。

① 磷系。单质磷（胶囊红磷）、三价或五价有机磷和无机磷都常用作聚合物的阻燃剂，有机磷系包括磷酸酯、卤代磷酸酯、多聚磷酸酯、膦酸酯、氯化膦腈等。磷系阻燃剂兼有多种阻燃机理，包括凝聚相阻燃和气相阻燃，化学机理阻燃（影响裂解加剧炭化、挥发性可燃气体减少、阻碍炭残渣非均相氧化和终止火焰反应等）和物理因素阻燃（稀释、火焰冷却、残炭阻隔层）等。

燃烧时，有机磷先生成不可燃的磷酸液膜，进一步脱水成偏磷酸，再聚合成聚偏磷酸。聚偏磷酸是强酸和强脱水剂，使高分子脱水炭化，隔氧、隔热而阻燃。芳香族聚合物容易炭化，加磷酸盐，更促进炭化，例如聚苯醚与磷酸脂合用，炭化后，对凝聚相阻燃，并抑烟。聚苯乙烯的苯环上如带有磷基团，燃烧时几乎全部磷都留在残炭内。另一方面，磷酸对叔丁基-二苯酯加入聚氯乙烯糊内，则 95％ 磷进入气相，只有 5％ 磷留在残炭内，磷酸脂就成了气相阻燃剂。有机磷的沸点愈低，愈易挥发进入气相，对气相阻燃愈有利。如：

$$(C_2H_5O)_3P < (C_2H_5O)_2P(O)C_2H_5 < (C_2H_5O)_3P < (C_2H_5O)_2P(O)CH_2C_6H_5 < (C_6H_5O)_3P$$

沸点 158℃   198℃   215℃   270℃   370℃

② 氮系。三聚氰胺是常用的含氮阻聚剂，受热时释放出 N_2 而阻燃。聚碳酸酯（OI＝27％）热解时产生 CO_2，也产生类似阻燃效果，并能自熄。

③ 卤素。燃烧是剧烈氧化过程，$HO^\cdot$ 初始自由基的产生对连锁氧化起着关键作用。卤—碳键是弱键，含卤化合物受热易分解成 $X^\cdot$，与有机物反应，将形成卤化氢 HX。初始自由基 $HO^\cdot$ 先向 HX 转移成 $X^\cdot$，进一步与相关自由基偶合终止，从而起到阻燃作用。

$$HO^\cdot + HX \longrightarrow HOH + X^\cdot$$

$$X^\cdot + \text{\textasciitilde\textasciitilde\textasciitilde} RCH_2^\cdot \longrightarrow \text{\textasciitilde\textasciitilde\textasciitilde} RCH_2X$$

C—Br 键比 C—Cl 键要弱得多，因此含溴阻燃剂效果更好，聚烯烃中加有 2％～4％（质量分数）溴化合物就足以阻燃，而含氯化合物却要加到 20％～30％（质量分数），阻燃才有效。但溴化合物不耐光，因此受到限制。氯的加入形式可是含氯化合物，如氯化石蜡；也可以是含氯聚合物本身，如氯化聚乙烯。氯化石蜡与聚合物不甚相容，降低了制品的透明性和力学强度，使用量受到限制。

含溴阻燃剂可以是溴代烷烃（如四溴丁烷）、溴代芳烃（如五溴甲苯和十溴二苯醚）以及醇类、酚类、双酚 A 的多溴取代物。其阻燃效果往往是：脂肪族＞环脂族＞芳族。此外，还有些含有卤素的特制聚合物，如由六氯-内亚甲基-四氢邻苯二甲酸合成的不饱和聚酯以及由四溴邻苯二甲酸酐与乙二醇缩聚的聚酯，都能阻燃。

④ 锑系。Sb_2O_3 是常用的含锑阻燃剂，但单独使用时，阻燃效果不佳，与卤素化合物复合，则非常有效。因为卤素化合物，如氯代烃，和 Sb_4O_6 反应，形成挥发性锑化合物，如 $SbOCl$、$SbCl_3$ 等，进入气相，很容易使自由基终止，起到气相阻燃作用。

$$H^{\cdot} + SbCl_3 \longrightarrow HCl + SbCl_2^{\cdot}$$

氯-锑复合，容易生烟，再添加氢氧化镁和硼酸锌，既可抑烟，又可减少主阻燃剂的用量。

⑤ 铝和镁系。氢氧化铝含有大量结晶水 [34%（质量分数）]，在 220℃ 以上吸热 [1.9kJ/molAl(OH)₃] 分解，释放出水，转变成氧化铝，并形成炭化层，隔热阻氧，对凝聚相起了阻燃作用。结晶水汽化，稀释可燃气浓度，并冷却降温而阻燃。氢氧化镁也有类似作用，并抑烟显著，促进炭化，只是分解温度较高（350～400℃），高于聚丙烯加工温度（250℃），不至于加工时分解。两者单独使用时，用量较多（＞50%），有损力学性能。

⑥ 硼系。300℃硼酸锌释放出结晶水，隔热、隔氧、吸热降温，用作塑料和橡胶的阻燃剂，可部分代替锑化物，阻燃效果良好。硼酸锌与有机卤阻燃剂并用，受热时还能生成气态卤化硼和卤化锌，捕捉气相中氢自由基而使氧化连锁反应终止；同时形成坚固的炭化层，高温下，卤化锌和硼酸锌还可以在固体可燃物表面形成玻璃状涂层，凝聚相阻燃。硼酸钠钙混合物是扑灭森林火灾的有效阻燃剂。

还有其他元素的化合物也具有阻燃效果，如纤维素加 $ZnCl_2$ 易分解成炭并产生水汽，难燃的炭层起了隔氧、隔热的作用，并阻碍可燃挥发物的扩散，从而达到阻燃的目的。又如有机硅阻燃剂少烟无毒，燃烧热值低，火焰转播速度慢。

几种阻燃剂复合使用或几种阻燃元素结合在同一阻燃剂中，如 P-N、P-卤、卤-Sb，可发挥协同作用，效果更佳。也有一些体系并无协同作用，如三聚氰胺和氢氧化铝，含氯磷酸脂和三氧化锑等。

顺便提一下烧蚀剂。宇航飞行器外壳与大气层摩擦发热，使表层温度增加，开始时水分、残留溶剂、齐聚物挥发，带走汽化热；在较高的温度下，进一步脱除侧基和无规断链，乃至裂解炭化。这些反应都是吸热反应，所形成的炭化层热容量大，起着隔热作用，防止继续燃烧。SiO_2 填充的增强酚醛塑料或环氧树脂/聚酰胺复合材料是常用的烧蚀剂。

摘　要

1. 降解和老化　促使聚合物降解、交联和老化的因素有热、光、辐射、力等物理因素，和氧、酸、碱、水、微生物等化学因素。

2. 热降解　热失重、恒温加热半衰期温度、差热分析是研究热降解的三种方法，可以用来评价聚合物的热稳定性。红外、紫外、色谱、质谱等则可用来分析热裂解产物。饱和烷烃、苯环、氟碳键、硅氧键都比较热稳定，而双键、烯丙基氢、叔氢、卤原子等则是热降解的弱键。

热降解有解聚、无规断链、侧基脱除三种类型。聚甲基丙烯酸甲酯、聚异丁烯、聚四氟乙烯、聚甲醛倾向解聚，聚硅氧烷有线-环平衡，聚乙烯倾向无规断链，苯乙烯兼有无规断链和解聚，聚氯乙烯倾向于脱除侧基，涤纶聚酯和聚酰胺则有特殊的热解行为。

聚氯乙烯热分解脱除氯化氢是连锁自由基机理，烯丙基氯、双键、支链是聚氯乙烯热降解的弱键。热稳定剂的主要作用有三：①中和氯化氢；②使杂质钝化；③破坏和消除残留引发剂和自由基。聚氯乙烯热稳定剂有铅盐、金属皂类、有机锡类、亚磷酸酯类、不饱和脂肪酸的环氧化合物等，往往复合使用。

3. 力化学降解　在机械力、超声波等作用下所产生的降解现象。可用于生橡胶塑炼以降低聚合度。降解过程中可能有嵌段共聚物形成。

4. 水解、化学降解和生化降解　杂链缩聚物主链中的特征基团，如酯键、酰胺键，是化学降解的弱键。除积极避免外，应用这一原理，可以设法处理回收废旧缩聚物。另可合成可降解聚合物。

5. 氧化和抗氧剂　C═C双键、烯丙基和叔氢是弱键，易氧化成过氧化物和氢过氧化物，构成自由基连锁氧化过程。有多种类型抗氧剂，如链终止剂（阻位酚类和芳胺类）作主抗氧剂、过氧化物分解剂（硫醇、多硫化物）作副抗氧剂、过渡金属钝化剂（芳胺，酰胺，酰肼类）作助抗氧剂等，各司其能，配合使用，更有效。

6. 光降解和光氧化降解　醛、酮等羰基、双键、烯丙基、叔氢是容易光降解和光氧化自由基连锁降解的基团，聚丙烯、天然橡胶、涤纶聚酯都易光氧化。根据机理，需考虑三种不同功能的光稳定剂复合使用，即光屏蔽剂（如炭黑、二氧化钛或活性氧化锌），紫外光吸收剂（邻羟基二苯甲酮、水杨酸酯类或邻羟基苯并三唑）和猝灭剂（二价镍的有机螯合剂）。

7. 燃烧机理和阻燃剂　有机聚合物是可燃物，而且多数是分解型气相燃烧。可燃性能可用氧指数表示，氧指数大于22.5%，为难燃；大于27%，则自熄。聚乙烯、聚丙烯氧指数仅17.4%，易燃，并熔融淌滴。聚苯乙烯氧指数相近（18.2%），也易燃，但生浓黑烟。聚氯乙烯的氧指数为45%～49%，难燃自熄，但释放出窒息有毒的氯化氢气体，并生烟。阻燃和抑烟同等重要。

阻燃需考虑降温、隔氧、消灭自由基、减少可燃挥发物、抑烟等功能。多种阻燃剂往往复合使用，发挥综合阻燃效果。胶囊红磷，三、五价有机磷和无机磷系具有多种阻燃功能，包括凝聚相阻燃和气相阻燃，化学机理阻燃和物理因素阻燃。三聚氰胺受热分解，产生氮气，隔氧阻燃。溴、氯化合物，以及Sb_2O_3和氯代烃合用，可以消灭自由基，气相阻燃。氢氧化铝、氢氧化镁、硼酸锌受热释放大量结晶水，降温隔氧阻燃。

习　题

思　考　题

1. 研究降解的目的有哪些？影响降解有哪些因素？

2. 研究热降解有哪些方法？简述其要点。

3. 热稳定性与耐热性有何关系和区别？热稳定性与键能有何关系？

4. 哪些基团是热降解、氧化降解、光（氧化）降解的薄弱环节？

5. 热降解有几种类型？简述聚甲基丙烯酸甲酯、聚苯乙烯、聚乙烯、聚氯乙烯热降解的机理特征。

6. 简述聚氯乙烯受热时脱氯化氢的机理。简述热稳定剂的种类和特征？

7. 聚四氟乙烯和聚偏氟乙烯热降解有何不同？

8. 简单说明聚甲醛、聚硅氧烷、涤纶树脂的热降解的特征。

9. 比较聚苯乙烯和对苯二甲酸乙二醇酯的水解稳定性。

10. 比较聚乙烯、聚丁二烯、聚丙烯的氧化降解特征。

11. 抗氧剂有几种类型？抗氧机理有何不同？

12. 比较聚乙烯、聚氯乙烯、聚苯乙烯、涤纶、聚丁二烯的氧化和光（氧化）降解性能。

13. 光屏蔽剂、紫外光吸收剂、猝灭剂对光稳定的作用机理有何不同？

14. 比较聚乙烯、聚丙烯、聚氯乙烯、聚氨酯装饰材料的耐燃性和着火危害性。评价耐热性的指标。

15. 简述磷、卤、锑、铝化合物阻燃的机理特征。

参 考 文 献

1　潘祖仁，于在璋，焦书科．高分子化学（M）．北京：化学工业出版社，1986（第一版），1997（第二版），2003（第三版）

2　George Odian. Principle of Polymerization（M）. 4th ed. New York：John Wiley&Sons, Inc.，2004

3　Allcock，H. R.，Lampe, P. W. and J. E. Mark. Contemporary Polymer Chemistry 3rd（M）. Science Press and Pearson North Asia Limited，2003

4　Raave，A. Principles of Polymer Chemistry，2nd（M）. New York：Kluwer Academic/ Plenum Publishers，2000

5　Hiemenz，Paul C. Polymer Chemistry：The Basic Concepts（M）. New York：Marcel Dekker，Inc.，1984

6　Raymond B Seymour and Charles E. Carraher. Jr. Polymer Chemistry, An Introduction（M）. New York and Basel：Marcel Dekker. Inc. 1981

7　Billmeyer，R. W.. Textbook of Polymer Science（M），3nd ed.. New York：John Wiley&Sons, Inc.，1984

8　Flory，P. L.. Principles of Polymer Chemistry（M）. New York：Cornell University Press Ithaca，1953

9　Bovey，F. A.，Winslow，J. H.，eds.. Macromolecules，An Introduction to Polymer Science（M）. New York：Academic Press，1979

10　Brno Vollmert. Polymer Chemistry（M）. New York：Springer-Verlag，1973

11　Hans-Georg Elias. Macromolecules（M）. New York and London：Plenum Press，1977

12　冯新德．高分子合成化学（M）（上册）．北京：科学出版社，1981

13　潘才元主编．高分子化学（M）．合肥：中国科学技术大学出版社，1997

14　肖超渤，胡运华编著．高分子化学（M）．武汉：武汉大学出版社，1998

15　林尚安．高分子化学（M）．北京：科学出版社，1982

16　焦书科．高分子化学（M）．北京：纺织工业出版社，1983

17　复旦大学高分子科学系．高分子化学（M）．上海：复旦大学出版社，1995

18　Blackley，D. C.. Emulsion Polymerization（M）. London：Applied Science Publishers Ltd.，1975

19　Piirms，Irja. Emulsion Polymerization（M）. New York：Academic Press，1982

20　Kennedy，J. P. and Marechal，E.. Carbocationic Polymerization（M）. New York：Wiley-Interscience，1983

21　Morton，M.. Anionic Polymerization（M）. New York：Academic Press，1983

22　J. Boor，Jr.. Zieglaer-Natta Catalysts and Polymerization（M）. New York：Academic Press，1979

23　潘祖仁，于在璋．自由基聚合（M）．北京：化学工业出版社，1983

24　应圣康，余丰年等．共聚合原理（M）．北京：化学工业出版社，1984

25　潘祖仁，翁志学，黄志明．悬浮聚合（M）．北京：化学工业出版社，1997

26　曹同玉，刘庆普，胡金生．聚合物乳液合成原理、性能及应用（M）．北京：化学工业出版社，1997

27　应圣康，郭少华．离子型聚合（M）．北京：化学工业出版社，1988

28　林尚安，于同隐，杨士林，焦书科等．配位聚合（M）．上海：上海科技出版社，1988

29　陈义镛．功能高分子（M），上海：上海科技出版社，1988

30　周其凤，王新久．液晶高分子（M）．北京：科学出版社，1994